쉽게 배우는

디지털회로설계

윤왕철 저

B.C.Info

꿈, 기회, 실현

꿈을 날짜와 함께 적어 놓으면 목표가 되고,

목표를 잘게 나누면 계획이 되고,

그 계획을 실행에 옮기면 실현된다.

항상 준비하는 자에게 기회가 주어진다.

머리말

수정을 마친 《디지털 회로설계》 5판이 완성되었다.

이 책으로 디지털 회로설계를 배우고자 하는 모든 공학인에게 도움을 주고 싶다. 이 책의 특징은 다음과 같다.

(1) 디지털 회로설계를 궁금해 하는 공학인 모두에게 전자와 관련된 연구를 20년 동안 해온 저자의 모든 노하우를 전하고자 하였다.
(2) 디지털 부품을 기초로 하여 하나씩 하나씩 책에 있는 내용을 따라 공부하면 누구나 쉽게 설계할 수 있다(산을 오를 때는 1/3, 2/3 지점이 힘들다).
(3) 디지털 회로설계는 반도체 부품과 부품의 조합으로 회로의 기능과 기술을 만들어 간다.
(4) 디지털 회로설계는 사람의 심장에 해당하는 클럭 펄스를 시작으로 반도체 부품에 심장을 넣어 움직이게 하며 체계화된 디지털 회로를 동작시켜 나간다.

각 장에 대해 정리하면 다음과 같다.

제1장은 전자부품과 관련된 기초 회로설계 과정이며,
제2장은 대학에서 배우는 진리표와 DATA SHEET를 이용한 디지털 회로설계 과정이며,
제3장에서는 프로젝트를 선정하여 배운 모든 것을 응용할 수 있도록 회로설계 과정을 구체화하였고,
제4장에서는 주변에 사용되고 있는 회로를 사용하여 실무에 활용할 수 있게 하였다.

마지막 장까지 천천히 따라서 해보고, 특히 제3장과 제4장 회로설계는 부품을 구입해 만들어 보면 더욱 흥미를 느낄 수 있을 것이다.

학생들을 지도하면서 학생들이 어려워하는 내용과 지도해야 할 부분을 구체화하였으며 실무에도 활용할 수 있도록 하였다. 미흡한 부분은 보완하도록 노력할 것을 약속드린다.

눈과 가랑비는 처음에는 가볍게 옷을 적시지만, 시간이 흐를수록 옷의 무게를 무겁게 만든다. 이처럼 시작이 미흡하더라도 조금씩 하나하나 채워 가면 마침내 원하는 것을 얻고 또 채울 수 있을 것이다.

끝으로 이 책이 출판될 때까지 도움을 준 교재 편찬 위원 태경·예진님께 감사드린다.

저자 유 왕 철 · 신지윤 태경 · 예진

차 례

Contents

제1장 회로설계 Ⅰ

1. 전자회로 부품 ··· 9
2. 디지털 신호 0 or 1 회로설계 ··· 38
3. 밤과 낮을 이용한 led 켜기 설계 ··· 49
4. DIGITAL IC 기본개념 ··· 69
5. 논리 게이트와 진리표 ··· 71
6. 논리 게이트 회로설계 ··· 75
7. 부울대수(boolean algebra)를 활용한 논리 gate 설계 ··· 76
8. Karnaugh map을 활용한 회로설계 ··· 77
9. Exclusive - OR 논리회로 설계 ··· 100

제2장 회로설계 Ⅱ

10. 1비트 반가산기 회로설계 ··· 112
11. 전가산기 회로설계 ··· 121
12. 반감산기 회로설계 ··· 133
13. 전감산기 회로설계 ··· 136
14. 비교기 회로설계 ··· 139
15. DECODER 회로설계 ··· 154
16. ENCODER 회로설계 ··· 159
17. MUX 회로설계 ··· 168
18. DEMUX 회로설계 ··· 177
19. R-S 플립플롭 회로설계 ··· 192
20. J-K 플립플롭 회로설계 ··· 198

제 3 장 회로설계 Ⅲ

21. NE555 발진회로 ······ 226
22. NE555를 이용한 10음 주파수 발진회로설계 ······ 251
23. UJT를 이용한 발진회로설계 ······ 260
24. 8진 UP-DOWN 카운터 회로설계 ······ 265
25. 100진 카운터 회로설계(0~99) ······ 285
26. LED 순차점멸기 회로설계 ······ 289
27. 정해진 숫자 판별회로 설계 ······ 295
28. 스위치 값 FND 표시 회로설계 ······ 304
29. 숫자로 표시되는 전자주사위 회로설계 ······ 311
30. 정해진 ADDRESS 판별회로와 up/down count 회로설계 ······ 318
31. DAC 회로설계 ······ 327
32. ADC 회로설계 ······ 338
33. 메모리 RAM 62256 회로설계 ······ 351
34. 밤이 되면 멀티 LED가 자동 깜박이는 회로설계 ······ 362
35. 낮에는 DC 모터구동, 밤에는 LED가 ON되는 회로설계 ······ 367
36. 해가 뜨면 시간마다 꽃밭에 자동으로 물을 뿌려주는 회로설계 ······ 368
37. C-R 미분회로(differential circuit) ······ 373
38. R, C 적분회로(integral circuit) ······ 376
39. 음악소리에 맞춰 3색 램프가 자동으로 발광하는 회로 ······ 380
40. 음악소리에 맞춰 연주하는 분수대 ······ 385

제 4 장 연산증폭기(OP AMP) 회로설계

41. OP AMP 기본개념 ···· 396
42. OP AMP 기본설계 ···· 399
43. OP AMP 회로설계 ···· 401
44. 공기 청정기 감지센서 회로설계 ···· 412
45. 밤과 낮에 따라 풍차 점멸기가 자동 회전하고 멈추는 회로설계 ···· 420
46. LED 32개를 순차적으로 점멸하는 회로설계 ···· 421

부 록 디지털 IC

74 시리즈 TTL & HC-MOS ···· 424
4000/4500 시리즈 C-MOS ···· 453

제1장 회로설계 I

1. 전자회로 부품
2. 디지털 신호 0 or 1 회로설계
3. 밤과 낮을 이용한 led 켜기 설계
4. DIGITAL IC 기본개념
5. 논리 게이트와 진리표
6. 논리 게이트 회로설계
7. 부울대수(boolean algebra)를 활용한 논리 gate 설계
8. Karnaugh map을 활용한 회로설계
9. Exclusive - OR 논리회로 설계

전자회로에 대한 기본사항

※ 기본적인 중요사항 → 정격전압, 단락(short)/단선(open), 극성(+, -)

1. 전자부품기능, 특성(R, C, TR, IC, CPU, SRAM 등)

2. 전자회로 동작원리 이해, 회로설계방법(수정, 변경, 기능 추가)
   (전자 제품수리 → 부품기능 불량, 생산불량, 접촉불량)

3. 장비 : ① 오실로스코프(95%) 전압측정, 주파수측정
   ② 회로시험기(5%) 전압,단선

4. 데이터 시트(검색)기능 활용 www.alldatasheet.co.kr

1. 전자회로 부품

가. 저항(Resister)값에 대한 기준

저항은 디지털 회로설계에서 가장 많이 사용되고 있는 부품이다. 저항 값에 대한 표준은 우리나라 KS 규격으로도 정해져 있지만, KS 규격은 그 대부분이 일본 JIS 규격과 호환 하도록 되어 있으며 실제로 업계에서는 JIS 규격을 훨씬 많이 이용하고 있다.

따라서 본 교재에서도 JIS를 기준으로 설명한다. **저항 값의 표준은 JIS C5001에서 E 표준계열로 정해져 있고 10을 대수적으로 몇 등분하여 값을 정하고 있다.**

예를 들면 E3의 규격에는 10을 대수적으로 거의 3등분하여 1Ω, 2.2Ω, 4.7Ω, 10Ω으로 하고 있다. E6의 규격에는 1Ω, 1.5Ω, 2.2Ω, 3.3Ω, 4.7Ω, 6.8Ω, 10Ω으로 된다.

E12는 1Ω, 1.2Ω, 1.5Ω, 1.8Ω, 2.2Ω, 2.7Ω, 3.3Ω, 3.9Ω, 4.7Ω, 5.6Ω, 6.8Ω, 8.2Ω, 10Ω으로 된다(예: 1kΩ, 1.2kΩ, 1.5kΩ, ..., 10kΩ, 12kΩ, 15kΩ, ... ,100kΩ, 120kΩ, 150kΩ, ...)

저항 값이 언뜻 보기에 제각기 무질서한 값으로 보이는 이유는 이와 같은 JIS C5001 E 계열 규격을 따르고 있기 때문이다.

1	1.2	1.5	1.8	2.2	2.7	3.3	3.9	4.7	5.6	6.8	8.2
10	12	15	18	22	27	33	39	47	56	68	82
100	120	150	180	220	270	330	390	470	560	680	820
1k	1.2k	1.5k	1.8k	2.2k	2.7k	3.3k	3.9k	4.7k	5.6	6.8k	8.2k
10k	12k	15k	18k	22k	27k	33k	39k	47k	56k	68k	82k
.	.	.	.	.	.	.	.	.	.	.	.

E 계열은 3, 6, 12 이외에 24, 48, 96, 192라는 계열이 있지만, 저항 값으로는 통상 E12 계열을 사용하고 있는 것 같다(특수한 경우에는 그 이상을 사용하는 경우도 있을 것이다).

저항 값의 표시는 숫자로 인쇄하기 위해서는 부품이 작기 때문에 컬러코드(color code)라고 하는 색깔로 표시하고 있는 경우가 많은데, 1/2W 이하의 저항기는 대부분 컬러코드로 표시하므로 컬러코드를 읽는 법도 꼭 알아둘 필요가 있다.

※ JIS(Japanese Industrial Standards)
일본 공업표준화법에 따라 제정된 국가 임의규격으로, 제품의 종류·치수·성능·안전성 등을 확인하기 위한 시험방법의 기준을 정한 일본공업규격의 약칭

전자캐드로 회로를 그릴 때 [기호]

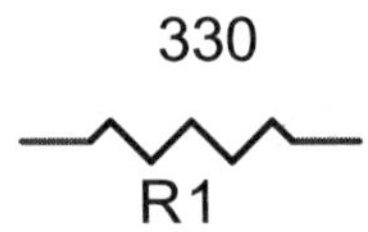

330은 부품 값이고 R1은 부품번호(컴퓨터가 인식하는 번호로 바꾸면 안 됨)이다. 저항은 전류의 흐름을 정해진 저항 값만큼 흐르게 하는 역할을 한다.

예를 들어 LED 1개를 on 하기 위해서는 저항을 약 330Ω을 사용하여 대략 10mA(가정 led r = 170)의 전류를 흐르게 할 수도 있고 LED 밝기를 더 밝게 하려면 저항 값(200Ω)을 좀 더 작은 것을 사용하여 25mA의 전류를 흐르게 하면 된다.

- 회로도의 기호로는 Ω으로 표시한다.
- 저항 값의 단위는 ohm(Ω:옴)이 사용된다.
1,000Ω = 1kΩ(킬로옴), 1,000kΩ = 1MΩ(메가옴)이라 부른다.

저항은 크게 고정저항과 가변저항으로 구분된다(사용하는 재료에 따라 탄소계와 금속계로 분류됨). 고정저항은 값이 정해져 있는 저항이고, 가변저항은 저항의 값을 가변할 수 있는 저항이다. 라디오의 볼륨이 가변저항이다. 저항 값, 정격전력, 저항 값 오차가 있다.

정격전력이란 저항이 견딜 수 있는 소비전력(W:와트)으로, 전력은 전류의 제곱(I^2) × 저항(R)으로 구할 수 있으며, 이 이하로 사용하지 않으면 저항기가 열을 발생하게 되고 결국 타버리는 경우도 흔히 있다.

전기난로의 경우 전력은 $P = VI = (I^2) \times$ 저항(R)
예) 1/8W, 1/4W, 1/2W, 2W, 4W 등

전자회로의 신호회로(미약전류)에서는 너무 의식할 필요 없이 1/8W로 충분하지만, 전원회로, 발광 다이오드의 전류제어용과 같은 저항기에는 생각보다 큰 전류가 흐르기 때문에 정격전력을 염두에 둘 필요가 있다.

정격전력

12V의 전원전압을 사용하고, 5V에서 동작하는 회로를 동작시키려는 경우를 생각해 보자. 이와 같은 경우에는 3단자 레귤레이터(7805) 등을 보통 사용하지만, 간단히 저항기만으로 전압을 떨어뜨리려고 한 경우에는 저항기의 저항 값 이외에 정격전력도 계산해 둘 필요가 있다.

이때, 5V에서 동작하는 회로의 소비전류를 모르면 계산할 수 없다. 따라서 부품의 규격표에서 조사하거나 회로를 만들어 테스터로 측정해 보는 방법 등으로 소비전력을 구한다.

예) 소비전류 = 100mA(핸드폰 충전기 어댑터의 경우 라벨을 보면 정격 전류값이 표시되어 있다.)

(참고) SMD 부품
SMD 부품전력 : 1005 1/16[W],1608 1/10[W], 2012 1/8[W], 3216 1/4[W], 3225 1/3[W], 5025 3/4[W], 6332 1[W]　예) 3216 1/4[W] 크기 3.2mm * 1.6mm

저항 값은 12V에서 5V로 낮추는 것이므로 저항기에 7V가 걸릴 필요가 있기 때문에 7V / 0.1A = 70Ω 이 된다.

저항소비전력 $P = I^2 * R = 0.1A \times 0.1A \times 70\Omega$(또는 $7V \times 0.1A$) $= 0.7[W]$

계산상으로 구해진 소비전력보다 좀 더 큰 여유가 있는 정격전력의 저항을 선택한다. 이 경우 1[W]가 적당할 것으로 생각한다(0.7[W]보다 크게 한다).

저항 소비전력 회로설계 시 기본적으로는 소비전력의 2배 정도에 해당하는 정격전력의 저항기를 사용하는 것이 좋다.

탄소피막 저항

가장 많이 사용하고 가격이 저렴한 저항이다. 저항 값의 오차는 ± 5%(금색) 저항이 가장 많다.

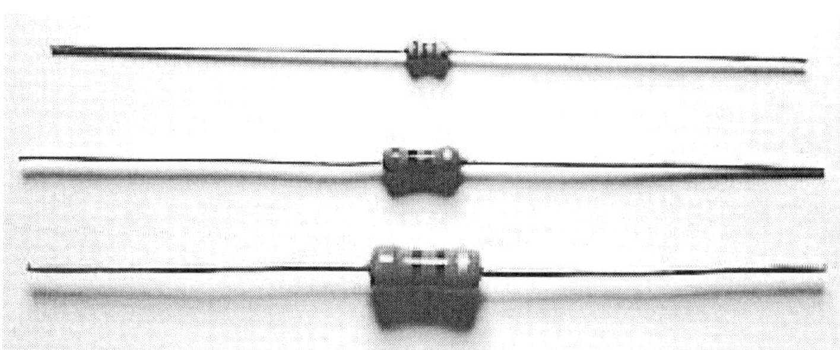

1/8W
1/4W
1/2W

* 저항 어레이(array)　470 = 47*100 = 47Ω　　471 = 47*101 = 470Ω

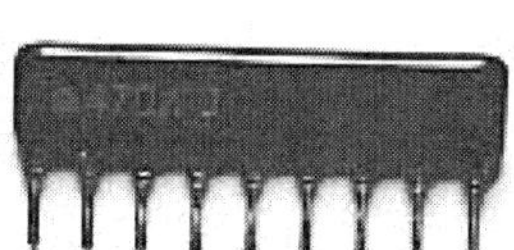

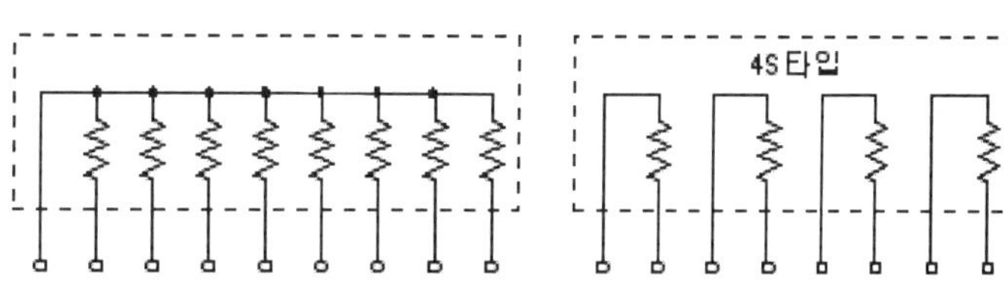

이 저항은 어레이 저항이라 부르며 여러 개의 같은 저항 값을 가진 저항으로 동일한 저항이 일체형으로 만들어져 있다. 동일한 저항이 여러 개 필요한 회로에 사용하면 편리하다.

(예) 어레이(array) 저항 사용

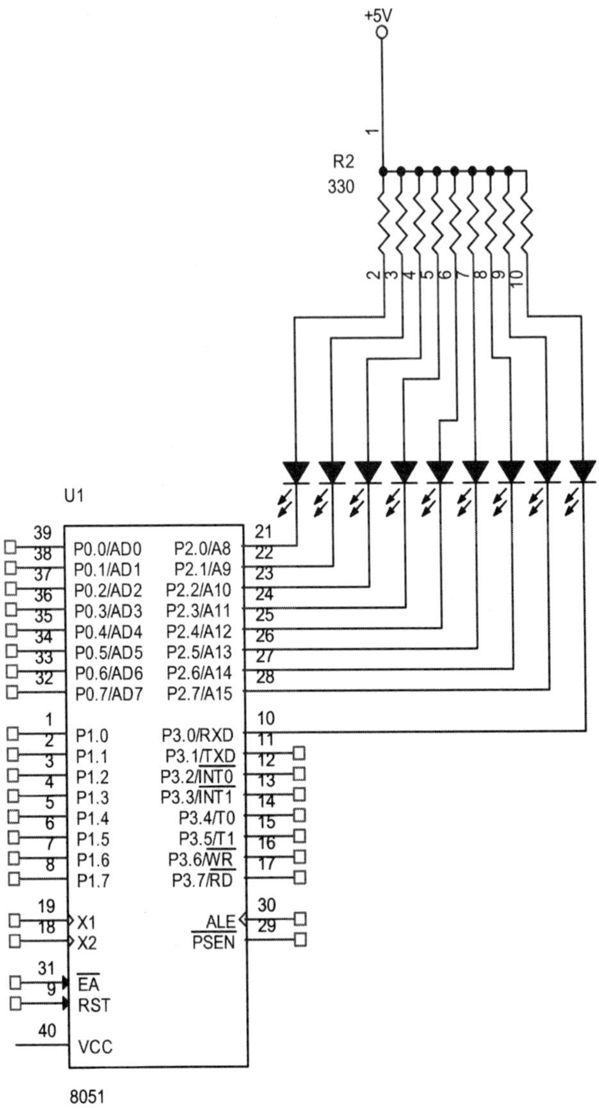

저항 값 읽기

검정	갈색	빨강	주황	노랑	녹색	파랑	보라	회색	흰색
0	1	2	3	4	5	6	7	8	9

적색-적색-**금색-금색** 2.2 Ω
갈색-검색-**검정**-금색 10 × 10^0 = 10Ω
갈색-검색-**갈색**-금색 10 × 10^1 = 100Ω 금색 ±5% (95Ω ~ 105Ω)

갈색-검색-**적색**-금색 10 × 10^2 = 1.0kΩ
갈색-적색-**적색**-금색 12 × 10^2 = 1.2kΩ (1200Ω)

갈색-검색-**주황색**-금색 10 × 10^3 = 10kΩ
갈색-적색-**주황색**-금색 12 × 10^3 = 12kΩ

갈색-검색-노랑**색**-금색 10 × 10^4 = 100kΩ

주황-주황-갈색-금색 33 × 10^1 = 330Ω ※ 금색은 오차임

※ 정밀저항
갈색-검색-**적색-적색**-금색 102 × 10^2 = 10.2kΩ (10200Ω)
적색-갈색-주황**색**-**적색**-금색 213 × 10^2 = 21.3kΩ (21300Ω)
갈색-녹색-파랑**색**-**적색**-금색 156 × 10^2 = 15.6kΩ (15600Ω)

※ 회로를 설계, 수정할 때 주의해야 할 사항 : 전압, 극성, 쇼트(단락)

전자부품기호

부품 명	기호(cad)	회로기호	부품 명	기호	회로기호
저항 (고정저항)	R	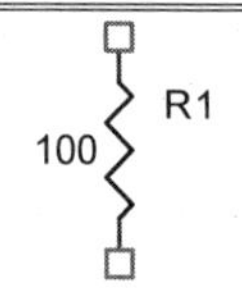	다이오드	D	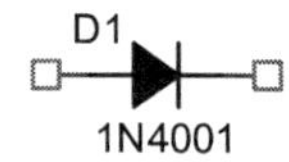
무극성 콘덴서	C (cap NP)	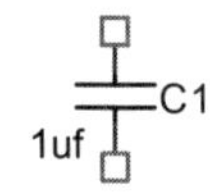	LED	led	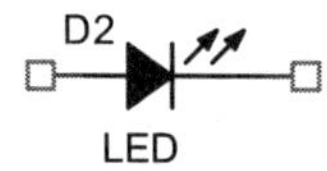
전해콘덴서	C (cap POL)	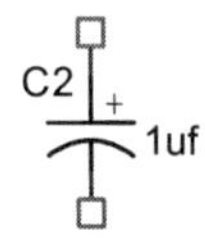	TR 1. 스위칭 작용 2. 증폭 작용 $IC = \beta * IB$ (※ $hfe = \beta$)	PNP (E, B, C)/low	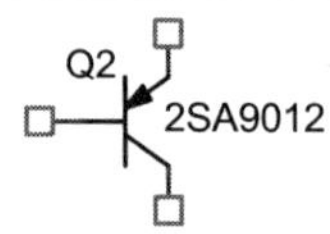
가변 콘덴서	VAR C	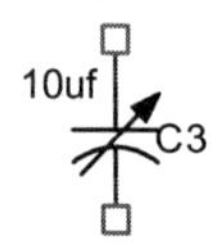		NPN (E, B, C)/high	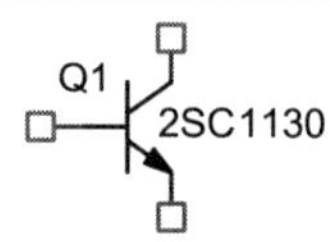
가변저항	VR (RESISTOR VAR)	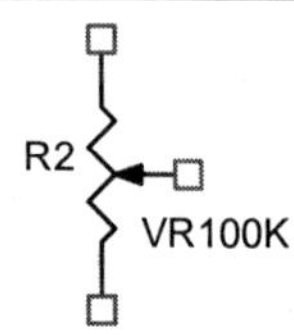	IC	7490	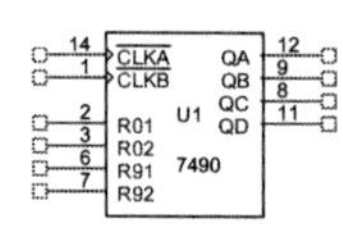
2단 스위치	SW 2P	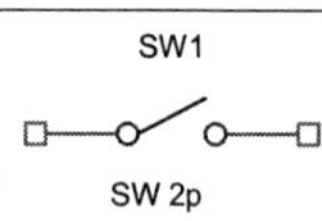	BATTERY	+9V	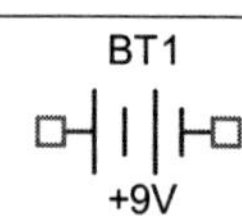
3단 스위치	SW 3P	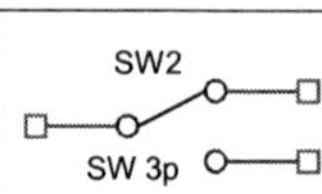	crystal	x_tal	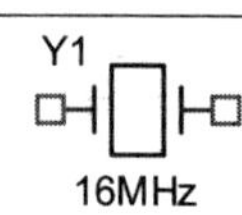
릴레이	relay	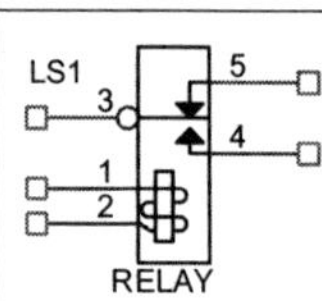	코일	inductor	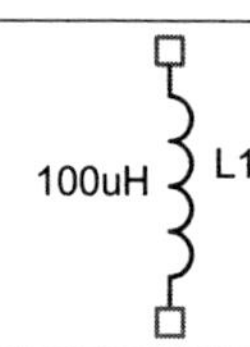
전원(–)	GND(–) vss(–)		전원(+)	VCC, VDD	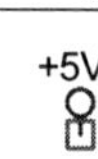
			VCC(+)	TR(2SC1815) ※ 1N4001,2,7 2N3904(※ TR E, B, C 전류제어) 74S00, 74LS00 → TTL	
			VDD(+)	FET(PN4117, 2SK2503) (※ FET G, DS 전압제어) 74HC00, 74HCT00 → C_MOS	

나. 저항 color 단위

순번	영어 색깔	한글 색깔	동일색 표기	비 고
0	BLACK	검정	흑색	10단위 (예)47
1	BROWN	갈색		100단위 (예)470
2	RED	빨강	적색	1,000단위 (예)4.7K
3	ORANGE	주황	등색	10,000단위 (예)47K
4	YELLOW	노랑		100,000단위 (예)470K(예)47K(예)470
5	GREEN	녹색		
6	BLUE	파랑		
7	VIOLET	보라	자색	
8	GREY	회색	GRAY	
9	WHITE	흰색		
10	GOLD	금색		오차 5%
11	SILVER	은색		오차 10%
12	–	무색		오차 20%

저항 값 읽기(예제를 통해 부품값을 읽어보면 됨)

① 저항 읽기 예

주(3) 주(3) 갈(1) 330Ω / 주(3) 주(3) 적(2) 33kΩ

저항 값 = 330Ω 오차범위는 은색이므로 10%

주황(3) – 주황(3) – 갈색(1) – 금색

3 3 0[Ω]으로 330[Ω]임이다.

② 저항 읽기 예

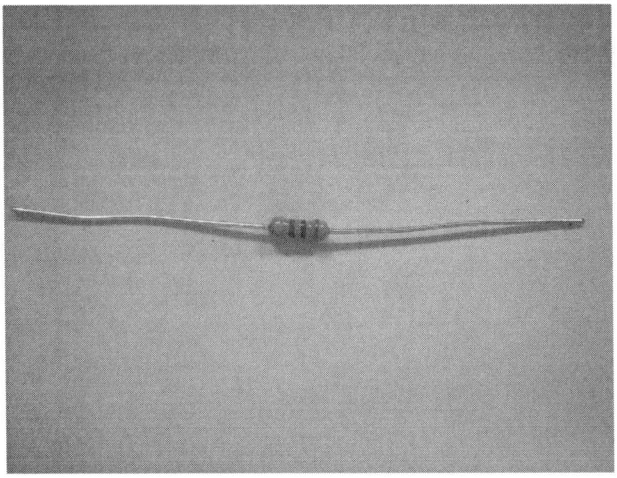

저항 값 = 470Ω

노랑(4) – 보라(7) – 갈색(1) – 금색(5%)

4 7 0[Ω] 470Ω이다. 오차범위는 금색 5%이다.

③ 저항 읽기 예

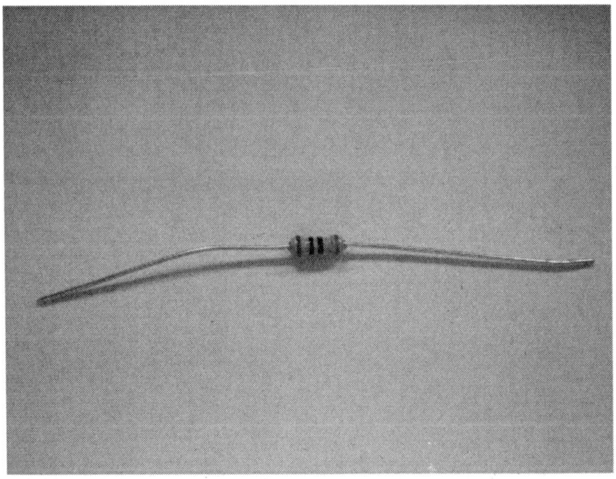

저항 값 = 10Ω

갈색(1) – 검정(0) – 검정(0의 개수 없음)

1 0[Ω]으로 10Ω이 많이 사용된다.

④ 저항 읽기 예

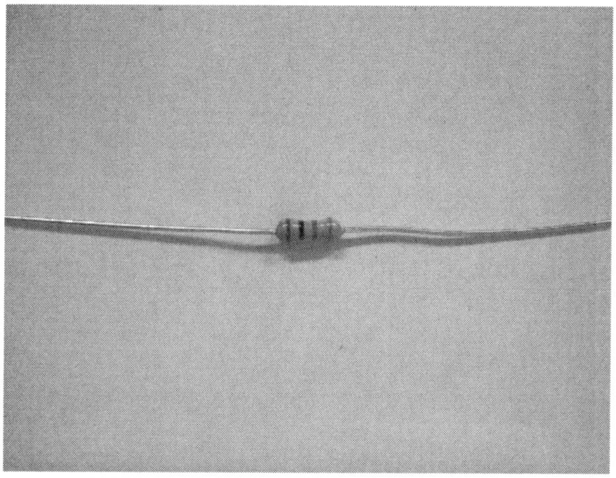

저항 값 = 1kΩ

갈색(1) - 흑색(0) - 빨강색(2) - 금색(5%)

갈색은 1, 흑색은 0, 빨강색 2는 0의 개수로 생각하면 된다.

1　　　0　　　00[Ω] = 1000Ω = 1kΩ

⑤ 저항 읽기 예

저항 값 = 4.7kΩ

노랑(4) - 보라(7) - 빨강(2) - 금색(5%)

4　　　7　　00[Ω] = 4.7kΩ

⑥ 저항 읽기 예

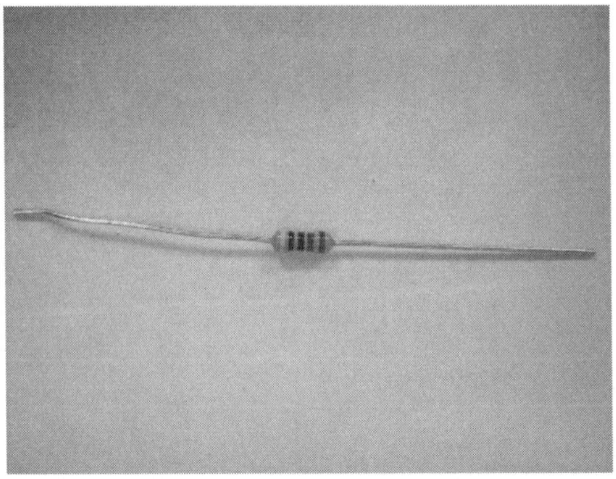

흰색(9) – 검정(0) – 검정(0) – 갈색(1) – 갈색(오차)
9 0 0 0[Ω]
저항 값 = 9000[Ω] = 9[kΩ]

■ **다음 예제를 보고 저항 색을 계산하시오.**

[예제 6-1] 6.2kΩ 저항색 띠는 어떻게 될까? (단, 오차는 금색으로 한다.)

답) 파랑 – 빨강 – 검정 – 갈색 – 금색

[예제 6-2] 5.6kΩ 저항색 띠는 어떻게 될까? (단, 오차는 금색으로 한다.)

답) 녹색 – 파랑 – 검정 – 갈색 – 금색

⑦ 저항 읽기 예

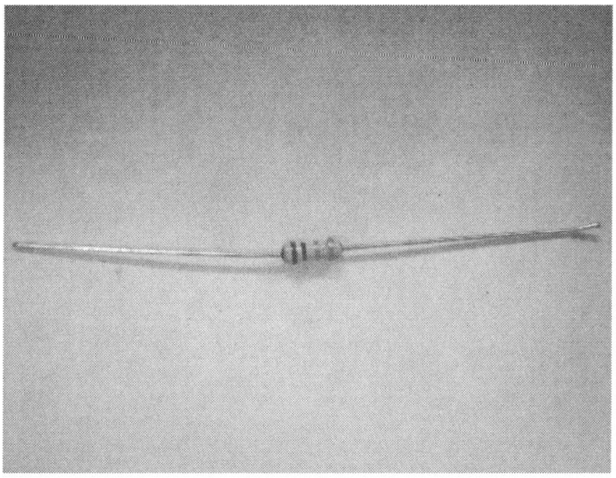

빨강 - 빨강 - 금색 - 금색
저항 값 = 2.2Ω

예제) 빨강 - 빨강 - 검정색 - 금색(검정색은 승수가 없음)
저항 값 = 22Ω

예제) 빨강 - 빨강 - 갈색 - 금색(갈색은 0의 개수가 1개이므로)
저항 값 = 220Ω

⑧ 저항 읽기 예

갈색(1) - 검정색(0) - 주황색(000) - 금색(오차 5%)
저항 값 = 10kΩ

다. 탄소피막 고정저항

보통 카본 피막 저항이라고 하며 일반적으로 많이 사용되고 있으며 가격이 저렴하다(5원 정도). ± 5%의 저항이 가장 많으며 정격전력으로는 1/8W, 1/4W, 1/2W 등 탄소피막 저항은 잡음이 많다는 결점 때문에 아날로그 회로에서는 금속계의 저항을 사용하는 경우가 많다. 일반 디지털 회로설계에서는 가격이 저렴한 탄소계 저항을 사용해도 문제 되지 않는다.

라. 가변저항 VR

가변저항은 Variable Resistor, Potentiometer 등 저항 값을 가변할 수 부품소자이며 회로에서 표시할 때는 보통 아래 그림처럼 표시한다. ※ 전자 cad에서 부품기호를 검색할 때 "Resistor var"

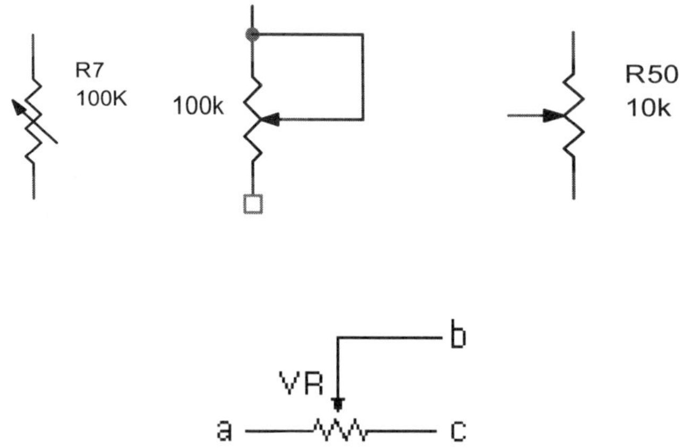

[가변저항 기호]

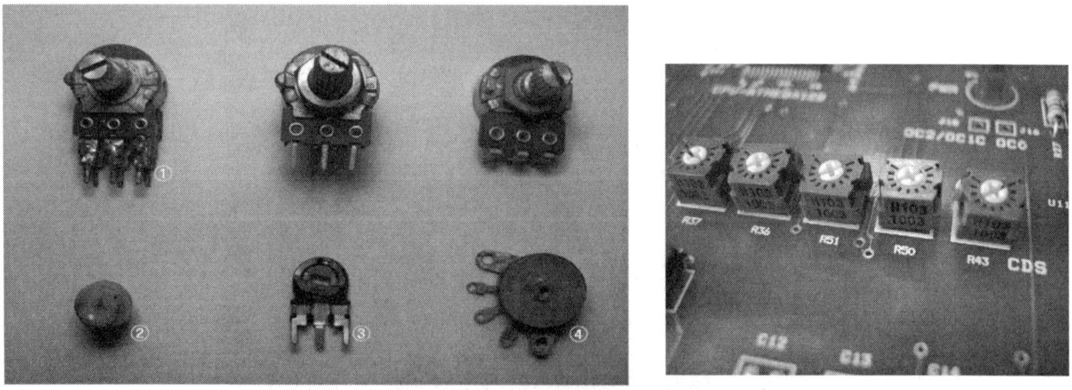

[여러 가지 가변저항 실물]

가변저항 값이 10[KΩ]이라고 하는 것은 **저항 값이 최소 0[Ω]이고 최대 10[KΩ]**이다.
가변저항 10[KΩ]은 그림에서는 R103으로 표시되어 있다.

마. CdS

(1) 빛의 변화에 저항 값이 변하는 소자(빛을 받으면 저항 값이 작아진다)

(2) 빛에 의해 자동으로 저항 값이 변하는 소자

(3) 빛을 받으면 저항 값이 작아지고 밤에는 저항 값이 커진다.

예제) 가변저항과 Cds를 사용한 간단한 회로설계

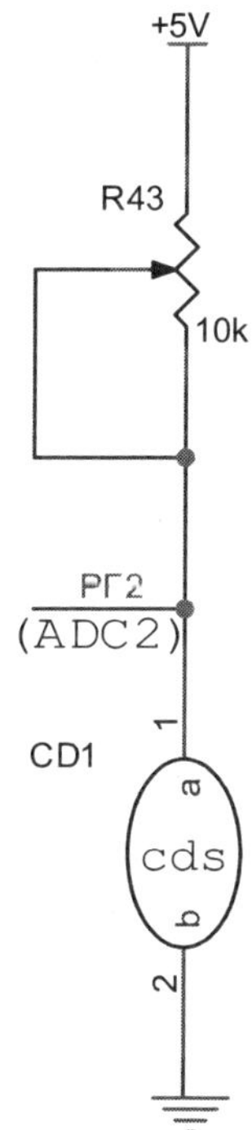

가변저항기는 일반적으로 볼륨(variable ohm)이라고도 부른다. 라디오의 음량조정과 같이 간편하게 저항 값을 바꿀 수 있는 것과 전자회로에서 부품의 오차에 의한 동작 상태를 조정(adjust: ADJ)해야 하는 경우 등에 사용하며 저항 값을 바꾸지 않는 반고정 저항기가 있다. 가변저항기, 반고정 저항기는 회전할 수 있는 각도가 300도 정도이다.

퍼텐쇼미터(potentiometer)는 저항 값을 세밀하게 조정하기 위해 기어(gear)를 조합하여 회전(10~25회 정도)시킬 수 있는 부품소자이다.

각종 가변저항 실물

가변저항기

사진의 우측에 있는 것은 음량조정과 같이 저항 값을 간단하게 바꿀 수 있는 소자이다.

반고정 가변저항기

중앙에 있는 4개는 여러 가지 형태의 것이 있는데, 프린트 기판 등에 실장하는 가변저항이다.

퍼텐쇼미터(potentiometer)

좌측에 있는 2개는 좌측에 있는 나사를 돌려 저항 값을 변화시킨다.

바. LED

그림에서 빨강색으로 된 부품이 LED이다. 빨강, 노랑, 초록, 파랑색이 많이 사용되는데, 최근 들어 다양한 색깔의 led가 출시되고 있다.

led 내부를 자세히 보면 얇게(좁은) 된 조각이 +이고 면적이 넓은 조각이 -이다. 또한 led 리드선이 긴 것이 +이고 짧은 것이 -이다.

사. 콘덴서[condenser], 커패시터[capacitor]

콘덴서의 용량을 나타내는 단위는 패러드(farad, uf)가 사용되며 콘덴서 내에 축적된 전하량을 의미한다. 일반적으로 콘덴서에 축적되는 전하용량은 매우 작기 때문에 [μF]나 [pF] 단위가 사용된다.

$$\mu F = 10^{-6},\ nF = 10^{-9},\ pF = 10^{-12}$$

콘덴서는 전자를 충, 방전하는 기능을 가지고 있다. 그러나 일반적으로는 전자를 축적하는 기능 이외에 직류를 차단(DC차단)하고 주파수(신호)를 통과시키려는 목적에도 사용된다. 이외에도 By pass condenser 역할 기능도 있다.

콘덴서 기호

콘덴서 사용회로 예제

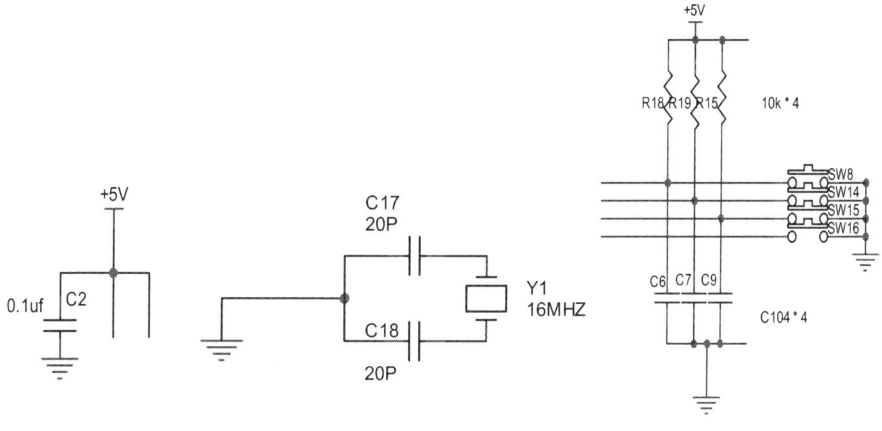

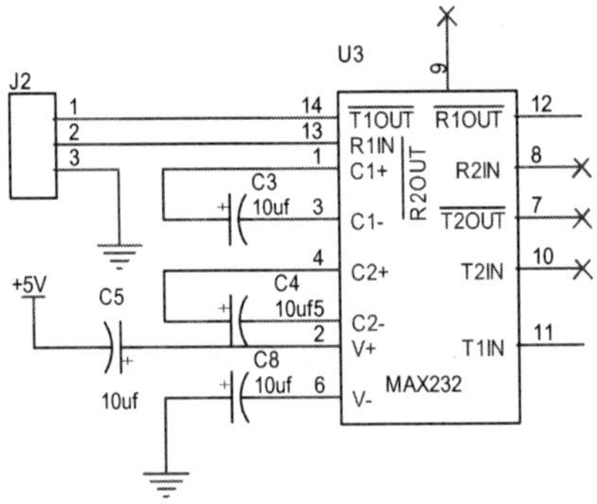

콘덴서의 구조

콘덴서는 기본적으로 2장의 전극판을 대향시킨 구조로 되어 있다. 여기에 직류 전압을 걸면 각 전극에 전하라고 하는 전기가 축적되며, 축전하고 있는 도중에는 전류가 흐르지만 축적된 상태에서는 전류가 흐르지 않게 된다. 10㎌ 정도의 전해 콘덴서에 아날로그 미터식 테스터를 접속하면 순간 전류가 흘러 테스터의 바늘이 움직이는 것을 알 수 있다. 테스터의 접속방법(콘덴서의 리드에 접속하는 테스터의 측정봉)을 반대로 하면 역시 순간 전류가 흐른다는 것을 알 수 있다. 그러나 바로 0으로 되고 만다. 직류전압이 콘덴서에 가해진 경우, 순간적으로 전류가 흐르지만 후에는 흐르지 않기 때문에 직류를 통과시키지 않으려는(직류커트) 용도에도 사용된다. 그러나 교류의 경우에는 앞서 언급한 테스터의 측정 봉을 항상 교대로 바꾸어 접속하는 것과 같으므로 그때마다 전류가 흐르게 되어, 교류전류가 흐르는 것이다.

콘덴서의 용량을 나타내는 단위

콘덴서의 용량 표시에 3자리의 숫자가 사용되는 경우가 많은데, 부품 메이커에 따라 용량을 3자리의 숫자로 표시하거나 그대로 표시하기도 한다. 3자리 숫자로 나타내는 경우 앞의 2자리 숫자가 용량의 제1숫자와 제2숫자이고 3자리수가 승수가 되는데, 표시 단위는 pF(피코 패럿)로 되어 있다.

예를 들면 pF = 10−12, μF = 10−6

C104이면 10 × 104 = 100,000pF = 0.1μF 104는 10과 104(0000)
C103이면 10 × 103 = 10,000pF = 0.01μF 103는 10과 103(000)
C102이면 10 × 102 = 1,000pF = 0.001μF 102는 10과 102(00)
C224이면 22 × 104 = 220,000pF = 0.22μF

100pF 이하의 콘덴서는 용량을 그대로 표시하고 있다. 즉, 20은 20pF를 의미, 47은 47pF를 의미한다. **104는 0.1uf으로 알면 되고 C103는 0.01uf,** C102는 0.001uf이다.

예) C224 = 0.22uf, C223 = 0.022uf

아. 세라믹, 전해 콘덴서 등

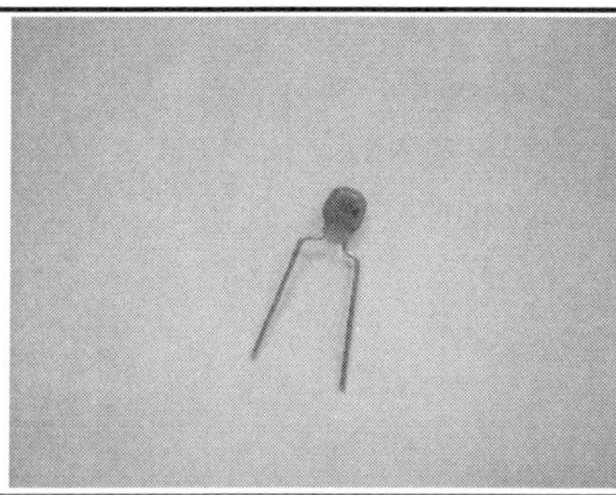

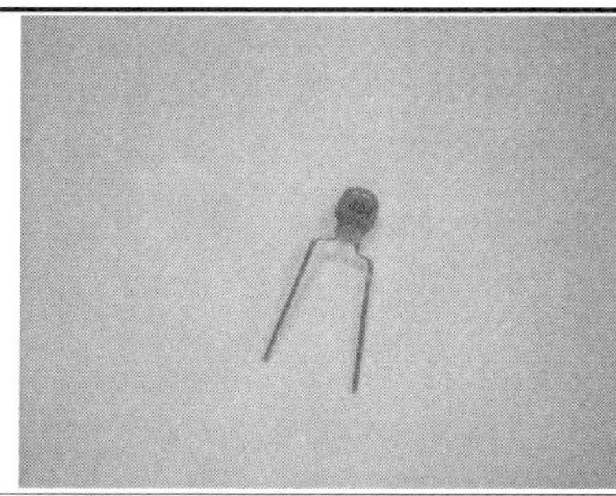

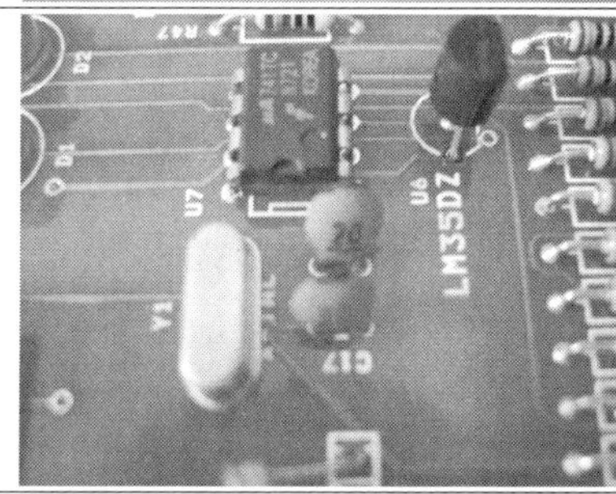

■ 직렬, 병렬, 직병렬 값 계산하기

1) 직렬저항

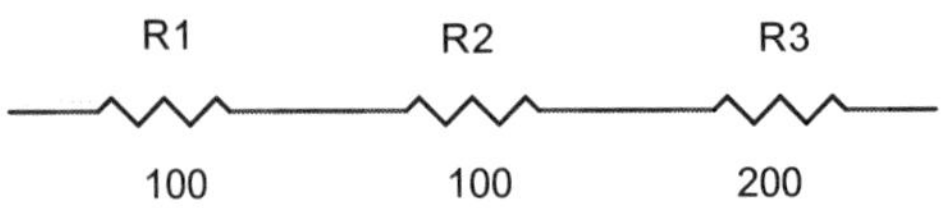

합성저항 RT = R1 + R2 + R3

= 100Ω + 100Ω + 200Ω

= 400Ω

2) 병렬저항

[예제 1] 다음과 같은 합성 병렬저항 값을 구하시오.

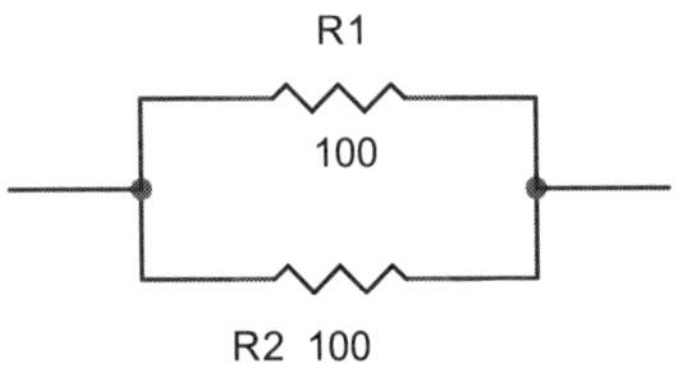

$$합성저항\ RT = \frac{1}{\frac{1}{R1}+\frac{1}{R2}} = \frac{1}{\frac{1}{100}+\frac{1}{100}} = 50\Omega$$

[예제 2] 다음과 같은 합성 병렬저항 값을 구하시오.

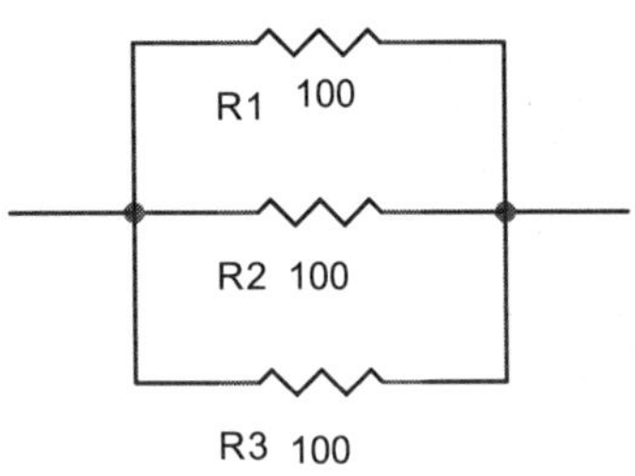

$$합성저항\ RT = \frac{1}{\frac{1}{R1}+\frac{1}{R2}+\frac{1}{R3}} = \frac{1}{\frac{1}{100}+\frac{1}{100}+\frac{1}{100}} = 33.3\Omega$$

[예제 3] 다음과 같은 합성저항 10개가 병렬로 연결되어 있다. 합성 저항 값을 구하시오.
단, 저항 개수를 N이라 하면

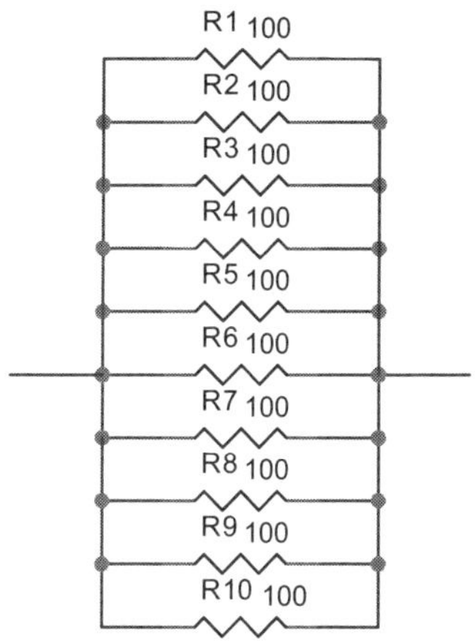

$$\text{합성저항 RT} = \frac{100}{N} = \frac{100}{10\text{개}} = 10\Omega$$

[예제 4] 다음과 같은 직, 병렬 합성저항이 있다. R1 = 100Ω, R2 = 200Ω, R3 = 300Ω, R4 = 400Ω일 때 직, 병렬 합성저항을 구하시오.

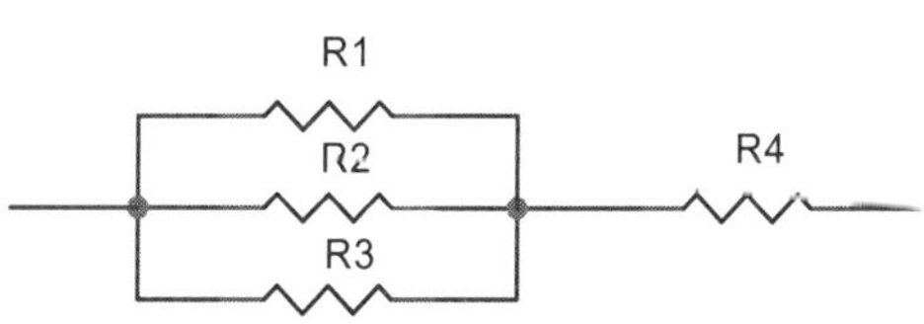

$$\text{RT} = \frac{1}{\frac{1}{R1} + \frac{1}{R2} + \frac{1}{R3}} + R4$$

$$= \frac{1}{\frac{1}{100} + \frac{1}{200} + \frac{1}{300}} + 400$$

$$\fallingdotseq 454.54[\Omega]$$

- 브레드 보드 구성

전원선(가로), 4개의 실습부품 브레드, 전원선(세로)

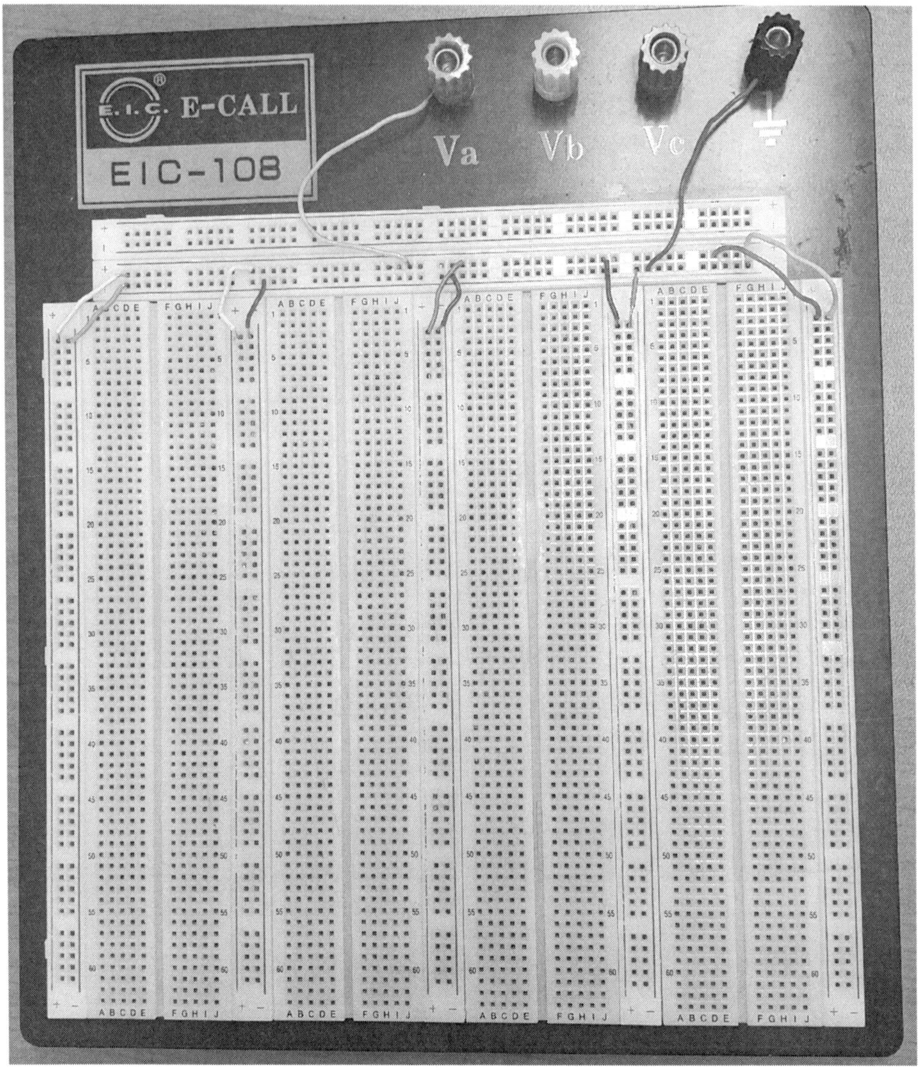

실습회로

[예제 1] 저항에 따른 led 불 밝기(전류량) 실습

각각의 저항 값에 따라 전류가 다르며 전류량과 led 밝기를 비교하며 실습한다.

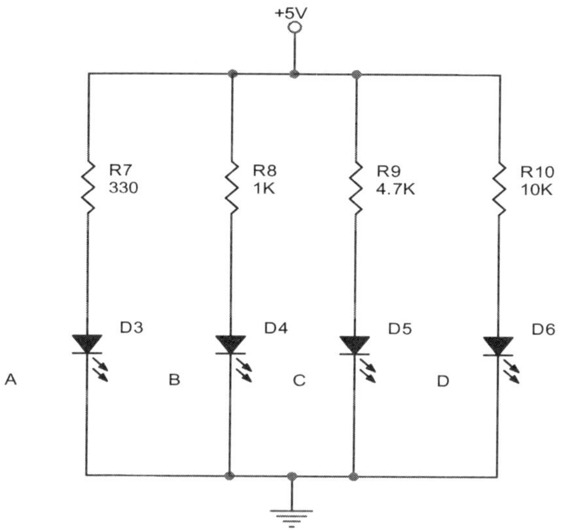

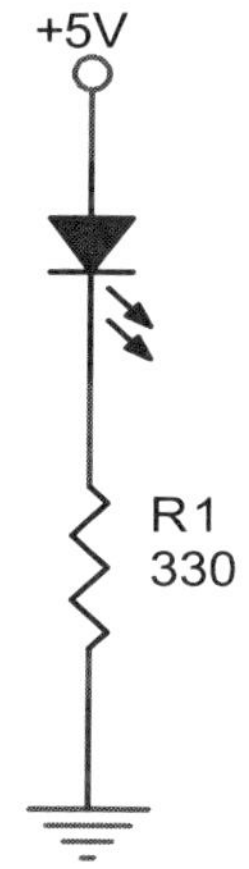

A 회로

B회로

sol 1) <u>led 내부저항을 170Ω이라 가정하면 전압이 5V일 때 전류는</u>?

① 5V / (330Ω + <u>170Ω</u>) = 10mA　② 5V / (1KΩ + <u>170Ω</u>) = 4.3mA

③ 5V / (4.7KΩ + <u>170Ω</u>) = 1.1mA　④ 5V / (10KΩ + <u>170Ω</u>) = 0.5mA

※ Think about

전압 V = 5V, 전류 I = 10mA이고 R = 330Ω일 때 LED 내부저항(x) 값은?

$10\text{mA} = \dfrac{5\text{V}}{330 + \chi}$ 이면 led 내부저항 x 값은? 170Ω

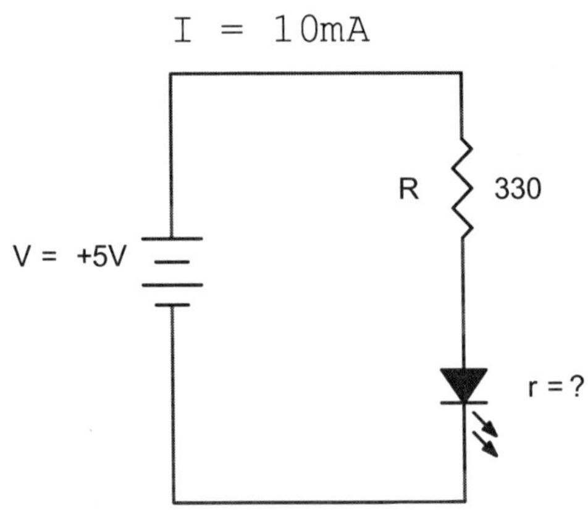

※ Think about

$20mA = \frac{5V}{330 + \chi}$ 이면 led 내부저항 x 값은?

x 값이 0 Ω이라고 하면 전류 I = 15.2mA이므로 20mA 전류는 흐르게 할 수 없다. 그러면 어떻게 해야 될까?

■ led 만드는 재료

LED(light emitting diode)라고도 한다. 반도체에 전압을 가할 때 생기는 발광현상은 전기 루미네선스[전기장발광]라고 하며, 1923년 탄화규소 결정의 발광 관측에서 비롯되는데, 1923년에 비소화갈륨 p-n 접합에서의 고발광 효율이 발견되면서부터 그 연구가 활발하게 진행되었다. 1960년대 말에는 이들이 실용화되기에 이르렀다.

발광다이오드에 적합한 재료로는 ① 발광파장이 가시(可視) 또는 근적외영역(近赤外領域)에 존재할 것, ② 발광효율이 높을 것, ③ p-n접합의 제작이 가능할 것 등의 조건을 만족시키는 것으로서 주로 비소화갈륨 GaAs, 인화갈륨 GaP, 갈륨-비소-인 GaAs-Px, 갈륨-알루미늄-비소 Ga1-xAlxAs, 인화인듐 InP, 인듐-갈륨-인 ln1-xGaxP 등 3 B 및 5 B족인 2원소 또는 3원소 화합물 반도체가 사용되고 있는데, 2 B, 6 B족이나 4 A, 4 B족인 것에 대하여도 연구가 진행되고 있다. 비소화갈륨 GaAs,인화갈륨 GaP,갈륨-비소-인 GaAs1-x Px,갈륨-알루미늄-비소 Ga1-xAlxAs,인화인듐 InP, 인듐-갈륨-인 ln1-xGaxP 갈륨-비소-인에서는 인의 함유량 증가에 따라 Eg가 증가하므로 가시발광 다이오드가 된다. 한편, ②에서는 발광파장은 반도체에 첨가되는 불순물의 종류에 따라 다르다. 인화갈륨인 경우, 아연 및 산소 원자가 관여하는 발광은 적색(파장 700nm)이고, 질소 원자가 관여하는 발광은 녹색(파장 550nm)이다.

[예제 2] pull up 저항을 연결하고 스위치가 on/off 될 때 전압을 측정하시오.

led가 on 되었을 때 걸리는 전압은? 오실로스코프로 측정하시오.

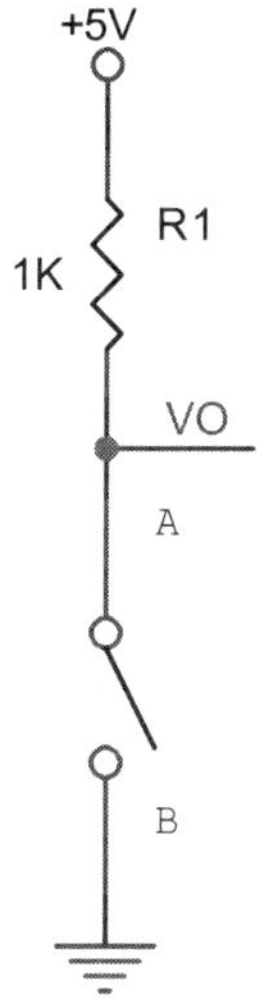

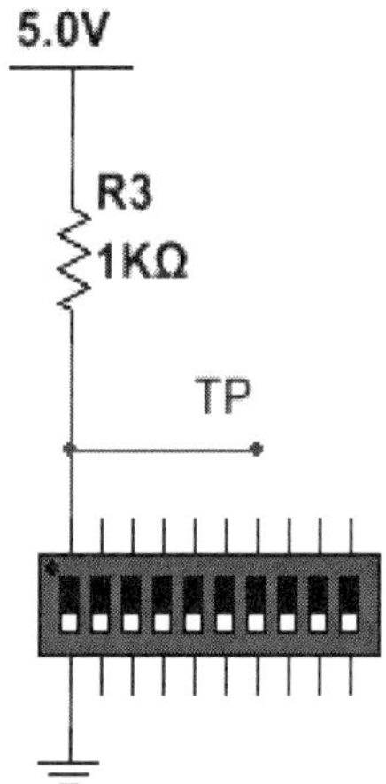

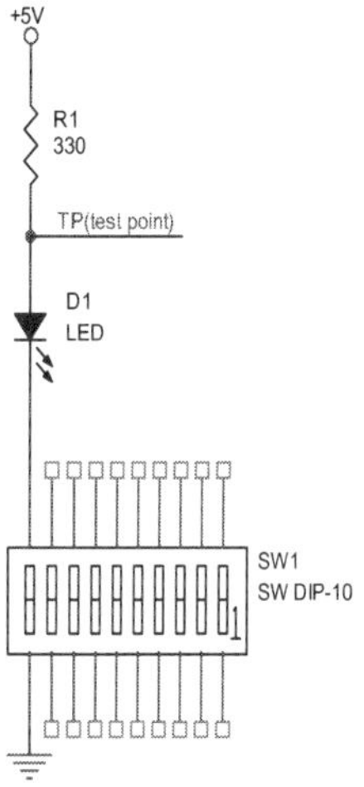

(sol 1)	(sol 2)
1KΩ일 때 led 내부저항 값은? $\frac{x}{1000+x} * 5 = 1.8V$ $(x * 5) = 1.8V(1000+x)$ $x = 562\Omega$	led 전압이 1.8V 1KΩ 양단 전압은 3.2V 1KΩ 걸리는 전류는 3.2mA LED 내부저항 r = 1.8V / 3.2mA = 562Ω

[예제 3]

다음과 같은 회로를 설계할 때 LED 밝기는 어떻게 될까?

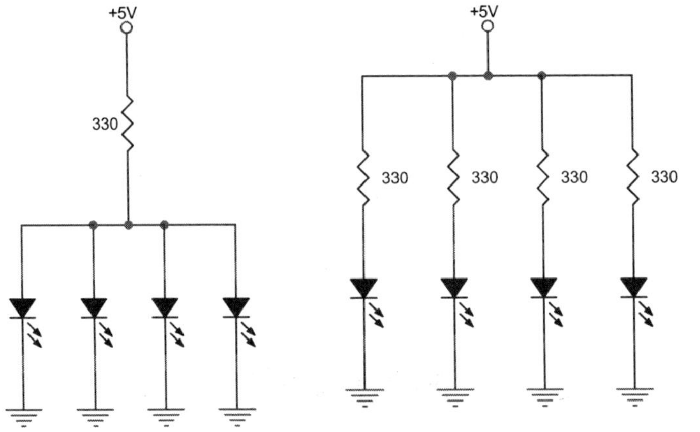

[회로1] [회로2]

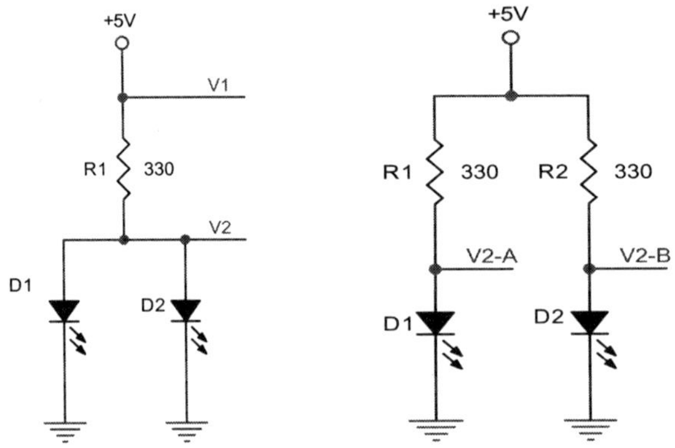

[회로1] [회로2]

[회로2]에서

V2(회로1) = V2-A(회로2) = V2-B(회로2) 전압 ≅ 1.8V ※ led 전압은 모두 동일함

R1 양단에 걸리는 전압은 +5V - 1.8V = 3.2V

Voltage R1 = 3.2V , R1 ≅ 330

The current flowing through R1 is I1 = $\frac{3.2\,V}{330}$ = 9.7mA ≅ 10mA

① [회로1]은 10mA가 D1, D2로 나누어 5mA이며

② [회로2]는 10mA가 그대로 D1으로 흐른다. 10mA가 그대로 D2로 흐른다.

따라서 회로2의 led가 더 밝다.

[예제 4] array 저항을 사용한 led on 실습

점(●)는 array 저항핀 1번이며 array 저항의 common으로 연결되어 있으며 주로 전원선(+, − 또는 GND)과 연결된다.

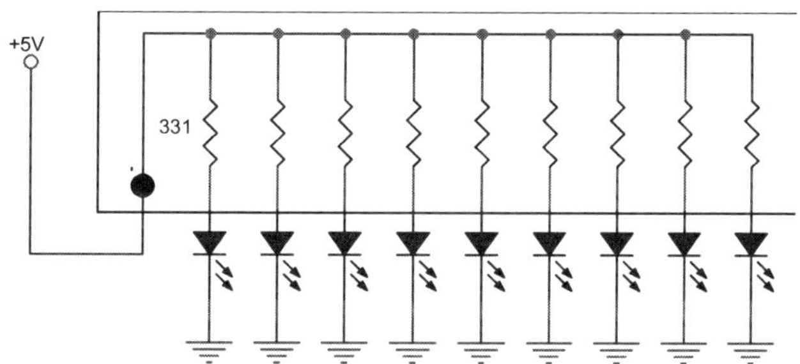

331(330Ω) 103(10kΩ)

- 어레이 저항 사용[예]

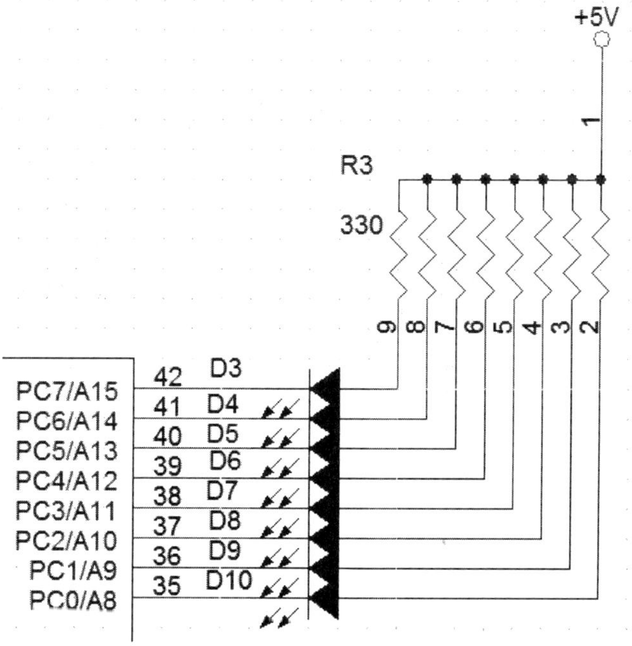

[예제 5] 다음과 같은 가변저항 회로를 만들어 보고 가변저항을 돌려가며 LED 밝기가 조절되는지 확인하세요. ※ 회로에서 330Ω 저항의 용도는 무엇일까?

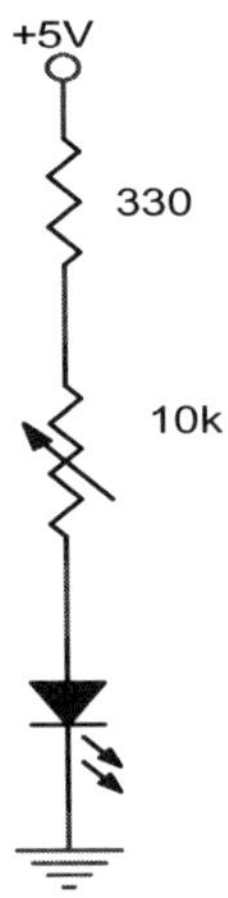

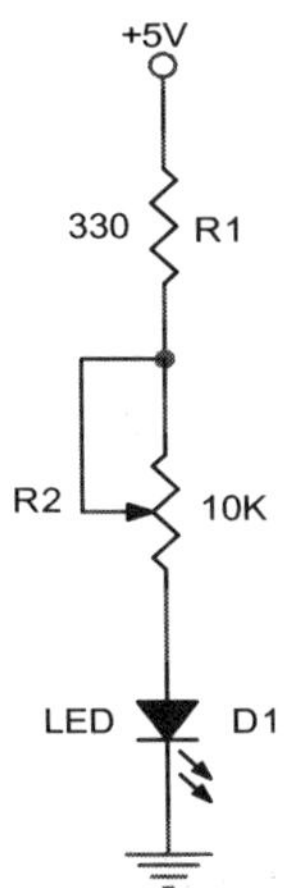

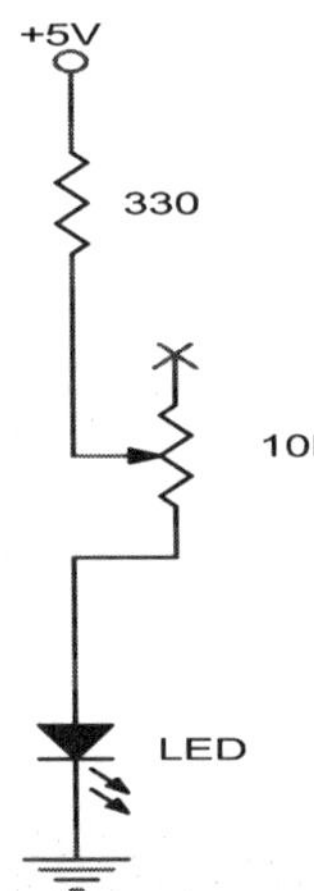

[가변저항 실물]

[회로 1] [회로 2] [회로 3] VR10kΩ = 0Ω ~ 10KΩ

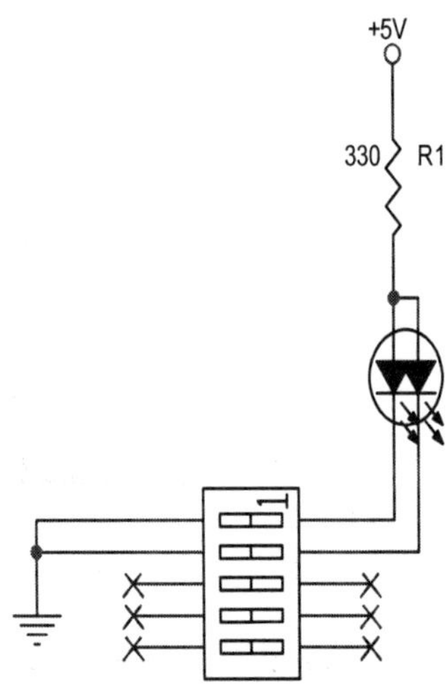

[led COLOR(RED, GRN)]

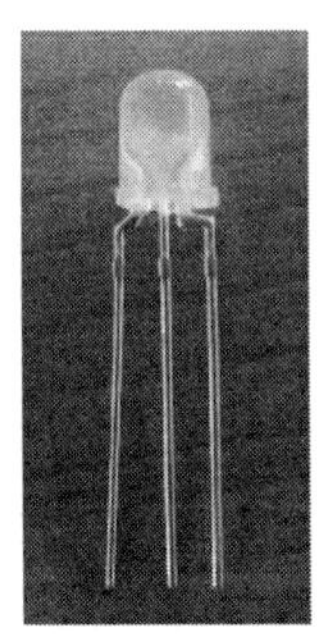

[실물]

[예제 6] 다음과 같은 회로에서 TP1, TP2, TP3 전압은 어떻게 나올까? 오실로스코프를 이용하여 전압파형을 확인하세요.

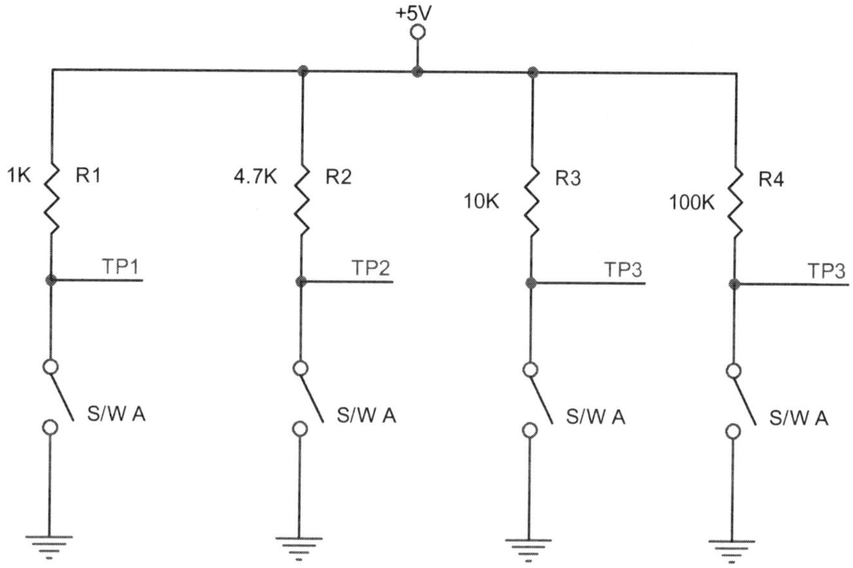

[예제 7] led 3색(R, G, B) 켜기

색상이 다른 3개의 led를 조합시켜 만든 led를 3색 led라 한다. led 내부구성을 보며 동작원리를 이해하자.

- 고정저항을 이용한 led 3색 회로설계

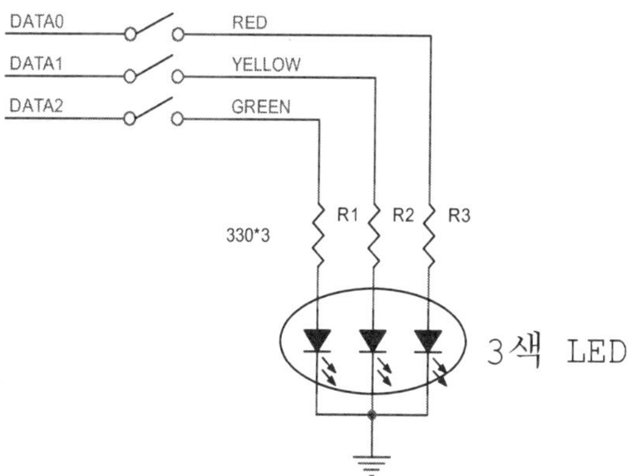

[led 3색 회로도]

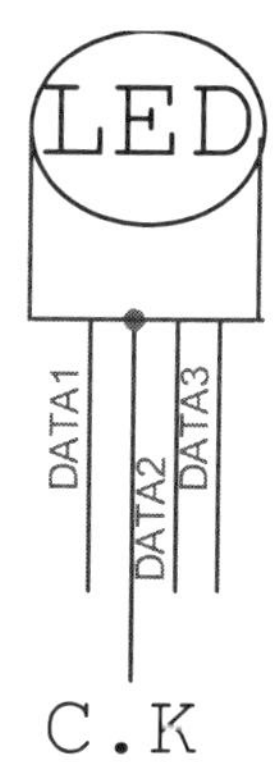

[led 3색 구조]

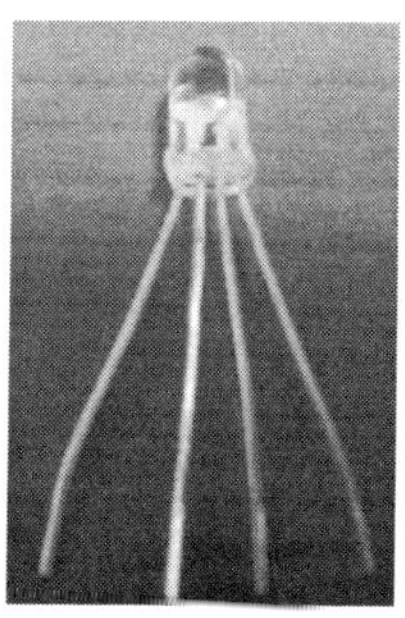

[led 3색 실물]

- ARRAY 저항을 이용 LED 3색 회로설계

R1, R2, R3을 ARRAY 저항을 사용할 경우 어떻게 해야 될까? ARRAY 저항은 공통단자 핀 ①에 묶여 있다.

- ARRAY 내부구조 및 실제부품

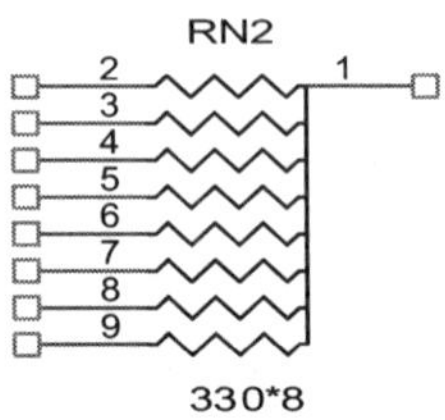

[Array 저항 내부구조]

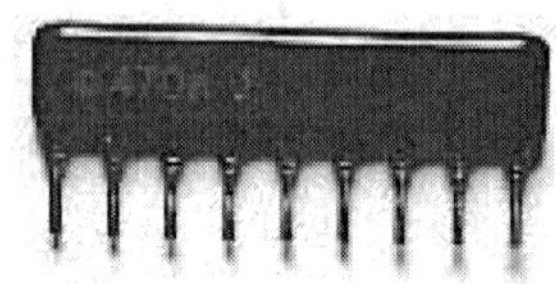

[핀번호 ①②............⑨]

- 회로도

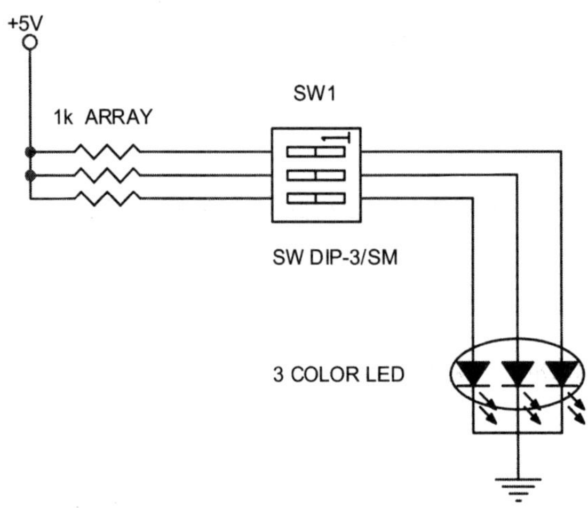

- 진공관과 트랜지스터

1904년 존 앰브로즈 플레밍이 이극 진공관을 발견하였고, 1906년 리 디포리스트가 삼극 진공관을 발견하며 높은 주파수의 큰 전력(10GHZ/1KW)을 사용하였다. 1960~70년 트랜지스터가 발명되면서 진공관은 점차 트랜지스터로 개발되어감에 따라 소형화되었다. 현재 오디오 앰프에 원음에 가까운 재생능력으로 진공관을 사용하기도 한다.

[진공관(좌)과 트랜지스터(우) 실물]

2. 디지털 신호 0 or 1 회로설계

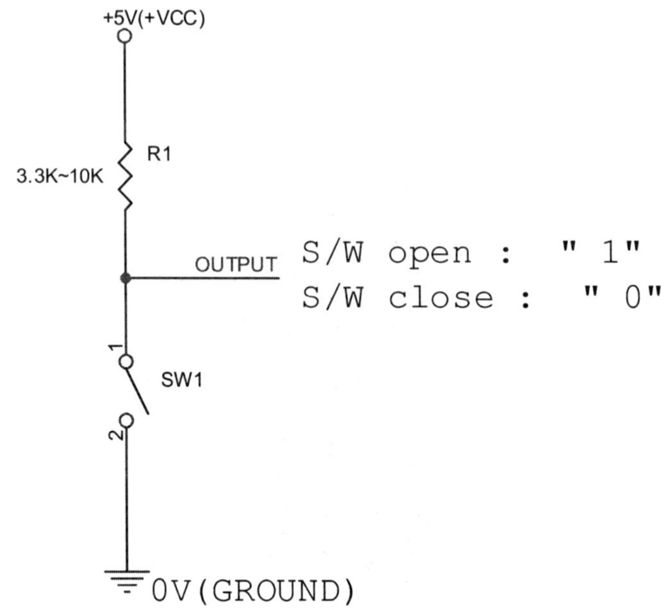

SWITCH : 2개이상의 접점을 연결 시키는 부품

[회로 1]

가. 디지털 신호에서 1이라고 하는 것은 +VCC 또는 HIGH, +5[V] 전압이다.
나. 디지털 신호에서 0이라고 하는 것은 GND 또는 LOW, 0[V] 전압이다.

[문제 1] [회로 1]과 같은 회로에서 output 전압은 몇 volt일까?

[sol] 이 회로는 전압이 그대로 +5V가 나온다.

[문제 2] 전류는 회로 연결이 되어 있지 않으므로 0[mA]이다.

전류는 항상 폐루프(close loop)가 되어야 하며 전류는 +에서 −로 흐른다.

[예제 1] 다음과 같이 회로를 만들고 합성저항, 전류를 구해보자.

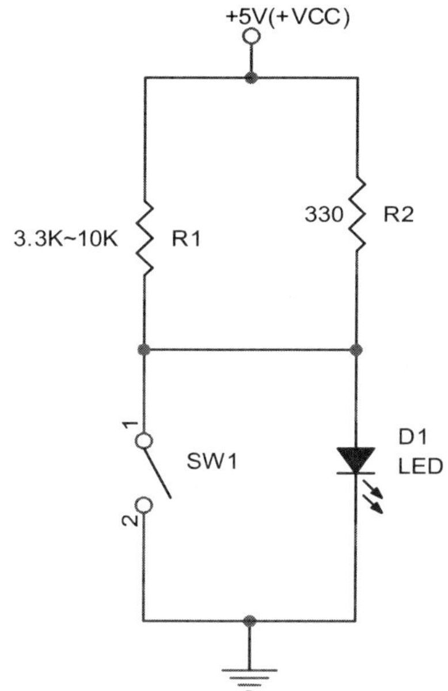

[회로 1]

[회로 1]에서 S/W를 on하면 led는 off되고 S/W를 off하면 led는 on 된다. S/W를 누르면 ground와 연결되어 led에는 0V 전압이 공급되어 led는 off 되고, S/W를 누르지 않으면 R1(10K)은 0.5mA, R2(330)는 15.2mA 전류가 흘러 led가 on 된다. S/W를 빠르게 누르고 떼면 led는 on, off를 반복한다.

[풀이] led의 내부저항 r = 0Ω이라고 가정했을 때

If R1 = 10K, R2 = 330Ω일 때 합성저항 RT = 319Ω일 때

▸ $RT = \dfrac{10k * 330}{10k + 330} = 319\Omega$

▸ $I = \dfrac{V}{RT} = \dfrac{5\,V}{319\Omega} = 15.7$ [mA]

▸ R1(10k)에 흐르는 전류 $I1 = \dfrac{R2}{R1 + R2} I$

$= \dfrac{330}{10K + 330} 15.7$ [mA]

$= 0.5$ [mA]

▸ R2(330)에 흐르는 전류 $I2 = \dfrac{R1}{R1 + R2} I$

$= 15.2$ [mA]

※ This solution is called the current division law

V1과 V2 해법 구해보기

V1 = I1 * R1
= 0.5[mA] * 10k
= 5V

V2 = I2 * R2
= 15.2[mA] * 330
= 5V

If R1 = 3.3K, R2 = 330Ω일 때 $RT = \frac{3.3k*330}{3.3k+330} = 300\Omega$ 합성저항 RT = 300Ω 이다. 전체 전류 I는 $I = \frac{V}{RT} = \frac{5V}{300\Omega} = 16.7mA$ R1(3.3kΩ)에 흐르는 전류 $I1 = \frac{R2}{R1+R2}I = 1.5mA$ R2(330Ω)에 흐르는 전류 $I2 = \frac{R1}{R1+R2}I = 15.2mA$

led 1개를 ON 하기 위해서는 전류가 16mA(중간 밝기)가 필요하므로 R2에 흐르는 전류 I2는 led를 on할 수 있다.

R1(3.3kΩ)에 흐르는 전류 I1 = 1.5mA, R2(330Ω)에 흐르는 전류 I2 = 15.2mA

또한 저항 값을 바꾸어 보면

If R1 = 10K, R2 = 330Ω일 때 합성저항 RT = 319Ω일 때 $I = \frac{V}{RT} = \frac{5V}{319\Omega} = 15.7mA$ $RT = \frac{10k*330}{10k+330} = 319\Omega$ R1(10k)에 흐르는 전류 $I1 = \frac{R2}{R1+R2}I = \frac{330}{10K+330}15.7mA = 0.5mA$ R2(330)에 흐르는 전류 $I2 = \frac{R1}{R1+R2}I = 15.2mA$

[예제 2] 스위치(4단)회로를 다음과 같이 브레드 보드에 만들어 스위치를 누르면 led on 되고 스위치를 떼면 led off 되게 만들어 보세요.

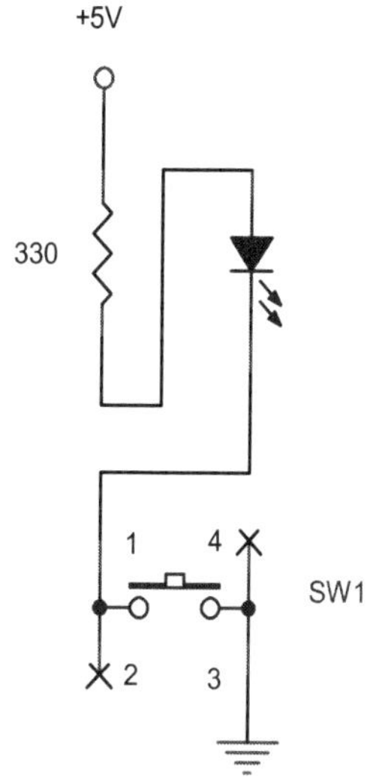

[스위치(4접점)회로]

다음과 같은 부품을 사용하여 led 구동회로와 모터 구동회로를 설계해 보자. 74LS04와 74LS14 IC의 차이점은 무엇일까?

※ schmidt trigger : 입력파형이 순간적으로 급격히 변화할 때 H, L를 명확히 하고자 할 때

74LS04 & 74LS14

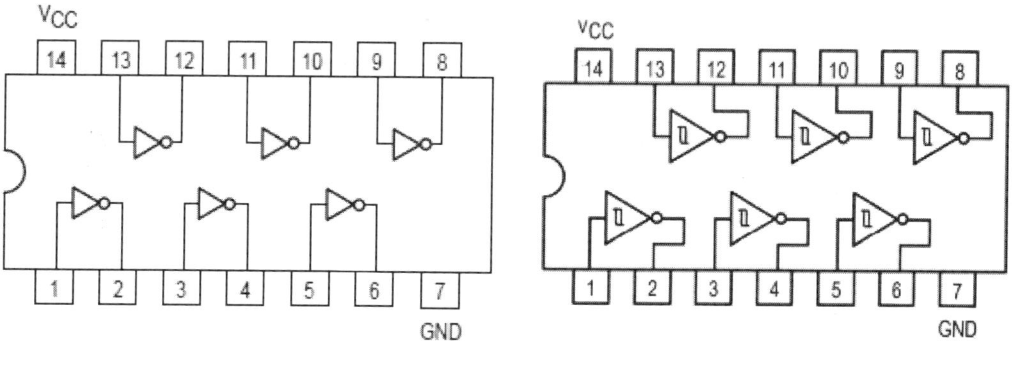

- 슈미트 트리거 기능이 있는 인버터 소자 74LS14
  이 기능이 없는 인버터 소자 74LS04

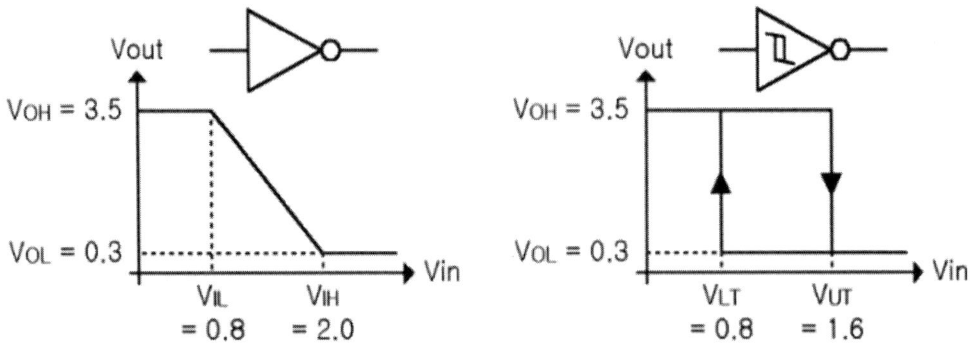

(a) 74LS04 (b) 74LS14

[예제 3] 다음과 같은 회로를 만들고 동작시켜 보세요.

① sink current method(left circuit)

② soure current method(right circuit)

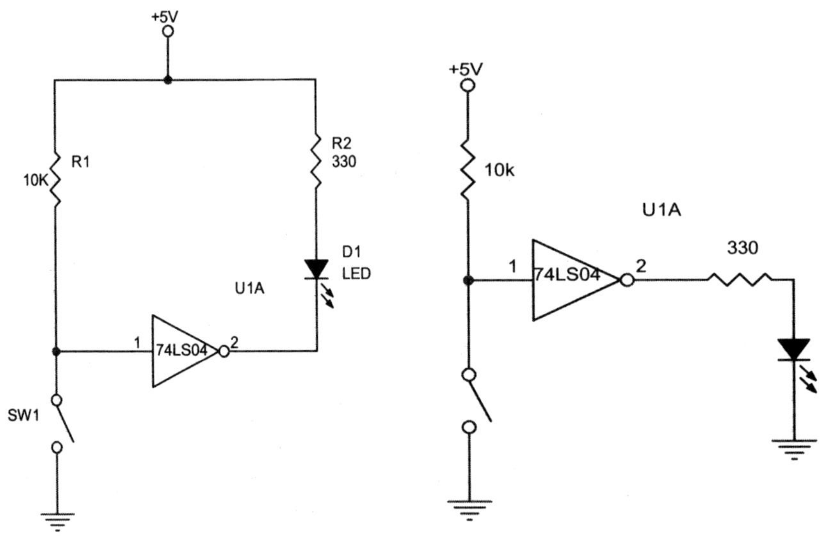

[sink current과 soure current method led 구동회로]

[예제 4] 다음과 같은 회로를 만들고 동작시켜 보세요.
DC모터의 start 전류가 450mA이고 running 전류는 250mA일 때 동작되는지 확인해 보세요.

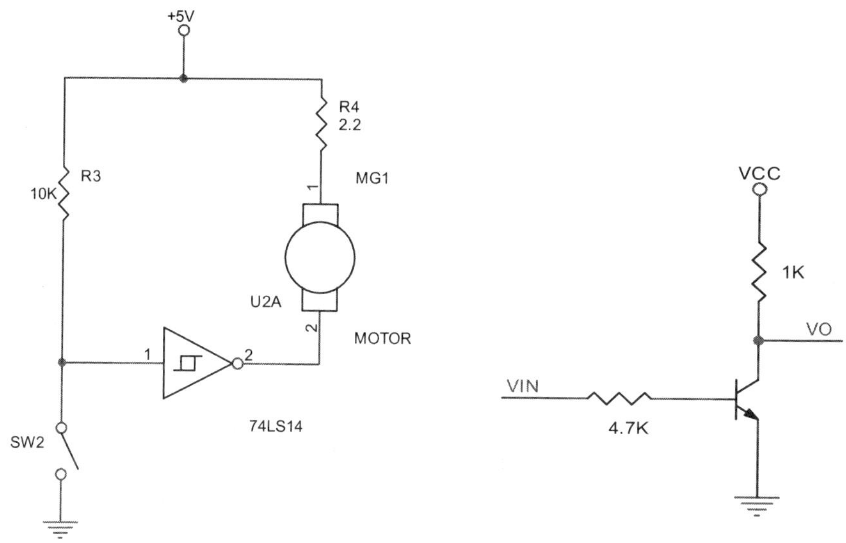

[MOTOR 구동회로]

[예제 5] 74HC04를 이용하여 LED와 DC 모터 구동회로를 설계해 보자(2SC1815 1개 사용).
트랜지스터 ① 스위칭, 증폭 ② NPN, PNP ③ 극성 E(이미터), B(베이스), C(컬렉터)

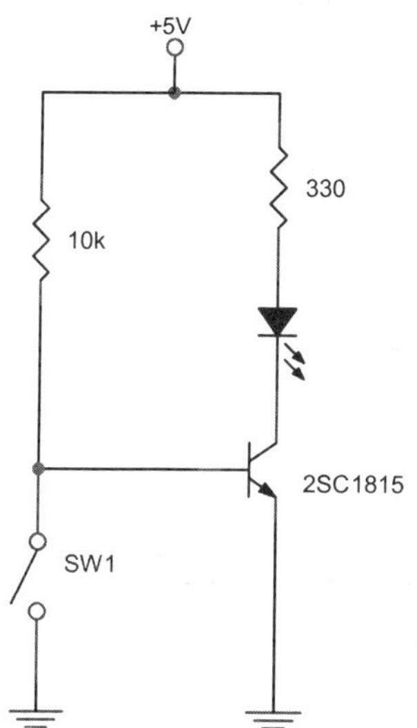

[그림 1]

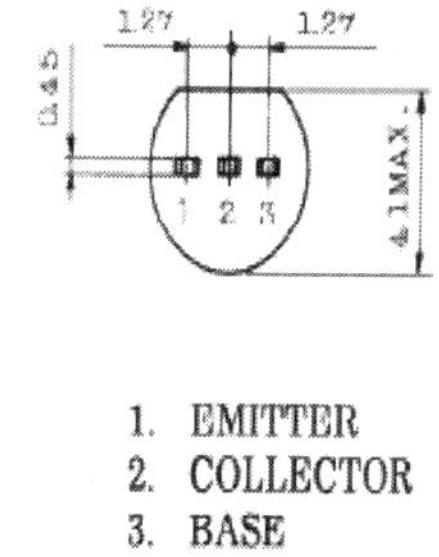

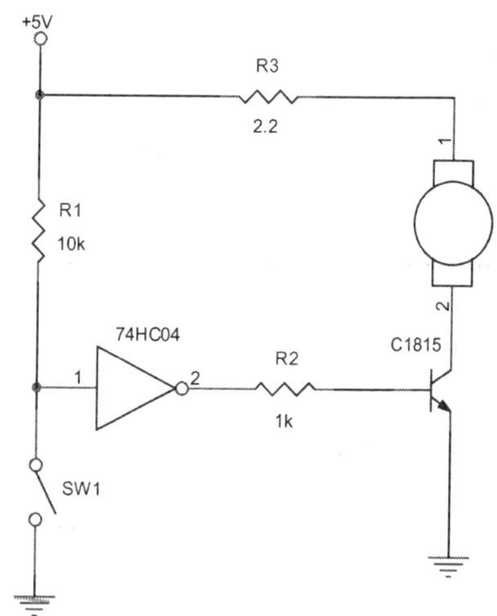

[그림 2]

[예제 6] DC모터 구동회로를 설계해 보고 속도를 제어해 보자.

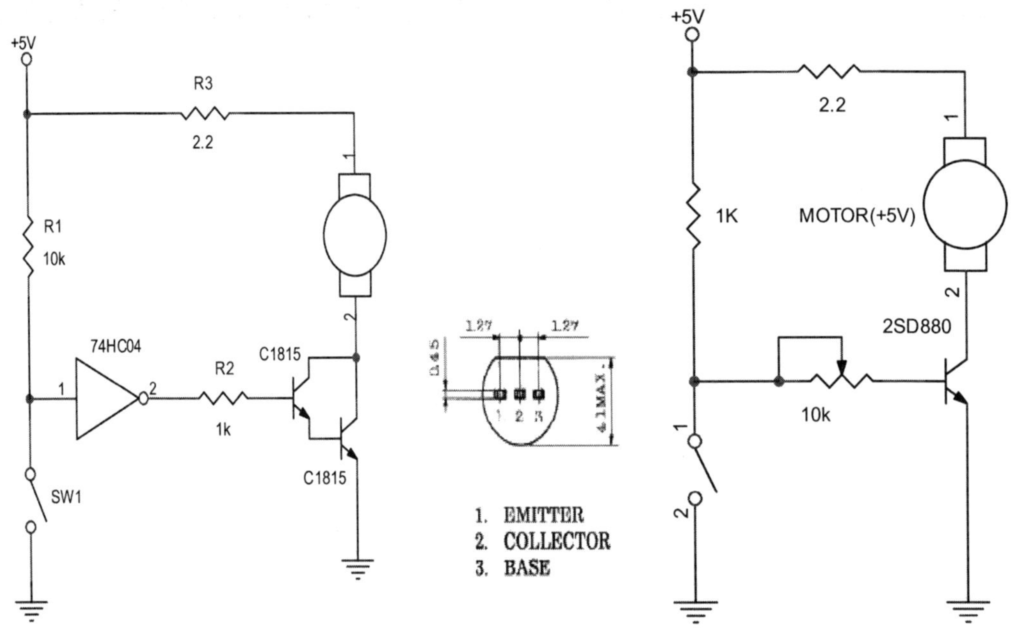

전류 증폭률 β , hfe : 우리말로 직역하면 직류전류 증폭율이다. 2SC1815 β (hfe)= 120이라고 가정하면 IB에 1mA 전류를 흐르게 할 때 IC는 120mA의 전류가 흐른다.

IC = β · IB, 전류 증폭율 β = IC / IB

예를 들어 β =120이고, 베이스에 유입된 전류가 10mA라면 컬렉터에 흐르는 전류는 1.2A이다. 즉 2SC1815의 트랜지스터의 β (hfe) = 120mA/1mA이다. hfe는 120이 된다.

ATmega128 출력 port에 나오는 전류는 10mA 이내로 비교적 적은 전류이다. 10A 모터를 구동하고자 한다면 어떻게 하면 될까?

트랜지스터를 darington 접속하여 hfe1 * hfe2하게 되면 10mA로 10A의 모터를 제어할 수 있다. 2SC1815 β (hfe)= 120 ~ 240이므로 darington 접속하게 되면 hfe는 14,400~57,600 정도가 된다.

cut off	All transistor currents are 0A			
active	VBE = 0.7V	IC = β IB	IE ≅ IC	
saturation		VC ≅ VE	IC ≅ IE(sat)	IE = IB + IC

(**active**_amplifire, **saturation**_switching)

트랜지스터의 이미터와 컬렉터 사이에 걸리는 전압을 바이어스전압(bias voltage)이라 한다. Bias voltage VB와 VE 사이의 전압은 0.7V이다.

- 모터구동회로 역기전력 방지회로(다이오드)

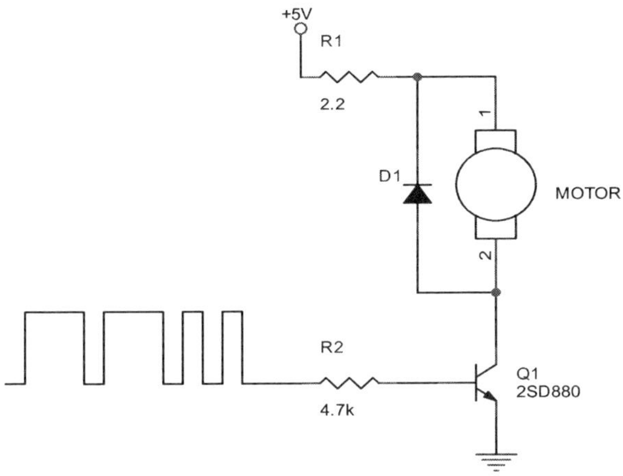

inductor와 병렬로(+5V(전원)에 역방향으로) diode를 접속하면 역기전력에 의해 발생하는 전압에 의해서 흐르는 전류는 전원으로 흐르지 않고 이 다이오드를 통해 inductor에 폐 loop를 만들어 inductor의 내부저항에서 에너지가 소비되어 버릴 것이므로 전원으로 향하는 스파크나 노이즈, 전원 리플전압이 발생하는 것을 방지해 줄 수 있다.

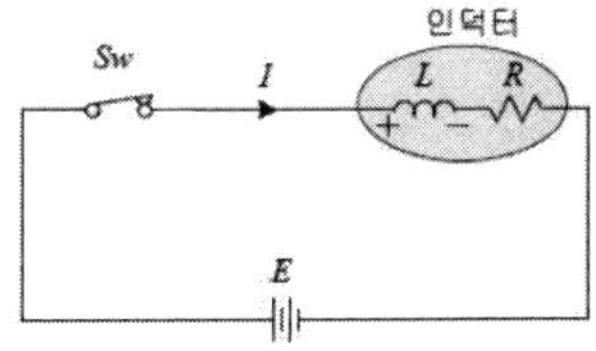

$$E_L = \frac{1}{2}LI^2\ [J]$$

스위치가 On 되어 전류 I 가 흐르고 있을 때 인덕턴스에 에너지가 저장된다.

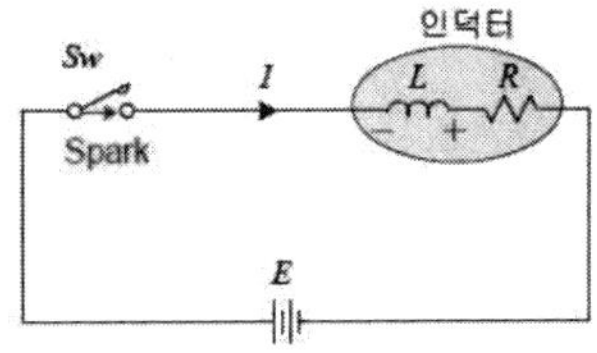

$$E_L = -L\frac{di}{dt}\ [V]$$

스위치가 Off 되면 인덕터에는 파라데이의 전자유도법칙에 의해 전압이 유기된다. 여기서 dt가 매우 짧은 시간이기 때문에 매우 큰 역방향의 기전력이 발생되어 인덕턴스 전압이 반전된다.

■ 다링톤 회로(Darlington circuit) POWER TRANSISTORS

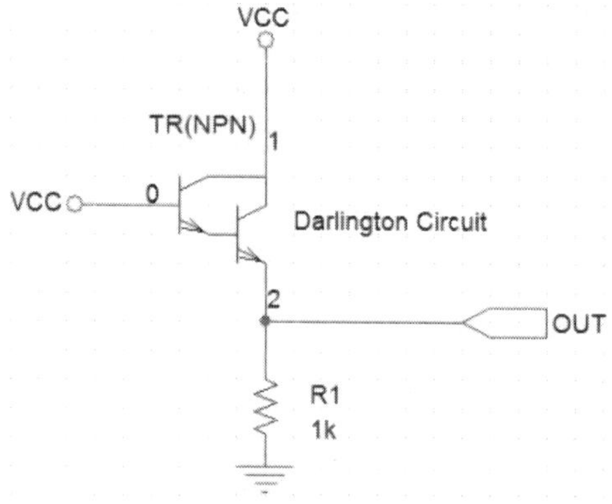

다링톤 회로는 2개의 TR을 직접 결합시켜 우수한 증폭특성을 나타내도록 한 회로로, Q1과 Q2의 곱에 의해 전류가 증폭된다.

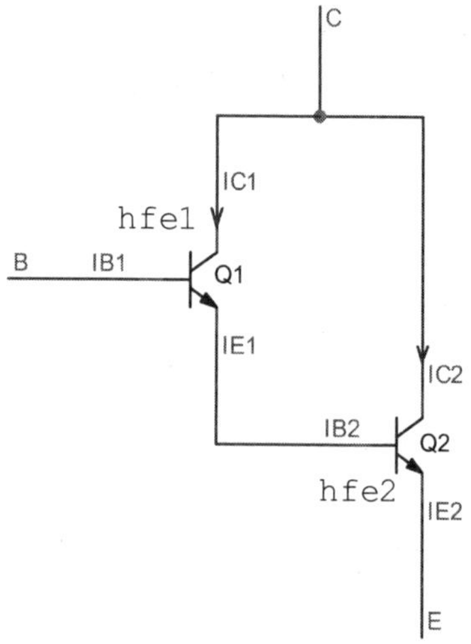

[다링톤 접속회로]

IC1 = hfe1 × IB1　　　　IC2 = hfe2 × IB2(IC = β × IB)

　　　　　　　　　　　　　= hfe2 × IE1(∵ IB2 = IE1)

IE1 = IB1 + IC1

　= IB1 + (hfe1 × IB1) = (1 + hfe1)IB1

IC2 = hfe2(1 + hfe1)IB1

IC = IC1 + IC2

　= hfe1 × IB1 + hfe2(1 + hfe1)IB1

∴ IC = hfe1 × IB1 + hfe2(1 + hfe1)IB1 = Q1 × Q2

74LS04 and 74LS14 pin view

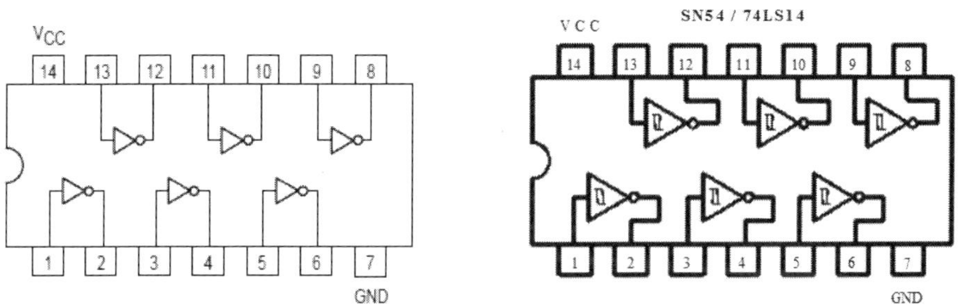

V O H	Output HIGH Voltage	54	2.5	3.4		V
		74	2.7	3.4		V
V O L	Output LOW Voltage	54, 74		0.25	0.4	V
		74		0.35	0.5	V

S/W를 누르고 뗄 때마다 7404 not gate를 통과하여 led가 on, off 된다. S/W를 누르면 ground와 연결되어 7404 입력에는 0, 출력은 1이 되어 led는 off되고 S/W를 누르지 않으면 7404 입력에는 1, 출력은 0이 되어 R2로 전류가 흐르고 7404 출력이 0이므로 ground가 되어 led가 on 된다. S/W를 빠르게 누르고 떼면 [응용회로1]과 같게 led는 on, off 된다.

슈미트 트리거 (74LS14 schmitter) not gate

① V_{LT} = 0.8V(low)일 때 V_{OH} = 3.5V(high)이며(rising voltage)

② 0.9, 1.0, 1.1, 1.2, 1.5V까지 V_{OH} = 3.5V(high)로 유지되며

③ V_{UT} = 1.6V(high)가 되면 V_{OH} = 3.5V는 VOL = 0.3V로 low로 변환된다.
falling voltage가 된다.

- 슈미트 트리거 기능이 있는 인버터 소자 74LS14
  이 기능이 없는 인버터 소자 74LS04

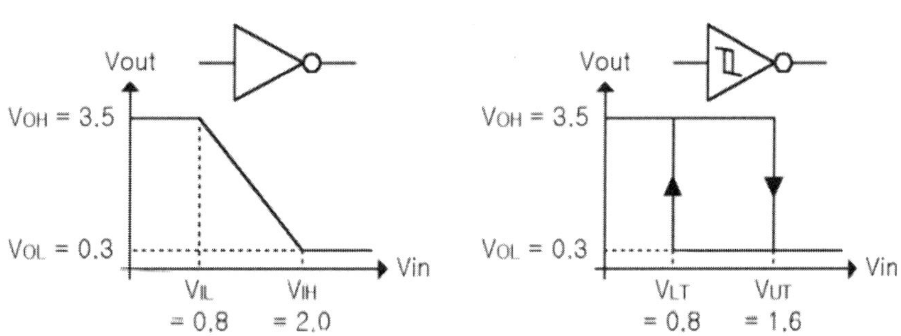

(a) 74LS04 (b) 74LS14

[예제 7] 회로 A와 B 중 어느 쪽이 더 많이 사용될까? 그리고 source current와 sink current는 무엇이 다를까?

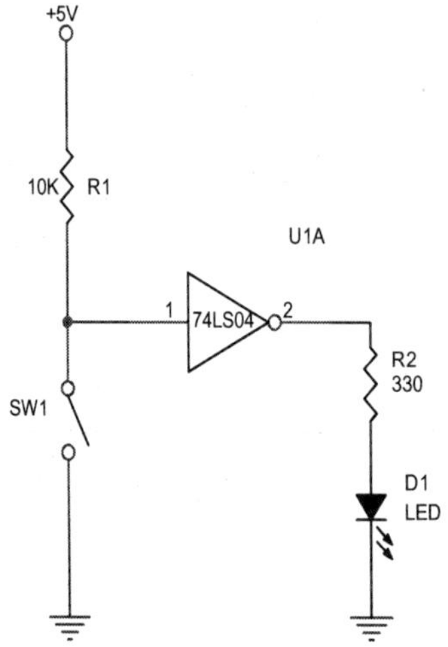

[회로 A]

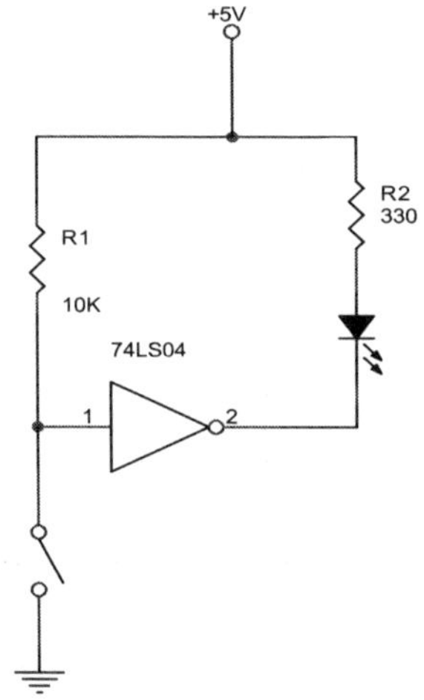

[회로 B]

change the 74LS04 to 74HC04 and measure the input/output the voltage

Circuits **A**(use 74LS04)		
input voltage	out voltage	led
+5V	0.3V ~ 0.8V	off
0V	3.5 ~ 3.8V	on

Circuits **B**(use 74LS04)		
input voltage	out voltage	led
+5V	0.2 ~ 0.3V	on
0V	3.8V ~ 4.2V	off

Circuits **A**(use 74HC04)		
input voltage	out voltage	led
+5V	0.2 ~ 0.3V	off
0V	4.8 ~ 5V	on

Circuits **B**(use 74HC04)		
input voltage	out voltage	led
+5V	0.2 ~ 0.3V	on
0V	4.8 ~ 5V	off

3. 밤과 낮을 이용한 led 켜기 설계

CdS 소자는 빛에 의해 저항 값이 변하는 소자이다(※ proteus CdS : TORCH LDR).

CdS를 이용하여 밤이 되면 led를 on 하고 낮이 되면 led를 off하는 회로를 설계해 보자.

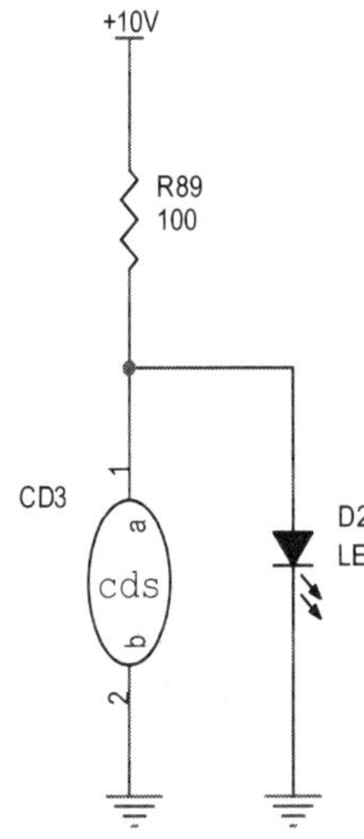

[CdS 저항 낮에는 10Ω이고 밤에는 1kΩ]

CdS 소자는 빛에 의해 저항 값이 변하는 소자로 낮에 빛을 받게 되면 저항 값은 작아지고(10Ω 가정), 밤이 되면 저항 값이 커지는(1kΩ 가정) 소자이다.

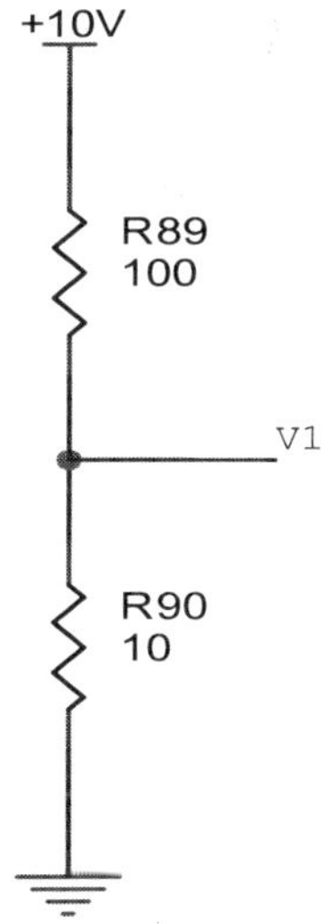

CdS의 낮 저항 10Ω일 때 전압 V1과 밤 저항 1kΩ일 때 전압 V1은?

$$V1 = \frac{R90}{R89 + R90}\ VCC\ (\text{전압분배의 법칙})$$

전압분배의 법칙을 이용하여 CdS 낮 저항 10Ω일 때 V1 전압을 구해보면

$$V1 = \frac{10}{100+10}\ (10V) = 0.9V\ (\text{LED off 됨})$$

전압분배의 법칙을 이용하여 CdS 밤 저항 1kΩ일 때 V1 전압을 구해보면

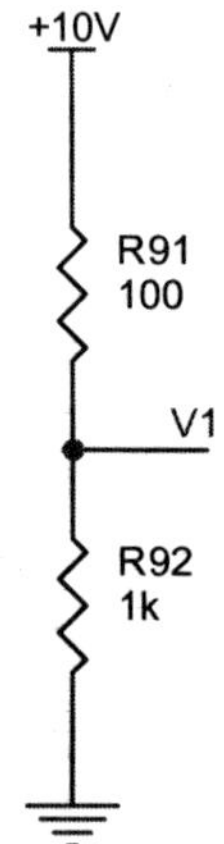

$$V1 = \frac{1k}{100+1k}\ (10V) = 9.09V\ (\text{LED on 됨})$$

그러므로 led는 밤에 on 된다. 조금 더 응용회로를 생각해 보자.

다음과 같이 회로를 구성하였을 때 V1 전압이 2.2[V]가 출력되었다. 전압이 9.09[V]에서 2.2[V]로 다운(전압강하)되었다. 이유가 무엇일까?

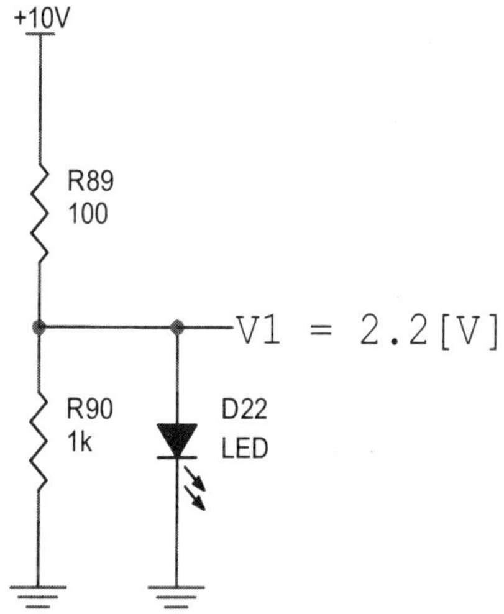

led의 내부 저항 값을 구해보자.

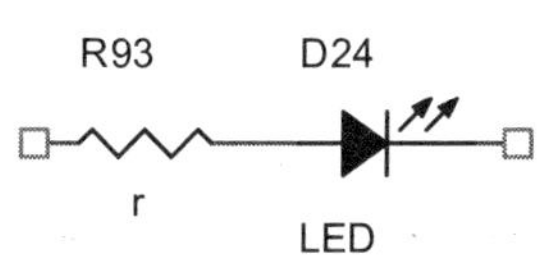

[led 내부등가 회로]

led의 내부저항 r을 알아야 전압 V1 = 2.2[V]임을 알 수 있다.

$$V1 = \frac{\frac{(R95 \times R96)}{(R95+R96)}}{R94+\frac{(R95 \times R96)}{(R95+R96)}} \times VCC \text{ (전압분배법칙)}$$

주어진 값을 대입하면

$$2.2V = \frac{\frac{(1k \times r)}{(1k+r)}}{100+\frac{(1k \times r)}{(1k+r)}} \times 10V$$

즉, 다음과 같은 회로를 만들어 볼 수 있다.

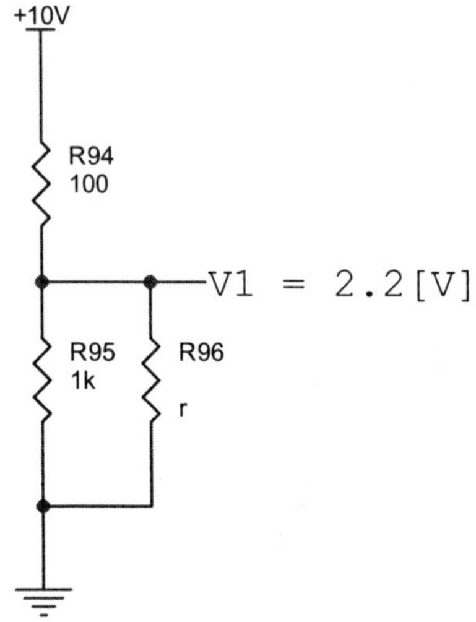

답) r ≅ 30Ω

가. CdS를 이용한 LED 켜기 회로설계

CdS를 이용하여 밤이 되면 led를 on 하고 낮이 되면 led를 off 하는 회로를 설계해보자.

부 품 : CdS cell(GL5516)는 인터넷 쇼핑몰을 이용한 CdS 구매한 부품이다.

MODEL	light resistance	dark resistance	비 고
GL5516	5kΩ	200kΩ	

GL5516 CdS는 빛이 주입될 때(낮) 저항 값이 5K이고 빛을 차단할 때(밤) 200KΩ이다.

[CdS GL5516]

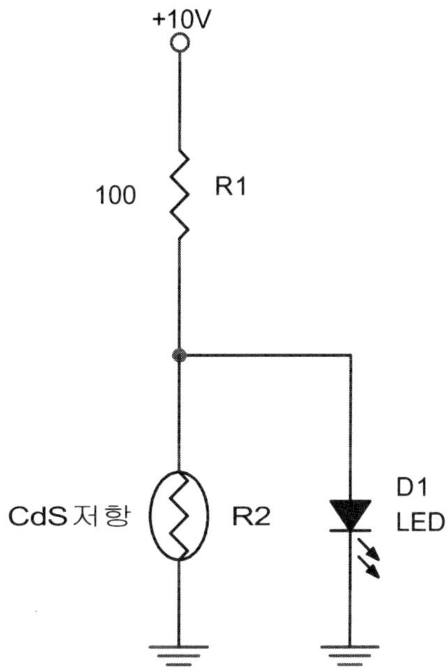

[CdS 저항 낮-5kΩ, 밤-200kΩ 회로도 설계]

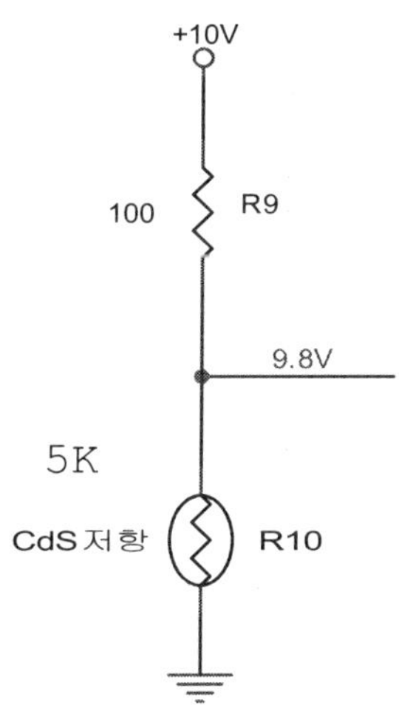

[낮인 경우 CdS 5kΩ]

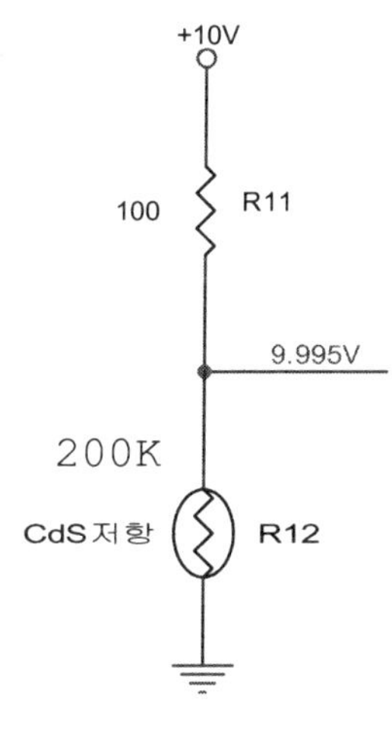

[밤인 경우 CdS 200kΩ]

낮인 경우 CdS 저항 값은 5kΩ, 밤인 경우 CdS 저항 값은 200kΩ이고 전압을 측정하면 전압 차가 많이 발생하지 않는다. 또한 led를 연결할 경우와 연결하지 않은 경우 측정한 값을 비교해 보면 V1 전압이 뭔가 다르게 나타난다.

이상하다. 무엇 때문일까?

실제회로를 만들어 전압을 측정해 보면

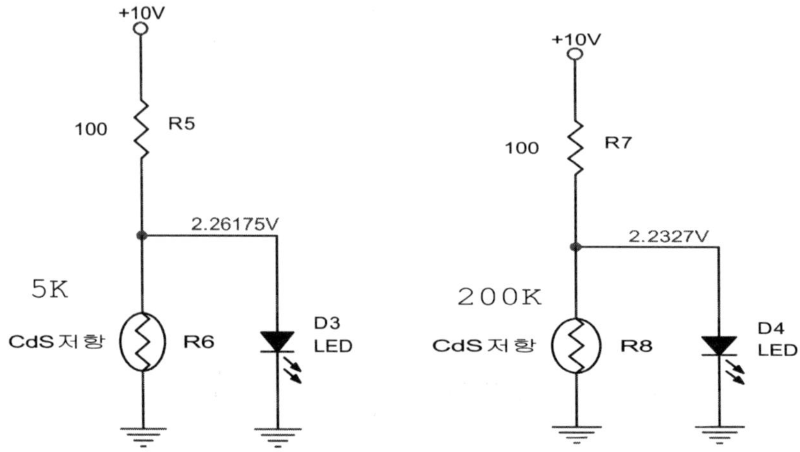

[낮인 경우 CdS 5kΩ, 밤인 경우 CdS 200kΩ에 led를 추가한 회로]

결과 값을 보면 밤인 경우 V1 값과 낮인 경우 CdS V1 값이 차이가 많이 나질 않는다. 저항만 가지고 회로를 설계하기가 어렵다.

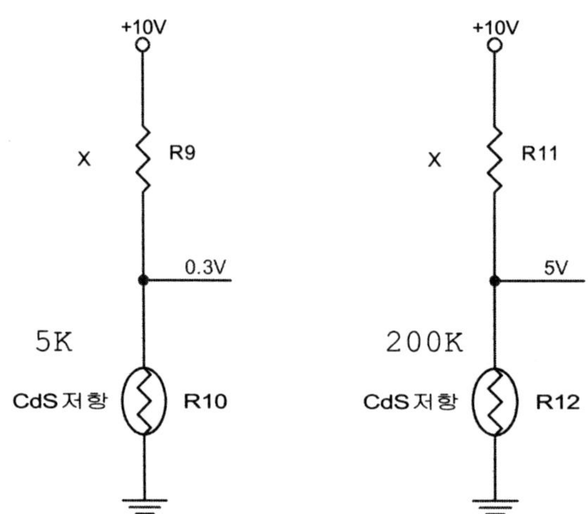

낮에는 V1 = 0.3V 이하로 설계하고 밤에는 V2 = 5V로 출력 값이 나오게 설계하려면 R1 저항 값 X를 어떻게 하면 될까? 답을 찾기가 쉽지 않다.

트랜지스터를 이용하여 낮과 밤 CdS 저항 값 변화에 따라 회로를 설계해 보자.

[예제 1] 트랜지스터(C1815Y)를 이용한 CdS 회로설계

CdS(GL5516)에 빛이 주입되면 led가 off 되고 빛을 차단하면 led가 on 되게 CdS 빛이 주입될 때 회로를 설계하시오(V = 5V max = 39kΩ, min = 15kΩ, average = 27kΩ).

What is the function of a transistor? 스위치작용, 증폭작용

(a) CdS 내부저항 빛이 주입될 때 2kΩ이면 27kΩ 변환할 것. 실습시 사용 GL5516

(b) CdS 내부저항 빛이 주입될 때 5kΩ이면 100kΩ 그대로 사용함.

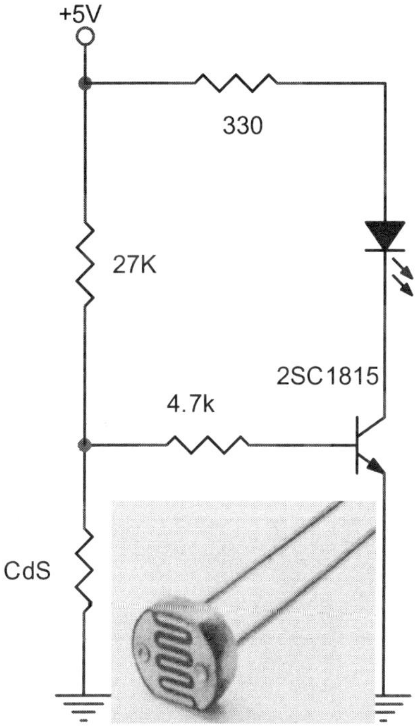

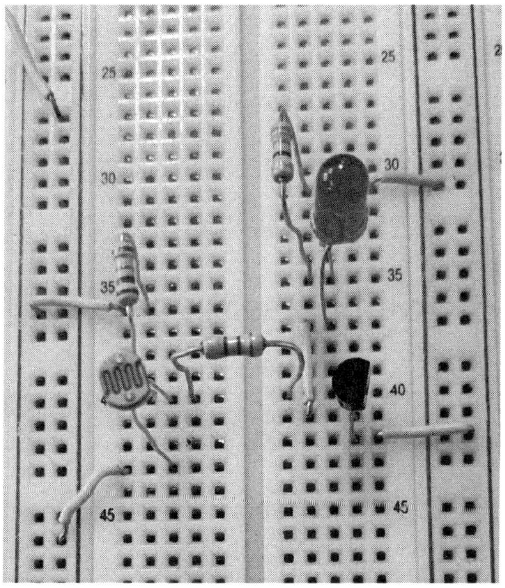

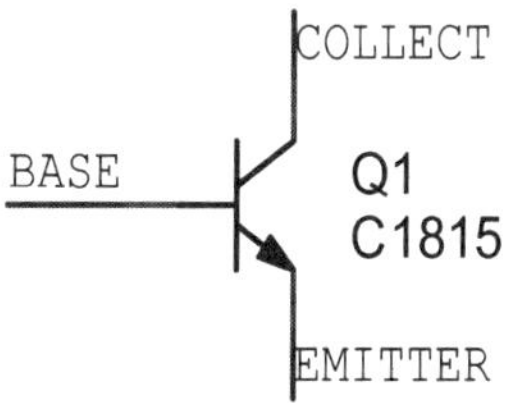

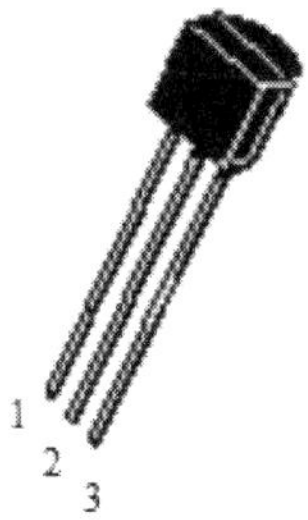

1. EMITTER
2. COLLECTOR
3. BASE

전압분배법칙 공식을 적용해 보면

(a) R1 = 27kΩ이고 CdS에 빛이 주입될 때 (CdS) 저항 값이 2kΩ이면

① CdS에 빛이 주입될 때 $VCdS1 = \frac{2K(CdS)}{27K(R1) + 2K(CdS)} * 9V(5V) = 0.6V(0.3V)$

바이어스 전압이 0.7V 이하이므로 트랜지스터는 동작되지 않는다. led는 off 된다.

② R1 = 27kΩ이고 CdS에 빛을 차단할 때 (CdS) 저항 값이 20kΩ이면

$$VCds1 = \frac{20K(CdS)}{27K + 20K(CdS)} * 9V(5V) = 3.8V(2.2V)$$

바이어스 전압이 0.7V이므로 트랜지스터는 동작된다. led는 on 된다.

(b) CdS 내부저항 빛이 주입될 때 5kΩ이면 100kΩ 그대로 사용

① CdS에 빛이 주입될 때 $VR1 = \frac{5K}{100K + 5K} * 9V = 0.4V$

바이어스 전압이 0.7V 이하이므로 트랜지스터는 동작되지 않는다. led는 off 된다.

② CdS에 빛을 완전히 차단할 때 $VR1 = \frac{200K}{100K + 200K} * 9V = 6V$

바이어스 전압이 0.7V 이상이므로 트랜지스터는 동작된다. led는 on 된다.

부품(CdS) : CdS cell(GL5516)는 인터넷 쇼핑몰을 이용한 CdS 구매한 부품임

MODEL	light resistance	dark resistance	비 고
GL5516	5kΩ (2kΩ)	200kΩ (20kΩ)	

GL5516 CdS는 빛이 주입될 때(낮) 저항 값이 5K이고 빛을 차단할 때(밤) 200KΩ이다.

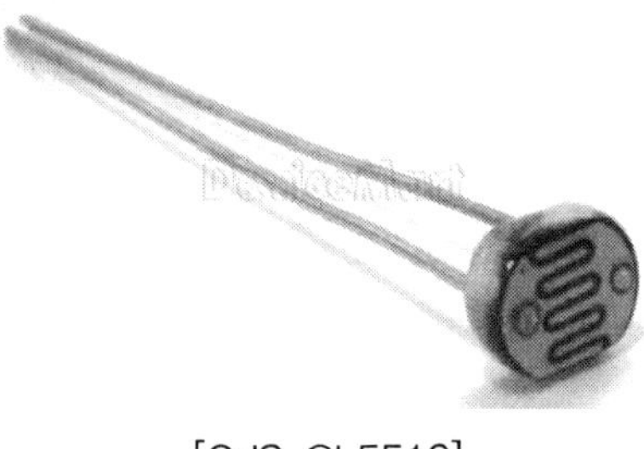

[CdS GL5516]

다음과 같이 회로를 설계해보면 낮과 밤의 CdS 변화에 따라 led가 반대로 동작됨을 알 수 있다.

[예제 2] CdS(빛) 변화에 따른 led 구동회로 설계

① 오실로스코프를 이용하여 TP1 전압을 측정하시오.

② [예제 2] 회로와 반대로 동작되게 하려면 어떻게 하면 될까?

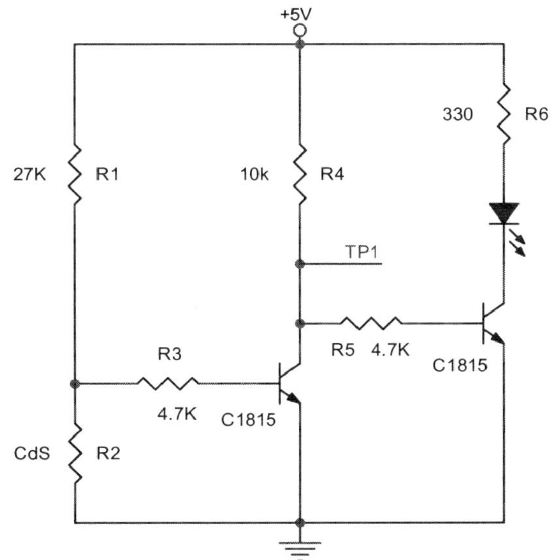

CdS에 빛을 차단할 때 저항 값은 20KΩ이므로 R1과 R2(CdS) 사이의 트랜지스터 구동을 위한 바이어스 전압(0.7V)은 충분하므로 첫 번째 TR은 동작상태가 되고 VCE 전압은 ≅ 0.2V이다. 두 번째 트랜지스터는 바이어스 전압이 부족하므로 동작되지 않는다.

다음은 TR(Q1)이 off 상태일 때 전압분배법칙을 이용하여 V1을 구해보자.

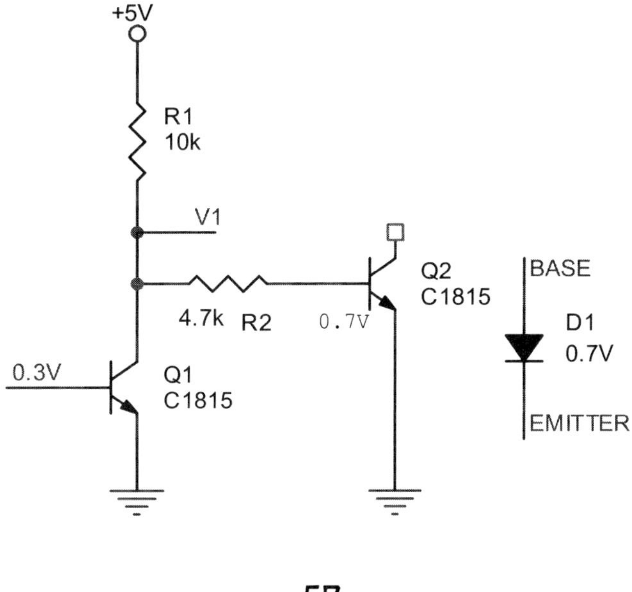

sol 1) 전압분배법칙을 이용하여 V1을 구해보면

$$5V = I_1*10K + I14.7K + 0.7V$$
$$4.3V = I1(10K + 4.7K)$$
$$I1 = 4.3V/(10K + 4.7K)$$
$$= 2.92 * 10^{-4}\ [A]$$
$$V1 = (2.92 * 10^{-4} * 4.7K) + 0.7V$$
$$= 2V$$

다른방법 V1 값
If Q2 base 전압을 VB = 0.7V 가정하면(Q1 base 전압은 VB = 0.3V)
(4.7K의 R2와 연결된 TR base에 전압을 0.7V)

$$V1 = \frac{4.7K}{10K + 4.7K}(5V - 0.7V) = 1.37V$$

따라서

$$1.37V + 0.7V(D1\ 전압) = 2V$$

즉, V1에 2V 전압이 걸린다.

- CdS(빛) 변화에 따른 LED 구동 회로를 만들어 V1 전압을 측정하시오.

- 낮(CdS 2KΩ)과 밤(CdS 20KΩ)을 분리한 회로도

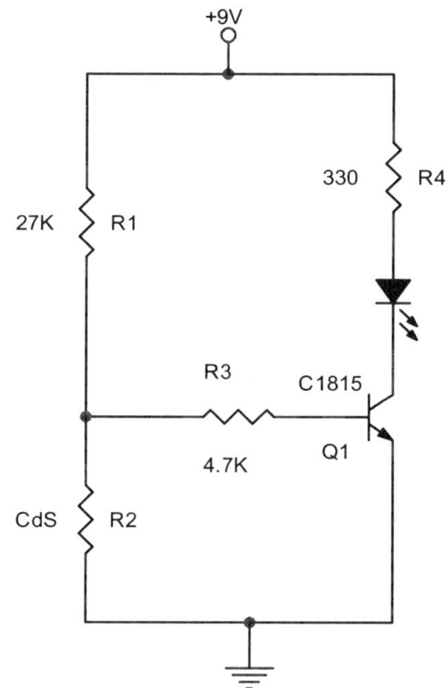

[낮 CdS 저항은 2KΩ led off] [밤 CdS 저항은 20KΩ led on]

회로도 설명

① 낮 CdS 저항은 2KΩ led off

Q16 트랜지스터 base에 L 전압이 인가되면 VBE(베이스와 이미터 전압)바이어스 전압이 0V이므로 트랜지스터는 동작되지 않는다. 즉, led는 off 된다.

② 밤 CdS 저항은 20KΩ led on

Q16 트랜지스터 base 에 H 전압이 인가되면 VBE(베이스와 이미터 전압)바이어스 전압이 주어지고 트랜지스터는 도통하게 된다.

트랜지스터는 +10V에서 330Ω 저항을 거쳐 led를 통과하게 되고 컬렉터에서 이미터로 전류가 흐르게 된다(IC ≅ IE). 즉, led는 on 된다.

트랜지스터 2SC1815, 2SD880의 각 IC 전류값은 얼마인가?

■ FEATURES

* Collector-Emitter voltage:
  BV_{CEO}=50V
* Collector current up to 150mA
* High h_{FE} linearity
* Complimentary to UTC 2SA1015

2SC1815

AUDIO FREQUENCY GENERAL PURPOSE AMPLIFIER APPLICATIONS.
DRIVER STAGE AMPLIFIER APPLICATIONS.

- High Voltage and High Current
  : V_{CEO}=50V (Min.), I_C=150mA (Max.)
- Excellent h_{FE} Linearity
  : $h_{FE(2)}$=100 (Typ.) at V_{CE}=6V, I_C=150mA
  : h_{FE} (I_C=0.1mA) / h_{FE} (I_C=2mA)=0.95 (Typ.)
- Low Noise : NF=1dB (Typ.) at f=1kHz
- Complementary to 2SA1015 (O, Y, GR class)

[예제 3] CdS(빛) 변화에 따른 DC MOTOR 구동회로설계

TR 2SC1815를 2SD880 수정하여 회로를 설계하시오. Why attached 2.2Ω resistor?

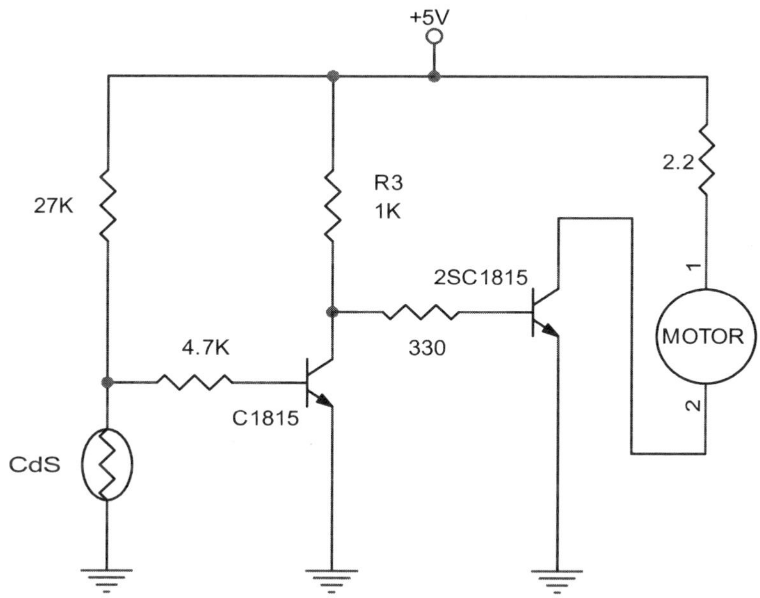

① CdS에 빛이 가해질 때 모터가 구동되고

② CdS에 빛이 차단될 때 DC모터가 정지되도록 회로를 설계하시오.

구분	2SC1815	S9013
극성	ECB	EBC
전류(IC)	150mA	500mA
datasheet figure	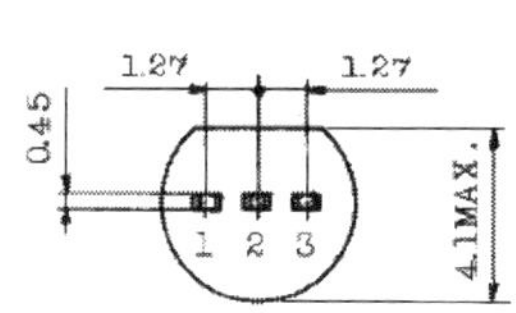 1. EMITTER 2. COLLECTOR 3. BASE	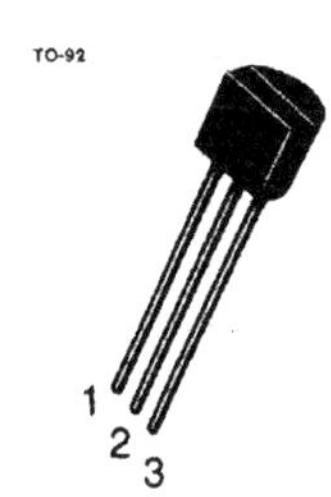 1. Emitter 2. Base 3. Collector

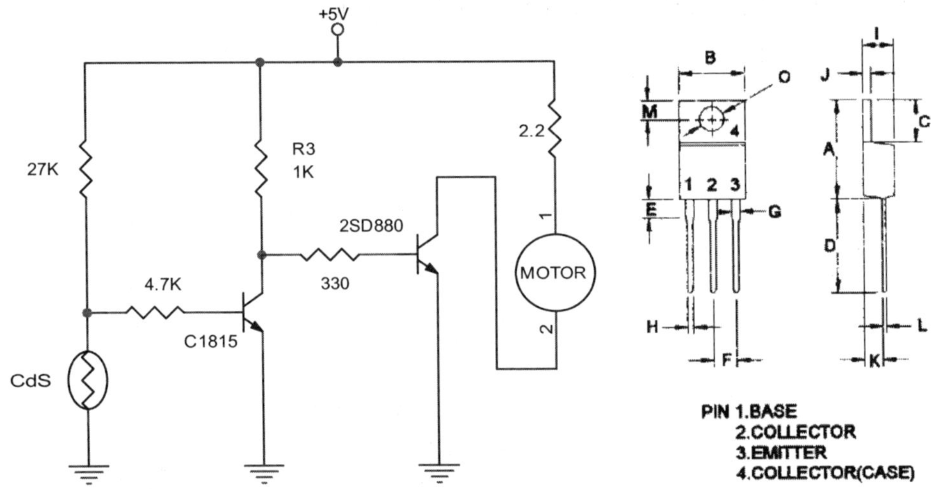

[예제 4] CdS에 빛이 주입될 때는 모터를 정지되게 하고 빛을 차단할 때는 모터가 구동되게 회로를 설계하시오.

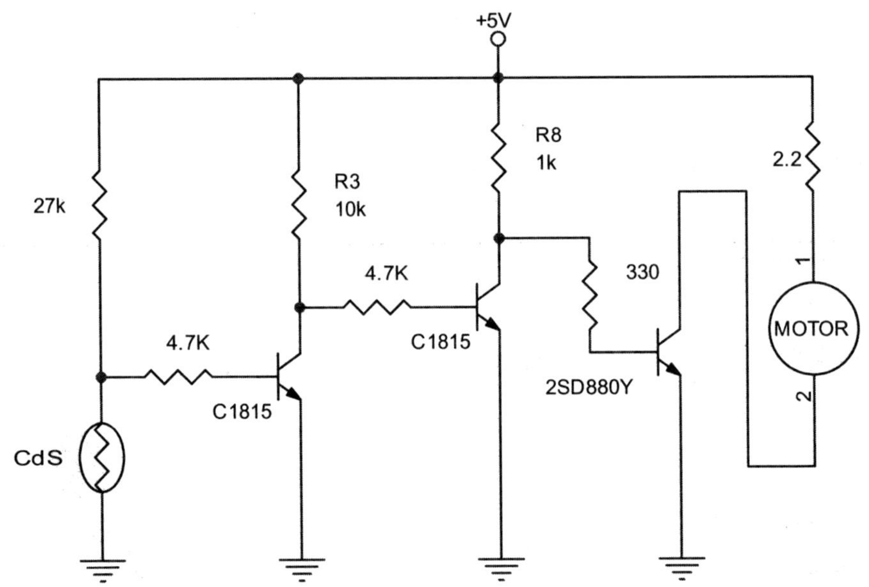

■ 다링톤 회로(Darlington circuit) POWER TRANSISTORS

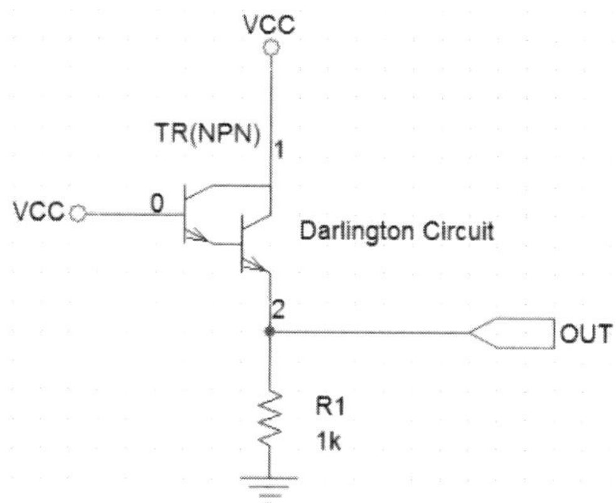

2개의 TR을 직접 결합시켜 우수한 증폭특성을 나타내도록 한 회로로, Q1과 Q2의 곱에 의해 전류가 증폭된다.

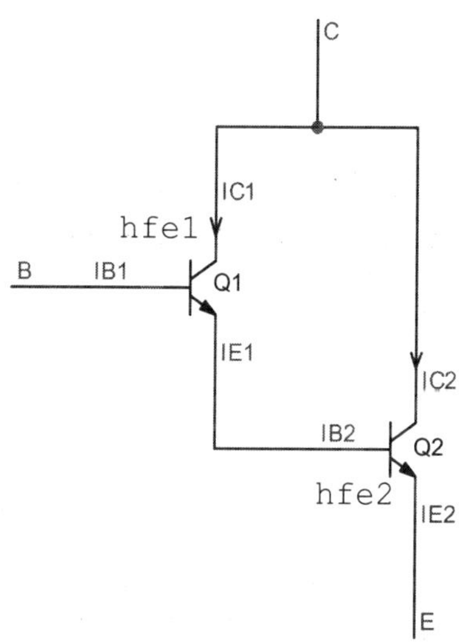

[다링톤 접속회로]

$IC1 = hfe1 \times IB1 (IC = \beta \times IB)$

$IC2 = hfe2 \times IB2$

$\quad = hfe2 \times IE1 (\because IB2 = IE1)$

$IE1 = IB1 + IC1$

$\quad = IB1 + (hfe1 \times IB1)$

$\quad = (1 + hfe1) IB1$

IC2 = hfe2(1 + hfe1)IB1

IC = IC1 + IC2

= hfe1 × IB1 + hfe2(1 + hfe1)IB1

∴ IC = hfe1 × IB1 + hfe2(1 + hfe1)IB1

= Q1 × Q2

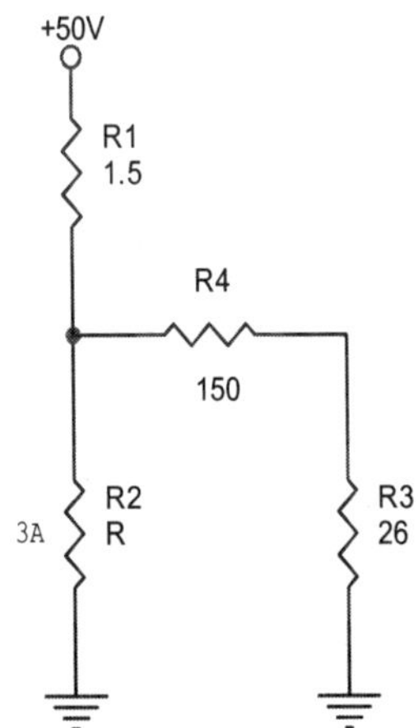

[Think about 1] 트랜지스터 2SC1815Y 컬렉터 IC에 전류를 30mA 흐르게 하려고 한다. IB1, R1, R2 값은? 단, led 내부저항은 0Ω으로 가정한다.

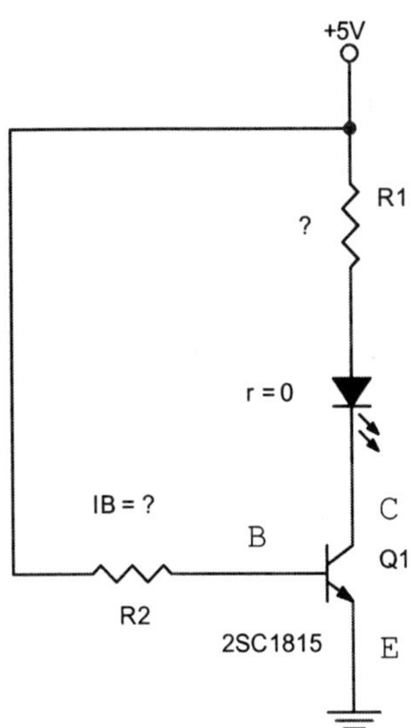

citance	C_{ob}	$V_{CB}=10V$, $I_E=0$, f=1MHz	—
nce	$r_{bb'}$	$V_{CE}=10V$, $I_E=-1mA$ f=30MHz	—
	NF	$V_{CE}=6V$, $I_C=0.1mA$ f=1kHz, $R_G=10k\Omega$	—

ication 0 : 70~140 Y : 120~240 GR : 200~400

ng to improve the quality and the reliability of its products. Nevertheless, semiconduc
ir inherent electrical sensitivity and vulnerability to physical stress. It is the responsibility o
standards of safety, and to avoid situations in which a malfunction or failure of a TOSHIE
r damage to property. In developing your designs, please ensure that TOSHIBA product
in the most recent products specifications. Also, please keep in mind the precautions and
ility Handbook.

VCC = ICR1 + VCE(0.2V)

IC = $\frac{VCC-0.2V}{R1}$ [mA] VCE = 0.2[V]

30mA = $\frac{4.8V}{R1(?)}$, R1 = $\frac{4.8V}{30mA}$ = 160[Ω] (답) R1 = 160[Ω]

IB = $\frac{30mA}{120}$ × 3배 = 0.75[mA] hfe = 120 (답) IB = 0.75[mA] ※ IC = β · IB

R2 = $\frac{5V-0.7V}{0.75mA}$ = 5.7[KΩ] VBE = 0.7[V] (답) R2 = 5.7[KΩ]

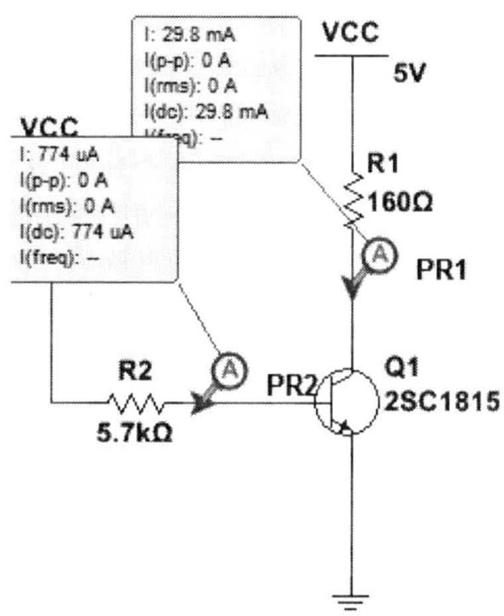

[Think about 2] 트랜지스터 2SC9013D 컬렉터 IC에 전류를 20mA 흐르게 하려고 한다. R1, R2, IB1 값은? led internal resistance is assumed set to be 0Ω.

hfe classification					
classification	D	E	F	G	H
hfe(1)	64–91	78–112	96–135	112–166	144–202

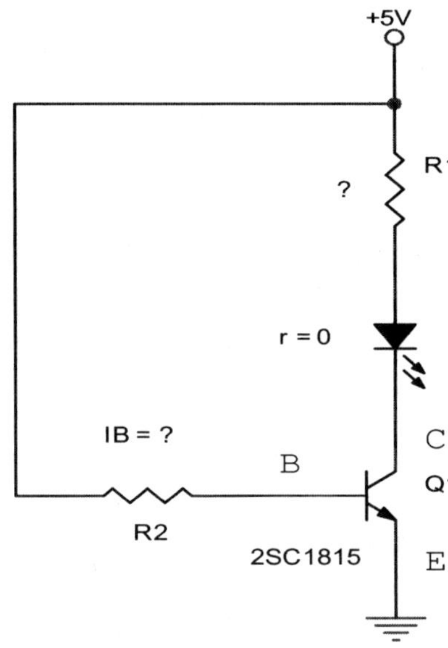

$$VCC = ICR1 + VCE(0.2V)$$

$$IC = \frac{VCC - 0.2V}{R1} \text{ [mA]} \quad VCE = 0.2[V]$$

$$20mA = \frac{4.8V}{R1(?)}$$

$$R1 = \frac{4.8V}{20mA} = 240[\Omega]$$ (답) R1은 240[Ω]

$$IB = \frac{20mA}{64} \times 3배 = 0.9[mA] \quad hfe = 64$$ (답) IB은 0.9[mA]

$$R2 = \frac{5V - 0.7V}{0.9mA} = 4.7[K\Omega] \quad VBE = 0.7[V]$$ (답) R2은 4.7[KΩ]

[예제 5] CdS를 이용한 낮과 밤을 구분하는 BUZZER 벨 소리 동작

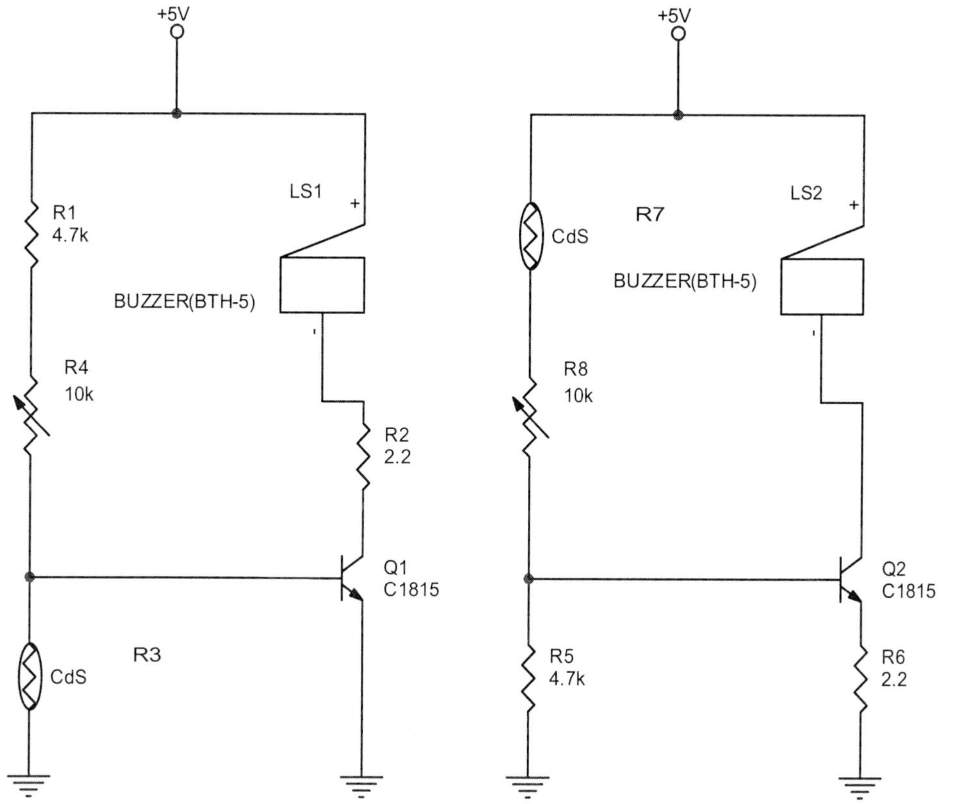

(A) CdS에 빛 주입될때 ON　　(B) CdS에 빛 주입 되지 않을때 ON

CdS와 트랜지스터를 이용한 부저(buzzer) 구동 회로이다.

(A) 회로는 CdS에 빛이 가해질 때 트랜지스터는 구동되고 부저는 울리게 된다.

(B) 회로는 CdS에 빛이 차단될 때 트랜지스터는 구동되고 부저는 울리게 된다.

[예제 6] 다음과 같은 회로가 동작되도록 브레드 보드에 꾸며 보자.

What is the following circuit called?　　비안정 멀티 바이브레이터

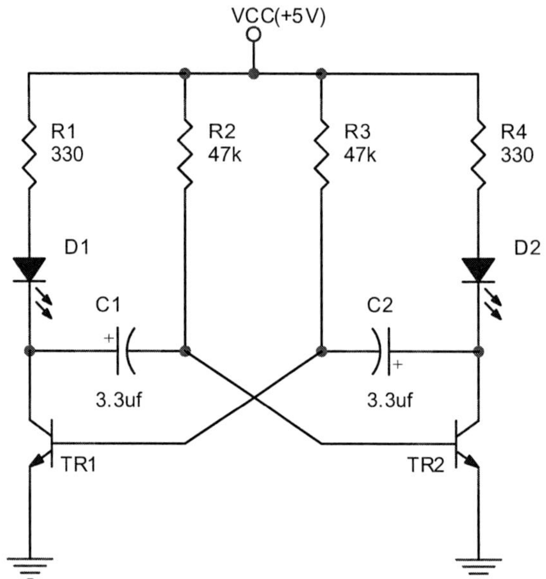

발진 주기 T = 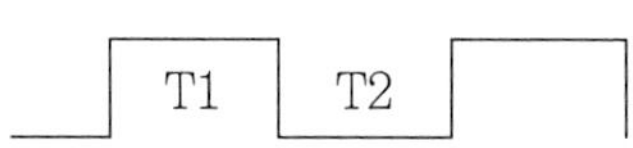

$$T1 = \log_2(R2 \cdot C1) = 0.693(R2 \cdot C1)$$
$$= 0.693(47K * 1uf) = 0.032571[sec]$$
$$T2 = \log_2(R3 \cdot C2) = 0.693(R3 \cdot C2)[sec]$$
$$= 0.693(47K * 1uf) = 0.032571[sec]$$

[예제 7] 비안정 멀티바이브레이터 회로에 빛이 가해지면 동작되고 빛을 차단하면 동작이 멈추게 회로를 설계하시오.

from TOVCC to VCC(+5V)

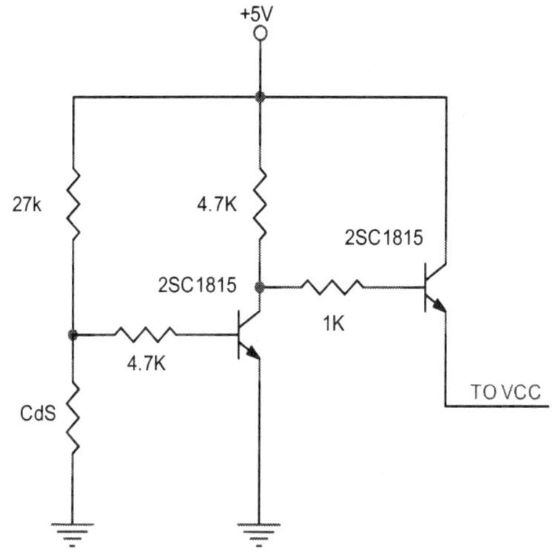

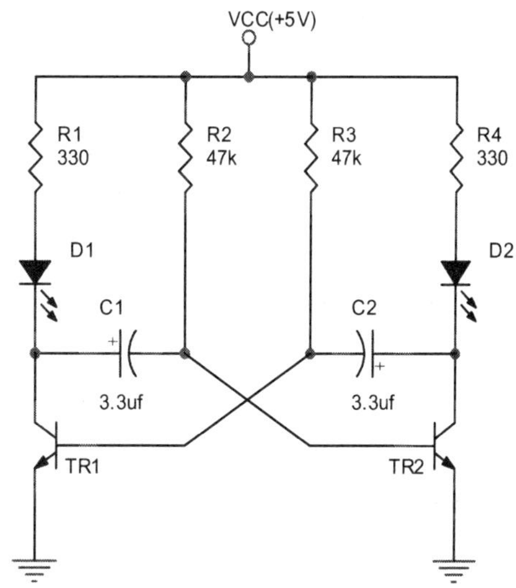

4. DIGITAL IC 기본개념

디지털 IC의 기본개념을 알기 위해 DM74LS00N IC를 예로 들어 설명한다.

가. DM74LS00N

- IC : DM74LS00N
- DM : 제조회사(fairchild semiconductor), SN: TI(texas instrument), HD(hitachi)
- TC : tosiba, MCI(motorola)
- 74 : 일반상용 IC(54는 군사용으로 대부분 사용) TTL IC
- LS : 회로형태(많이 사용하는 IC로 쇼트키 다이오드를 사용하고 소비전력을 적게 한 것)
- 00 : gate 기능번호(00:NAND, 02:NOR, 04:NOT, 08:AND)
- N : package 형태(DIP, SOP, Flat...)

cf. TTL series는 +5V 전압이 표준임

나. TTL & CMOS HIGH, LOW 입력기준(74LS04)

HIGH, LOW 입, 출력기준	TTL	CMOS
VIL(Voltage input low)	0 ~ 0.8V 이하	0 ~ 1.5V
VIH(Voltage input high)	2.0 ~ 5.0V	3.5 ~ 5V
VOL(Voltage output low)	0 ~ 0.35V	0 ~ 0.1V
VOH(Voltage output high)	2.4 ~ 5V	4.9 ~5V

※ 정확한 것은 datasheet를 참고할 것

다. TTL(Transistor Transistor Logic)

- 7400 start 가장 처음에 개발한 IC
- 74S00 소비전력이 증가하더라도 Schottky barrier diode를 이용 속도향상 IC
- 74LS00 Low power schottky 소비전력을 적게 하고자 개발된 IC
- 74AS00 Advanced schottky 속도는 74S와 비슷한데 소비전력을 1/3로 줄인 IC
- 74ALS00 Advanced low power schottky 74LS를 개발한 IC로 저전력, 고속도 IC

라. C-MOS

저소비 전력, 전원전압 최대 18V, 동작속도가 늦고 정전기에 약하다. 4000, 4019, 4032 등 40** 시작된다.

마. TTL + C MOS

- 74HC00 High speed C MOS
- 74HCT00 High speed C MOS with TTL

바. 74HC series

- VIL(Voltage input low) : 1.3V 이하
- VIH(Voltage input high) : 3.7V 이상
- VOL(Voltage output low) : 0.2V 이하
- VOH(Voltage output low) : 4.7V 이상

좀 더 정확한 것은 datasheet를 참조하여 회로 설계시 특성을 정확히 알고 사용해야 한다.

www.alldatasheet.co.kr

5. 논리 게이트와 진리표

IC	LOGIC GATE	기능	비 고
7408	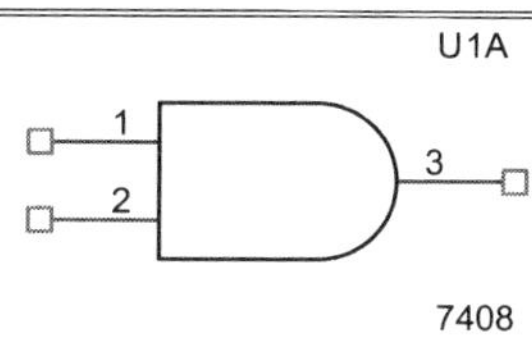	QUAD 2 input AND	
7409	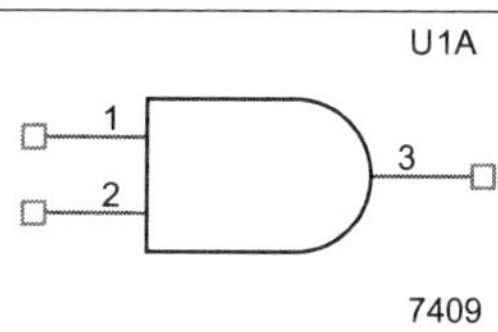	QUAD 2 input AND with OC	
7411	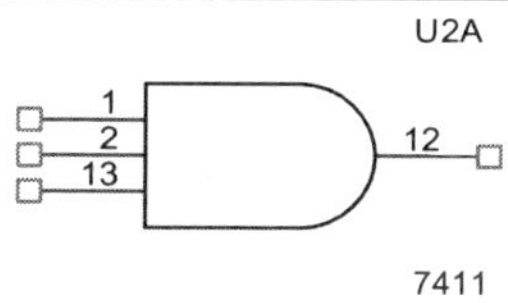	TRIPLE 3 input AND	
74LS15	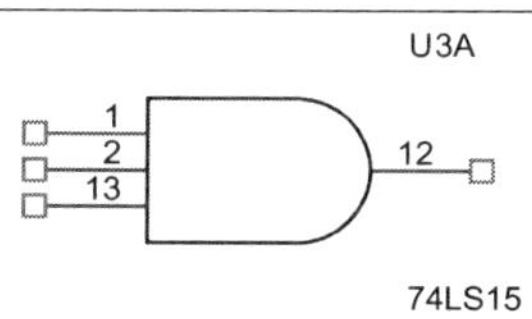	TRIPLE 3 input AND with OC	
7432	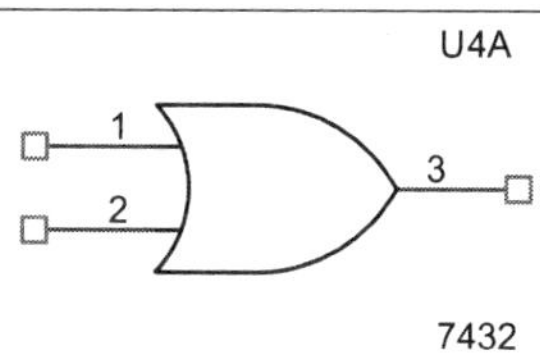	QUAD 2 input OR	
7404	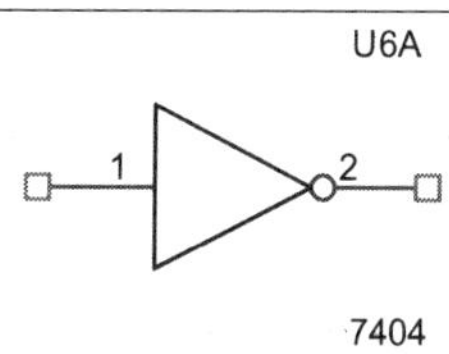	Hex Inverter	
7405	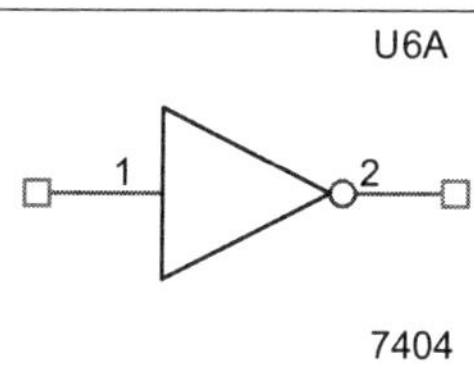	Hex Inverter with OC	
7400	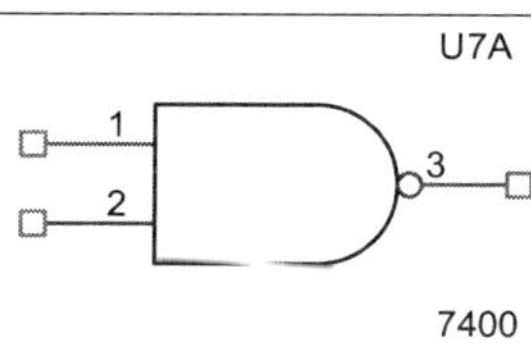	Quad 2 input NAND	

IC	LOGIC GATE	기능	비 고
7410	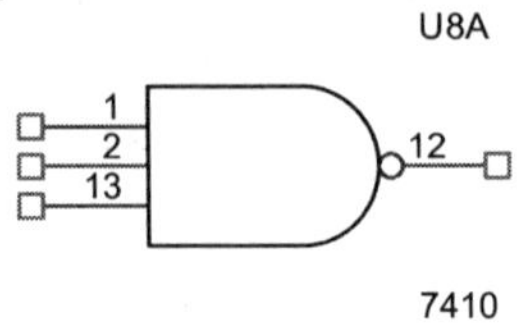	Triple 3 input NAND	
7410	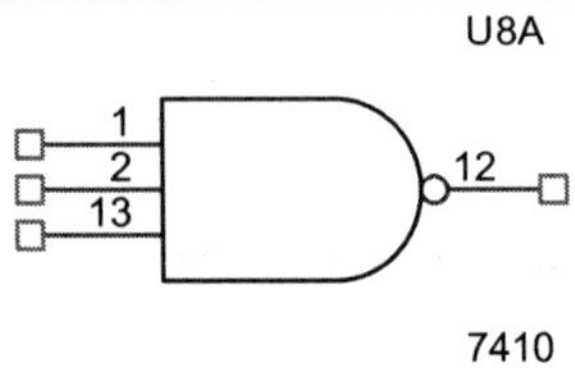	Triple 3 input NAND	
7420	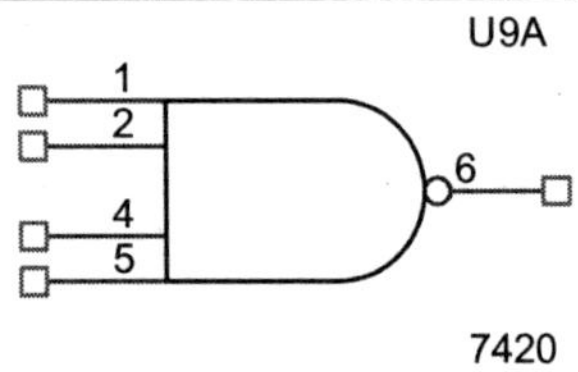	Dual 4 input NAND	
7430	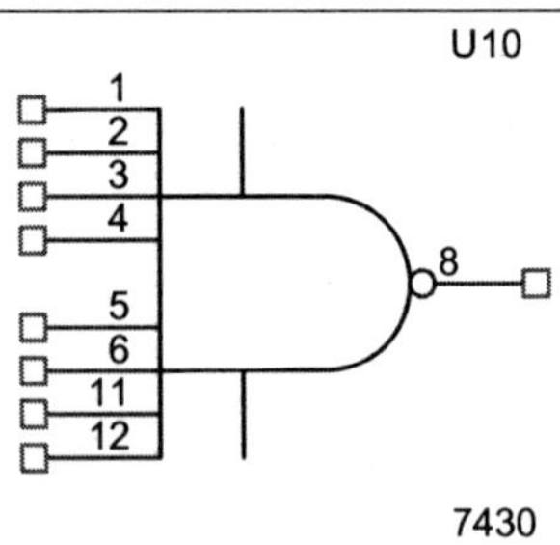	8 input NAND	
7486	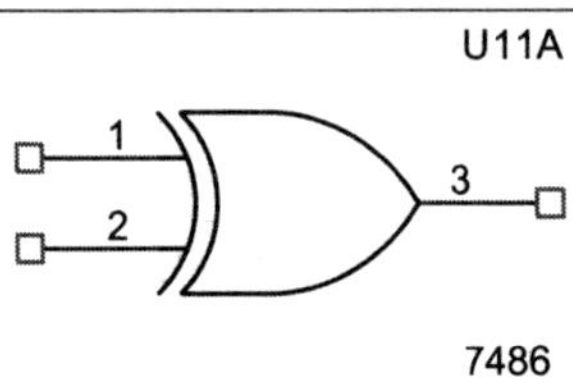	Quad 2input Exclusive OR	

기본적인 GATE와 진리표(중요)

GATE	AND(곱셈)	OR(덧셈)	X-OR
symbol	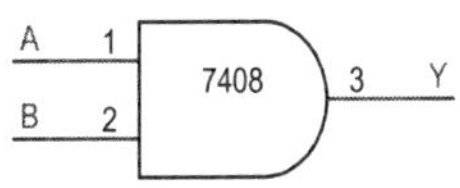 입력이 두 개 모두 1이면 출력은 1	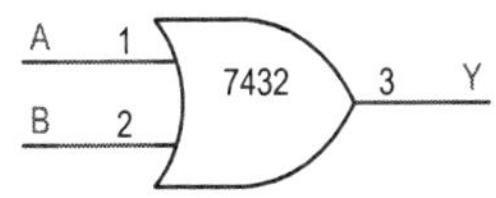 입력이 하나만 1이면 출력은 1	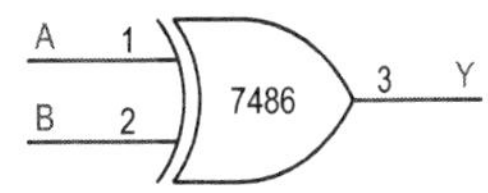 입력이 서로 다르면 출력은 1

진리표 (truth table)	입력		출력	입력		출력	입력		출력
	A	B	Y	A	B	Y	A	B	Y
	0	0	0	0	0	0	0	0	0
	0	1	0	0	1	1	0	1	1
	1	0	0	1	0	1	1	0	1
	1	1	1	1	1	1	1	1	0

GATE	NOT(complement)	Not + AND = NAND	Not + OR = NOR
GATE	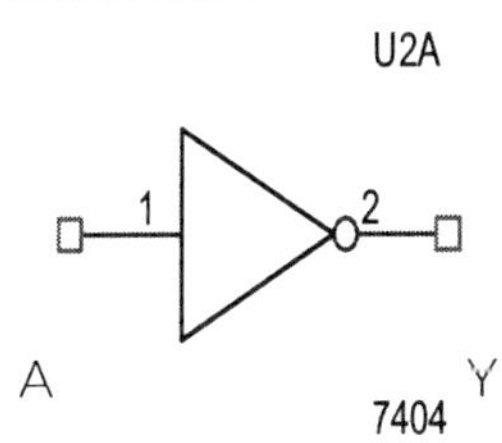	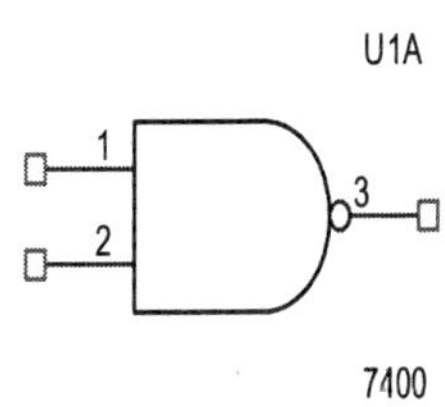	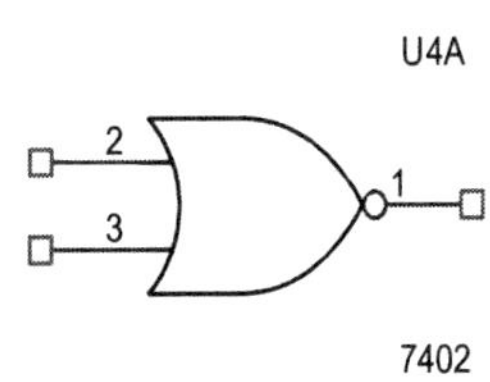

진리표 (truth table)	A	Y	A	B	Y	A	B	Y
	0	1	0	0	1	0	0	1
	1	0	0	1	1	0	1	0
			1	0	1	1	0	0
			1	1	0	1	1	0

<table>
<tr>
<td>3 state GATE
symbol</td>
<td>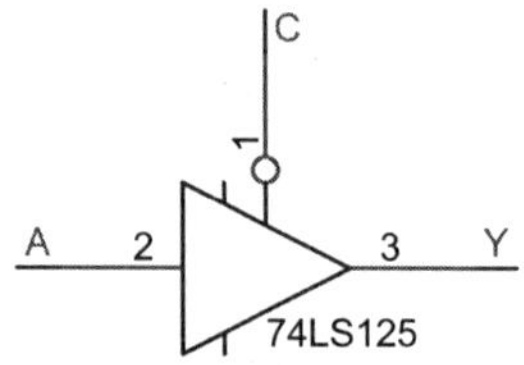
</td>
<td>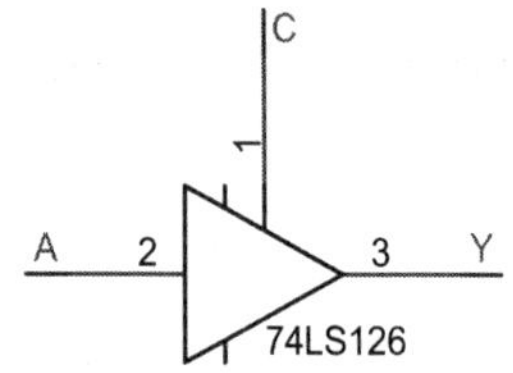
</td>
</tr>
<tr>
<td>진리표
(truth table)</td>
<td>
<table>
<tr><th>C</th><th>A</th><th>Y</th></tr>
<tr><td rowspan="2">0</td><td>0</td><td>0</td></tr>
<tr><td>1</td><td>1</td></tr>
<tr><td rowspan="2">1</td><td>0</td><td>0</td></tr>
<tr><td>1</td><td>0</td></tr>
</table>
</td>
<td>
<table>
<tr><th>C</th><th>A</th><th>Y</th></tr>
<tr><td rowspan="2">0</td><td>0</td><td>0</td></tr>
<tr><td>1</td><td>0</td></tr>
<tr><td rowspan="2">1</td><td>0</td><td>0</td></tr>
<tr><td>1</td><td>1</td></tr>
</table>
</td>
</tr>
</table>

6. 논리 게이트 회로설계

다음과 같은 회로를 구성하고 진리표를 구하시오. U4A 7404 출력이 0일 때 led는 on 되고 U4A 7404 출력이 1이면 led는 off 된다.

- 논리 게이트 회로도

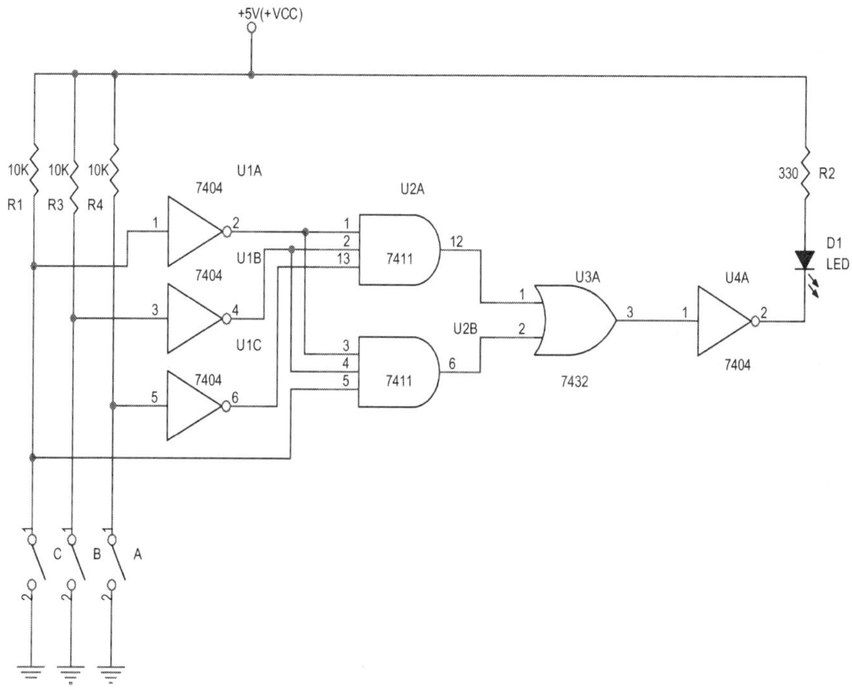

- 진리표(입력 값 = A, B, C 출력 = Y)

C	B	A	U3A 7432 핀 3번(led 상태)
0	0	0	1(on)
0	0	1	0(off)
0	1	0	0(off)
0	1	1	0(off)
1	0	0	0(off)
1	0	1	0(off)
1	1	0	0(off)
1	1	1	0(off)

7. 부울대수(boolean algebra)를 활용한 논리 gate 설계

입력 값을 A와 B라 하고 출력 값을 Y라고 할 때

식	회로	응용
A + 0 = A 출력 Y는 A에 따라 값이 변한다.	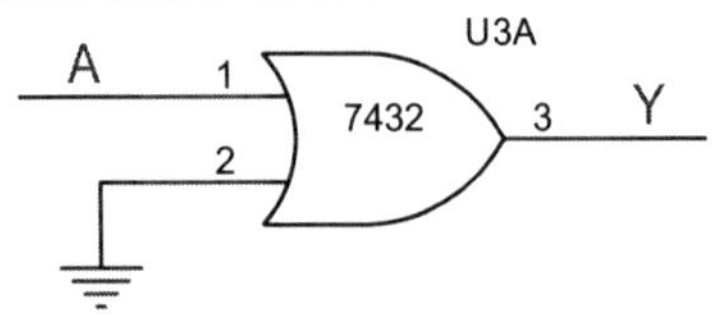	(응용 1) Y = A + AB = A(1 + B) = A
A + 1 = 1 출력 Y는 A에 따라 값이 변하지 않고 항상 1이다.	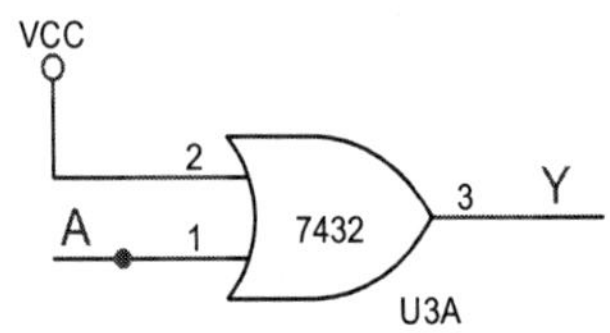	(응용 2) $Y = A + \overline{A}B$ $= (A + \overline{A})(A + B)$ = $A+AB+A\overline{A}+\overline{A}B$ $= A+B(A+\overline{A})+0$ $= A+B(1)+0$ $= A + B$
A · 0 = 0 출력 Y는 A에 따라 값이 변하지 않고 항상 0이다.	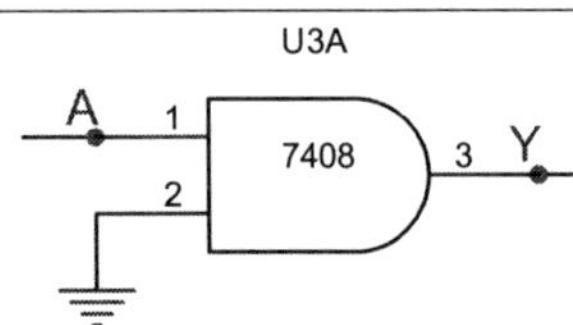	
A · 1 = A 출력 Y는 A에 따라 값이 변한다.	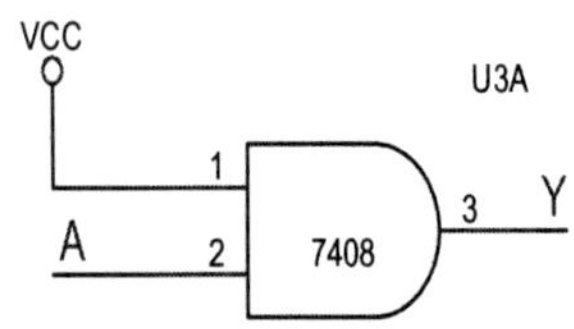	
A + A = A	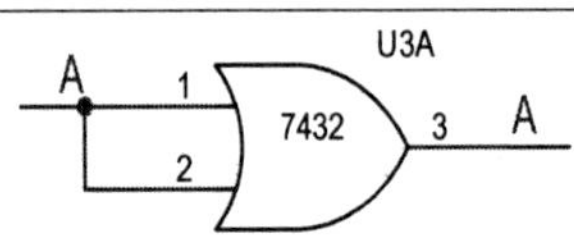	
$A + \overline{A} = 1$	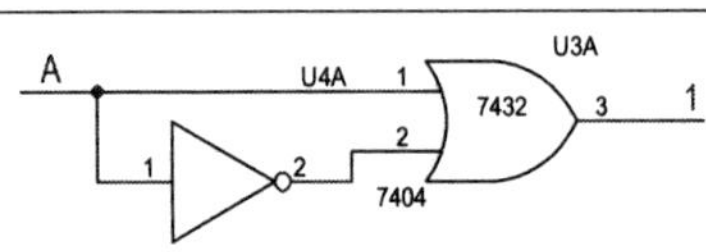	(응용3) Y = (A+B)(A+C) = A+AC+AB+BC = A(1+C)+AB+BC = A+AB+BC = A(1+B)+BC = A+BC
A · A = A	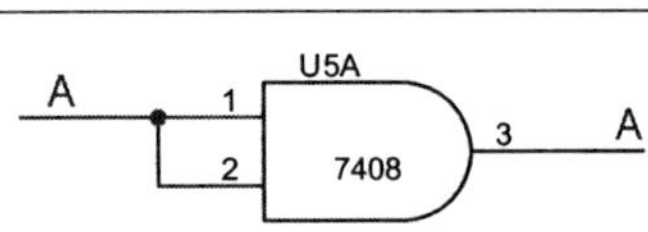	
$A \cdot \overline{A} = 0$	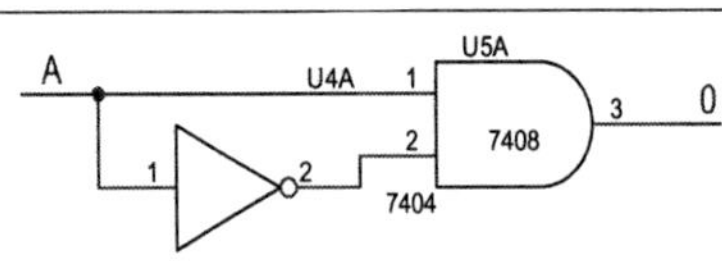	
$\overline{\overline{A}} = A$	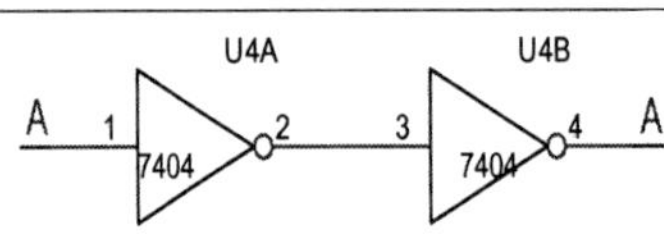	

Karnaugh map이 필요한 이유?

문제점 파악 → 진리(표) → 논리식 → 논리 gate → 회로설계 → 제품생산판매 → 기업이익

Karnaugh map 묶음수 $n = 2^0, 2^1, 2^2, 2^3 \ldots$ (n = 1, 2, 3, 4..)

1, 2, 4, 8개로 묶어 Karnaugh map을 구한다.

8. Karnaugh map을 활용한 회로설계

자동차 세차장에 A라인과 B라인이 있고, 자동차가 세차 중인 경우에는 외부차량이 진입하지 못하게 RED LED를 ON하여 차량진입 입구 쪽에 표시하고자 한다. 이러한 조건을 논리식으로 진리표를 구하고 회로를 설계해 보자(A라인과 B라인이 있고 세차기는 1대이며 교대로 세차를 함).

[예제 1] 차량진입 입구 쪽에 led를 표시하도록 조건을 만족하는 회로를 설계하시오.

① 진리표 작성

A라인	B라인	Y(led)
0	0	0
1	0	1
0	1	1
1	1	1

② 수학적인 논리식

$$
\begin{aligned}
Y &= A\overline{B}+\overline{A}B+AB \\
&= A\overline{B}+B(\overline{A}+A) \\
&= A\overline{B}+B \\
&= (A+B)\cdot(\overline{B}+B) \\
&= A+B
\end{aligned}
$$

③ Karnaugh map

A \ B	0	1
0	0	1
1	1	1

④ 논리식

$$Y = A\overline{B}+\overline{A}B+AB$$
$$= A+B$$

⑤ 회로도 설계(PULL UP 저항)

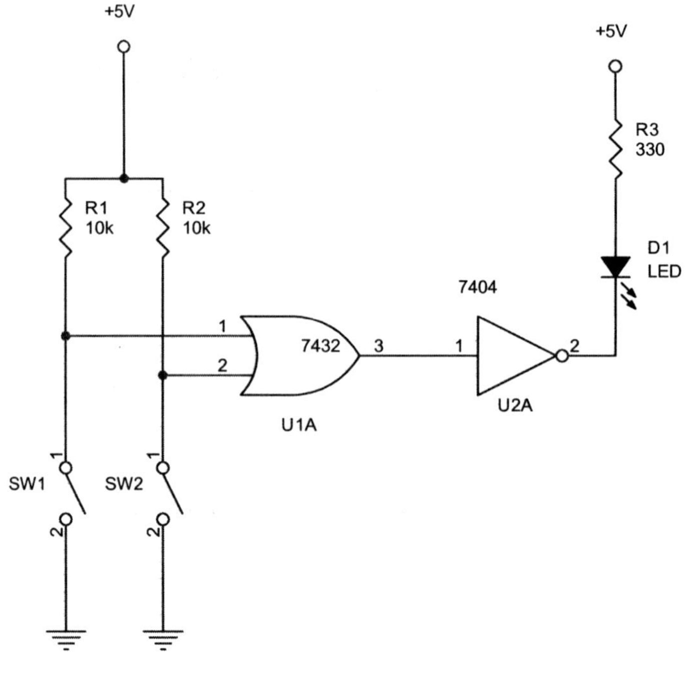

⑤-1 회로도 설계(PULL DOWN 저항)

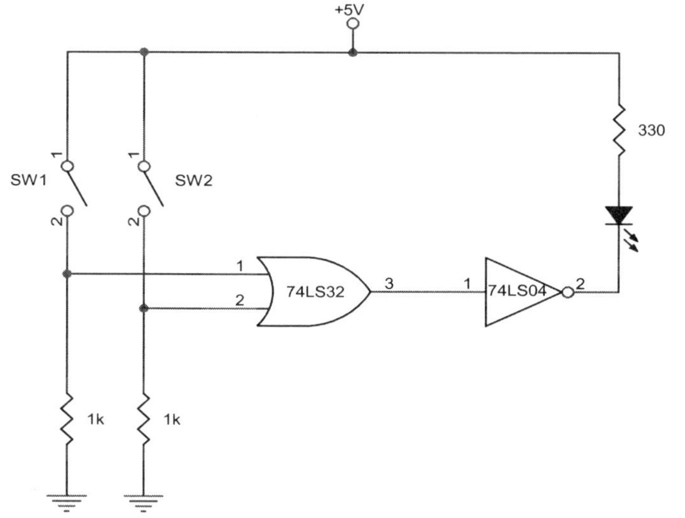

논리 게이트 내부회로

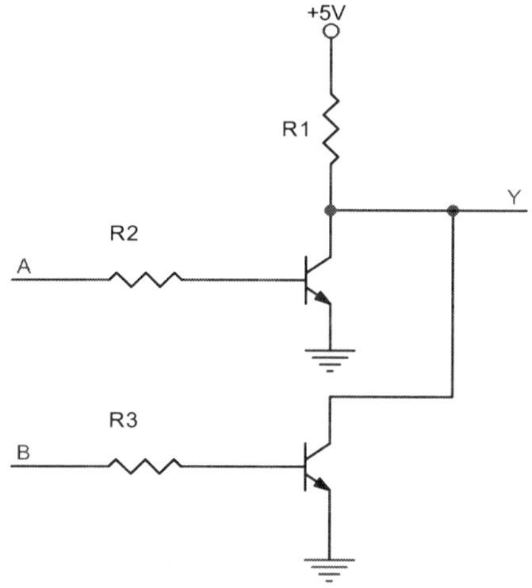

[NOR gate]

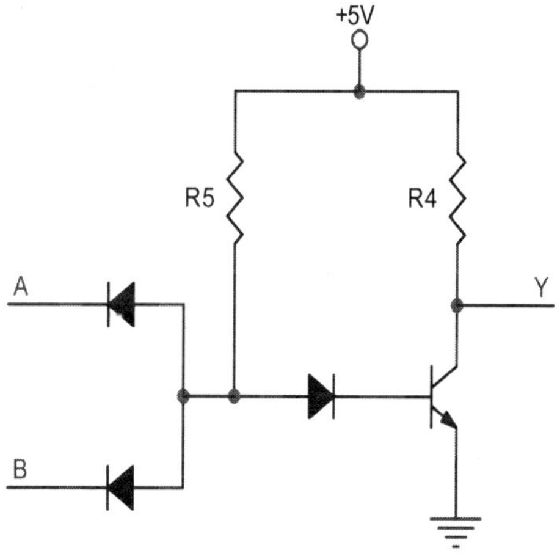

[NAND gate]

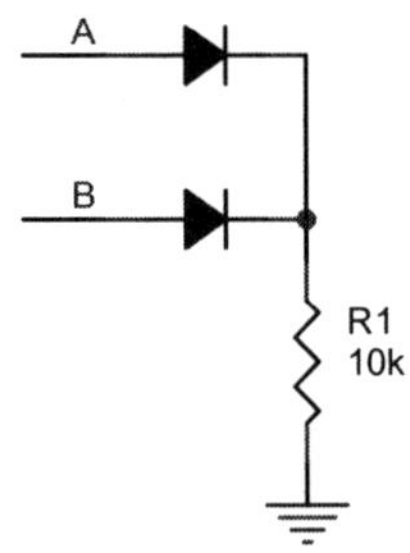

[OR gate]

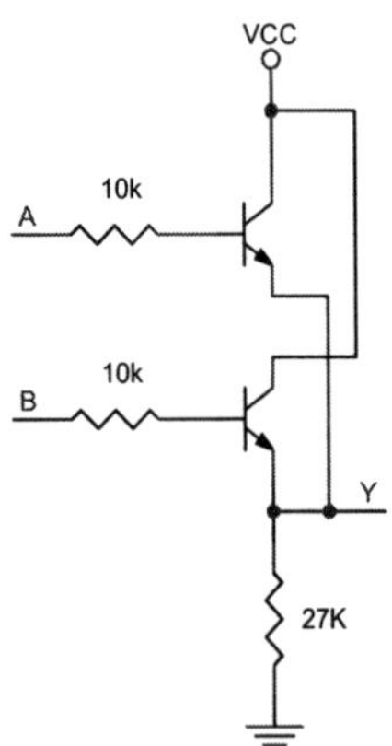

[OR gate]

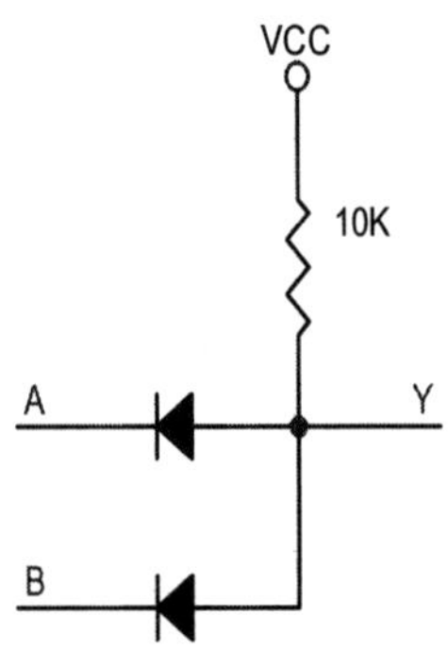

[AND gate]

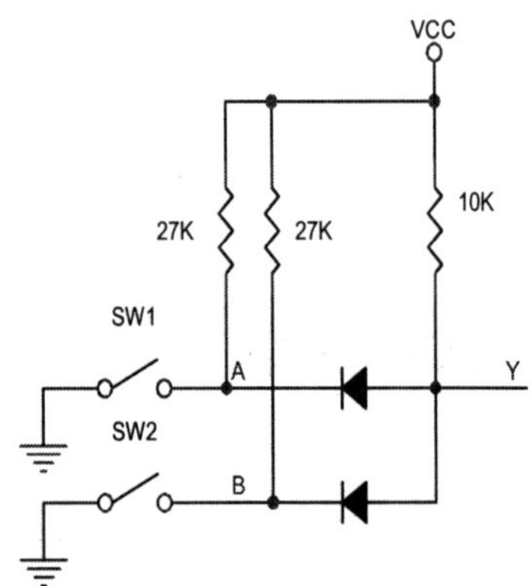

[AND와 pull up 저항]

[예제 2] 다음과 같은 조건을 만족하는 회로를 설계하시오.

핸드폰을 만드는 회사에서 A, B, C 라인이 실시간으로 가동되고 특정시간 때에 A, B, C 라인 센서 값이 다음과 같이 주어질 때

① 논리식을 만들고

② Karnaugh map을 완성하여 결과 값을 산출하고

③ 신출한 결과 값에 따라 회로를 설계하시오.

라인 센서 값 진리표

A	B	C	led
0	0	0	on
0	0	1	on
0	1	0	off
0	1	1	on
1	0	0	off
1	0	1	off
1	1	0	off
1	1	1	on

※ 응용실습1

A	B	C	led
0	0	0	off
0	0	1	on
0	1	0	on
0	1	1	off
1	0	0	off
1	0	1	on
1	1	0	off
1	1	1	off

※ [응용실습1] 논리식

① 논리식 조건

$$Y = \overline{A}\,\overline{B}\,\overline{C} + \overline{A}\,\overline{B}C + \overline{A}BC + ABC$$
$$= \overline{A}\,\overline{B}(\overline{C} + C) + BC(\overline{A} + A)$$
$$= \overline{A}\,\overline{B} + BC$$

$$Y = \overline{A}\,\overline{B}\,\overline{C} + \overline{A}B\overline{C} + A\overline{B}C$$
$$= \overline{B}C + \overline{A}B\overline{C}$$

② Karnaugh map

A \ BC	00	01	11	10
0	1	1	1	0
1	0	0	1	0

$Y = \overline{A}\,\overline{B} + BC$

③ 회로도 설계　Y = $\overline{A}\,\overline{B}$ + BC

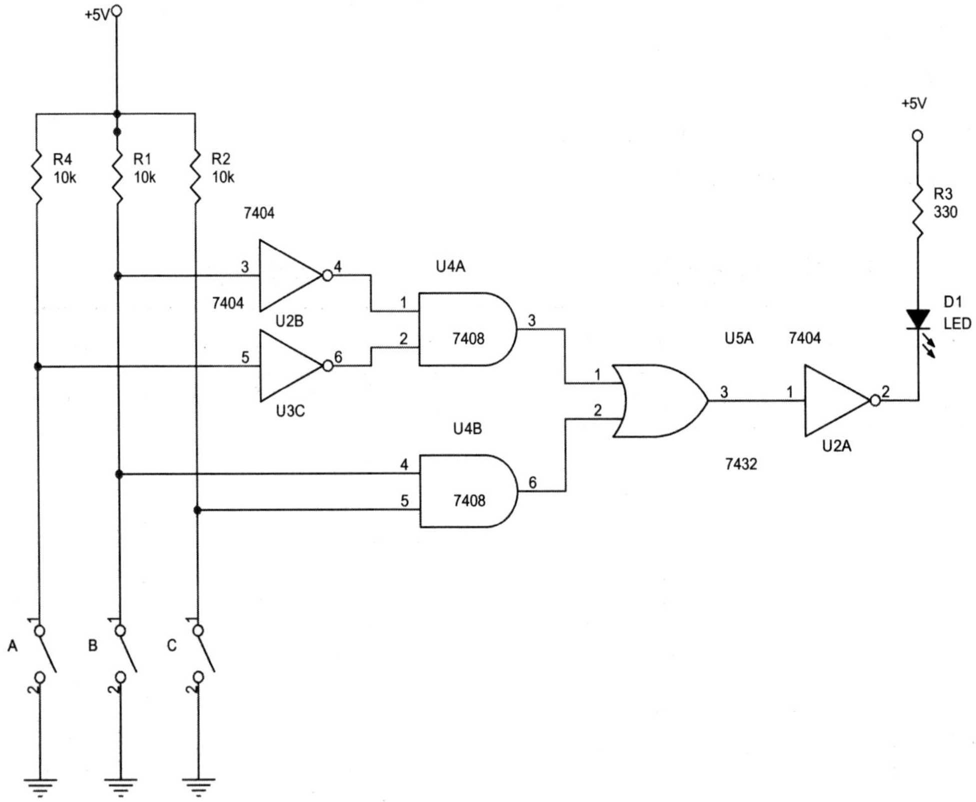

[Y = $\overline{A}\,\overline{B}$ + BC 회로도]

논리식 조건으로 회로도를 설계해 보자.

$$Y = \overline{A}\,\overline{B}\,\overline{C} + \overline{A}\,\overline{B}C + \overline{A}BC + ABC \quad --- ①$$

$$= \overline{A}\,\overline{B}(\overline{C} + C) + BC(\overline{A} + A)$$

$$= \overline{A}\,\overline{B} + BC \quad --- ②$$

그러면 다음과 같다.

$$Y = \overline{A}\,\overline{B}\,\overline{C} + \overline{A}\,\overline{B}C + \overline{A}BC + ABC \quad --- ①$$

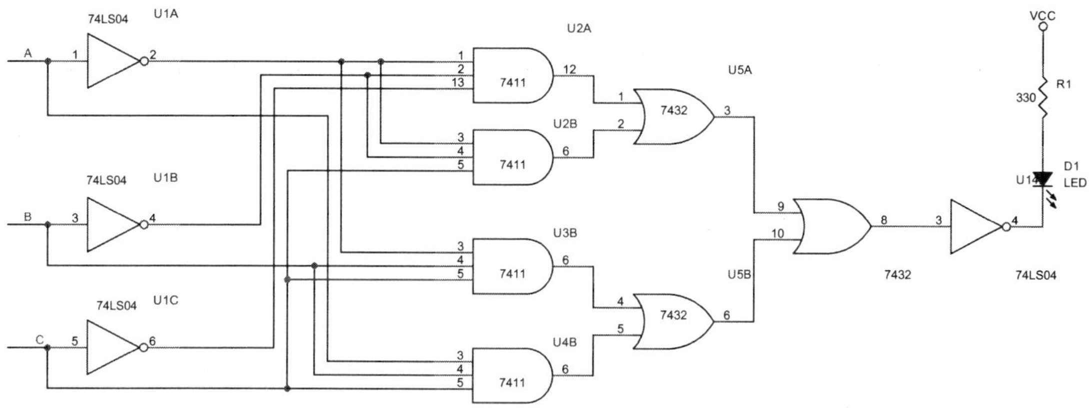

$$Y = \overline{A}\,\overline{B} + BC \quad ------- ②$$

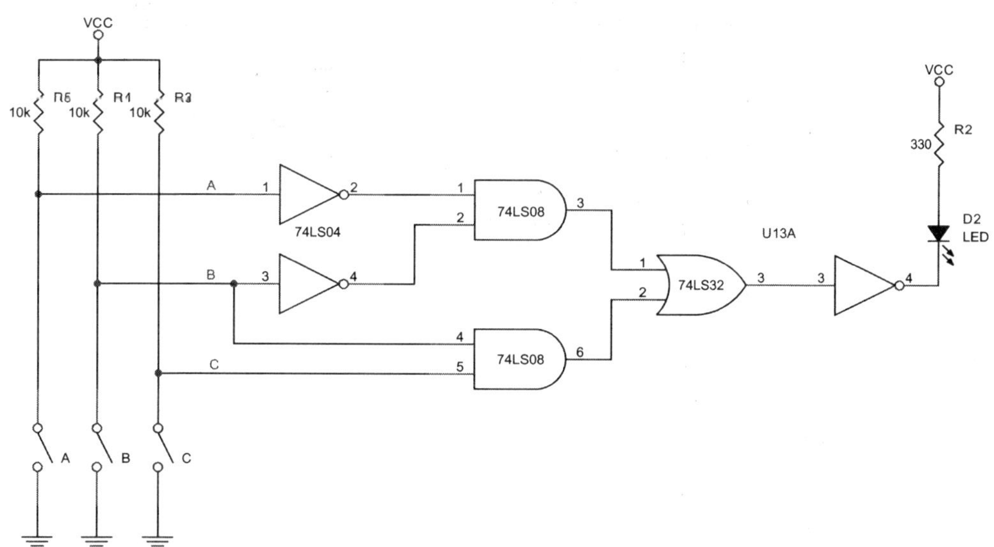

④ 회로도를 간략히 하면

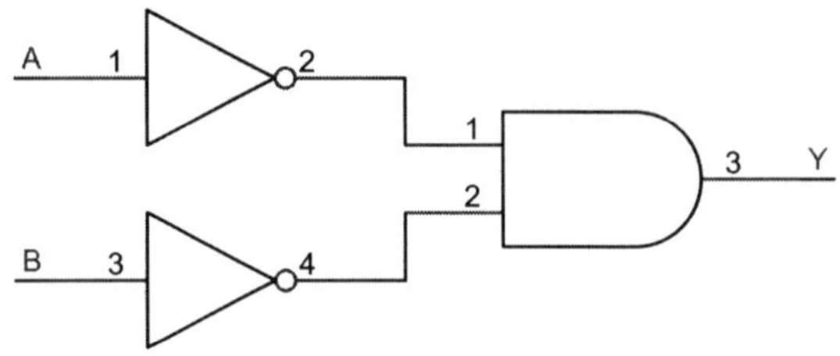

[A 논리회로]

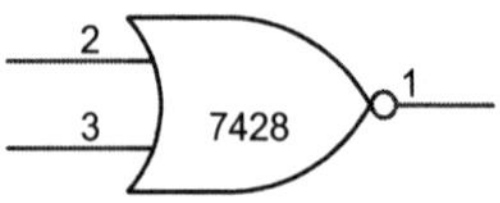

[B 논리회로]

A 논리회로와 B 논리회로의 진리표를 구해보면 같은 결과이므로 다음과 같이 NOR 게이트로 바꿀 수 있다.

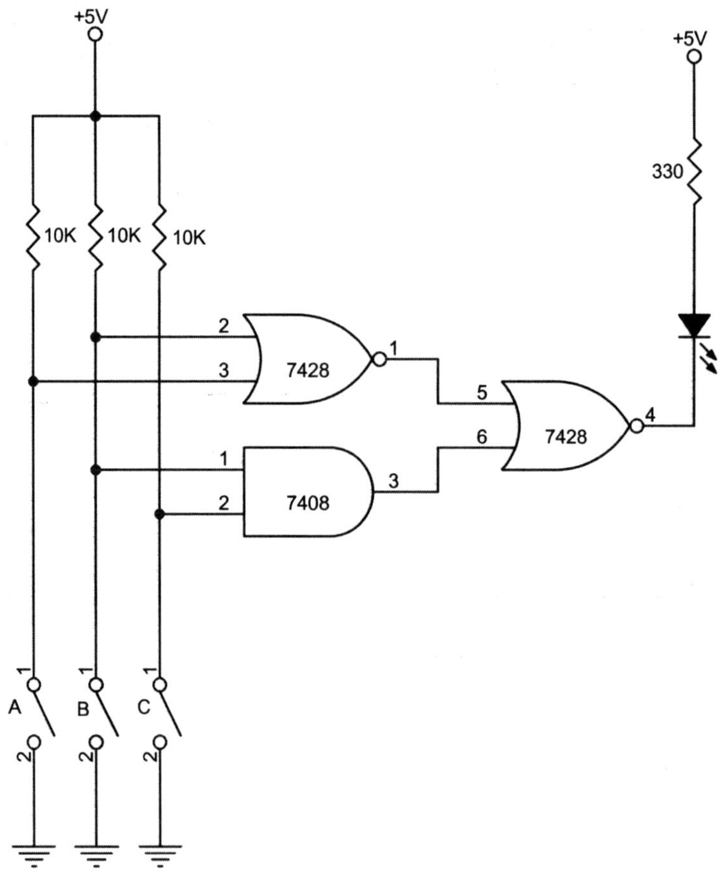

[NOR gate로 변경한 회로도]

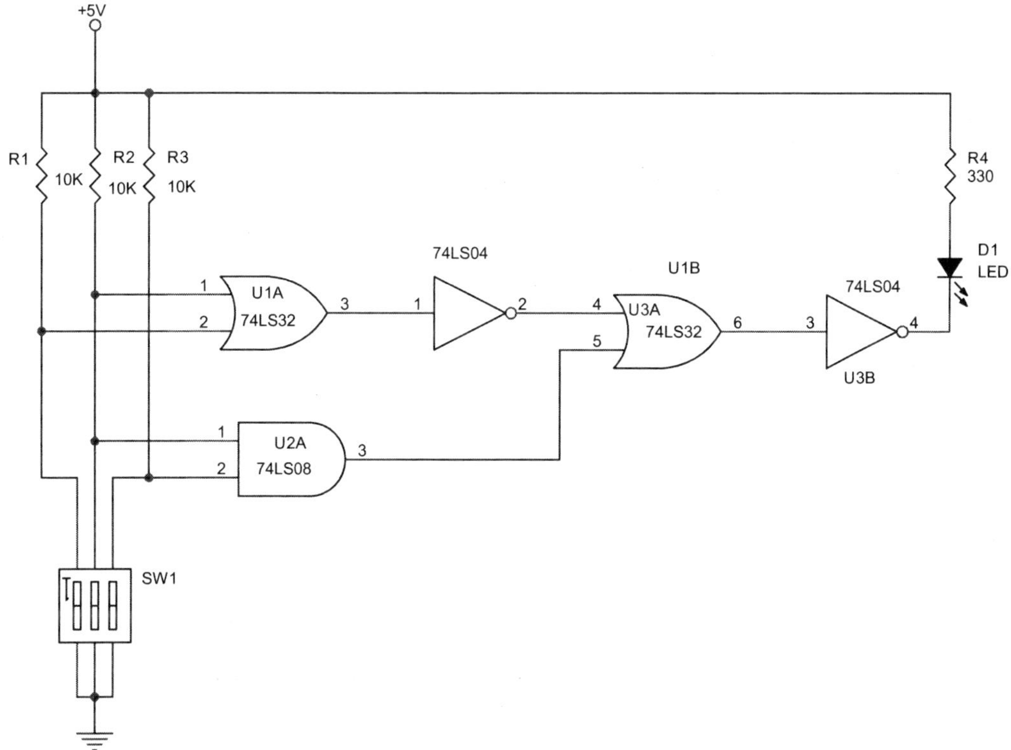

sw1 왼쪽부터 A, B, C

[OR와 NOT gate 조합한 회로도]

gate 수를 줄이는 것은 제품의 단가를 줄일 수 있고 회로도를 좀 더 간략히 만들 수 있다.

- 카르노 맵(Karnaugh map)

Karnaugh map에 대한 기본 개념을 이해하고 문제를 풀고자 하는 핵심을 중심으로 문제점 파악 → 진리표 → 논리식 접근 → 회로설계 → 결과 값 산출 → 산업응용에 대한 알고리즘을 파악한다.

[예제 1] Karnaugh map을 이용하여 진리표를 간소화하시오.

$$Y = A\overline{B} + \overline{A}B + AB = A + \overline{A}B$$

① 진리표

B	A	Y
0	0	0
0	1	1
1	0	1
1	1	1

② Karnaugh map

A \ B	0	1
0	0	1
1	1	1

$$Y = A + B$$

③ 논리식으로 풀어 보면

$$\begin{aligned} Y &= A+\overline{A}B \\ &= (A+\overline{A}) \cdot (A+B) \\ &= 1 \cdot (A+B) \\ &= A+B \end{aligned}$$

[예제 2] Karnaugh map을 이용하여 진리표를 간소화하시오.

$$Y = \overline{A}\,\overline{B} + A\overline{B} + AB$$

① 진리표

B	A	Y
0	0	1
0	1	1
1	0	0
1	1	1

② Karnaugh map

A \ B	0	1
0	1	0
1	1	1

$$Y = A + \overline{B}$$

③ 논리식으로 풀어보면

$Y = A\overline{B} + \overline{A}\,\overline{B} + AB$

$= \overline{B}(A + \overline{A}) + AB$

$= \overline{B} + AB$(분배법칙 적용)

$= (\overline{B} + A) \cdot (\overline{B} + B)$

$= A + \overline{B}$

[예제 3] Karnaugh map을 이용하여 진리표를 간소화하시오.

$$Y = AB\overline{C}+A\overline{B}\,\overline{C}+ABC+A\overline{B}C$$

① 진리표

C	B	A	Y
0	0	0	0
0	0	1	1
0	1	0	0
0	1	1	1
1	0	0	0
1	0	1	1
1	1	0	0
1	1	1	1

② Karnaugh map

A \ BC	00	01	11	10
0	0	0	0	0
1	1	1	1	1

카르노 맵을 이용하여 진리표를 정리하면

$$\begin{aligned}Y &= AB\overline{C}+A\overline{B}\,\overline{C}+ABC+A\overline{B}C \\ &= A\overline{C}(B+\overline{B})+AC(B+\overline{B}) \\ &= A\overline{C}+AC \\ &= A(\overline{C}+C) \\ &= A\end{aligned}$$

[예제 4] 사과 크기 자동감지 회로설계

한국 농업 기술원에서는 과일을 재배하고 연구하는데, 크기에 따라 구분하여 박스에 담고 수량을 카운터하려고 한다. 사과가 작은 것은 A, 중간 것은 B, 큰 것은 C라고 했을 때 컨베이어 라인에서 사과 크기를 자동으로 감지하여 박스에 담고 사과의 개수를 카운터하려고 할 때 진리표를 구해보자.

작은 사과 = A, 중간 사과 = B, 큰 사과 = C라고 하면 센서 신호에 감지될 때 작은 사과는 X 신호에만 감지되어 카운터되고 중간 사과는 X, Y 에 감지, 큰 사과는 X, Y, Z 신호에 감지되어 카운터되게 하려고 한다.

① 큰 사과에 대한 진리표

입력 스위치			led(on/off)		
C	B	A	X	Y	Z
0	0	1	1	0	0
0	1	0	1	1	0
1	0	0	1	1	1

② 결과에 대한 논리식

X = (001,010,100) Y = (010,100) Z = (100)

③ Karnaugh map

X 출력에 따른 A, B, C 값

A \ BC	00	01	11	10
0	0	1	0	1
1	1	0	0	0

$$X = A\overline{B}\,\overline{C} + \overline{A}B\overline{C} + \overline{A}\,\overline{B}C$$

Y 출력에 따른 A, B, C 값

A \ BC	00	01	11	10
0	0	1	0	1
1	0	0	0	0

$$Y = \overline{A}B\overline{C} + \overline{A}\,\overline{B}C$$

Z 출력에 따른 A, B, C 값

A \ BC	00	01	11	10
0	0	1	0	0
1	0	0	0	0

$$Z = \overline{A}\,\overline{B}C$$

④ 회로도 설계

입력센서 스위치는 A, B, C이고 출력은 X, Y, Z 이다. SW를 누르면 0으로 동작되고, 누르지 않으면 1로 동작된다.

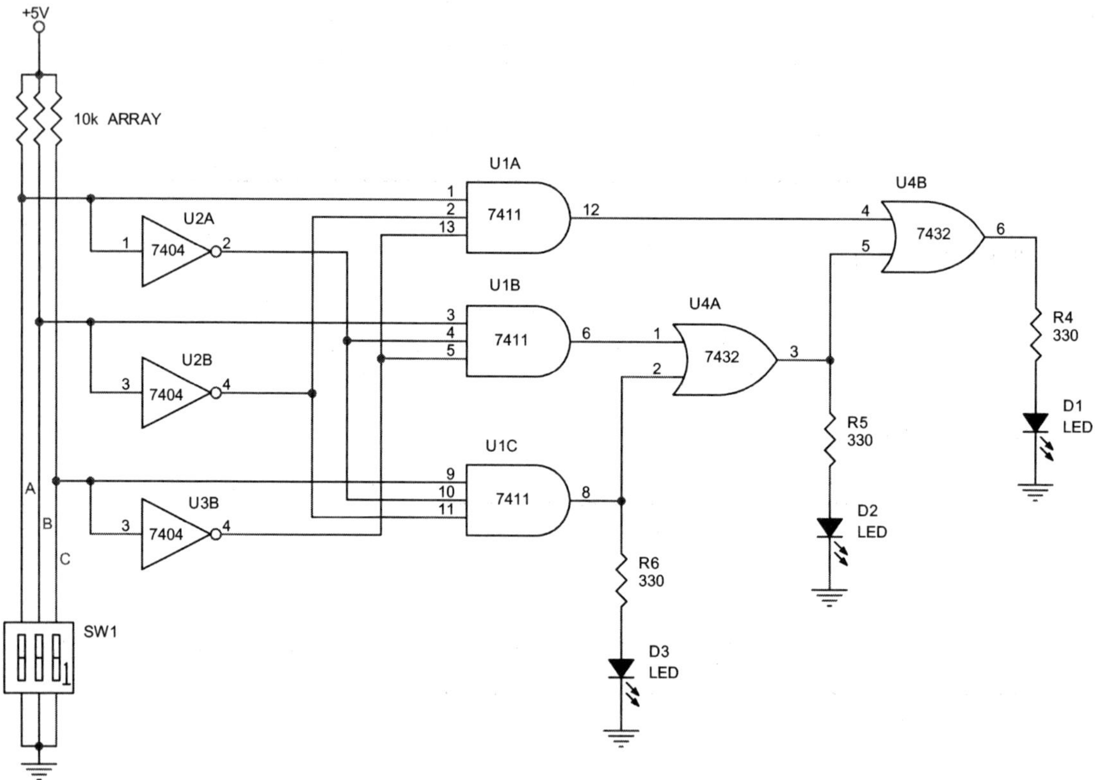

동작상태(7432,7411 출력값이 1이면 led on, 0이면 led off)

A	B	C	led 0	led 1	led 2
0	0	1	on	on	on
0	1	0	on	on	off
1	0	0	on	off	off

[예제 5] Design the circuit so that the following result is output using 3 input s/w

입력 스위치			led(on/off)		
C	B	A	X	Y	Z
0	0	1	1	1	1
0	1	0	1	1	0
1	0	0	1	0	0
1	1	0	0	1	1

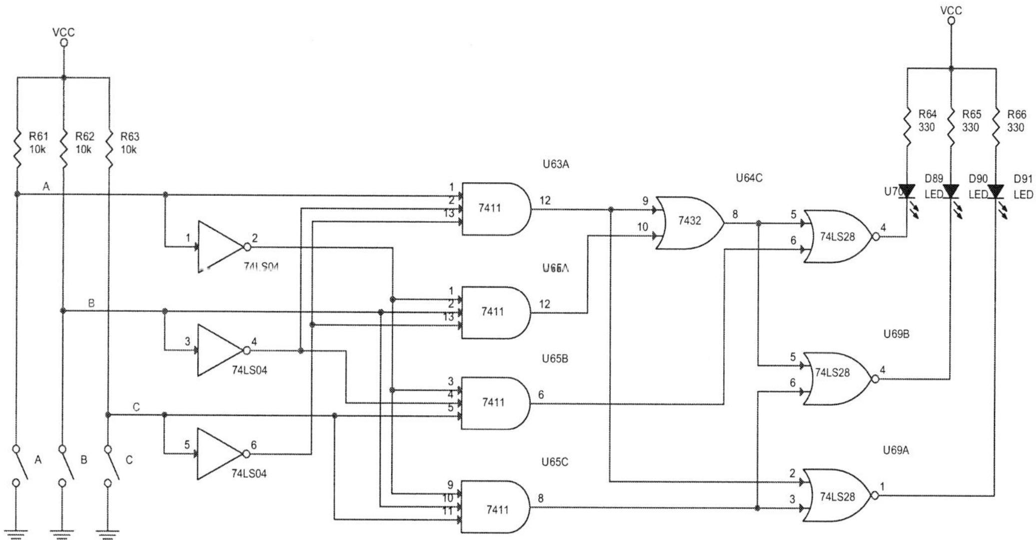

입력 스위치			led(on/off)		
C	B	A	X	Y	Z
0	0	1	1	1	1
0	1	0	1	1	0
1	0	0	1	0	0
1	1	0	0	1	1

[예제 6] Karnaugh map을 이용하여 진리표를 간소화하시오.

① Karnaugh map을 이용

$$Y = \overline{A}\,\overline{B}\,\overline{C} + A\overline{B}\,\overline{C} + \overline{A}\,\overline{B}C + A\overline{B}C$$

A \ BC	00	01	11	10
0	1	1	0	0
1	1	1	0	0

$$Y = \overline{B}$$

② 논리식 활용

논리적으로 풀어보면 동일한 답을 얻을 수 있다.

$$\begin{aligned} Y &= \overline{A}\,\overline{B}\,\overline{C} + A\overline{B}\,\overline{C} + \overline{A}\,\overline{B}C + A\overline{B}C \\ &= \overline{A}\,\overline{B}\,\overline{C} + \overline{A}\,\overline{B}C + A\overline{B}\,\overline{C} + A\overline{B}C \\ &= \overline{A}\,\overline{B}(\overline{C}+C) + A\overline{B}(\overline{C}+C) = \overline{A}\,\overline{B} \cdot 1 + A\overline{B} \cdot 1 \\ &= \overline{A}\,\overline{B} + A\overline{B} \\ &= \overline{B}(\overline{A}+A) \\ &= \overline{B} \cdot 1 \\ &= \overline{B} \end{aligned}$$

[예제 7] Karnaugh map을 이용하여 진리표를 간소화하시오.

① Karnaugh map을 이용

$$Y = AB\overline{C} + A\overline{B}\,\overline{C} + \overline{A}BC + ABC$$

A \ BC	00	01	11	10
0	0	0	1	0
1	1	0	1	1

$$Y = A\overline{C} + BC$$

② 논리식 활용

논리식으로 풀어보면

$$\begin{aligned} Y &= AB\overline{C} + A\overline{B}\,\overline{C} + \overline{A}BC + ABC \\ &= A\overline{C}(B+\overline{B}) + BC(\overline{A}+A) \\ &= A\overline{C}\cdot 1 + BC\cdot 1 \\ &= A\overline{C} + BC \end{aligned}$$

[예제 8] Karnaugh map을 이용하여 진리표를 간소화하시오.

① Karnaugh map을 이용

$Y = X + XY + XYZ$

$y = x + xy + xyz$ // Karnaugh map을 적용하기 위해

$= x(y + \overline{Y})(z + \overline{Z}) + xy(z + \overline{Z}) + XYZ$

$= x(yz + y\overline{Z} + \overline{Y}z + \overline{Y}\overline{Z}) + xyz + xy\overline{Z} + xyz$

= ~~xyz~~ + ~~$xy\overline{Z}$~~ + $x\overline{Y}z + x\overline{Y}\overline{Z} + xyz + xy\overline{Z}$ + ~~xyz~~

X \ YZ	00	01	11	10
0	0	0	0	0
1	1	1	1	1

정리하면

$= x\overline{Y}\overline{Z} + x\overline{Y}z + xyz + xy\overline{Z}$ //Karnaugh map 적용

$= x\overline{Y}(\overline{Z} + z) + xy((z + \overline{Z})$

$= x\overline{Y} + xy$

$= x(\overline{Y} + y)$

$= x$

② 논리식 활용

논리식으로 풀어보면

$Y = X + XY + XYZ$

$= X(1 + Y) + XYZ$

$= X + XYZ$

$= X(1 + YZ)$

$= X$

다른 방법으로 풀면

$Y = X + XY + XYZ$

$= X(1 + Y + YZ)$

$= X$

모든 값은 X 값에 의해 좌우된다. X 값에 0, 1을 대입해 보면 빠르게 이해될 것이다.

[예제 9] Karnaugh map을 이용하여 진리표를 간소화하시오.

$$Y = \overline{A}\,\overline{B}\,\overline{C}\,\overline{D} + A\overline{B}\,\overline{C}\,\overline{D} + \overline{A}\,\overline{B}\,\overline{C}D + A\overline{B}\,\overline{C}D + \overline{A}BCD + ABC\overline{D}$$

0 1 8 9 E 7

입력 값 ABCD 위치를 바꾸어 보면 위치만 바뀔 뿐 기본원리를 이해하면 똑같은 결과가 나온다.

DC \ BA	00	01	11	10
00	**1(0)**	**1(1)**	0(3)	0(2)
01	0(4)	0(5)	**1(7)**	0(6)
11	0(C)	0(D)	0F)	**1(E)**
10	**1(8)**	**1(9)**	0(B)	0(A)

$$Y = \overline{B}\,\overline{C} + ABC\overline{D} + \overline{A}BCD$$

$$\begin{aligned} Y &= \overline{A}\,\overline{B}\,\overline{C}\,\overline{D} + A\overline{B}\,\overline{C}\,\overline{D} + \overline{A}\,\overline{B}\,\overline{C}D + A\overline{B}\,\overline{C}D + \overline{A}BCD + ABC\overline{D} \\ &= (\overline{A} + A)\overline{B}\,\overline{C}\,\overline{D} + (\overline{A} + A)\overline{B}\,\overline{C}D + \overline{A}BCD + ABC\overline{D} \\ &= \overline{B}\,\overline{C}\,\overline{D} + \overline{B}\,\overline{C}D + \overline{A}BCD + ABC\overline{D} \\ &= \overline{B}\,\overline{C}(\overline{D} + D) + \overline{A}BCD + ABC\overline{D} \\ &= \overline{B}\,\overline{C} + \overline{A}BCD + ABC\overline{D} \end{aligned}$$

[예제 10] Karnaugh map을 이용하여 진리표를 간소화하시오.

$$Y = \overline{A}\,\overline{B}\,\overline{C}\,\overline{D} + \overline{A}B\overline{C}D + AB\overline{C}D + \overline{A}\,\overline{B}C\overline{D} + A\overline{B}\,\overline{C}\,\overline{D} + A\overline{B}C\overline{D}$$

0 A B 4 1 5

① Karnaugh map을 이용

CD / AB	00	01	11	10
00	1			1
01		1		
11		1		
10	1			1

② 논리식 활용

$= \overline{A}\,\overline{B}\,\overline{C}\,\overline{D} + \overline{A}\,\overline{B}C\overline{D} + \overline{A}B\overline{C}D + AB\overline{C}D + A\overline{B}\,\overline{C}\,\overline{D} + A\overline{B}C\overline{D}$

$= \overline{A}\,\overline{B}\,\overline{D}(\overline{C}+C) + B\overline{C}D(\overline{A}+A) + A\overline{B}\,\overline{D}(\overline{C}+C)$

$= \overline{B}\,\overline{D}(\overline{A}+A) + B\overline{C}D$

$= \overline{B}\,\overline{D} + B\overline{C}D$

[예제 11] Karnaugh map을 이용하여 진리표를 간소화하시오.

① 진리표

Y = 1, 4, 5, 6, 7, 9, B, C, D, E, F(Y = 1인 경우의 값들)

D	C	B	A	Y
0	0	0	0	0
0	0	0	1	1
0	0	1	0	0
0	0	1	1	0
0	1	0	0	1
0	1	0	1	1
0	1	1	0	1
0	1	1	1	1
1	0	0	0	0
1	0	0	1	1
1	0	1	0	0
1	0	1	1	1
1	1	0	0	1
1	1	0	1	1
1	1	1	0	1
1	1	1	1	1

$$Y - A\overline{B}\,\overline{C}\,\overline{D} + \overline{A}\,\overline{B}C\overline{D} + A\overline{B}C\overline{D} + \overline{A}BC\overline{D} + ABC\overline{D} + A\overline{B}\,\overline{C}D + AB\overline{C}D + \overline{A}\,\overline{B}CD + A\overline{B}CD + \overline{A}BCD + ABCD$$

② Karnaugh map

BA \ DC	00	01	11	10
00	0	1	1	0
01	1	1	1	1
11	0	1	1	1
10	0	1	1	0

$$Y = A\overline{B} + C + AD$$

Karnaugh map 풀이방법 $Y = A\overline{B} + C + AD$

$Y = A\overline{B}$

01	1	1	1	1

$Y = C$

BA \ DC	01	11
00	1	1
01	1	1
11	1	1
10	1	1

$Y = AD$

BA \ DC	11	10
00	1	0
01	1	1
11	1	1
10	1	0

③ 수학식으로 풀어보기

$$Y = A\overline{B}\,\overline{C}\,\overline{D} + \overline{B}C\overline{D}\,\overline{A} + A\overline{B}C\overline{D} + \overline{A}BC\overline{D} + ABC\overline{D} + A\overline{B}\,\overline{C}D +$$
$$AB\overline{C}D + \overline{A}\,\overline{B}CD + A\overline{B}CD + \overline{A}BCD + ABCD$$
$$= A\overline{B}(\overline{C}\,\overline{D}+C\overline{D}+\overline{C}D+CD) + BC(\overline{A}\,\overline{D}+A\overline{D}+\overline{A}D+AD) + \overline{A}\,\overline{B}C\overline{D}$$
$$AB\overline{C}D + \overline{A}\,\overline{B}CD$$
$$= A\overline{B}(\overline{D}(\overline{C}+C)+D(\overline{C}+C)) + BC(\overline{D}(\overline{A}+A)+D(\overline{A}+A)) + \overline{A}\,\overline{B}C\overline{D}$$
$$AB\overline{C}D + \overline{A}\,\overline{B}CD$$
$$= A\overline{B}(\overline{D}\cdot 1+D\cdot 1) + BC(\overline{D}\cdot 1 + D\cdot 1) + \overline{A}\,\overline{B}C\overline{D} + AB\overline{C}D + \overline{A}\,\overline{B}CD$$
$$= A\overline{B}(\overline{D}+D) + BC(\overline{D}+D) + \overline{A}\,\overline{B}C\overline{D} + AB\overline{C}D + \overline{A}\,\overline{B}CD$$
$$= A\overline{B}\cdot 1 + BC\cdot 1 + \overline{A}\,\overline{B}C\overline{D} + AB\overline{C}D + \overline{A}\,\overline{B}CD$$
$$= A\overline{B} + BC + \overline{A}\,\overline{B}C\overline{D} + AB\overline{C}D + \overline{A}\,\overline{B}CD$$
$$= A\overline{B} + BC + \overline{A}\,\overline{B}(C\overline{D}+CD) + AB\overline{C}D$$
$$= A\overline{B} + BC + \overline{A}\,\overline{B}(C(\overline{D}+D)) + AB\overline{C}D$$
$$= A\overline{B} + BC + \overline{A}\,\overline{B}(C\cdot 1) + AB\overline{C}D$$
$$= A\overline{B} + BC + \overline{A}\,\overline{B}C + AB\overline{C}D$$
$$= \overline{B}(A+\overline{A}C) + B(C+A\overline{C}D)$$
$$= \overline{B}(A+\overline{A}c) + B(C+\overline{C}AD) \quad //(A+\overline{A})\ (A+C)$$
$$= \overline{B}(A+C) + B(C+AD)$$
$$= A\overline{B} + C\overline{B} + BC + ABD$$
$$= A(\overline{B}+BD) + C(\overline{B}+B) = A(\overline{B}+D) + C\cdot 1$$
$$= A(\overline{B}+D) + C$$
$$= A\overline{B} + C + AD$$

9. Exclusive - OR 논리회로 설계

입력 변수값이 A, B이고 출력이 Y 인 X-OR gate이다. 입력 값이 같으면 출력 Y = 0이며 입력 값이 다르면 출력 Y = 1이다.

가. X-OR 진리표

B	A	Y
0	0	0
0	1	1
1	0	1
1	1	0

[진리표]

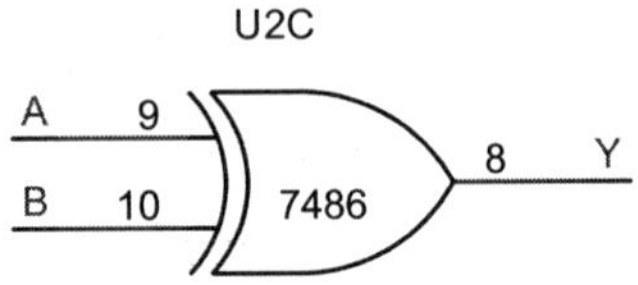

[X-OR 논리기호]

나. 논리회로 설계수정

다음 회로에서 설계가 잘못된 곳을 찾아 수정하시오.

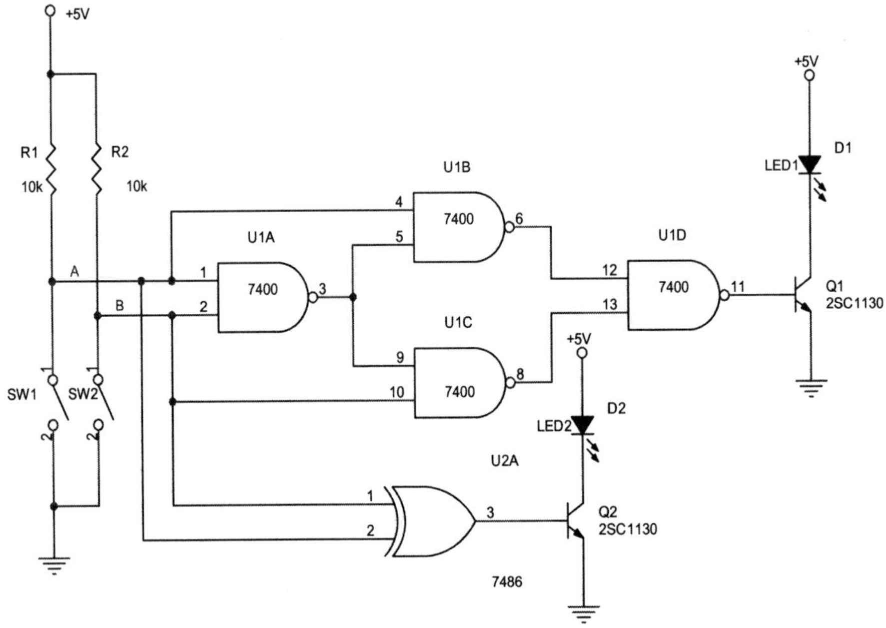

다. 논리 값

B	A	LED1	LED2
0	0	off	off
0	1	on	on
1	0	on	on
1	1	off	off

[예제 1] 경기도 화성시 동탄2 신도시 호수공원 주말 농장에 앞문과 뒷문을 제어하기 위해 감지센서를 설치하고 설치한 센서의 입력 값을 A, B라 하였을 때 다음 진리표를 보고 회로를 설계하시오.

① 진리표

B	A	Y
0	0	0
0	1	1
1	0	0
1	1	1

센서 값 A = 1, B = 0 or A, B가 동시 1인 경우 Y = 1이 된다.

② 진리표를 보고 논리식을 구현하시오.

$$Y = A\overline{B} + AB$$
$$= A(\overline{B} + B)$$
$$= A$$

③ Karnaugh map을 이용하여 논리식을 간략화하시오.

A \ B	0	1
0	0	0
1	1	1

Y = A

④ 다음 회로를 보고 PNP와 NPN 동작이 어떻게 되는지 이해해보시오.

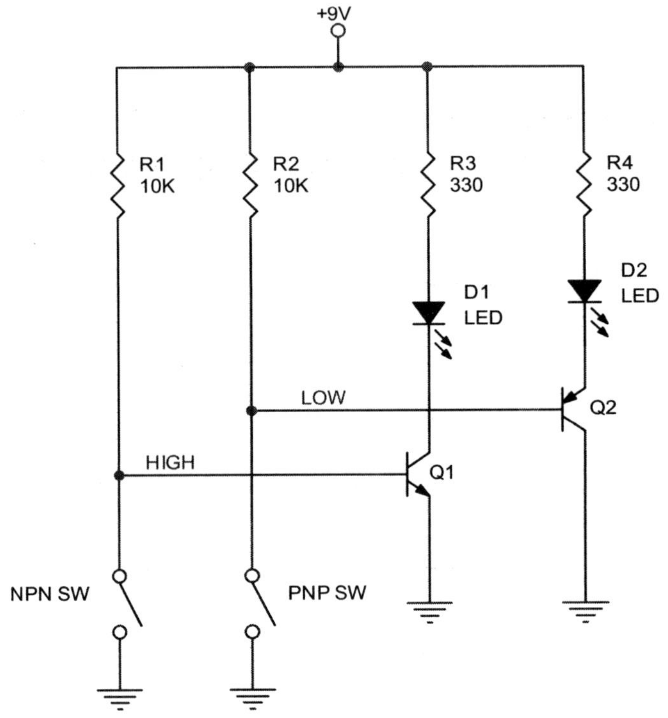

A지점(sw1 1번 핀)이 0이면 led는 off되고 1이면 led는 on 된다.
sw2는 의미 없는 스위치이다(회로 연결이 안 되어 있기 때문).
스위치 상태가 0은 ground로 연결되며 1은 +5V(vcc)로 연결된다.

⑤ 물리적 스위치 회로구현 응용

SW1은 1층, SW2는 2층, SW3은 3층일 때 물리적인 스위치로 각층에서 전구를 ON, OFF 할 수 있게 회로를 구현해 보자.

[예제 2] SW1과 3은 3단 스위치이며 SW2는 11(십일자형)자와 X(cross)스위치이다.

전구가 on 되어 있을 때 각 스위치(SW1, 2, 3) 움직임으로 전구를 off 시킬 수 있다.

전구가 off 되어 있을 때 각 스위치(SW1, 2, 3) 움직임으로 전구를 on 시킬 수 있다.

천천히 해보면 재미있으며 (1)(2)(3)(4)는 동작 순서가 아니라 각각의 동작상태로 이해하여야 한다. 즉 전구가 on 되어 있을 때 각 스위치(SW1, 2, 3)로 off 할 수 있다.

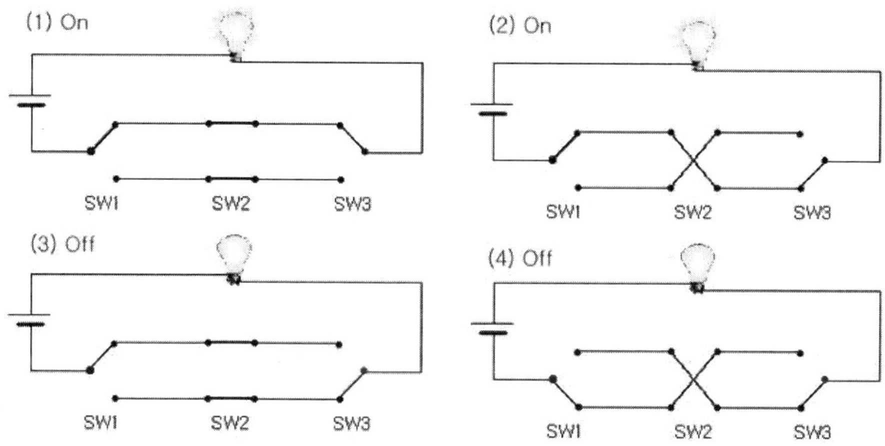

(1)번 그림 – 전구가 on 된 상태
(2)번 그림 – 전구가 on 된 상태
(3)번 그림 – 전구가 off 된 상태
(4)번 그림 – 전구가 off 된 상태

- 회로설계 up grade

① 설계 UP. CMOS과 TTL(4069/74LS04) 조합 interface 연결 회로도

TTL의 표준 전원 VCC = 5V로 사용되고, CMOS 전원 VDD = 3V ~ 18V이므로 TTL과 CMOS 전원이 다르게 사용된다. 입력신호 H일 때 드라이브 회로 구동에 문제가 생긴다. CMOS 전원이 5V인 경우에는 pull up 저항을 1k ~10k로 사용하고 5V 이상이 되는 경우에는 TR이나 op amp, buffer 등을 이용하여 입력레벨을 맞춰 주어야 한다.

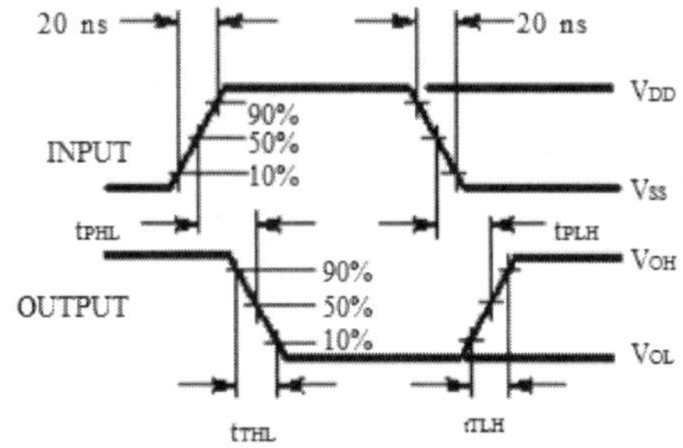

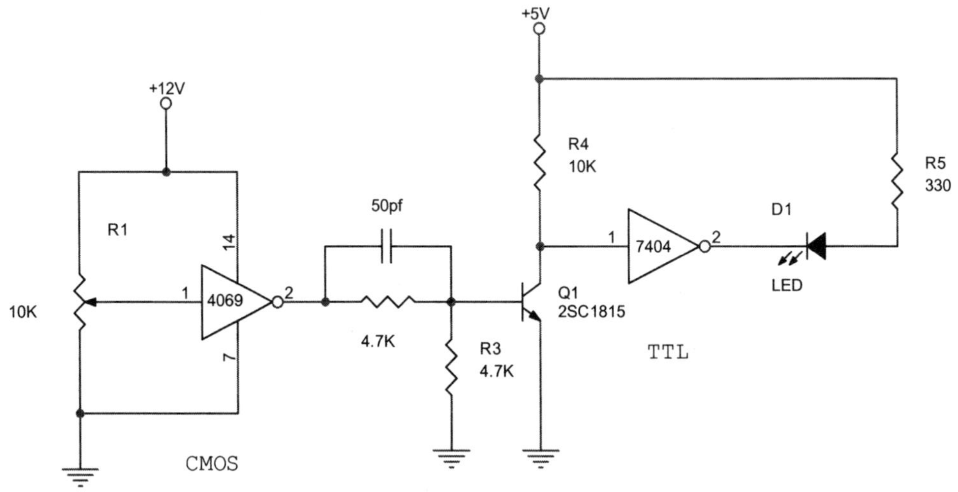

50pF 콘덴서는 입력 신호가 들어갈 때 speed up 콘덴서로 동작된다. R3 4.7K는 CMOS 전원전압이 5V 이상일 때 전압분배저항으로 동작하며 TR의 VBE 전압을 보호하기도 한다.

② 설계 UP. 7805 정전압 3단자 안정화 IC 전압, 전류구분

Output Current up to 100mA	Output Current up to 500mA	Output Current in excess of 1A
78L05	78M05	7805
78L09	78M09	7809
78L12	78M12	7812

정전압 78L05, 78M05, 7805의 전류를 구분하여 실습하자.
정전압 78L05는 100mA, 78M05는 500mA, 7805는 1A의 전류가 흐른다.
데이터 시트 www.alldatasheet.co.kr에서 반드시 확인하자.

③ 설계 UP. TOUCH SENSOR

신호가 없는 상태 4069 1번 H ..> 출력 4069 4번 핀에 H가 출력되고 입력신호가 2V이면 R1, R2 전압 분배저항으로 동작된다. R1은 CMOS 입력레벨 값을 정하는 중요한 기능을 수행하게 된다. 4069 출력 2번 핀에 H가 입력되면 D1을 통해 C1 콘덴서에 빠르게 충전되어 4069 3번 핀 speed up 입력신호로 사용된다. 4069의 2번 핀이 L가 되면 C1 콘덴서에 충전되어 있는 전압은 R3, D2를 통해 빠르게 방전된다. 즉 H 신호는 빠르게 H 입력신호로 되게 하고 L 신호는 빠르게 방전시켜 L 값으로 만들어 준다.

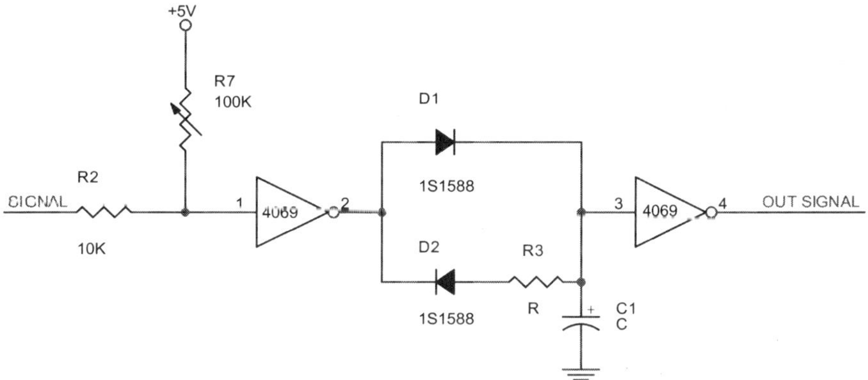

④ 설계 UP. 슈미트 트리거 회로

신호가 입력될 때 rising time, falling time에 완만한 파형으로 되어 잡음이 혼입되면 잡음이 만들어지는데 오동작을 방지하기 위해 슈미트 회로를 사용한다.

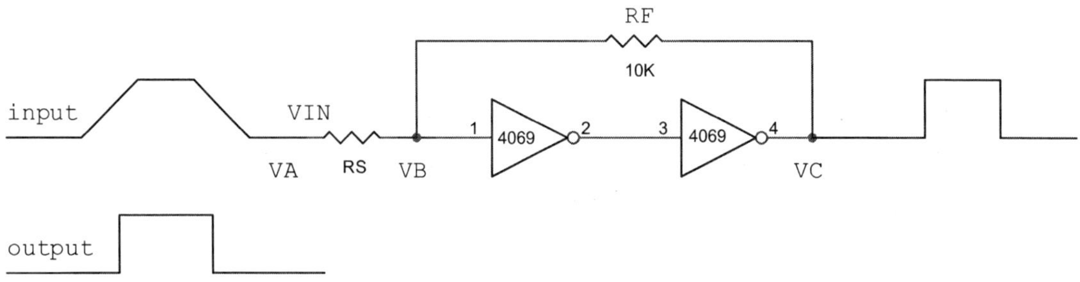

$$VB = \frac{RF}{RS + RF} VIN$$

VB에 문턱전압 VTH 값을 넘으면 VC전압이 L → H레벨로 되는 VDD까지 가기 때문에 VB 전압은

$$VB = (VDD - VIN) \frac{RF}{RS + RF} + VIN$$

⑤ 설계 UP 슈미트 트리거 전압 레벨 조절회로

R6 1MΩ 저항을 이용하여 4069 1번핀 입력전압 레벨값을 조절한다.

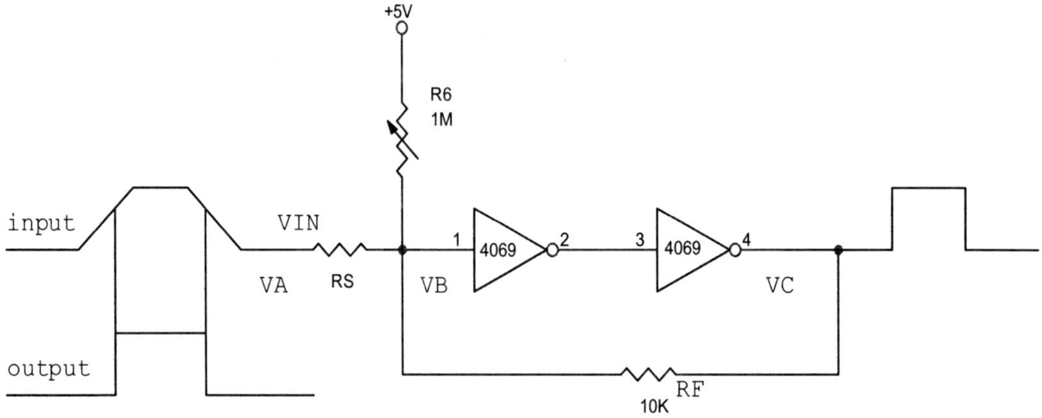

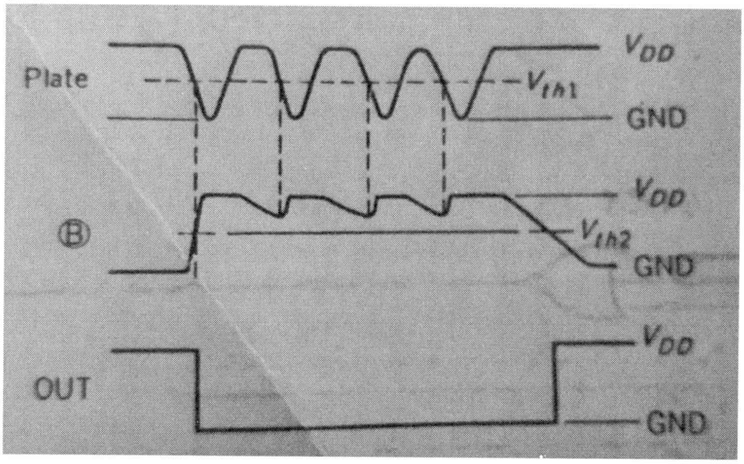

[예제 3] 설계 UP MOTOR control 회로설계

가변저항 R5는 전압분배 제어역할을 하고 R4는 C1815 Ib 전류를 제한하고 있으며 R6은 입력전압이 5V 이상인 경우 전압분배 저항이다. Q2 C1815 VBE bias 전압이 공급되면 TR은 Vc ≅ Ve 거의 같게 되고 Q1 A1015 Vb은 5V − 0.7 = 4.3V가 된다. Q1 A1015 도통되고 MOTOR은 구동된다. D1는 DC모터 역기전력 방지를 위해 연결하여야 한다.

Vc = Collector 전압, Ve = Emitter 전압, Vb = Base 전압

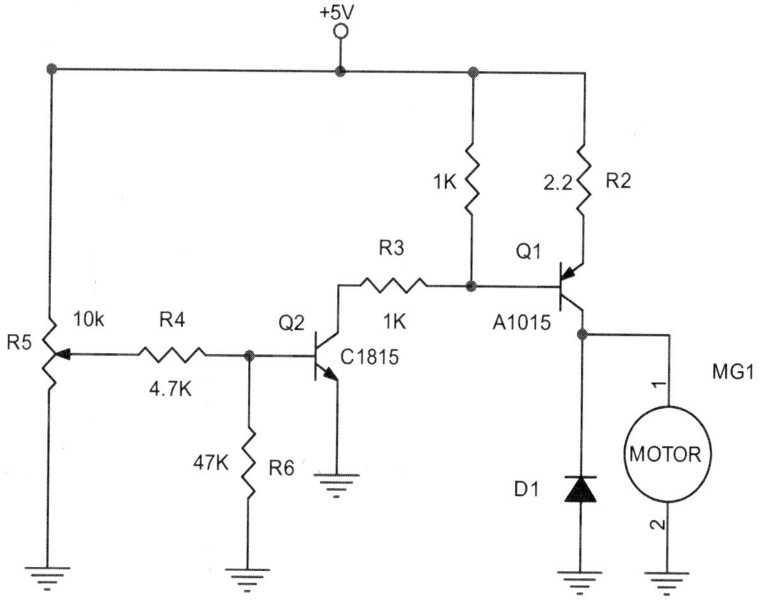

[예제 4] 다음과 같은 Self Biasing the transistor 회로에 VB를 포함한 전력을 구해보자.

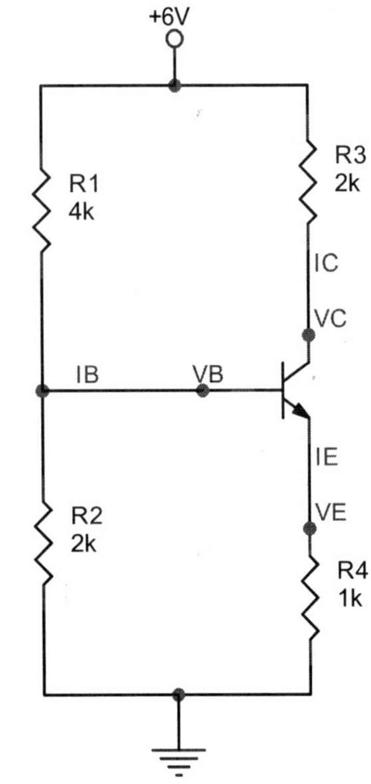

Self Biasing the transistor (hfe = β = 100)

$$VB = \left(\frac{R2}{R1 + R2}\right)VCC = \left(\frac{2K}{2K + 4K}\right)6V = 2V$$

$$VE = VB - 0.7V = 1.3V$$

$$IE = \frac{VE}{RE} = \frac{1.3V}{1K} = 1.3mA$$

$$IC \cong IE = 1.3mA \qquad \beta = \frac{IC}{IB}$$

$$IB = \frac{IC}{\beta} = \frac{1.3mA}{100} = 0.013mA \quad (Ic = \beta \cdot IB)$$

$$VCC = IC \cdot R3 + VC$$

$$VC = Vcc - IC \cdot R3$$

$$= 6V - (1.3mA \times 2K)$$

$$= 3.4V$$

$$VCE = VC - VE$$

$$= 3.4V - 1.3V$$

$$= 2.1V$$

$$P = VCE \times IC = 2.1V \times 1.3mA = 2.73[mW]$$

[예제 5] 스피드업 콘덴서(speed up condencer)

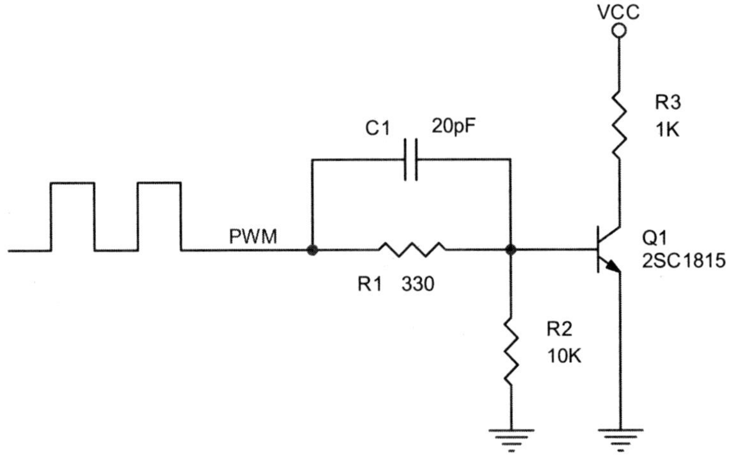

스피드업 콘덴서(C1)로 TR 베이스단에 왜 콘덴서(C1)가 달려있고 어떻게 회로가 더 빠르게 동작하는 것일까? 트랜지스터는 베이스 전류가 흐른다고 바로 도통하는 것이 아니라 어느 정도 충전 전하가 쌓이는 Δt 시간이 필요하다. 베이스에 용량이 작은 콘덴서(C1)를 달아준다면 콘덴서(C1)에 충전되기 전까지는 베이스 저항에 전류가 서서히 증가할 것이다. 이는 베이스에 바이스 전압(0.7V)이 걸리면 순식간에 높은 전류를 공급하여 트랜지스터에 전하가 쌓이도록 해주며 Δt 시간이 지나면 베이스 저항이 제 역할을 할 수 있도록 해 준다. 충, 방전 시간을 최소로 올리기 위해 콘덴서는 20 ~ 50pF 작은 용량을 사용하는 것이 좋다.

pwm 파형이 반대로 전압이 하강할 때는 콘덴서에 의해 트랜지스터에 쌓여있던 전하가 끌려오면서 좀 더 빠르게 OFF될 수 있다. 베이스와 이미터에 있는 저항은 베이스 단에 아무 전압이 안 걸릴 때, 즉 회로가 개방되어 있을 때 노이즈가 입력되지 않도록 전압을 잡아주는 역할을 한다.

위의 회로에서 모터를 구동하는 회로를 연결하려면 어떻게 해야 할까? 먼저 최대 부하 소비전력을 구해보면

$$P_L = VR_L * IR_L = \mathrm{VCC} * (\frac{VCC}{RL}) = \frac{VCC^2}{RL}$$

$$\mathrm{IC = hfe * IB} \quad \mathrm{IB} = \frac{150mA}{120} = 1.25\mathrm{mA}$$

$$P_L = \frac{(VCC-0.2)^2}{RL} \quad \text{(TR이 Active 상태에서 0.2V)}$$

$$\mathrm{Rb} = \frac{pwm\,V-0.7}{I_B} = \frac{4\,V-0.7\,V}{0.00125} = 2.64\mathrm{K}\Omega$$

$$\text{트랜지스터 RL} = \frac{VCC-VCE}{IC} = \frac{5-0.2}{0.15} = 32\ \Omega$$

$$\mathrm{PL} = \frac{(VCC-VCE)^2}{RL} = \frac{(5-0.2)^2}{32} = 0.82\mathrm{W}$$

제2장 회로설계 II

10. 1비트 반가산기 회로설계
11. 전가산기 회로설계
12. 반감산기 회로설계
13. 전감산기 회로설계
14. 비교기 회로설계
15. DECODER 회로설계
16. ENCODER 회로설계
17. MUX 회로설계
18. DEMUX 회로설계
19. R-S 플립플롭 회로설계
20. J-K 플립플롭 회로설계

10. 1비트 반가산기 회로설계

입력 A(1 bit)와 입력 B(1 bit)를 덧셈할 때 사용하는 반가산기 회로이며 덧셈 합 sum과 자리올림 CARRY로 구성된다. 즉, 1 bit와 1 bit를 덧셈하는 반가산기 회로이다.

$$\begin{array}{r} 0 \\ +\ 0 \\ \hline 0 \end{array} \qquad \begin{array}{r} 0 \\ +\ 1 \\ \hline 1 \end{array} \qquad \begin{array}{r} 1 \\ +\ 0 \\ \hline 1 \end{array} \qquad \begin{array}{r} 1 \\ +\ 1 \\ \hline 1\ 0 \end{array}$$

가. 진리표

B	A	SUM(합)	CARRY(자리올림)
0	0	0	0
0	1	1	0
1	0	1	0
1	1	0	1

SUM(합)과 CARRY(자리올림)의 값이 0이면 led가 off되고, 1면 on 된다.

입력 A와 입력 B를 덧셈하면 SUM의 값이 출력되고 0 + 0, 0 + 1 = 1일 때에는 자리올림이 없으므로 CARRY는 0이 되고 1 + 1일 때 자리올림이 생겨 CARRY는 1이 된다.

나. SUM과 CARRY를 논리식을 구해보면

SUM = $\overline{A}B + A\overline{B}$

CARRY = AB

다. 논리 회로도를 그려보면

SUM = $\overline{A}B + A\overline{B} = A \oplus B$이므로 X-OR gate를 사용하면 된다. CARRY는 입력 A, B가 1 + 1일 때 1이 발생되었으므로 AND gate를 사용하면 된다.

[예제 1] 반가산기를 브레드 보드에 만들어 다음 값을 측정해 보세요.

① U1A 7486 핀 3번 출력전압은?

② U2A 7408 핀 3번 출력전압은?

③ led가 on일 때 2SC1815 트랜지스터의 이미터와 베이스 사이의 바이어스 전압은?

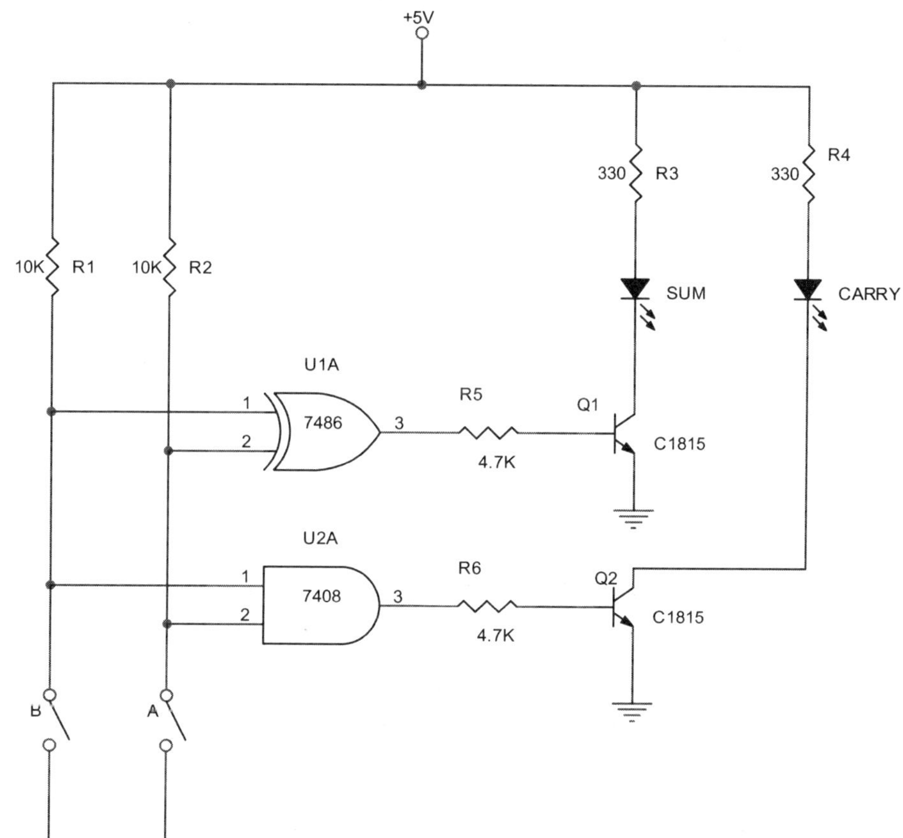

SUM과 CARRY 출력값(7486 3번, 7408 3번)이 1일 때 LED는 on 된다. SW A, B를 누르지 않은 상태에서 SW 상태 A, B = 1이 되고 SW를 누르면 0이 된다.

U1A(7486) 입력이 1, 0이면 핀 3번 출력은 1이 되고 Q1 NPN TR이 도통되어 D1 LED는 ON 된다. U2A 입력은 1, 0이므로 U2A(7408) 핀 3번은 0이 되어 Q2 NPN TR은 차단되고 LED는 off 된다. 따라서 반가산기로 SUM(합)은 1 + 0 = 1이고 CARRY(자리올림)는 U2A(7408) 출력 0이 된다.

74LS86 그리고 74HC86의 출력값을 비교해서 측정해 보자.

[Think about]

트랜지스터 2SC1815와 2SD880Y IC 최대전류를 데이터 시트에서 찾아보자.

① 2SC1815 IC 최대전류

2SC1815

AUDIO FREQUENCY GENERAL PURPOSE AMPLIFIER APPLICATIONS.
DRIVER STAGE AMPLIFIER APPLICATIONS.

- High Voltage and High Current
  : V_{CEO}=50V (Min.), I_C=150mA (Max.)
- Excellent h_{FE} Linearity
  : $h_{FE(2)}$=100 (Typ.) at V_{CE}=6V, I_C=150mA
  : h_{FE} (I_C=0.1mA) / h_{FE} (I_C=2mA)=0.95 (Typ.)
- Low Noise : NF=1dB (Typ.) at f=1kHz
- Complementary to 2SA1015 (O, Y, GR class)

② 2SD 880 IC 최대전류

NPN
2SD880

FEATURES:
* Low Collector-Emitter Saturation Voltage
  $V_{CE(sat)}$= 1.0V(Max) @I_C=3.0A, I_B=0.3A
* DC Current Gain
  hFE= 60-300@I_C= 0.5A
* Complememtary to PNP 2SB834

[예제 2] DC모터구동실습 _TR C1815와 D880 DARLINGTON TR 이용

2SD880Y power TR은 3A 전류로 DC모터를 구동할 수 있다. 1A power TR의 부품을 사용하려면 어떻게 하면 될까? (TIP47, TIP48, TIP49 = 1A)

2SD880 부품을 이용하여 [회로 B]와 같이 연결하고 동작되게 회로를 설계하시오.

TR C1815 사용할 경우 DC모터 start가 되지 않으면 어떻게 하면 될까?

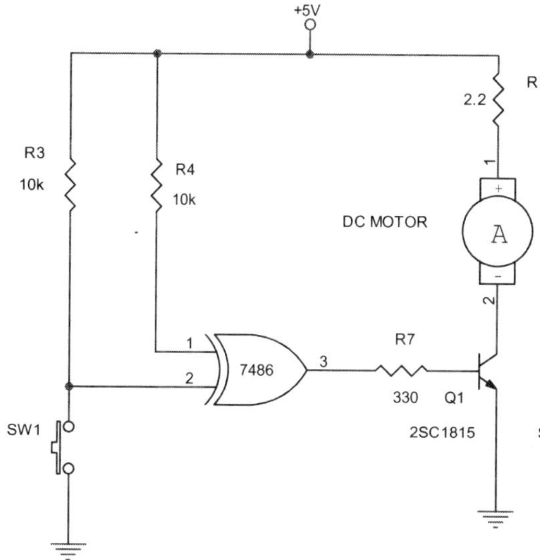

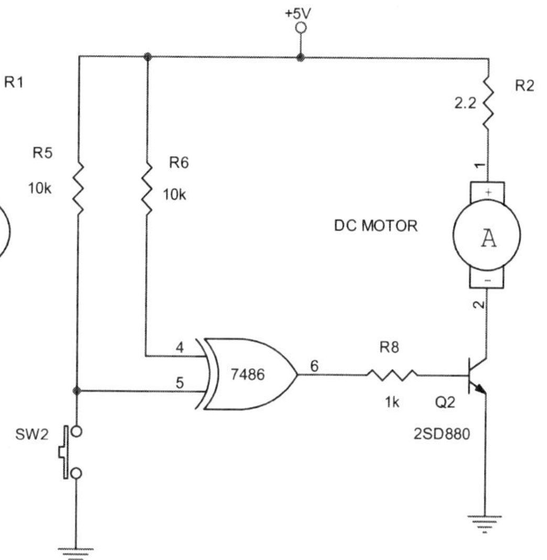

(회로A) TR C1815을 이용한 경우(열폭주 발생) (회로B) TR 2SD880을 이용한 경우

[예제 3] 모터구동 회로설계 CdS and TR

CdS(GL5516)에 빛이 주입될 때 CdS 전압은 0.3[V]이고 빛을 차단할 때 3.1[V] 정도가 된다. 빛이 차단되면 TR은 active 상태(bias 전압 0.7V)가 되고 7486 1번 핀은 Low 된다. 모터는 구동하지 않는다. 빛이 주입되면 TR은 cut off 상태가 되고 7486 1번 핀은 High 된다. 빛이 주입되면 모터는 구동된다.

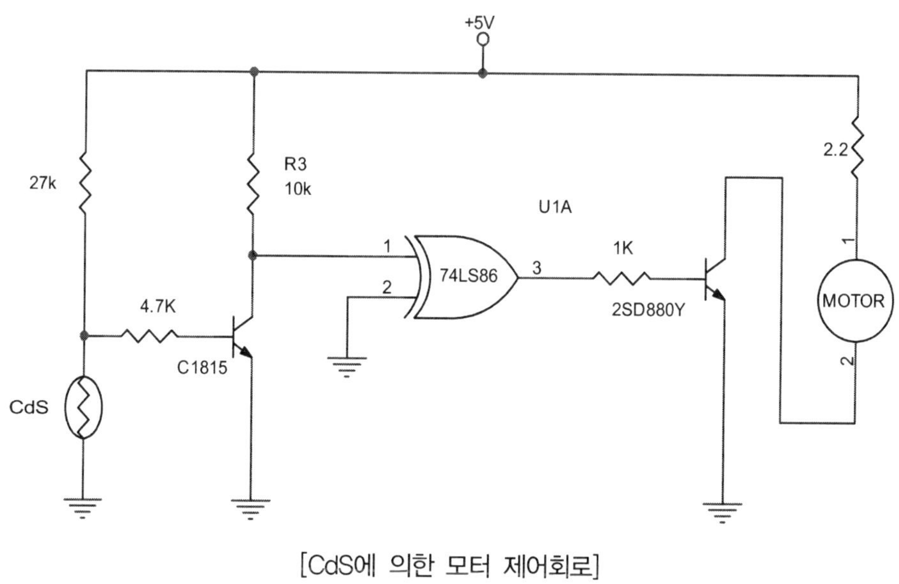

[CdS에 의한 모터 제어회로]

[예제 4] DC 모터 정,역회전 회로설계

from 74LS86 핀 3번 〈----〉 to CdS 센서

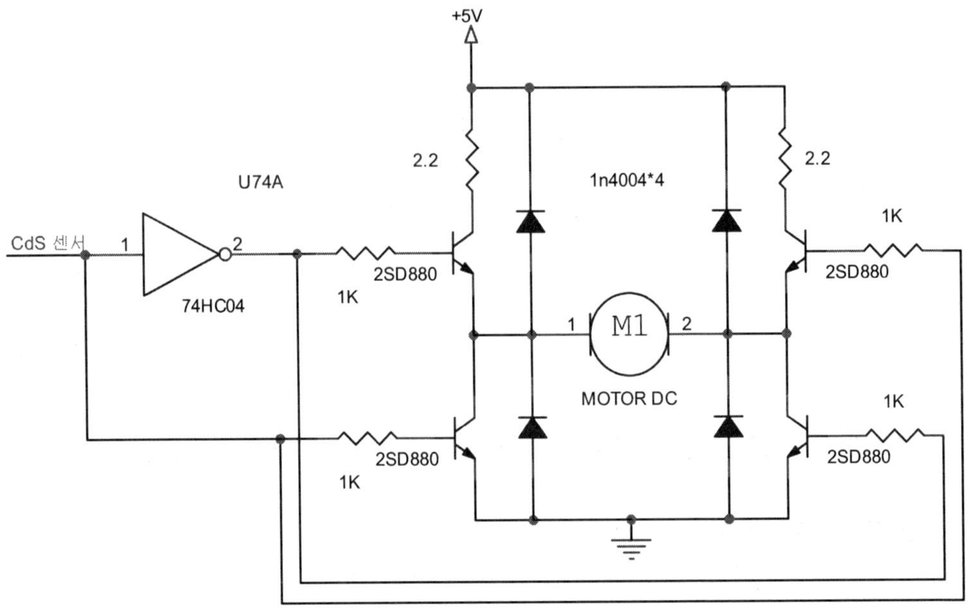

※ IC7486 2번 핀(GND 제거)에 R10kΩ을 연결하여 +5V 주어질 때 모터의 동작 상태는?

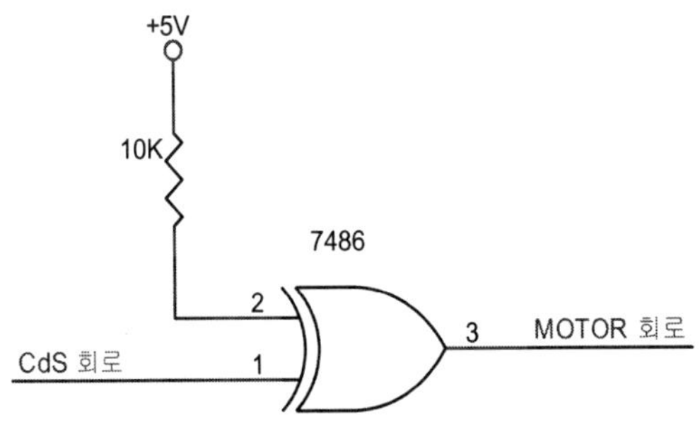

CdS를 이용한 정, 역회전 감지회로설계

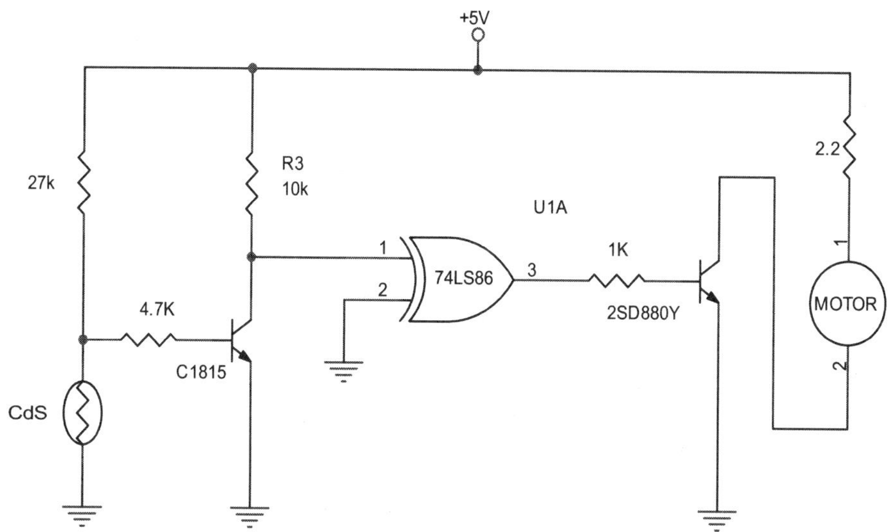

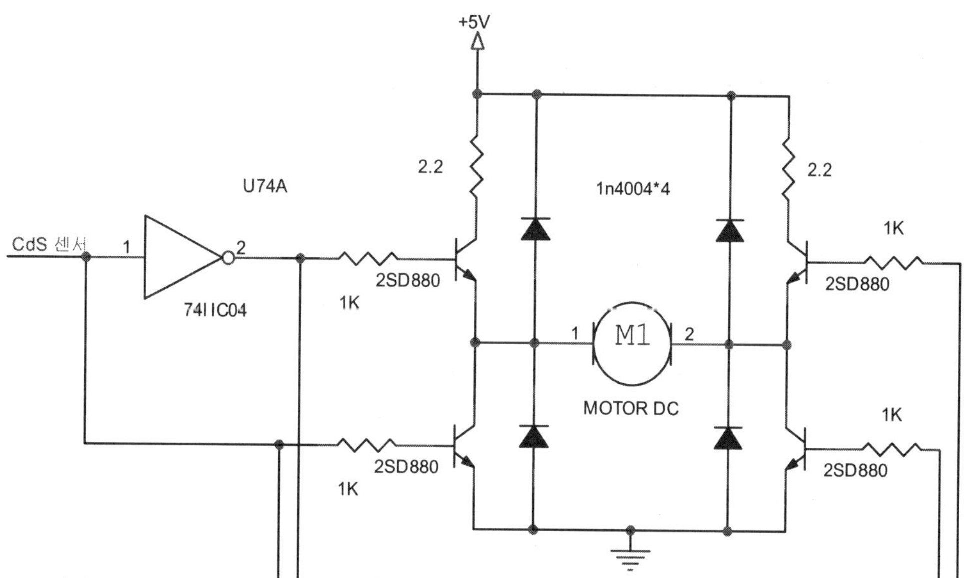

[예제 5] 모터의 동작 상태를 잘 살펴보면 정회전과 역회전의 속도 차이가 발생한다. 정, 역회전 속도를 같게 하려면 회로를 어떻게 수정해야 할까?

- CdS 감지회로-변환회로-모터 구동회로(모터 구동회로 1K에 입력되는 값을 동일하게 해주면 2SD880 IB 전류가 같게 되어 정, 역회전 속도가 같게 된다)

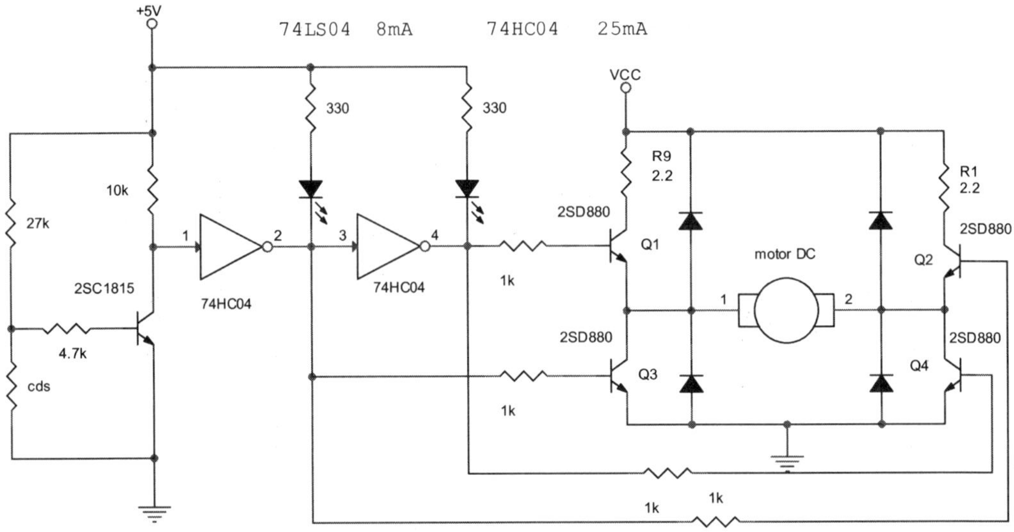

[예제 6] 모터 구동회로설계 _ BA6208 모터 드라이브 IC 사용

① Pin Connection View BA6208 모터 드라이브 IC

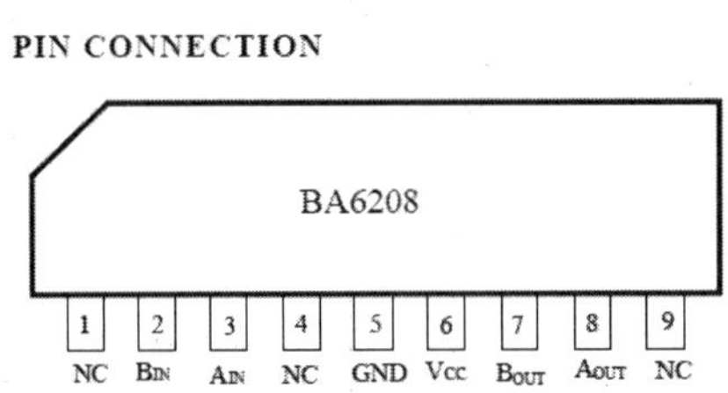

② True function(진리표) BA6208

전원전압이 4.5V ~ 18V까지 출력 모터를 구동할 수 있다.

A_{in}(3)	B_{in}(2)	A_{out}(8)	B_{out}(7)
H	L	H	L
L	H	L	H
H	H	L	L
L	L	open	open

TA7257P 1.5A(ave), 4.5A(peak) 6V ~ 18V
TA7291P 1.0A(ave), 1.5A(peak) 4.5V ~ 20V

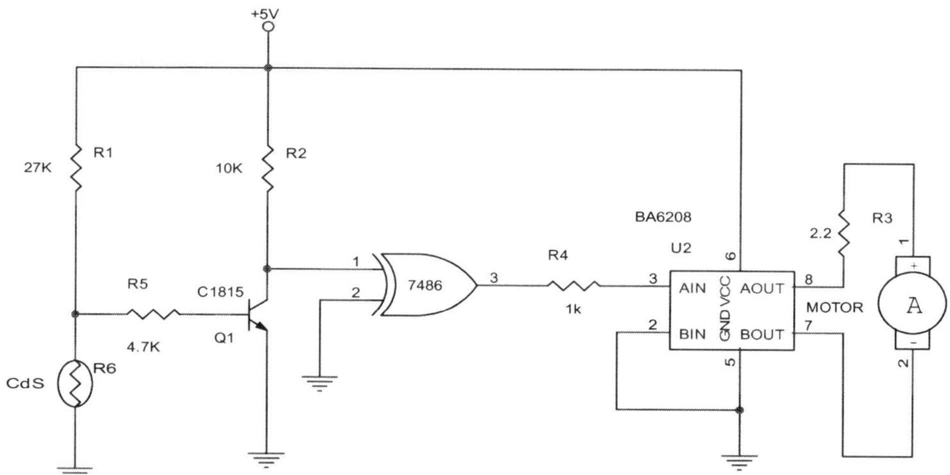

[예제 7] BA6208 Forward & Reverse Rotation Circuit Design(정, 역회전 회로설계)

정회전, 역회전 모터 동작 중 모터가 정지되게 하려면 정지 스위치를 어디에 연결하면 좋을까? 또한 1kΩ(R4, R7)을 10kΩ으로 교체하면 모터 속도는? 그리고 정회전, 역회전을 led로 표시하는 회로를 설계하시오.

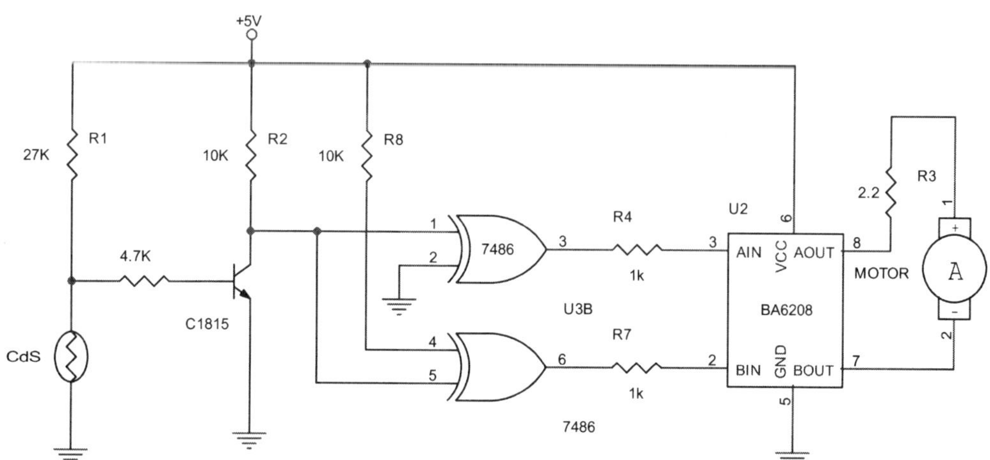

DC모터가 일시정지(pause)되게 하기 위해 다음과 같이 수정해 보자.

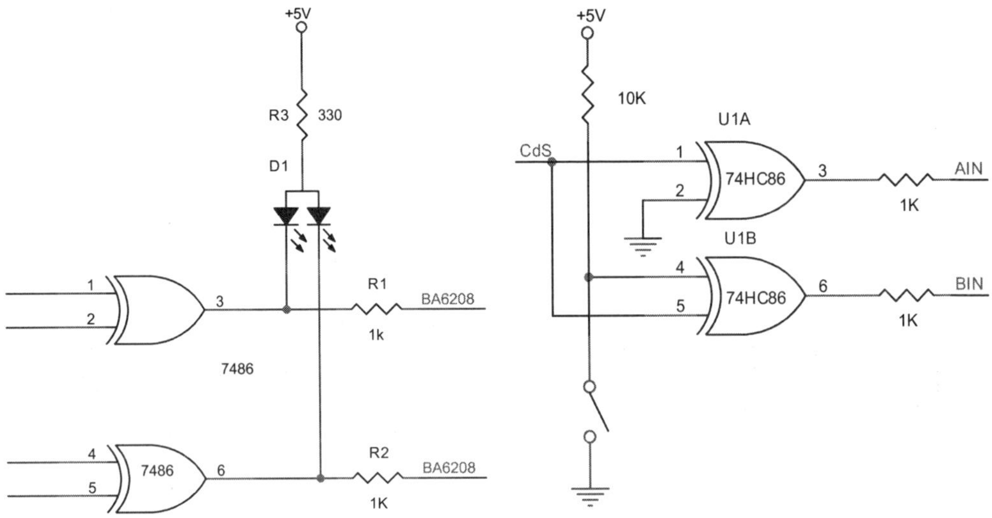

※ DRV8871 24V 모터 드라이브 IC

[예제 8] 타이머를 이용한 모터구동 회로설계

NE555 타이머 발진주기를 이용하여 일정시간 타이머가 구동되면 모터가 정회전 동작되도록 모터 드라이브 IC BA6208을 이용하여 모터 구동회로를 설계하시오.

※ 타임주기를 변경할 경우 100kΩ에 직렬로 20kΩ으로 바꾸어 실습한다.

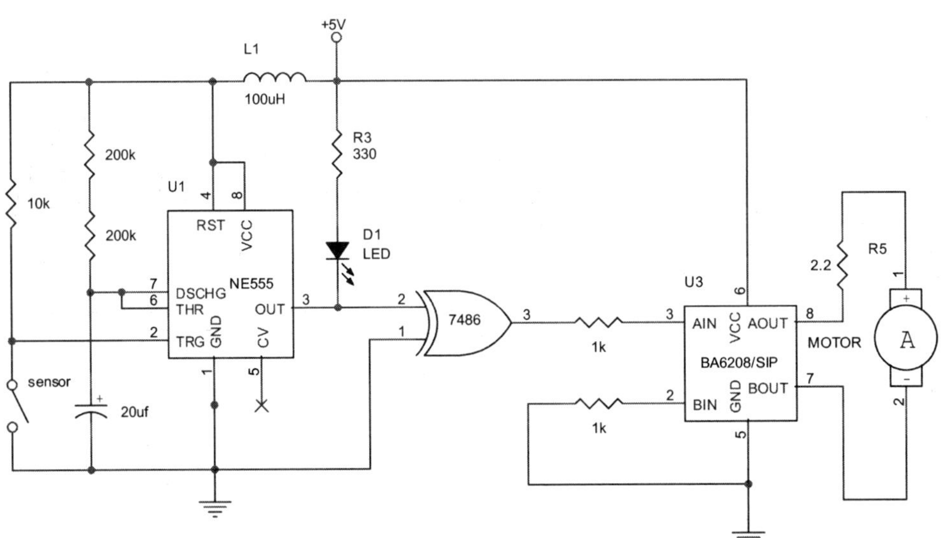

11. 전가산기 회로설계

전가산기(full adder)는 반가산기 회로 2개를 조합한 회로로 3개의 입력 값에 따라 2개의 출력 값을 갖는다.

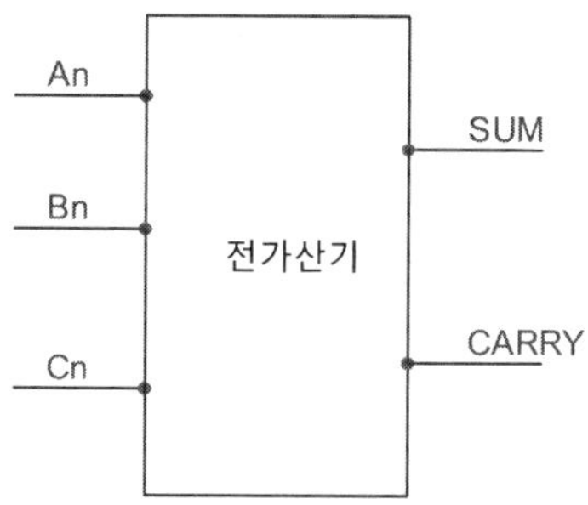

[전가산기 block diagram]

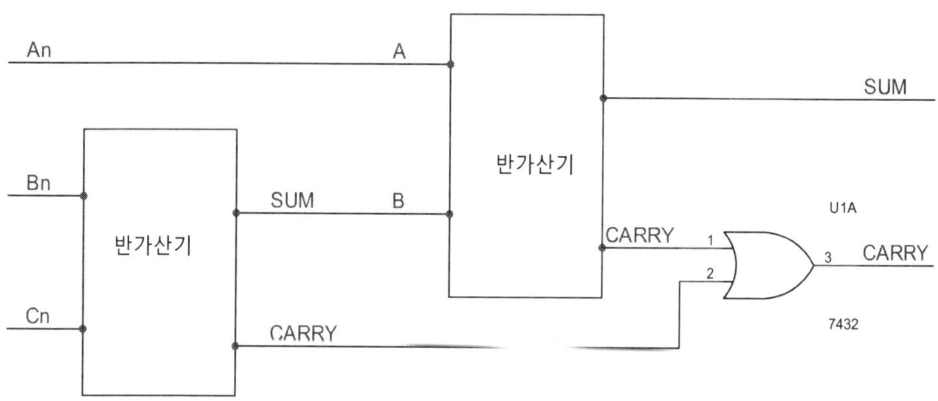

[반가산기를 이용한 전가산기 block diagram]

다음은 입력값 A3, A2, A1, A0와 B3, B2, B1, B0, 즉 4bit와 4비트를 덧셈하는 전가산기이다.

	1	1	0	1
+	1	1	1	1
1	0	1	1	0

	A4	A3	A2	A1
+	B4	B3	B2	B1
SUM5	SUM4	SUM3	SUM2	SUM1

다음은 입력값 A3, A2, A1, A0와 B3, B2, B1, B0의 4비트 전가산기 block diagram이다. 최하위 비트는 반가산기로 구성되어 있고 다음 단은 전가산기로 구성되어 있음을 알 수 있다.

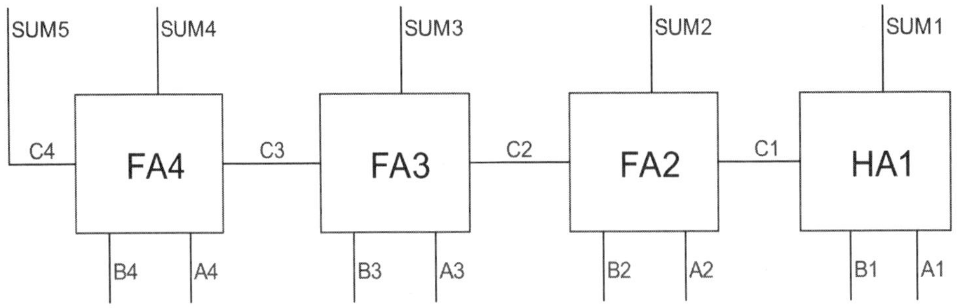

[4비트 전가산기 block diagram]

전가산기 진리표를 그리고 논리식을 구한 다음, 회로를 설계해 보자.

가. 진리표

INPUT			OUTPUT	
A	B	Cn − 1	SUM	Cn
0	0	0	0	0
0	0	1	1	0
0	1	0	1	0
0	1	1	0	1
1	0	0	1	0
1	0	1	0	1
1	1	0	0	1
1	1	1	1	1

A, B = 입력 비트 값, Cn − 1 = 전 비트 단에서 발생한 자리 올림수이며 Cn = 가산기 자리 올림수, SUM = A, B, Cn−1 비트를 더한 합이다.

나. 전가산기 논리식

진리표를 보고 SUM = 1 값을 표현하면

$$SUM = \overline{A}\,\overline{B}Cn-1 + \overline{A}B\overline{Cn-1} + A\overline{B}\,\overline{Cn-1} + ABCn-1$$

자리를 바꿔 정리하면

$$= \overline{A}B\overline{Cn-1} + A\overline{B}\,\overline{Cn-1} + \overline{A}\,\overline{B}Cn-1 + ABCn-1$$
$$= (\overline{A}B + A\overline{B})\overline{Cn-1} + (\overline{A}\,\overline{B} + AB)Cn-1$$

X-OR를 적용하면

$$= (A \oplus B)\overline{Cn-1} + (\overline{A \oplus B})Cn-1$$

(A ⊕ B)를 K라 하면

$$= K\overline{Cn-1} + \overline{K}Cn-1$$
$$= K \oplus Cn-1$$

정리하면

$$(A \oplus B) \oplus Cn-1$$
$$\therefore\ SUM = A \oplus B \oplus Cn-1$$

진리표를 보고 Cn = 1 값을 표현하면

$$Cn = \overline{A}BCn-1 + A\overline{B}Cn-1 + AB\overline{Cn-1} + ABCn-1$$
$$= AB(\overline{Cn-1} + Cn-1) + \overline{A}BCn-1 + A\overline{B}Cn-1$$

A = Cn−1이라고 가정하면

$AB(\overline{Cn-1} + Cn-1)$ 식에 $\overline{A} + A = 1$을 대입하면

$$AB(\overline{Cn-1} + Cn-1) = AB(\overline{A} + A) = AB\text{이므로}$$
$$= AB + \overline{A}BCn-1 + A\overline{B}Cn-1$$

$$= AB + (\overline{A}B + A\overline{B})Cn-1$$
$$= AB + (A \oplus B)Cn-1$$

$\therefore Cn = AB + (A \oplus B)Cn-1$

다. 논리식을 이용한 가산기 회로설계

1) SUM = A ⊕ B ⊕ Cn-1 논리식을 가산기 회로로 그려보면

입력 A, B이고 자리 올림 비트 Cn-1라고 하면 스위치를 누르면 0이 되게 설계하고 스위치를 누르지 않으면 1이 되게 설계하려고 할 때 입력 SW값을 A3, A2, A1, A0와 B3, B2, B1, B0라고 하면

	1	1	1	1
+	1	1	1	1
1	1	1	1	0

	A3	A2	A1	A0
+	B3	B2	B1	B0
SUM4	SUM3	SUM2	SUM1	SUM0

A0 + B0일 때 bit와 bit를 덧셈한 값을 SUM이라 할 때 자리올림 비트(CARRY)가 발생하는데 이것을 Cn-1이라고 한다. 전가산기 논리 결과 값 SUM = A ⊕ B ⊕ Cn-1을 회로로 설계해 보면

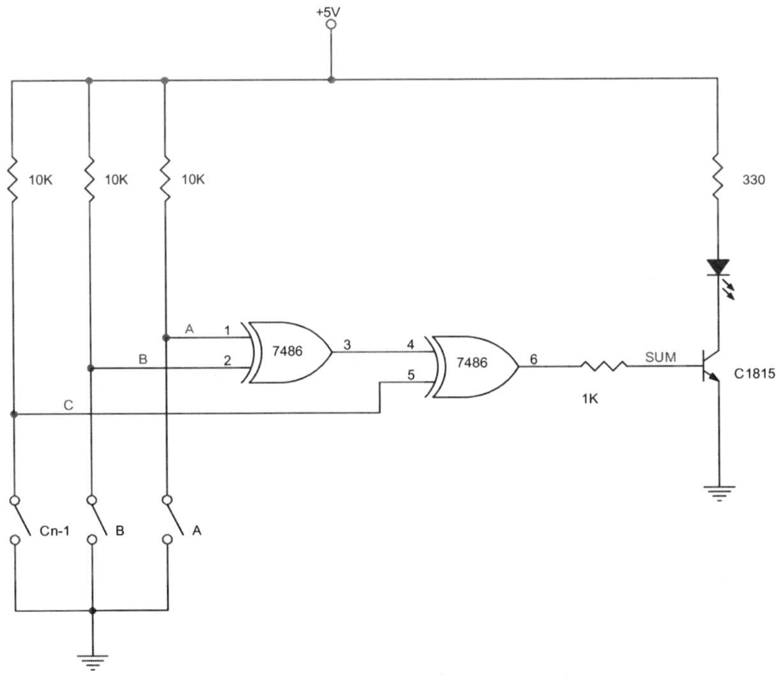

[가산기 회로 SUM]

2) Cn = AB + (A ⊕ B)Cn−1 논리식을 가산기 회로로 그려보면

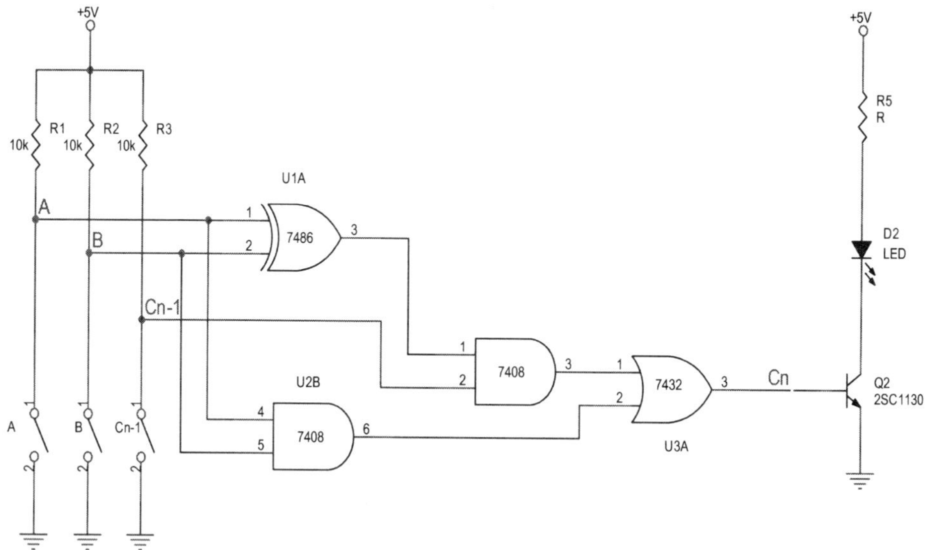

[가산기 회로 CARRY]

3) 전가산기 회로도 SUM과 Cn을 정리해 보면 다음과 같이 된다.

① SUM = A ⊕ B ⊕ Cn−1 ② Cn = AB + (A ⊕ B)Cn−1

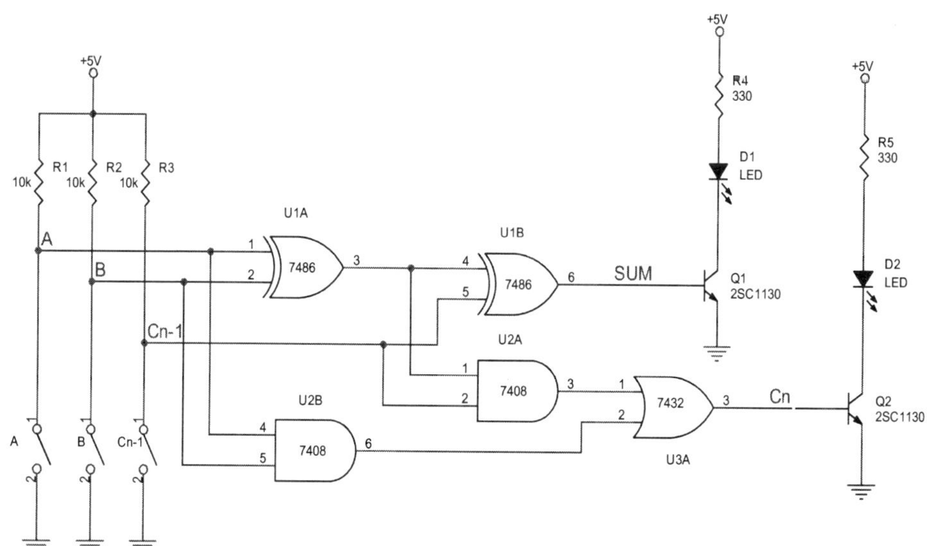

[가산기 회로]

위 가산기 회로도를 블록 다이어그램 FA2으로 그려보면

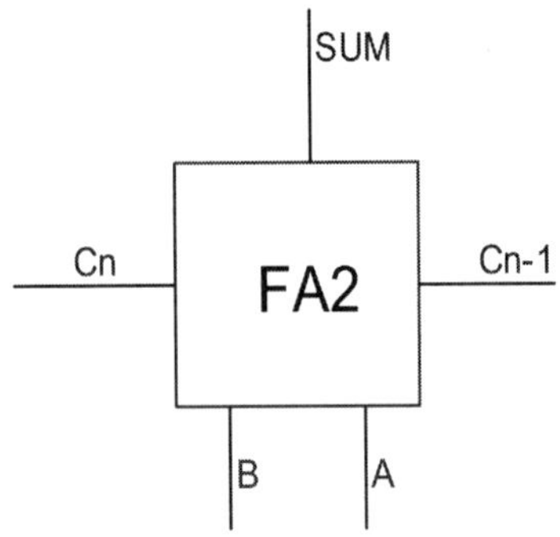

입력은 A, B이고 전 단계 carry bit는 Cn-1이다. 출력 값 SUM은 A, B를 더한 값이고 자리 올림수가 있을 경우 Cn으로 표기한다.

4) 트랜지스터와 LED를 조합한 회로

트랜지스터와 LED를 조합한 회로로 트랜지스터 base에 H일 때 LED는 on이고 TR Q2 base가 L일 때 LED는 off된다.

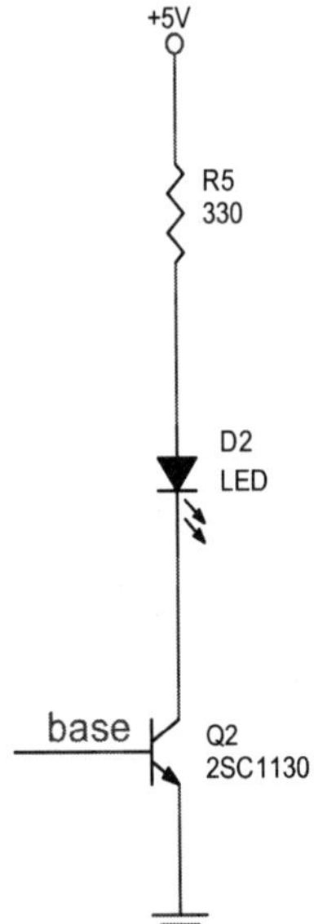

[트랜지스터와 LED를 조합한 회로]

트랜지스터 회로를 넣은 이유는 전가산기 SUM, Cn 값이 H일 때 LED가 on(1) 되어 동작하도록 설계하였고 L일 때 LED가 동작되지 않아 off(0)을 표시하기 위함이며 논리 게이트는 NOT gate와 같다. 따라서 NPN TR base에 H이면 LED는 on 되고 L이면 LED는 off 된다.

11.1 병렬 가산기 회로

가. 계산하는 방법

	1	0	0	1	9
+	0	1	1	1	+ 7
1	0	0	0	0	16

	A3	A2	A1	A0
+	B3	B2	B1	B0
carry	SUM3	SUM2	SUM1	SUM0

4비트 전가산기 IC 74LS83

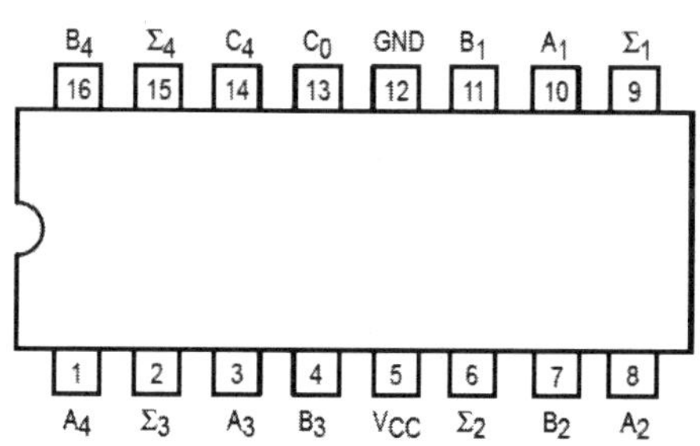

[74LS83 전가산기 IC]

[예제 1] 4비트와 4비트를 덧셈하는 병렬 가산기 회로를 설계해 보자.

10진수 9와 7을 병렬 가산기를 이용하여 덧셈하는 회로를 설계해 보자.

10진수 9를 2진수로 변환하면 1001_2이고 10진수 7을 2진수로 변환하면 0111_2이다. 4 bit와 4 bit를 덧셈을 하기 위해서는 최하위 bit(LSB)와 최상위 bit(MSB)를 구분하여 계산해 보자.

나. PIN 속성

입력 비트	동작 속성	비 고
A1, A2, A3, A4	2진수 입력 비트 An	
B1, B2, B3, B4	2진수 입력 비트 Bn	
C0	최하위 비트 carry	GND
Σ1, Σ2, Σ3, Σ4	An + Bn 논리합	
C4	A4 + B4 합에 대한 carry	

다. LOGIC symble

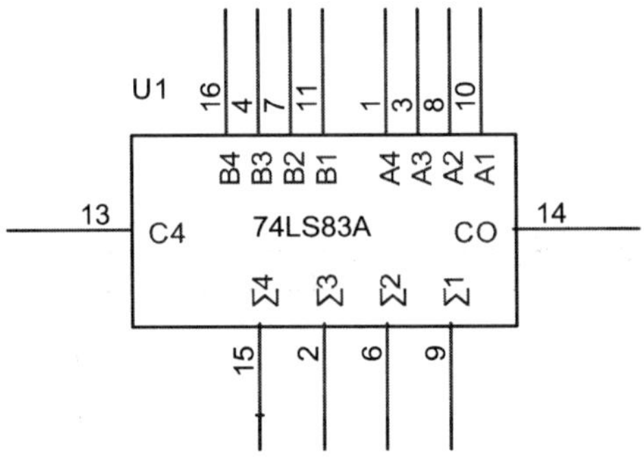

라. 진리표

C4	Σn	Bn	An	C(n−1)
0	0	0	0	0
0	1	0	1	0
0	1	1	0	0
1	0	1	1	0
0	1	0	0	1
1	0	0	1	1
1	0	1	0	1
1	1	1	1	1

마. 논리합

C4	Σ4	Σ3	Σ2	Σ1	B4	B3	B2	B1	A4	A3	A2	A1	C0
1	0	0	1	1	1	0	0	1	1	0	1	0	0
16	3				9				10				X

	A4 A3 A2 A1 = 10	(1 0 1 0)
+	B4 B3 B2 B1 = 9	(1 0 0 1)
C4	Σ4 Σ3 Σ2 Σ1 19	(1 0 0 1 1)

바. 4비트 병렬 가산기 회로설계

74LS83을 이용한 4비트 가산기 회로를 설계하기 위해 입력 스위치를 A4, A3, A2, A1 그리고 B4, B3, B2, B1을 회로와 같이 연결하면 계산한 값이 LED에 표시되고 캐리어(C4) 값은 74LS83 핀 14번을 통해 led가 on 된다.

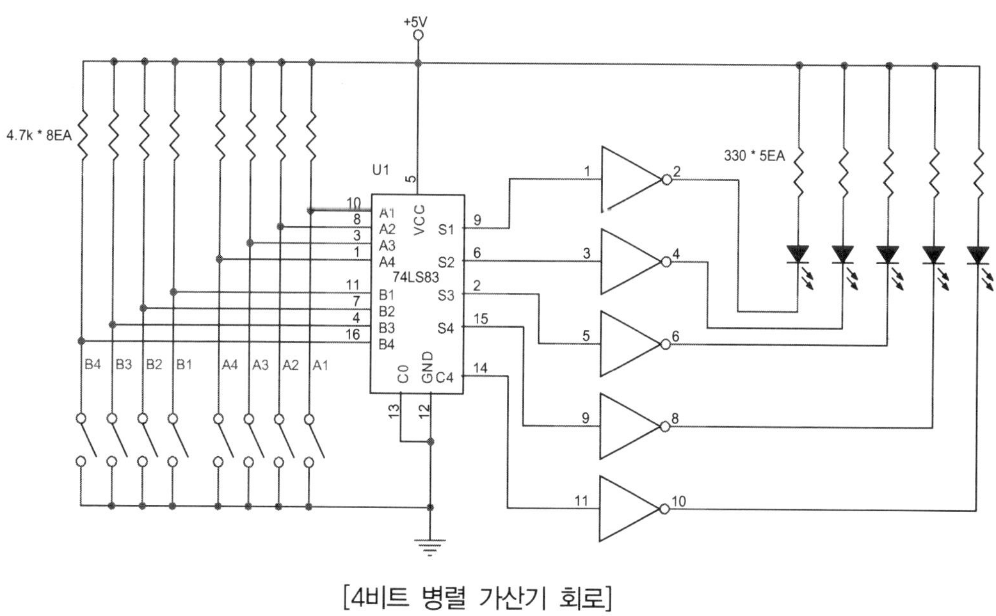

[4비트 병렬 가산기 회로]

입력되는 값(0A1, A2, A3, A4)값을 DISPLAY 되게 하려면

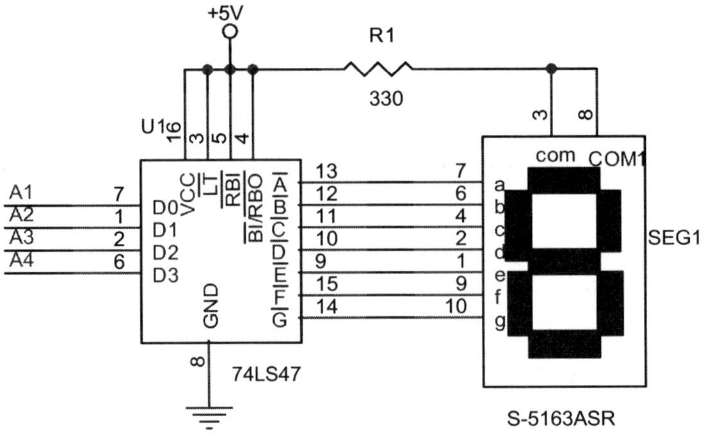

Segment driver(74LS47)를 segment와 연결해 주면 된다.

A4, A3, A2, A1 스위치 상태를 1 1 1 0이고 B4, B3, B2, B1 스위치 상태를 0 1 0 1이라고 하면 A1과 B1 합을 S1, A2와 B2의 합을 S2, A3와 B3의 합을 S3, A4와 B4의 합을 S4, 자리올림수가 있는 경우 S5이면

	1	1	1	1
	0	1	0	1
+	----	----	----	----
1	0	0	1	0

	A4	A3	A2	A1
	B4	B3	B2	B1
+	----	----	----	----
S5	S4	S3	S2	S1

S5, S2, S1에 1 임으로 S5, S2, S1의 LED는 on 된다.

[예제 2] 8비트 병렬 가산기 회로설계

전가산기 74LS83 IC 2개를 이용하여 8비트 가산기 회로를 설계하기 위해 입력 스위치를 A7, A6, A5, A4, A3, A2, A1, A0와 B7, B6, B5, B4, B3, B2, B1, B0를 계산한 값이 LED에 표시되게 하고 캐리어(C4) 값은 두 번째 74LS83 핀 14번을 통해 led가 on 되게 회로를 설계해 보자.

① 논리계산 설계

8비트 연산 시

An	C4	A7	A6	A5	A4	A3	A2	A1	A0
		1	0	1	0	1	1	0	1
Bn		B7	B6	B5	B4	B3	B2	B1	B0
	+	1	1	1	0	1	1	1	0
Cn		1	1	1	0	1	1	0	0
Σ0	1	1	0	0	1	1	0	1	1

정리하면 다음과 같다.

2진수로 계산하면

		1	0	1	0	1	1	0	1
	+	1	1	1	0	1	1	1	0
Σ0	1	1	0	0	1	1	0	1	1

10진수로 계산하면

	1	7	3
+	2	3	8
Σ0	4	1	1

2진수로 계산한 값 1 1 0 0 1 1 0 1 12를 10진수로 변환해 보면 10진수 값 411이 된다.

② 회로설계

전가산기 74LS83 IC 2개를 이용하여 회로를 설계해 보자.

스위치 입력 값 A7-A0와 B7-B0이고 스위치를 이용하여 1, 0으로 설계하고 출력은 C7, Σ7-Σ0가 1일 때 led가 on 되게 하고 C7은 A7 + B7을 계산하여 carry(올림수)가 있으면 C7에 led를 on 되게 회로를 설계해 보자.

10진수 255와 255를 덧셈 하려면 입력 스위치에 모두 1이 되게 하면 된다. 이것을 2진수로 표현하면

		1	1	1	1	1	1	1	1_2
	+	1	1	1	1	1	1	1	1_2
$\Sigma 0$	1	1	1	1	1	1	1	1	0_2

2진수로 계산하면

$11111111_2 + 11111111_2 = 111111110_2$이고 10진수로 510이 된다.

10진수로 계산하면

	2	5	5
+	2	5	5
$\Sigma 0$	5	1	0

[예제 3] 8비트 가산기 회로도 설계

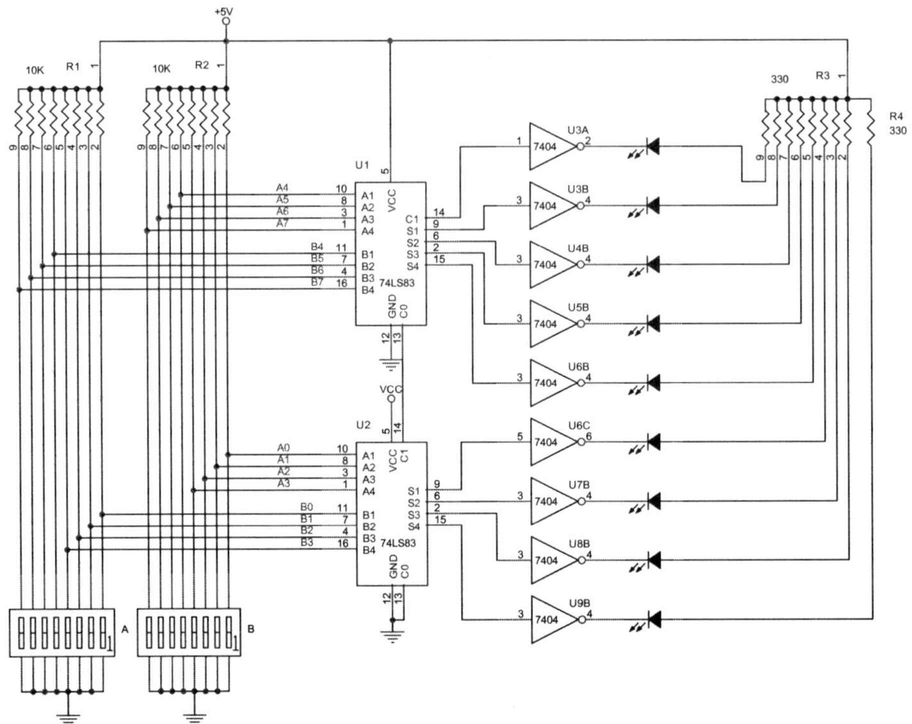

[8비트 가산기 회로설계]

스위치 A7-A0를 모두 off하면 입력 값은 pull up 저항에 의해 111111112이 입력된다.

B7-B0 스위치도 모두 off하면 111111112이 되어 74LS83 전가산기에 의해 계산되고 74LS83 출력 값은 1일 때 not gate를 통과하면 0이 되고 +5V 전원에서 전류가 흘러 led와 저항을 통과하여 not gate에 0이므로 led는 on 된다.

12. 반감산기 회로설계

1비트와 1비트를 뺄셈하는 논리조합 회로로 입력 값 A, B, bi으로 A, B는 뺄셈한 값이고 bi는 빌림수이다. * bi : borrow(빌리다) input

뺄셈 값 D = A - B

```
① 0      ② 0      ③ 1      ④  1
 - 0      - 1      - 0       - 1
 ---     ----     ----      ----
   0        1        1         0
```

가. 진리표

A, B는 감산기 입력 bit 값이고 D = A-B이며 bi = 자리빌림 값이다.

A	B	D	bi
0	0	0	0
0	1	1	1
1	0	1	0
1	1	0	0

if A=1, B=0이면 A-B = 1-0이 되고 D=1, bi=0이다.

나. 논리식

위의 진리표 입력 A, B와 두 입력의 차 D의 결과 값을 보면 출력 D는 X-OR와 같으므로 D = $\overline{A}B + A\overline{B} = A \oplus B$이고 bi 출력 값은 AND로 표현된다.

$$bi = \overline{A}B$$

※ 진리표 값은 출력 1만 논리식으로 표현하면 된다. 0이면 $\overline{A}$이고 1이면 A로 표현한다.

다. 회로도

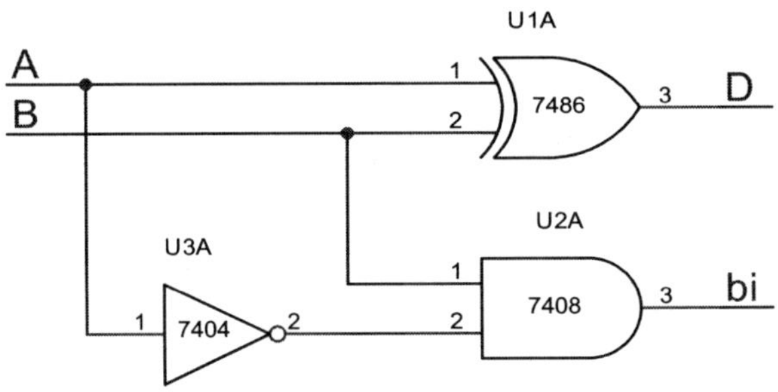

$$D = \overline{A}B + A\overline{B}$$
$$= A \oplus B$$
$$bi = \overline{A}B$$

라. 전체 회로도(스위치를 누르면 0이고 누르지 않으면 1이 입력된다.)

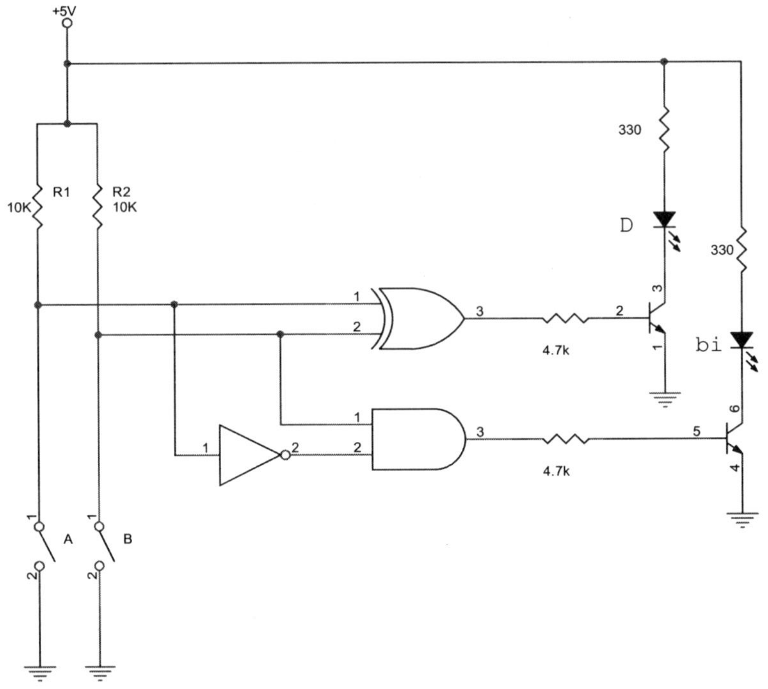

마. 회로동작

스위치 A=0, B=0을 입력하면 led D는 off, led bi는 off 된다.
스위치 A=0, B=1을 입력하면 led D는 on, led bi는 on 된다.
스위치 A=1, B=0을 입력하면 led D는 on, led bi는 off 된다.
스위치 A=1, B=1을 입력하면 led D는 off, led bi는 off 된다.

즉, 0 - 1 = 1이고 비트 1을 빌려오는 수가 bi이다. D = 1, bi = 1이다.

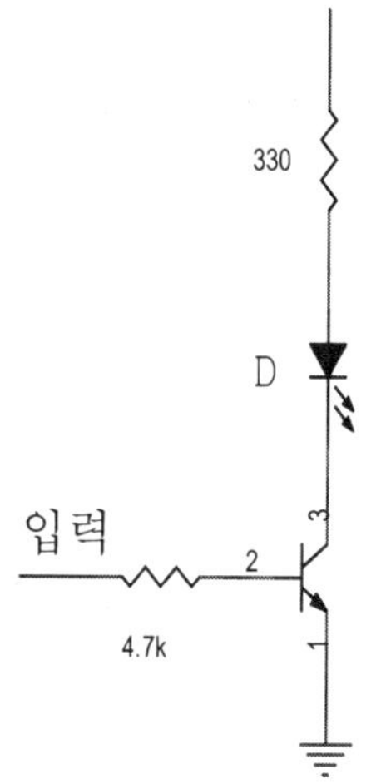

위 회로는 입력이 1이면 TR이 도통되어 led가 on되고, 0이면 TR이 불통되어 led가 off 된다.

13. 전감산기 회로설계

전감산기의 동작원리를 보면 2개의 입력신호 A-B를 출력으로 두 비트의 차를 D(difference)라 하고 입력 A에서 B를 뺄셈하지 못할 때, 즉 0 - 1일 때 빌림 값 1을 b(borrow)라고 하면 다음과 같이 된다.

	A4	A3	A2	A1
-	B4	B3	B2	B1
	D4	D3	D2	D1

[4비트 전감산기]

4비트 블록 다이어그램

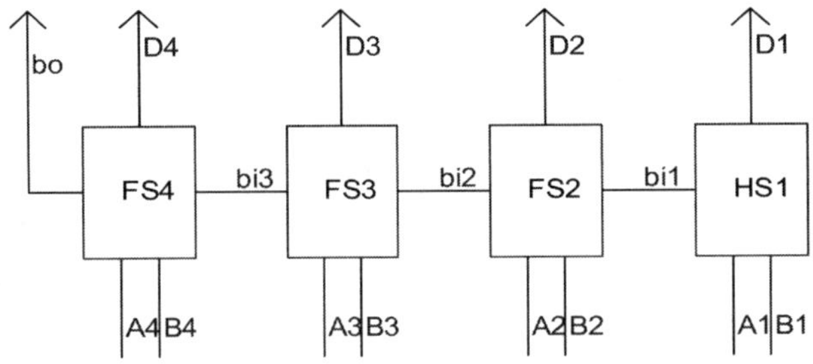

감산기 예제

1 0 0 1(9) - 0 1 1 0(6) = 0 0 1 1(3)

	1	0	0	1
-	0	1	1	0
	0	0	1	1

가. 진리표

INPUT			OUTPUT	
A	B	bi	D	bo
0	0	0	0	0
0	0	1	1	1
if 0	1	0	1	1
0	1	1	0	1
1	0	0	1	0
1	0	1	0	0
1	1	0	0	0
1	1	1	1	1

if A − B − bi = 0 − 1 − 0하면
① A − B = 0 − 1은 D = 1, bo = 1이고
② D − bi = 1 − 0이고 D = 1, bo = 1이 된다.

나. 진리표에 의한 논리식

진리표에서 D가 1인 값만 식으로 만들면 D = $\overline{A}\,\overline{B}$bi + $\overline{A}$B$\overline{bi}$ + A$\overline{B}\,\overline{bi}$ + ABbi이다. 정리하면

= $\overline{A}$B$\overline{bi}$ + A$\overline{B}\,\overline{bi}$ + $\overline{A}\,\overline{B}$bi + ABbi
= ($\overline{A}$B + A$\overline{B}$)$\overline{bi}$ + ($\overline{A}\,\overline{B}$ + AB)bi
= (A ⊕ B)$\overline{bi}$ + ($\overline{A \oplus B}$)bi
If is A ⊕ B = K
= K$\overline{bi}$ + $\overline{K}$bi
= K ⊕ bi

K 값을 대입하면

D = A ⊕ B ⊕ bi
∴ D = A ⊕ B ⊕ bi
bo = $\overline{A}\,\overline{B}$bi + $\overline{A}$B$\overline{bi}$ + $\overline{A}$Bbi + ABbi

$$= \overline{A}\,\overline{B}bi + ABbi + \overline{A}B\overline{bi} + \overline{A}Bbi$$
$$= (\overline{A}\,\overline{B} + AB)bi + \overline{A}B(\overline{bi} + bi)$$
$$= (\overline{A \oplus B})bi + \overline{A}B$$
$$\therefore\ bo = (\overline{A \oplus B})bi + \overline{A}B$$

다. 논리식을 이용한 전감산기 회로설계

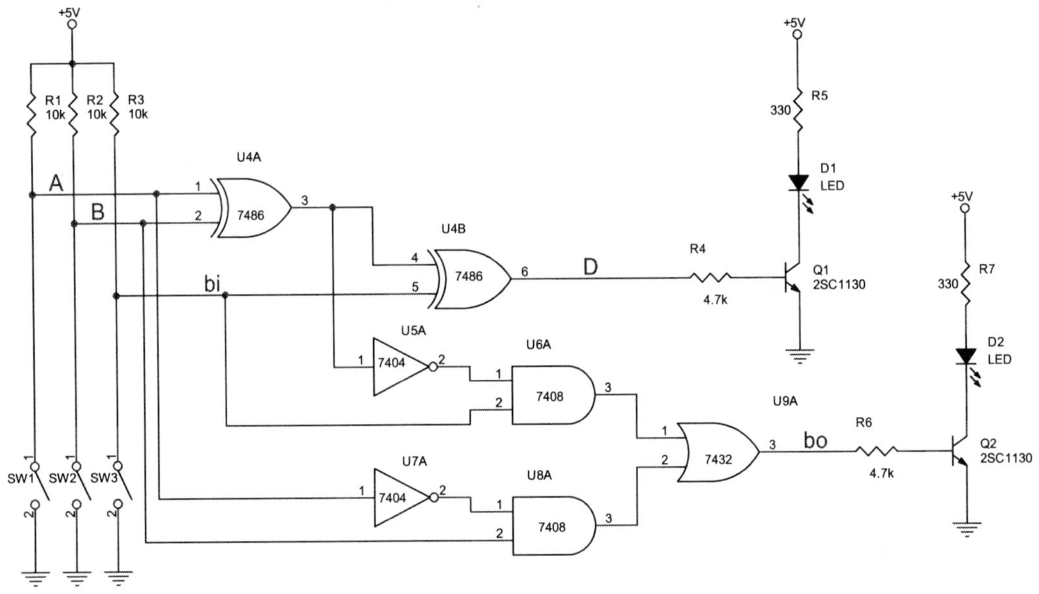

$$D = A \oplus B \oplus bi$$
$$bo = (\overline{A \oplus B})bi + \overline{A}B$$

14. 비교기 회로설계

전기의 신호를 가지고 수의 크기를 비교하는 것은 상상으로만 현실로 표현하기 어렵다. 하지만 수의 크기를 디지털 표현방식으로 변환하면 쉽게 표현할 수 있다. A 비트와 B 비트 값을 1, 0으로 구분하고 크기 값을 비교하는 회로를 설계해 보자.

논리적인 조건

A = 1, B = 0이면 A 〉 B이면 출력은 1이 되고

A = 0, B = 1이면 A 〈 B이면 출력은 0이 되고

A = 1, B = 1이면 A = B이면 출력은 1, 0이 되게 회로를 설계하기 위해 다음과 같은 비교기 BLOCK DIAGRAM을 보고 진리표와 회로도를 설계해 보자.

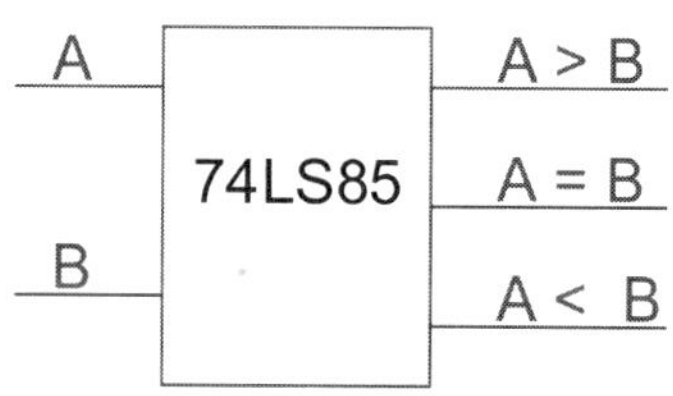

HC(half comparator)

[비교기 BLOCK DIAGRAM]

가. 진리표

입력 A, B 값을 0,1로 구분하고 진리표로 구해보면

INPUT		OUTPUT		
A	B	A 〉 B	A = B	A 〈 B
0	0	0	1	0
0	1	0	0	1
1	0	1	0	0
1	1	0	1	0
논리식		$A\overline{B}$	$A \odot B = \overline{A \oplus B}$	$\overline{A}B$

$$A \odot B = \overline{A \oplus B} = \overline{\overline{A}B + A\overline{B}}$$

입력 A 〉 B인 경우 0, 0 값을 대입해 보면 0 〉 0 거짓이고 출력은 0,
입력 A 〉 B인 경우 0, 1 값을 대입해 보면 0 〉 1 거짓이고 출력은 0,
입력 A 〉 B인 경우 1, 0 값을 대입해 보면 1 〉 0 참이고 출력은 1,
입력 A 〉 B인 경우 1, 1 값을 대입해 보면 1 〉 1 거짓이고 출력은 0이 된다.

즉, 조건을 비교해 보고 참이면 1, 거짓이면 0 값을 주면 된다.

나. 비교기 회로설계

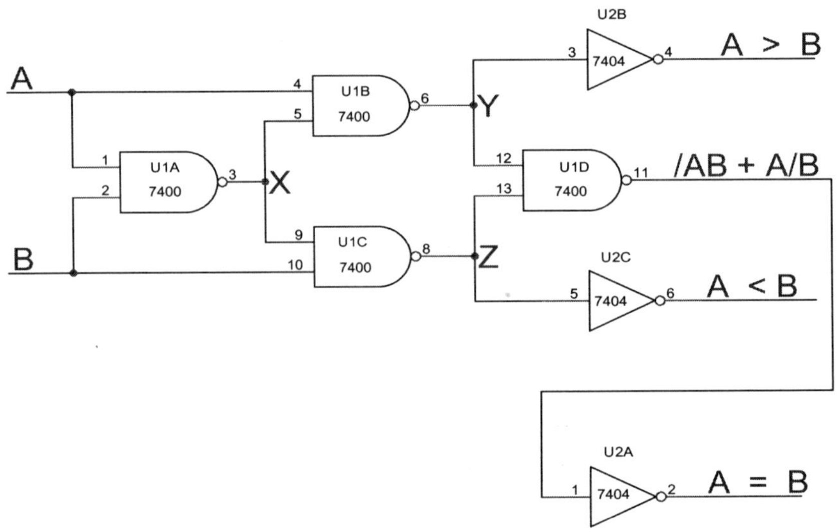

1) 비교기에 대한 논리식 A 〉 B를 풀어보면

$X = \overline{AB}$

$Y = \overline{A\overline{AB}} = \overline{A} + AB = (\overline{A} + A)(\overline{A} + B) = (\overline{A} + B)$

A 〉 B 앞에 NOT gate가 있으므로

$$A > B = \overline{\overline{A} + B}$$

드모르강의 정리를 적용하면

$$A > B = A\overline{B}$$

2) 비교기에 대한 논리식 A 〈 B를 풀어보면

$X = \overline{AB}$

$Z = \overline{B\overline{AB}} = AB + \overline{B} = (A + \overline{B})(B + \overline{B}) = (A + \overline{B})$

A 〈 B 앞에 NOT gate가 있으므로

$A < B = \overline{A + \overline{B}}$

드모르강의 정리를 적용하면

$$A < B = \overline{A}B$$

BCD 값 비교기 회로설계

BCD(binary-coded decimal) 코드는 10진수 각 자리의 숫자를 4비트의 2진수로 표현한 것이다.

예) BCD 표현 방법

953 = 1001 0101 0011

10진수	2진수
0	0000
1	0001
2	0010
3	0011
4	0100
5	0101
6	0110
7	0111
8	1000
9	1001

다. 4비트 크기 비교기(4 bit magnitude comparator)

1) 회로설계 활용(MC7485)

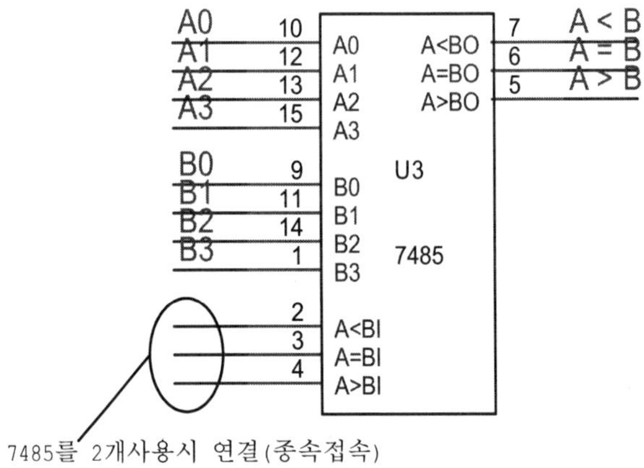

2) MC74HC85 PACKAGE

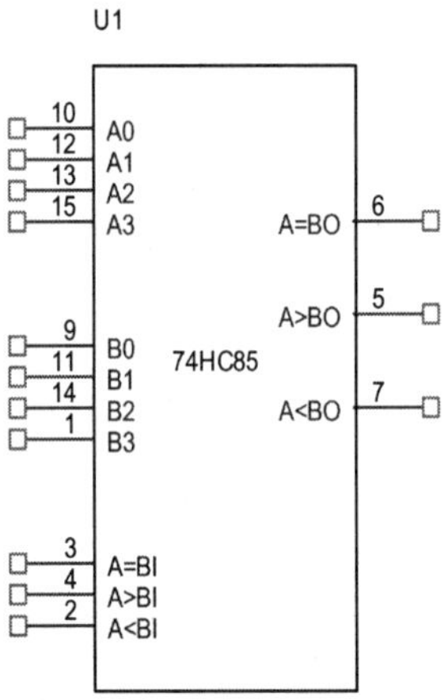

A0 ~ A3, B0 ~ B3은 input data이고, pin 2, 3, 4는 74HC85를 2개 이상 사용할 때 활용되며 pin 5, 6, 7은 output data이다.

3) 74LS85 진리표

비교입력(74LS85)				종속입력(74LS85)			출력(74LS85)		
A3B3	A2B2	A1B1	A0B0	A〉BI	A〈BI	A=BI	A〉B	A〈B	A=B
pin15,1	13,14	12,11	10,9	pin4	2	3	pin5	7	6
A3〉B3	x	x	x	x	x	x	H	L	L
A3〈B3	x	x	x	x	x	x	L	H	L
A3=B3	A2〉B2	x	x	x	x	x	H	L	L
A3=B3	A2〈B2	x	x	x	x	x	L	H	L
A3=B3	A2=B2	A1〉B1	x	x	x	x	H	L	L
A3=B3	A2=B2	A1〈B1	x	x	x	x	L	H	L
A3=B3	A2=B2	A1=B1	A0〉B0	x	x	x	H	L	L
A3=B3	A2=B2	A1=B1	A0〈B0	x	x	x	L	H	L
A3=B3	A2=B2	A1=B1	A0=B0	H	L	L	H	L	L
A3=B3	A2=B2	A1=B1	A0=B0	L	H	L	L	H	L
A3=B3	A2=B2	A1=B1	A0=B0	L	L	H	L	L	H
A3=B3	A2=B2	A1=B1	A0=B0	x	x	H	L	L	H
A3=B3	A2=B2	A1=B1	A0=B0	H	H	L	L	L	L
A3=B3	A2=B2	A1=B1	A0=B0	L	L	*L	*H	*H	*L

① 크기를 비교할 때 MSB비트가 클 경우 A, B값이 결정된다.

A3〉B3	x	x	x	x	x	x	H	L	L

② MSB 비트가 같을 경우 A2, B2 중 큰 값이 결정된다.

A3=B3	A2〉B2	x	x	x	x	x	H	L	L

③ 첫 번째 7485 IC(LSB)에서 A, B 값이 다른 경우 두 번째 IC(MSB)는 첫 번째 IC의 출력 값에 영향을 받는다.

A3=B	A2=B	A1=B	A0=B0	**H**	L	L	**H**	L	L
A3=B	A2=B	A1=B	A0=B0	**L**	H	L	**L**	H	L

A 1 0 1 1 1 0 1 1
B 1 0 1 1 0 1 0 0 인 경우 A3 〉 B3이다. 즉, A 〉 B이다.

④ 아래 표는 7485 IC가 두 개 있는 경우 MSB 진리표이다.

A7=B	A6=B	A5=B	A4=B4	H	L	L	H	L	L
A7=B	A6=B	A5=B	A4=B4	L	H	L	L	H	L
A7=B	A6=B	A5=B	A4=B4	L	L	H	L	L	H
A7=B	A6=B	A5=B	A4=B4	x	x	H	L	L	H
A7=B	A6=B	A5=B	A4=B4	H	H	L	L	L	L
A7=B	A6=B	A5=B	A4=B4	L	L	L	H	H	L

7485가 두 개 있는 경우 입력값 A6, 5, 4, 3 = B7, 6, 5, 4인 경우

U2 7485 A = B인 경우 U1 출력 값에 의해 U2 출력 값이 결정되는 회로이다. 회로의 종속(CASCADING) 연결방법에 대해 알아보자.

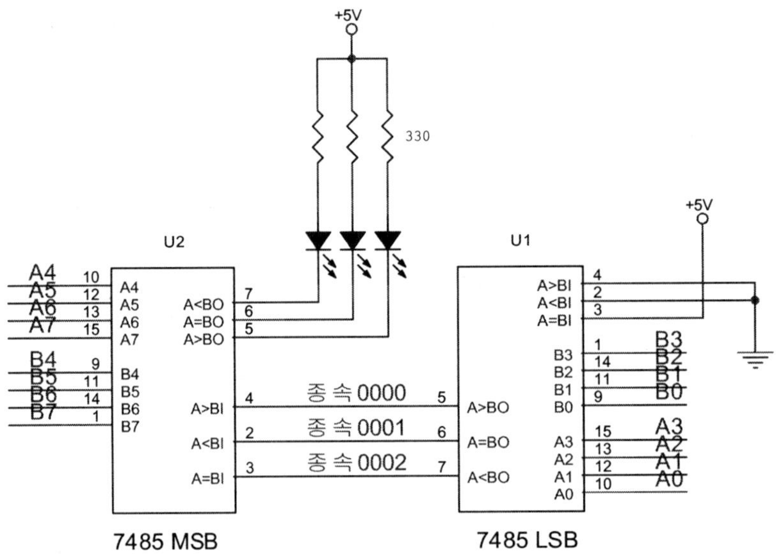

[4비트 비교기 회로]

[예제 1] 비교기 회로도 설계

4비트 비교기 회로에서 74LS85 IC에서 pin 3 = H and pin 2, pin4 = L이다.
74LS85 진리표에서 종속 입력핀을 확인하세요.

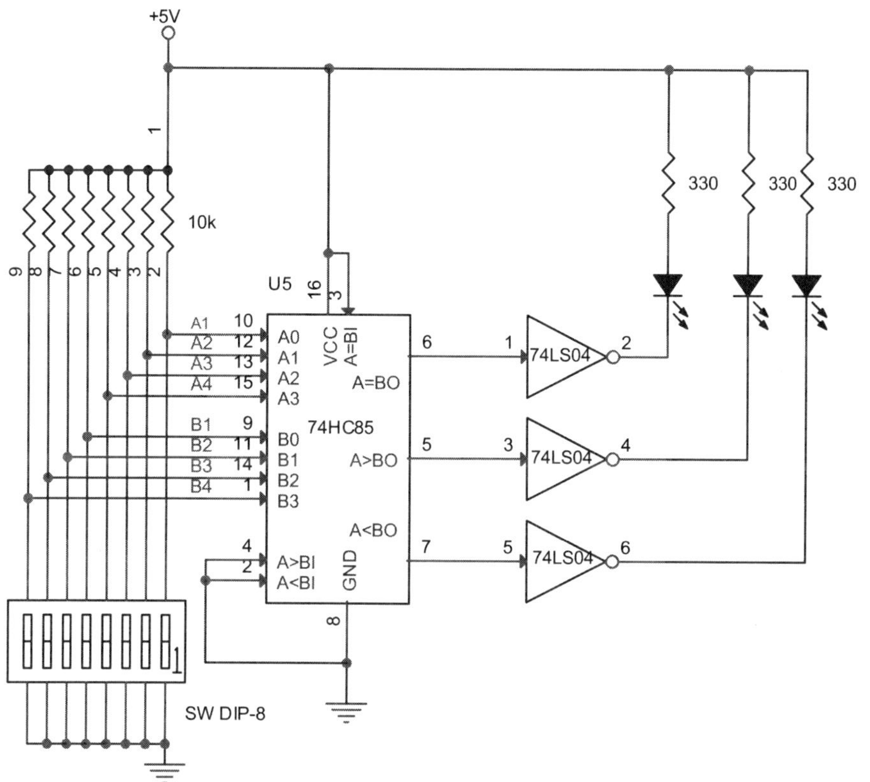

(VCC = 16, GND = 8)

위의 회로는 4비트 크기를 판단할 수 있는 회로이다. 즉, 0~15까지 A와 B값 크기를 비교할 수 있다.

SW1 A값을 BCD(1001)로 하고 10진수로 변환해보면 (910) SW2 B값을 BCD(0101)로 할 경우 (510) A 〉 B 값, 즉, 9 〉 5 크다. 따라서 LED는 A 〉 B가 ON 된다.

SW는 on일 경우 GND와 연결되므로 0이고 SW는 off 일 경우 GND와 연결되어 있지 않으므로 1로 회로를 해석하면 된다.

[예제 2]

스위치 4비트 A와 B가 74LS85에 2진수로 입력되고 있고 A >= B이면 DC motor가 구동되도록 회로를 설계하시오. 예를 들어 A = 1001, B = 0110 입력되면 A > B이므로 모터가 구동되고, A = 1001, B = 1001 입력되면 A = B이므로 모터가 구동된다.

하지만 A = 0111, B = 1001 입력되면 A < B 이면 모터는 구동되지 않고 LED만 ON 되게 설계한다.

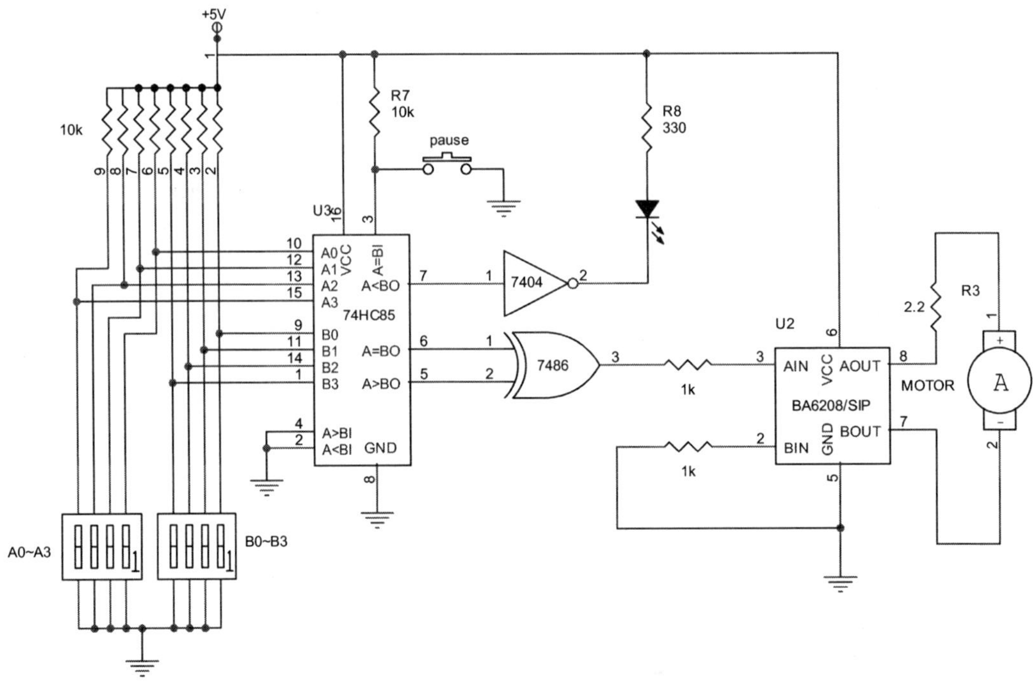

[예제 3]

스위치 4비트 A와 B가 74LS85에 2진수로 입력되고 있고 A 〉= B이면 DC motor가 정회전 구동되고, A 〈 B이면 DC motor가 역회전 구동되게 회로를 설계하시오. 예를 들어 A = 1001, B = 0110 입력되면 A 〉 B이므로 모터가 정회전 구동되고, A = 1001, B = 1001 입력되면 A = B이므로 모터가 정회전 구동된다. 하지만 A = 0111, B = 1001 입력되면 A 〈 B이면 모터는 역회전 구동되게 설계한다.

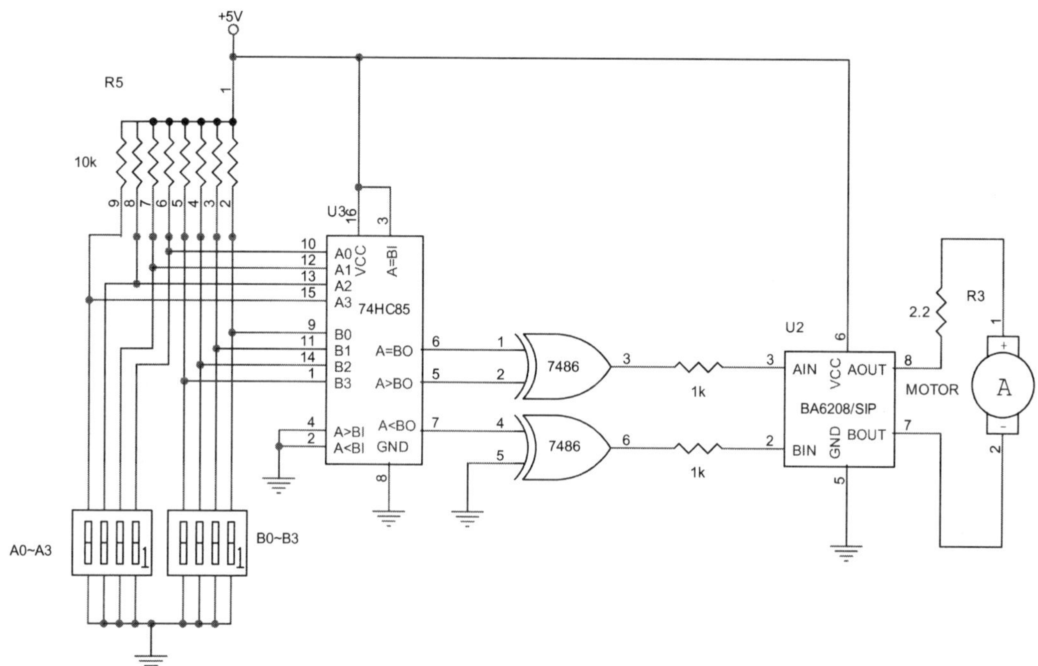

[예제 4]

DC motor가 연속으로 구동될 때 A = B일 때 stop 기능을 추가하고자 한다. 일시정지(pause) 버튼을 누를 때 모터가 일시정지(PAUSE)되게 회로를 수정 설계하시오.

A 〉 B, A 〈 B일 때 모터가 구동되고 A = B일 때 모터가 정지(stop)되도록 회로를 설계하시오.

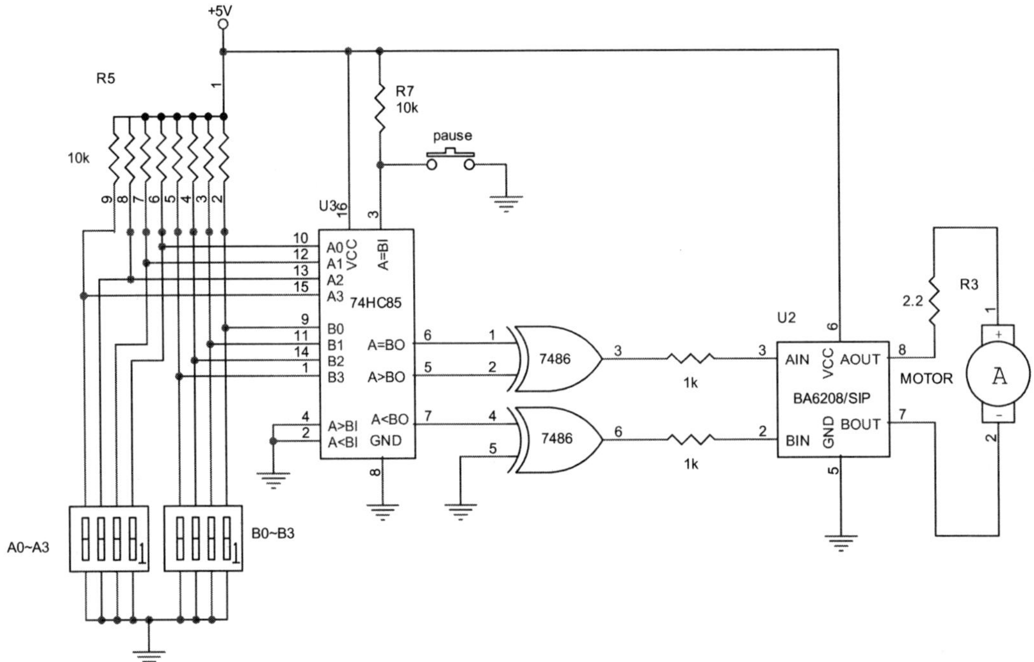

[예제 5]

다음과 같이 동작되게 회로를 설계하시오.

① a 〉 b, a = b일 때 motor가 정회전 동작되고

② a 〈 b일 때 motor가 역회전 동작되고

③ a = b일 때 motor가 정지되게 회로를 설계하시오.

비교입력(74LS85)				종속입력(74LS85)			출력(74LS85)		
A3B3	A2B2	A1B1	A0B0	A〉BI	A〈BI	A=BI	A〉B	A〈B	A=B
pin15,1	13,14	12,11	10,9	pin4	2	3	pin5	7	6
A3=B3	A2=B2	A1=B1	A0=B0	H	H	L	L	L	L

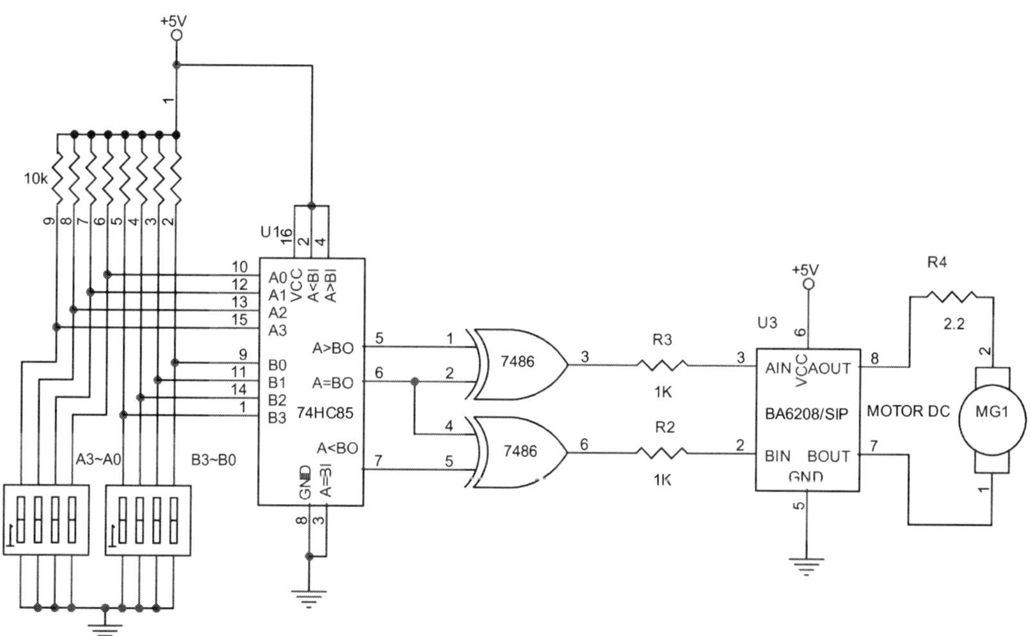

4) 12비트(4096)크기 비교기 - 블록 다이어그램

Series cascading comparing 12bit words

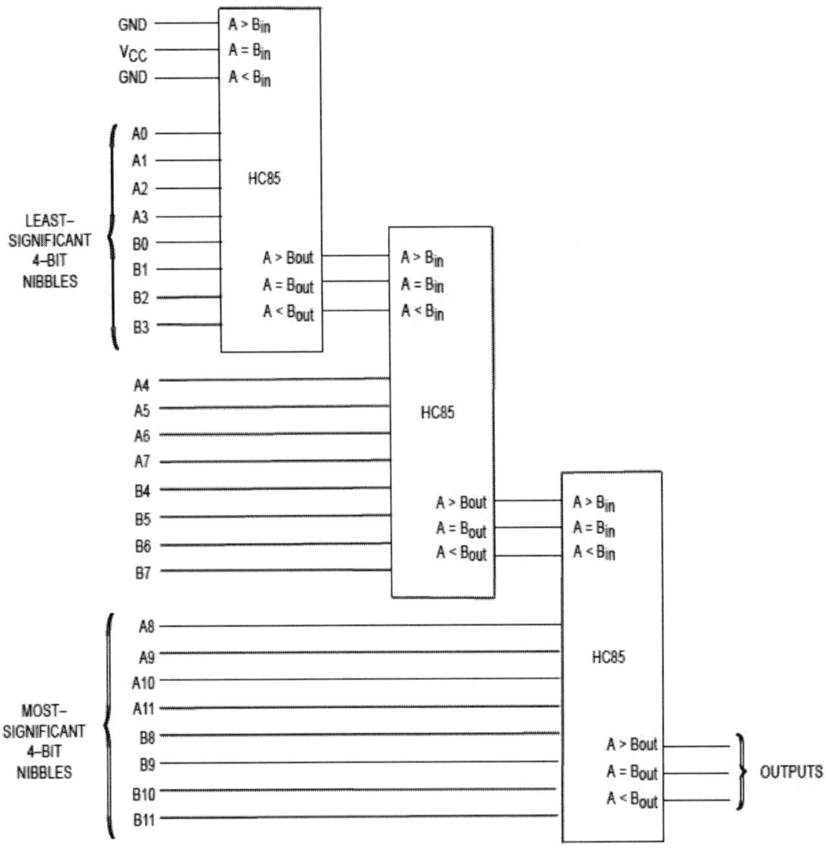

5) 비교기 12비트 회로설계

A11 ~ A0와 B11 ~ B0의 스위치를 설정하여 비교기의 크기를 구해보면

A11 ~ A0	0 1 1 0 0 0 1 1 0 0 0	792
B11 ~ B0	0 0 1 1 1 1 1 1 1 1 1	511

크기를 비교해 보면 A11 ~ A0이 크다.

782 〉 511

따라서 A 〉 B이므로 D11 LED가 on 된다.

[예제 6] Series cascading comparing 12bit words 회로도

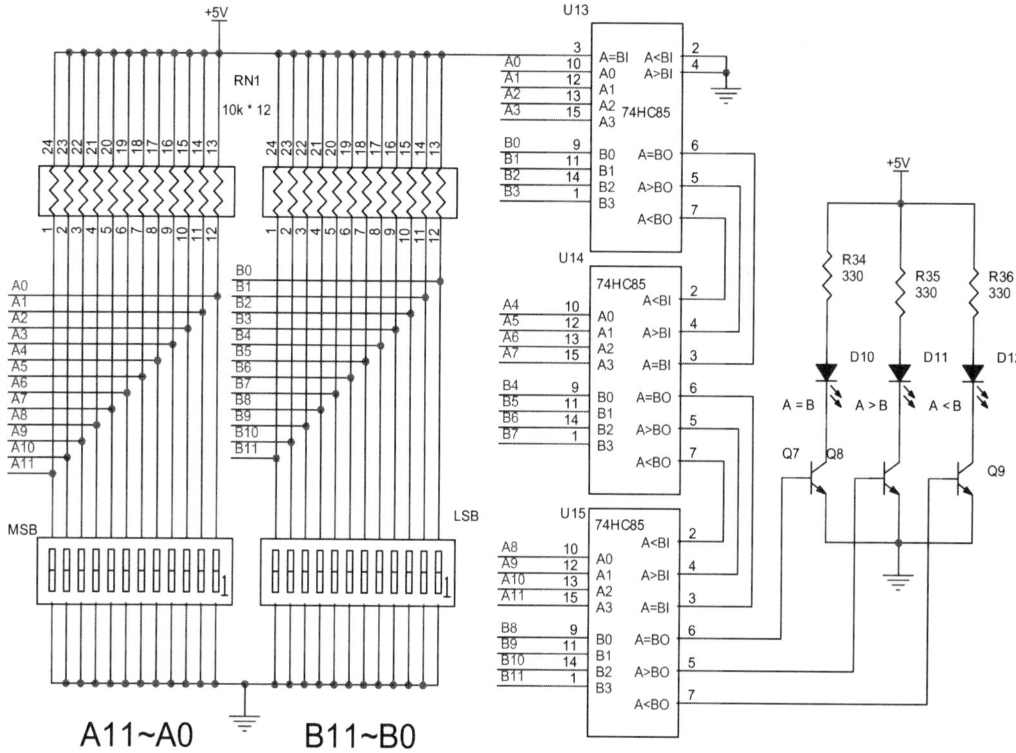

[12비트 비교기 회로도]

[예제 7]

datasheet에 있는 Parallel cascading comparing 12bit word 블럭 다이어그램을 참고하여 12bit word의 크기를 비교하여 led로 표시할 수 있는 회로를 설계하시오.

Parallel cascading comparing 12bit block diagram

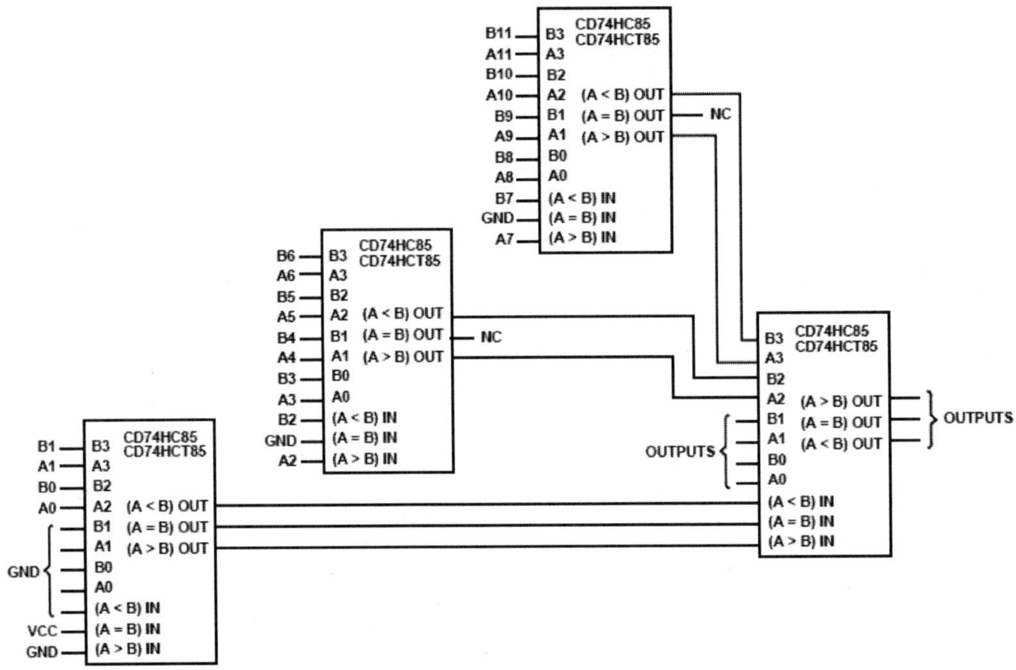

12bit(0~4095) 수의 크기를 비교하여 led로 표시할 수 있는 회로는 다음과 같이 설계한다.

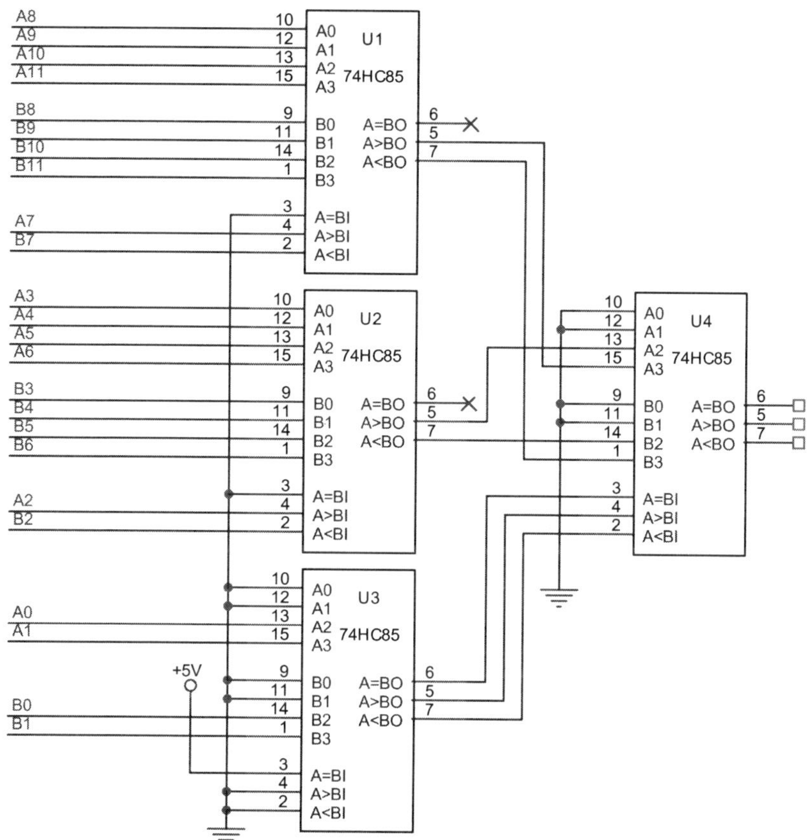

15. DECODER 회로설계

입력단자의 어떤 조합에 디지털 신호가 가해질 때, 그 조합에 대응하는 하나의 출력단자에 신호가 나타나는 것이다. 2진수 n비트(예 1001) 값에 출력단자 2^n 정보(9번째)를 선택할 수 있는 회로이다.

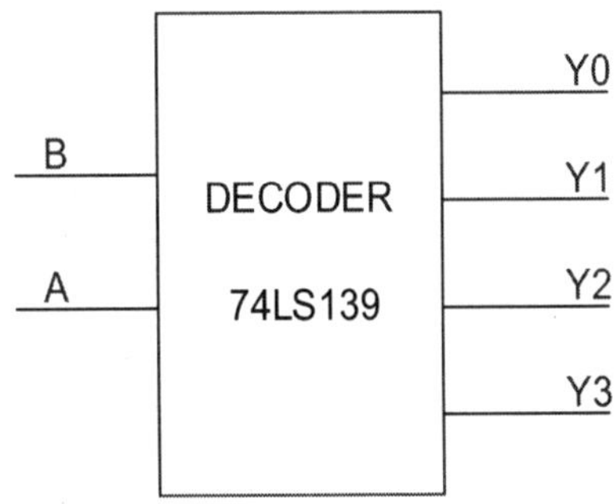

2×4

[예제 1] DECODER 2×4 회로설계

입력 A, B 값, 즉 2비트로 된 4개의 출력을 갖는 2×4 DECODER 회로를 설계하시오.
먼저 진리표를 작성한다.

가. 진리표

입력 = A, B
출력 = Y0, Y1, Y2, Y3

B	A	LED1	LED2	LED3	LED4
0	0	on	off	off	off
0	1	off	on	off	off
1	0	off	off	on	off
1	1	off	off	off	on

나. 논리식

$$Y0 = \overline{A}\,\overline{B},\quad Y1 = A\overline{B},\quad Y2 = \overline{A}B,\quad Y3 = AB$$

다. decoder 회로설계(74LS139)

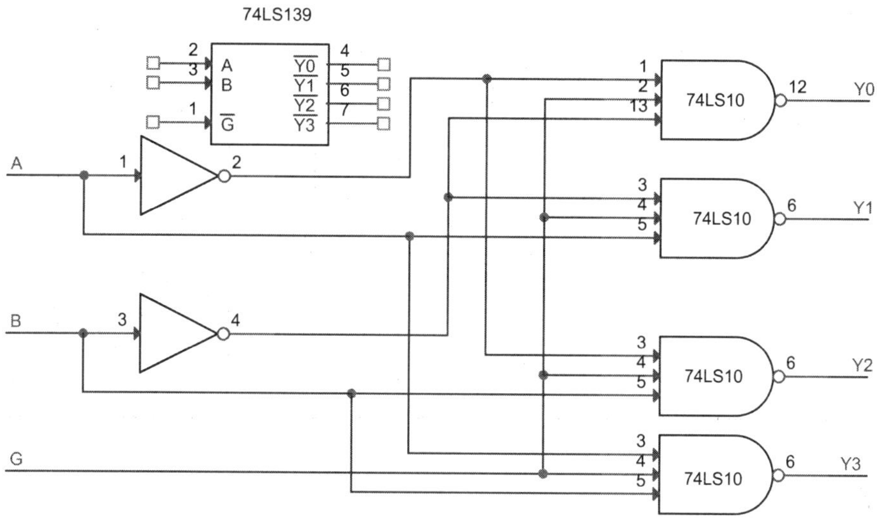

[예제 2] 2×4 DECODER 회로설계

입력 A, B, C 값 3비트로 된 8개의 출력을 갖는 3×8 DECODER 회로를 설계하시오.

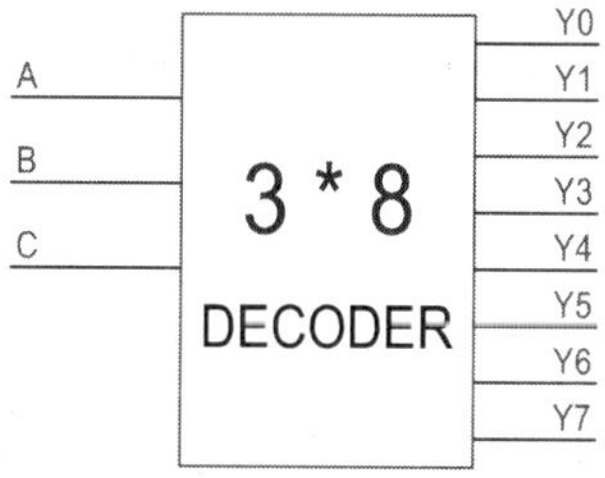

가. 진리표

입력 = A, B, C

출력 = Y0, Y1, Y2, Y3, Y4, Y5, Y6, Y7

A	B	C	Y0	Y1	Y2	Y3	Y4	Y5	Y6	Y7
0	0	0	1	0	0	0	0	0	0	0
0	0	1	0	1	0	0	0	0	0	0
0	1	0	0	0	1	0	0	0	0	0
0	1	1	0	0	0	1	0	0	0	0
1	0	0	0	0	0	0	1	0	0	0
1	0	1	0	0	0	0	0	1	0	0
1	1	0	0	0	0	0	0	0	1	0
1	1	1	0	0	0	0	0	0	0	1

나. 논리식

Y0 = $\overline{A}\,\overline{B}\,\overline{C}$, Y1 = $\overline{A}\,\overline{B}C$, Y2 = $\overline{A}B\overline{C}$, Y3 = $\overline{A}BC$, Y4 = $A\overline{B}\,\overline{C}$,
Y5 = $A\overline{B}C$, Y6 = $AB\overline{C}$, Y7 = ABC

다. DECODER 회로설계

① Y0 = $\overline{A}\,\overline{B}\,\overline{C}$ 인 경우 아래와 같이 $\overline{A}\,\overline{B}\,\overline{C}$를 Y0에 배선하면 된다.

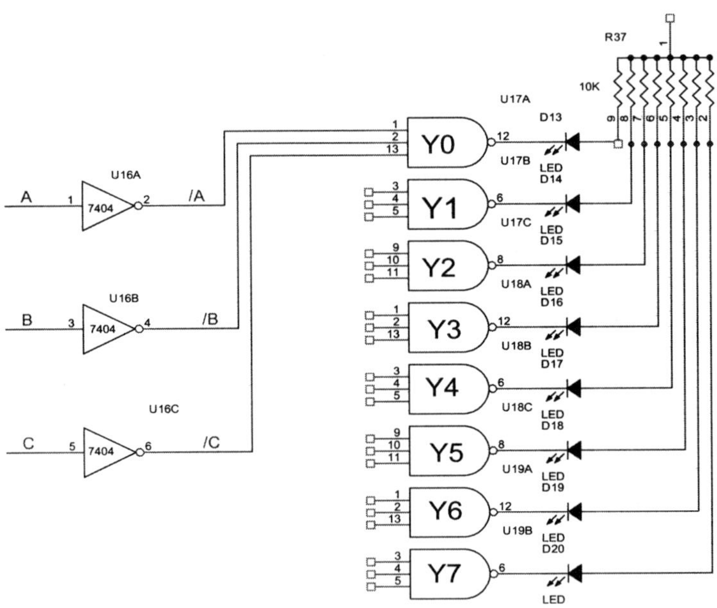

② Y1은 Y1 = $\overline{A}\,\overline{B}C$이므로 아래와 같이 $\overline{A}\,\overline{B}C$를 Y1에 배선하면 된다.

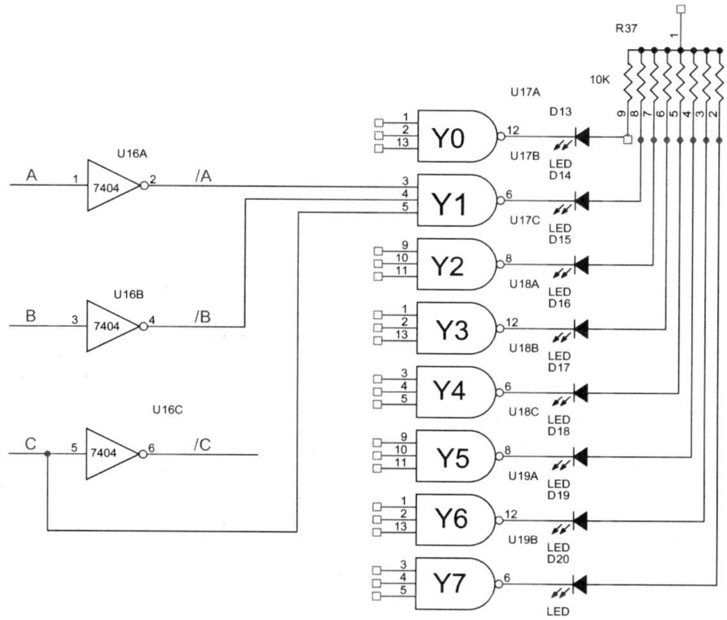

③ Y0 = $\overline{A}\,\overline{B}\,\overline{C}$, Y1 = $\overline{A}\,\overline{B}C$, Y2 = $\overline{A}B\overline{C}$, Y3 = $\overline{A}BC$, Y4 = $A\overline{B}\,\overline{C}$,
Y5 = $A\overline{B}C$, Y6 = $AB\overline{C}$, Y7 = ABC를 모두 배선하면 아래와 같이 decoder 회로가 완성된다.

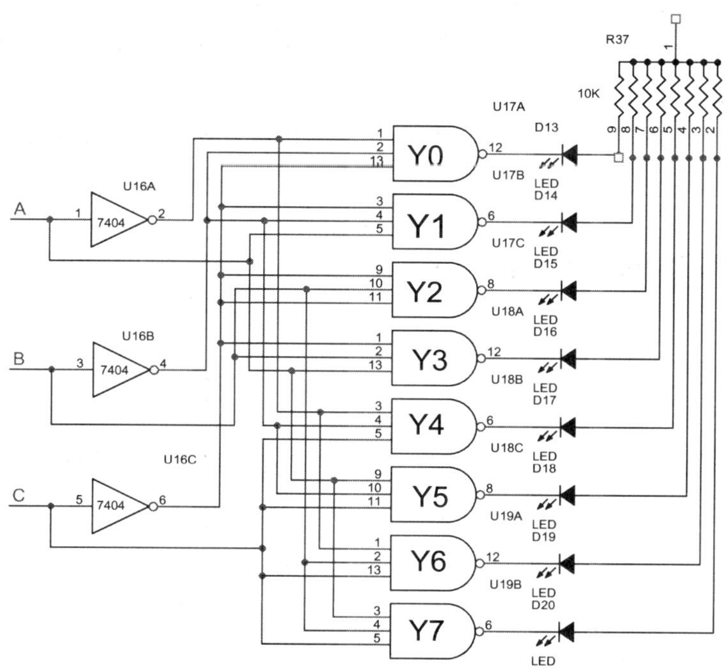

[예제 3]

DM74LS42, 74LS90 IC를 활용하여 스위치를 누를 때마다 10개의 LED가 순차점멸하도록 회로를 설계하시오.

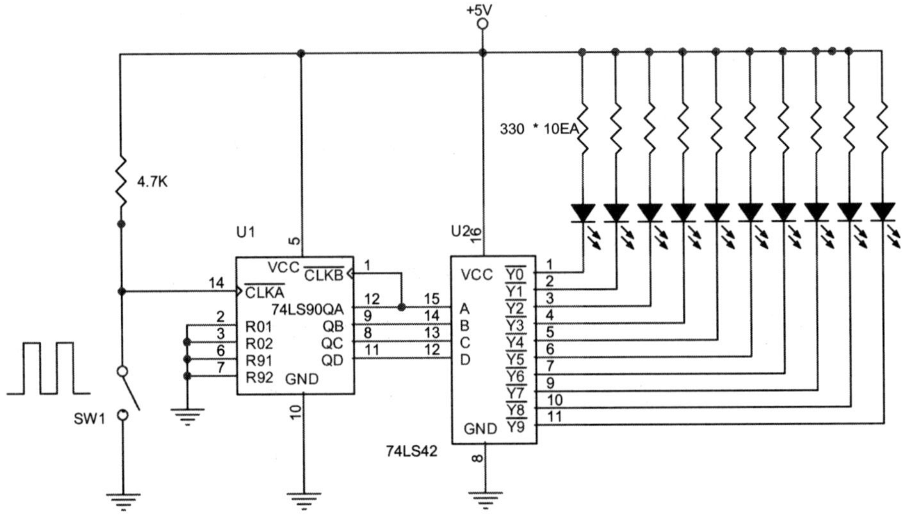

[LED 순차점멸회로]

SW1를 누르면 0이고, SW를 떼면 1이다. 즉, 0-1-0-1.. 디지털 신호가 7490에 클럭펄스로 입력되고 7490은 BCD로 출력되므로 펄스가 들어올 때마다 0000-0001-0010-0011.....1010-0000-0001출력이 나오게 된다.

7442는 DECODER IC이므로 펄스의 개수에 따라 $\overline{Y0}-\overline{Y1}....\overline{Y9}-\overline{YO}$ 순으로 출력이 나오게 된다(Active low).

채터링 방지회로 적용(슈미터 트리거 74LS14)

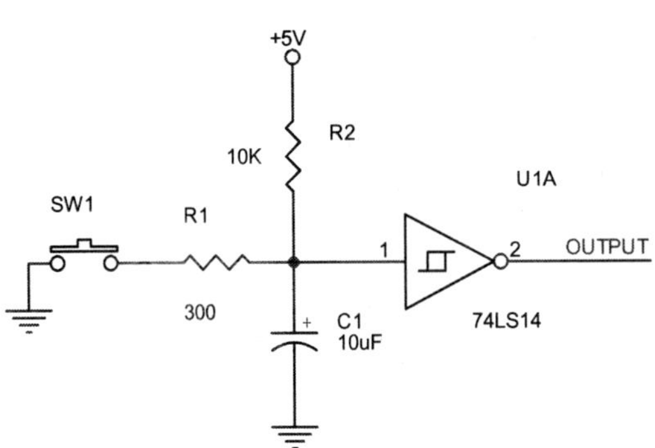

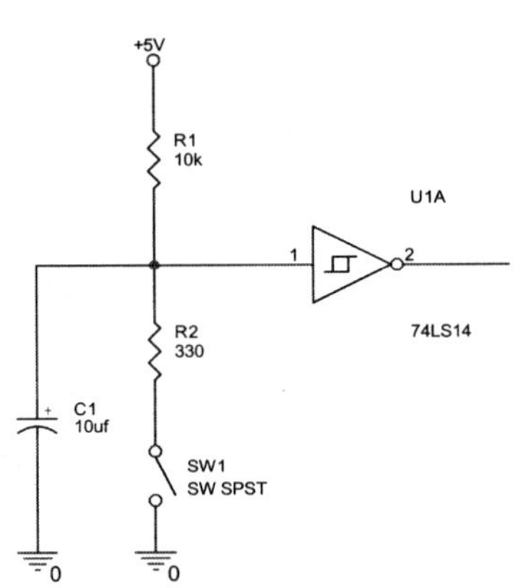

[예제 4]

14017를 이용하여 스위치를 누를 때마다 10개의 LED가 순차적으로 점멸(순차적으로 on → off) 하도록 회로를 설계하시오.

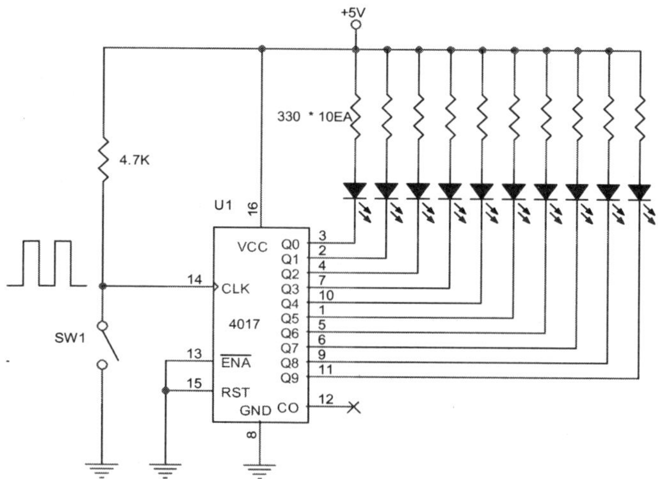

16. ENCODER 회로설계

어떤 1개의 입력단자(Y0)에 신호가 가해질 때, 그 입력단자에 대응하는 출력단자(A, B, C)의 조합에 신호가 나타나게 하는 것이다. 즉, Y0 = 1일 때 출력단자 A, B, C = 000가 나타나게 한다.

74LS147, 74LS152 ENCODER IC decoder의 역기능을 수행하는 회로이다.

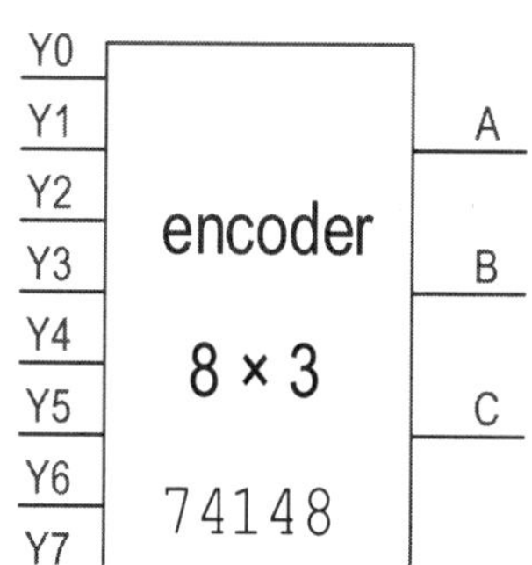

가. 8 × 3 ENCODER 진리표

INPUT								OUTPUT		
Y0	Y1	Y2	Y3	Y4	Y5	Y6	Y7	C	B	A
1	0	0	0	0	0	0	0	0	0	0
0	1	0	0	0	0	0	0	0	0	1
0	0	1	0	0	0	0	0	0	1	0
0	0	0	1	0	0	0	0	0	1	1
0	0	0	0	1	0	0	0	1	0	0
0	0	0	0	0	1	0	0	1	0	1
0	0	0	0	0	0	1	0	1	1	0
0	0	0	0	0	0	0	1	1	1	1

예를 들면 Y5 = 1이면 OUT PUT A, B, C = 1 0 1이 출력된다. 이렇게 설계하는 것을 ENCODER 회로라 한다.

① 74148은 INPUT Y에 하나만 1이고 나머지는 모두 0이며 출력은 000 ~ 111이다.
(datasheet에 x 로 표시된 것은 don't care이라 함.)
② 74147은 INPUT Y에 하나만 0이고 나머지는 모두 1이며 출력은 000 ~ 111이다.
회로설계 시 입력 값에 주의하여 설계하자.

나. 논리식

논리식을 만들기 위해서는 ENCODER 진리표를 보고 다음과 같이 논리식을 찾는다. 출력 A에 대해 입력이 1인 값을 찾는다.

① 출력 A 값이 1일 때 INPUT Yn 값(n = 0, 1, 2..)을 찾아보면 다음과 같이 되고,

$$A = Y1 + Y3 + Y5 + Y7$$

② 출력 B 값이 1일 때 INPUT Yn 값(n = 0, 1, 2..)을 찾아보면 다음과 같이 되고,

$$B = Y2 + Y3 + Y6 + Y7$$

③ 출력 C 값이 1일 때 INPUT Yn 값(n = 0, 1, 2..)을 찾아보면 다음과 같이 된다.

$$C = Y4 + Y5 + Y6 + Y7$$

다. ENCODER 회로설계

입력 Yn에 대해 출력 A 값, B 값, C 값을 정한다. (n = 0, 1, 2..)

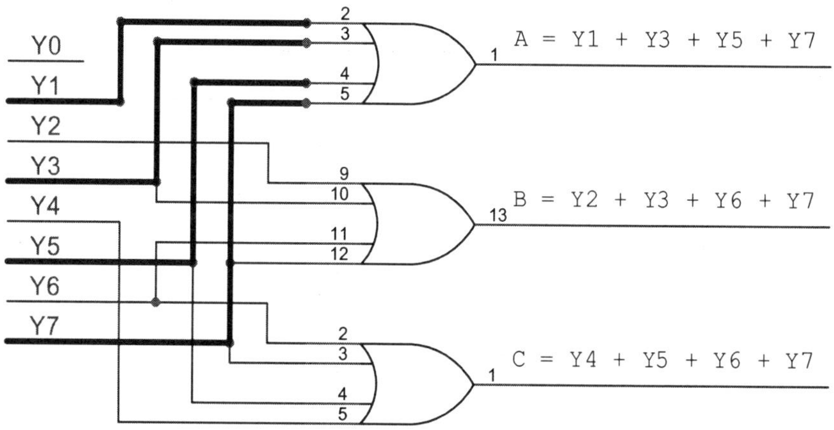

굵은 선을 자세히 보면 입력 Y1, Y3, Y5, Y7이 OR gate를 통과하여 출력 A로 신호가 보내지고 있으며 출력 B는 입력 신호 Y2, Y3, Y6, Y7 입력신호에 연결되어 있다.

※ 우선순위(priority) : 한 시스템이 처리해야 할 작업이 여러 개 있을 때 그 작업들 간에 순서를 정하는 어떤 기준

라. 4입력 우선순위(priority) ENCODER 진리표(74148)

INPUT					OUTPUT		
10진수	D3	D2	D1	D0	A	B	C
	X	X	X	X	X	X	0
0	0	0	0	0	0	0	0
1	0	0	0	1	0	0	1
2	0	0	1	0	0	1	1
3	0	0	1	1	0	1	1
4	0	1	0	0	1	0	1
5	0	1	0	1	1	0	1
6	0	1	1	0	1	0	1
7	0	1	1	1	1	0	1
8	1	0	0	0	1	1	1
9	1	0	0	1	1	1	1
10	1	0	1	0	1	1	1
11	1	0	1	1	1	1	1
12	1	1	0	0	1	1	1
13	1	1	0	1	1	1	1
14	1	1	1	0	1	1	1
15	1	1	1	1	1	1	1

우선순위 encoder 회로를 설계하기 위해서는 입력에 대한 출력 값을 다음과 같이 설정하여야 한다.

진리표 값을 정리하면

INPUT				OUTPUT		
D3	D2	D1	D0	A	B	C
0	0	0	0	0	0	0
0	0	0	1	0	0	1
0	0	1	X	0	1	1
0	1	X	X	1	0	1
1	X	X	X	1	1	1

※ OUTPUT C는 입력 값이 모두 0이면 0, 입력 값이 하나라도 1이면 1로 설정함.

4bit 입력 우선순위(priority) ENCODER 진리표 설명

	INPUT				OUTPUT		
10진수	D3	D2	D1	D0	A	B	C
2	0	0	1	0	0	1	1
3	0	0	1	1	0	1	1

D3, D2, D1, D0 값이 0 0 1 0 , 0 0 1 1을 보면 D1은 1 값을 가지고 있으므로 우선순위는 D0에 영향을 받지 않고(don't care) D1에 동일하게 우선순위가 주어지므로 출력 OUTPUT은 동일하게 ABC = 0 1 1 값이 된다.

마. Karnaugh map을 이용한 A, B값 논리식

1) A값 논리식 : D2 + D3

D1/D0 \ D3/D2	00	01	11	10
00	0	0	0	0
01	1	1	1	1
11	1	1	1	1
10	1	1	1	1

2) B값 논리식 : $\overline{D2}$D1 + D3

D1/D0 \ D3/D2	00	01	11	10
00	0	0	1	1
01	0	0	0	0
11	1	1	1	1
10	1	1	1	1

3) C값 논리식: D0 + D1 + D2 +D3 = 1

D3/D2 \ D1/D0	00	01	11	10
00	1	1	1	1
01	1	1	1	1
11	1	1	1	1
10	1	1	1	1

논리식을 정리하면

A = D2 + D3

B = $\overline{D2}$D1 + D3

C = D0 + D1 + D2 +D3

바. 4비트 우선순위(priority) ENCODER 회로설계

논리식 A, B, C 값을 보고 A = D2 + D3이면 A 값을 출력으로 하고 입력 값은 D2 + D3로 하여 +는 OR gate를 이용하여 다음과 같이 설계할 수 있다.

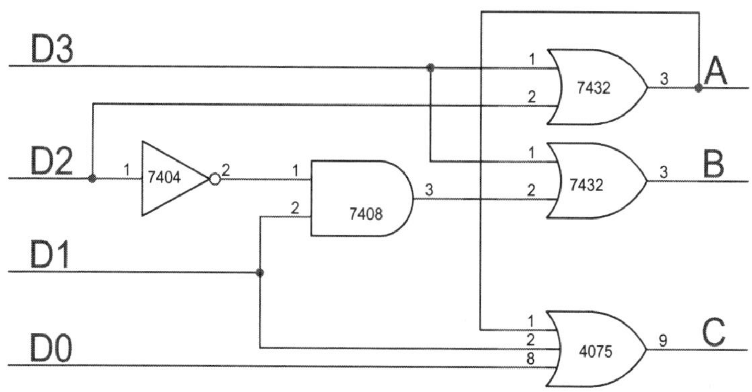

입력이 동시에 1이 되는 것이 2개 이상이 되어도 우선순위가 높은 입력 값이 출력으로 결정된다.

[예제 1] 4비트 우선순위(priority) ENCODER 회로도

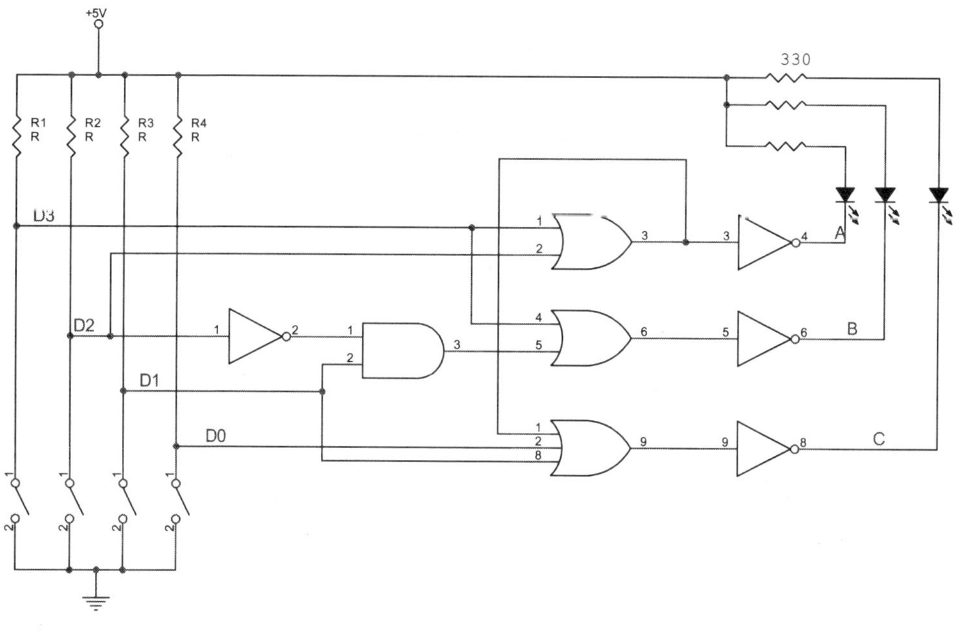

4비트 우선순위 진리표

입 력				출 력		
D3	D2	D1	D0	C	B	A
0	0	0	1	0	1	1
0	0	1	0	0	0	1
0	1	0	0	0	1	0
1	0	0	0	0	0	0

[예제 2] 8×3 우선순위 ENCODER 회로설계

Encoder 74LS148을 활용하여 SW0 ~ SW7를 누르면 우선순위에 따라 BCD값(C, B, A)을 출력하고 LED로 표시하는 회로를 설계하시오.

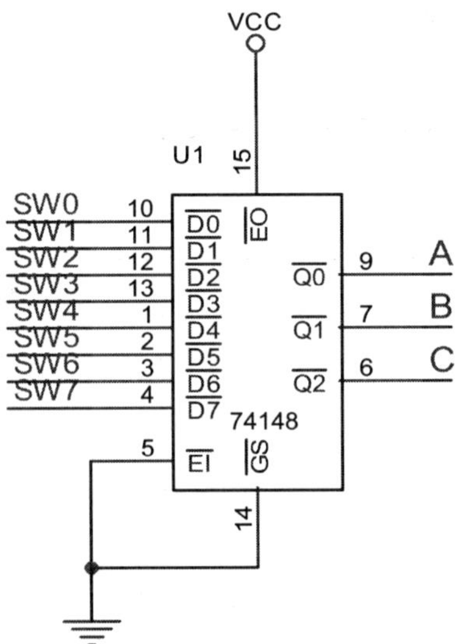

$\overline{E1}$, $\overline{GS}$ 핀을 GND 해주고 E0를 VCC 해주면 된다. 74LS148 진리표를 보고 회로를 연결하면 된다. $\overline{E1}$을 GND 해주는 이유는 진리표 왼쪽에 H이면 입력 값에 관계없이 출력이 H H H(111) 되고 L이면 정상동작 상태로 출력이 되기 때문이다.

74LS148 진리표(www.alldatasheet.co.kr)

inputs D0(10) D0(11) D0(12) D0(13) D0(1) D0(2) D0(3) D0(4)

INPUTS									OUTPUTS				
EI	0	1	2	3	4	5	6	7	A2	A1	A0	GS	EO
H	X	X	X	X	X	X	X	X	H	H	H	H	H
L	H	H	H	H	H	H	H	H	H	H	H	H	L
L	X	X	X	X	X	X	X	L	L	L	L	L	H
L	X	X	X	X	X	X	L	H	L	L	H	L	H
L	X	X	X	X	X	L	H	H	L	H	L	L	H
L	X	X	X	X	L	H	H	H	L	H	H	L	H
L	X	X	X	L	H	H	H	H	H	L	L	L	H
L	X	X	L	H	H	H	H	H	H	L	H	L	H
L	X	L	H	H	H	H	H	H	H	H	L	L	H
L	L	H	H	H	H	H	H	H	H	H	H	L	H

우선순위 ENCODER 8×3 회로도

VCC = 16, GND = 8, /G/S = L, E0 = H

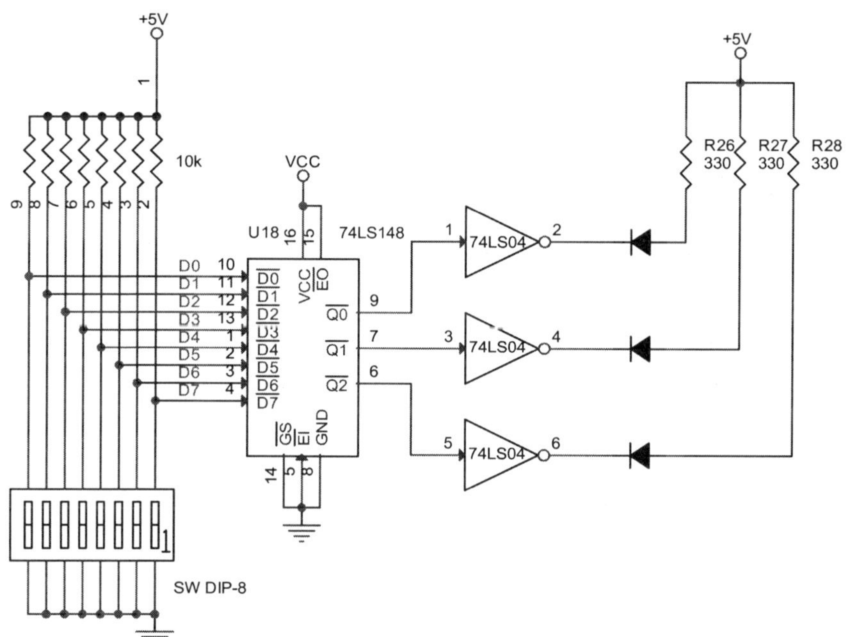

[예제 3] 우선순위를 표시해 주는 segment 회로도

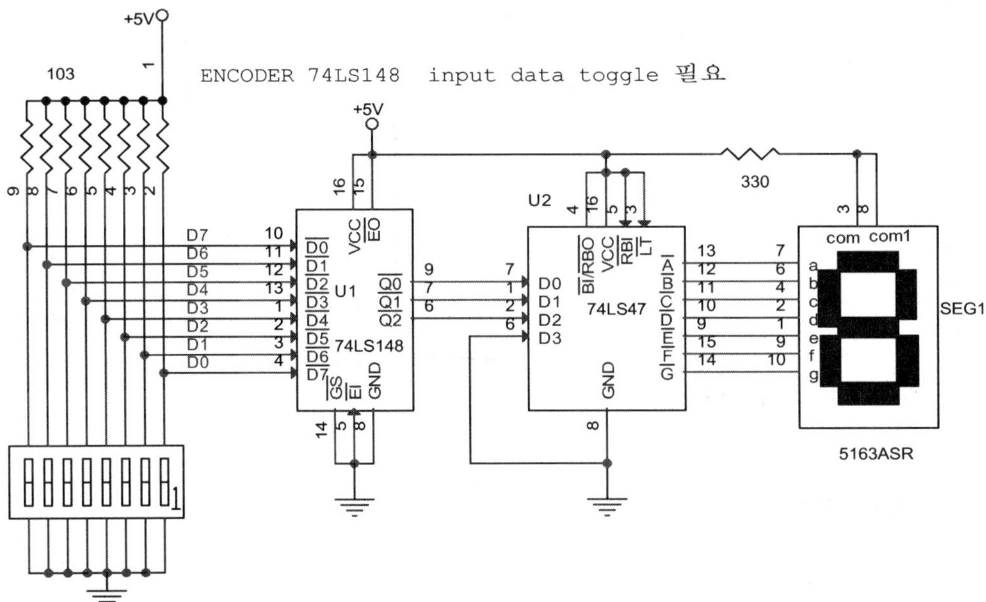

17. MUX 회로설계

여러 개의 신호선 중 선택 제어선을 사용, 하나의 신호선을 선택하여 출력선에 연결하는 조합 논리회로이며 가정집에 사용하는 일반 전화기에도 MUX가 활용된다.

2n개의 입력(D0, D1, D2, D3) 중에서 하나를 선택(A, B)하여 하나의 출력선(Y)으로 내보내기 위해서는 최고 n비트의 선택입력이 필요하다. n개의 선택입력 조합으로 입력을 선택하게 된다.

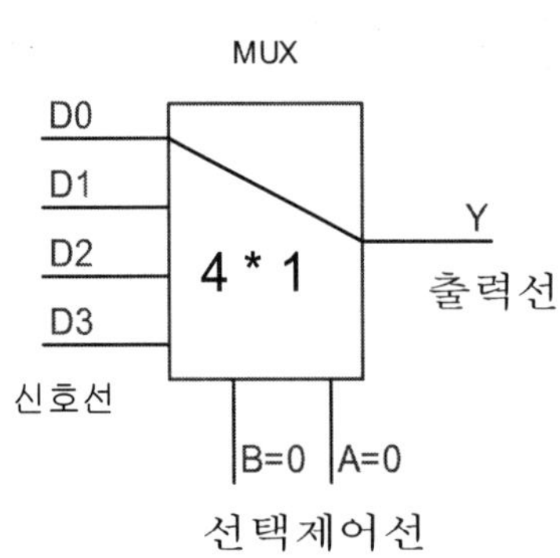

[4 * 1 MUX]

가. 진리표

선택제어선		출력선	
B	A	논리식	Y
0	0	$\overline{B}\,\overline{A}$	D0
0	1	$\overline{B}$A	D1
1	0	B$\overline{A}$	D2
1	1	BA	D3

D0 = $\overline{B}\,\overline{A}$, D1 = $\overline{B}$A, D2 = B$\overline{A}$, D3 = BA

나. MUX 회로설계

진리표에서 D0, D1, D2, D3 값을 논리 게이트를 이용하여 다음과 같이 설계한다.

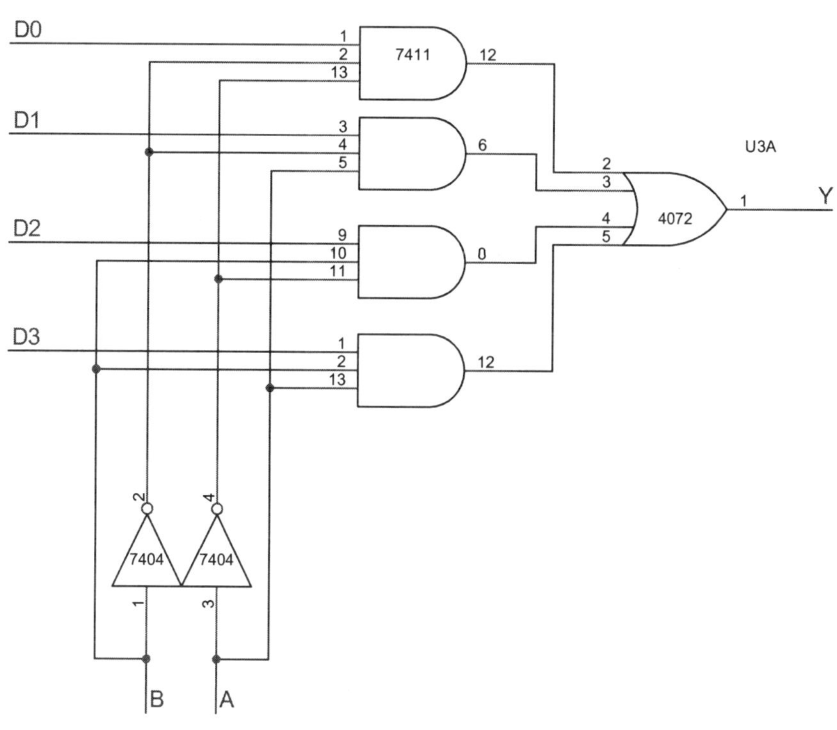

회로를 변형하여 출력 결과를 LED로 확인하고자 하면 다음과 같이 회로를 설계한다. 먼저 다음 논리 GATE를 이해하여야 한다. [논리 GATE 1] 회로와 [논리 GATE 2] 회로의 논리식을 계산해 보면 입력이 ABCD이고 출력 Y의 논리값이 다음과 같이 된다.

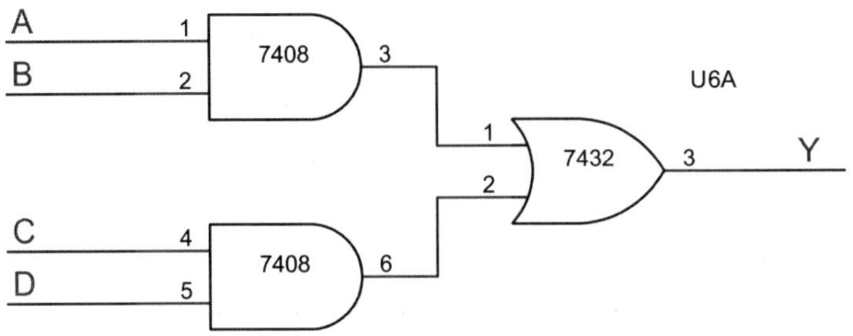

$$Y = AB + CD$$

[논리 GATE 1]

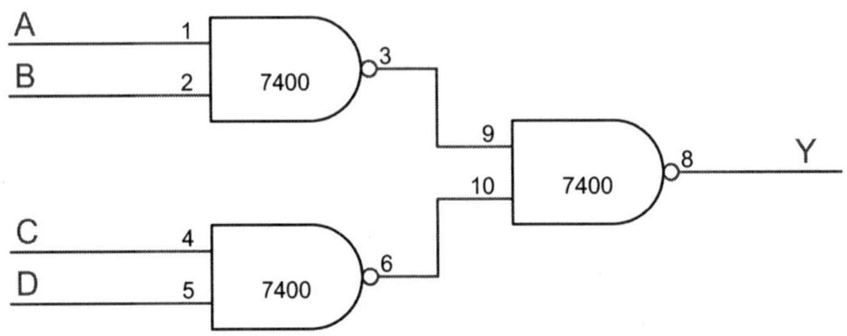

$$Y = \overline{\overline{AB} \cdot \overline{CD}} = AB + CD$$

[논리 GATE 2]

결과 값을 보면 [논리 GATE 1]과 [논리 GATE 2]의 논리식 값은 동일하다. 이것을 이용하여 MUX 회로를 NAND GATE만 사용하여 회로를 설계해 보자.

회로를 NAND 형태로 바꾼 회로설계

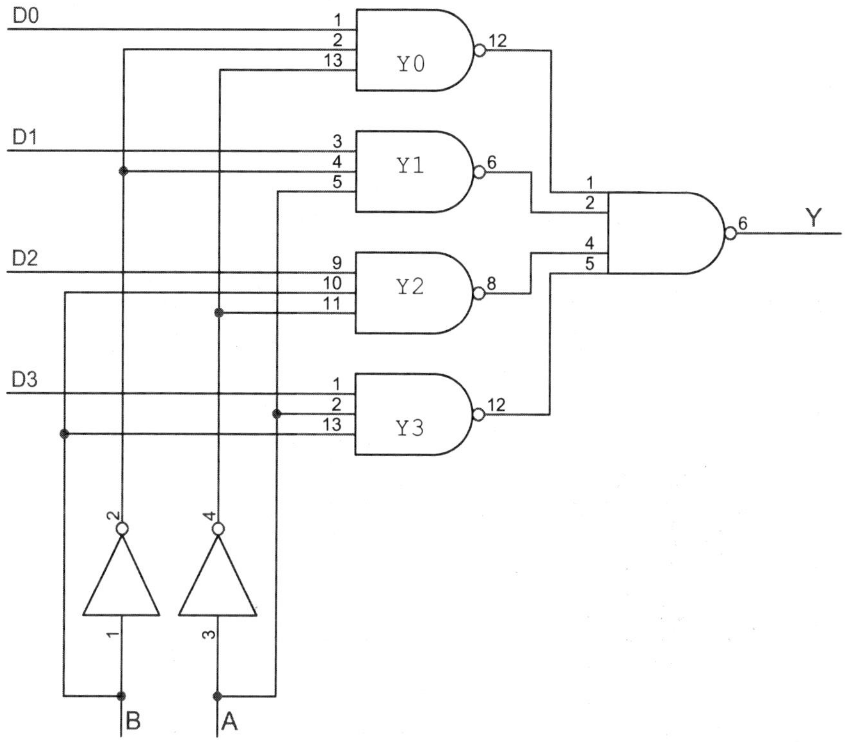

입력신호선 D0, D1, D2, D3를 각 gate 입력단에 연결하고 선택제어선 A, B 를 $\overline{B}\,\overline{A}$, $\overline{B}$A, B$\overline{A}$, BA를 순서에 맞게 연결하면 된다.

① AB = 00이면 YO gate에 11이 입력되므로 D0 값이 선택된다.
② AB = 10이면 Y1 gate에 11이 입력되므로 D1 값이 선택된다.
③ AB = 01이면 Y2 gate에 11이 입력되므로 D2 값이 선택된다.
④ AB = 11이면 Y3 gate에 11이 입력되므로 D3 값이 선택된다.

[예제 1] 8×1 MUX 회로설계

멀티플렉스 74LS153 IC를 사용하여 8×1 MUX 회로를 설계해 보자. 입력신호선 C0, C1, C2, C3이고 입력신호 선택선 A, B이고 출력을 Y라 하면 74LS153 datasheet 진리표를 확인하고 회로를 설계한다.

① 74LS153 connection diagram

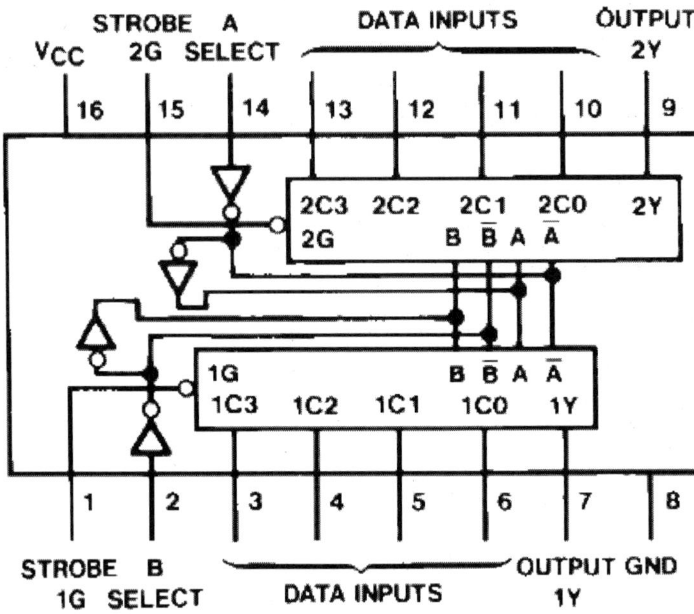

74LS153 IC에는 4×1 MUX 회로가 독립적으로 각각 2EA가 내장되어 있다. 내장된 4×1 MUX는 2개의 각각 독립적으로 기능으로 동작한다.

(1) 1 family는 1C0, 1C1, 1C2, 1C3가 입력 신호선으로 사용되고 1Y은 출력선으로, 제어선은 1G인데 제어선 1G에 0 값을 주어야 1family IC가 동작되고 1을 주면 1family IC는 동작되지 않는다.
(2) 2 family는 2C0, 2C1, 2C2, 2C3가 입력 신호선으로 사용되고 Y2은 출력선으로, 제어선은 2G 인데 제어선 2G에 0 값을 주어야 2family IC가 동작되고 1을 주면 2family IC는 동작되지 않는다.

② 74LS153 logic diagram

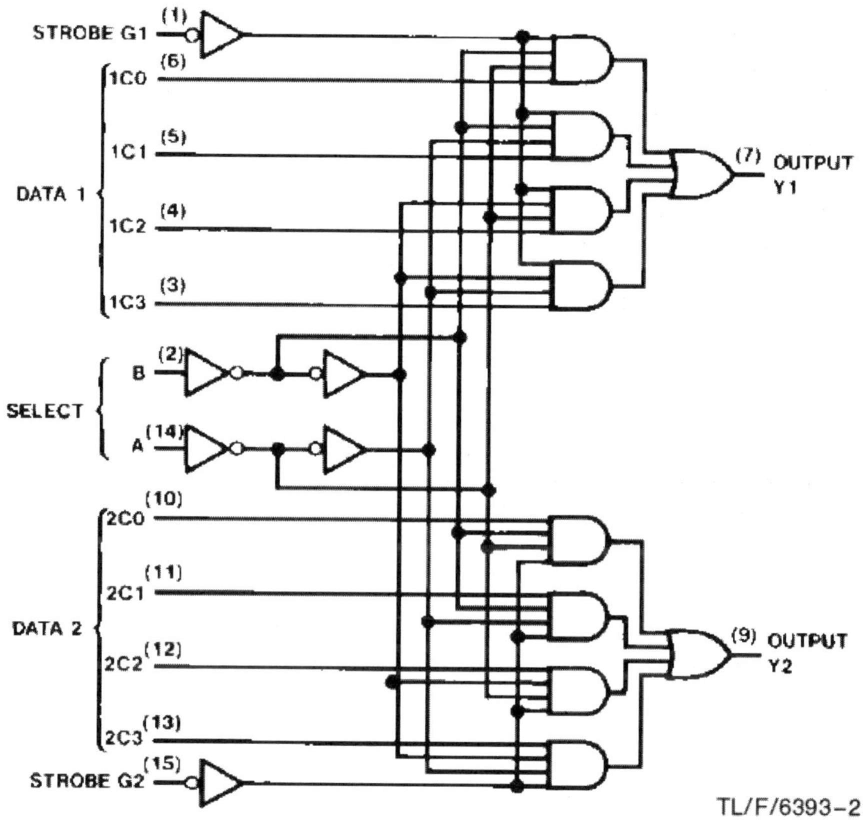

TL/F/6393-2

(1) STROBE G1 0이 입력되면 1C0, 1C1, 1C2, 1C3가 선택되고 Y1 출력 AND gate에 1이 입력되어 출력선이 선택된다.

(2) STROBE G2 0이 입력되면 2C0, 2C1, 2C2, 2C3가 선택되고 Y2 출력 AND gate에 1이 입력되어 출력선이 선택된다.

(3) STROBE G1 1이 입력되면 1C0, 1C1, 1C2,1C3가 선택되고 Y1 출력 AND gate에 0이 입력되어 출력이 0이 된다.

(4) STROBE G2 1이 입력되면 2C0, 2C1, 2C2, 2C3가 선택되고 Y2 출력 AND gate에 0이 입력되어 출력이 0이 된다.

③ 진리표

Select Inputs		Data Inputs				Strobe	Output
B	A	C0	C1	C2	C3	G	Y
X	X	X	X	X	X	H	L
L	L	L	X	X	X	L	L
L	L	H	X	X	X	L	H
L	H	X	L	X	X	L	L
L	H	X	H	X	X	L	H
H	L	X	X	L	X	L	L
H	L	X	X	H	X	L	H
H	H	X	X	X	L	L	L
H	H	X	X	X	H	L	H

Select inputs A and B are common to both sections.
H = High Level, L = Low Level, X = Don't Care

④ MUX 회로설계

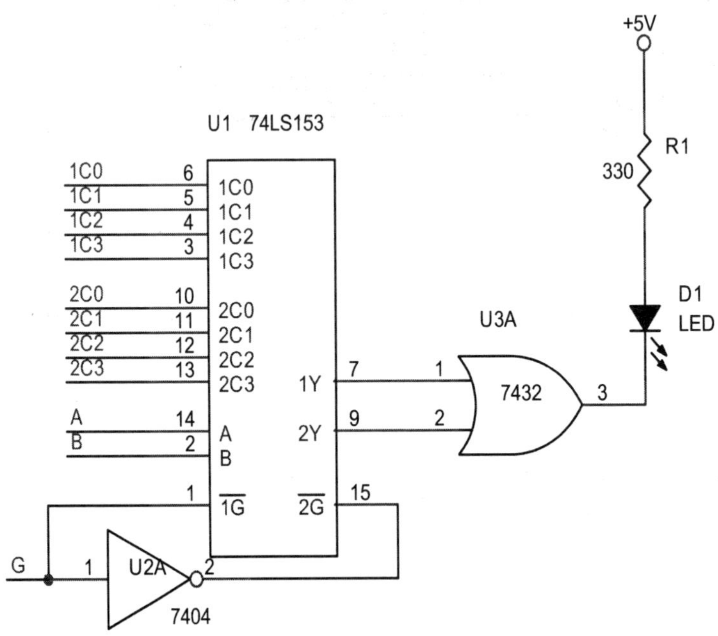

(1) G에 0을 주고 A, B에 00을 입력하면 data 신호선 1C0가 1Y로 선택되어 7432 출력 3번 핀으로 DATA가 전송된다. 즉, 1C0 값에 따라 LED on 또는 off 된다.
(2) G에 0을 주고 A, B에 10을 입력하면 data 신호선 1C1가 1Y로 선택되어 7432 출력 3번 핀으로 DATA가 전송된다. 즉, 1C1 값에 따라 LED on/off 된다.
(3) G에 0을 주고 A, B에 01을 입력하면 data 신호선 1C2가 1Y로 선택되어 7432 출력 3번 핀으로 DATA가 전송된다. 즉, 1C2 값에 따라 LED on/off 된다.
(4) G에 1을 주고 A, B에 00을 입력하면 data 신호선 1C0가 2Y로 선택되어 7432 출력 3번 핀으로 DATA가 전송된다. 즉, 2C0 값에 따라 LED on/off 된다.
(5) G에 1을 주고 A, B에 10을 입력하면 data 신호선 1C1가 2Y로 선택되어 7432 출력 3번 핀으로 DATA가 전송된다. 즉, 2C1 값에 따라 LED on/off 된다.
(6) G에 1을 주고 A, B에 01을 입력하면 data 신호선 1C2가 2Y로 선택되어 7432 출력 3번 핀으로 DATA가 전송된다. 즉, 2C2 값에 따라 LED on/off 된다.

회로설계 1) MUX 회로설계

방송국에서 TV 신호를 보내고 위성 수신기를 이용하여 채널을 TV에 수신하기 위해 회로를 설계한다고 가정하자.

KBS1, KBS2, …, KBS4, MBC1, MBC2, …, MBC4 채널의 신호를 선택하고 출력하는 회로를 설계해 보자. (※ 채널 입력신호는 010101 디지털 신호로 가정한다.)

① 진리표

G	B	A	signal data
0	0	0	KBS1
0	0	1	KBS2
0	1	0	KBS3
0	1	1	KBS4
1	0	0	MBC1
1	0	1	MBC2
1	1	0	MBC3
1	1	1	MBC4

STROBE 핀 G에 0을 주면 A, B 값에 따라 KBS1, 2, 3, 4가 선택되고 STROBE 핀 단자 G에 1을 주면 A, B 값에 따라 MBC1, 2, 3, 4가 선택된다.

② 회로설계

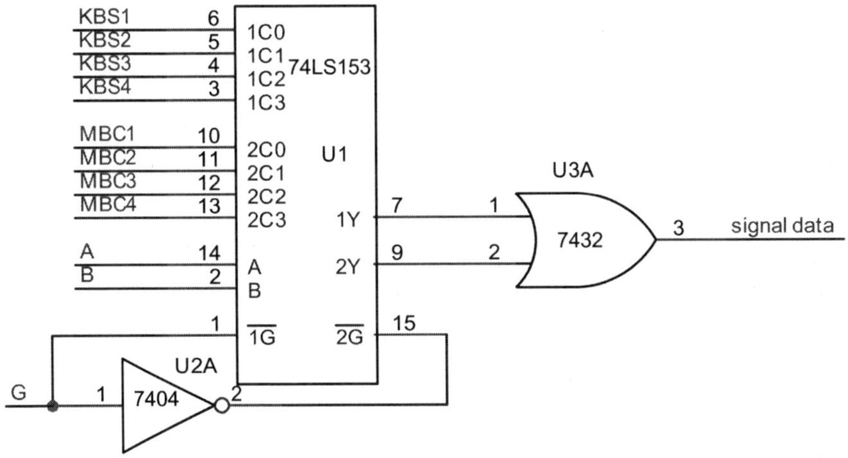

[MUX 회로]

③ 완성 회로도

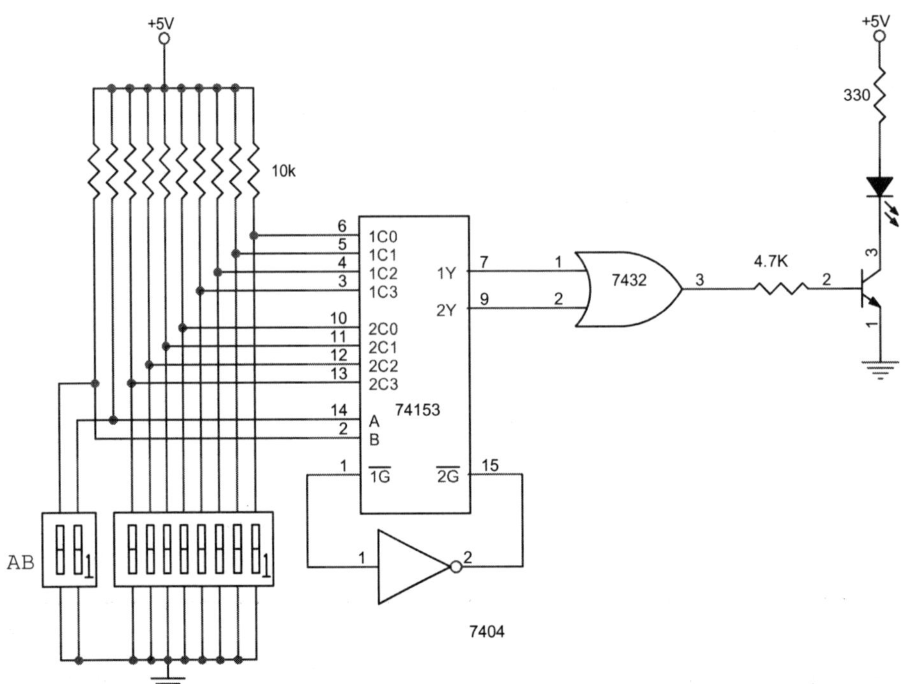

입력신호 출력을 mux 회로를 통해 트랜지스터를 동작시키고 led를 on/off 하게 된다.

18. DEMUX 회로설계

하나의 입력신호를 받아 선택 제어선에 의해 여러 개의 출력으로 하나를 선택 분배하는 조합 논리회로로 선택 제어선은 입력신호의 출력선을 결정한다.

멀티플렉서와 정반대 기능을 수행하는 조합 논리회로이며 여러 개의 출력 중에서 하나를 선택하여 입력을 연결시키므로 분배기라고도 한다. $\frac{1}{n}$ 디멀티플렉서는 하나의 입력과 2n개의 출력을 가지며 2n개의 출력선 중에서 하나를 선택하기 위한 n개의 선택선을 가진다.

가. 블록다이어그램

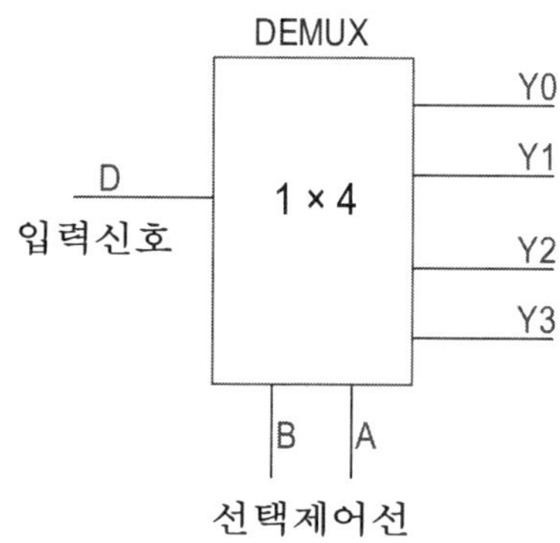

나. 진리표

선택 제어선		출력
B	A	Y
0	0	Y0 = $\overline{A}\,\overline{B}$
0	1	Y1 = A$\overline{B}$
1	0	Y2 = $\overline{A}$B
1	1	Y3 = AB

① 선택제어선 A, B 입력이 00이면 $\overline{A}\,\overline{B}$, 11이면 AB를 진리표 출력 Y에 작성한다.

② 선택제어선 A, B 입력이 01이면 $\overline{A}$B, 10이면 A$\overline{B}$를 진리표 출력 Y에 작성한다.

다. 회로도

입력 신호선을 D, 선택 제어선을 A, B, 출력을 Y0, Y1, Y2, Y3라 하고 7410 입력 값이 모두 111 일 때 출력 값이 0이 되게 하려면 NAND gate를 활용하여 설계한다.

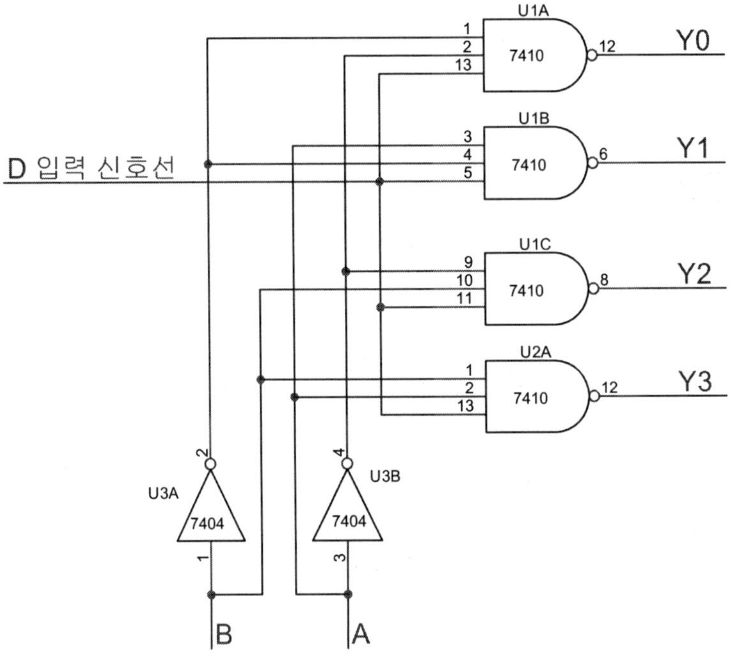

D 입력 신호선은 출력 Y0, Y1, Y2, Y3의 입력 게이트에 공통으로 연결되어 있고 선택 제어선 A, B는 00, 01, 10, 11로 출력 값이 선택되어 Y0, Y1, Y2, Y3로 출력되게 demux 회로를 설계한다.

A, B = 00일 때 D 입력 신호선 값이 Y0로 D 입력 신호선 데이터가 나오고 A, B = 01일 때 Y1, A, B = 01일 때 Y2, A, B = 11일 때 Y3에서 D 입력 신호선 데이터가 출력된다.

받아들이는 데이터는 D 한 가지이고 다만 이를 어느 포트로 출력하는가를 선택입력(A, B) 결정하고 있다. 어느 출력 포트로 나오든지 D의 데이터가 출력되고 있다.

회로설계 1) 1 TO 8 Decoder 회로설계

74LS138 IC를 사용하여 1 TO 8 Decoder 회로를 설계하시오.

① 블록 다이어그램

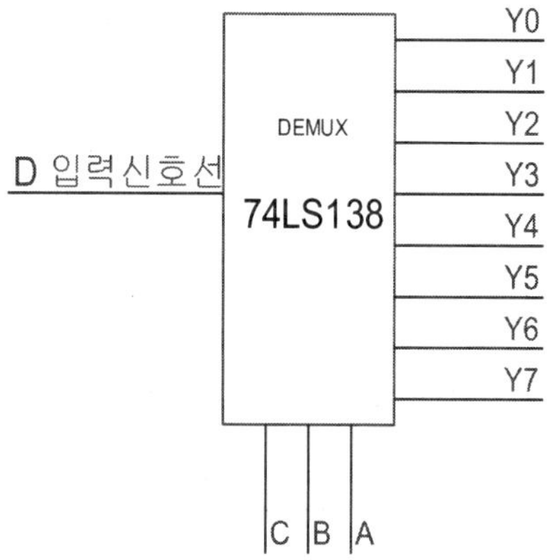

② 진리표

입력				출력								
신호	선택제어선			Y7	Y6	Y5	Y4	Y3	Y2	Y1	Y0	Y
	C	B	A									
D	0	0	0	0	0	0	0	0	0	0	D	D($\overline{C}\overline{B}\overline{A}$)
	0	0	1	0	0	0	0	0	0	D	0	D($\overline{C}\overline{B}$A)
	0	1	0	0	0	0	0	0	D	0	0	D($\overline{C}$B$\overline{A}$)
	0	1	1	0	0	0	0	D	0	0	0	D($\overline{C}$BA)
	1	0	0	0	0	0	D	0	0	0	0	D(C$\overline{B}\overline{A}$)
	1	0	1	0	0	D	0	0	0	0	0	D(C$\overline{B}$A)
	1	1	0	0	D	0	0	0	0	0	0	D(CB$\overline{A}$)
	1	1	1	D	0	0	0	0	0	0	0	D(CBA)

③ 74LS138을 활용 DEMUX 회로설계

(1) Connection diagram

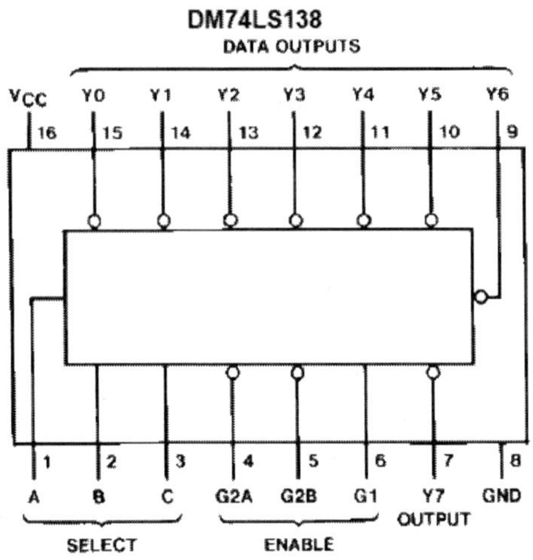

G2 = G2A + G2B

(2) 진리표

DM74LS138

Inputs					Outputs							
Enable		Select										
G1	G2 (Note 1)	C	B	A	YO	Y1	Y2	Y3	Y4	Y5	Y6	Y7
X	H	X	X	X	H	H	H	H	H	H	H	H
L	X	X	X	X	H	H	H	H	H	H	H	H
H	L	L	L	L	L	H	H	H	H	H	H	H
H	L	L	L	H	H	L	H	H	H	H	H	H
H	L	L	H	L	H	H	L	H	H	H	H	H
H	L	L	H	H	H	H	H	L	H	H	H	H
H	L	H	L	L	H	H	H	H	L	H	H	H
H	L	H	L	H	H	H	H	H	H	L	H	H
H	L	H	H	L	H	H	H	H	H	H	L	H
H	L	H	H	H	H	H	H	H	H	H	H	L

진리표에서 회로를 정상 동작되게 하려면 G1 = H로 설계하고 G2 = L 설계한다. G1 = L 또는 G2 = H이면 출력은 모두 H가 된다.

(3) Logic diagram

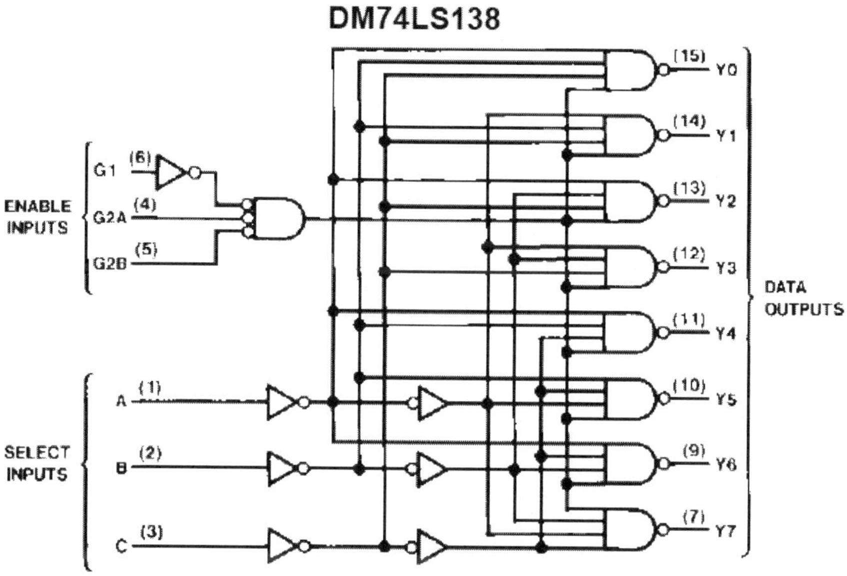

D 입력 신호선은 ENABLE INPUTS 단자를 이용하여 신호선을 접속해 주고 선택 제어선은 SELECT INPUTS 단자를 이용하면 된다.

G1을 입력 신호선으로 사용하려면 G2A, G2B를 GND 해주어야 하고 G2A를 입력선으로 사용하려면 G1 = 1로 하고 G2B = 0으로 해 주어야 한다.

회로설계 2) DEMUX 회로설계

74LS138을 활용하여 입력 신호선을 D, 선택 제어선을 A, B, C 그리고 출력을 Y0, Y1, …, Y7이라 할 때 8개의 LED를 사용하여 회로를 설계하시오.

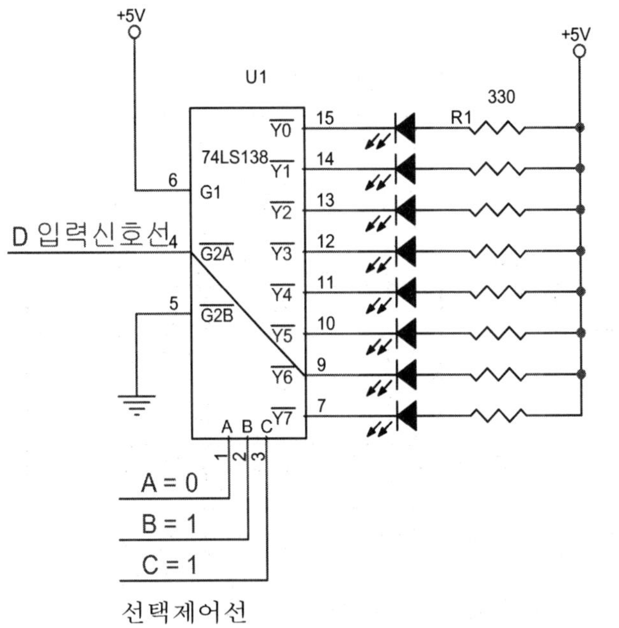

완성 회로도

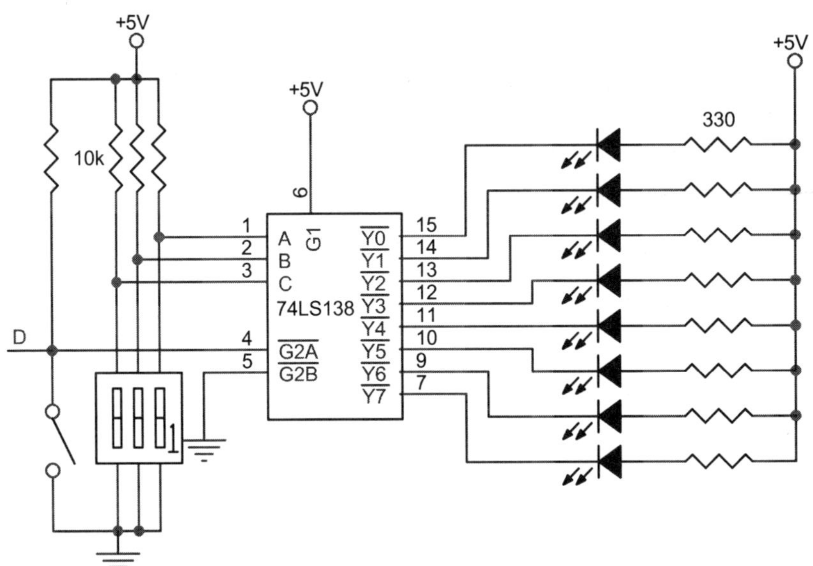

전원 VCC = 16, GND = 8

[예제 1] MUX and DEMUX 회로설계

입력 AB의 값이 [표 1]과 같이 입력될 때 LED가 다음과 같이 동작되게 회로를 설계하시오.

[진리표]

구 분	입력		출력	비 고
입력 data	B	A	led 동작	
A0	0	0	$\overline{Y0}$ led on	
A1	0	1	$\overline{Y1}$ led on	
A2	1	0	$\overline{Y2}$ led on	
A3	1	1	$\overline{Y3}$ led on	

- MUX and DEMUX 회로도

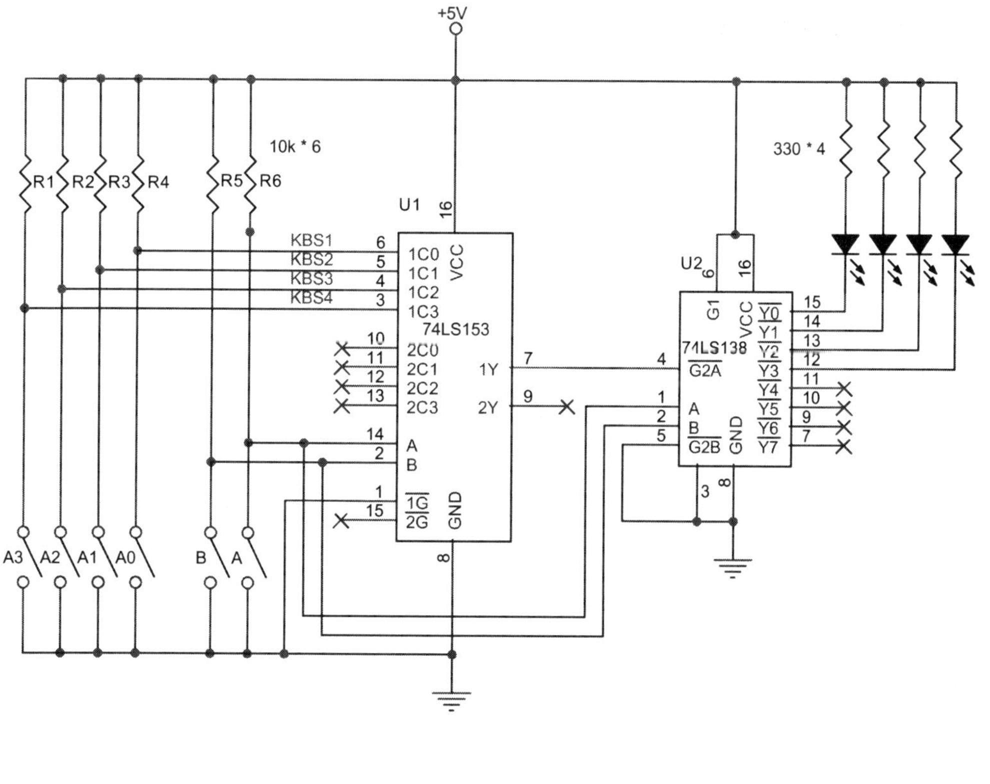

동작시험 방법

74LS153은 입력 선택 스위치 AB이고 입력 data 값은 1C0, 1C1, 1C2, 1C3이며 mux로 동작되며 오른쪽 74LS138은 입력 값을 받는 핀은 $\overline{G2A}$이며 demux로 동작된다.

① BA = 00로 설정한 후 A0의 스위치를 on(0) → off(1) 반복하면 74LS138의 $\overline{Y0}$ LED가 on → off 반복된다.

② BA = 01로 설정한 후 A1의 스위치를 on(0) → off(1) 반복하면 74LS138의 $\overline{Y1}$ LED가 on → off 반복된다.

③ BA = 10로 설정한 후 A2의 스위치를 on(0) → off(1) 반복하면 74LS138의 $\overline{Y2}$ LED가 on → off 반복된다.

④ BA = 11로 설정한 후 A3의 스위치를 on(0) → off(1) 반복하면 74LS138의 $\overline{Y3}$ LED가 on → off 반복된다.

(참고) ※ 스위치를 on하면 0(0V), 스위치를 off하면 1(5V)

[예제 2] 8CH 회로도 설계

8ch(1C0,1C1,1C2,1C3,2C0,2C1,2C2,2C3)을 동시에 사용할 수 있는 회로도를 설계하시오.

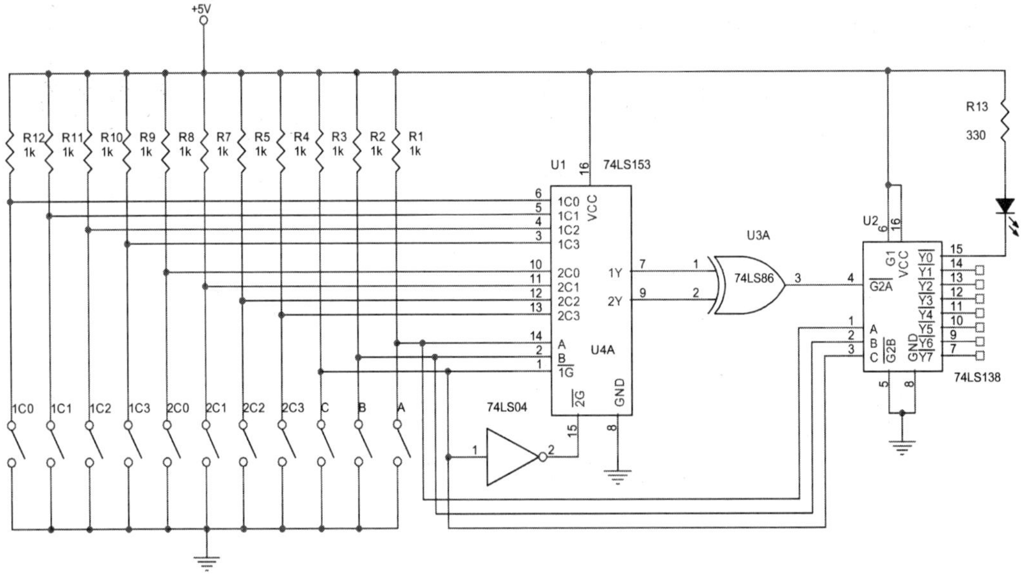

[예제 3]

8ch(1C0, 1C1, 1C2, 1C3, 2C0, 2C1, 2C2, 2C3)을 동시에 사용할 수 있는 회로도를 설계하시오(X-OR gate를 사용하지 않고 설계하시오).

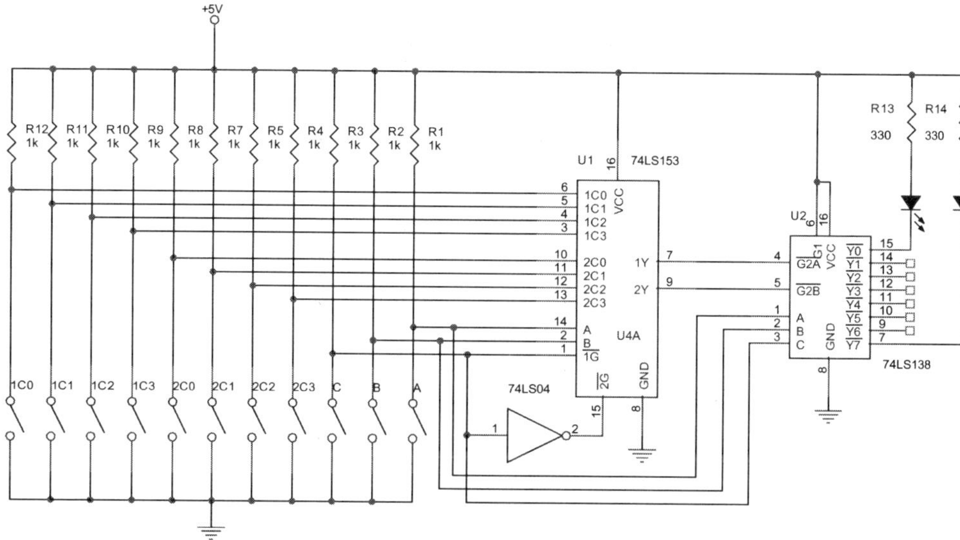

[예제 4] 발진회로를 사용하여 회로를 설계하시오.

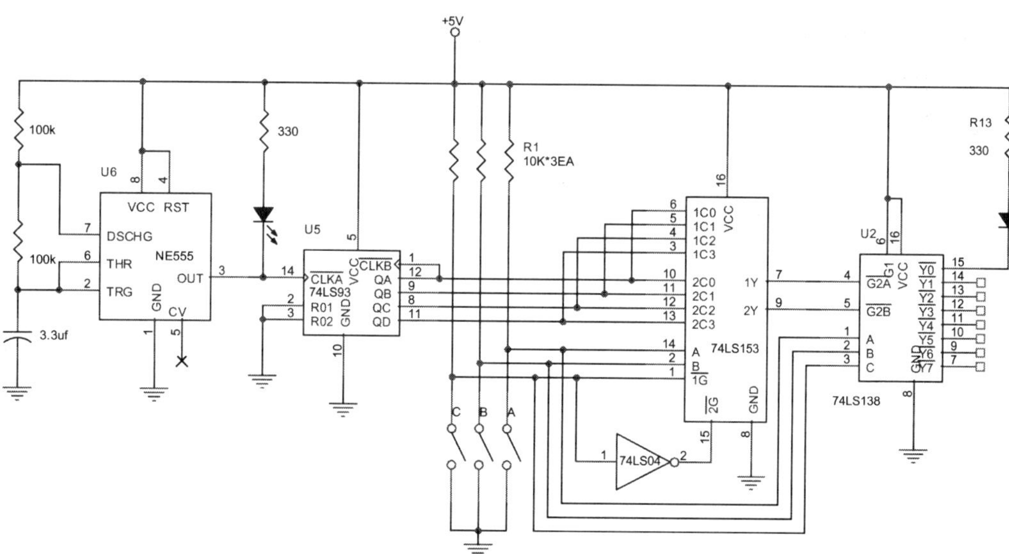

[예제 5] 회로를 이해하기 위해 진리표를 보고 브레드 보드에 만든 회로 74LS93 출력핀 파형을 확인해 보세요.

LS93
TRUTH TABLE

COUNT	OUTPUT			
	Q_0	Q_1	Q_2	Q_3
0	L	L	L	L
1	H	L	L	L
2	L	H	L	L
3	H	H	L	L
4	L	L	H	L
5	H	L	H	L
6	L	H	H	L
7	H	H	H	L
8	L	L	L	H
9	H	L	L	H
10	L	H	L	H
11	H	H	L	H
12	L	L	H	H
13	H	L	H	H
14	L	H	H	H
15	H	H	H	H

NE555 출력핀에서 led 주기가 falling edge와 rising edge일 때 동시 led가 on/off 되는 문제가 발생할 때 해결 방안은?

→ NE555 핀 3번에서 74LS93 핀 사이에 NOT gate를 넣으면 된다.

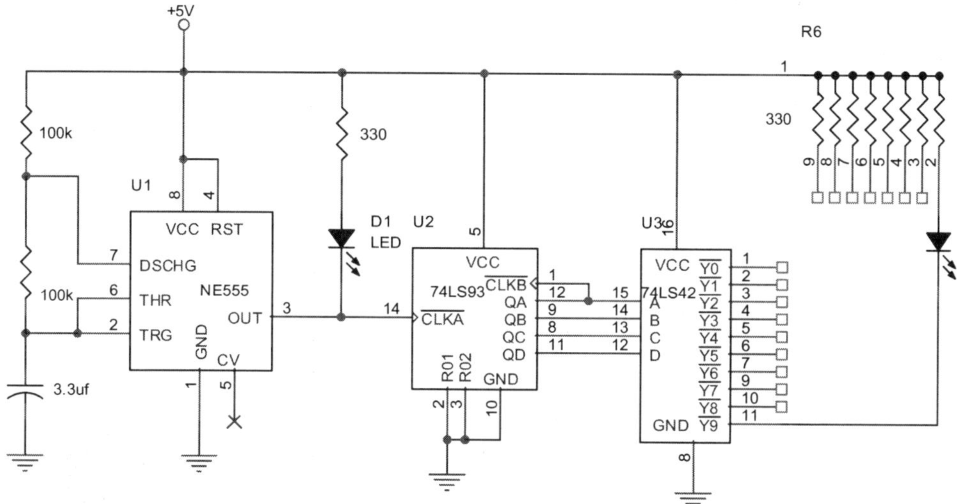

Decade counter with 10 decoded output(14017)은 74LS93와 DM74LS42를 조합한 IC로 회로 설계시 사용하면 편리하다.

74LS90와 DM74LS42는 TTL이고 14017은 C-MOS로 내부기능은 동일하다. 입력되는 값(A1, A2, A3, A4)값을 DISPLAY 되게 하려면

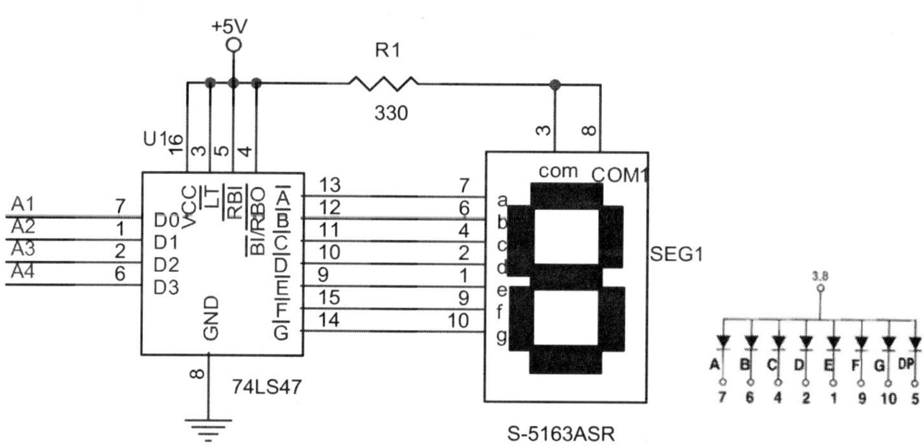

※ 4017 : Decade counter with 10 decoded output

[예제 6] 16진 카운터 회로설계

Segment model S-5163ASR

COM port pin connection C1:12 C2:9 C3: 8 C4:6

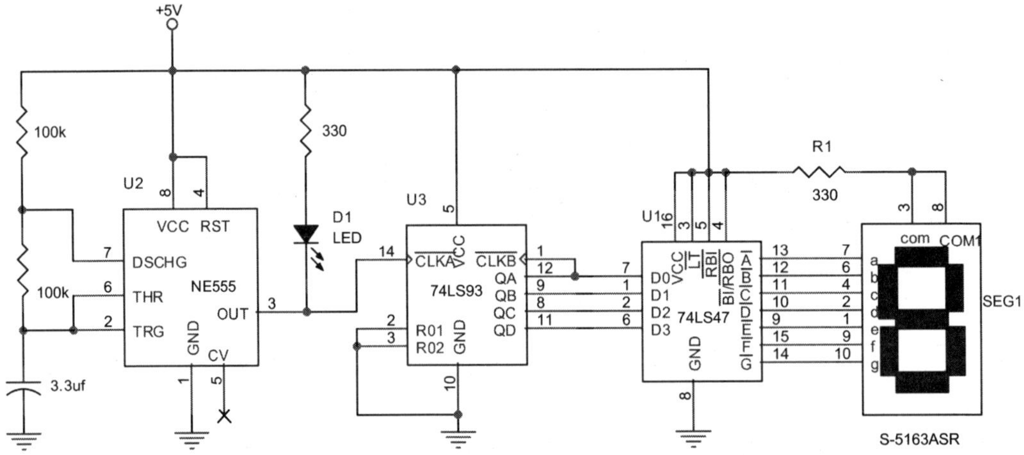

[발진회로] [BCD 회로] [SEG driver]

[예제 7] Segment에 숫자가 0 ~ 9까지만 표시되게 회로를 수정 설계하시오.

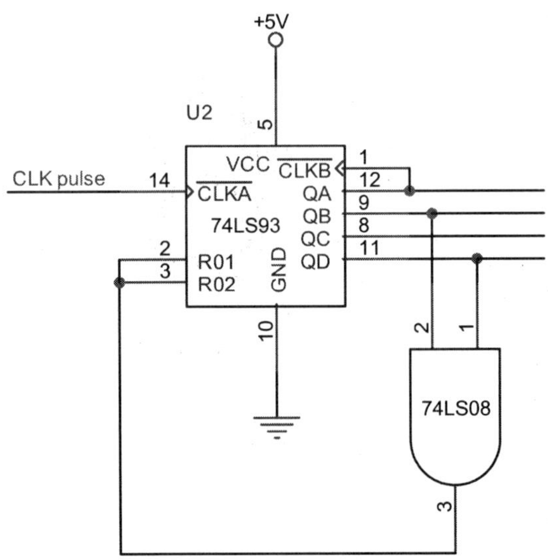

[예제 8] segment 숫자가 00 ~ 59까지 표시되게 회로를 수정 설계하시오.

LS90
MODE SELECTION

RESET/SET INPUTS				OUTPUTS			
MR_1	MR_2	MS_1	MS_2	Q_0	Q_1	Q_2	Q_3
H	H	L	X	L	L	L	L
H	H	X	L	L	L	L	L
X	X	H	H	H	L	L	H
L	X	L	X	Count			
X	L	X	L	Count			
L	X	X	L	Count			
X	L	L	X	Count			

H = HIGH Voltage Level
L = LOW Voltage Level
X = Don't Care

LS92 AND LS93
MODE SELECTION

RESET INPUTS		OUTPUTS			
MR_1	MR_2	Q_0	Q_1	Q_2	Q_3
H	H	L	L	L	L
L	H	Count			
H	L	Count			
L	L	Count			

H = HIGH Voltage Level
L = LOW Voltage Level
X = Don't Care

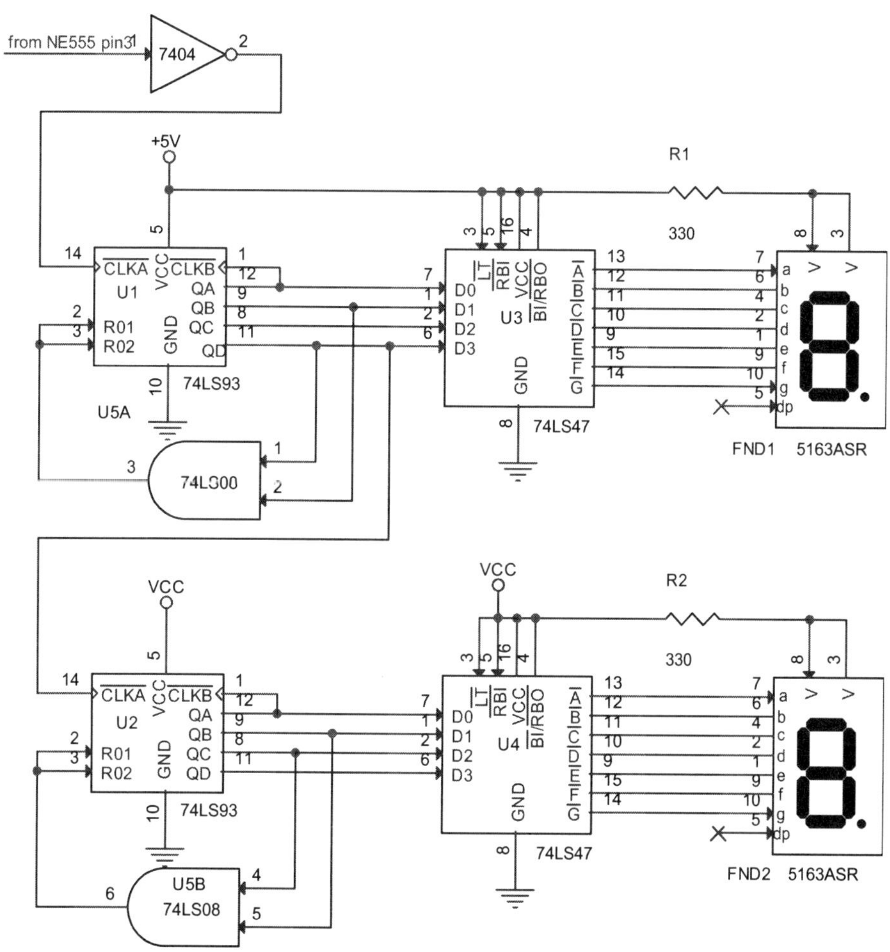

※ 타이밍 차트(Timing chart)

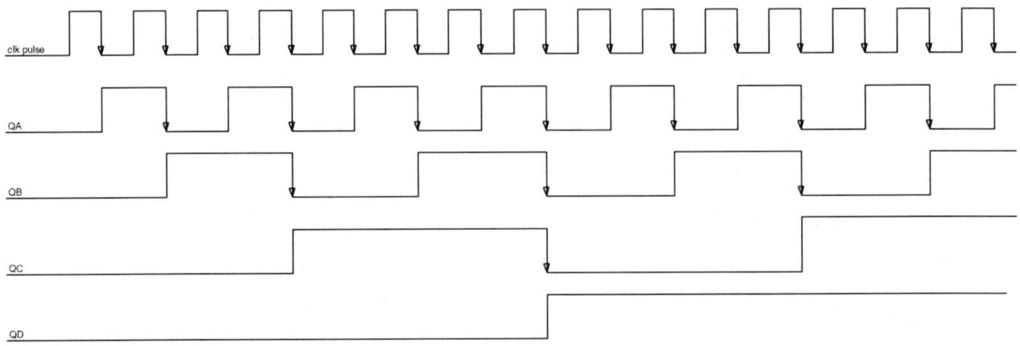

[예제 9] Encoder를 이용하여 세그먼트에 표시되도록 회로를 설계하시오.

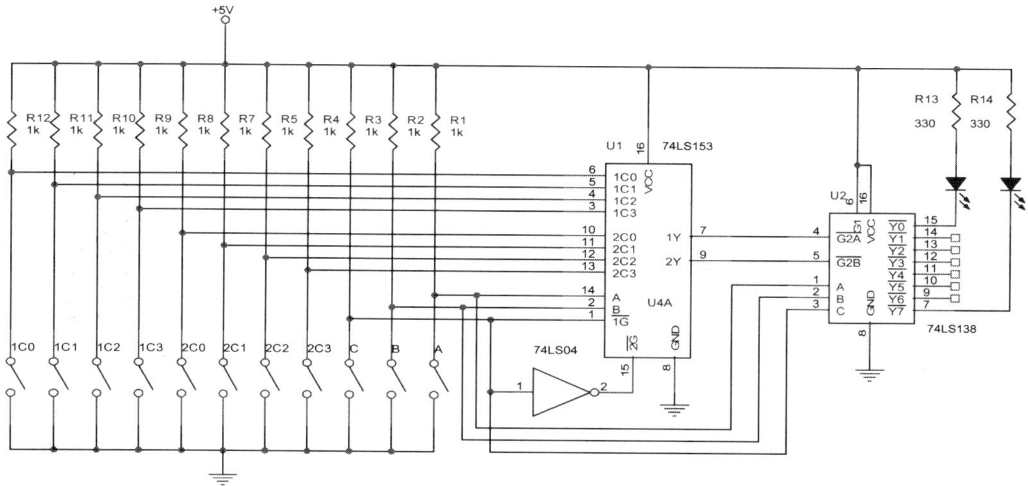

[예제 10] Demux 숫자 display 회로설계

※ encode(priority)_segmemt(not gate 사용)

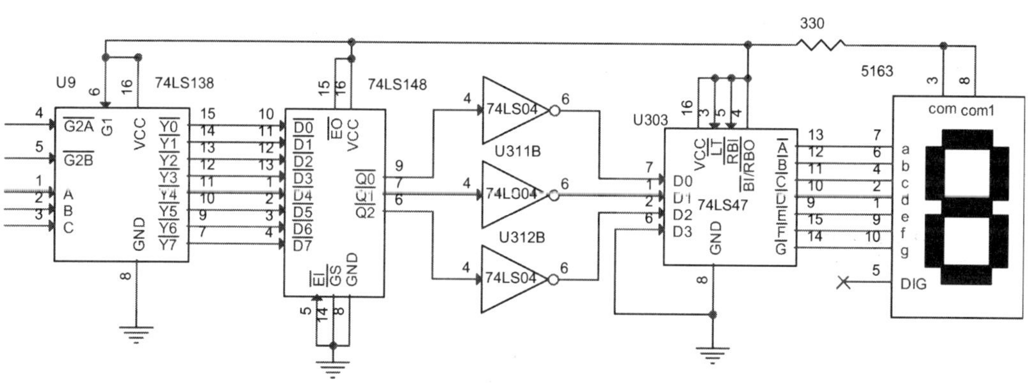

[예제 11] Demux 숫자 display 회로설계
※ encode(priority)_segmemt(not gate 생략)

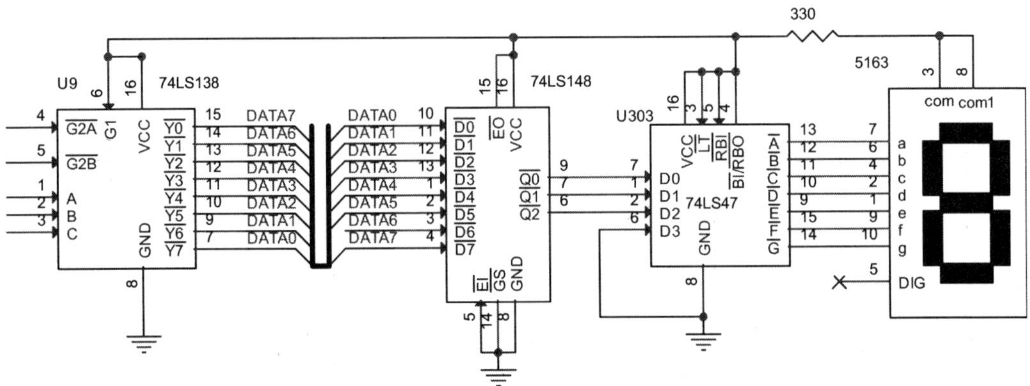

19. R-S 플립플롭 회로설계

R-S(Reset/Set) 플립플롭으로 CLK 펄스에 따라 출력값이 변화는 플립플롭 회로이며 CLK 펄스를 이용하지 않고 입력 값에 따라 출력이 변화는 latch 회로가 있다.

R-S 플립플롭은 CLK 펄스값을 변화하면 출력값 Q, $\overline{Q}$ 값이 변화하며 1bit를 기억할 수 있다. CLK 펄스는 디지털 논리회로에서 CLK 펄스의 변화에 따라 각종 게이트 출력 값이 변화는 동작을 하게 된다.
※ CLK : Clock Pulse

가. R-S 플립플롭

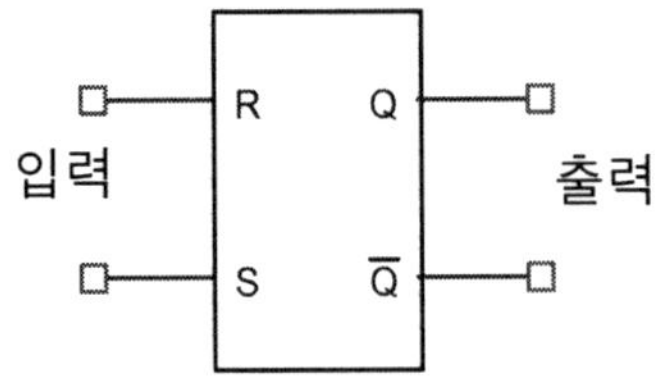

나. 진리표

R	S	Q
0	0	현재상태유지(출력변화 무)
0	1	1
1	0	0
1	1	금지

① R = 0, S = 0이면 R-S 플립플롭 출력은 현재상태를 유지한다(출력변화 없음).

② R = 0, S = 1이면 R-S 플립플롭 Q = 1, $\overline{Q}$ = 0로 출력 Q = 1 set 된다.

③ R = 1, S = 0이면 R-S 플립플롭 Q = 0, $\overline{Q}$ = 1로 출력 Q = 1 Reset 된다.

④ R = 1, S = 1이면 R-S 플립플롭 Q=1, $\overline{Q}$ = 1는 출력값을 설정할 수 없다.
Q = $\overline{Q}$는 조건에 맞지 않으므로 금지됨.

다. R-S LATCH 플립플롭(진리표와 비교해 볼 것)

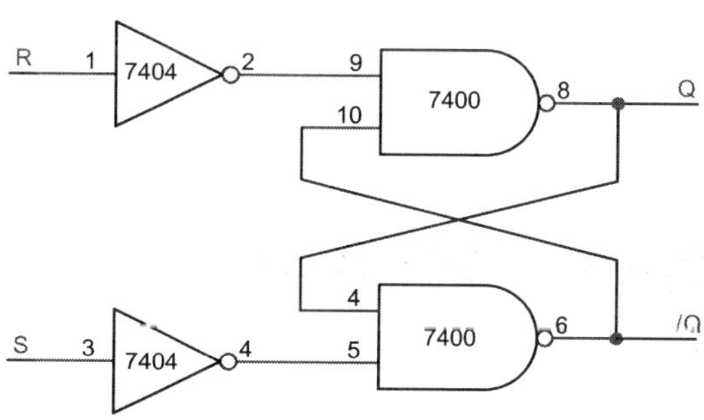

① R = 0, S = 0이면 R-S 플립플롭 출력은 현재 상태를 유지한다(출력 변화 없음)

② R = 0, S = 1이면 R-S 플립플롭 출력 Q = 0, $\overline{Q}$ = 1 출력 Q = 0 Reset 된다.

③ R = 1, S = 0이면 R-S 플립플롭 출력 Q = 1, $\overline{Q}$ = 0 출력 Q = 1 Set 된다.

④ R = 1, S = 1이면 R-S 플립플롭 출력 Q = 1, $\overline{Q}$ = 1 출력값을 설정할 수 없다.

Q = $\overline{Q}$ 는 조건에 맞지 않으므로 금지됨.

라. R-S LATCH 플립플롭 회로도

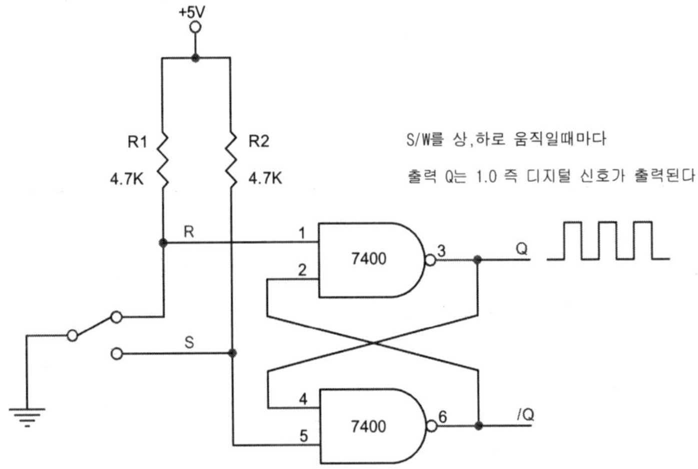

[RS 플립플롭 LATCH 회로]

R-S LATCH 플립플롭 회로에서 7400에 입력될 수 있는 조건은 2가지이다.

① R = 0, S = 1이면 7400 출력 Q = 1, $\overline{Q}$ = 0로 Q = 1 됨.
② R = 1, S = 0이면 7400 출력 Q = 0, $\overline{Q}$ = 1로 Q = 0 됨.

마. CLK 펄스가 들어가는 R-S 플립플롭 회로

1) rising edge 논리기호

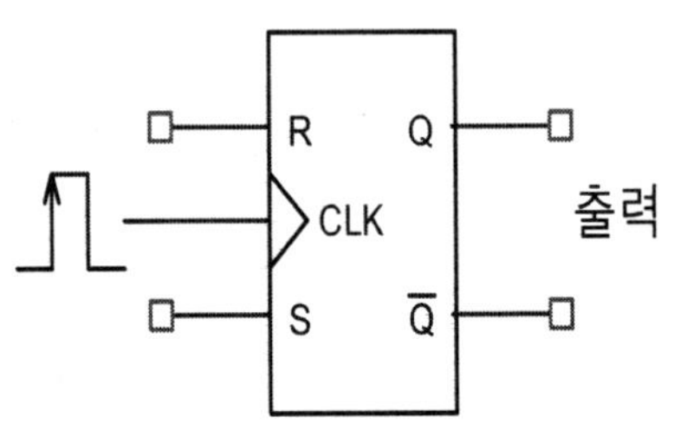

R-S f/f

2) 진리표

CLK	R	S	Q
X	0	0	현재상태유지(출력변화 무)
↑	0	1	1
↑	1	0	0
↑	1	1	금지

falling edge와 rising edge 구분

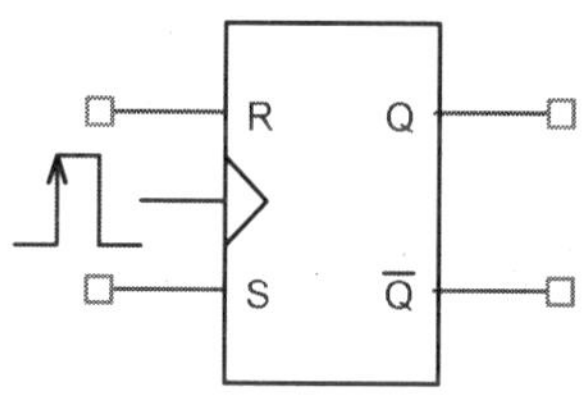

[rising edge]

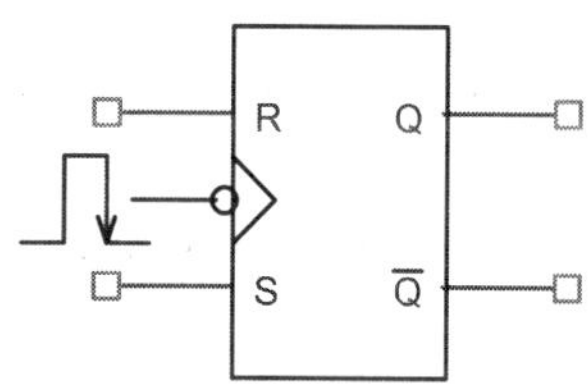

[falling edge]

3) rising edge일 때 CLK 펄스 변화와 R-S 입력에 따른 출력변화

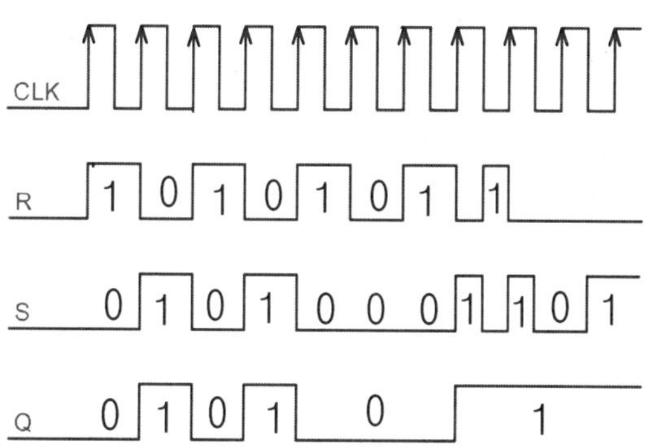

클럭 펄스변화에 따른 출력변화

R=1, S=0이면 Q=0	R=1, S=0이면 Q=0 R=0, S=0이면 Q=0 (전 상태유지)	R=0, S=1이면 Q=1 R=1, S=0이면 CLK 변화가 없는 경우 현 상태유지
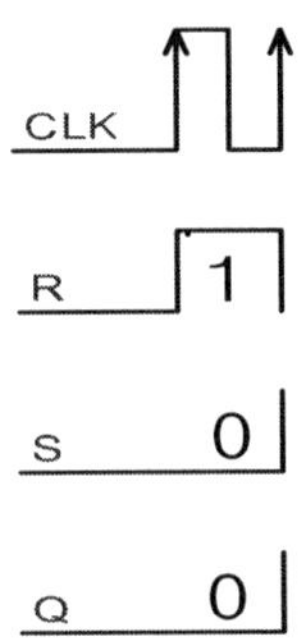	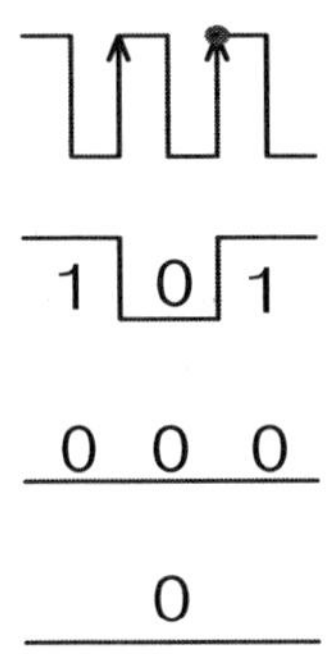	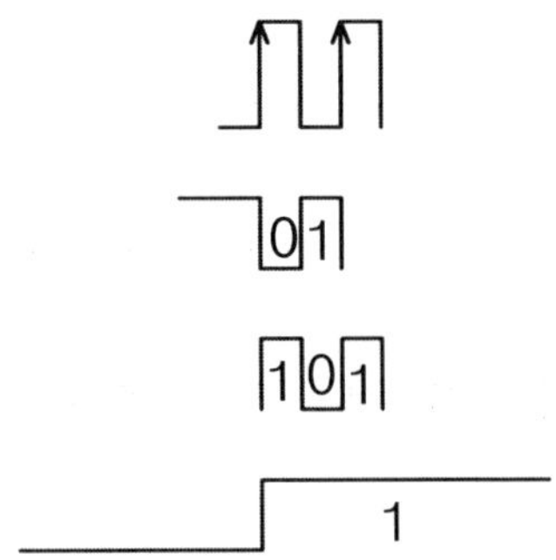

4) falling edge일 때 CLK 펄스변화와 R-S 입력에 따른 출력변화

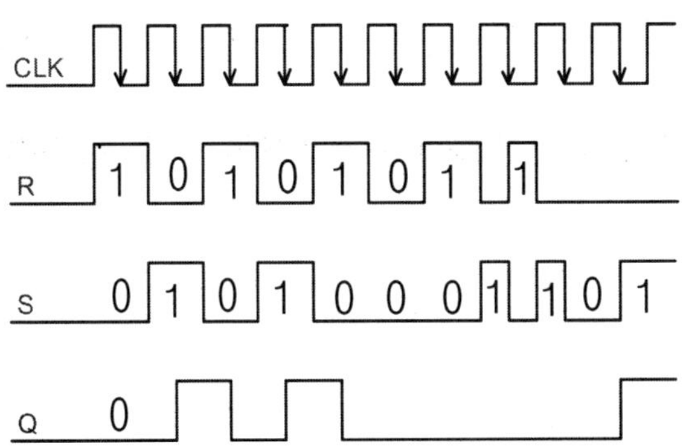

CLK 펄스변화에 따른 출력변화

R=1, S=0이면 CLK 변화 Q=0 R=0, S=1이면 CLK 변화 Q=1	R=1, S=0이면 Q=0, R=0, S=0이면 전상태유지 R=0, S=1이면 CLK 변화가 있는 경우 Q=1
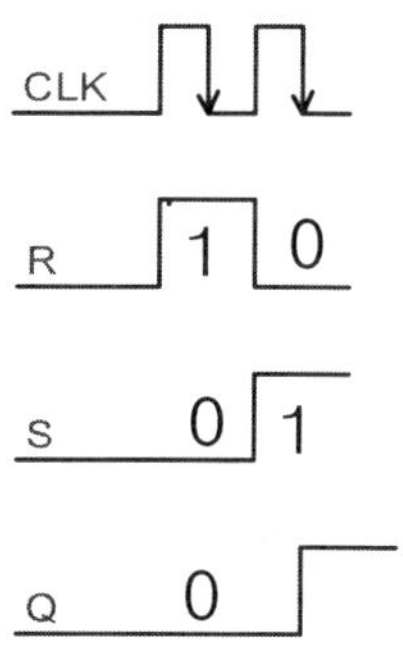	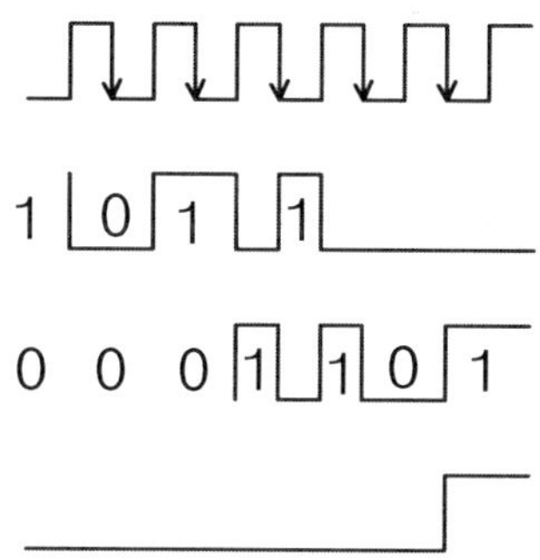

[예제 1] R-S 플립플롭 회로도

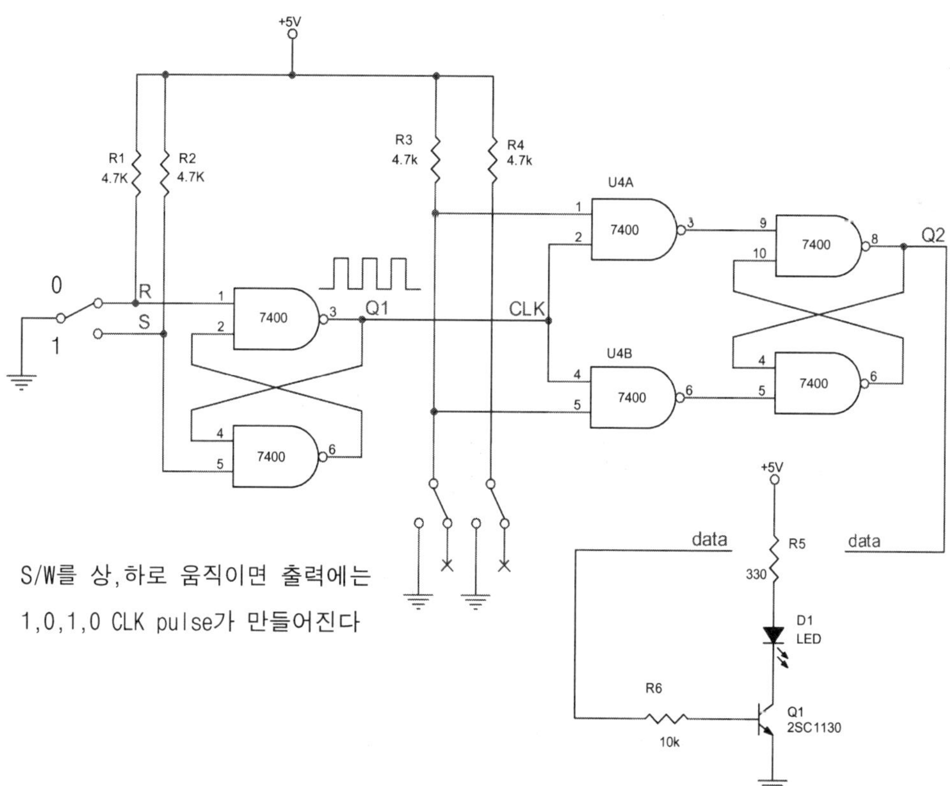

R과 S 스위치에 입력신호 변화에 따라 출력이 선택되고 스위치를 아래, 위로 움직이면 Q1에는 CLK 펄스가 발생한다. CLK 펄스신호는 U4A와 U4B 입력과 조합되어 Q2로 전달되고 Q2에 H가 발생하면 Q1 TR은 도통되어 LED는 ON 된다.

진리표

CLK	R	S	Q
X	0	0	현재상태유지(출력변화 무)
↑⎍	0	1	1
↑⎍	1	0	0
↑⎍	1	1	금지

20. J-K 플립플롭 회로설계

J-K 플립플롭은 R-S flip flop 두 입력이 1일 때 출력 값(금지)의 문제점을 보완한 것이다. 두 입력이 모두 1일 때 출력 값을 반전(1 → 0, 0 → 1)하도록 한 것이며 디지털 회로설계에 가장 많이 사용되는 flip flop이다.

가. 논리기호

입력단자 J, K가 있고 출력단자 Q, $\overline{Q}$ 그리고 클럭펄스(clk)가 있다.

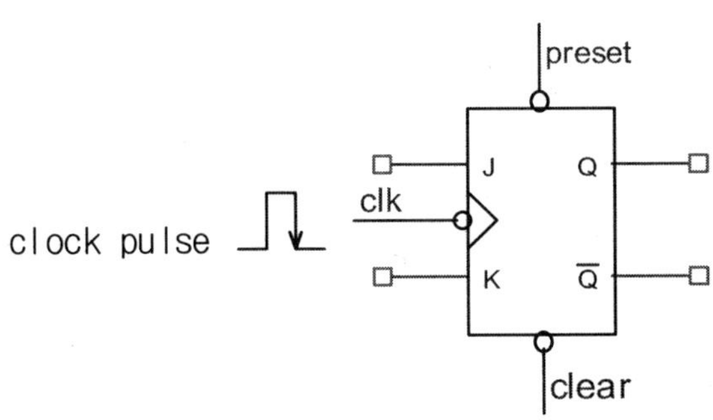

J = K = 1일 때 출력 Q는 CLK 펄스에 의해 반전되고,

R = S = 1일 때 출력 Q = $\overline{Q}$는 조건이 맞지 않으므로 금지된다.

나. 진리표

CLK	J	K	Qn
	0	0	현재상태유지(출력변화 무), Qn
	0	1	0
	1	0	1
	1	1	반전, $\overline{Q}$n, Toggle

① J = 0, K = 0일 때 CLK 입력이 있어도 출력 Q는 현 상태 유지된다.
② J = 0, K = 1일 때 CLK 입력 falling edge 상태에서 출력 Q = 0 된다.
③ J = 1, K = 0일 때 CLK 입력 falling edge 상태에서 출력 Q = 1 된다.
④ J = 1, K = 1일 때 CLK 입력 falling edge 상태에서 출력 Q = 반전된다.
출력 Q가 CLK이 들어오기 전에 0이면 1, 1이면 0이 된다. 즉, 반전된다.

다. JK 플립플롭 타이밍

CLK 펄스와 J, K 입력에 따른 출력 Q의 변화

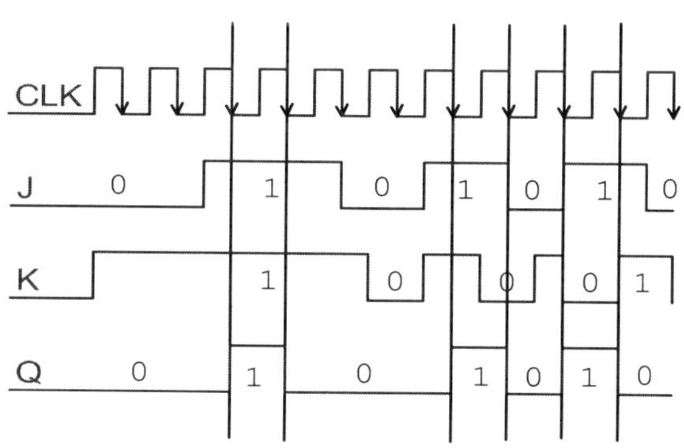

라. HD74LS76 JK 플립플롭 회로설계

HD74LS76A Dual J-K Flip-Flops(with Preset and Clear)

1) Pin Arrangement

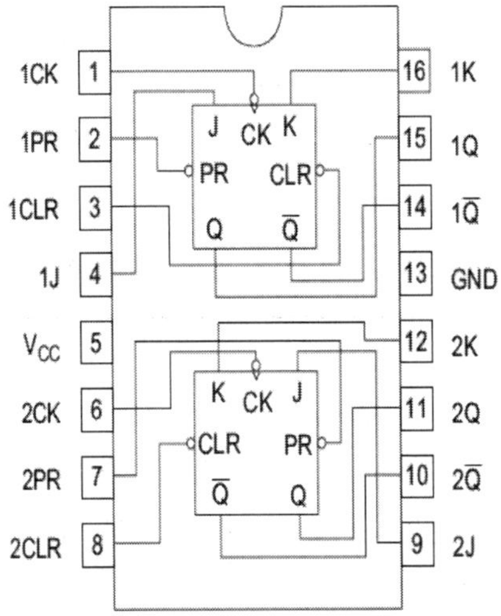

※ 74LS76에는 JK 플립플롭이 2개 내장되어 있다.

2) Function table

Inputs					Outputs	
Preset	Clear	Clock	J	K	Q	$\overline{Q}$
L	H	X	X	X	H	L
H	L	X	X	X	L	H
L	L	X	X	X	H*	H*
H	H	↓	L	L	Q_0	$\overline{Q_0}$
H	H	↓	H	L	H	L
H	H	↓	L	H	L	H
H	H	↓	H	H	Toggle	
H	H	H	X	X	Q_0	$\overline{Q_0}$

H; high level, L; low level, X; irrelevant, ↓; transition from high to low level,
Q_0; level of Q before the indicated steady-state input conditions were established.
$\overline{Q_0}$; complement of $\overline{Q_0}$ or level of Q before the indicated steady-state input conditions were established.
Toggle; each output changes to the complement of its previous level on each active transition indicated by ↓.
* This configuration is nonstable; that is, it will not persist when preset and clear inputs return to their inactive (high) level.

① Preset = L, Clear = H일 때 J-K 입력에 관계없이 출력 Q = H, $\overline{Q}$ = L 된다.

② Preset = H, Clear = L일 때 J-K 입력에 관계없이 출력 Q = L, $\overline{Q}$ = H 된다.

③ Preset = L, Clea r= L일 때 J-K 입력에 관계없이 출력 Q = H, $\overline{Q}$ = H가 지속된다.

④ Preset = H, Clear = H일 때 CLK 값이 falling edge 상태에서 J = L, K = L일 때 출력 Q, $\overline{Q}$는 출력이 변화되지 않고 현 상태가 유지된다.

⑤ Preset = H, Clear = H일 때 CLK 값이 falling edge 상태에서 J = H, K = L일 때 출력 Q = H, $\overline{Q}$ = L가 된다.

⑥ Preset=H, Clear = H일 때 CLK 값이 falling edge 상태에서 J = L, K = H일 때 출력 Q = L, $\overline{Q}$ = H가 된다.

⑦ Preset = H, Clear = H일 때 CLK 값이 falling edge 상태에서 J = H, K = H일 때 출력 Q = L이면 Q = H, 즉 반전된다.

마. J-K 플립플롭을 사용한 출력 반전회로

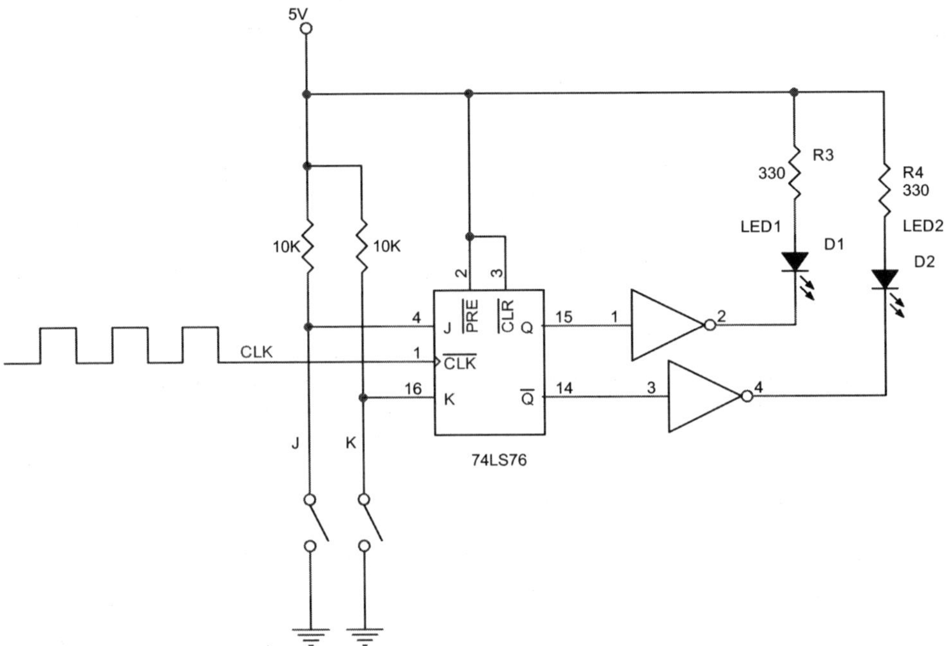

J = 1, K = 1을 주면 출력 Q는 CLK 펄스가 falling edge 상태에서 반전된다. 제품에는 J = K = VCC로 많이 사용한다(J = K = VCC 하면 T(toggle)플립플롭이라 한다).

진리표를 보고 동작상태를 확인할 필요가 있다.

진리표

CLK	J	K	Q
↓	0	0	현재상태 유지(출력변화 없음)
↓	0	1	0
↓	1	0	1
↓	1	1	반전

[예제 1] 스위치 on 회로설계

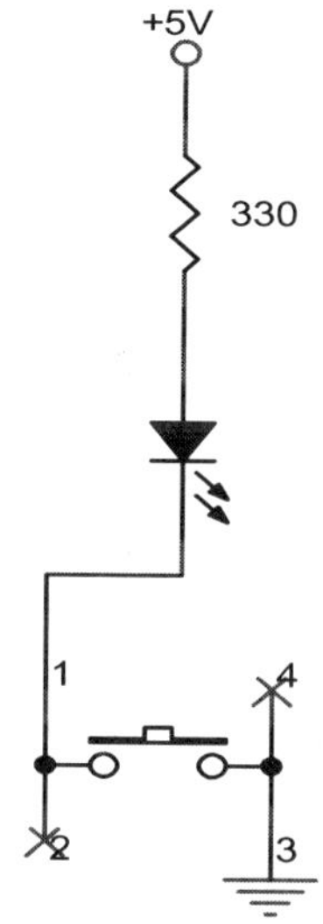

[예제 2]

push 버튼 스위치를 한 번 눌렀다 떼면 led가 on 되고 다시 눌렀다 떼면 off 되게 회로를 설계하시오. 스위치를 누를 때 불안정하게 동작되는데 회로를 수정하시오.

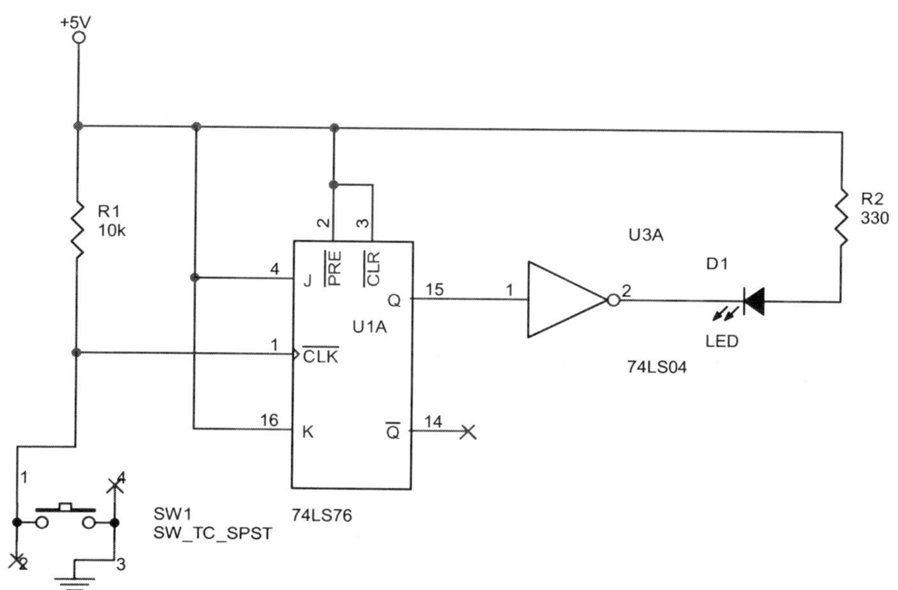

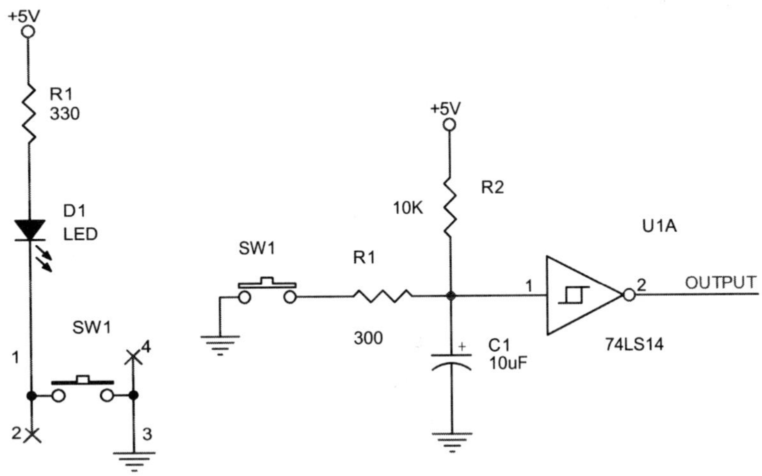

[실습 회로도와 스위치 번호]

[예제 3]

push 버튼스위치를 한번 눌렀다 떼면 모터가 on 되고 다시 눌렀다 떼면 off 되게 회로를 설계하시오.

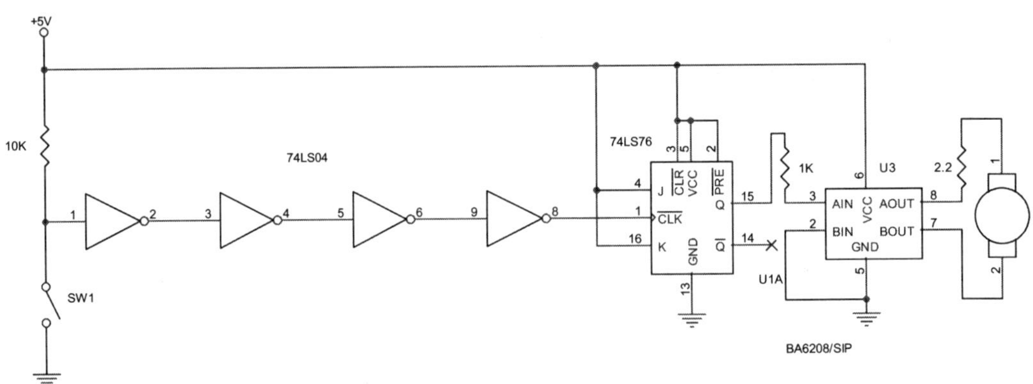

[예제 4]

스위치를 두 번 눌렀다 떼면 LED가 on 되고 다시 두 번 눌렀다 떼면 off 되게 회로를 설계하시오.

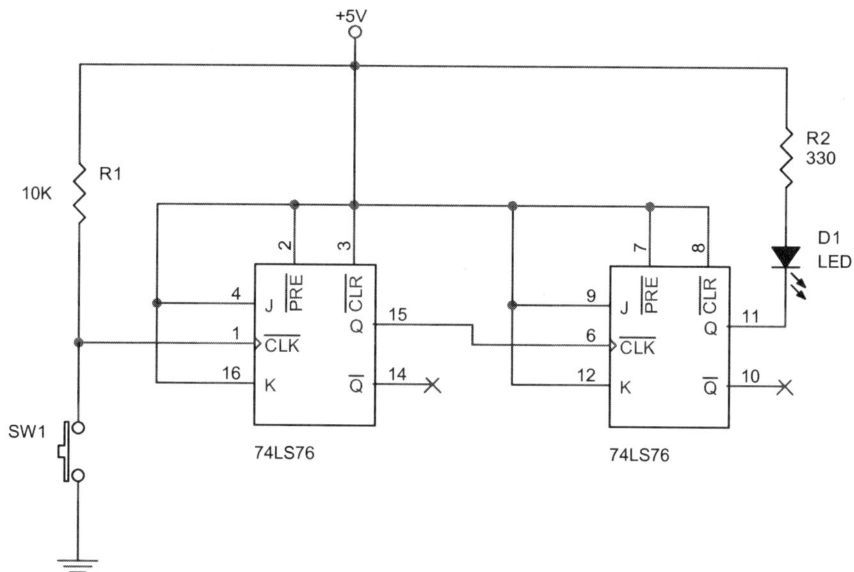

[예제 5]

스위치를 한 번 누르면 MOTOR가 on 되고 다시 누르면 off 되게 D880-Y를 사용하여 회로를 설계하시오(전류 쏠림현상 발생).

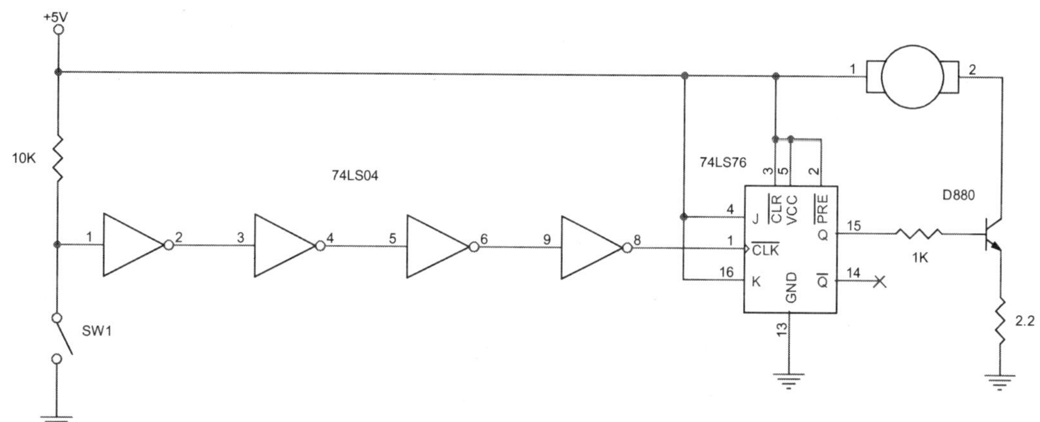

[예제 6]

입력 스위치에 채터링(chattering) 현상이 발생한다면 회로를 수정해 주어야 한다. 채터링 현상 제거에 효과적으로 대처할 수 있다(채터링 방지).

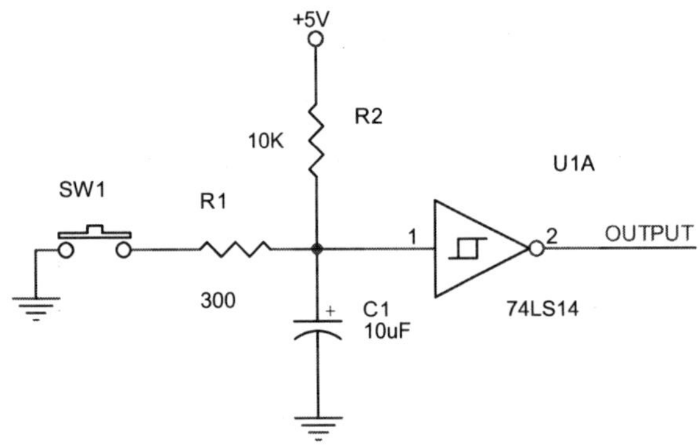

[채터링 방지회로]

74LS14 Schmidt 회로 IC HIGH, LOW level 출력기준

V_{OH}	High Level Output Voltage	V_{CC} = min, I_{OH} = -0.4 mA, V_I=0.5 V	2.7		V
V_{OL}	Low Level Output Voltage	V_{CC} = min, I_{OL} = 4 mA V_I=1.9 V		0.4	V
		V_{CC} = min, I_{OL} = 8 mA V_I=1.9 V		0.5	

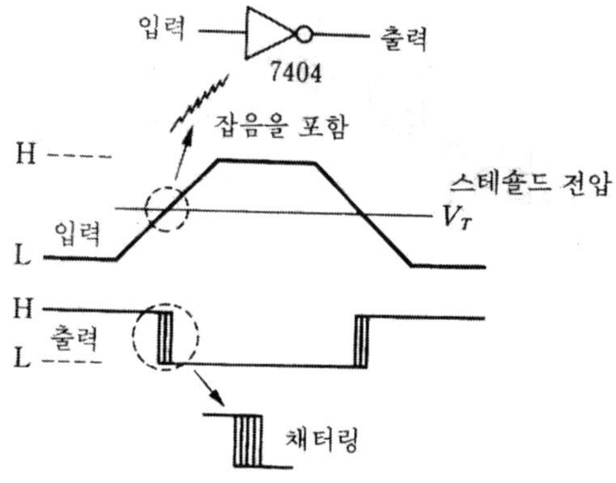

[일반적인 채터링]

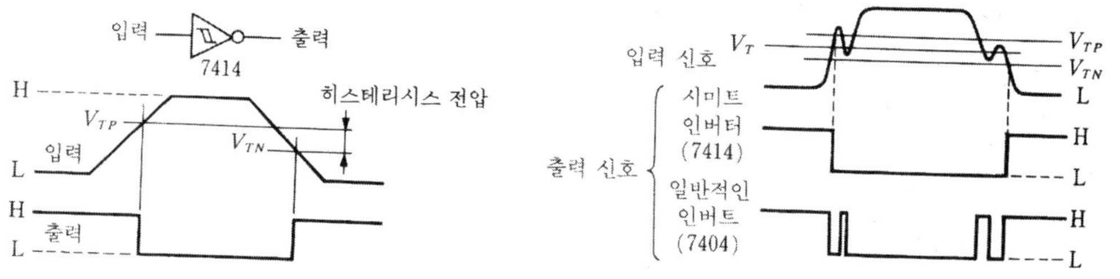

[Schmidt Trigger Chattering 제거]

Chattering 방지회로

입력전압이 완만하게 변화할 경우 입력파형에 포함된 잡음에 의해 thresholder 전압 V_t에 가까이에서 출력신호에 채터링 현상이 나타난다. 다음단 회로에 오동작의 원인이 된다. 채터링 방지회로의 구성은 ① pull up저항 ② CR 적분회로 ③ diode clamp 회로 ④ schmidt trigger 회로(CMOS level buffer)로 되어 있다.

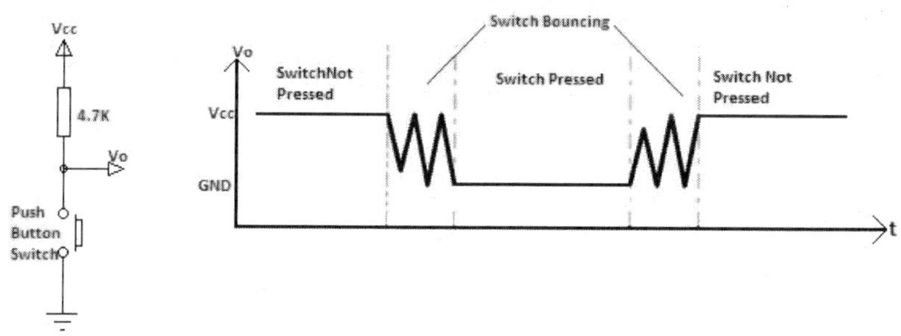

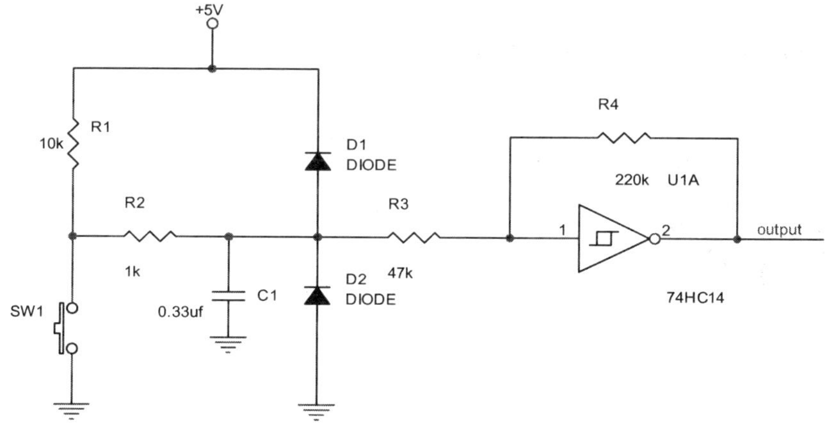

가. 실제 noise 주파수를 측정해 보니 noise T = 0.066ms(≅15khz)

T = 0.066[ms] * 5 배 = 0.33[ms]

※ 적분회로설계 1k * 0.33uf = 0.33[ms]

나. Vh = $VCC\frac{R3}{R4}$ = 5V * $\frac{47K}{200K}$ = 1.068

(R3+R4) 〉〉 (R1+R2) 대입하면

= (10k + 1k) * 25배 〈〈 (47k + 200k)

= 275k 〈〈 467k

※ 275k * 2 = 550k(≅467k)

① pull up저항

② RC 적분회로 : 채터링 시간을 실제로 측정하여 R2 · C1 ≅ 5Tchat 시간이 되도록 설계한다.

R2 · C1 = 0.33ms ≅ 5 * x

③ Diode clamp 회로 : 입력신호가 VCC 보다 높거나 GND보다 낮은 경우 제거한다.
또한 회로의 전원이 off 될 때 D1을 통해 C1의 전압은 방전된다.

④ Schmidt trigger 회로(CMOS level buffer) (R3+R4) 〉〉 (R1+R2) 되게 설계한다.
히스테리 전압 Vh는 $VCC\frac{R3}{R4}$ Vh는 채터링의 전압의 배 이상이 되도록 설계한다.

[예제 7] MOTOR 정회전 역회전 회로설계

스위치를 한 번 누르면 MOTOR가 정회전되고 다시 누르면 역회전되게 BA6208 REVERSIBLE MOTOR DRIVER IC를 사용하여 회로를 설계하시오.

BA6208 REVERSIBLE MOTOR DRIVER IC 내부구조

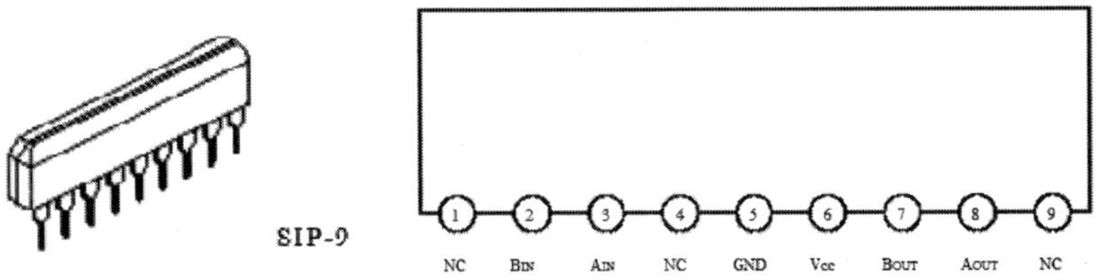

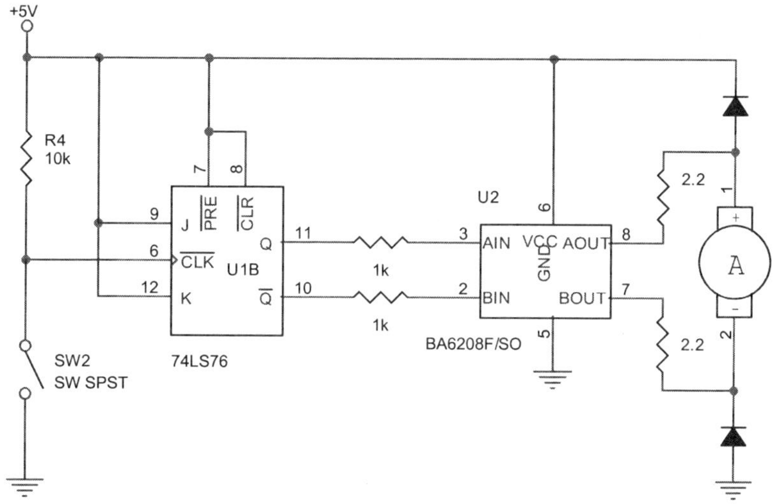

문제) 모터의 회전 방향을 알기 위해 led 2개를 이용하여 표시하고자 한다. 어떻게 하면 될까? 회로를 설계하시오.

20-1. D 플립플롭

플립플롭에서 D는 delay라는 의미로 clk 펄스의 변화에 따라 data 신호가 그대로 출력이 되고 clk 펄스변화에 따라 data가 지연되는 플립플롭 회로이다.

가. D 플립플롭 논리기호

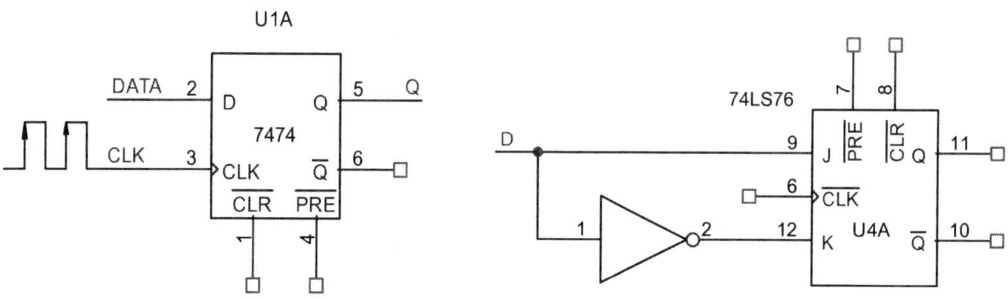

[D 플립플롭]

논리기호에서 D = data, CLK = CLK 펄스, CLR = clear, PRE = preset이고 D 입력값에 대해 CLK rising edge 상태에서 출력에 변화가 발생한다.

나. 진리표

INPUT				OUTPUT	
$\overline{PR}$	$\overline{CLR}$	CLK	D	Q	$\overline{Q}$
0	1	X	X	1	0
1	0	X	X	0	1
0	0	X	X	1	1
1	1	↑	1	1	0
1	1	↑	0	0	1
1	1	0	X	출력변화 無	출력변화 無

① $\overline{PR}$ = 0, $\overline{CLR}$ = 1이면 CLK와 D에 관계없이 Q = 1, $\overline{Q}$ = 0이 된다.
② $\overline{PR}$ = 1, $\overline{CLR}$ = 0이면 CLK와 D에 관계없이 Q = 0, $\overline{Q}$ = 1이 된다.
③ $\overline{PR}$ = 0, $\overline{CLR}$ = 0이면 CLK와 D에 관계없이 Q = 1, $\overline{Q}$ = 1이 된다.
④ $\overline{PR}$ = 1, $\overline{CLR}$ = 1이고 CLK rising edge일 때와 D=1이면 Q = 1, $\overline{Q}$ = 0가 된다.
⑤ $\overline{PR}$ = 1, $\overline{CLR}$ = 1이고 CLK rising edge일 때와 D=0이면 Q = 0, $\overline{Q}$ = 1이 된다.
⑥ $\overline{PR}$ = 1, $\overline{CLR}$ = 1이고 CLK = 0일 때와 D에 관계없이 출력은 변화가 없다.

다. D 입력, CLK 입력에 따른 출력 Q 타이밍

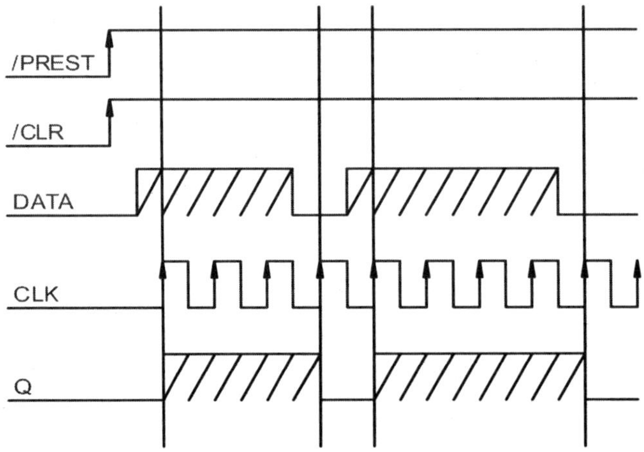

data 값이 1일 때 clk 변화가 rising edge 상태에서 Q = 1이 되고 data 값이 0일 때 clk 변화가 rising edge 상태에서 Q = 0가 된다.

data 펄스형태가 clk 변화상태에서 출력 Q 값은 오른쪽으로 한 개의 pulse만큼 delay 되었음을 알 수 있다.

라. 74LS74 IC를 이용한 D 플립플롭 회로

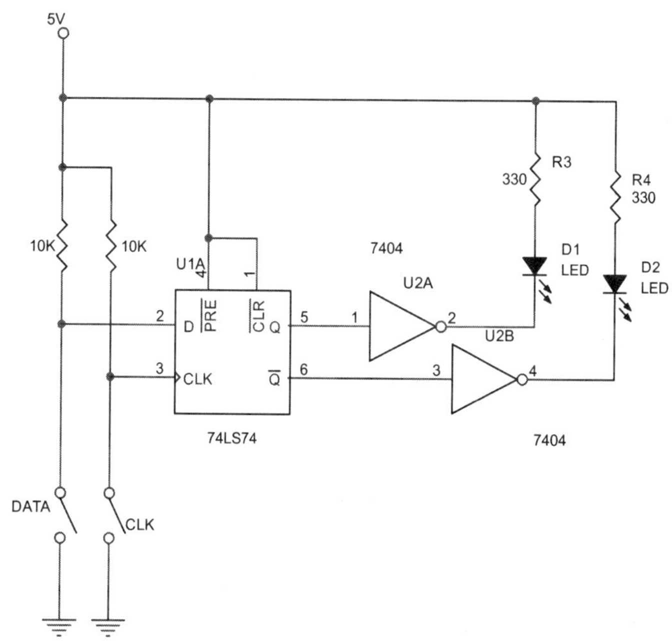

DATA 값을 1을 주고 CLK 펄스를 1 → 0 → 1 → 0 → 1 → 0을 주면 출력 Q는 1이 지속되고 DATA 값이 0이 되면 CLK 펄스가 falling edge 상태에서 출력 Q는 0이 되고 DATA 값이 지연(delay) 되었음을 알 수 있다.

cf. D(delay) 플립플롭은 입력 D를 그대로 지연(delay)시켜 출력한다.

D 플립플롭은 RS 플립플롭의 변형으로 S와 R 을 NOT gate로 연결하여 D라는 기호를 붙인 것이다. 즉, RS의 R = 1, S = 0 또는 R = 0, S = 1만 입력이 가능하도록 하는 회로이다.

D 플립플롭의 진리표

D	Qn(현재상태)	Qn+1(현재상태+1)
0	0	0
0	1	0
1	0	1
1	1	1

D 플립플롭은 입력된 내용과 동일한 상태가 되도록 하는 데이터 일시적인 기억 또는 전송되는 시간의 지연을 시켜주는 용도로 사용된다.

마. D 플립플롭 회로도

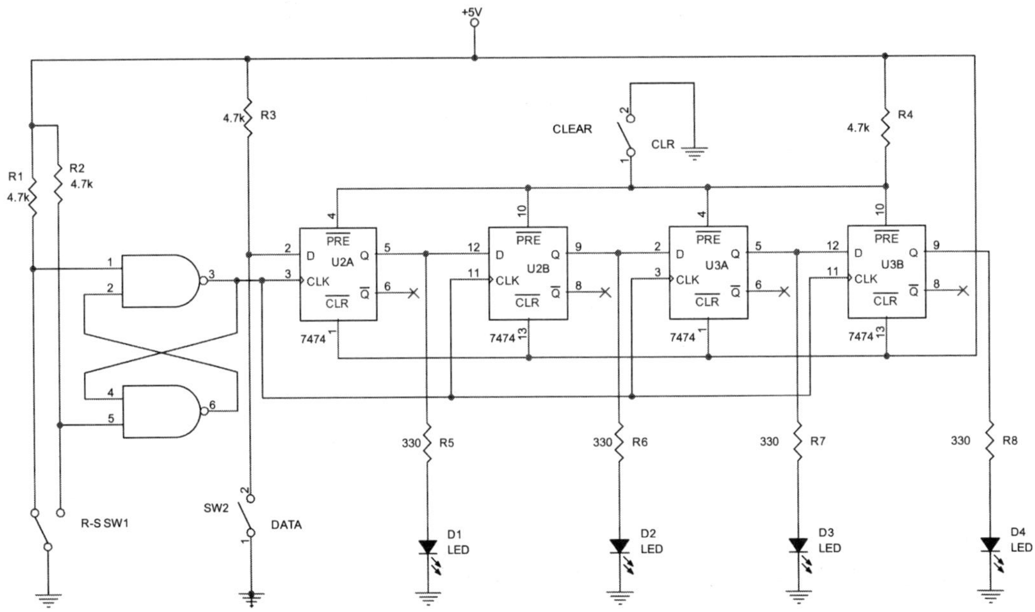

바. 가상 시뮬레이션 회로와 delay 파형

clk 주파수 20Hz, data 주파수 5Hz 줄 때 delay 회로도

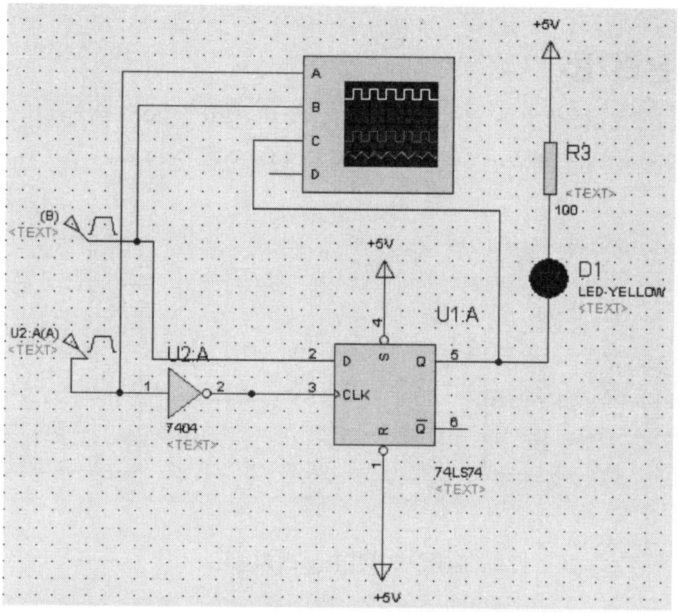

clk 주파수 20Hz, data 주파수 5Hz 줄 때 delay 파형

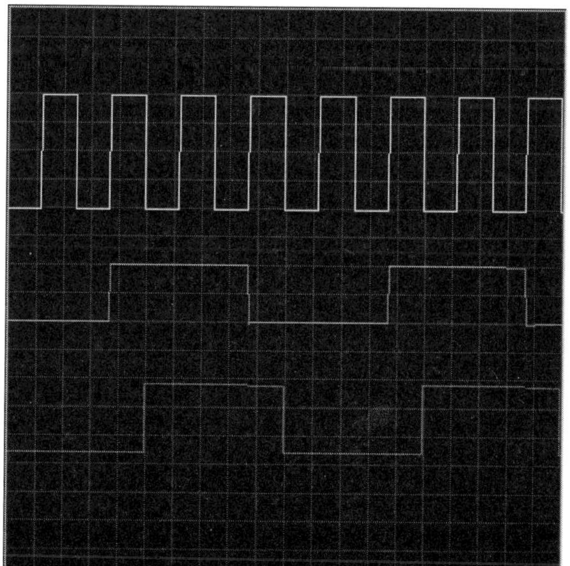

상 : clk pulse, 중 : D 입력파형, 하 : delay 출력파형

20-2. T 플립플롭

T 플립플롭은 J = K = 1이 입력되고 CLK 펄스가 입력되면 rising edge나 falling edge 상태에서 출력이 반전하는 플립플롭이다.

가. T 플립플롭 논리기호

J = K = 1을 입력하고 CLK 펄스를 입력하면 출력 Q에 반전되는 값이 나타난다. CLK 펄스값에 따라 자동으로 출력이 반전되게 하려면 PRE = CLR = 1을 주면 된다.

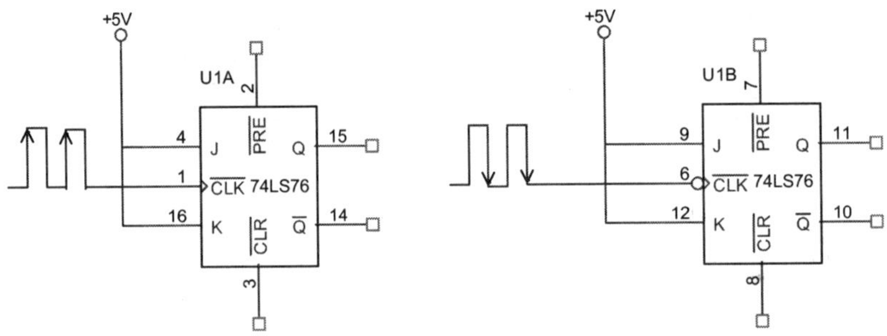

[74LS76을 이용한 논리기호]

나. 진리표

CLK	T	Q
↓	0	Qn
↓	1	반전

cf. J와 K를 묶어 1이나 0을 입력하고 Toggle 입력단이라 한다(회로에서는 VCC로 묶어 표기함).

① CLK 펄스가 falling edge 상태에서 T = 0이면 출력 Q는 현재상태가 유지된다.
② CLK 펄스가 falling edge 상태에서 T = 1이면 출력 Q는 반전된다.

따라서 T 플립플롭은 J = K = 1 일 때 CLK 펄스에 따라 출력이 반전된다. T 입력 신호가 1일 때에 플립플롭의 출력 값은 클럭의 이벤트(상승 모서리 혹은 하강 모서리)가 있을 때마다 현재 상태에 관계없이 플립플롭은 입력 T가 1일 때 클럭펄스가 발생한다면 그의 출력을 반전시킨다.

다. 74LS76 Function table

Inputs					Outputs	
Preset	Clear	Clock	J	K	Q	$\overline{Q}$
L	H	X	X	X	H	L
H	L	X	X	X	L	H
L	L	X	X	X	H*	H*
H	H	↓	L	L	Q_0	$\overline{Q_0}$
H	H	↓	H	L	H	L
H	H	↓	L	H	L	H
H	H	↓	H	H	Toggle	
H	H	H	X	X	Q_0	$\overline{Q_0}$

H; high level, L; low level, X; irrelevant, ↓; transition from high to low level,
Q_0; level of Q before the indicated steady-state input conditions were established.
$\overline{Q_0}$; complement of $\overline{Q_0}$ or level of Q before the indicated steady-state input conditions were established.
Toggle; each output changes to the complement of its previous level on each active transition indicated by ↓.
* This configuration is nonstable; that is, it will not persist when preset and clear inputs return to their inactive (high) level.

① Preset = L, Clear = H일 때 J-K 입력에 관계없이 출력 Q = H, $\overline{Q}$ = L 된다.

② Preset = H, Clear = L일 때 J-K 입력에 관계없이 출력 Q = L, $\overline{Q}$ = H 된다.

③ Preset = L, Clear = L일 때 J-K 입력에 관계없이 출력 Q = H, $\overline{Q}$ = H 지속된다.

④ Preset = H, Clea r= H일 때 CLK 펄스값이 falling edge 상태에서 J = L, K = L일 때 출력 Q와 $\overline{Q}$는 출력이 변화되지 않고 현상태가 유지된다.

⑤ Preset = H, Clear = H일 때 CLK 펄스값이 falling edge 상태에서 J = H, K = L일 때 출력 Q = H, $\overline{Q}$ = L가 된다.

⑥ Preset = H, Clear = H일 때 CLK 펄스값이 falling edge 상태에서 J = L, K = H일 때 출력 Q = L, $\overline{Q}$ = H가 된다.

⑦ Preset = H, Clear = H일 때 CLK 펄스값이 falling edge 상태에서 J = H, K = H일 때 출력 Q = L이면 Q = H, 즉 반전된다.

라. T 플립플롭 타이밍

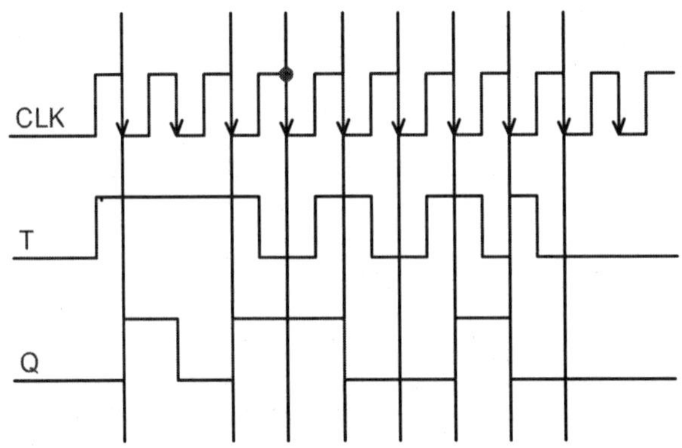

CLK 펄스가 falling edge 상태에서 T 값이 1이면 출력 Q가 반전되고 다음 CLK이 들어오면 (T 값이 1일 때)출력 Q가 다시 반전되며 T 값이 0이면 출력 Q가 현재 상태를 유지하고 있다.

마. T 플립플롭 회로도

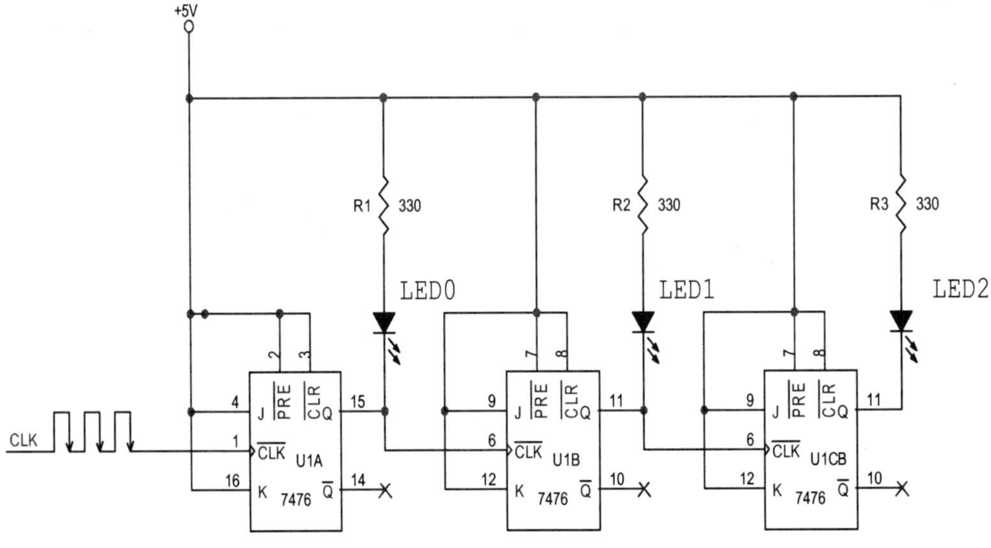

[T 플립플롭 회로]

J = K = 1일 때 클럭펄스가 입력되면 U1A, U1B, U1C는 출력이 100가 되고 다음 CLK 펄스가 입력되면 010가 출력되어 LED 0, LED 2가 on 된다. 세 번째 CLK 펄스가 입력되면 110로 된다. 단, led는 0이면 on 되고 1이면 off 된다.

clk 펄스 수에 따른 led 변화(1이면 led on, 0이면 led off)

clk 수	led0	led1	led2	비고
0	0	0	0	
1	1	0	0	
2	0	1	0	
3	1	1	0	
4	0	0	1	
5	1	0	1	
6	0	1	1	
7	1	1	1	
8	0	0	0	

바. 가상 시뮬레이션 회로

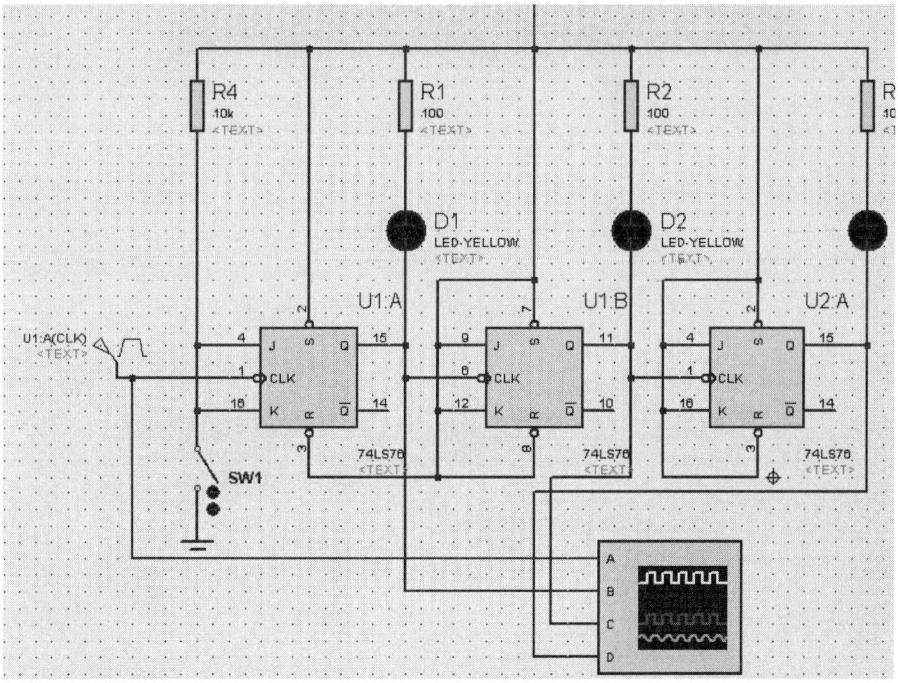

sw1이 GND와 연결되면 U1A의 출력은 Qn, 즉 현재 상태 유지된다.
sw1이 open 되어 있으면 U1A의 출력은 Qn, 즉 반전된다.

가상 시뮬레이션 회로도 파형

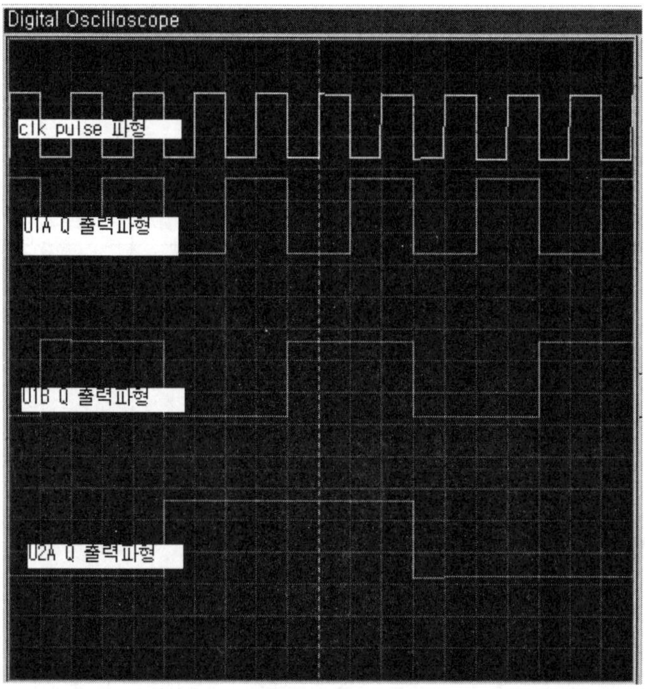

clk pulse가 falling edge 상태에서 출력 U1A Q 출력파형이 나타나고 있다.

[예제 1] 순차점멸회로

clk 펄스가 입력될 때 7476, 7442를 사용하여 led 8개를 순차적으로 구동하는 회로를 설계하시오.

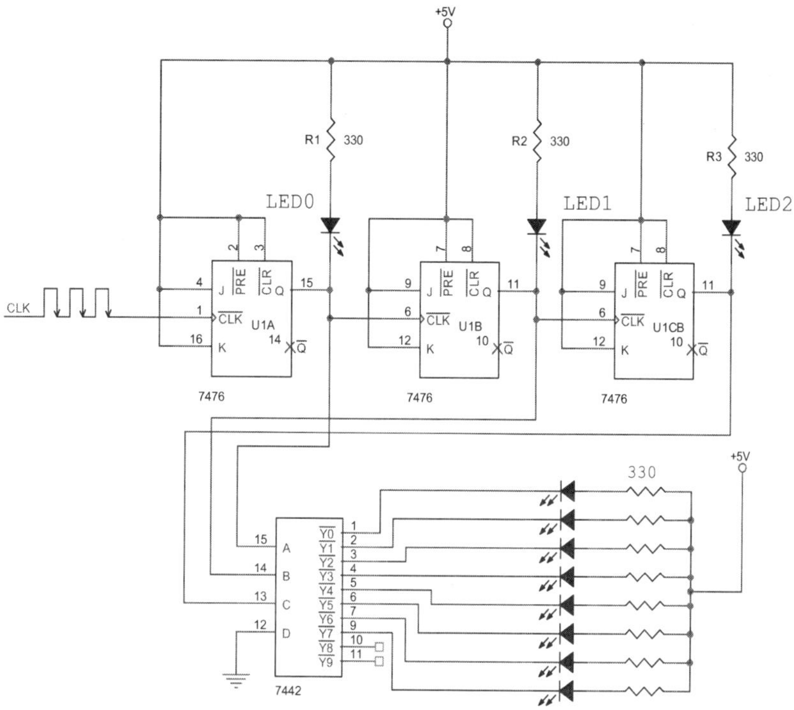

동작원리

7442 IC의 입력 C,B,A – 000가 될 때 Y0 – 0기 되이 Y0에 연결되어 있는 LED가 on되고 C, B, A = 001이 될 때 Y1 = 0가 되어 Y1에 연결되어 있는 LED가 on 된다. datashet를 보면 7442 IC 출력 Y0, Y1 .. Y9에는 입력 값에 따라 출력은 Active low로 동작이 된다.

7442 진리표

No.	BCD Input				Decimal Output									
	D	C	B	A	0	1	2	3	4	5	6	7	8	9
0	L	L	L	L	L	H	H	H	H	H	H	H	H	H
1	L	L	L	H	H	L	H	H	H	H	H	H	H	H
2	L	L	H	L	H	H	L	H	H	H	H	H	H	H
3	L	L	H	H	H	H	H	L	H	H	H	H	H	H
4	L	H	L	L	H	H	H	H	L	H	H	H	H	H
5	L	H	L	H	H	H	H	H	H	L	H	H	H	H
6	L	H	H	L	H	H	H	H	H	H	L	H	H	H
7	L	H	H	H	H	H	H	H	H	H	H	L	H	H
8	H	L	L	L	H	H	H	H	H	H	H	H	L	H
9	H	L	L	H	H	H	H	H	H	H	H	H	H	L
I	H	L	H	L	H	H	H	H	H	H	H	H	H	H
N	H	L	H	H	H	H	H	H	H	H	H	H	H	H
V	H	H	L	L	H	H	H	H	H	H	H	H	H	H
A	H	H	L	H	H	H	H	H	H	H	H	H	H	H
L	H	H	H	L	H	H	H	H	H	H	H	H	H	H
I	H	H	H	H	H	H	H	H	H	H	H	H	H	H
D														

아. 순차점멸 회로 분주기 회로설계

AVR ATMEGA128 저자가 개발한 마이컴 MCU100A 라는 Model에 사용되는 주파수는 16MHz이다. 이 주파수를 사용하여 분주기(prescaler)를 만들려고 한다. 8MHz, 4MHz, 2MHz를 만들려고 할 때 회로를 설계하시오.

분주기를 이용한 회로설계 : 주파수 2MHZ

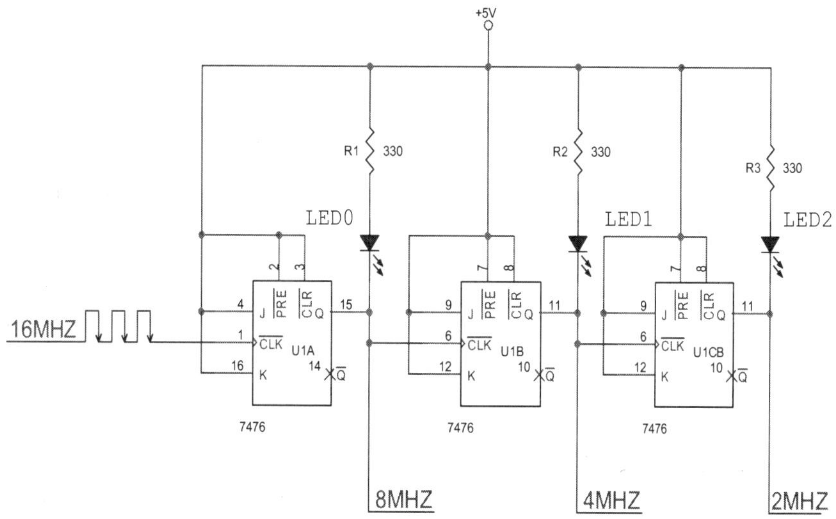

1) 동작원리

수파수 f = 16MHz 입력되면 'T' 플립플롭 출력 단에는 주파수 LED 0 = 8MHz, LED 1 = 4MHz, LED 2 = 2MHz 분주된다.

1MHz 주파수를 만들려고 하면 다음 단에 동일한 7476 회로도를 추가하면 분주된 f = 1MHz 주파수가 출력된다. led on, off로 보려면 주파수 f = 4Hz를 입력하게 되면 분주된 2Hz, 1Hz가 출력된다.

2) 입력 클럭 주파수에 따른 LED 주파수

입력 클럭 주파수	LED0	LED1	LED2	비 고
f = 16MHz	8MHz	4MHz	2MHz	

3) 입력 CLK펄스에 따른 펄스변화

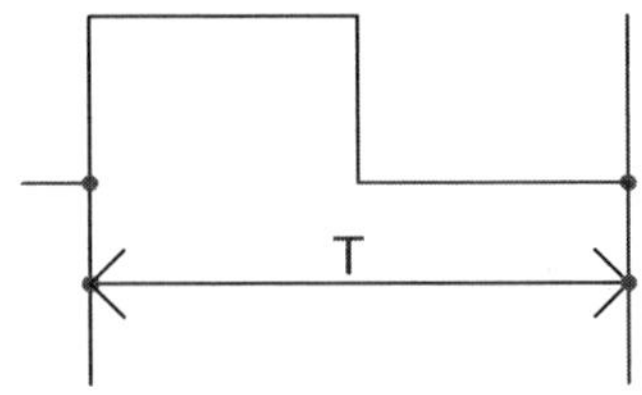

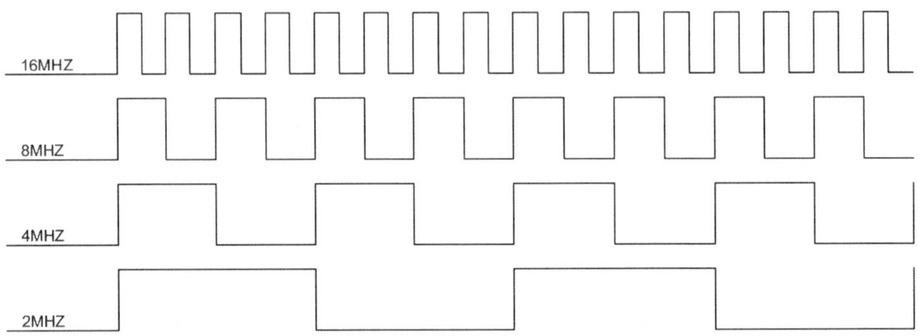

[예제 2] 인체감지센서를 이용한 멜로디 회로설계

인체감지센서를 사용하여 인체가 감지되었을 때 멜로디가 구동되도록 회로를 설계하시오.

① Human Body Sensor

- 전원 6.5-24V
- output 6.5-24
- induction range 8m

PIN CONFIGURATION

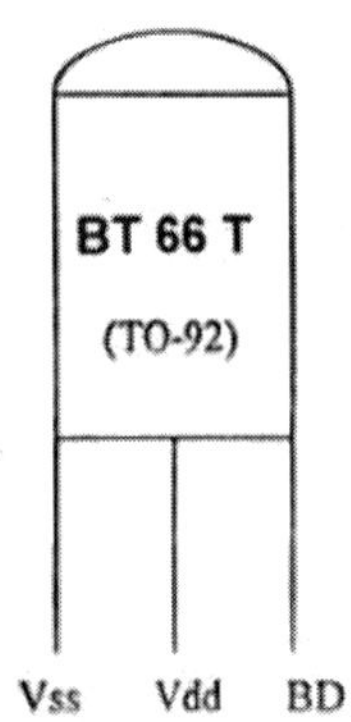

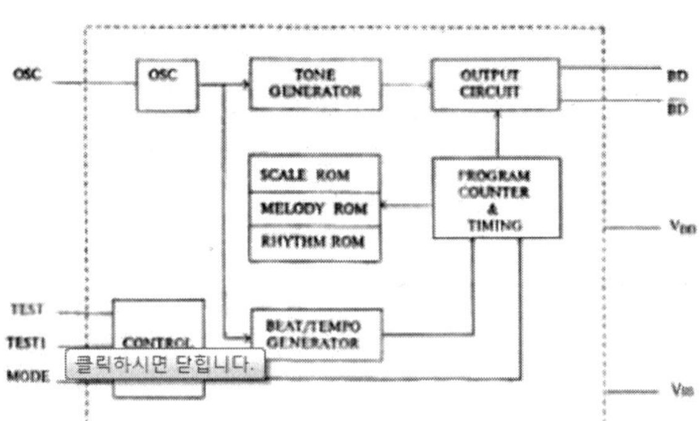

AVAILABLE SONG LIST

1) One Shot Mode

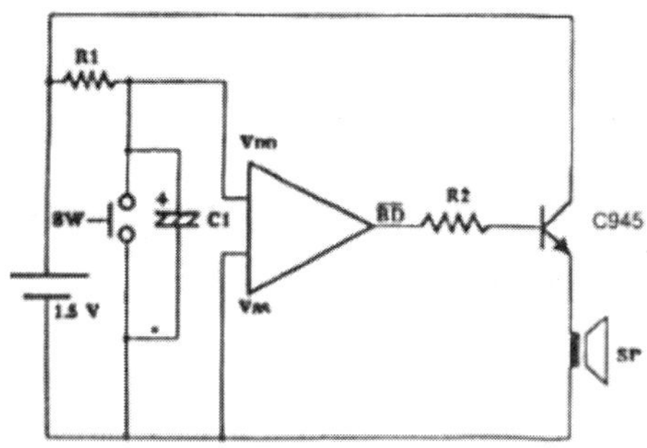

R1: 220Ω
R2: 2.7 - 4.7KΩ
C1: 1μF

2) Lavel Hold Mode

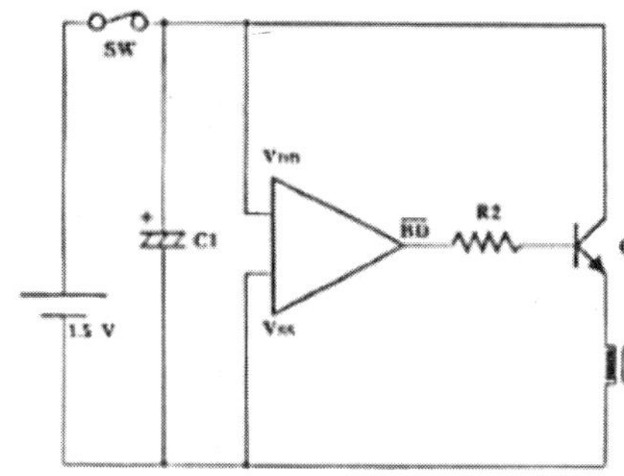

R2: 2.7 - 4.7KΩ
C1: 1μF

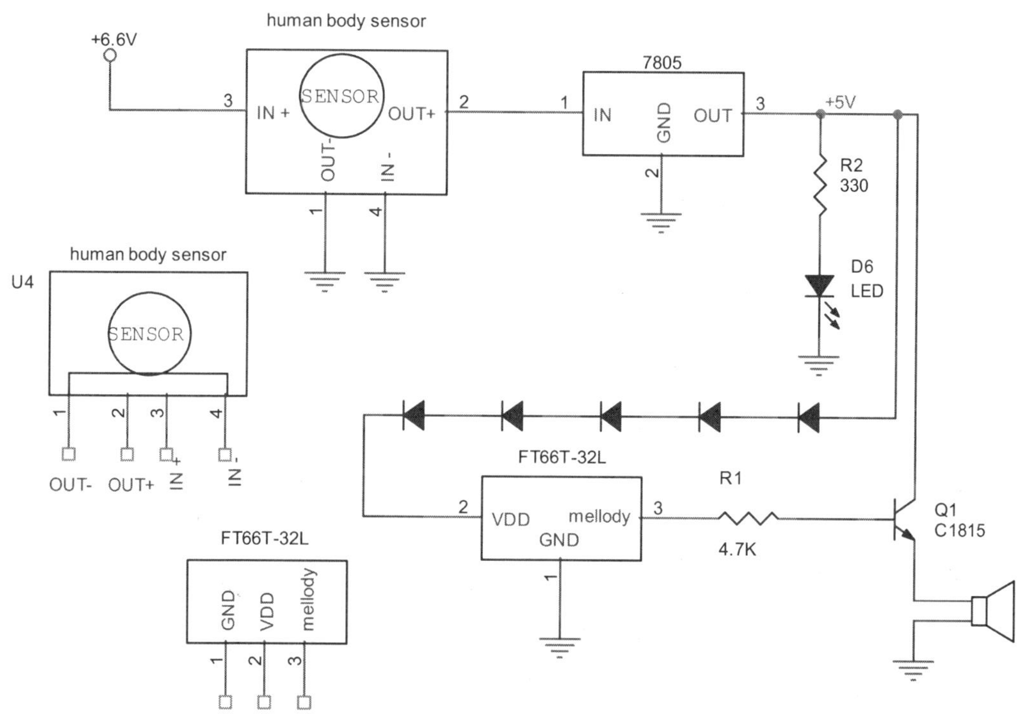

※ 중요 : 인체감지센서 입력전압 GND와 출력전압 GND를 분리하여 회로를 만들어야 한다.

인체감지센서 내부 회로도

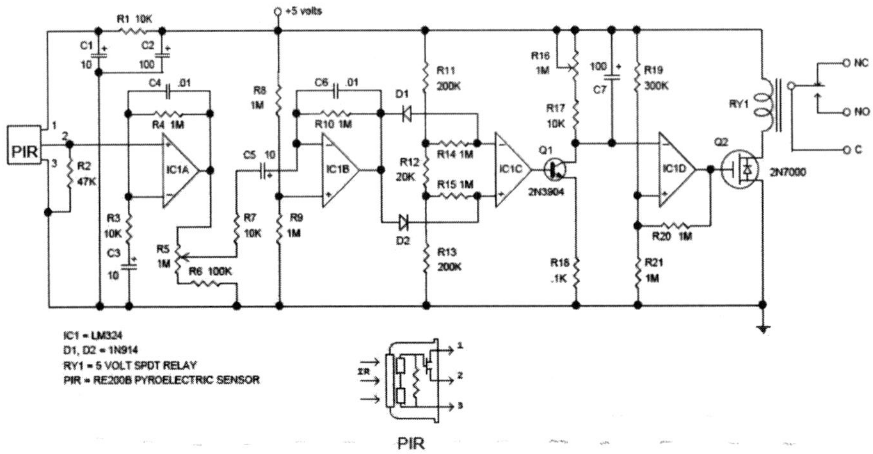

[예제 3]

전압이 +0V ~ 5V로 감소할 때 led로 전압의 잔량을 표시하는 회로를 설계해 보자. 기준전압(Vref)은 가변저항으로 조절하며 led 값을 표시한다.

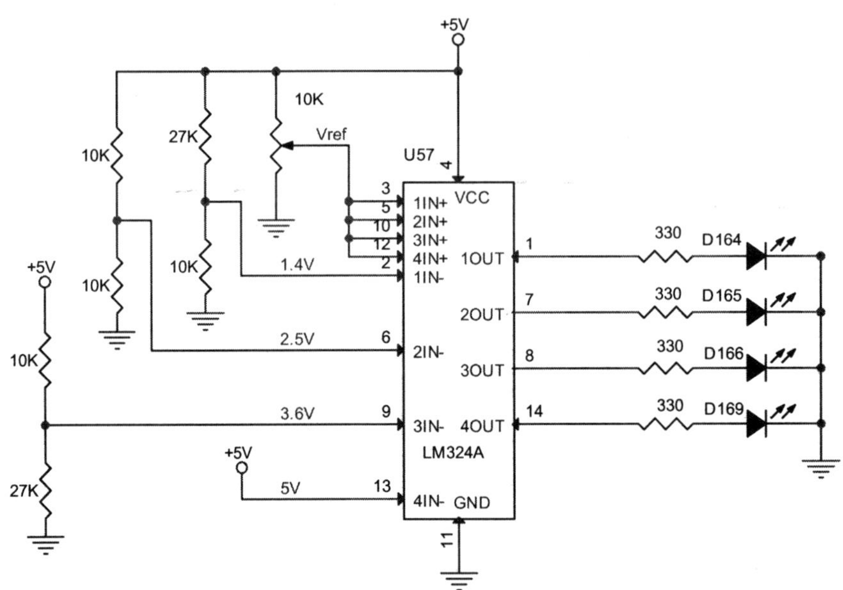

Vref 기준전압과 입력 가변저항값을 변화하면 출력 led 값이 주어진 회로 동작에 맞게 변화된다. 브레드 보드에 회로를 만들어 동작 조건을 확인하세요.

제3장 회로설계 Ⅲ

21. NE555 발진회로
22. NE555를 이용한 10음 주파수 발진회로설계
23. UJT를 이용한 발진회로 설계
24. 8진 UP-DOWN 카운터 회로설계
25. 100진 카운터 회로설계(0~99)
26. LED 순차점멸기 회로설계
27. 정해진 숫자 판별회로 설계
28. 스위치 값 FND 표시 회로설계
29. 숫자로 표시되는 전자주사위 회로설계
30. 정해진 ADDRESS 판별회로와 자동 UP/DOWN COUNT 회로 실계
31. DAC 회로 설계
32. ADC 회로설계
33. 메모리 RAM 62256 회로설계
34. 밤이 되면 멀티 LED가 자동 깜박이는 회로설계
35. 낮에는 DC 모터구동, 밤에는 LED가 ON되는 회로설계
36. 해가 뜨면 시간마다 꽃밭에 자동으로 물을 뿌려주는 회로설계
37. C-R 미분회로
38. R, C 적분회로
39. 음악소리에 맞춰 3색 램프가 자동으로 발광하는 회로
40. 음악소리에 맞춰 연주하는 분수대

21. NE555 발진회로

NE555를 이용하여 1HZ의 주파수를 만들려고 한다.
R1 = 300K, R2 = 570K, C1 = 1uf 부품을 이용하여 발진회로를 설계해 보자.

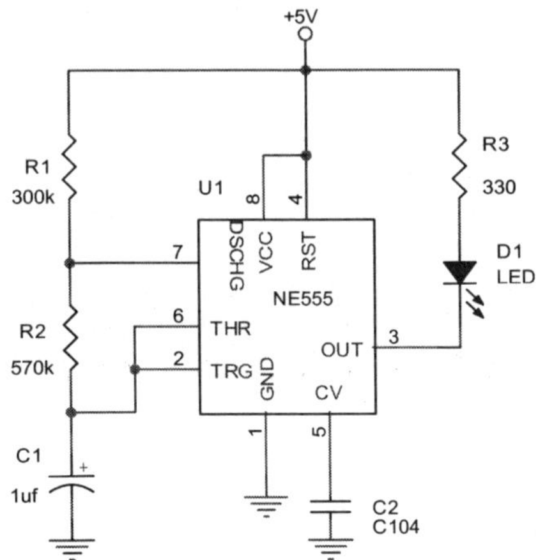

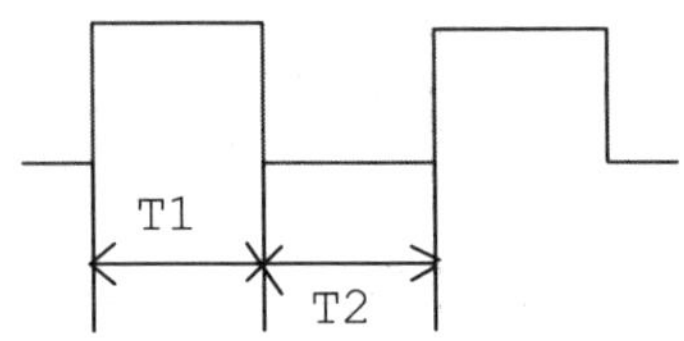

1) 타임 주기 CR에 대한 T1, T2를 구해보면

T1 = 0.693(R1 + R2)C1

= 0.693(300K + 570K)1uF

≒ 0.60291[sec]

T2 = 0.693 C1 · R2

≒ 0.39501[sec]

T = T1 + T2 = 0.693(R1 +2R2)C1

= 0.99792[sec]

≒ 1[sec]

$\therefore f = \frac{1}{T} \fallingdotseq 1.002[Hz]$

저항 R값을 변경하여 1HZ의 주파수를 구해보면
R1 = 47K, R2 = 300K, C = 2.2uF 대입해 보면
T = 0.693 × (R1 + 2R2) × C1
= 0.693 × (47K + 2 × 300K) × 2.2uF
≒ 1[sec]　　　　$\therefore f = \frac{1}{T} \fallingdotseq 1[Hz]$

2) Duty rate $\frac{T1}{T}$ 구하기

$$\text{Duty rate T1} = \frac{0.693(R1+R2)C}{0.693(R1+2R2)C}$$

$$= \frac{300K+570K}{(300K+2\times570K)}$$

$$≒ 0.60417$$

T2 비를 구해보면

$$\text{Duty rate T2} = \frac{0.693R2C}{0.693(R1+2R2)C}$$

$$= \frac{570K}{(300K+2\times570K)}$$

$$≒ 0.39583 \qquad \therefore \text{Duty rate} = 60\%$$

3) Simulation Tool을 이용하여 출력파형 확인해 보면

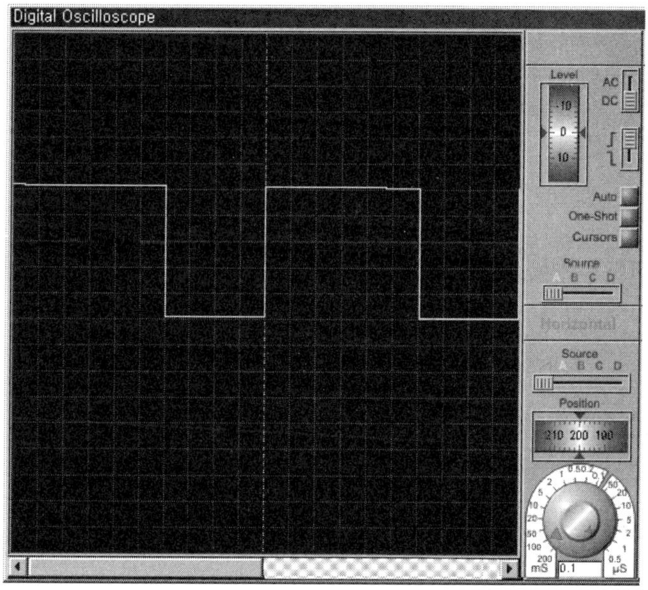

Time/div = 0.1s * 10칸이므로 1sec가 출력되고 주파수 값을 계산하면 f = $\frac{1}{T}$ ≒ 1[Hz]가 된다.

Duty rate는 T1이 6칸(60%)이고 T2는 4칸이므로 Duty rate $\frac{T1}{T}$는 60[%]이다.

가. NE555를 이용한 주파수 2Hz 회로설계

f = 2[Hz]를 만들려면 한주기 T = $\frac{1}{f}$ = $\frac{1}{2}$ = 0.5[s], D(Duty rate) = 0.4로 설계하고자 한다. C = 1μ F로 하면 충,방전주기 T는

T = 0.693 × (R1 + 2R2) × C1 = 0.5 ①

$D = \frac{R2}{(R1 + 2R2)} = 0.4$ ②

①에서 (R1 + 2R2) = $\frac{0.5}{0.693 \times C1}$ ③

③을 ②에 대입하면

$R2 = 0.4 \times \frac{0.5}{0.693 \times C1}$

$= 0.4 \times \frac{0.5}{0.693 \times 1uF}$

= 288.62886[kΩ] ④

④를 ③에 대입하면

$R1 = (\frac{0.5}{0.693 \times C1}) - (2 \times R2)$

$= (\frac{0.5}{0.693 \times 1uF}) - (2 \times 288.6K)$

= 144.3[kΩ]

∴ R1 = 144.3[kΩ], R2 = 288.6[kΩ], C = 1[μ F]

1) Simulation Tool 이용한 출력파형

Time/div = 50ms * 10칸이므로 0.5 sec가 출력되고 주파수 값을 계산하면

f = $\frac{1}{T}$ ≒ 2[Hz]가 된다.

Duty rate는 T1이 6칸이고 T2는 4칸이므로 Duty rate T1 = 60[%]이다.

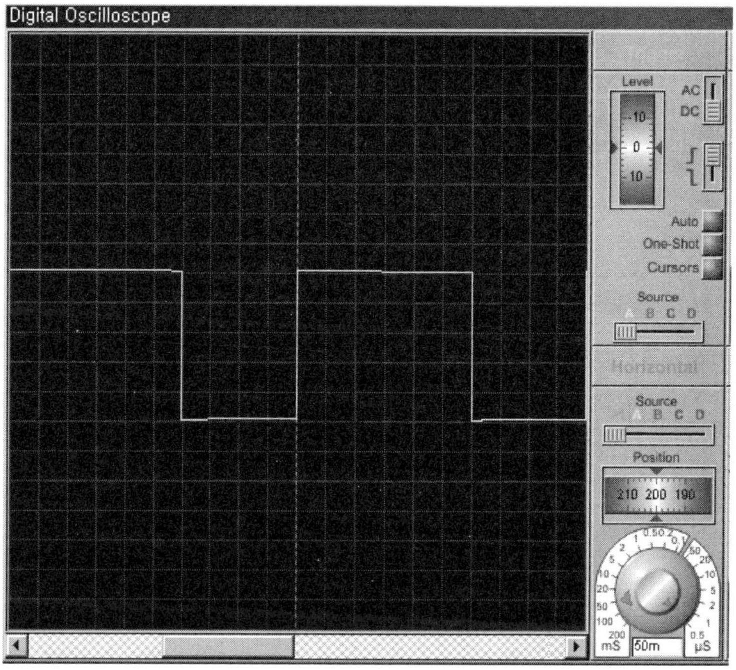

2) 주기 CR에 대한 T1, T2를 구해보면 R1 = 24K, R2 = 60K, C1 = 1uF

$T1 = 0.693(R1 + R2)C1$

$= 0.693(24K + 60K)1uF$

$\fallingdotseq 0.058[sec]$

$T2 = 0.693\ C1R2$

$\fallingdotseq 0.042[sec]$

$T = T1 + T2 = 0.693(R1 + 2R2)C1$

$\fallingdotseq 0.1[sec]$

$\therefore f = \frac{1}{T} \fallingdotseq 10[Hz]$

[예제 1] 경북 구미시 금오산 인근에 순차점멸기를 구동하기 위해 주파수 = 10HZ를 계산하여 R1, R2, C1 값을 구하고 NE555를 이용하여 회로를 설계하고자 한다.

$T1 = 0.693(R1 + R2)C1$

$T2 = 0.693\ C1R2$

$T = T1 + T2 - 0.693(R1 + 2R2)C1$ 이용하여 R1, R2, C1 발진회로를 설계하시오.

※ 참고

Duty Cycle : 1초에 반복되는 주기

Duty rate : 한 주기에 H 값을 유지하는 비율 %가 얼마인지 표시하는 값

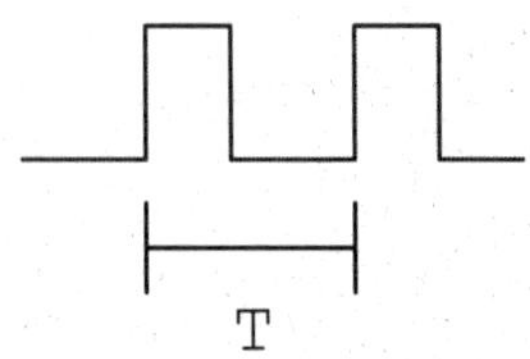

한 주기 T = $\frac{1}{1000}$[sec], duty cycle = 1khz ($\frac{1}{1000}$[sec])

Duty Rate = 50%의 Duty Cycle 비를 갖는 신호

Duty Cycle과 Duty Rate을 혼동하며 사용하는 경우가 많다. 1초 안에 반복되는 주기가 Duty Cycle이고, 그 한 주기에 HIGH Value를 유지한 %가 얼마인지를 표시하는 값이 Duty rate이다. 모터 등 전력을 제어할 때 많이 사용하는 방법이 PWM(Pulse width modulation)인데 이 방법은 on/off DUTY를 달리하여 제어의 전력손실을 줄이면서 전력을 제어할 수 있는 방법이다. 다시 말해 모터의 힘을 줄이기 위해 중간에 저항을 넣는다면 저항에 쓸모없는 전력이 낭비되는데, on/off로 스위칭을 하여 속도를 제어하게 되면 스위칭소자는 on/off 동작만 하므로 전력 손실이 없고, 모터속도도 제어할 수 있는 것이다. 여기서 on/off 비를 Duty Cycle이라고 한다.

[예제 2] 발진회로를 브레드 보드에 만들고 주파수를 측정하시오.

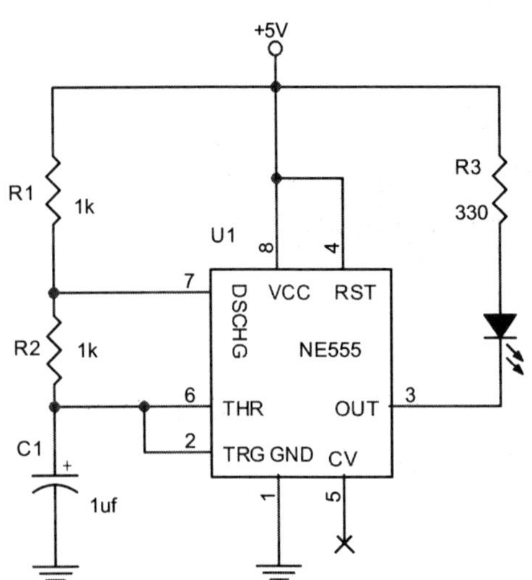

[회로 1]

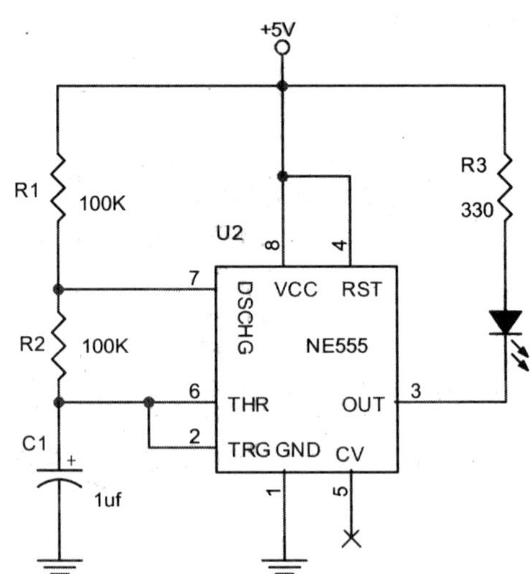

[회로 2]

R1 = 1K, R2 = 1K, C = 1uf일 때 주파수 f = 481Hz
R1 = 1K, R2 = 1K, C = 3.3uf일 때 주파수 f = 145Hz

NE555 3번핀을 측정해서 출력파형을 측정해 보면 다음과 같다.

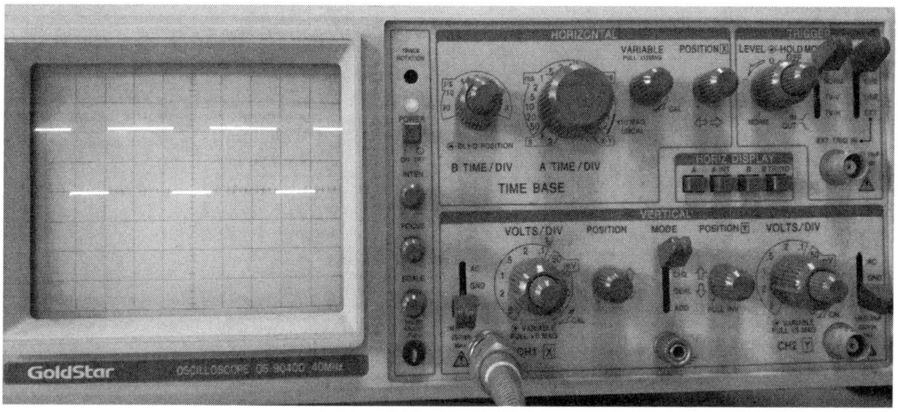

NE555 6번핀을 측정해서 출력파형을 측정해 보면 다음과 같다.(충전,방전)

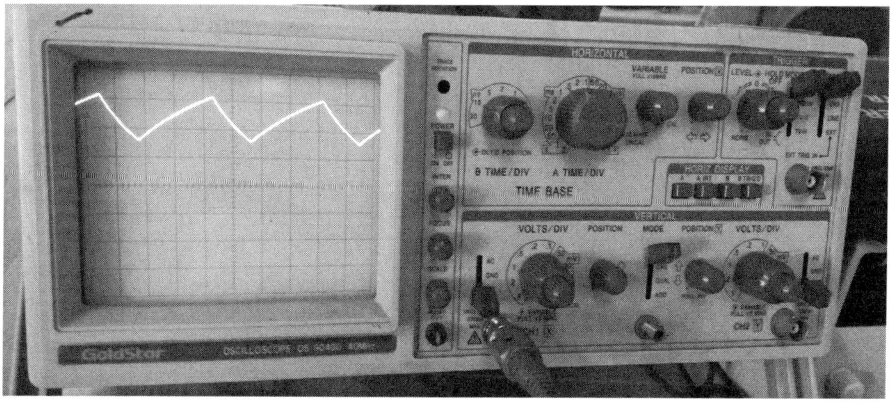

[예제 3] NE555를 이용하여 PWM pulse를 만들어 모터의 속도를 제어할 수 있는 회로를 설계해 보자. ※ 저항 1.1Ω에 2.2Ω 삽입해도 무관하다.

VCC = 8, GND = 1

C1815 NPN 일반 TR을 이용한 모터제어 회로를 만들어 보면 트랜지스터에 열이 많이 발생한다. 왜 그럴까? 2SD-880Y power TR은 문제가 발생하지 않는다.

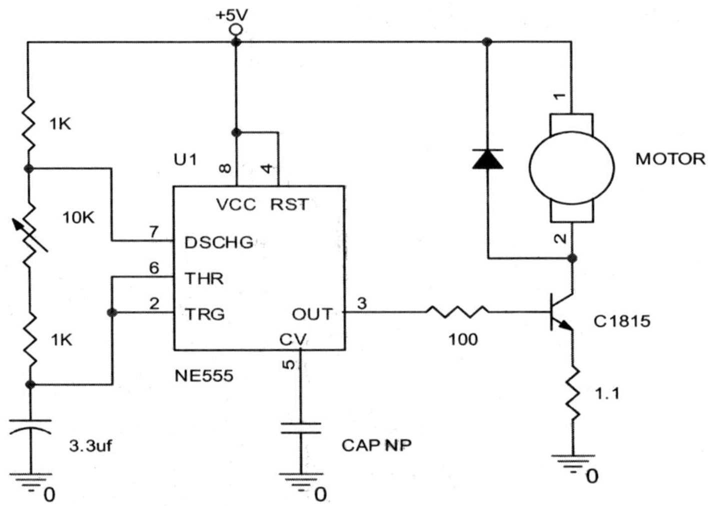

[C1815 NPN 일반 TR을 이용한 모터제어]

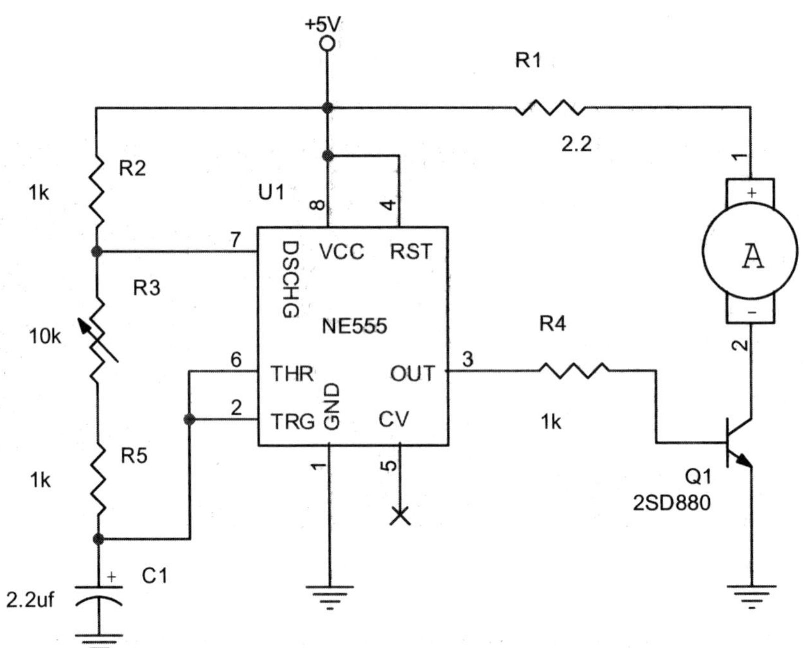

[2SD-880Y power TR을 이용한 모터제어]

나. NE555 내부회로(TR이 25개 있음)

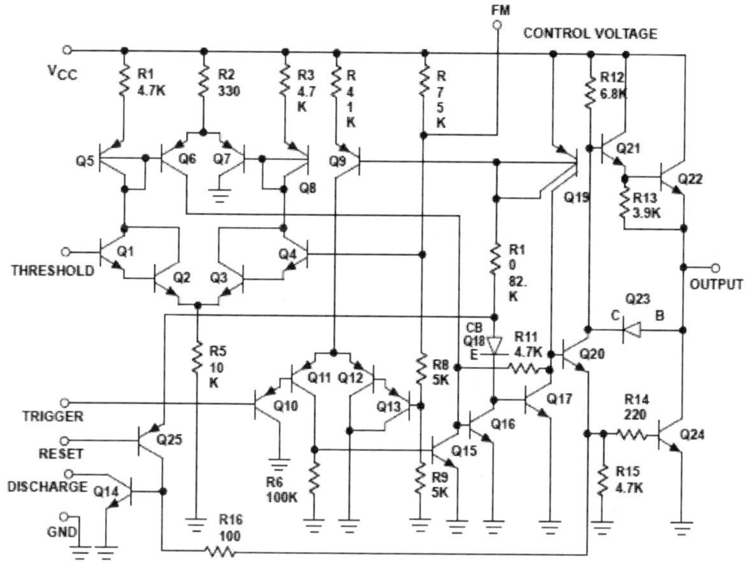

[Equivalent schematic]

다. NE555 비안정 멀티 바이브레이터와 내부 블록다이어그램

비안정 멀티 바이브레이터는 NE555회로에서 핀 2, 6번이 콘덴서와 연결되어 있고 전원만 공급되면 스스로 발진이 일어난다. 4번핀은 high이면 자동발진, low이면 발진정지 된다.

1) NE555 비안정 멀티 바이브레이터

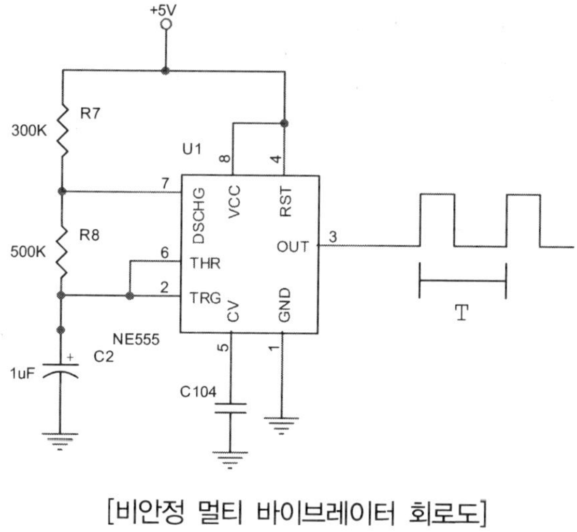

[비안정 멀티 바이브레이터 회로도]

NE555 내부블록 다이어그램

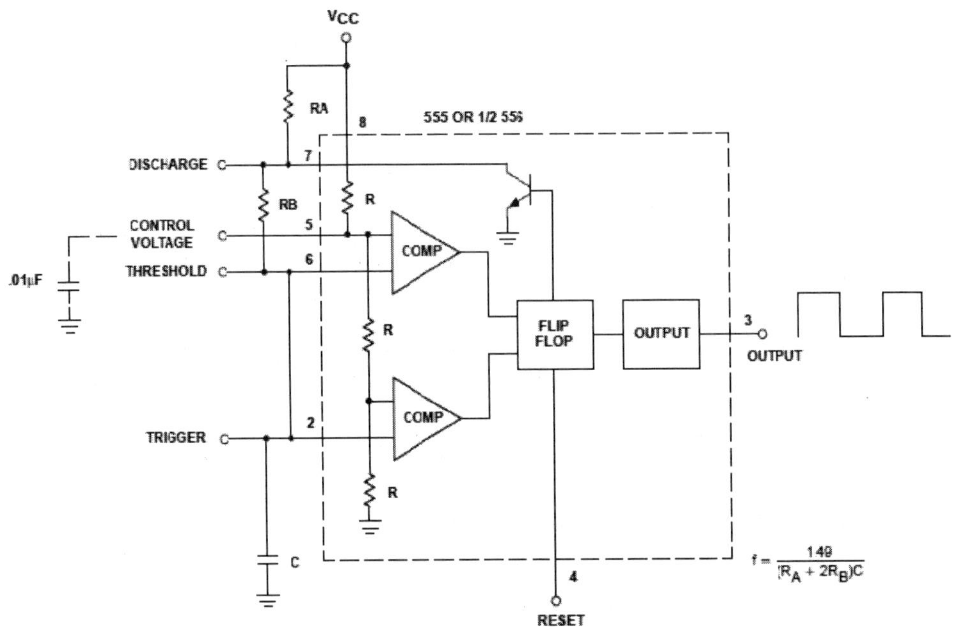

※ astable [eistéibəl] : 안정되지 않은

NE555 내부블록 다이어그램(datasheet figure)

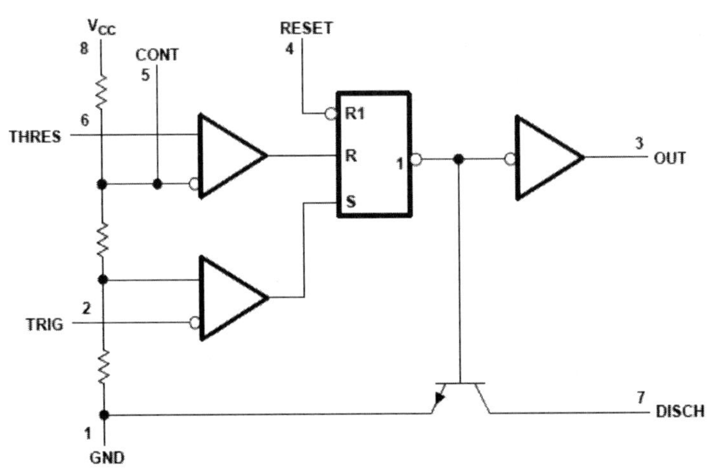

NE555 output pulse wave(datasheet figure)

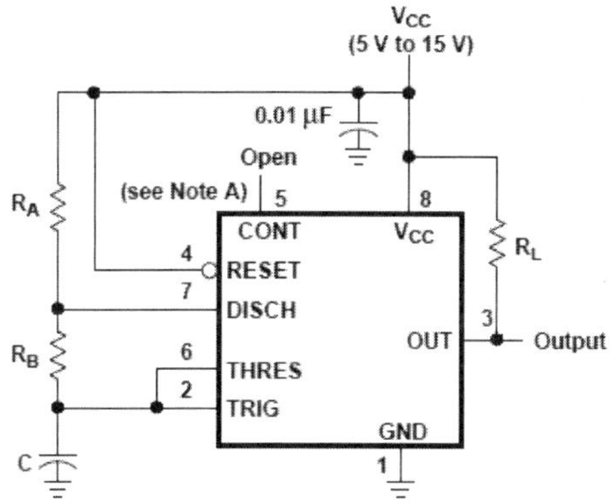

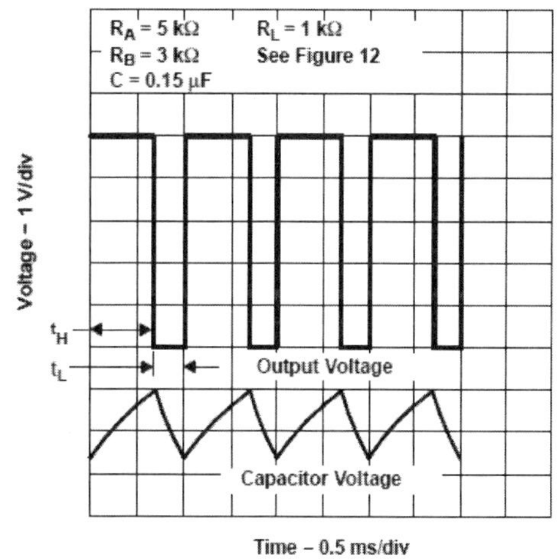

2) NE555 내부회로 분석

NE555 발진을 좀 더 자세히 알기 위해서는 OP amp 비교기를 알아야 한다. 다음과 같은 회로를 보고 실험한 결과 값을 비교분석해 보자.

NE555 내부블록 다이어그램을 보면 comp라는 것이 있는데, 이것이 바로 OP AMP이다. op amp란 operational amplifier의 약자이다. 이 중에서 오프셋(off set)에 대해 알아 두자.

op amp에는 두 개의 입력단자가 있는데 이 두 개의 입력단자에 가해지는 입력 값이 완벽하게 일치하면 출력단자에는 출력이 완전히 0이 되어야 한다. 그렇지만 입력 값을 아무리 일치시켜 0으로 해주어도 시실상 여러 가지 원인으로 출력이 완전하게 0이 되는 경우는 거의 없다. 이러한 현상을 바로 오프셋이라고 한다. 그리고 입력을 0으로 했을 때 출력단자에 나타나는 전압을 오프셋 전압이라고 한다.

① OP AMP 비교기 실험 1

다음과 같은 회로를 보고 실험 결과와 비교해 보자.

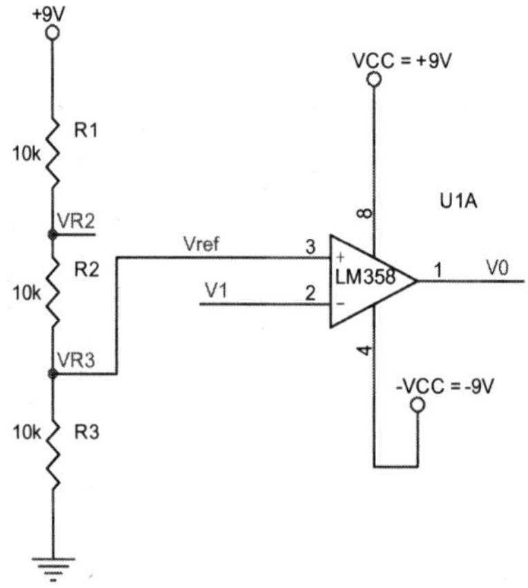

LM358 전원전압이 VCC = 9V일 때 전압분배법칙에 의해 VR3 = 3V가 된다.

$$\begin{aligned} \mathrm{VR3} &= \frac{R3}{R1+R2+R3}\mathrm{VCC} \\ &= \frac{10K}{10K+10K+10K}\ 9\mathrm{V} \\ &= 3[\mathrm{V}] \end{aligned}$$

LM358 V1 입력에 1V ~ 6V 사이에 전압을 인가하고 출력 V0 값, 즉 표 값과 비교하시오.

실험 결과값 Vref ≥ V1 = H

Vref (+)	V1[V]	LM358 (VCC = +9V, −VCC = −9V) V0[V]	LM358 (VCC = +9V, −VCC = GND) V0[V]
3V	1	8	8
	2	8	8
	3	8	8
	4	−9	0
	5	−9	0
	6	−9	0

② OP AMP 비교기 실험 2

다음과 같은 회로를 보고 실험 결과와 비교해 보자.

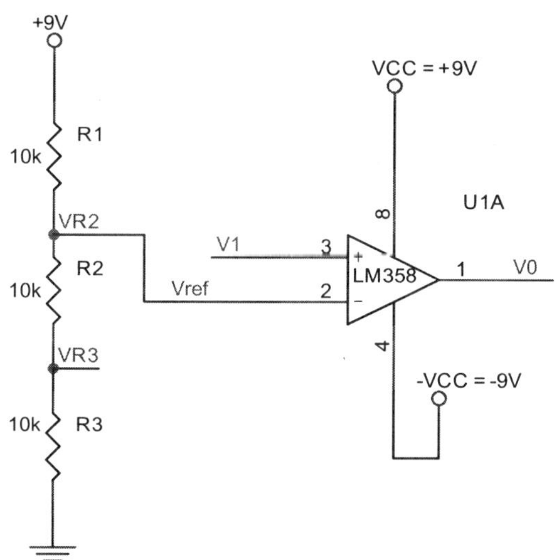

LM358 전원전압이 VCC = 9V일 때 전압 분배법칙에 의해 VR2 = 6V가 된다.

$$VR2 = \frac{R2 + R3}{R1 + R2 + R3} VCC$$

$$= \frac{10K + 10K}{10K + 10K + 10K} \ 9[V]$$

$$= 6[V]$$

LM358 V1 입력에 1V ~ 6V 사이에 전압을 인가하고 출력 V0 값, 즉 표 값과 비교하시오.

실험 결과값 Vref ≤ V1 = H

Vref (−)	V1[V]	LM358 VCC = +9V, −VCC = −9V	LM358 VCC = +9V, −VCC = GND
		V0[V]	V0[V]
6V	0	−9	0
	2	−9	0
	4	−9	0
	6	8	8
	8	8	8
	9	8	8

OP AMP에서 + 값이 크거나 같은 경우에 출력 V0는 H 레벨로 전환된다. OP AMP input 값이 + ≥ −일 때 출력 V0는 H 레벨로 전환된다.

3) NE555 내부등가 회로

아래 그림은 NE555 내부등가회로이다. 입력 값과 기준 값을 비교할 수 있는 U1, U2 비교기와 비교한 값을 출력할 수 있는 R-S 플립플롭이 있고 플립플롭의 출력에는 충전, 방전을 제어할 수 있는 Q1 NPN TR이 있으며 Q2는 자동발진과 수동발진을 제어할 수 있는 PNP TR이 있다.

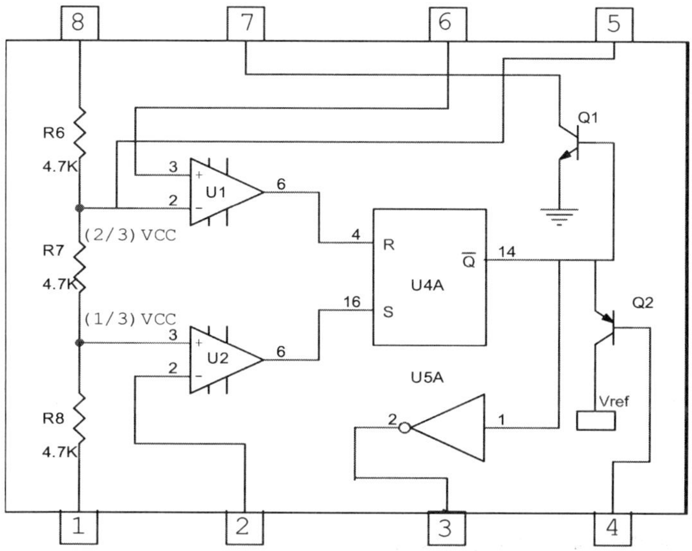

[트리거를 이용한 단안정 멀티 바이브레이터]

(1) 외부 CA(IC 외부에 있는 콘덴서)충전전압이 $\frac{1}{3}$VCC 이하일 때 U2 비교기(IC 내부) 출력은 H가 되고 R-S 플립플롭 Q = SET(1) 된다. $\overline{Q}$는 L가 되고 Q1은 off되고 외부 콘덴서 C(IC 외부에 있는 콘덴서)는 외부저항 R1 + R2(IC 외부에 있는 저항)를 통해 충전된다.

$$T1 = CR \ln \frac{vcc - \frac{1}{3}vcc}{vcc - \frac{2}{3}vcc}$$ (단, CR은 외부(IC 외부)에 연결되어 있는 C와 R임)

$$= C(R1 + R2)\ \ln 2 \quad = 0.693\ C(R1 + R2)[sec]$$

(2) 외부 CA전압(IC 외부에 있는 콘덴서)이 $\frac{2}{3}$VCC가 될 때까지 충전되고 U1(IC 내부) 비교기 출력은 H가 되고 R-S 플립플롭 Q = L이고 $\overline{Q}$ = H가 되고 Q1은 on 된다. 콘덴서 CA(IC 외부에 있는 콘덴서)는 R2(IC 외부에 있는 저항)를 통해 방전된다.

$$T2 = CR \ln \frac{0-\frac{2}{3}vcc}{0-\frac{1}{3}vcc} \text{ [sec]}$$
$$= CR2 \ln 2 \text{ [sec]}$$
$$= 0.693 \ CR2 \text{ [sec]}$$

콘덴서 C(IC 외부에 있는 콘덴서)의 방전은 VCC 이하로 떨어질 때까지 방전한다. U2 출력이 H가 되는 순간 R-S 플립플롭 $\overline{Q}$ = L가 되고 Q1은 off 된다.

(3) 같은 동작이 반복되고 Q1이 on 됨에 따라 외부저항 R2를 통해 CA에 있는 전자는 $\frac{1}{3}$VCC까지 방전된다.

4) NE555 단안정 멀티 바이브레이터 회로

NE555 단안정 멀티 바이브레이터와 내부 블록다이어그램 단안정 멀티 바이브레이터는 회로에서 NE555 핀 6, 7번이 연결되어 있으며 전원이 공급되고 NE555 핀 2번 Trigger에 의해 출력파형이 나타난다.

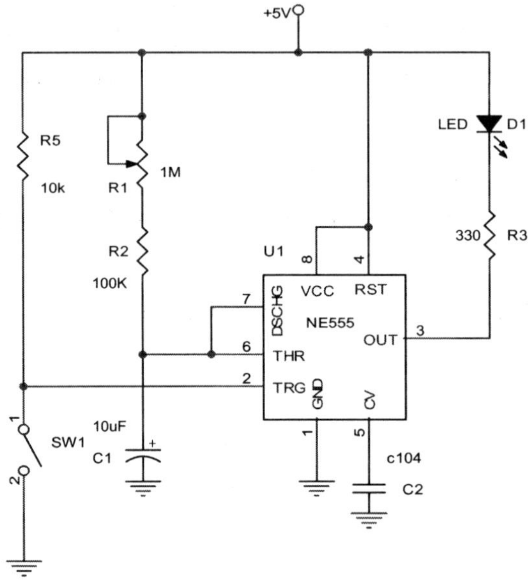

트리거 펄스에 의한 충전전압과 출력파형

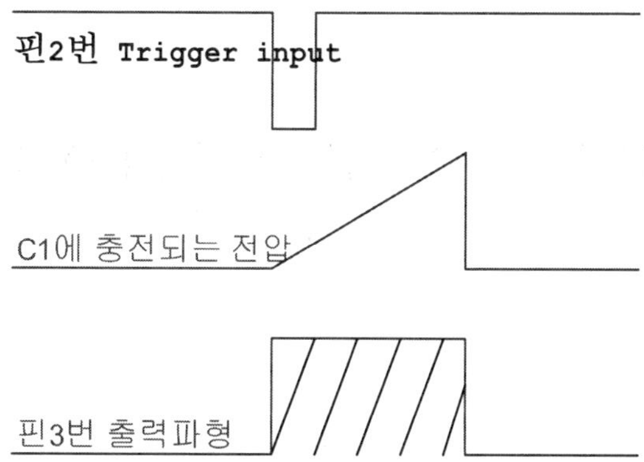

Trigger 펄스에 의해 C1(IC 외부에 있는 콘덴서)에 충전되는 전압과 NE555 핀 3번에 출력되는 파형이다. Trigger 펄스와 C1(IC 외부에 있는 콘덴서)에 충전되는 전압에 따라 출력파형에 변화가 생긴다.

단안정 멀티바이브레이터 내부와 외부신호

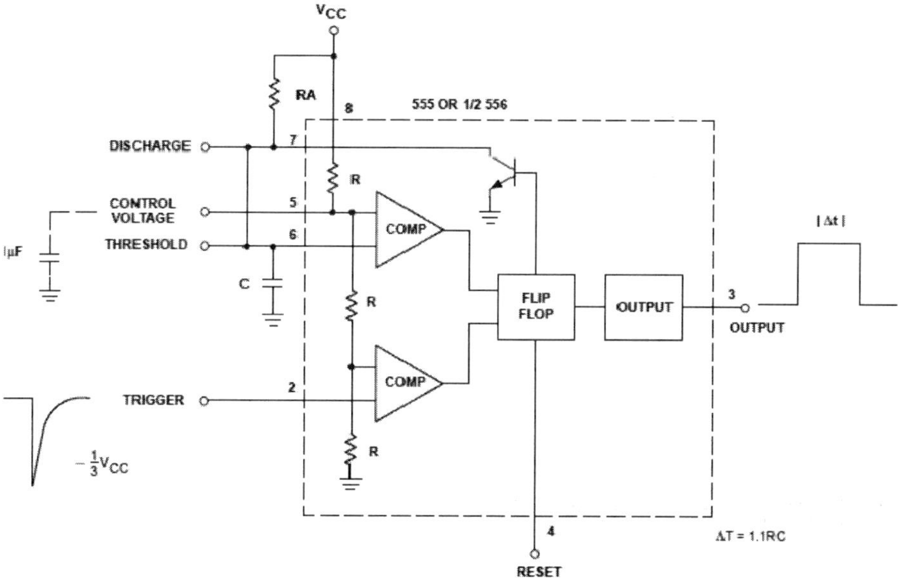

위의 그림에서 핀 6, 7번을 보면 서로 연결되어 있고 핀 2번은 Trigger 단자로 신호가 입력될 때 콘덴서 충전주기만큼 출력이 H 상태로 유지된다.

핀 4번은 플립플롭에 RESET 상태를 조절할 수 있고 핀 7번은 TR 제어용으로 TR 베이스에 H가 될 때 방전용으로 사용된다.

라. 비안정 멀티 바이브레이터 펄스주기와 충, 방전 출력파형

그림 (a)는 비안정 멀티 바이브레이터 펄스발생회로이며 그림 (b)의 파형은 콘덴서와 저항의 시정수 충전, 방전파형이다. 콘덴서 충전은 VCC = 5V 전원일 때 $\frac{2}{3}$VCC만큼 충전되고 방전은 VCC 전원의 $\frac{1}{3}$VCC만큼 방전이 된다.

그림 (b)의 파형(상)은 NE555 핀 2번 충, 방전 파형이며 파형(하)은 NE555 핀 3번 출력파형이다. 두 파형을 비교해서 보면 콘덴서가 충전되는 동안은 출력은 H를 유지하고 방전되는 동안은 출력은 L로 유지된다.

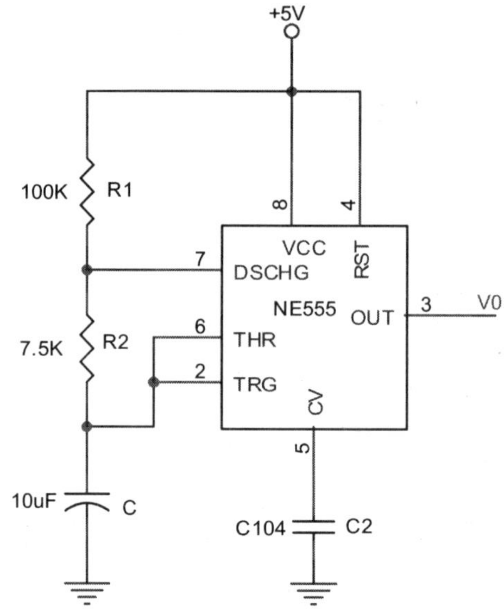

[그림 a]

1) 타임 주기 CR에 대한 T1, T2를 구해보면

T1 = 0.693(R1 + R2)C

= 0.693(100K + 7.5K)10uF

≒ 0.74[sec]

T2 = 0.693 CR2

≒ 0.05[sec]

T = T1 + T2 = 0.693(R1 +2R2)C

≒ 0.79[sec]

2) 충전, 방전에 대한 출력파형

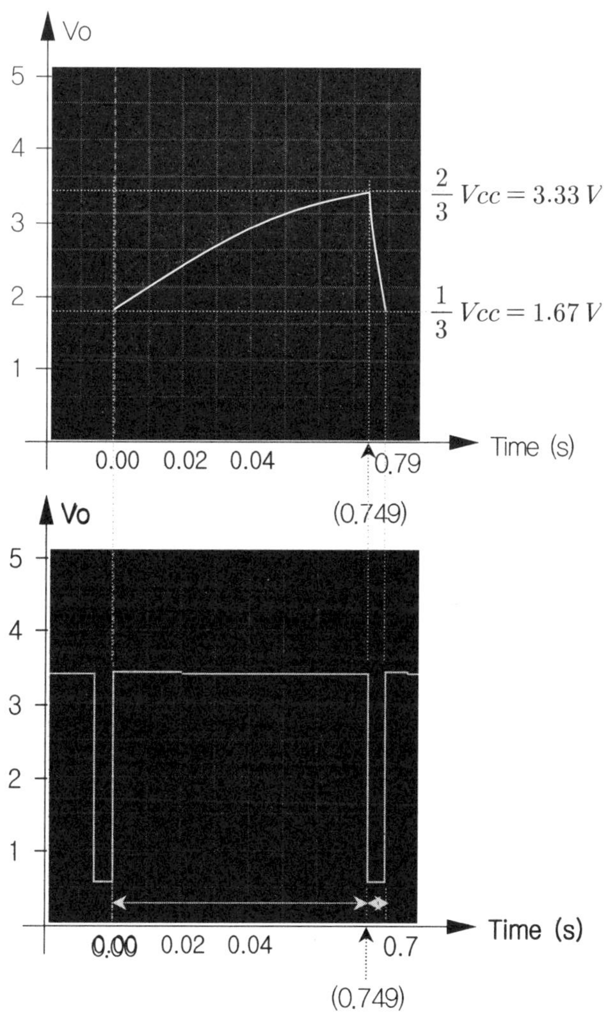

[그림 b]

마. NE555와 74LS76을 이용한 분주회로 설계(응용)

NE555 IC에서 자동 주파수 발진을 만들어 NE555 핀 3번으로 출력하고 7476 T 플립플롭에서는 입력받은 주파수를 2분주하여 TP2로 출력하고 있다. NE555 발진회로의 핀 3번의 T1, T2, 전체 타임주기 T를 구하고 주파수를 구하시오.

7476 출력파형(TP2)의 주파수를 구하고 2분주기 출력 값인지 확인하시오.

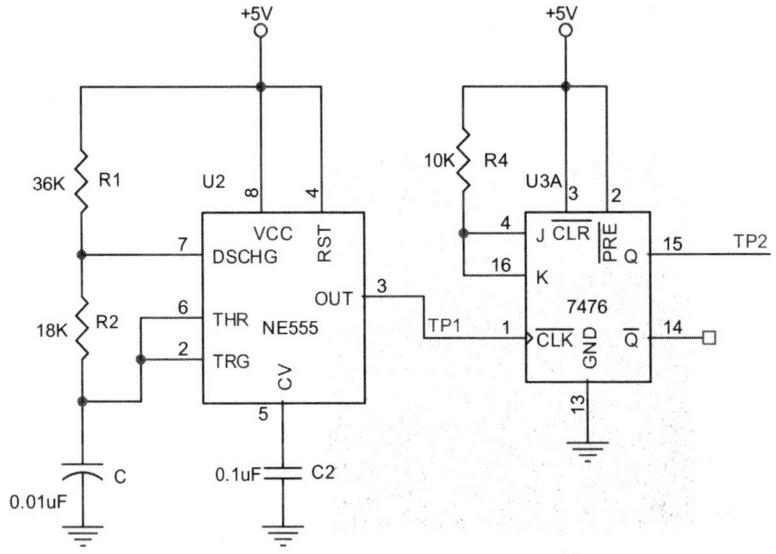

1) 발진회로의 주파수(TP1)

T1 = 0.693(R1 + R2)C

= 0.693(36K + 18K)0.01uF

≒ 374.22[usec]

T2 = 0.693 C × R2

= 0.693 × 0.01uF × 18K

≒ 124.74[usec]

T = T1 + T2 = 0.693(R1 +2R2)C

≒ 498.96[usec]

$$f = \frac{1}{T} = 0.00200416867[\text{Hz}]$$

2) NE555 발진 주파수에 대한 타임주기

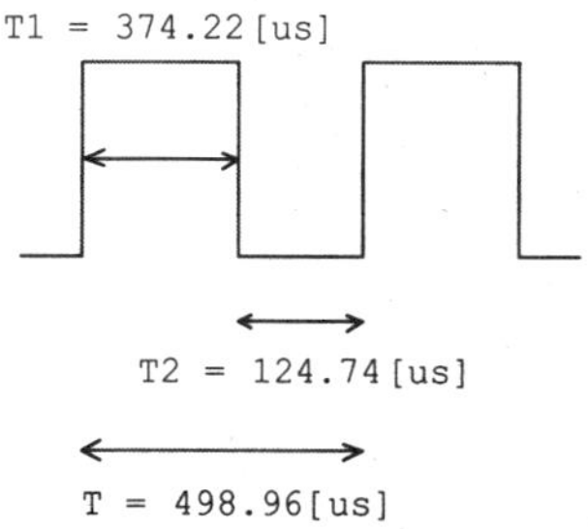

3) NE555와 74LS76을 이용한 발진 주파수에 대한 오실로스코프 파형

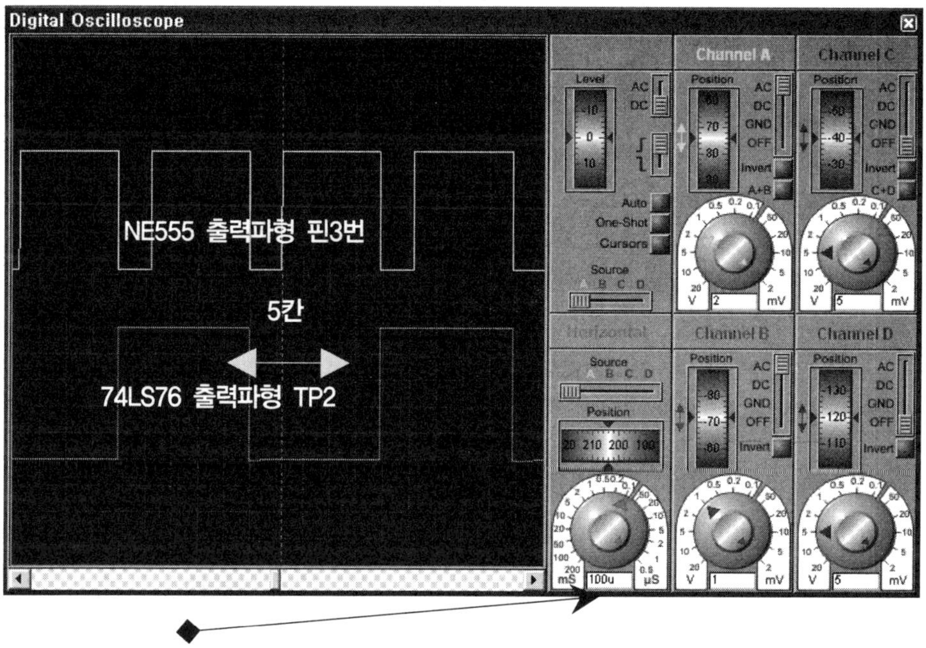

TIME/DIV은 100[usec]로 설정되어 있고 오실로스코프 눈금은 펄스파형 T1이 5칸이므로 TIME/DIV=100[usec] × 5칸 ≒ 500[usec]이다. 이론 계산식 NE555 발진 주파수에 대한 타임 주기를 보면 498.96[usec]이다.

계산한 이론값과 실제 오실로스코프 파형값이 같음(≒)을 알 수 있다.

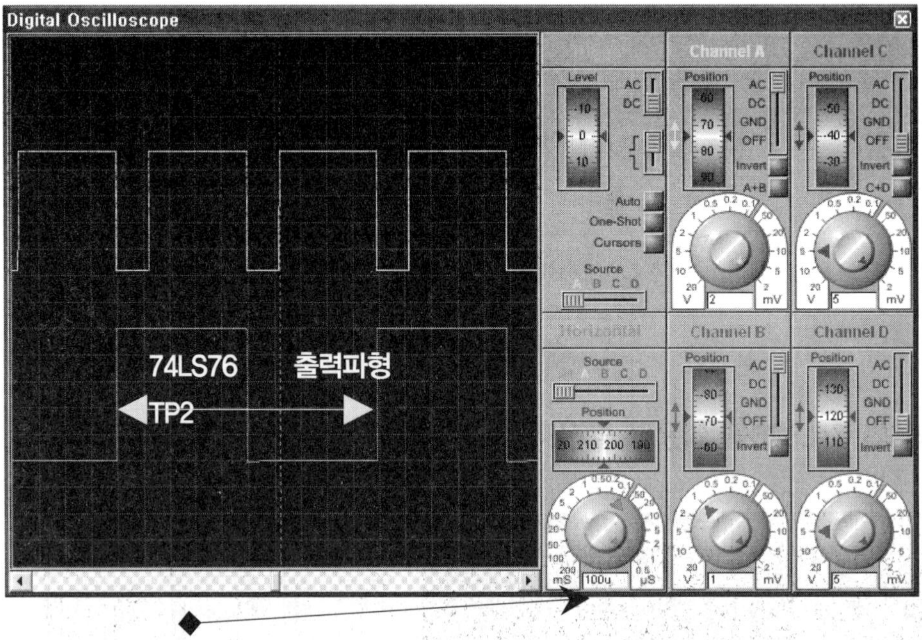

4) 분주기 SN7476 출력파형(TP2)의 타임주기

TIME/DIV은 100[usec]로 설정되어 있고 오실로스코프 펄스파형 눈금은 10칸이므로 TIME/DIV = 100[usec] × 10칸 ≒ 1,000[usec]이다.

이론 계산식 NE555 발진 주파수에 대한 타임주기를 보면 498.96[usec]이다.

NE555 출력파형 핀 3번 타임주기 값과 74LS76 출력파형 TP2 타임주기를 비교 분석해 보면 계산한 이론값과 실제 오실로스코프 타임주기는 498.96[usec]×2≒1000[usec]이므로

$$\text{NE555 출력파형 핀 3번 주파수 } f = \frac{1}{T} = \frac{1}{500usec} = 2[Khz]$$

$$\text{74LS76 출력파형 TP2 주파수 } f = \frac{1}{T} = \frac{1}{1000usec} = 1[Khz]$$

따라서 7476 출력파형(TP2)의 주파수는 2[Khz]이고 74LS76 출력파형 TP2 주파수는 1[Khz]이므로 2분주기 출력 값을 정확히 알 수 있다.

바. NE555 주파수 발생 회로설계(응용)

다음과 같은 회로가 주어졌을 때 주파수를 구하고 주파수 음을 스피커를 통해 확인하시오. 단, 주파수는 1Khz가 되게 R과 C 값을 계산하시오.

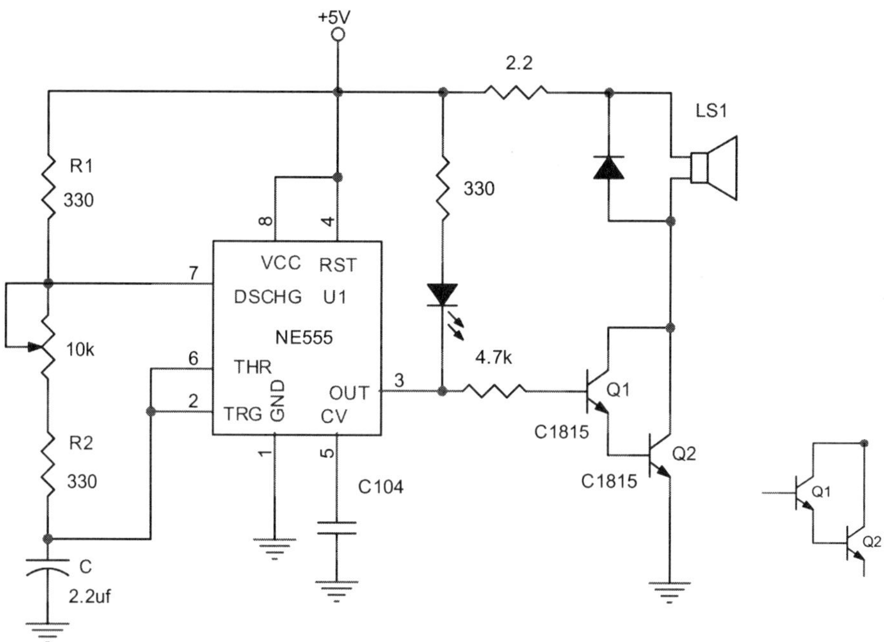

[주파수 음 발생회로와 다링톤 회로(Q1, Q2)]

다링톤 회로에서 전류를 증폭하기 위해서는 hfe를 알아야 한다. hfe란 직류 전류 증폭율인데 BASE에 1mA를 흘려주면 콜렉터로는 100mA가 흐른다면 hfe = 100mA/1mA = 100이 된다.

보통 hfe는 50~200 정도이다. 어떤 마이컴이나 장치에서 나오는 전류가 10mA밖에 되지 않는데 이것으로 2A의 모터를 구동하고 싶다면 어떻게 해야 할까?

이런 경우 사용하는 것이 다링톤 TR 또는 다링톤 접속이다. 다링톤 TR은 1개의 TR 내부에 2개를 넣어 만든 것이고, 그렇지 않고 일반 TR(예 2SC1815)로 다링톤 접속으로 해주면 hfe = hfe × hfe2가 된다.

다링턴 TR의 경우 hfe가 보통 5,000~40,000 정도가 되므로 10mA로 10A의 모터를 구동할 수 있게 된다. Power TR이란 뚜렷한 구분방법은 없지만 대전압, 대전류를 구동하는 TR들을 의미한다. 보통 방열판이 부착되어 있고 수백[V], 수[A] 이상을 구동하는 TR들을 의미한다.

주파수를 구하기 위해서는 먼저 타임 주기 T를 구해보자.

1) 발진회로의 주파수(TP1)

T1 = 0.693(R1 + R2)C

= 0.693(47 + 300)2.2uF

≒ 529.0362[usec]

$$T2 = 0.693\ C \times R2$$
$$= 0.693 \times 2.2uF \times 300$$
$$\fallingdotseq 457.38[usec]$$

$$T = T1 + T2 = 0.693(R1 + 2R2)C$$
$$\fallingdotseq 986.4162[usec]$$
$$\therefore f = \frac{1}{T} \fallingdotseq 1.0138[KHz]$$

2) 다링톤 접속회로

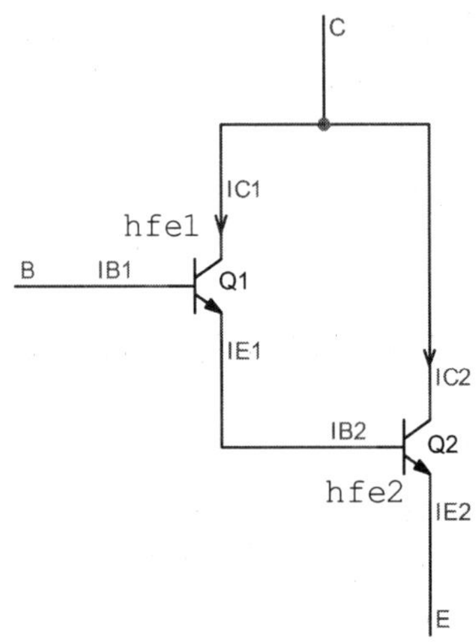

$$IC1 = hfe1 \times IB1\ (IC = \beta \times IB)$$
$$IC2 = hfe2 \times IB2$$
$$= hfe2 \times IE1 (\because IB2 = IE1)$$
$$= hfe2(1 + hfe1)IB1$$

$$IE1 = IB1 + IC1$$
$$= IB1 + (hfe1 \times IB1)$$
$$= (1 + hfe1)IB1$$

$$IC = IC1 + IC2$$
$$= hfe1 \times IB1 + hfe2(1 + hfe1)IB1$$
$$\therefore IC = hfe1 \times IB1 + hfe2(1 + hfe1)IB1$$

발진 주파수는 다링톤 회로 IC = hfe1 × IB1 + hfe2(1 + hfe1)IB1에 의해 전류가 증폭된다.

사. NE555 타이머를 이용한 릴레이(RELAY) 구동회로 설계(응용)

NE555 타이머 발진회로를 이용하여 릴레이를 타임 주기만큼 구동하는 회로이다. 타임 주기가 T1 시간만큼 LED는 on 되고 T2 시간만큼 LED는 off 된다. 회로에 대해 구동원리를 알아보자.

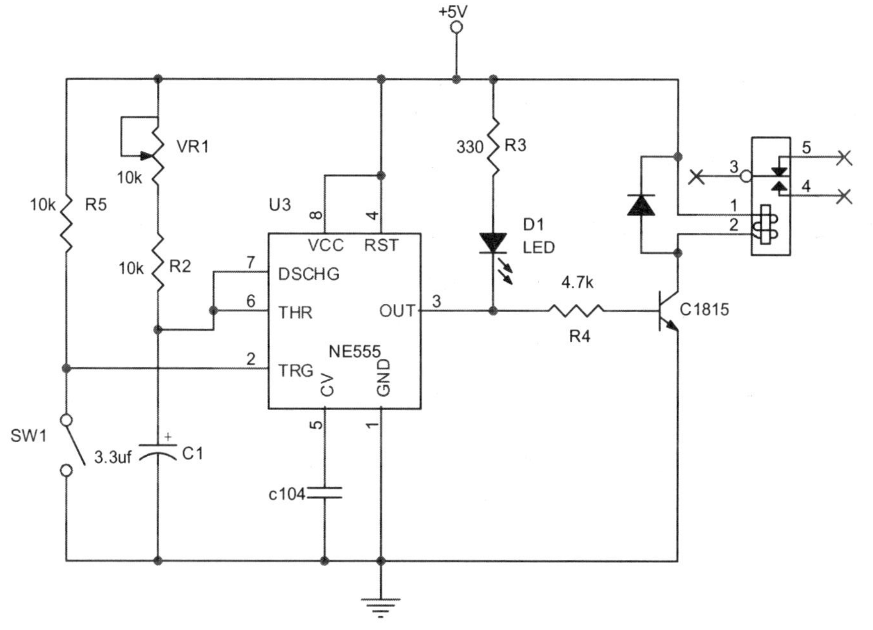

SW1을 누르면 VR1, R2, C1값에 의해 릴레이가 VR1, R2, C1 충전시간만큼 ON 되고 시간이 지나면 방전된다.

릴레이 제어용 TR은 C1815를 사용하고 릴레이 H일 때 릴레이는 구동되고 릴레이와 병렬로 연결된 다이오드(D1)는 역기전력으로부터 트랜지스터를 보호하는 역할을 하게 된다.

역기전력은 전기회로 내의 임피던스 양끝에서 흐르고 있는 전류와 반대방향으로 생기는 기전력이며 1N4001, 1N4008, 1S1588 등을 사용하면 되고 NE555 핀 5번은 C104(0.1uF)를 접속해주면 불필요한 잡음신호가 생기는 것을 방지하고 높은 트리거 주파수에서 내부 비교기 입력 단, 저항양단에 일정한 직류전압이 유지되게 하는 by pass 콘덴서 역할도 한다.

NE555 출력 핀 3번에 타임주기를 느리고자 하는 경우에는 VR1이나 C1값을 크게 하면 타임주기가 길어지는데 C1 값은 대략 220[uf] 이하로 하면 좋다.

NE555 출력 핀 3번에서 H이면 릴레이가 구동되고 L이면 릴레이는 정지된다. 타임주기를 빠르게 하면 릴레이는 on, off 동작을 빠르게 수행한다.

$$타임주기\ T = 1.1 * CR \quad (단\ R = R1 + R2)$$

[예제 1] R1 = 5K, R2 = 5K, C1 = 100uf일 때

T = 1.1 * 100uf * 10k = 1.1 sec

가상 회로를 만들어 파형을 분석해 보면 다음과 같이 나타난다.

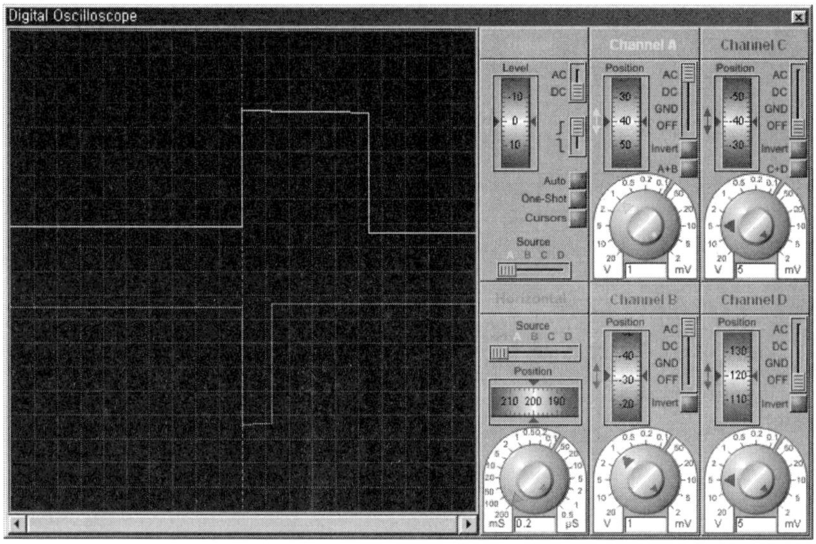

위쪽 파형은 NE555 핀 3번 출력이며 아래쪽 파형은 핀 2번 Trigger 입력신호이다. Trigger 입력신호에 스위치를 한 번 누르면 핀 3번 출력에는 T = 1.1 * 100uf * 10k = 1.1sec만큼 타임 주기가 만들어진다.

타임 주기 T = 1.1 * CR(단, R = VR1 + R2)

[예제 2] 단안정 멀티바이브레이터 회로에서 R1 = 500K, R2 = 5K, C = 100uf일 때 타임주기 T는?

T = 1.1 * CR (단, R = R1 + R2)이므로
  = 1.1 * 100uf * (500K + 5K)
  = 55.55 sec 후 led는 off 된다.

단안정 멀티 바이브레이터 사용용도는 현관 자동시간 조절장치, 자동차 와이프 모터속도조절 장치 등에 활용된다.

22. NE555를 이용한 10음 주파수 발진회로설계

NE555 발진회로를 구성하고 NE555 핀 5번(control voltage)을 이용하여 10음 주파수 발진음이 스피커의 탄소입자를 진동시켜 고음에서 저음으로 자동발진이 되도록 회로를 설계하시오.

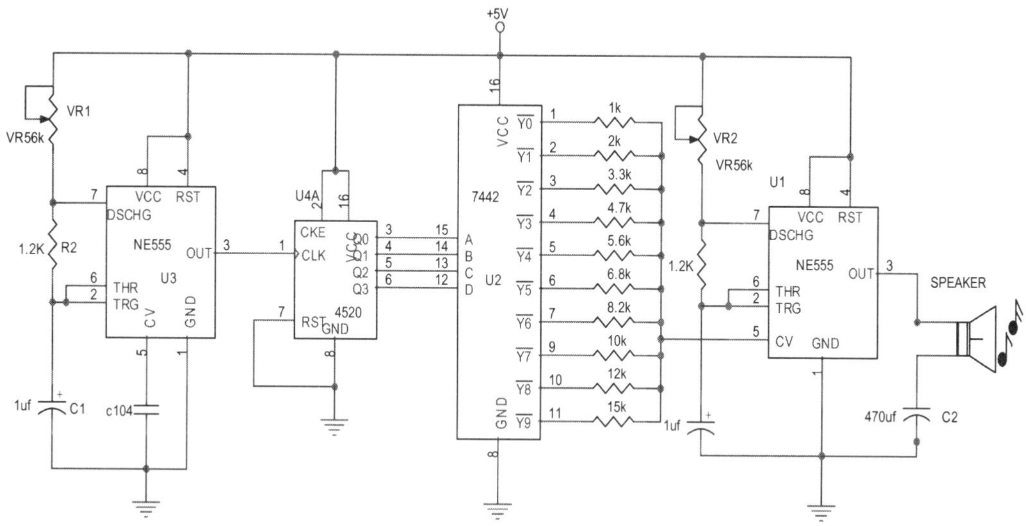

가. 주파수 발생회로 동작설명

① 7442 DECODER는 4520에서 BCD 값을 입력받아 출력값은 $\overline{Y0}$ ~ $\overline{Y9}$의 L로 출력된다.

② $\overline{Y0}$ ~ $\overline{Y9}$ L로 출력 받은 값을 7442 출력 저항을 거쳐 NE555 핀 5번 CV(controll oscillator)이 입력되고 CV 핀은 NE555 내부 비교기 반전단자에 연결되어 있고 내부 분배저항에 $\frac{2}{3}$ VCC 전압이 공급되도록 되어 있다. 내부저항(R1, R2, R3)에 외부 저항을 달아 주면 내부저항과 외부저항에 의해 합성 저항값이 바뀌고 저항분배전압 값이 바뀌며 NE555의 발진 주파수를 가변시킬 수 있다.

③ VR2 가변값을 변화하게 하면 출력주파수가 바뀌며 스피커에 있는 C2 470uf 콘덴서는 스피커에 내장된 유도성(coil 리액턴스값과 매칭되며 주파수를 증폭시키는 역할을 하게 된다.

VR1과 VR2를 가변하여 주파수 음이 구분되도록 설정(setting)하고 구분된 음은 10개의 저항을 거쳐 NE555 발진회로를 거쳐 고주파음에서 저주파음으로 스피커를 자극하게 된다.

나. NE555 발진회로 비안정 멀티바이브레이터 회로설계

비안정 멀티 바이브레이터는 핀 2번과 6번이 묶여 있고 Trigger를 이용하여 C에 충전되고 ne555 7번 RB 핀을 통해 방전된다.

- 비안정 멀티 바이브레이터 회로동작

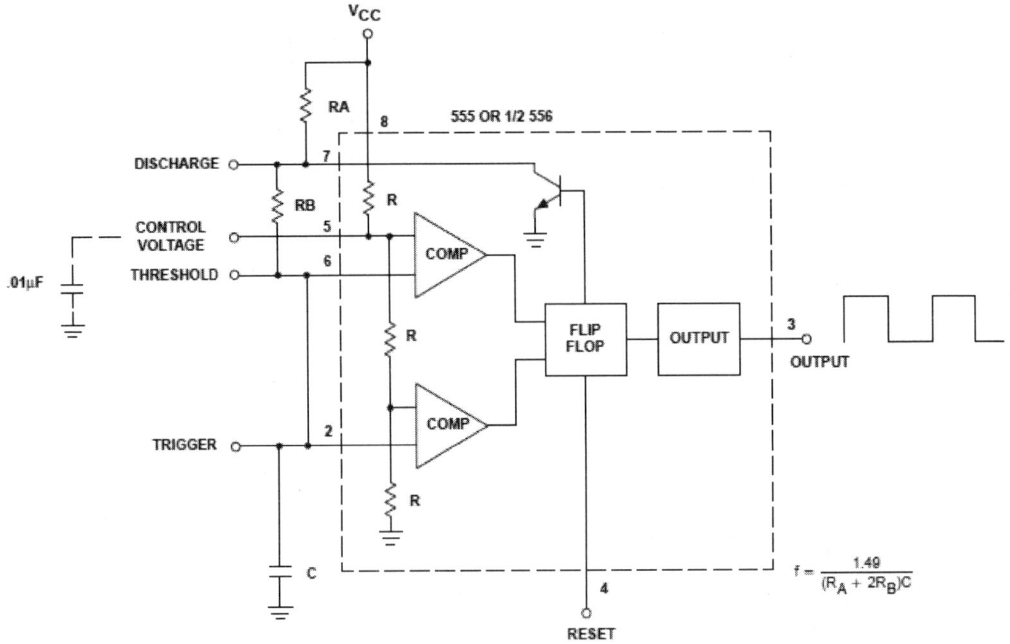

1) 4520B package와 내부 LOGIC SYMBOLS

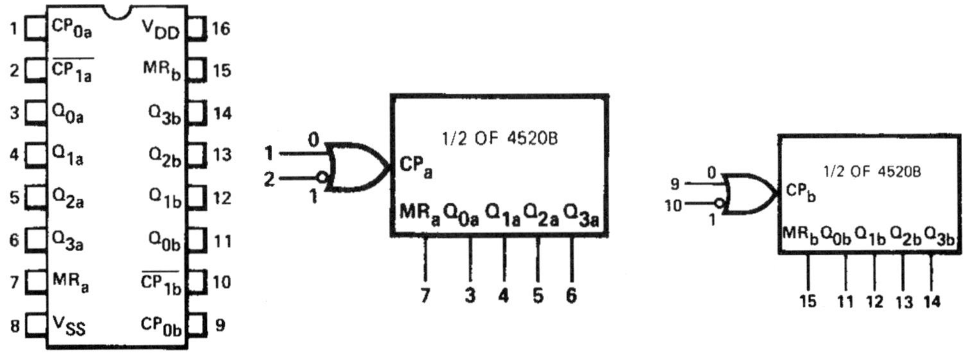

[Package and logic symbols]

2) 진리표

CP0에 클럭펄스가 입력되고 $\overline{CP}1$에 H이고 MR에 L이면 카운터가 시작된다. MR에 H가 되면 출력이 Reset 된다.

CP_0	$\overline{CP}_1$	MR	MODE
↑	H	L	Counter Advances
L	↓	L	Counter Advances
↓	X	L	No Change
X	↑	L	No Change
↑	L	L	No Change
H	↓	L	No Change
X	X	H	Reset (Asynchronous)

X = Don't Care
L = LOW Level
H = HIGH Level
↑ = Positive-Going Transition
↓ = Negative-Going Transition

3) LOGIC DIAGRAM

1/2 OF A 4520B LOGIC DIAGRAM

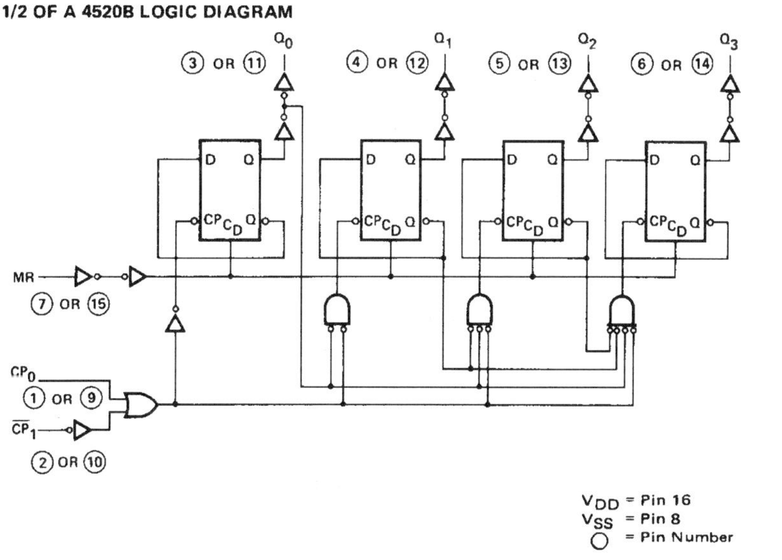

CP0와 $\overline{CP}1$은 NOT gate에 OR gate로 묶여 있고 D 플립플롭 4개에 CLK 펄스로 공급되고 있다. MR은 L가 입력되면 D 플립플롭 4개는 CLK 펄스 입력을 받아 정상 카운터가 시작된다.

각 핀의 기능과 입, 출력 변화를 보면 CPOa, CPOb는 CLK 펄스입력이 L → H로 트리거되는 입력 핀이며 $\overline{CP1a}$, $\overline{CP1b}$는 H → L로 트리거되는 입력 핀이다.

MRa, MRb는 H이면 Reset 되고 QOa – Q3a와 QOb – Q3b는 출력단자이다.

핀의 기능	입, 출력변화
CP0a, CP0b	Clock input(L → H) trigger
$\overline{CP1a}$, $\overline{CP1b}$	Clock input(H → L) trigger
MRa, MRb	Master Reset input
Q0a – Q3a	Outputs
Q0b – Q3b	Outputs

4) 주파수 발진회로

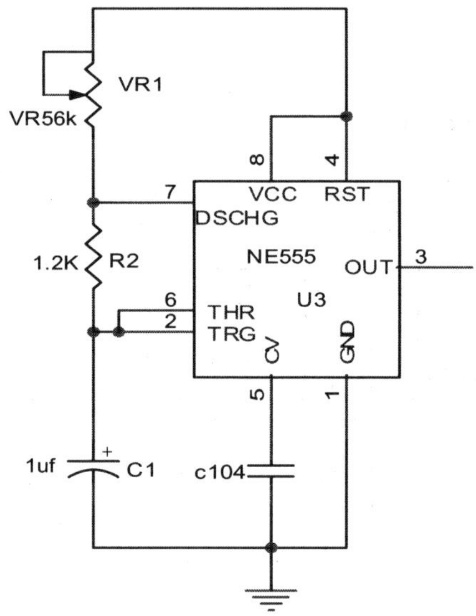

[가변저항을 이용한 발진회로]

- 주파수 발진 주기

① VR1 값이 0[Ω]일 때

T = 0.693(R1 + 2R2)C

= 0.693(0Ω + 2(1.2k)1uF

= 1.66[msec] $\qquad f = \frac{1}{T}$ = 601.25[Hz]

② VR1 값이 56k[Ω]일 때

T = 0.693(R1 + 2R2)C

$= 0.693(56k + 2(1.2k)1uF$

$= 40.47[msec]$ $\qquad f = \frac{1}{T} = 24.71[Hz]$

다. BCD 4520 회로설계

핀 1번(CLK = CP0a)은 CLK 펄스입력으로 사용되고 핀 7번(Reset = MR)은 L로 주어야 하며 핀 2번(CKE = $\overline{CP1a}$)은 H를 주어야 정상 카운터가 시작된다.

- 발진회로 4520 설계

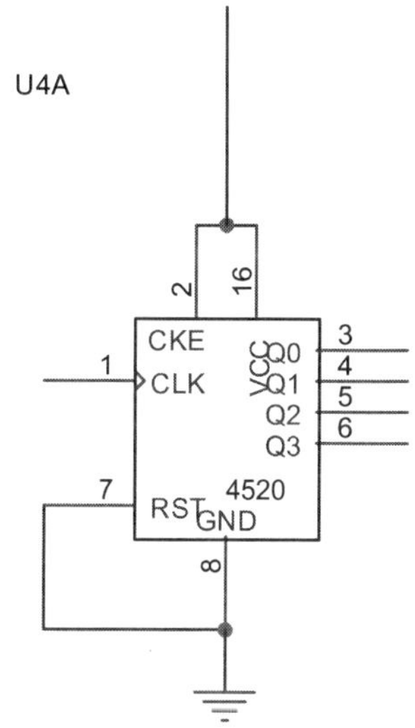

라. 7442 DECODER 드라이브 설계

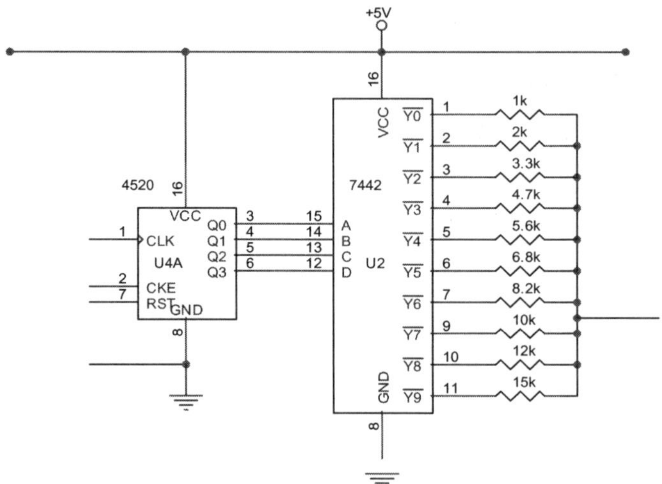

4520 핀 1번(CLK = CP0a)에 CLK 펄스가 공급되면 Q0, Q1, Q2, Q3 출력에는 0000 → 0001 → …1111 → 0000..으로 BCD가 출력되며 7442는 $\overline{Y0}$, $\overline{Y1}$, $\overline{Y2}$, …, $\overline{Y9}$ 순서대로 하나씩 L가 출력된다. 1010 ~ 1111구간은 출력에 아무런 변화가 없다.

마. NE555 주파수 발생회로

NE555 핀 5번을 사용하여 주파수 변화음을 만들려면 NE555 내부 등가회로를 알아야 한다.

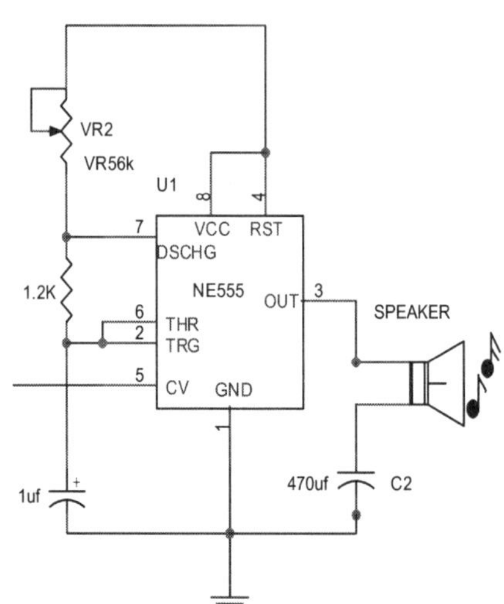

[주파수 발생 회로]

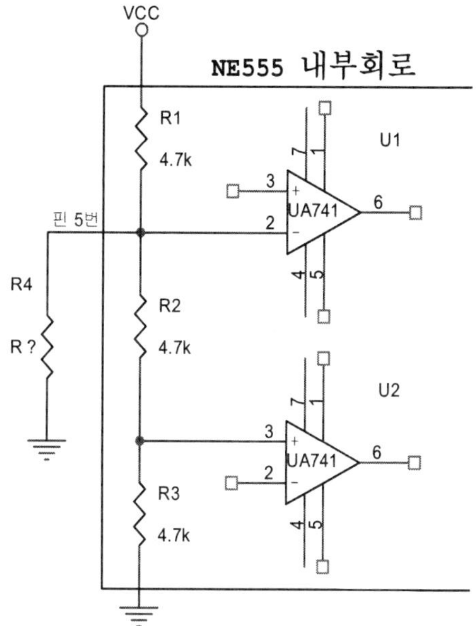

[NE555 핀 5번 가상회로와 내부등가회로]

NE555 핀 5번 가상회로와 내부등가회로 [그림]에서 핀 5번은 $\overline{Y0}$ ~ $\overline{Y9}$ L의 7442 출력저항을 거쳐 NE555 핀 5번 CV(control oscillator)이 입력되고 CV 핀은 NE555의 내부 비교기 반전단자에 연결되어 있고 내부 분배저항에 $+\frac{2}{3}$VCC 전압이 공급되도록 되어 있다.

내부저항(R1, R2, R3)에 외부저항을 달아주면 내부저항이 무시되고 분배전압 값이 바뀌며 NE555이 발진 주파수를 가변시킬 수 있다.

- NE555 내부회로 설명

입력 값과 기준 값을 비교 할 수 있는 U1, U2 비교기와 비교한 값을 출력할 수 있는 R/S 플립플롭이 있고 출력에는 충전, 방전을 제어할 수 있는 Q1 NPN TR이 있으며 Q2는 자동발진과 수동발진을 제어할 수 있는 Q2 PNP TR이다.

- NE555 내부 등가회로

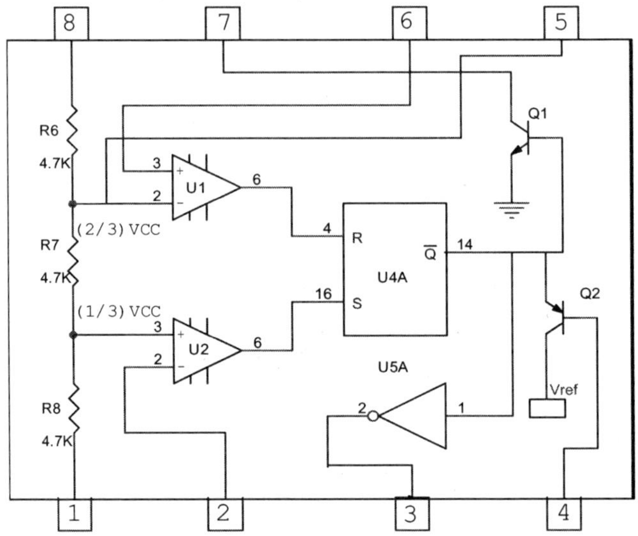

(1) 외부 CA 전압이 $\frac{1}{3}$VCC 이하일 때 U2 비교기 출력은 H되고 R-S 플립플롭 Q는 SET 된다. $\overline{Q}$는 L되고 Q1은 off되고 외부 콘덴서 CA는 R1 + R2를 통해 충전된다.

$$T1 = CR \ln \frac{5 - \frac{1}{3}vcc}{vcc - \frac{2}{3}vcc} \quad [sec]$$

$$= C(R1 + R2)\ln 2 \ [sec]$$

$$= 0.693\ C(R1 + R2)\ [sec]$$

(2) 외부 CA 전압이 $\frac{2}{3}$VCC 될 때까지 충전되고 U1 비교기 출력은 H되고 R-S 플립플롭 Q = L이고 $\overline{Q}$ = H 되고 Q1은 on 된다. 콘덴서 CA는 R2를 통해 방전된다.

$$T2 = CR \ln \frac{0 - \frac{2}{3}vcc}{0 - \frac{1}{3}vcc} \quad [sec]$$

$$= CR2\ \ln 2\ [sec]$$

$$= 0.693\ CR2\ [sec]$$

콘덴서 C 방전은 VCC 이하로 떨어질 때까지 방전한다. U2 출력이 H 되는 순간 R-S 플립플롭 $\overline{Q}$ = L되고 Q1 = off 된다.

(3) 같은 동작이 반복되고 Q1 = on 됨에 따라 외부저항 R2를 통해 CA에 있는 전자는 $\frac{1}{3}$VCC 까지 방전된다.

바. 스피커 출력파형

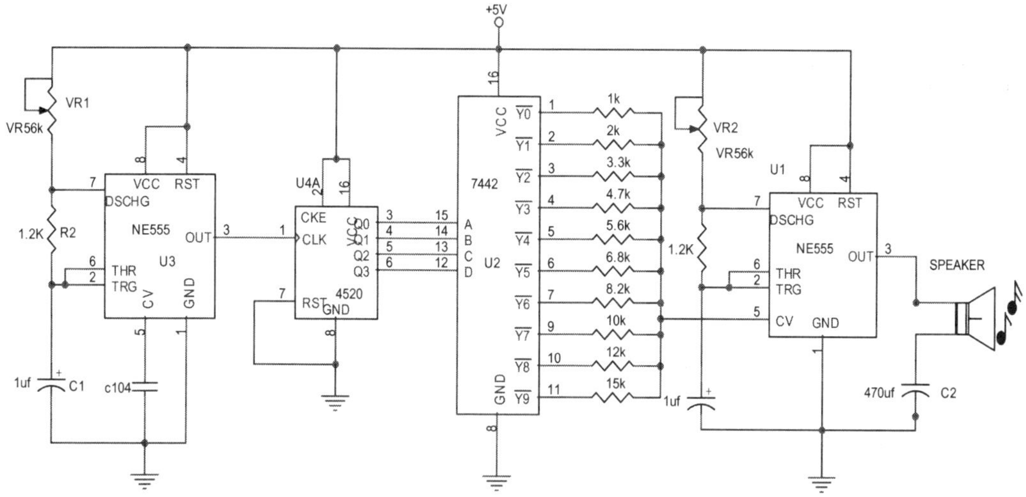

다음은 U1 NE555(오른쪽 회로) 출력파형이다. 주파수를 분석해보면 다음과 같다.

① VR2 = 47K, R12 = 25K이고 7442 출력저항이 1k 저항값을 가질 때 약 43Hz이다.

② VR2 = 47K, R12 = 25K이고 7442 출력저항이 2k 저항값을 가질 때 약 36Hz이다.

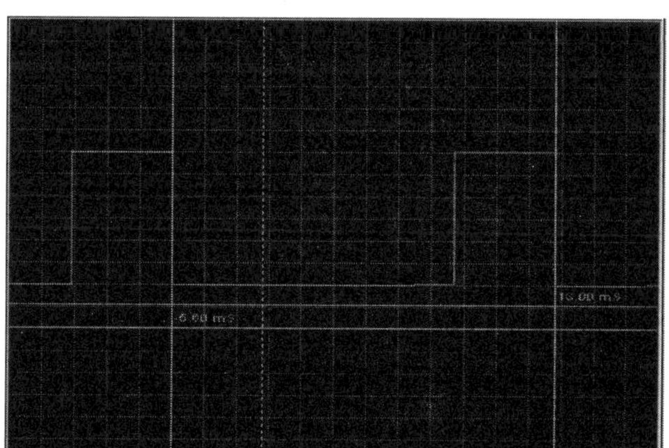

23. UJT를 이용한 발진회로설계

UJT는 산업현장에서 정밀한 발진주파수를 만들어내는 데 사용되고 있으며 의료기기, 항공정밀기기, 미사일요격기 등 중요한 발진주파수로 많이 사용된다. UJT를 사용하여 주파수를 만들어 보자.

저항 10K와 가변저항 1MΩ, 콘덴서 47uF에 의해 발진 주파수를 만들 수 있다. UJT datasheet를 보면 η (그리스어로 에타)는 진성 격자비(intrinsic stand-off ratio)로서 0.51 ~ 0.81 정도이다.

가. N형, P형 UJT 기호

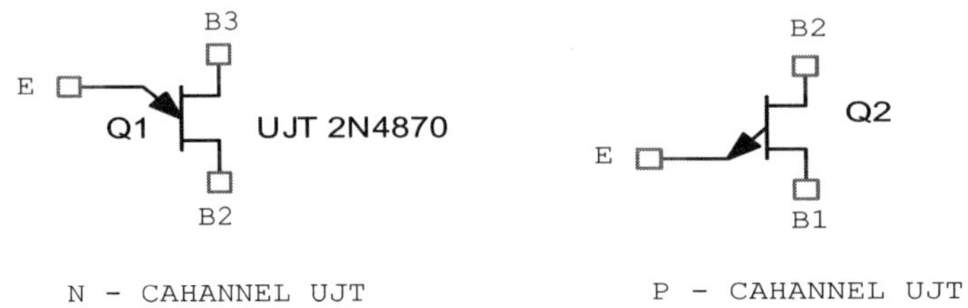

나. UJT 발진 주파수 구하기

UJT 2N4871는 η = 0.68라고 하면

$$T = CR \ln\frac{1}{1-\eta} \fallingdotseq 1.16CR[sec]$$

① 최대 발진주기는 가변저항 값이 최대값을 주어야 하므로

$$T1 = 1.16 * (10K + 1M) * 4.7uF = 5.03182[sec]$$

② 최소 발진주기는 가변저항 값이 최소값을 주어야 하므로

$$T2 = 1.16 * 10K * 4.7uF = 0.04982[sec]$$

UJT를 이용하여 R10KΩ 와 VR 1MΩ, C47uF 발진주기의 범위는 0.049 ~ 5.03[sec]이다.

다. UJT 기본 발진회로

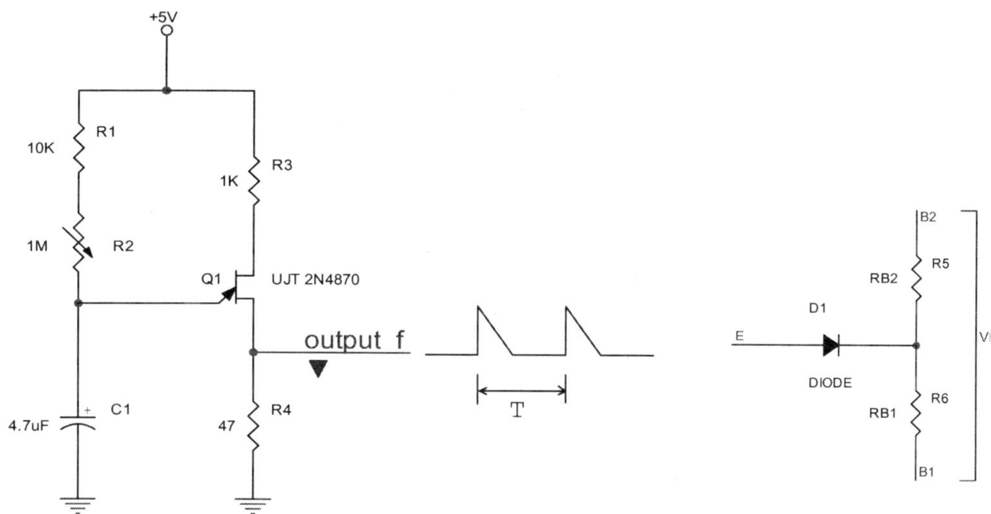

[UJT 발진회로와 UJT 등가회로]

전원 +5[V]가 공급되고 R1 + R2를 통해 C1에 지수함수적으로 전자가 충전된다. C1 충전전압이 Vp(C에 충전되는 문턱전압)보다 높게 되면 UJT 내부저항 RB1 저항이 0[Ω]이 되고 C1 콘덴서는 RB1을 통해 GND로 방전된다. 이로 인해 저항 R4에는 UJT 발진회로 그림처럼 파형이 발생한다.

콘덴서의 방전으로 콘덴서의 충전전압이 낮아지고 UJT는 차단되며 콘덴서는 다시 충전된다. UJT의 타임주기 T는

$$T = CR\ \ln\frac{1}{1-\eta} \fallingdotseq 1.16CR[sec]$$

라. UJT를 이용한 발진 증폭회로 설계

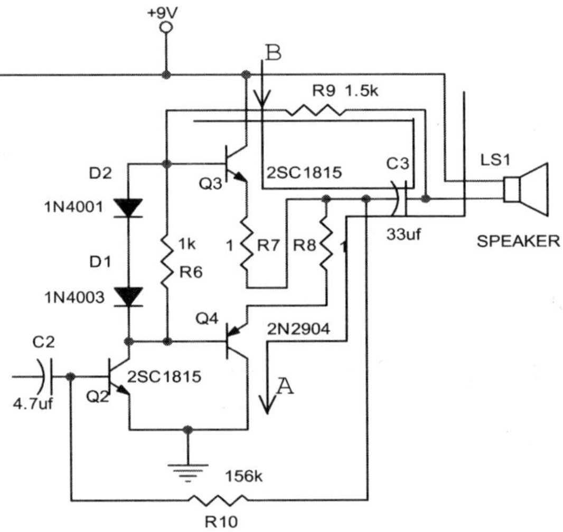

C2의 4.7[uf]은 발진주파수의 신호를 통과시키고 직류성분은 차단시키는 기능을 하고 있다. Q2의 2SC1815 TR은 UJT 발진 신호 주파수에 의해 도통 상태가 되어 Q3, Q4 TR이 동작되도록 하고 있으며 전력 증폭회로로 사용된다.

다이오드 D1과 D2는 0.7V * 2 = 1.4V 전압강하로 Q3와 Q4의 TR 베이스에 bias 전압으로 공급되며 Q3 이미터 저항 1Ω과 Q4의 이미터 저항 1Ω은 전원으로부터 흐르는 과전류 보호용으로 Q3, Q4 TR의 과전류 보호용 이미터 안정저항이며 C3 47[uf]은 직류를 차단하고 발진주파수만 통과시키는 역할을 하게 된다.

R10 156K 저항은 UJT 발진회로에서 출력되는 전압이 TR의 특성이나 Q3, Q4 전력 증폭회로에서 동작될 때 부하변동에 따른 동작점이 변화될 때 회로의 안정화 저항으로 사용된다. R10의 저항은 출력신호의 일부를 입력신호로 feedback하여 회로의 이득이 떨어지지 않게 하기 위해 156k 큰 저항을 사용하였다.

마. UJT 발진 증폭회로 동작

다음과 같은 UJT 발진 증폭회로를 보고 발진회로와 주파수 콘덴서 충, 방전의 동작원리를 알아보자.

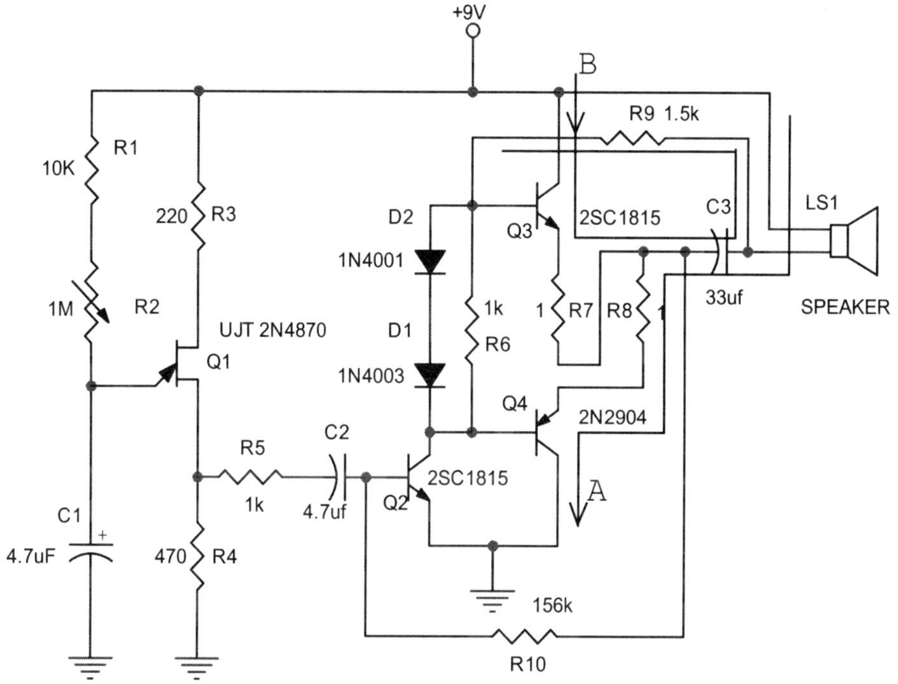

UJT 2N4870, R1, R2, C1에 의해 발진주파수가 만들어지면 신호의 +일 때 Q2의 2SC1815 TR의 베이스에 신호가 전달되고 Q2는 도통되며 컬렉터와 이미터 전위는 거의 같게 되어 Q4의 PNP TR이 도통되어 A와 같은 경로로 콘덴서 C3에 충전되어 발진주파수가 스피커를 자극하게 되고 -일 때에는 Q2의 2SC1815 TR이 차단상태가 되어 Q3 2SC1815 TR이 도통되고 Q4 TR은 차단되며 B와 같은 경로로 C3 콘덴서를 방전하게 되어 발진주파수가 스피커를 통해 소리로 전달된다.

콘덴서 충, 방전 시간을 조정하기 위해서는 C3 33[uf] 콘덴서 용량을 적게 할수록 높은 주파수 음이 출력된다.

바. UJT와 SCR을 이용한 타이머 회로설계

UJT의 발진시정수를 구해보고 타이머 회로의 동작원리를 알아보자.

[예제 1] UJT와 SCR을 이용한 타이머 회로

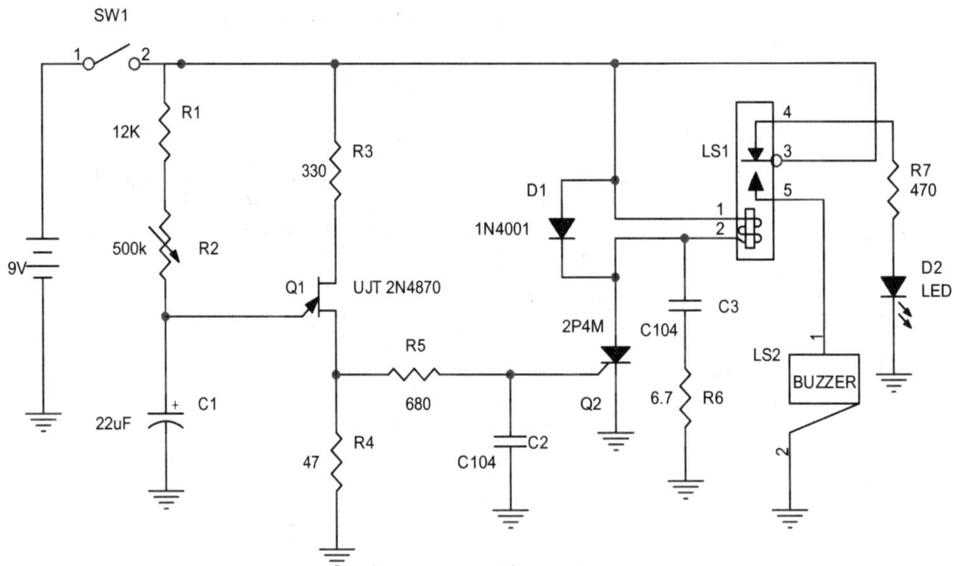

D1(1N4001) 다이오드 방향이 잘못되었다. 따라서 역전압이 걸리도록 연결해 주어야 한다.

UJT 시정수는 R1, R2를 통해 C1에 충전되고 일정시간 지연 후 UJT 이미터 전압이 높아져 UJT는 도통되고 47[Ω]과 680[Ω] 접속점에 + 전압이 나타난다.

+ 전압은 680[Ω] 저항을 통해 Q2의 2P4M의 게이트에 트리거 신호로 전달되고 SCR의 Anode와 Cathode를 도통시켜 릴레이를 구동하게 된다. 그리고 접점 스위치를 연결하여 buzzer를 울리게 된다.

전원 스위치 SW1을 off할 때까지 buzzer는 계속 울리며 SW1을 on하고 buzzer가 울리는 시간 차이는 VR 500K(R2)를 가변하여 타이머를 설정할 수 있다.

24. 8진 UP-DOWN 카운터 회로설계

10진 카운터 7490를 사용하여 8진 UP-DOWN 카운터 회로를 설계해 보자. 정상동작이 된다면 JK(74LS76)플립플롭을 이용하여 스위치를 1번 클릭하면 숫자가 1씩 증가하게 회로를 수정해 보자.

[예제 1] 8진 UP-DOWN 카운터 회로(FND 1개 only)

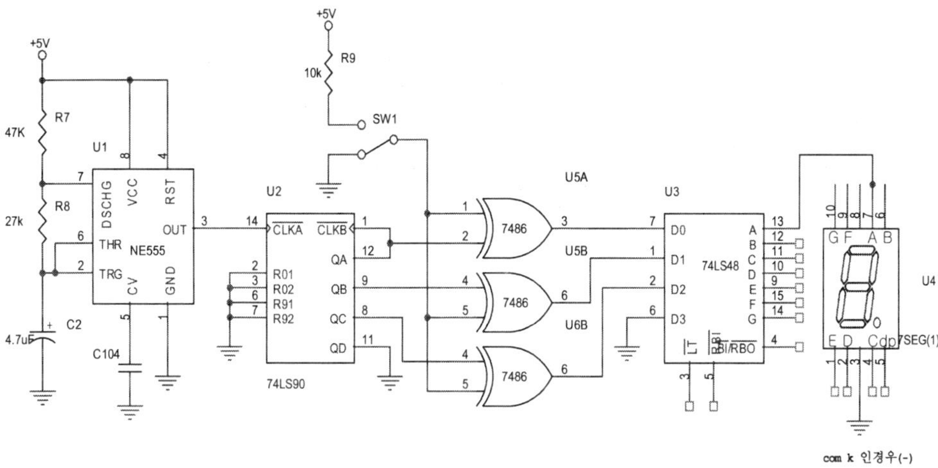

[예제 2] 16진 UP-DOWN 카운터 회로(FND 4개 only)

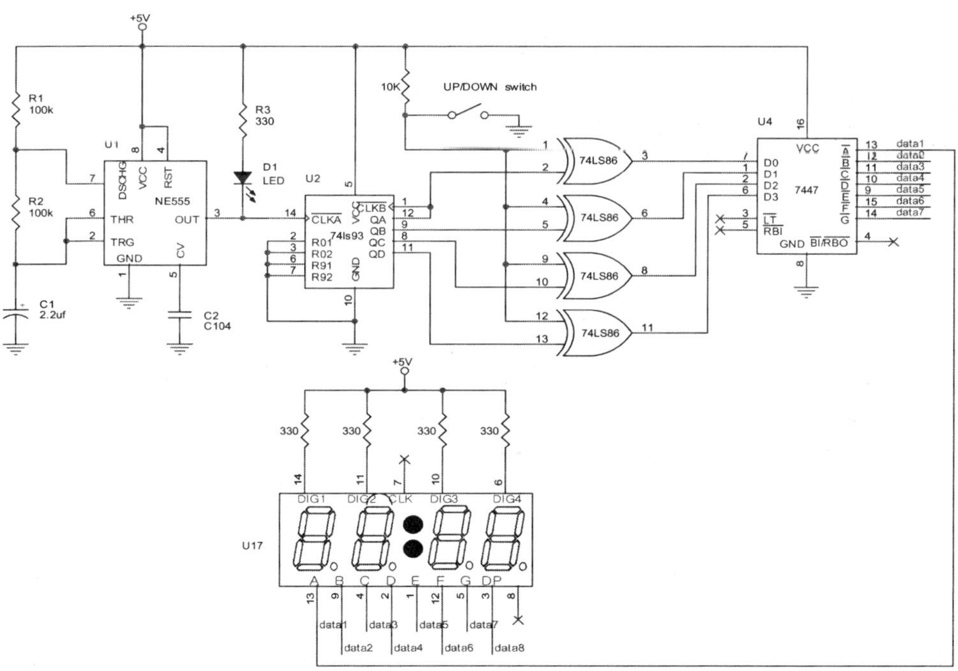

Common Anode Type(ASR)

S-5462ASR2/C

제품설명

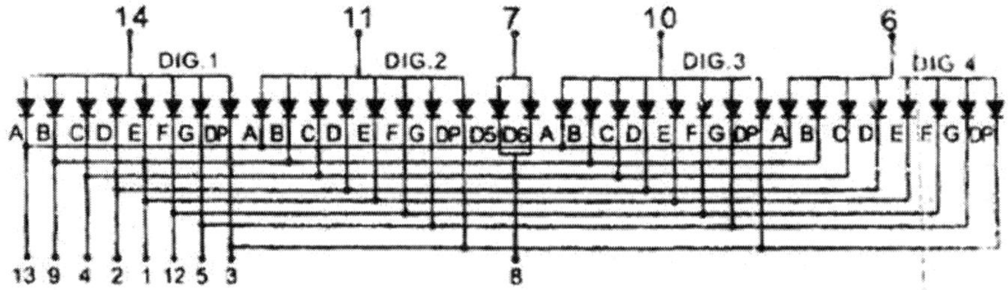

7447(fnd drive IC) → Common Anode(C · A)

7448(fnd drive IC) → Common Cathode(C · K)

fnd drive IC는 Common Anode 또는 Common Cathode와 항상 쌍으로 설계하도록 해야 동작된다.

※ 7490 14번 핀에는 LED 보호저항을 연결하고 +5V의 전압이 입력되도록 한다.

Common Cathode Type(CSR)　A B C D E F G

S-5462CSR2/C

제품설명

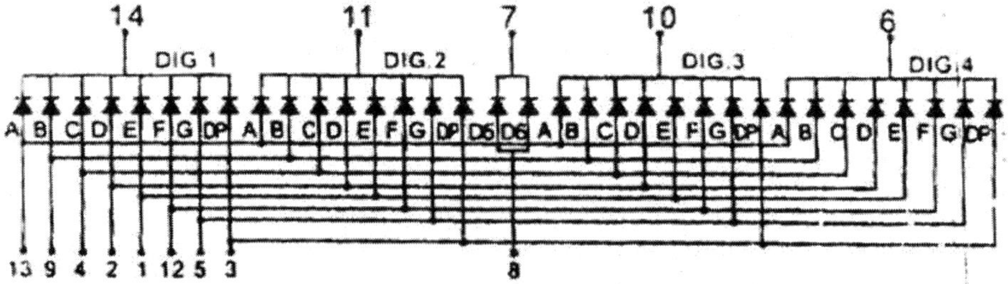

7448 → common cathode(C · K)

※ 정상적인 8진 카운터는 다음 페이지의 [나. 8진 UP-DOWN counter 변환회로]를 참조하기 바라며 회로를 완성 후 수정해야 8진 카운터가 정상 동작된다.

입력 클럭펄스와 74LS93 IC의 출력파형을 스코프파형을 확인해보면 다음과 같이 된다.

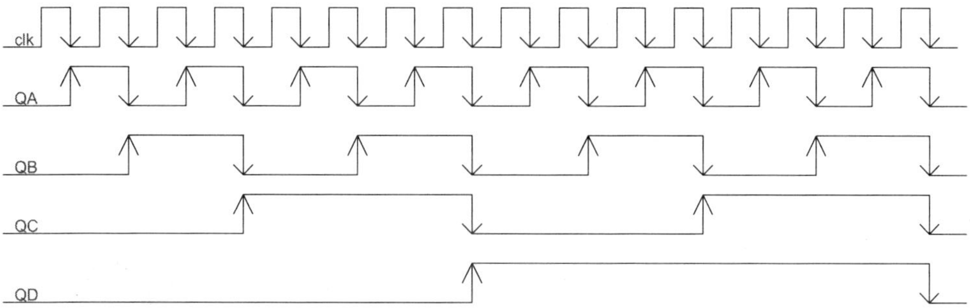

※ segment 5163ASR을 이용하여 16진 카운터 회로를 설계하시오.

PACKAGE DIMENSION UNIT : mm(inch) ※ Note : Tolerance ± 0.15mm(0.006inch

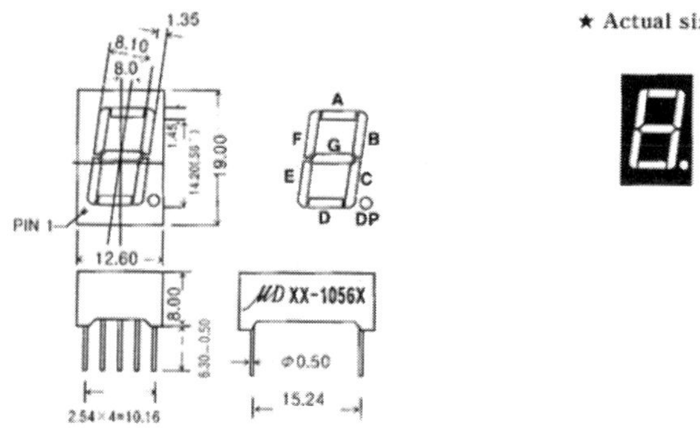

INTERNAL CIRCUIT DIAGRAM

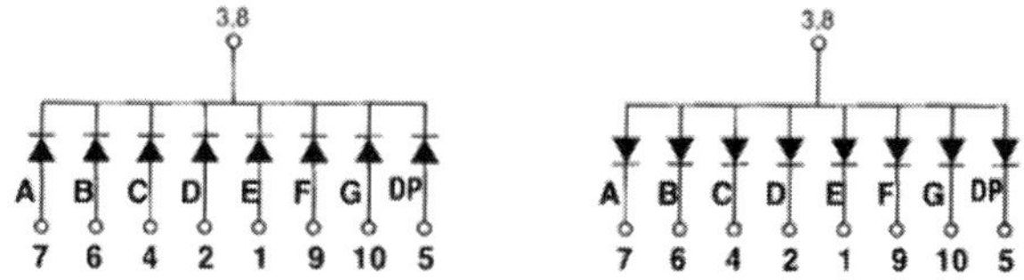

[예제 3] 16진 카운터 회로를 설계하시오.

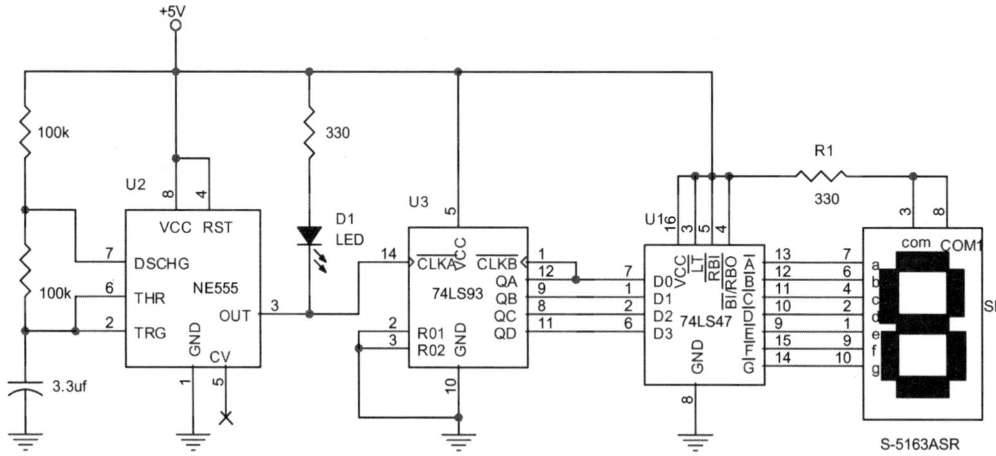

pro) NE555 출력핀에서 led 주기가 falling edge와 rising edge일 때 동시 led가 on/off 되는 문제가 발생한다. 어떻게 하면 될까?

→ NE555 핀 3번에서 74LS93 핀 사이에 NOT gate를 넣으면 해결된다.

[예제 4] segment 5163ASR을 이용하여 16진 카운터 회로를 10진 카운터 회로로 수정 설계하시오.

pro) NE555 출력 핀에서 led 주기가 falling edge와 rising edge일 때 동시 led가 on/off 되는 문제가 발생할 때 해결 방안은?

→ NE555 핀 3번에서 74LS93 핀 사이에 NOT gate를 넣으면 해결된다.

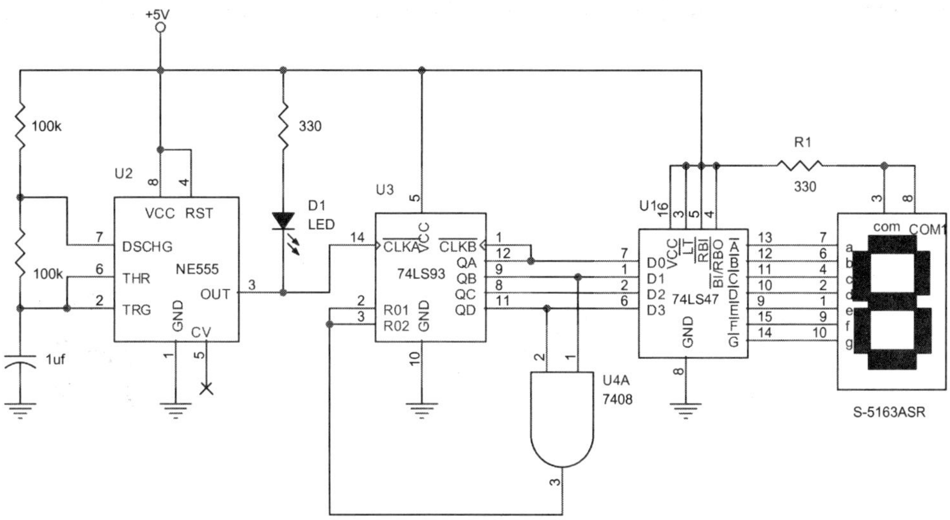

[예제 5] CdS 센서를 이용하여 빛이 감지되면 세그먼트 숫자 표시가 정지되고, 빛이 감지되지 않으면 숫자가 up counter 되게 회로를 설계하시오.

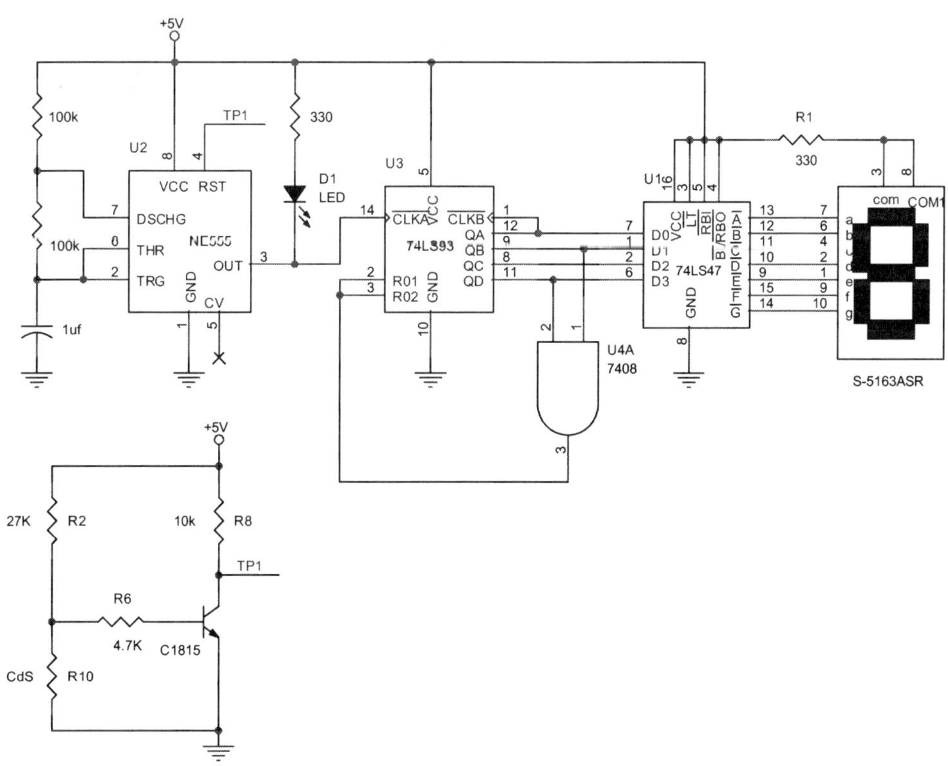

[예제 6] 시계의 초를 만들기 위해 from 00 to 59 숫자를 세그먼트에 표시되게 회로를 설계하시오.

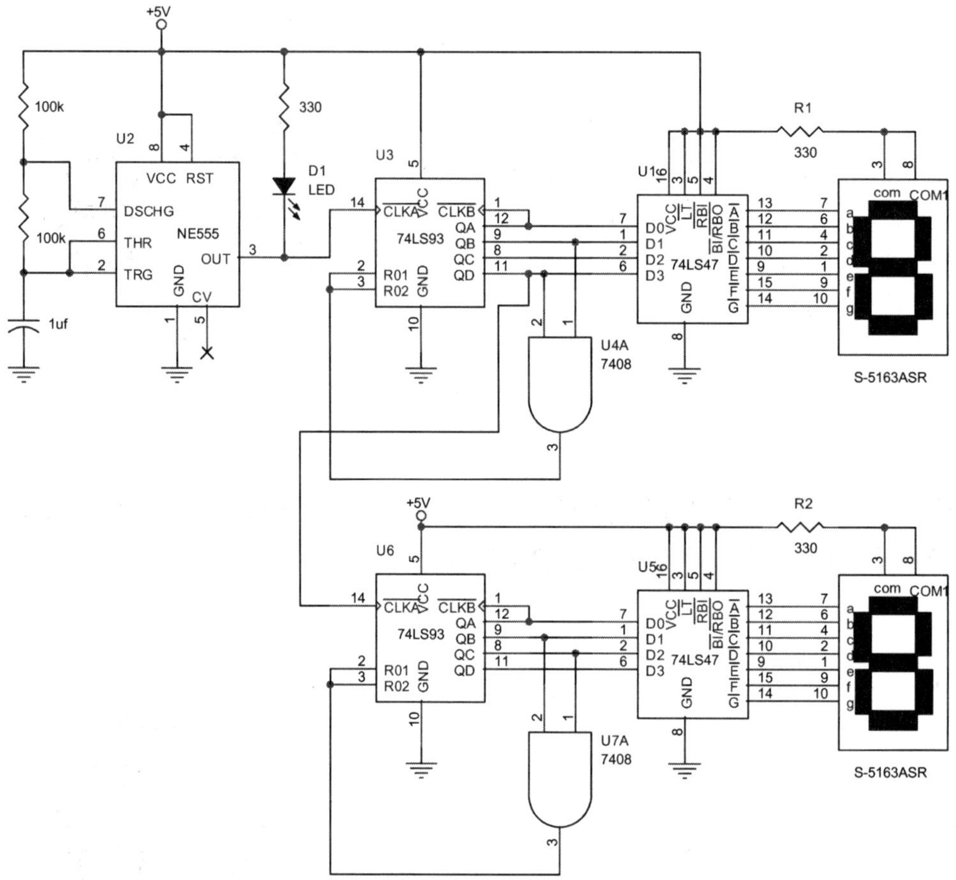

[예제 7] 시계의 시간(23H)만 만들기 위해 from 00 to 23H 숫자를 세그먼트에 표시되게 회로를 설계하시오.

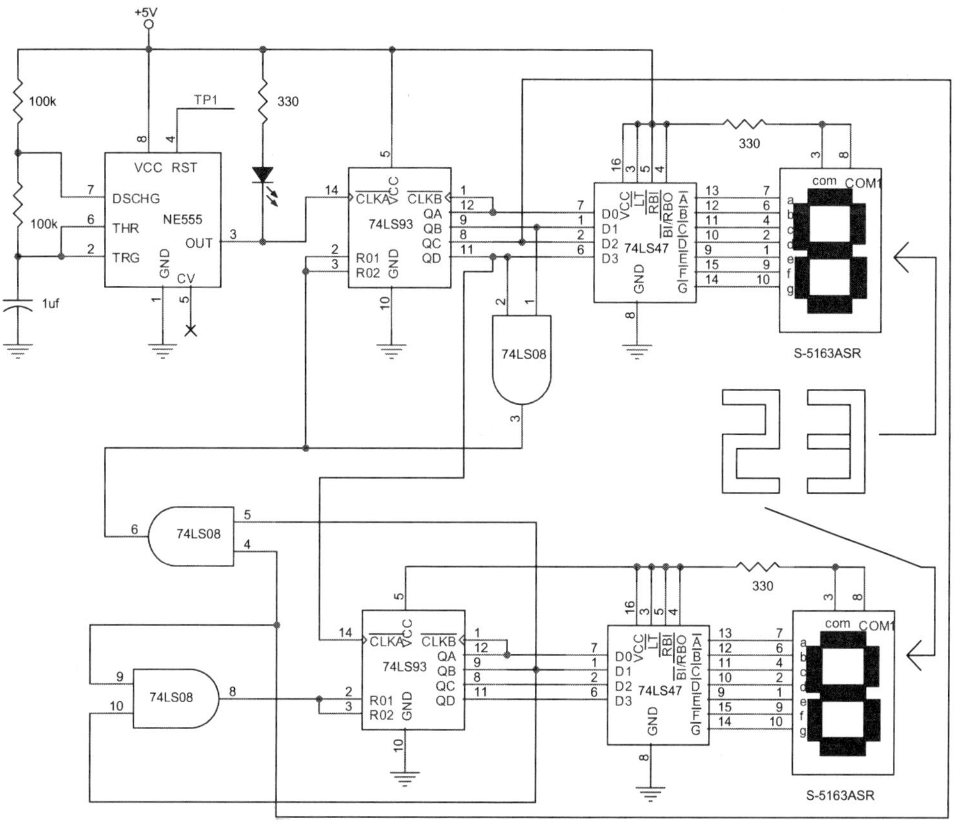

[예제 8]

정상동작이 된다면 JK(74LS76) 플립플롭을 이용하여 스위치를 1번 클릭하면 숫자가 1씩 증가하게 회로를 설계해 보자.

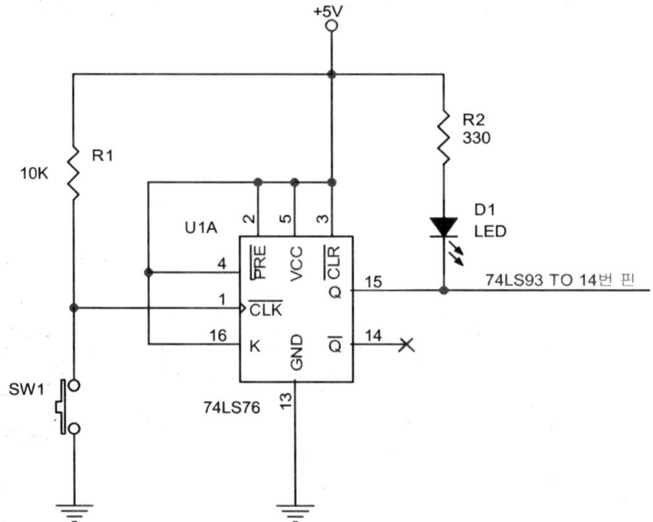

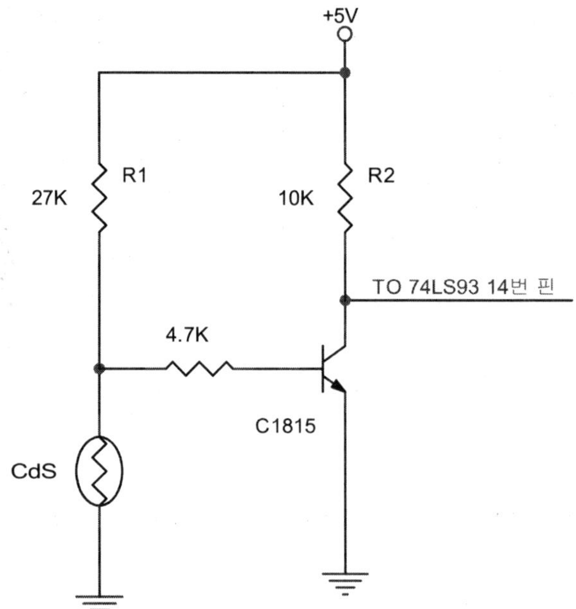

가. 74LS90(decade counter)

(1) 74LS90은 2진, 5진 카운터를 내장하고 있으며 2진 카운터의 출력 Qa(핀 1번)와 5진 카운터의 입력 B($\overline{CLKB}$)(핀 12번)를 연결하면 10진 카운터로 동작한다. 또한 QD(핀 11번)과 R01, R02을 연결하면 8진 카운터로 동작한다.

R01, R02, R91, R92 는 출력을 1001(9)가 되면 RESET 되며 2진 5진 카운터의 CLK 입력이 H → L로 falling edge 될 때 74LS90 출력 QA, QB, QC가 바뀌게 된다.

R01, R02, R91, R92는 정상 카운터 하기 위해서는 GND 해 주면 된다.

(2) 74LS90, 92, 93 진리표

LS90
MODE SELECTION

RESET/SET INPUTS				OUTPUTS			
MR_1	MR_2	MS_1	MS_2	Q_0	Q_1	Q_2	Q_3
H	H	L	X	L	L	L	L
H	H	X	L	L	L	L	L
X	X	H	H	H	L	L	H
L	X	L	X	Count			
X	L	X	L	Count			
L	X	X	L	Count			
X	L	L	X	Count			

H = HIGH Voltage Level
L = LOW Voltage Level
X = Don't Care

LS90
BCD COUNT SEQUENCE

COUNT	OUTPUT			
	Q_0	Q_1	Q_2	Q_3
0	L	L	L	L
1	H	L	L	L
2	L	H	L	L
3	H	H	L	L
4	L	L	H	L
5	H	L	H	L
6	L	H	H	L
7	H	H	H	L
8	L	L	L	H
9	H	L	L	H

NOTE: Output Q_0 is connected to Input CP_1 for BCD count.

74LS90 카운터를 하기 위해서는 MR1, MR2, MS1, MS2의 값을 진리표를 보고 설정해야 한다.
예를 들어 카운터를 설정하기 위해서 MR1 = L, MR2 = X, MS1 = L, MS2 = X인 경우 X는 H, L 둘 중 어느 값을 주어도 무방한 don't care 값으로 설정하면 된다.
출력 QD, QC, QB QA(0111)에서 1000가 될 때 QD가 1이 되면 MR1 = 1, MR2 = 1을 설정하여 모든 출력을 QD, QC, QB QA(0000)을 0으로 setting 되고 정상 카운터로 동작된다.
※ hint : 카운터가 동작될 때 MR1, MR2가 모두 1이면 모든 출력(QA, QB, QC, QD)은 0이 됨에 주의하여 설계한다.

(3) logic diagram

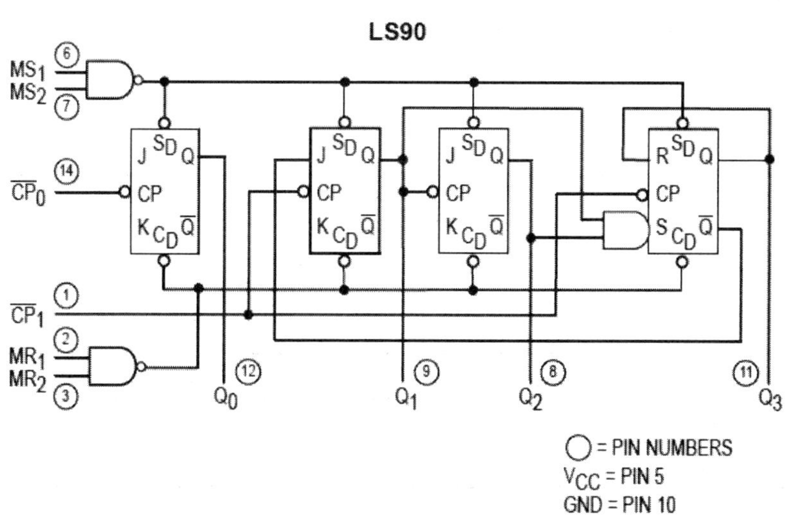

MS1, MS2 값은 NAND gate로 입력 변수값을 받아들이기 때문에 둘 중 하나만 L 값을 주면 출력은 H가 된다. MR1, MR2의 값 중 둘 중 하나만 L 값을 주면 출력은 H가 된다.

나. 8진 UP-DOWN counter 변환회로(정상동작)

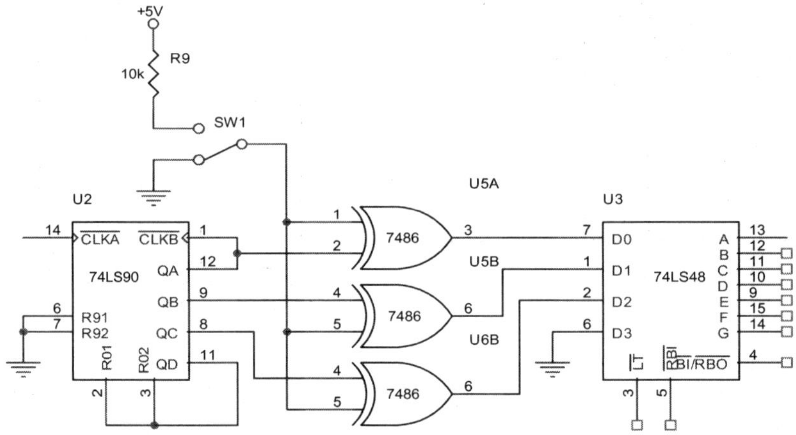

74LS90 8진 카운터 출력을 7486에 입력하여 74LS48에 그대로 전달하여 8진 UP counter를 만들어 낼 수 있으며 7486에 보수를 취하여 74LS48에 보수로 변환된 값을 전달하여 8진 DOWN counter를 만들어 낼 수 있다. 또 7_segment의 lamp test를 하고자 하는 경우에는 BI/RBO를 H로 주고 LT(lamp test)에 L를 주면 된다.

- SW1에 H가 입력될 때

CLK	QC	QB	QA	SW1 = H일 때 74LS48 input			FND display
				D2	D1	D0	
0	0	0	0	1	1	1	7
1	0	0	1	1	1	0	6
2	**0**	**1**	**0**	**1**	**0**	**1**	**5**
3	0	1	1	1	0	0	4
4	1	0	0	0	1	1	3
5	1	0	1	0	1	0	2
6	**1**	**1**	**0**	**0**	**0**	**1**	**1**
7	1	1	1	0	0	0	0
8	0	0	0	1	1	1	7

X-OR gate는 0 ⊕ 0 = 0, 0 ⊕ 1 = 1, 1 ⊕ 0 = 1, 1 ⊕ 1 = 0이므로 QA, QB, QC = 0 1 0이면

  0 1 0 (QA, QB, QC)
⊕ 1 1 1 (SW1 = H)
----
  1 0 1 (5)가 된다.

or QA, QB, QC = 110이면

  1 1 0 (QA, QB, QC)
⊕ 1 1 1 (SW1 = H)
----
  0 0 1이 된다.

- SW1에 L가 입력될 때

CLK	QC	QB	QA	SW1 = L일 때 74LS48 입력			FND display
				D2	D1	D0	
0	0	0	0	0	0	0	0
1	0	0	1	0	0	1	1
2	0	1	0	0	1	0	2
3	0	1	1	0	1	1	3
4	1	0	0	1	0	0	4
5	1	0	1	1	0	1	5
6	1	1	0	1	1	0	6
7	1	1	1	1	1	1	7
8	0	0	0	0	0	0	0

X-OR gate는 0 ⊕ 0 = 0, 0 ⊕ 1 = 1, 1 ⊕ 0 = 1, 1 ⊕ 1 = 0이므로 QA, QB, QC = 0 1 0이면

0 1 0 (QA, QB, QC)
⊕ 0 0 0 (SW1 = L)
----
0 1 1 (3) 이 된다.

or QA, QB, QC = 1 1 0이면

1 1 0 (QA, QB, QC)
⊕ 0 0 0 (SW1 = L)
----
1 1 0(6) 이 된다.

다. 74LS48(BCD to 7_segment decoder)

(1) 74LS48은 7_segment decoder driver IC이며 CK(common cathode type)을 사용해야 한다. 74LS48은 C · K(common cathode type), 74LS47은 C · A(common anode) decoder driver IC를 사용해야 한다.
(2) LT(lamp test)(핀 3번)은 LAMP TEST LT를 L하고 BI/RB0를 H로 하면 74LS48 출력은 모두 H가 되어 7_segment은 모두 on 된다.
(3) BI/RB0(blanking input/ripple blanking output(핀 4번))은 H를 주고 input A, B, C, D가 입력되면 정상카운터가 되며 LT = L, BI/RB0 = H가 되면 FND는 모두 on 된다.
(4) 74LS48(BCD to 7_segment decoder) 진리표

Truth Table

Decimal Or Function	Inputs							Outputs						
	$\overline{LT}$	$\overline{RBI}$	A_3	A_2	A_1	A_0	$\overline{BI/RBO}$	a	b	c	d	e	f	g
0 (Note 1)	H	H	L	L	L	L	H	H	H	H	H	H	H	L
1 (Note 1)	H	X	L	L	L	H	H	L	H	H	L	L	L	L
2	H	X	L	L	H	L	H	H	H	L	H	H	L	H
3	H	X	L	L	H	H	H	H	H	H	H	L	L	H
4	H	X	L	H	L	L	H	L	H	H	L	L	H	H
5	H	X	L	H	L	H	H	H	L	H	H	L	H	H
6	H	X	L	H	H	L	H	L	L	H	H	H	H	H
7	H	X	L	H	H	H	H	H	H	H	L	L	L	L
8	H	X	H	L	L	L	H	H	H	H	H	H	H	H
9	H	X	H	L	L	H	H	H	H	H	L	L	H	H
10	H	X	H	L	H	L	H	L	L	L	H	H	L	H
11	H	X	H	L	H	H	H	L	L	H	H	L	L	H
12	H	X	H	H	L	L	H	L	H	L	L	L	H	H
13	H	X	H	H	L	H	H	H	L	L	H	L	H	H
14	H	X	H	H	H	L	H	L	L	L	H	H	H	H
15	H	X	H	H	H	H	H	L	L	L	L	L	L	L
$\overline{BI}$ (Note 2)	X	X	X	X	X	X	L	L	L	L	L	L	L	L
$\overline{RBI}$ (Note 3)	H	L	L	L	L	L	L	L	L	L	L	L	L	L
$\overline{LT}$ (Note 4)	L	X	X	X	X	X	H	H	H	H	H	H	H	H

숫자를 표시하기 위해서는 진리표에 있는 A3, A2, A1, A0 값과 $\overline{RBI}$, $\overline{BI/RB0}$ 값을 설정해 주어야 한다. 예를 들어 LAMP TEST를 하기 위해서는 진리표 $\overline{LT}$(가장 아래쪽)에 있는 $\overline{LT}$를 L로 하고 $\overline{BI/RB0}$을 H로 하면 된다. 나머지 부분은 don't care(X)로 되어 있으므로 H, L 둘 중 하나의 값을 주어도 무방하다.

라. LED display - FND(7_segment)

1) LED(light emitting diode)

P형,N형 접합에 순방향 바이어스 전압이 가해질 때 접합면에 전자와 정공의 재결합 형태가 발생하는데 이때 자유전자가 가지고 있던 에너지를 빛의 형태로 발광하게 되는데 우리 눈에는 빛이라는 입자로 보이는 발광다이오드이다. LED 재료는 GaAsP이나 GaP 등과 같은 반도체 결합 물질을 사용한다.

2) LED를 이용 숫자표시 7_segment 만들기

LED를 그림과 같이 배치하면 7_segment를 만들 수 있다. 그림 A을 자세히 보면 COM 단자는 모두 공통으로 묶여 있다. COM 단자에는 +VCC를 연결하면 된다.

이것이 Common Anode type이며 C · A라고도 한다. A, B, ... , dp는 입력 DATA 값을 L 주면 LED는 on된다.

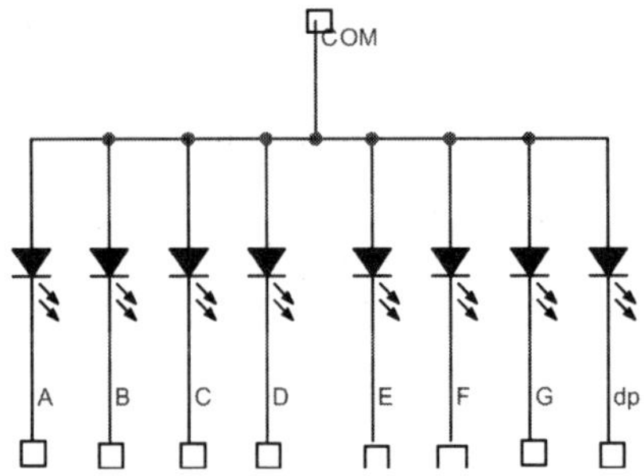

[그림 A Common Anode type]

[그림 B]을 보면 COM 단자는 모두 공통으로 묶여 있다. 공통단자 COM에 GND를 연결하면 된다. 이것이 Common Cathode type이며 C · K라고도 한다.

A, B, ..., dp는 입력 DATA 값을 H 주면 LED는 on 된다.

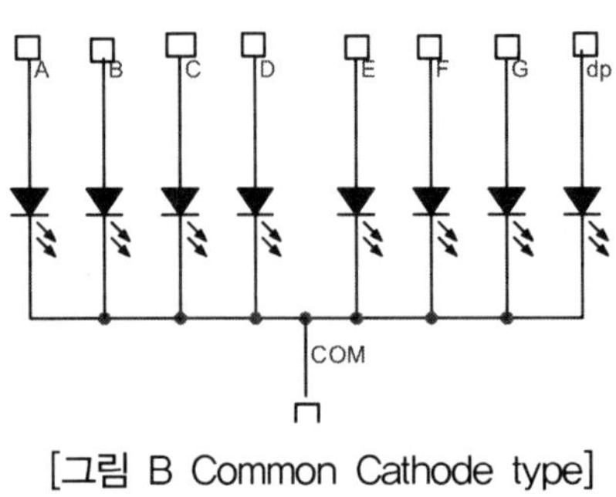

[그림 B Common Cathode type]

[그림 A] Common Anode(+) type은 74LS47 그리고 FND 507과 같이 묶어 사용하면 되고 [그림 B] Common Cathode(−) type은 74LS48 그리고 FND 500과 같이 묶어 사용하면 된다.

3) 7_segment 만들기

LED 배열을 그림과 같이 하게 되면 7_segment FND 숫자 표시기가 만들어진다. 7_segment FND B와 C led를 on 하면 숫자 1이 되고 A, B, D, E, G led를 on하면 숫자 2가 표시된다.

- FND 숫자 표시기 7_segment

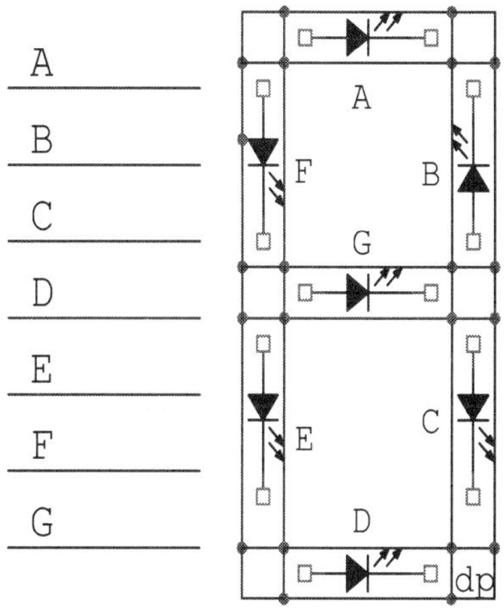

- 5진 UP 카운터 회로를 설계하려면

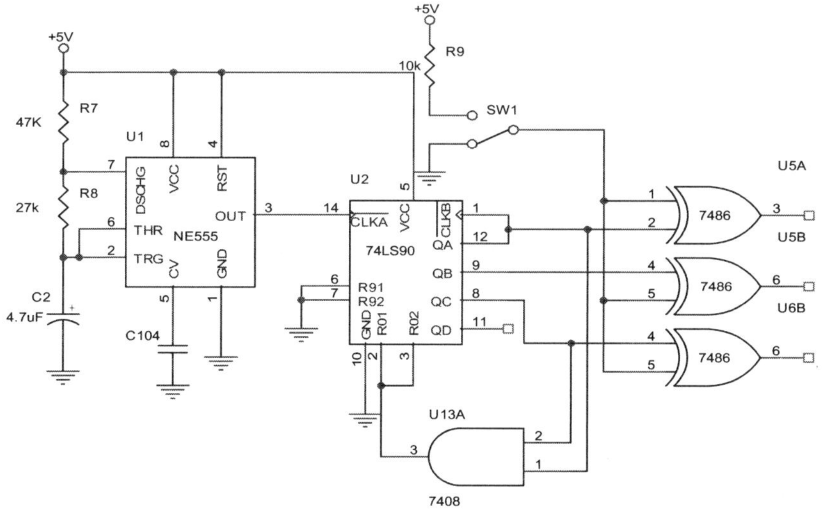

24-1. 10진 UP-DOWN 카운터 회로설계

10진 up/down 카운터로 변환하기 위해서는 74192 IC를 사용하여 다음과 같이 회로를 설계해 보자.

[예제 1] 10진 up/down counter 회로도

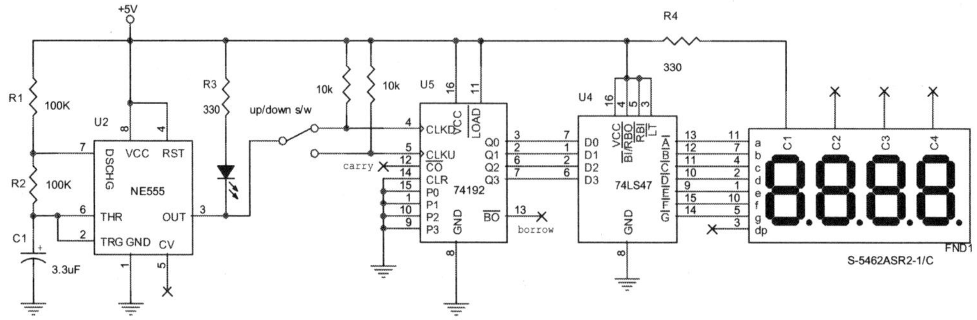

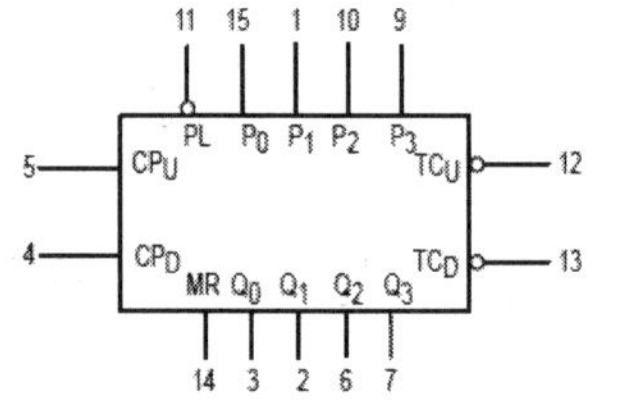

74LS192 load = L, MR = L일 때 P3,P2,P1,P0 data 값이 BCD로 segment에 표시된다.

[예제 2] 99진 up/down counter 회로도

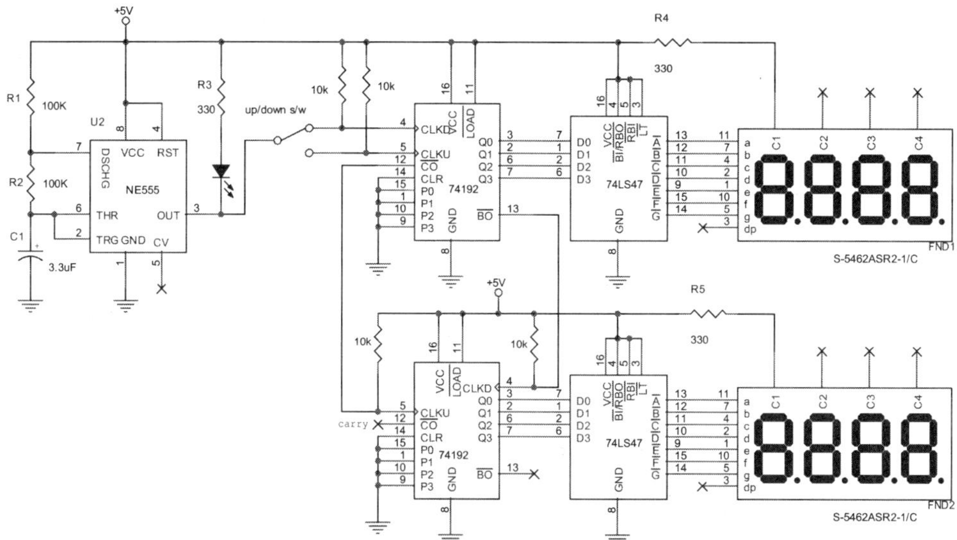

[예제 3] 10진 up/down counter 회로도(수정보완 회로)

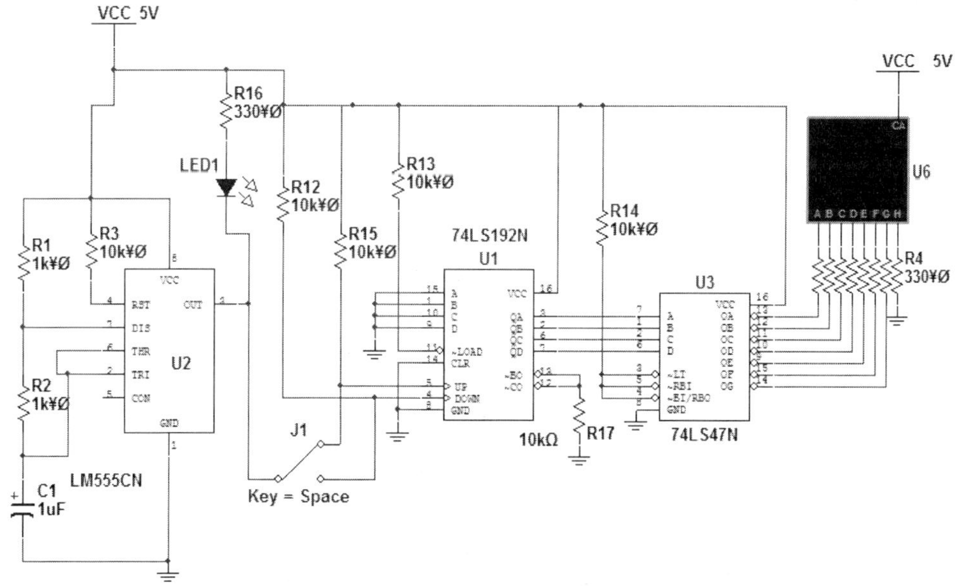

가. 74192(Synchronus up/down decade counter)

10진 BCD count로써 up/down으로 동작하며 $\overline{CARRY}$, $\overline{BORROW}$ 기능이 있어 다단계 카운터로 사용할 수 있다. 또한 $\overline{LOAD}$ 기능이 있어 ADDRESS 값을 설정할 수 있다.
74192(Synchronus up/down decade counter)은 input data 핀과 output 출력 핀으로 구분할 수 있다.

- 74192 PIN CONNECTIONS

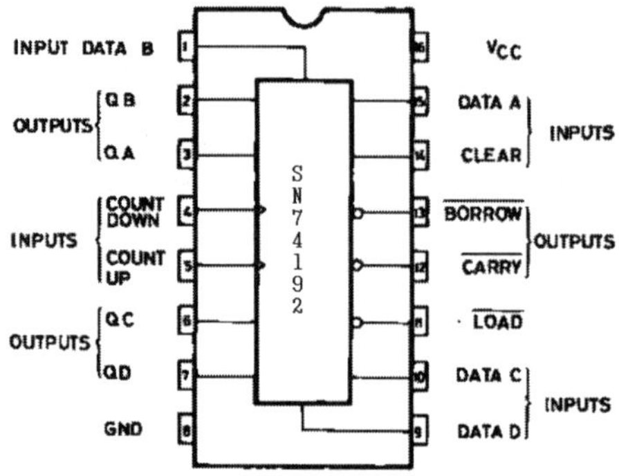

나. PIN 설명

PIN No	SYMBOL	NAME AND FUNCTION
3, 2, 6, 7	QA to QD	Flip-Flop Outputs
4	CP_D	Count Down Clock Input
5	CP_U	Count Up Clock Input
11	$\overline{LOAD}$	Asynchronous Parallel Load Input (Active LOW)
12	$\overline{CARRY}$	Count Up (Carry) Output (Active LOW)
13	$\overline{BORROW}$	Count Down (Borrow) Output (Active LOW)
14	CLEAR	Asynchronous Reset Input (Active HIGH)
15, 1, 10, 9	DA to DD	Data Inputs
8	GND	Ground (0V)
16	V_{CC}	Positive Supply Voltage

① DATA A, B, C, D(핀 15, 1, 9, 10): Preset input(address값으로 사용)
② QA, QB, QC, QD : count output
③ CLEAR : Count Reset 기능으로 H이면 Reset, L이면 count 된다.
④ COUNT UP: UP count 동작을 위한 clock input
⑤ COUNT DOWN: DOWN count 동작을 위한 clock input
⑥ $\overline{LOAD}$: DATA 입력을 count에 Preset 기능으로 H이면 count, L이면 Preset된다.
⑦ $\overline{CARRY}$: UP count 시 자리올림 비트로 동작
⑧ $\overline{BORROW}$: DOWN count 시 자리내림 비트로 동작

다. 진리표(True table)

COUNT UP	COUNT DOWN	$\overline{LOAD}$	CLEAR	FUNCTION
↑	H	H	L	COUNT UP
↓	H	H	L	NO COUNT
H	↑	H	L	COUNT DOWN
H	↓	H	L	NO COUNT
X	X	L	L	PRESET
X	X	X	H	RESET

X: Don't Care

라. Timing chart

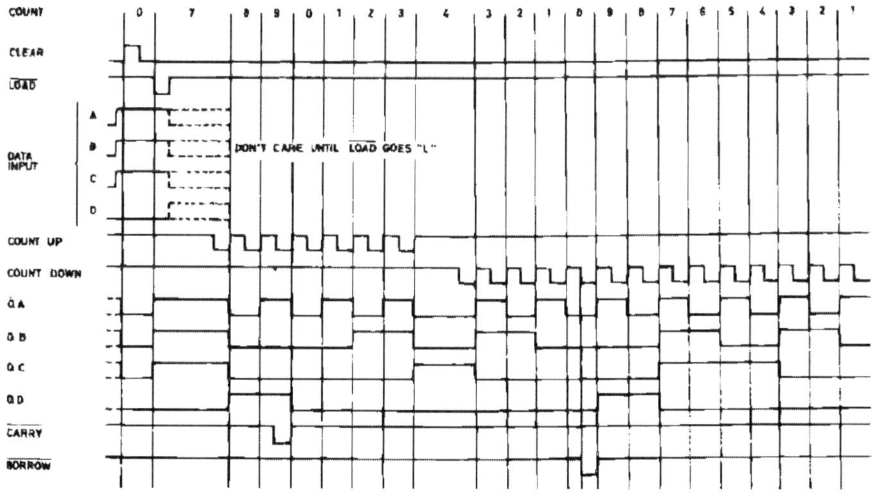

[예제 4] 11진 UP 카운터 회로를 설계하고자 한다면

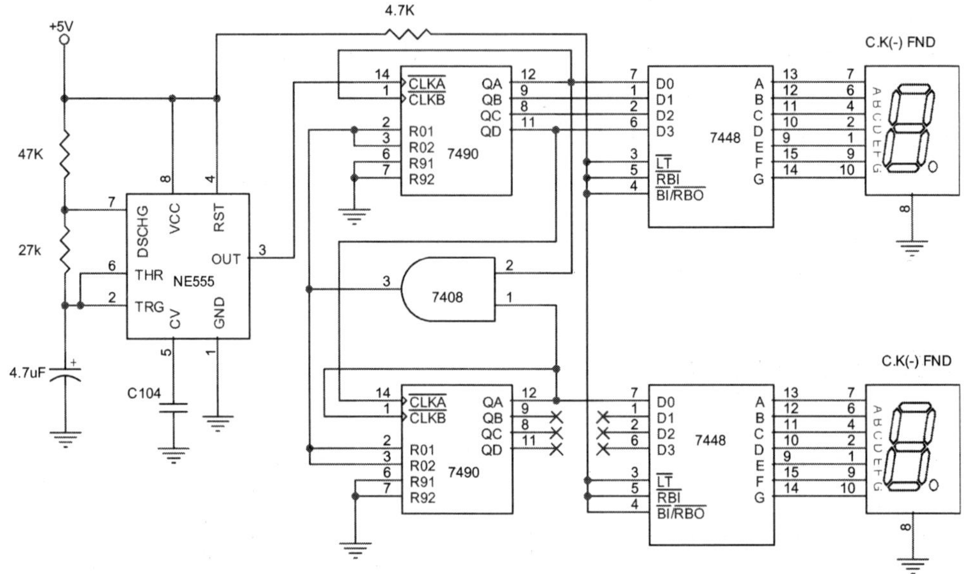

동작 순서는 00 - 01 - 02 - 03 - 04 - 05 - 06 - 07 - 08 - 09 - 10 - 00 - 01 - 02 -...... FND에 11진 카운터가 실행된다.

[예제 5] 16진 UP 카운터 회로를 설계 하고자 한다면

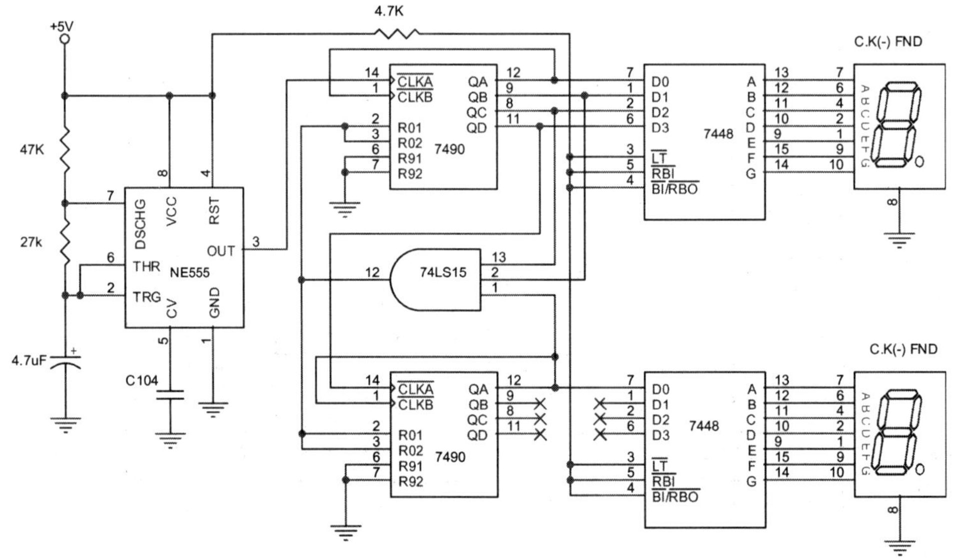

동작 순서는 00 - 01 - 02 - 03 - 04 - 05 - 06 - 07 - 08 - 09 - 10 - 11 - 12 - 13 - 14 - 15 - 00 - 01...... FND에 16진 카운터가 실행된다.

25. 100진 카운터 회로설계(0~99)

8진 UP/DOWN counter를 사용하면 100진 카운터를 만들 수 있다. NE555는 자동 발진 회로로 만들어졌으며 NE555 핀 4번에 S/W를 붙여 H이면 자동발진, L이면 발진이 정지된다.

1의 자리표시 74LS90(U8)은 BCD 10진 카운터로 동작하며 74LS48은 BCD 값을 입력 받아 FND driver 숫자 표시기로 동작된다. 10의 자리표시 74LS90(U13)은 74LS90(U8)에서 10개의 펄스가 들어올 때마다 QD는 한 개의 펄스가 발생되고 QD의 CLK 펄스가 74LS90(U13)의 14번 핀 입력으로 받아들여 0에서 9까지 카운터가 되며 두 개의 FND를 조합하면 00~99진 카운터를 출력할 수 있다.

카운터 RESET을 하고자 할 경우 74LS90 핀 2, 3번을 VCC로 하면 카운터가 RESET 된다.

[예제 1] 100진 카운터 회로

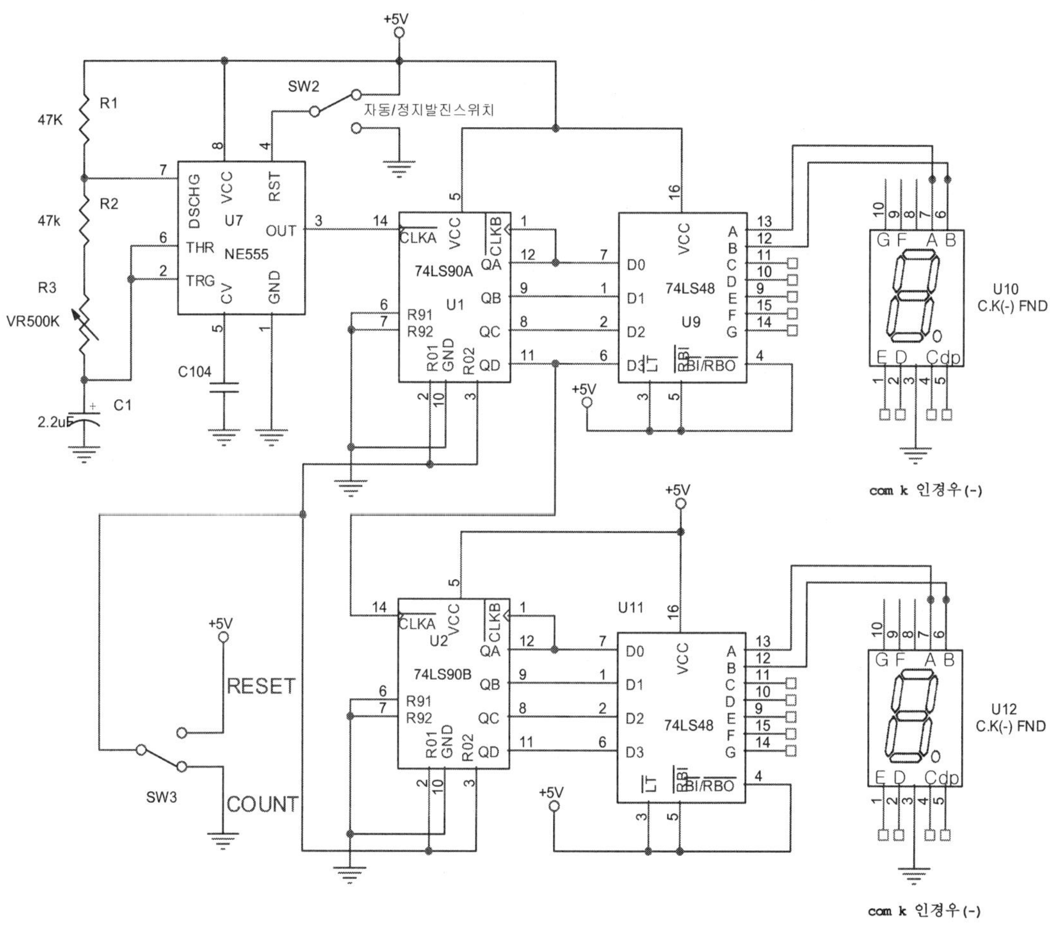

가. 발진회로

발진회로의 출력은 저항 R10 47K, R11 47K, VR500K를 통해 콘덴서 2.2uF에 $\frac{2}{3}$VCC만큼 충전되는 동안 NE555 핀 3번에는 H 출력이 발생한다. 충전된 전압은 R11 47K, R13 VR500K를 통해 NE555 핀 7번을 통해 방전된다. 출력은 L가 되고 충전, 방전이 반복되면서 H → L → H → L .. 되어 구형파 출력이 나타난다.

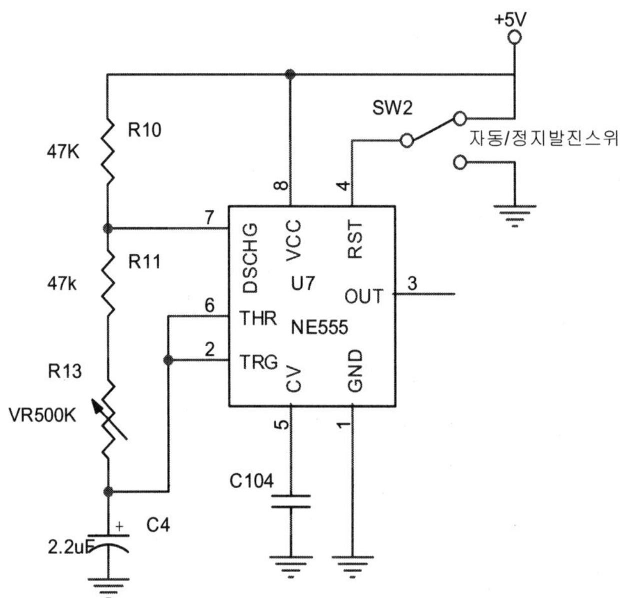

발진 주파수 T는

$$T1 = 0.693(R1 + R2)C$$

$$T2 = 0.693R2C$$

$$T = 0.693(R1 + 2R2)C \quad (T = T1 + T2)$$

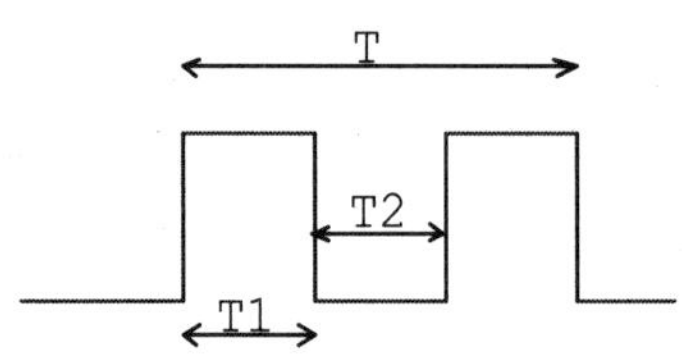

- 최소주기와 최대주기

회로에서 R1 = R10, R2 = R11 + R13을 위의 식에 적용하여 최소주기와 최대주기를 구해보면

① 최소주기는 T min = 0.693(47K + 47K)2.2uF = 0.1463613[sec]
② 최대주기는 T max = 0.693(47k + 47k + 500k)2.2uF = 0.9086616[sec]

가변저항 VR 500K를 조정하면 발진주기를 구할 수 있다. VR 500K 조정값이 10K라고 하면 발진주기는

$$T = 0.693(R1 + 2R2)C$$
$$= 0.693(47k + 2(47k + 10k))2.2uF$$
$$= 0.2454606[sec]$$

나. 카운터 동작원리

회로에서 74LS90A와 74LS90B의 핀 1번과 핀 12번을 연결하면 2진 5진 카운터, 즉 10진 카운터로 동작한다. 핀 14번에 들어오는 클럭 수를 헤아려 BCD(0000, 0001 .. 1010)로 출력된다.
74LS90A 핀 11번 QD 출력을 74LS90B의 클럭으로 사용하면 되고 74LS90A CLK펄스를 10개 들어오면 74LS90B의 핀 14번 CLK으로 입력되어 0 ~ 9까지 카운터된다. 74LS90A는 0 ~ 9까지 수를 카운터하고 74LS90B는 십의 자리수로 카운터된다.

다. 74LS48 DDECODER

74LS90 출력에서 BCD 값을 74LS48에서 입력 받아 FND를 구동할 수 있게 회로가 설계되어 있고 FND는 Common Cathde(C.K)로 연결되어 있다.

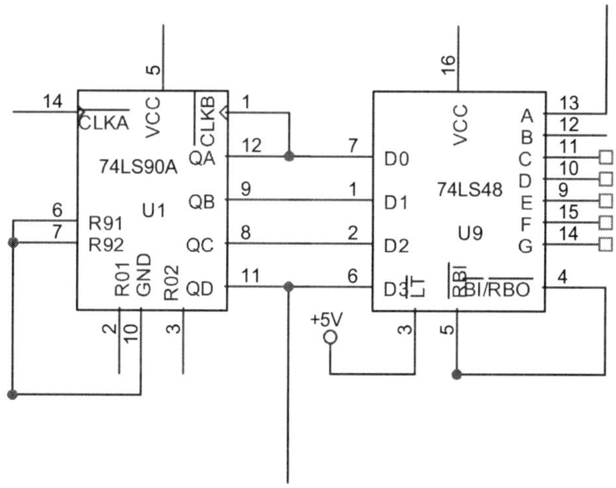

- 7448 출력에 따른 FND 표시

클럭수	7448 input	7448 output	FND 숫자
	D C B A	a b c d e f g	
0	0 0 0 0	1 1 1 1 1 1 0	**0**
1	0 0 0 1	0 1 1 0 0 0 0	**1**
2	0 0 1 0	1 1 0 1 1 0 1	**2**
3	0 0 1 1	1 1 1 1 0 0 1	**3**
4	0 1 0 0	0 1 1 0 0 1 1	**4**
5	0 1 0 1	1 0 1 1 0 1 1	**5**
6	0 1 1 0	0 0 1 1 1 1 1	**6**
7	0 1 1 1	1 1 1 0 0 0 0	**7**
8	1 0 0 0	1 1 1 1 1 1 1	**8**
9	1 0 0 1	1 1 1 0 0 1 1	**9**

클럭 수가 4이고 7448 DCBA = 0100 일 때 7448 출력은 0110011이고 FND 숫자 표시는 4이다.
클럭 수가 9이고 7448 DCBA = 1001 일 때 7448 출력은 1110011이고 FND 숫자 표시는 9이다.

26. LED 순차점멸기 회로설계

발진회로를 NE555로 설계하고 10개의 LED를 순차적으로 점멸시키는 회로를 설계해보자.

자동발진을 위해서는 비안정 멀티바이브레이터를 사용하고 CLK 펄스를 하나씩 받을 때마다 BCD(10진)값을 얻으려면 74LS90을 사용하면 된다.

BCD 값을 입력 받은 후 10개의 LED를 순차점멸하려면 DECODE IC인 7442를 사용하고 16개의 LED를 순차적으로 점멸하게 하려면 74LS154를 사용하면 된다.

[예제 1] 10진 LED 순차점멸 회로

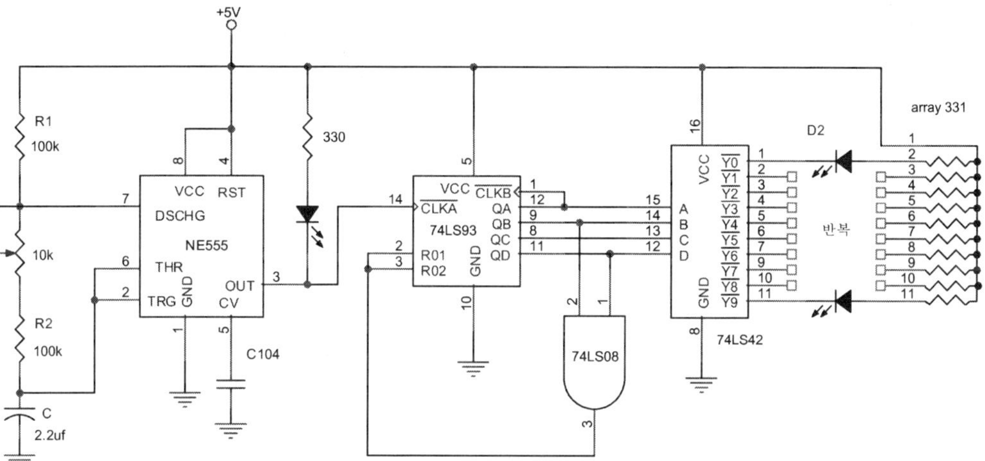

가. 발진주기

$$T = 0.693(R1 + 2R2)C$$

$$= 0.693(100k + (2*100k))2.2uF \quad (\text{if } VR=10K=0)$$

$$= 0.457[sec]$$

$$f = \frac{1}{T} = 2.18[Hz]$$

나. 74LS90(decade counter)의 기능

(1) 74LS90은 2진, 5진 카운터를 내장하고 있으며 2진 카운터의 출력 Qa(핀 1번)와 5진 카운터의 입력 B($\overline{CLKB}$) (핀 12번)를 연결하면 10진 카운터로 동작한다. 또한 QD(핀 11번)과 R01, R02을 연결하면 8진 카운터로 동작한다.

R01, R02, R91, R92는 출력을 1001(9)가 되면 RESET 되며 2진 5진 카운터의 CLK 입력이 H → L로 falling edge 될 때 74LS90 출력 QA, QB, QC 바뀌게 된다.

R01, R02, R91, R92는 정상 카운터 하기 위해서는 GND 해 수면 된다.

(2) 74LS90 진리표

LS90
MODE SELECTION

RESET/SET INPUTS				OUTPUTS			
MR_1	MR_2	MS_1	MS_2	Q_0	Q_1	Q_2	Q_3
H	H	L	X	L	L	L	L
H	H	X	L	L	L	L	L
X	X	H	H	H	L	L	H
L	X	L	X	Count			
X	L	X	L	Count			
L	X	X	L	Count			
X	L	L	X	Count			

H = HIGH Voltage Level
L = LOW Voltage Level
X = Don't Care

LS90
BCD COUNT SEQUENCE

COUNT	OUTPUT			
	Q_0	Q_1	Q_2	Q_3
0	L	L	L	L
1	H	L	L	L
2	L	H	L	L
3	H	H	L	L
4	L	L	H	L
5	H	L	H	L
6	L	H	H	L
7	H	H	H	L
8	L	L	L	H
9	H	L	L	H

NOTE: Output Q_0 is connected to Input CP_1 for BCD count.

74LS90 카운터를 하기 위해서는 MR1, MR2, MS1, MS2 값의 진리표를 보고 설정해야 한다. 예를 들어 카운터를 설정하기 위해서 MR1 = L, MR2 = X, MS1 = L, MS2 = X인 경우 X는 H, L 둘 중 어느 값을 주어도 무방한 don't care 값으로 설정하면 된다.

(3) logic diagram

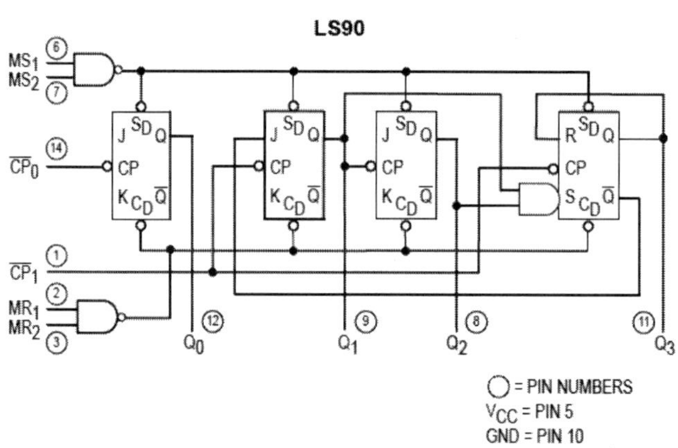

MS1, MS2 값은 NAND gate로 입력 변수 값을 받아들이기 때문에 둘 중 하나만 L 값을 주면 출력은 H가 된다. MR1, MR2는 둘 중 하나만 L 값을 주면 출력은 H가 된다.
※ 74LS90 전원 및 그라운드 VCC = 5번, GND = 10번

다. 7442(BCD to Decimal Decoder) 기능

1) 진리표

No.	BCD Input				Decimal Output									
	D	C	B	A	0	1	2	3	4	5	6	7	8	9
0	L	L	L	L	L	H	H	H	H	H	H	H	H	H
1	L	L	L	H	H	L	H	H	H	H	H	H	H	H
2	L	L	H	L	H	H	L	H	H	H	H	H	H	H
3	L	L	H	H	H	H	H	L	H	H	H	H	H	H
4	L	H	L	L	H	H	H	H	L	H	H	H	H	H
5	L	H	L	H	H	H	H	H	H	L	H	H	H	H
6	L	H	H	L	H	H	H	H	H	H	L	H	H	H
7	L	H	H	H	H	H	H	H	H	H	H	L	H	H
8	H	L	L	L	H	H	H	H	H	H	H	H	L	H
9	H	L	L	H	H	H	H	H	H	H	H	H	H	L
I	H	L	H	L	H	H	H	H	H	H	H	H	H	H
N	H	L	H	H	H	H	H	H	H	H	H	H	H	H
V	H	H	L	L	H	H	H	H	H	H	H	H	H	H
A	H	H	L	H	H	H	H	H	H	H	H	H	H	H
L	H	H	H	L	H	H	H	H	H	H	H	H	H	H
I	H	H	H	H	H	H	H	H	H	H	H	H	H	H
D														

진리표에서 BCD input A, B, C, D 값이 0 ~ 9까지 입력될 때 10진 출력 값이 나오며 출력 값을 모두 H로 할 경우에는 BCD 입력 A, B, C, D 값을 A ~ F로 설정해야 한다.

2) logic diagram

7442는 회로설계는 decoder 회로설계와 동일하게 한다.

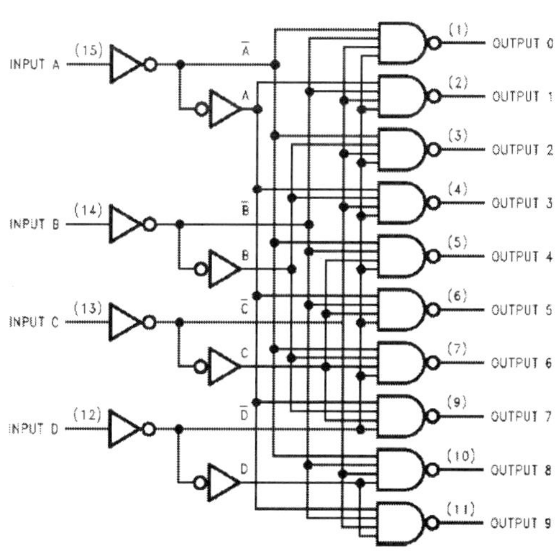

라. 16개의 LED를 순차점멸하게 하는 회로설계

주파수 발진회로를 NE555로 설계하고 16개의 LED를 순차적으로 점멸시키는 회로를 설계해 보자.

BCD(15진)값을 얻으려면 74LS93 IC에서 BCD값(0000~1111)을 입력 받은 후 16개의 LED를 순차점멸시키려면 DECODE IC인 74LS93를 사용하고 16개의 LED를 순차적으로 점멸하게 하려면 74LS154를 사용하면 된다. 74LS154 $\overline{G1}$, $\overline{G2}$는 둘 중 하나만 L가 주어지면 자동 카운터가 된다.

74LS154 $\overline{G1}$, $\overline{G2}$ = 0로 하는 이유는 진리표에 $\overline{G1}$, $\overline{G2}$ = L, L일 때 정상동작이고 $\overline{G1}$ 또는 $\overline{G2}$ 둘 중 하나만 H가 되면 74LS154 출력은 모두 H가 된다. 반드시 진리표를 보고 이해하고 넘어가자.

16개의 LED를 순차점멸하게 하는 회로(74LS93 전원 VCC, GND alldatasheet.co.kr 확인)

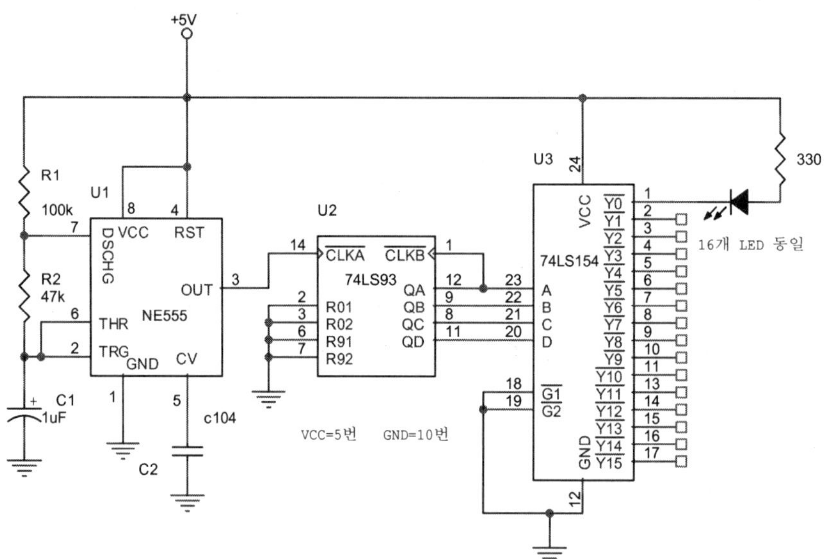

1) 74LS93 진리표

LS93
Count Sequence
(See Note C)

Count	Output			
	Q_D	Q_C	Q_B	Q_A
0	L	L	L	L
1	L	L	L	H
2	L	L	H	L
3	L	L	H	H
4	L	H	L	L
5	L	H	L	H
6	L	H	H	L
7	L	H	H	H
8	H	L	L	L
9	H	L	L	H
10	H	L	H	L
11	H	L	H	H
12	H	H	L	L
13	H	H	L	H
14	H	H	H	L
15	H	H	H	H

LS90
Reset/Count Truth Table

Reset Inputs				Output			
R0(1)	R0(2)	R9(1)	R9(2)	Q_D	Q_C	Q_B	Q_A
H	H	L	X	L	L	L	L
H	H	X	L	L	L	L	L
X	X	H	H	H	L	L	H
X	L	X	L	COUNT			
L	X	L	X	COUNT			
L	X	X	L	COUNT			
X	L	L	X	COUNT			

LS93
Reset/Count Truth Table

Reset Inputs		Output			
R0(1)	R0(2)	Q_D	Q_C	Q_B	Q_A
H	H	L	L	L	L
L	X	COUNT			
X	L	COUNT			

74LS93은 진리표(좌)에서 0~15까지 순차적으로 카운터되고 있으며 오른쪽 Reset/Count Truth Table은 R0(1) = L, R0(2) = X (don't care)로 되어 있으며 출력은 COUNT 로 되어 있으므로 카운터로 설계하고자 할 경우에는 진리표를 보고 R0(1) = L, R0(2) = X or R0(1) = X, R0(2) = L 설정해 주면 된다.

2) 74LS154 진리표

Inputs						Outputs															
G1	G2	D	C	B	A	0	1	2	3	4	5	6	7	8	9	10	11	12	13	14	15
L	L	L	L	L	L	L	H	H	H	H	H	H	H	H	H	H	H	H	H	H	H
L	L	L	L	L	H	H	L	H	H	H	H	H	H	H	H	H	H	H	H	H	H
L	L	L	L	H	L	H	H	L	H	H	H	H	H	H	H	H	H	H	H	H	H
L	L	L	L	H	H	H	H	H	L	H	H	H	H	H	H	H	H	H	H	H	H
L	L	L	H	L	L	H	H	H	H	L	H	H	H	H	H	H	H	H	H	H	H
L	L	L	H	L	H	H	H	H	H	H	L	H	H	H	H	H	H	H	H	H	H
L	L	L	H	H	L	H	H	H	H	H	H	L	H	H	H	H	H	H	H	H	H
L	L	L	H	H	H	H	H	H	H	H	H	H	L	H	H	H	H	H	H	H	H
L	L	H	L	L	L	H	H	H	H	H	H	H	H	L	H	H	H	H	H	H	H
L	L	H	L	L	H	H	H	H	H	H	H	H	H	H	L	H	H	H	H	H	H
L	L	H	L	H	L	H	H	H	H	H	H	H	H	H	H	L	H	H	H	H	H
L	L	H	L	H	H	H	H	H	H	H	H	H	H	H	H	H	L	H	H	H	H
L	L	H	H	L	L	H	H	H	H	H	H	H	H	H	H	H	H	L	H	H	H
L	L	H	H	L	H	H	H	H	H	H	H	H	H	H	H	H	H	H	L	H	H
L	L	H	H	H	L	H	H	H	H	H	H	H	H	H	H	H	H	H	H	L	H
L	L	H	H	H	H	H	H	H	H	H	H	H	H	H	H	H	H	H	H	H	L
L	H	X	X	X	X	H	H	H	H	H	H	H	H	H	H	H	H	H	H	H	H
H	L	X	X	X	X	H	H	H	H	H	H	H	H	H	H	H	H	H	H	H	H
H	H	X	X	X	X	H	H	H	H	H	H	H	H	H	H	H	H	H	H	H	H

H = High Level, L = Low Level, X = Don't Care

회로를 설계할 때 진리표에서 G1, G2 값은 L를 주면 되고 회로를 보면 INPUT은 74LS93으로부터 입력 받게 되어 있다. G1, G2 값은 L를 주면 출력은 정상 카운터를 실행하게 된다.

3) 74LS154 핀 배열과 logic diagram

전원 VCC는 핀 24번, GND는 핀 12번이며 제어선 G1, G2는 핀 18, 19번이다. G1, G2 값을 모두 H를 주게 되면 OUTPUT은 모두 H되며 회로에서는 LED가 모두 off 된다. PULL UP 저항을 달아주면 G1, G2 값을 제어할 수 있다.

DATA 입력 핀은 A, B, C, D이고 BCD 값이 입력된다. 오른쪽에 있는 logic diagram은 보기에는 회로가 복잡해 보이지만 decoder 회로를 설계하는 방법과 같다. logic diagram을 설계하는 방법은 '제2장 회로설계Ⅱ DECODER 회로설계' 를 참고한다.

- 74LS154 내부 등가회로

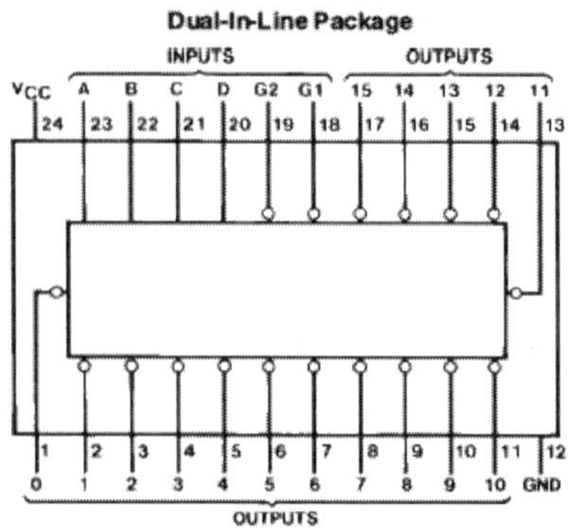

TL/F/6394-1

Order Number DM54LS154J,
DM74LS154WM or DM74LS154N
See NS Package Number J24A, M24B or N24A

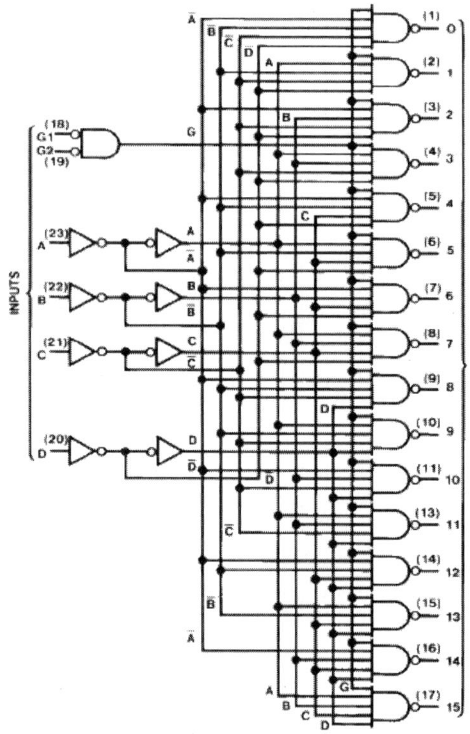

27. 정해진 숫자 판별회로 설계

정해진 숫자 판별회로를 설계하고자 한다. NE555의 핀 4번(RST)을 제어하여 발진을 제어하게 하고 7485 비교기 ADDRESS(sw1) A0, A1, A2, A3 setting한 값이 7485 B0, B1, B2, B3에 입력된 값과 일치하게 될 때 7485 출력 핀 6번(A=B0)에 H가 되어 Q1 TR이 동작되고 NE555 핀 4번에 L(data1)가 되어 발진이 정지하고 정지된 숫자값이 표시되게 회로를 설계해 보자.

[예제 1] 정해진 숫자 판별회로 설계(7485 VCC = pin 16, GND = pin 8)

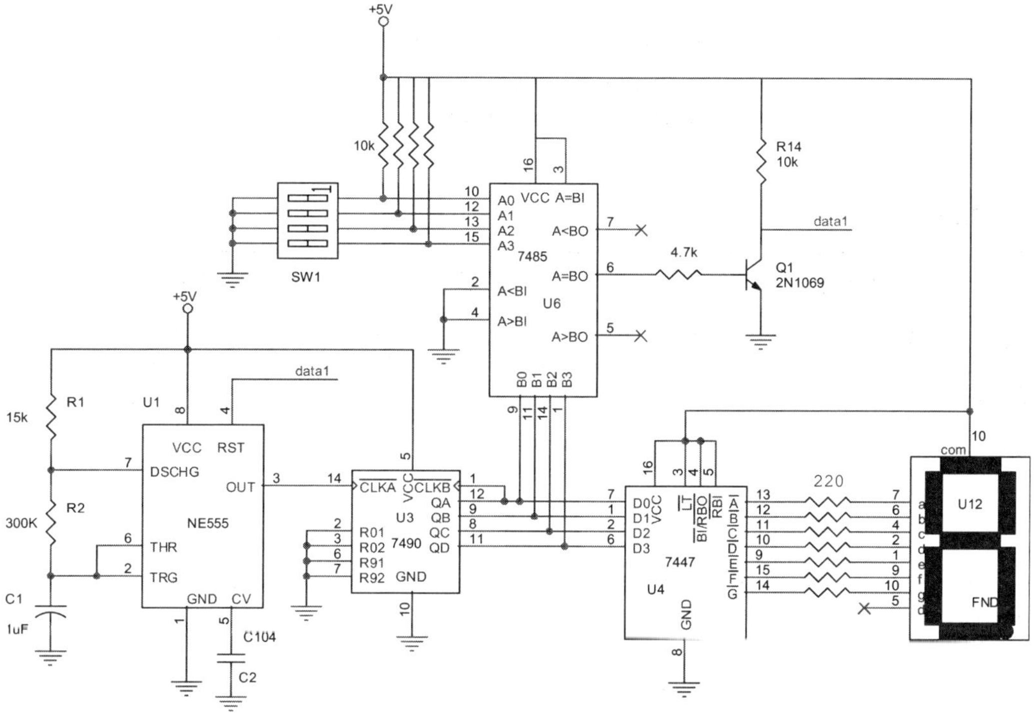

가. 7485 핀 배열

DM74LS85(4-Bit Magnitude Comparators)

① VCC : 핀 16번

② GND : 핀 8번

③ 비교기 입력 A0, A1, A2, A3

B0, B1, B2, B3

④ 비교기 출력 A 〉 B, A 〈 B, A = B

⑤ CASCADING 접속 A 〉 B, A 〈 B, A = B : 비교기 비트수를 확장할 때 사용

- 7485 핀 배열

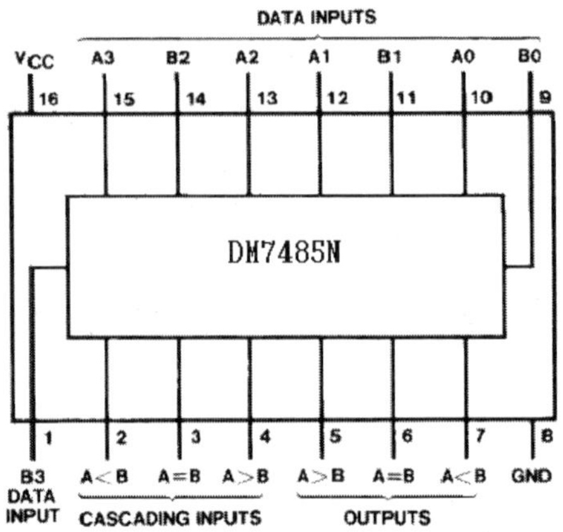

나. 진리표

비교입력				종속입력			출력		
A3B3	A2B2	A1B1	A0B0	A〉B	A〈B	A=B	A〉B	A〈B	A=B
A3〉B3	x	x	x	x	x	x	H	L	L
A3〈B3	x	x	x	x	x	x	L	H	L
A3=B3	A2〉B2	x	x	x	x	x	H	L	L
A3=B3	A2〈B2	x	x	x	x	x	L	H	L
A3=B3	A2=B2	A1〉B1	x	x	x	x	H	L	L
A3=B3	A2=B2	A1〈B1	x	x	x	x	L	H	L
A3=B3	A2=B2	A1=B1	A0〉B0	X	X	x	H	L	L
A3=B3	A2=B2	A1=B1	A0〈B0	X	X	X	L	H	L
A3=B3	A2=B2	A1=B1	A0=B0	H	L	L	H	L	L
A3=B3	A2=B2	A1=B1	A0=B0	L	H	L	L	H	L
A3=B3	A2=B2	A1=B1	A0=B0	L	L	H	L	L	H
A3=B3	A2=B2	A1=B1	A0=B0	x	x	H	L	L	H
A3=B3	A2=B2	A1=B1	A0=B0	H	H	L	L	L	L
A3=B3	A2=B2	A1=B1	A0=B0	L	L	L	H	H	L

① 4비트 크기 비교기이며 A3, A2, A1, A0와 B3, B2, B1, B0 크기를 비교할 수 있다.
② 입력의 크기를 비교하여 출력을 A 〉 B, A 〈 B, A = B 로 구분한다.
③ LSB 첫 번째 비트에서 2번째 비트, 2번째 비트에서 3번째 비트, 3번째 비트에서 4번째 비트로 연결하기 위해서는 Cascading inputs 방법을 알아야 한다.

※ 7485 ① 비교입력 A0 〉 B0이면 출력 A 〉 B는 H ② 비교입력 A0 〈 B0이면 출력 A 〈 B는 H ③ 비교입력 A0 = B0이면 A1과 B1을 비교하여 출력을 결정한다.

다. NE555 발진회로

NE555 발진회로에 핀 4번을 이용하면 발진을 정지시킬 수 있다. 회로에서는 7490에서 출력되는 BCD 출력(7485 입력 A0, A1, A2, A3)과 7485 입력값(B0, B1, B2, B3)이 같은 경우 NPN TR Q1을 이용하여 NE555 핀 4번을 제어한다.

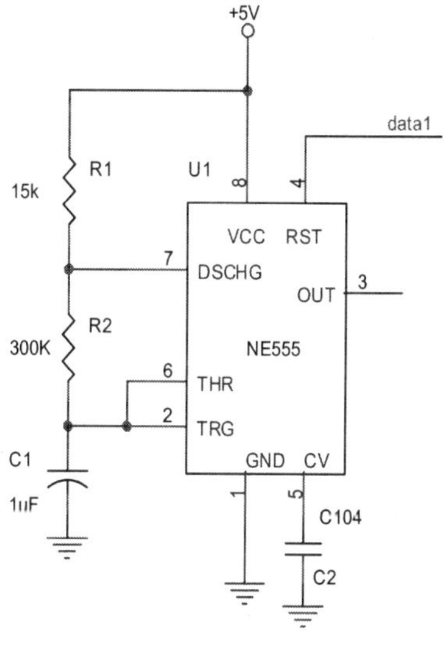

$$T1 = 0.693(R1 + R2)C$$
$$= 0.693(15k + 300k)1uF$$
$$\fallingdotseq 218.295[msec]$$
$$T2 = 0.693\ C \times R2$$
$$= 0.693 \times 1uF \times 300k$$
$$\fallingdotseq 207.9[msec]$$
$$T = T1 + T2 = 0.693(R1 + 2R2)C$$
$$\fallingdotseq 426.195[msec] \qquad \therefore \text{발진 주파수 } f = \frac{1}{T} \fallingdotseq 2.346[KHz]$$

라. 7485 비교기 회로

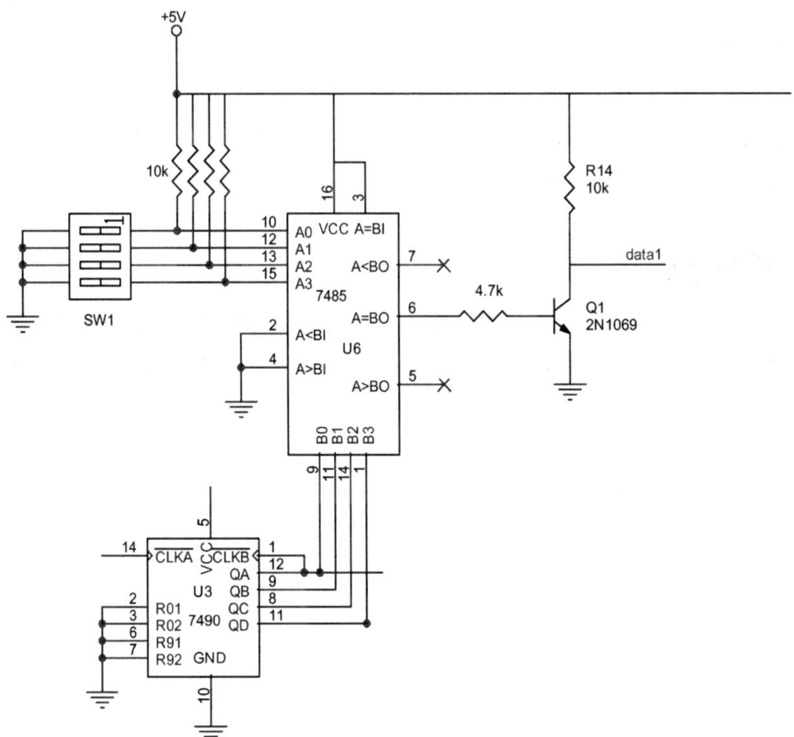

7485 입력 A0, A1, A2, A3 값을 DIP SW1을 이용하여 설정하고 설정 값이 0110라 하면 7490 출력 Q0, Q1, Q2, Q3 값이 0110 될 때 7485 B0, B1, B2, B3에 입력으로 공급된다.

7485 비교기 값 A0, A1, A2, A3와 B0, B1, B2, B3 같게 되었을 때 7485 A = B(핀6번)은 H 되고 Q1 NPN TR은 도통이 되어 NE555 발진회로 핀 4번을 L로 되면서 발진을 정지시킨다. NE555 핀 4번에는 H일 때에는 자동발진이 되고 L일 때에는 발진이 정지한다.

- 보충설명

7485 데이터 입력값 비교기 설명 7485 입력 데이터 값이 A0, A1, A2, A3 = 1 0 0 1이라 하고 B0, B1, B2, B3 = 1 0 0 1이라 하면 7485 출력 A = B는 H가 된다(A0, A1, A2, A3 = B0, B1, B2, B3 같지 않을 때에는 7485 출력 A = B는 L가 된다).

A = B는 H가 되면 Q1 NPN TR은 도통되어 NE555 핀 4번을 L로 만들어 발진이 정지되고 FND에는 9 값이 표기된다.

마. 12비트(4096) 크기 블록 다이어그램

12비트 크기 비교기는 데이터시트에 있는 블록 다이어그램이다. 12비트(4096) 크기 비교기 블록 다이어그램을 보고 회로설계 방법에 대해 알아보자.

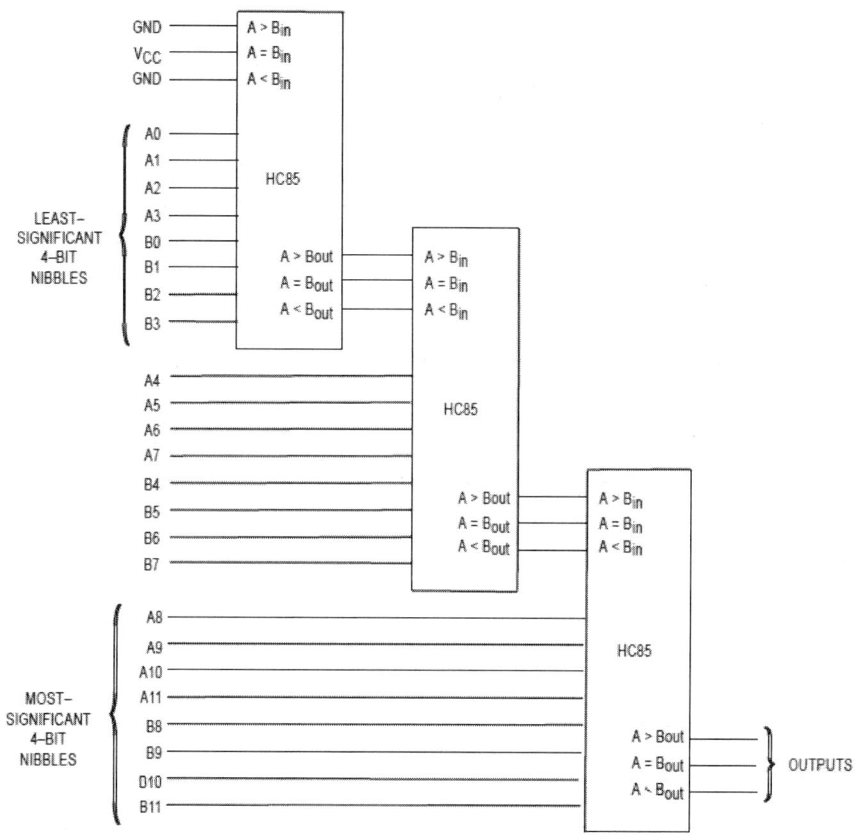

[12비트(4096) 크기 비교기 블록 다이어그램]

바. 종속접속(cascading) 2단 접속회로

비교기 워드 수를 확장할 때 종속접속 방법이다. cascading 회로를 이용하여 2단 접속회로를 설계해 보자. 회로에서 cascading 연결은 종속 0000, 종속 0001, 종속 0002에 A 〉 BI와 A 〉 B0를 설계한 예제이다.

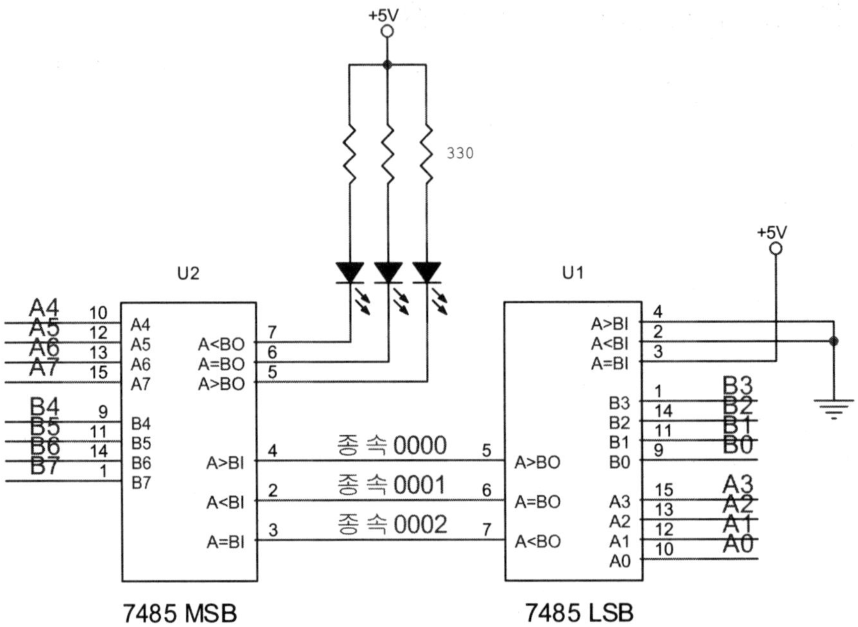

[7485 cascading 접속회로]

A 입력비트	A7	A6	A5	A4	A3	A2	A1	A0
B 입력비트	B7	B6	B5	B4	B3	B2	B1	B0

A 입력비트와 B 입력비트의 크기를 비교하여 출력값을 결정한다

(예) 비교기 값	1	0	1	0	1	1	0	0
	0	1	0	1	0	1	0	1

A 입력비트 2진수를 10진수로 변환하면 172가 되고 B 입력비트 2진수를 10진수로 변환하면 85가 된다. 172 〉 85이므로 U2 7485 A 〉 B0(핀 5번)에 출력 값이 결정된다.

사. 7485 비교기 12비트 회로설계(실전응용)

DIP SW를 이용하여 A11 ~ A0와 B11 ~ B0 값을 74HC85에서 입력받고 두 개 값을 비교하여 74HC85 cascading 접속에 의해 U15 A 〉 B, A 〈 B, A = B 결과값을 LED D10, D11, D12를 통해 비교기 값을 알 수 있다. U13 입력 DIP SW 값이 LSB(최하위 비트)로 사용되었고 U15 입력 DIP SW 값이 MSB(최상위 비트)로 설계되었다.

- 비교기 12비트 회로

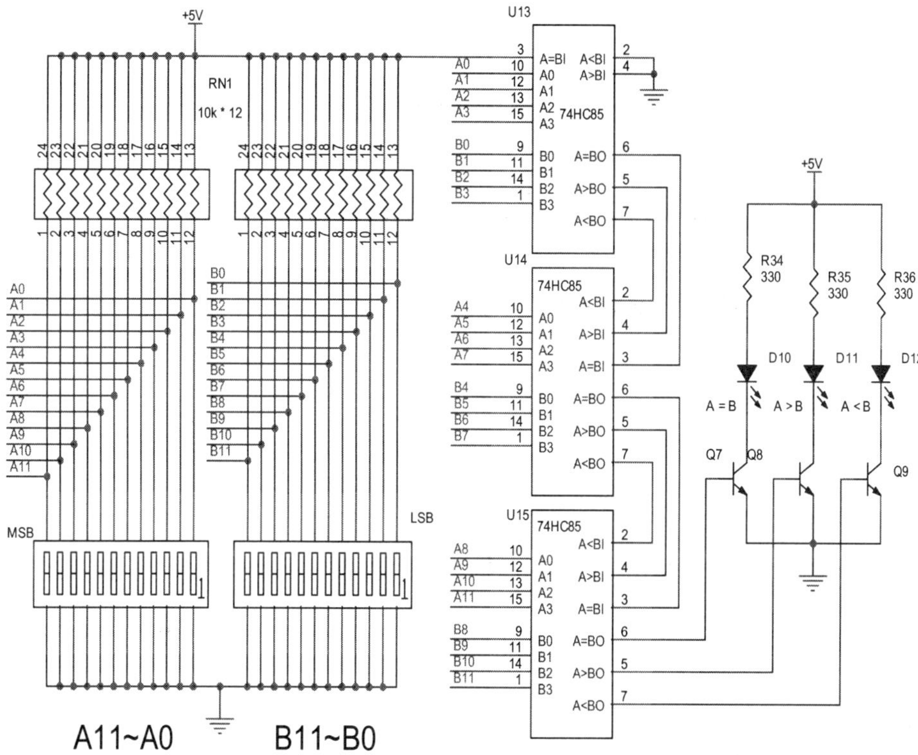

(참고 PROTEUS array RES: resistors net 또는 resistors pack, RES16DIPIS)

입력비트 A11 ~ A0와 B 입력비트 값의 크기를 비교하여 U15 74HC85의 출력 A = B0, A 〉 B0, A 〈 B0 값을 결정한다. A = B0, A 〉 B0, A 〈 B0 중 H 출력일 때 LED는 on 된다. 예를 들어 DIP SW 값을 다음과 같이 설정해 주면 2진수(10진수)

A = 100000000011(2051)

B = 100000000010(2050)

A 〉 B일 때 U15 출력 핀 5번(A 〉 B0)을 통해 H 값이 출력되고 Q8 TR을 통해 D11 LED가 on 된다.

27-1. 8비트 ADDRESS SET 회로설계

스위치 A address와 B address 값을 비교하여 다음 조건이 만족되면 motor가 구동, 정지되게 회로를 설계하시오.

조 건	A ⟩= B	A ⟨ B
동 작	모 터 구 동	LED on

[예제 1] 스위치 비교값에 따른 모터구동 및 led 동작회로

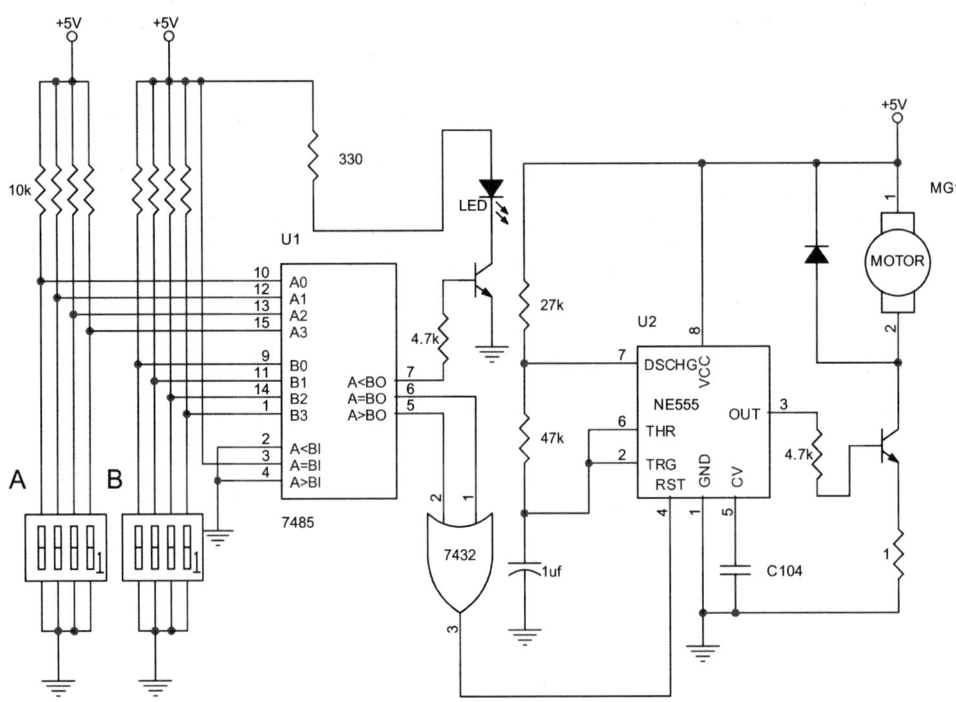

스위치 A에 1001(9)을 주고 B에 1000(8)을 설정하게 되면 비교기 7485 출력은 A = B0와 A ⟩ B0에는 H 되고 NE555 핀 4번에 H 공급되어 NE555는 자동발진이 일어나 TR을 구동하게 되고 모터를 동작하게 된다.

스위치 A에 1000(8)을 주고 B에 1001(9)을 설정하게 되면 A ⟨ B이므로 비교기 7485 출력은 A ⟨ B0에는 H 출력되어 led가 on 된다.

27-2. 8비트 ADDRESS SET 회로설계

SW4 ADDRESS 값을 98(1001 1000)로 설정했을 때 FND 표시값이 0 ~ 97로 UP COUNT되고 98이 되면 정지되는 회로를 설계해 보자.

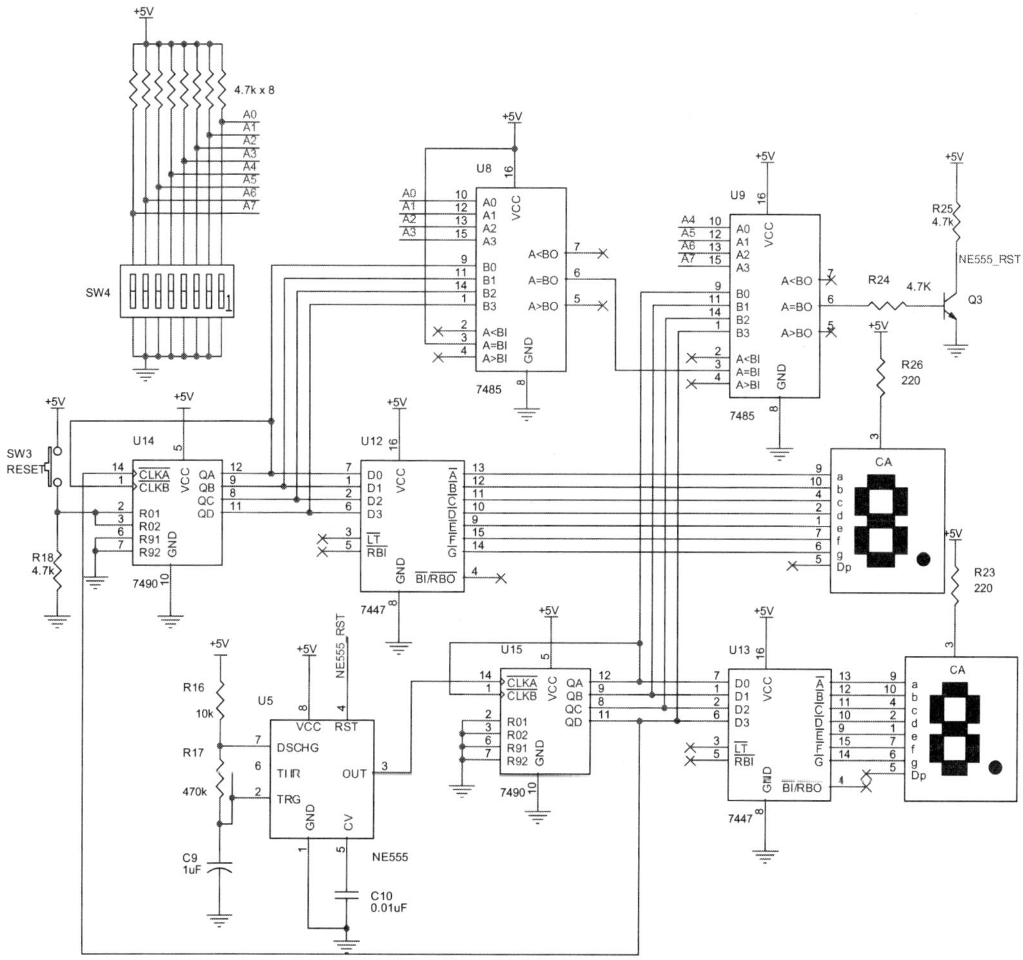

[8비트 ADDRESS SET 회로]

기준값 A7~A0 SW4 ADDRESS 값 98(10011000)로 설정하고 U5 NE555에서 CLK 펄스를 발생시켜 U15 7490에서 BCD가 출력되고 1001이 되면 U15 핀 11번(QD) 출력 값을 U14 7490에 CLK 펄스 핀 14번(CLKA) 입력으로 공급되어 두 자리 숫자로 카운터되면 U8, U9의 cascading 접속에 따라 비교 값 A7 ~ A0와 B7 ~ B0 결과에 따라 A 〉 B, A 〈 B, A = B 출력이 H가 되어 Q3 TR을 동작시켜 컬렉터에 L가 되어 U5 NE555 핀 4번이 연결되어 발진을 정지하게 된다.

28. 스위치 값 FND 표시 회로설계

74147은 우선순위를 설정할 수 있는 기능을 가지고 있다. 입력 스위치가 1 ~ 9까지 중 L 값이 들어오면 숫자가 큰 값을 출력으로 내보낸다.

예를 들어 9와 5의 스위치 센서가 입력될 경우 9의 출력 0110를 부논리값으로 보낸다. 회로에서 74147 다음 단 NOT gate는 부논리값 → 정논리값으로 변환하는 회로이다. 74190은 정논리로 입력값을 받아들인다.

[예제 1] 스위치 값 74190에 PRSET 후 FND 표시회로

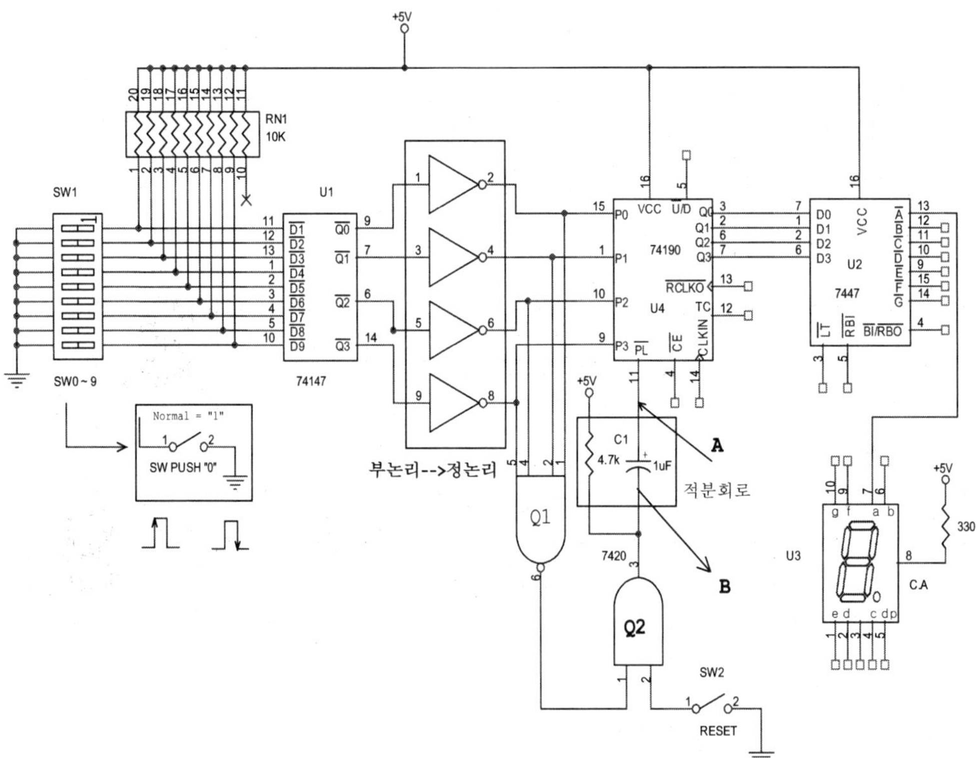

가. 우선순위(PRIORITY) 74147,74148 PACKAGE TYPE

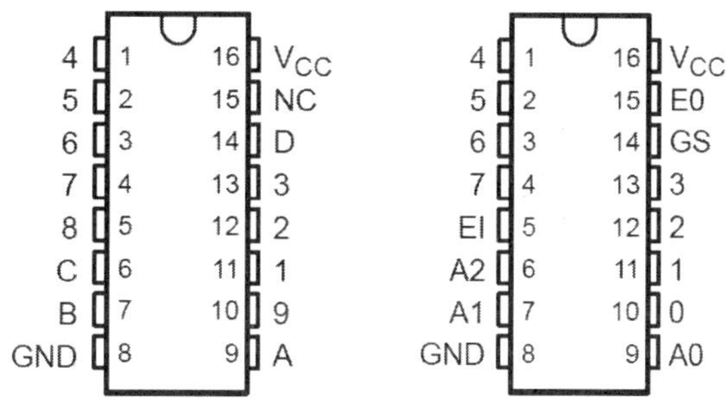

74147 74148

- 74147 10 LINE TO 4 LINE PRIORITY ENCODER(우선순위 엔코더) 진리표

INPUTS									OUTPUTS			
1	2	3	4	5	6	7	8	9	D	C	B	A
H	H	H	H	H	H	H	H	H	H	H	H	H
X	X	X	X	X	X	X	X	L	L	H	H	L
X	X	X	X	X	X	X	L	H	L	H	H	H
X	X	X	X	X	X	L	H	H	H	L	L	L
X	X	X	X	X	L	H	H	H	H	L	L	H
X	X	X	X	L	H	H	H	H	H	L	H	L
X	X	X	L	H	H	H	H	H	H	L	H	H
X	X	L	H	H	H	H	H	H	H	H	L	L
X	L	H	H	H	H	H	H	H	H	H	L	H
L	H	H	H	H	H	H	H	H	H	H	H	L

① 입력 값이 모두 H인 경우 출력은 모두 H H H H로 된다(정지).

② 입력 값이 L인 경우에는 우선순위에 따라 출력이 결정된다.

③ 두 개의 스위치를 동시에 누를 경우에는 진리표에서 INPUT 숫자가 큰 값이 우선선정된다. 이 회로에서는 스위치에 연결되어 있는 PULL UP저항(RN110K)이 74147 입력 H or L를 설정할 수 있고 스위치가 연결되어 있는 경우에는 L 값이 입력되고 스위치가 연결되지 않은 경우에는 H 값이 입력된다.

나. 74190 Presettable Synchronous UP/DOWN 4-Bit Counter
- 진리표

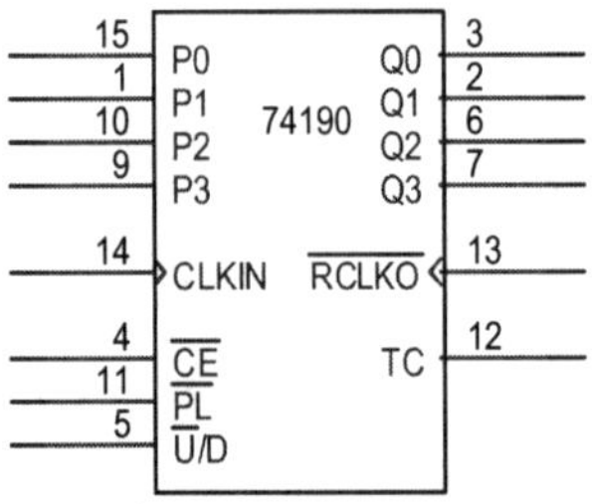

1) 74190 핀 기능 ※ Preset : 미리 set 되게 하다

$\overline{PL}$ (11):Preset load로 L일 때 P0, P1, P2, P3 입력 데이터가 Preset 된다.

$\overline{PL}$ = H, $\overline{CE}$ = L일 때 Count CLKIN이 정상 동작되고 $\overline{CE}$ = L이면 Count 정지된다.

$\overline{U/D}$(5)= H일 때 Count DOWN 되고 $\overline{U/D}$ = L 이면 Count UP 된다.

$\overline{RCLK0}$(13) = Count DOWN 시 Count 계수는 0, Count UP 시 Count 계수는 9가 된다. casecade 접속. 즉, 종속 접속 시 사용하거나 분주기 회로 설계 시 사용된다.

2) 각 핀에 따른 타임주기

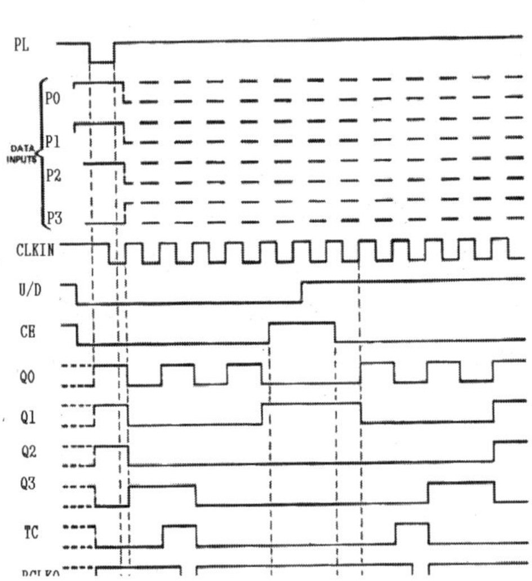

LOAD일 때 Preset 되며 카운터 UP → 상태유지 → 카운터 DOWN 순서대로 된다. INHIBIT 상태에서는 카운터가 금지된다.

3) 각 핀 동작기능 진리표

동작상태 진리표를 보고 동작기능에 대해 알아보자.

CLKIN	$\overline{PL}$	$\overline{CE}$	$\overline{U}$/D	동작상태
*	L	*	*	P0...P3 입력 시 Preset
↑	H	L	L	COUNT UP
↑	H	L	H	COUNT DOWN
↑	H	H	*	INHIBIT
↓	H	*	*	INHIBIT

* : don't. 즉, 1, 0 상관없음.

4) $\overline{PL}$(Preset load) 신호를 이용하여 입력신호를 받아 Preset 하기

이를 위해서는 그림에서 A 포인터에 L가 되면 된다.

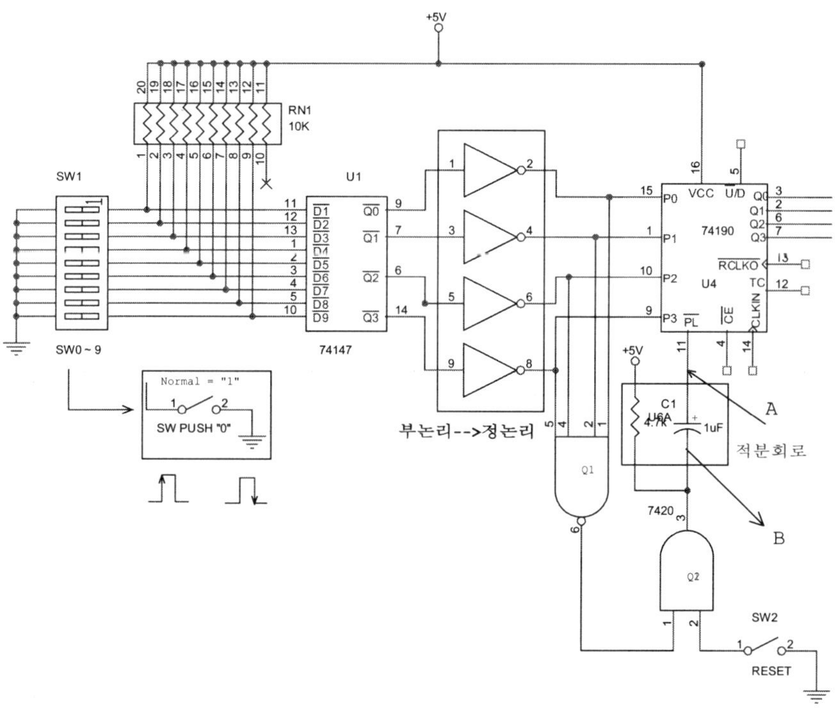

74147에서 입력받은 값은 NOT gate를 통과해서 부논리에서 정논리로 변환되고 74190은 정논리로 입력받아 출력으로 보내게 된다. 스위치가 모두 눌리지 않은 상태에서 출력은 H가 된다.

$\overline{PL}$에 L가 입력되어야 Preset load가 되는데 회로원리에 대해 알아보자.

① SW가 모두 눌리지 않은 상태에서 74147 출력은 모두 H 된다.
② SW1 ~ 9 중 해당 스위치가 눌리면 74147 출력 최소 하나는 L되고 NOT gate 통과 후 반전(0이면 1, 1이면 0)된다.
③ NAND gate Q1 출력은 L가 된다(해당 스위치가 눌린 상태).
④ Q2가 AND gate이므로 B점이 L가 되고 A점이 H 상태이므로 적분회로로 구성되어 있다. 콘덴서 1uF을 통해 순간적으로 전류가 흘러 단락이 되고 지수함수적인 시간이 지난 후 콘덴서는 충전되어 H가 된다. A점이 지수함수적인 시간만큼 L가 될 때 누른 스위치 값이 74190에 Preset 된다.
예를 들어 SW1(LSB 첫 번째 상단 SW)이 눌릴 때 74147 핀 11번($\overline{D1}$)에 L가 입력되고 $\overline{D2}\sim\overline{D9}$까지는 H이므로 입력은 1111111110가 되고 74147출력 핀 9번($\overline{Q0}$)은 L가 되고 74147 출력은 $\overline{Q3}$, $\overline{Q2}$, $\overline{Q1}$, $\overline{Q0}$은 1110이 된다.
⑤ 부논리를 정논리로 변환하는 NOT gate를 거쳐 74190 입력 P3, P2, P1, P0은 0001이 된다. 이때 $\overline{PL}$ 회로에서 표기된 A 지점은 L가 된다.
⑥ 74190에는 입력된 P3, P2, P1, P0 값 0001이 Preset 된다. Preset 되기 위해서는 11번 핀 $\overline{PL}$이 L가 되어야 한다.

이번에는 Normal 상태를 고려해 보자.

DIP SW1에 있는 SW0 ~ 9까지 스위치가 눌러지지 않은 상태에서는 모두 1111111111 이 74147을 통해 입력되고 74147 출력 또한 1111이 된다. NOT gate를 거쳐 74190 입력은 전단계 비트를 기억하므로 0000이 된다.

74190 아래 SW2를 누르게 되면 B 지점에 L가 되고 A 지점도 L가 되는 지수 함수적인 순간에 74190의 11번 핀 $\overline{PL}$이 L가 되고 74190 입력은 0000으로 Preset 된다.

- RESET, SW0 ~ 8 스위치 값에 따른 74147과 74190 입출력 진리표

10진수	RESET+SW0~8	74147 ($\overline{Q3}$, $\overline{Q2}$, $\overline{Q1}$, $\overline{Q0}$)	$\overline{PL}$	74190 (P3,P2,P1,P0)	74190 (Q3,Q2,Q1,Q0)
0	0111111111	1111	0	0000	0000
1	1011111111	1110	0	0001	0001
2	1101111111	1101	0	0010	0010
3	1110111111	1100	0	0011	0011
4	1111011111	1011	0	0100	0100
5	1111101111	1010	0	0101	0101

6	1111110111	1001	0	0111	0111
7	1111111011	1000	0	0111	0111
8	1111111101	0111	0	1000	1000
9	1111111110	0110	0	1001	1001
Normal	1111111111	1111	1	전 단계 기억	전 단계 출력

나. 74148 8 LINE TO 3 LINE PRIORITY ENCODER
- 우선순위 엔코더 진리표

INPUTS									OUTPUTS				
EI	0	1	2	3	4	5	6	7	A2	A1	A0	GS	EO
H	X	X	X	X	X	X	X	X	H	H	H	H	H
L	H	H	H	H	H	H	H	H	H	H	H	H	L
L	X	X	X	X	X	X	X	L	L	L	L	L	H
L	X	X	X	X	X	X	L	H	L	L	H	L	H
L	X	X	X	X	X	L	H	H	L	H	L	L	H
L	X	X	X	X	L	H	H	H	L	H	H	L	H
L	X	X	X	L	H	H	H	H	H	L	L	L	H
L	X	X	L	H	H	H	H	H	H	L	H	L	H
L	X	L	H	H	H	H	H	H	H	H	L	L	H
L	L	H	H	H	H	H	H	H	H	H	H	L	H

74148 우선순위 IC는 입력값이 L일 때 OUTPUT이 A2, A1, A0로 출력되며 8개의 입력 우선순위 스위치와 출력을 제어할 수 있는 GS, E0가 있다. 정상동작을 위해서는 GS = L, E0 = H로 연결하여야 한다.

다. 16 LINE TO 4 LINE PRIORITY ENCODER 우선순위 엔코더 회로설계

74148을 이용하여 16개의 입력 우선순위 스위치를 설계하고 4개의 BCD 값이 출력되는 회로를 설계해 보자.

1) 74148을 이용한 기본개념

74148 IC를 2개 사용하여 회로를 설계하기 위해서는 E0(U2)와 E1(U1) 값을 연결해 주어야 한다.

2) 16 LINE DATA INPUT 과 ENCODER OUTPUT DATA

ENCODER 출력 값을 U1, U2에서 받기 위해서는 74LS08을 이용하여 다음과 같이 설계해 주어야 한다.

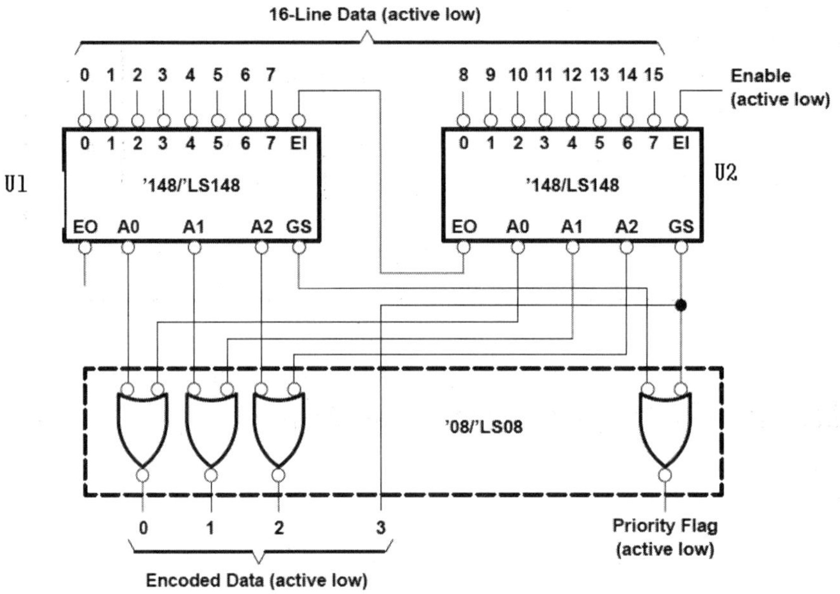

3) 16 LINE DATA INPUT과 ENCODER OUTPUT DATA 회로설계

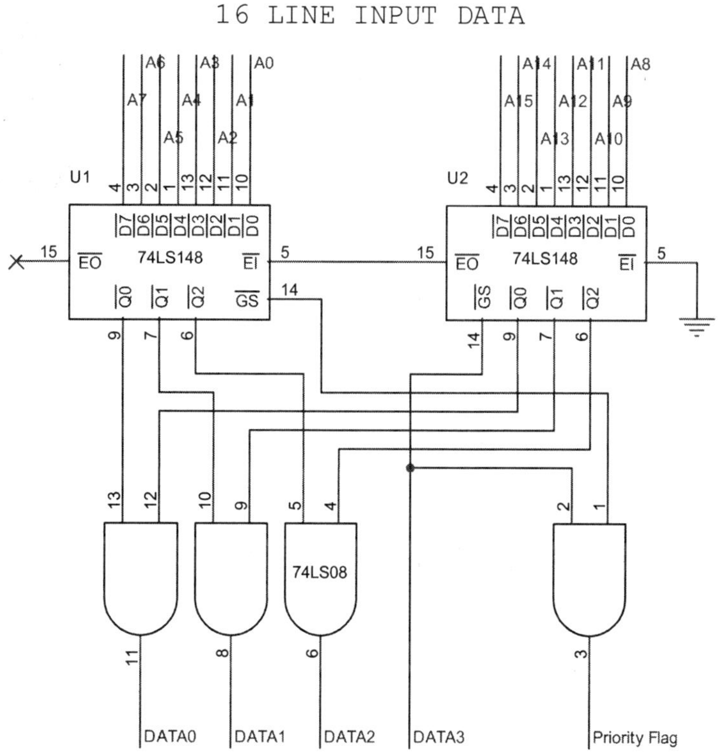

29. 숫자로 표시되는 전자주사위 회로설계

B 접점 스위치를 눌렀다(0), 떼면(1)이 되게 하고 FND 숫자가 전자주사위처럼 동작하게 회로를 설계해 보자.

B 접점 스위치를 이용하여 현재상태(누르기 전)에서는 발진이 정지되게 하고 스위치를 누르면 발진이 시작되도록 되게 설계하고자 한다.

스위치를 누르면 7400 핀 10번에는 H가 되고 TTL gate를 이용한 발진회로에서는 계속해서 주파수가 발생하고 스위치를 누르지 않으면 7400 핀 10번에는 L, 출력은 H가 된다. 따라서 스위치를 누르면 7492 CLKA 입력에 H → L → H → L가 계속해서 만들어지므로 CLK 펄스로 활용할 수 있다. TTL gate를 이용한 발진회로로 7400 NAND를 이용하여 전자주사위를 설계하면 된다.

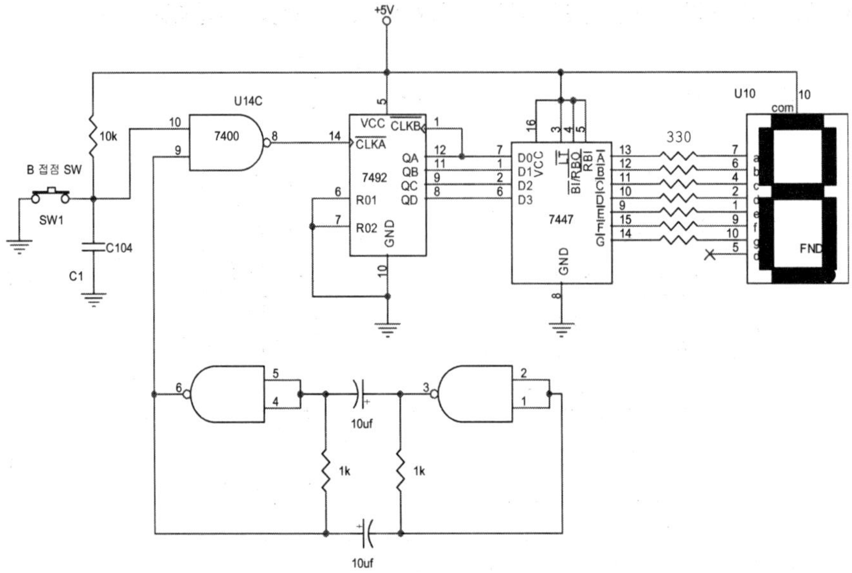

가. NAND gate를 이용한 발진회로

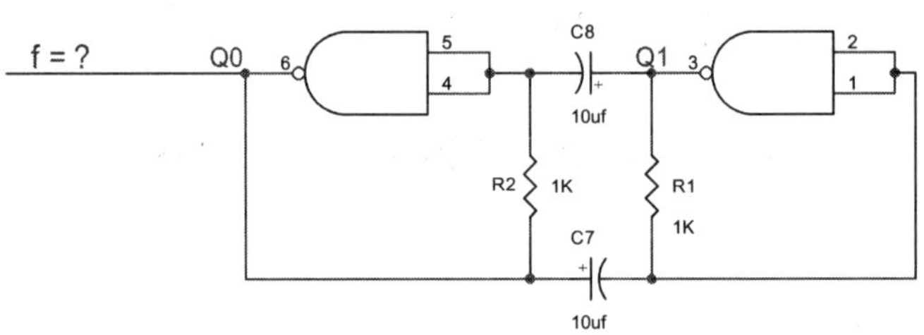

발진회로에서

① Q = 0, $\overline{Q}$ = 1이라 하면 C1 콘덴서는 R2를 통해 충전된다. C1의 충전전압으로 B점이 문턱 전압에 근접하게 되면 B점은 L가 되고 Q = H가 된다.

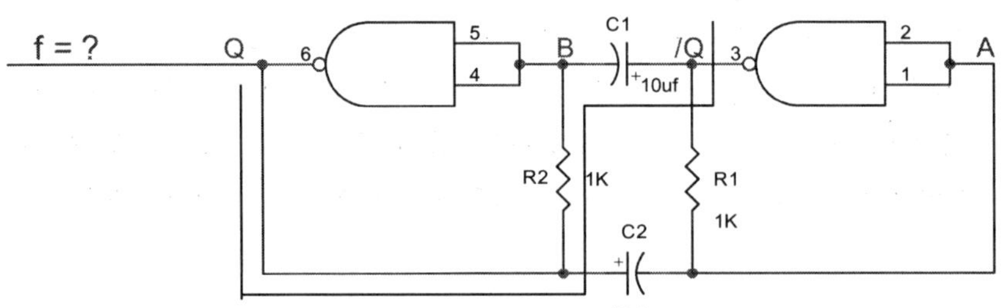

② Q = H가 되면 C2 콘덴서는 순간적으로 단락상태가 되고 A점은 H가 되고 Q는 L가 된다.
C2는 R1을 통해 충전되고 A점이 문턱전압으로 되면 Q는 H가 된다.
계속해서 반복되는 동작이 일어난다.

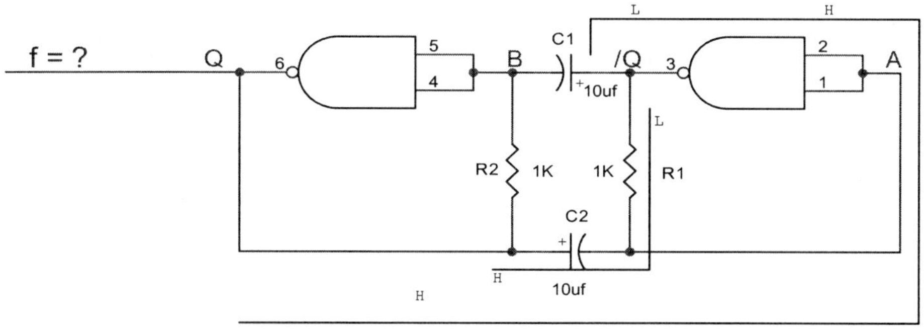

T1 = 0.693 R2C2[sec]
T2 = 0.693 R1C1[sec]
T = 0.693(R1C1 + R2C2)[sec]

if R1 = R2, C1 = C2

T = 1.4 CR = 1.4 × 10uf × 1K = 14[msec]

$f = \frac{0.7}{CR}$[HZ]

∴ f = 71.43[HZ]

나. 7492 CLKA 클럭 주파수 선택회로

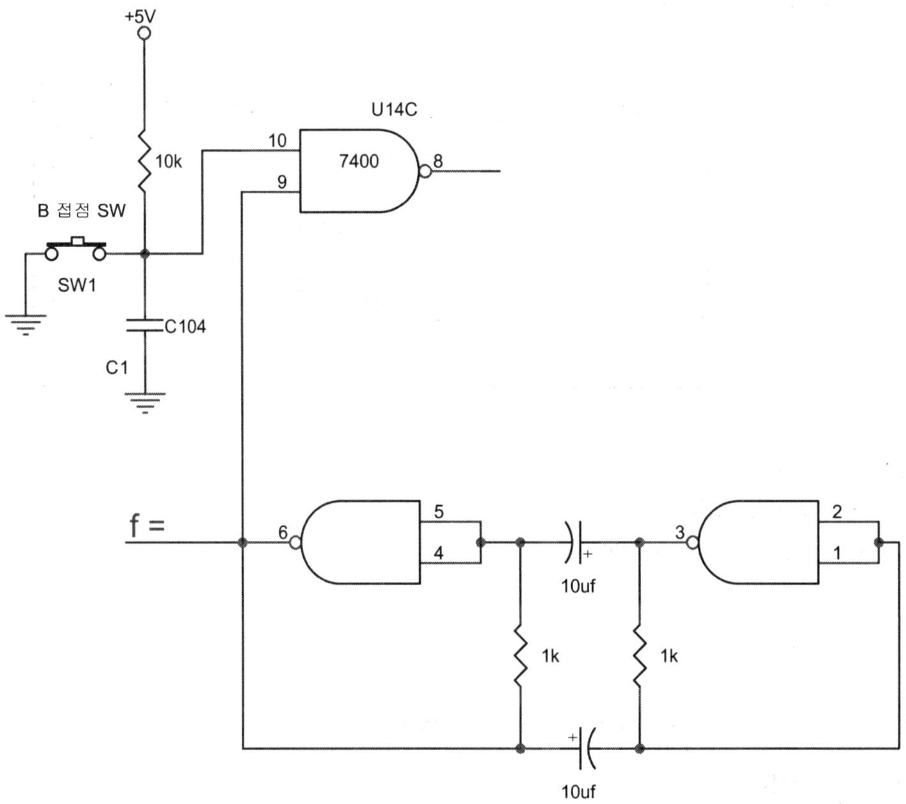

7400 NAND gate 10번 핀에 L가 입력되면 출력 8번 핀은 H로 선택된다.

B 접점 SW를 누르면 7400 NAND gate 10번 핀에 H가 입력되고 9번 핀은 H → L로 발진하고 있으므로 7492 14번 핀 CLKA에 CLK 펄스가 공급된다.

다. 7492(devide by 12 counter) 12진 카운트

7490은 2진 6진 카운터로 J-K 플립플롭 4개와 NAND gate 1개로 구성된 12진 카운터로 동작한다. VCC 전원은 핀 5번이고 GND는 10번이다.

MR1, MR2는 비동기식 MASTER RESET 입력단자로 출력을 RESET 할 수 있고 카운터로 동작할 수 있는데 둘 중 하나의 입력에 L를 주면 카운터가 되고 둘 다 H를 주면 Q0, Q1, Q2, Q3 출력은 강제로 0000이 된다.

1) 핀 배열

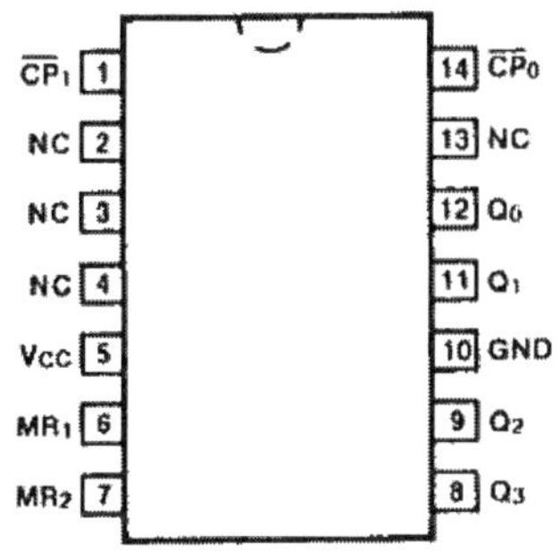

2) LOGIC SYSMBOL

핀 1번과 14번은 CLK 입력 핀이고 6번, 7번 핀은 둘 중 하나만 L이면 카운터로 동작한다. NC는 사용하지 않는 핀이다.

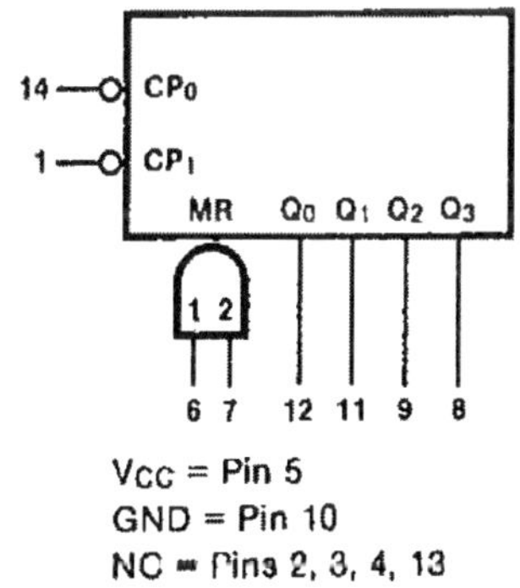

14번 핀은 2진 카운터로 동작하는 $\overline{CP0}$이고 1번 핀은 6진 카운터로 동작하는 $\overline{CP1}$이고 Q0, Q1, Q2, Q3 출력은 0000, 0001, 0010 .... 1011, 0000로 동작한다.

10진 카운터로 설계하려면 출력 핀이 Q0, Q1, Q2, Q3, 즉 0011일 때 AND gate를 이용하여 MR1, MR2에 L가 되게 설계하면 10진 카운터로 활용할 수 있다.

3) 진리표

MR1, MR2는 둘 중 하나가 L를 주어야 카운터로 동작되고 MR1 = H, MR2 = H이면 Q0, Q1, Q2, Q3는 모두 0000이 된다. 회로설계 시 RESET 기능으로 활용할 수 있다.

- 7490 진리표와 MODE SELECTION TABLE

COUNT	OUTPUT			
	Q_0	Q_1	Q_2	Q_3
0	L	L	L	L
1	H	L	L	L
2	L	H	L	L
3	H	H	L	L
4	L	L	H	L
5	H	L	H	L
6	L	L	L	H
7	H	L	L	H
8	L	H	L	H
9	H	H	L	H
10	L	L	H	H
11	H	L	H	H

RESET INPUTS		OUTPUTS			
MR_1	MR_2	Q_0	Q_1	Q_2	Q_3
H	H	L	L	L	L
L	H	Count			
H	L	Count			
L	L	Count			

M

4) Logic DIAGRAM

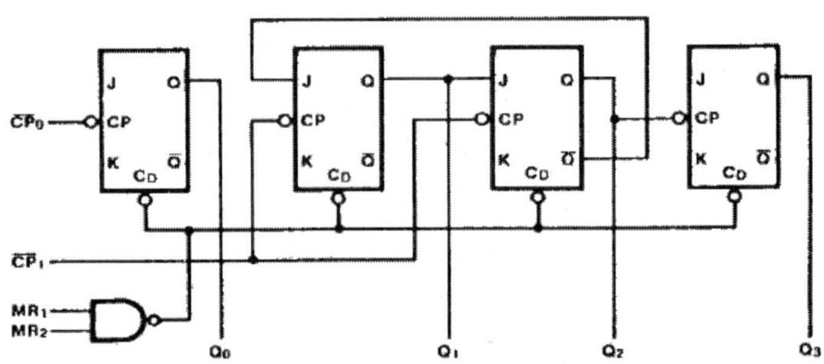

12진 카운터로 설계를 하려면 2진 카운터로 동작하는 $\overline{CP0}$와 6진 카운터로 동작하는 $\overline{CP1}$을 묶어 주면 12진 카운터로 동작된다. MR1, MR2 = L로 설정한다. 출력은 진리표에 나와 있는 Q0, Q1, Q2, Q3가 된다.

5) 7_segment를 켜기 위한 7447 입, 출력 회로와 fnd 표시값

- 7447 입, 출력 회로도

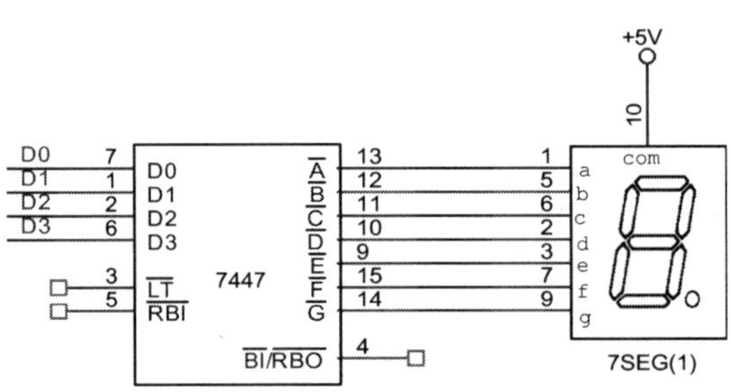

- FND 드라이브 7447 입력값과 출력값에 따른 FND 표시 진리표

clock pulse	7447 입력				7447 출력							fnd 표시
	D	C	B	A	a	b	c	d	e	f	g	
0	0	0	0	0	0	0	0	0	0	0	1	0
1	0	0	0	1	1	0	0	1	1	1	1	1
2	0	0	1	0	0	0	1	0	0	1	0	2
3	0	0	1	1	0	0	0	0	1	1	0	3
4	0	1	0	0	1	0	0	1	1	0	0	4
5	0	1	0	1	0	1	0	0	1	0	0	5
6	0	1	1	0	1	1	0	0	0	0	0	6
7	0	1	1	1	0	0	0	1	1	1	1	7
8	1	0	0	0	0	0	0	0	0	0	0	8
9	1	0	0	1	0	0	0	1	1	0	0	9

30. 정해진 ADDRESS 판별회로와 up/down count 회로설계

74192(Synchronus up/down decade counter)를 이용한 ADDRESS 값을 주고 segment에 표시하는 회로를 설계해 보자.

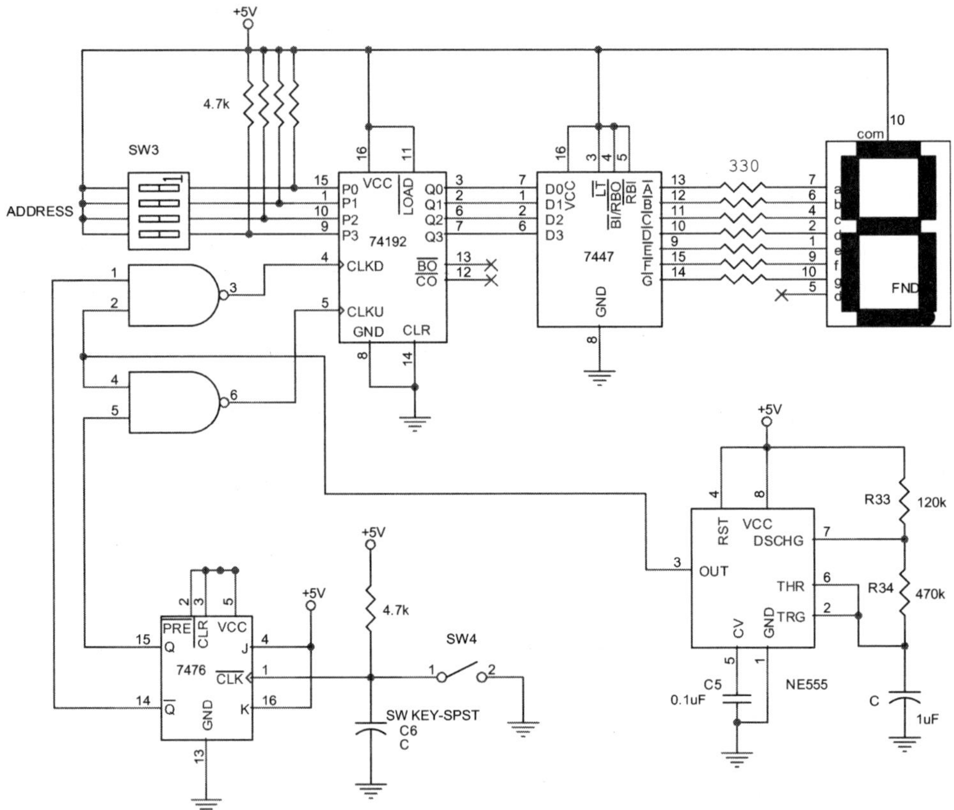

[ADDRESS 판별회로]

가. 74192(Synchronus up/down decade counter)

10진 BCD count로써 up/down으로 동작하며 $\overline{CARRY}$, $\overline{BORROW}$ 기능이 있어 다단계 카운터로 사용할 수 있다. 또한 $\overline{LOAD}$ 기능이 있어 ADDRESS 값을 설정할 수 있다.

74192(Synchronus up/down decade counter)은 input data 핀과 output 출력 핀으로 구분할 수 있다.

- 74192 PIN CONNECTIONS

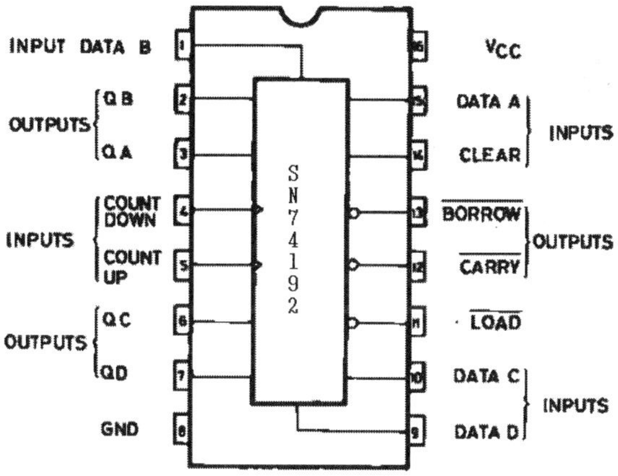

나. PIN 설명

PIN No	SYMBOL	NAME AND FUNCTION
3, 2, 6, 7	QA to QD	Flip-Flop Outputs
4	CP_D	Count Down Clock Input
5	CP_U	Count Up Clock Input
11	$\overline{LOAD}$	Asynchronous Parallel Load Input (Active LOW)
12	$\overline{CARRY}$	Count Up (Carry) Output (Active LOW)
13	$\overline{BORROW}$	Count Down (Borrow) Output (Active LOW)
14	CLEAR	Asynchronous Reset Input (Active HIGH)
15, 1, 10, 9	DA to DD	Data Inputs
8	GND	Ground (0V)
16	V_{CC}	Positive Supply Voltage

① DATA A, B, C, D(핀 15, 1, 9, 10) : Preset input(address값으로 사용)
② QA, QB, QC, QD : count output
③ CLEAR : Count Reset 기능으로 H이면 Reset, L이면 count 된다.
④ COUNT UP: UP count 동작을 위한 clock input
⑤ COUNT DOWN: DOWN count 동작을 위한 clock input
⑥ $\overline{LOAD}$: DATA 입력을 count에 Preset 기능으로 H 이면 count, L이면 Preset된다.

⑦ $\overline{CARRY}$: UP count 시 자리올림 비트로 동작

⑧ $\overline{BORROW}$: DOWN count 시 자리내림 비트로 동작

다. 진리표(True table)

COUNT UP	COUNT DOWN	$\overline{LOAD}$	CLEAR	FUNCTION
↑	H	H	L	COUNT UP
↓	H	H	L	NO COUNT
H	↑	H	L	COUNT DOWN
H	↓	H	L	NO COUNT
X	X	L	L	PRESET
X	X	X	H	RESET

X: Don't Care

라. Timing chart

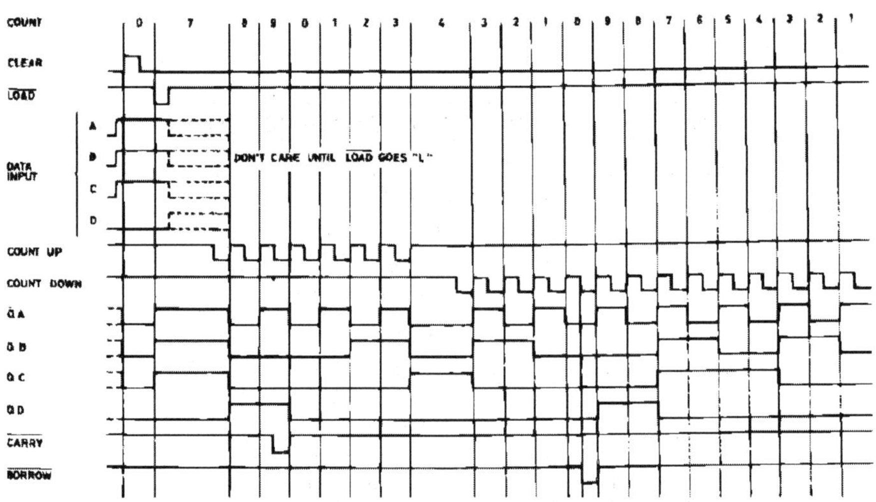

마. 회로동작

1) NE555 발진회로 주기

$T1 = 0.693(R1 + R2)C$

$= 0.693(120k + 470k)1uF$

$\fallingdotseq 408.87[msec]$

$T2 = 0.693\ C \times R2$

$= 0.693 \times 1uF \times 470k$

$\fallingdotseq 325.71[msec]$

$T = T1 + T2 = 0.693(R1 + 2R2)C$

≒ 734.58[msec]

$$\therefore \ f = \frac{1}{T} ≒ 1.3616[KHz]$$

2) up down count 회로

J-K 플립플롭 7476은 J = K = 1이 입력되어 있으므로 CLK 펄스가 들어올 때마다 출력 Q와 $\overline{Q}$는 반전된다. S/W를 누르면 on된다.

즉, S/W는 GND와 접속하게 되고 7476 $\overline{CLK}$에는 0이 입력되고 S/W를 떼면 off. 즉, S/W는 pull up 저항에 접속하게 되고 7476 $\overline{CLK}$에는 1이 입력된다.

- clock pulse 입력에 따른 7476 T 플립플롭 출력파형

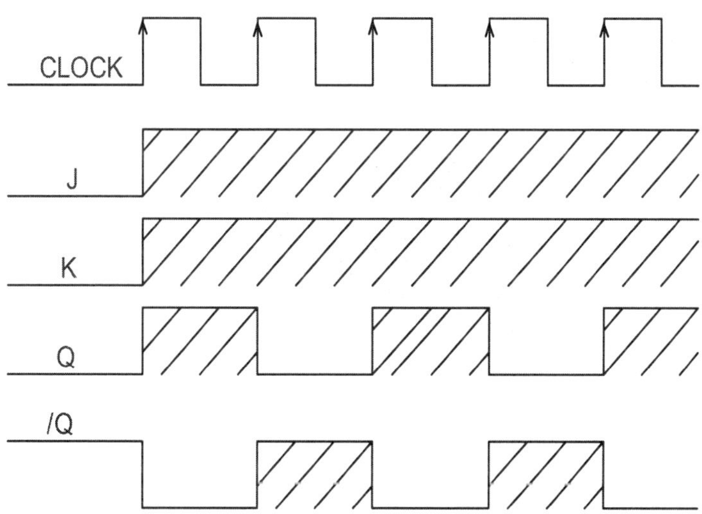

3) up down 회로동작

74192 $\overline{LOAD}$ 핀 11번이 H이고 ADDRESS DIP SW가 모두 0000 일 때 COUNT DOWN(핀4번) = H, COUNT UP(핀 5번)에 CLK 펄스가 입력되면 카운터 출력 Q0, Q1, Q2, Q3를 통해 0, 1, 2, … , 9, 0, 1, 2, … COUNT UP 된다.

4) down count 회로동작

74192 $\overline{LOAD}$ 핀 11번이 H이고 ADDRESS DIP SW가 모두 0000일 때 COUNT UP(핀 5번) = H, COUNT DOWN(핀 4번)에 CLK 펄스가 입력되면 74192 출력 Q0, Q1, Q2, Q3를 통해 0, 9, 8, 7, … , 1, 0, 9, … COUNT DOWN 된다.

5) ADDRESS PRESET

74192 $\overline{LOAD}$(핀 11번)이 L이고 ADDRESS PRESET(set)하면 PRESET 된 값이 7447 FND 드라이브 IC를 통해 표시된다.

DIP S/W = 1001이면 FND에는 숫자 9가 표시된다.
DIP S/W = 0111이면 FND에는 숫자 7이 표시된다.
DIP S/W ADDRESS 값을 PRESET(설정)한 후

① COUNT DOWN(핀 4번) = H, COUNT UP(핀 5번)에 CLK 펄스가 입력되면 카운터출력 Q0, Q1, Q2, Q3를 통해 0, 1, 2....9, 0, 1, 2 ... COUNT UP 된다.
② COUNT UP(핀 5번) = H, COUNT DOWN(핀 4번)에 CLK 펄스가 입력되면 74192 출력 Q0, Q1, Q2, Q3를 통해 9, 8, 7....1, 0, 9 ... COUNT DOWN 된다.

6) DIP S/W ADDRESS SETTING

74192 입력핀 P0, P1, P2, P3에는 PULL UP 저항이 연결되어 있고 스위치 값을 on, off할 때에는 ADDRESS 값이 설정된다.

SW를 위로 설정하면 SW는 on 되어 GND와 접속되므로 0이 되고, SW를 아래로 하면 SW는 off되어 PULL UP 저항에 있는 VCC 전압이 그대로 입력되므로 1이 된다.

바. 74LS47(BCD to 7_segment decoder)

(1) 74LS47은 7_segment decoder driver IC이며 CA(common anode type)을 사용해야 한다. 74LS47은 C · A(common anode type), 74LS48은 C · K(common cathode) decoder driver IC를 구분해서 사용해야 한다.

(2) LT(lamp test)(핀3번)은 lamp test $\overline{LT}$를 L하고 $\overline{BI/RB0}$를 H로 하면 74LS47 출력은 모두 L가 되어 7_segment은 모두 on 된다.

(3) $\overline{BI/RBO}$ (blanking input/ripple blanking output(핀 4번)은 H를 주고 input A, B, C, D가 입력되면 정상 카운터가 되며 7_segment를 TEST하기 위해서는 LT = L, BI/RBO = H되면 FND는 모두 ON 된다.

(4) 74LS47(BCD to 7_segment decoder) 진리표

0 1 2 3 4 5 6 7 8 9 10 11 12 13 14 15

Decimal or Function	Inputs						BI/RBO (Note 1)	Outputs						
	LT	RBI	D	C	B	A		a	b	c	d	e	f	g
0	H	H	L	L	L	L	H	L	L	L	L	L	L	H
1	H	X	L	L	L	H	H	H	L	L	H	H	H	H
2	H	X	L	L	H	L	H	L	L	H	L	L	H	L
3	H	X	L	L	H	H	H	L	L	L	L	H	H	L
4	H	X	L	H	L	L	H	H	L	L	H	H	L	L
5	H	X	L	H	L	H	H	L	H	L	L	H	L	L
6	H	X	L	H	H	L	H	H	H	L	L	L	L	L
7	H	X	L	H	H	H	H	L	L	L	H	H	H	H
8	H	X	H	L	L	L	H	L	L	L	L	L	L	L
9	H	X	H	L	L	H	H	L	L	L	H	H	L	L
10	H	X	H	L	H	L	H	H	H	H	L	L	H	L
11	H	X	H	L	H	H	H	H	H	L	L	H	H	L
12	H	X	H	H	L	L	H	H	L	H	H	H	L	L
13	H	X	H	H	L	H	H	L	H	H	L	H	L	L
14	H	X	H	H	H	L	H	H	H	H	L	L	L	L
15	H	X	H	H	H	H	H	H	H	H	H	H	H	H
BI	X	X	X	X	X	X	L	H	H	H	H	H	H	H
RBI	H	L	L	L	L	L	L	H	H	H	H	H	H	H
LT	L	X	X	X	X	X	H	L	L	L	L	L	L	L

숫자를 표시하기 위해서는 진리표에 있는 A3, A2, A1, A0 값과 $\overline{RBI}$, $\overline{BI/RBO}$ 값을 설정해 주어야 한다. 예를 들어 LAMP TEST를 하기 위해서는 진리표 $\overline{LT}$(가장 아래쪽)에 있는 $\overline{LT}$를 L로 하고 $\overline{BI/RBO}$을 H로 하면 된다. 나머지부분은 don't care(X)로 되어 있으므로 H, L 둘 중 하나의 값을 주어도 무방하다.

사. LED display FND(7_segment)

1) LED(light emitting diode)

P형, N형 접합에 순방향 바이어스 전압이 가해질 때 접합면에 전자와 정공의 재결합 형태가 발생한다. 이때 자유전자가 가지고 있던 에너지를 빛의 형태로 발광하게 되는데, 이것이 우리 눈에는 빛이라는 입자로 보이는 발광 다이오드이다.

LED의 재료는 GaAsP이나 GaP 등과 같은 반도체 결합물질을 사용한다.

2) LED를 이용하여 숫자표시 7_segment 만들기

LED를 그림과 같이 배치하면 7_segment를 만들 수 있다. 그림 A을 자세히 보면 COM 단자는 모두 공통으로 묶여 있고 COM 단자에는 +VCC를 연결하면 Common Anode type이 되며 C · A 라고도 한다. A, B, ..., dp은 입력 DATA 값을 L로 설정하면 LED는 on 된다.

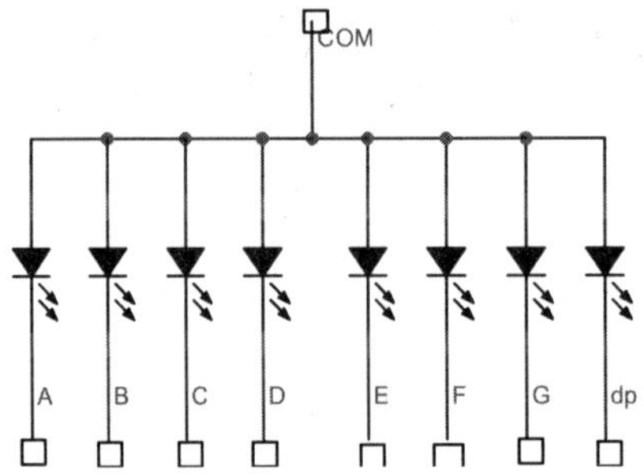

[그림 A] Common Anode type

그림 B을 보면 COM 단자는 모두 공통으로 묶여 있다. 공통단자 COM에 GND를 연결하면 된다. 이것이 Common Cathode type이며 C · K라고도 한다.

A, B, ..., dp은 입력 data 값을 H 주면 LED는 on 된다.

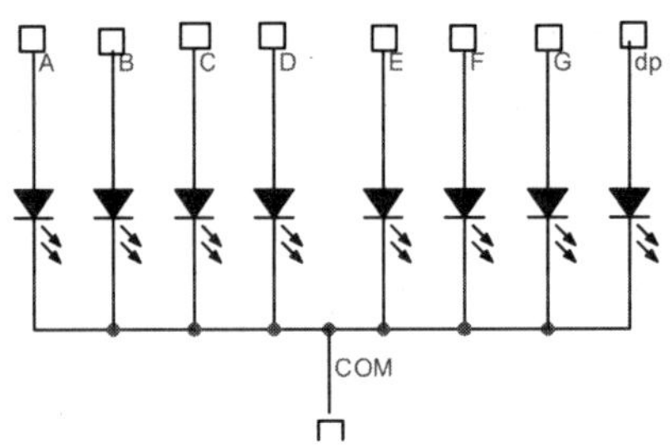

[그림 B] Common Cathode type

[그림 A] Common Anode(+) type은 74LS47과 FND 507을 묶어 사용하면 되고, [그림 B] Common Cathode(−) type은 74LS48과 FND 500을 묶어 사용하면 된다.

참고 : Common Cathode(-) = C · K

≠C · C로 하지 않는다. 그 이유는 TR Common Collect(C · C)와 구분하기 위함이다.

3) 7_segment 만들기

LED의 배열을 그림과 같이 하게 되면 7_segment, 즉 FND 숫자 표시기가 만들어진다.

- 7_segment FND 숫자 표시기

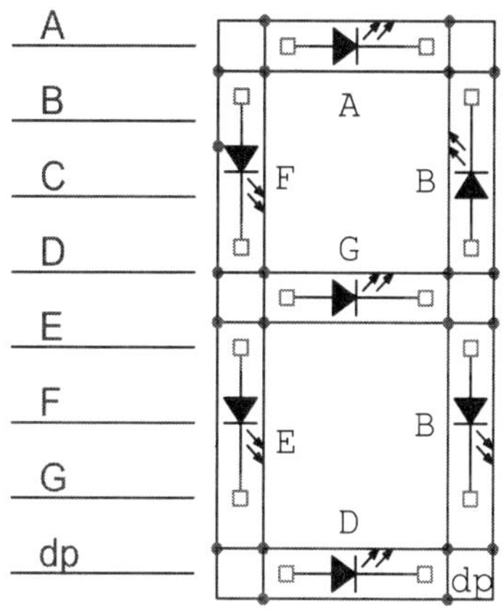

4) 7_segment를 켜기 위한 7447 입, 출력 회로와 fnd 표시값

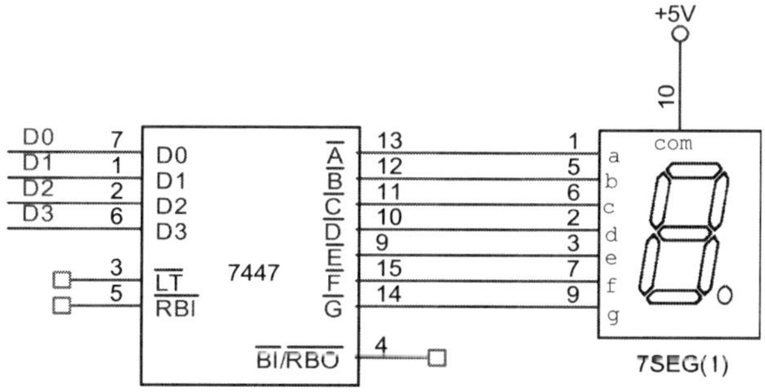

[7447 입, 출력 회로]

D0, D1, D2, D3는 7492 출력에서 나오는 값이 7447 입력으로 들어가고 FND 드라이브 7447 입력값과 출력값에 따른 FND 표시 진리표를 보면 숫자가 어떻게 켜지는지 알 수 있다.

- FND 드라이브 7447 입력값과 출력값에 따른 FND 표시 진리표

clock pulse	7447 입력				7447 출력							fnd 표시
	D	C	B	A	a	b	c	d	e	f	g	
0	0	0	0	0	0	0	0	0	0	0	1	
1	0	0	0	1	1	0	0	1	1	1	1	
2	0	0	1	0	0	0	1	0	0	1	0	
3	0	0	1	1	0	0	0	0	1	1	0	
4	0	1	0	0	1	0	0	1	1	0	0	
5	0	1	0	1	0	1	0	0	1	0	0	
6	0	1	1	0	1	1	0	0	0	0	0	
7	0	1	1	1	0	0	0	1	1	1	1	
8	1	0	0	0	0	0	0	0	0	0	0	
9	1	0	0	1	0	0	0	1	1	0	0	

31. DAC 회로설계

디지털 신호를 아날로그 신호로 변환하는 회로를 DAC(digital analog converter) 회로라 한다. DAC 회로는 NE555 자동 발진회로를 사용하고 7493에서 BCD 값 0000~1111 출력을 나타내고 LADDER형 DAC를 거쳐 OP Amp(LM358)로 입력되고 비반전 증폭회로에서 신호를 적절히 증폭시켜 출력을 보내는 회로이다. 디지털 입력의 비트 수가 증가할수록 출력레벨 수와 스텝 수는 증가하는데 n bit의 입력을 갖는 DAC의 출력 레벨 수와 스텝 수는 다음과 같은 식을 가진다.

출력 레벨 수 = 2n개, 스텝 수 = 2n - 1

[예제 1] 저항 ladder 형 DAC 회로

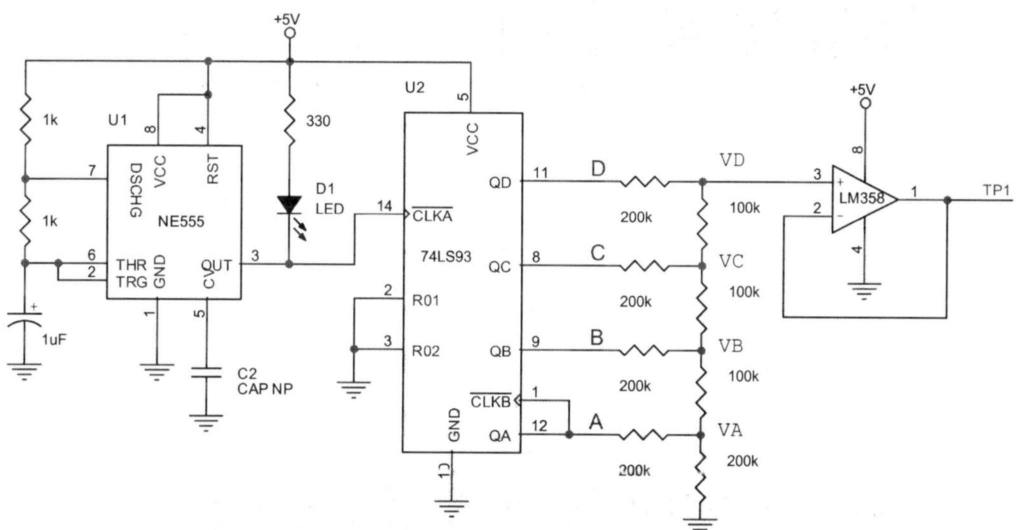

가. DAC 회로 NE555 핀 3번 파형(상)과 LM358 핀 1번(하) Q1의 파형

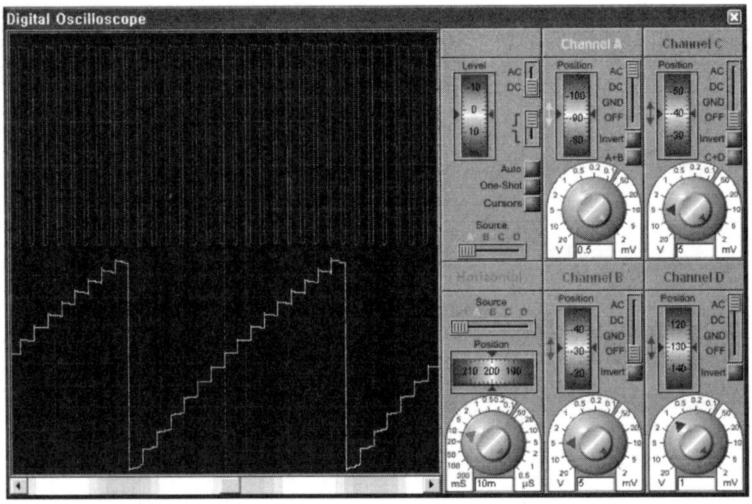

DAC 회로 NE555 핀 3번 파형(상)과 LM358 핀 1번(하) Q1의 파형이다. TIME/DIV은 10[ms]이고 Channel D는 NE555 핀 3번 파형(상)이며, VOLTS/DIV은 0.5[V]로 관찰한 파형이다. Channel A0는 LM358 핀 1번(하) Q1의 파형이며 VOLTS/DIV은 1[V]로 측정한 파형이다.

Channel A는 LM358 핀 1번(하) Q1의 계단파 파형을 보면 DAC회로 7493에서 0000~1111까지 펄스변화가 있으며 0000일 때에는 가장 아래쪽 파형, 0001일 때에는 두 번째 파형이다.

계단파형을 자세히 보고 파형 수를 헤아려 보면 16개임을 알 수 있다. 즉, 0000~1111 파형이 모두 16개인 것이다.

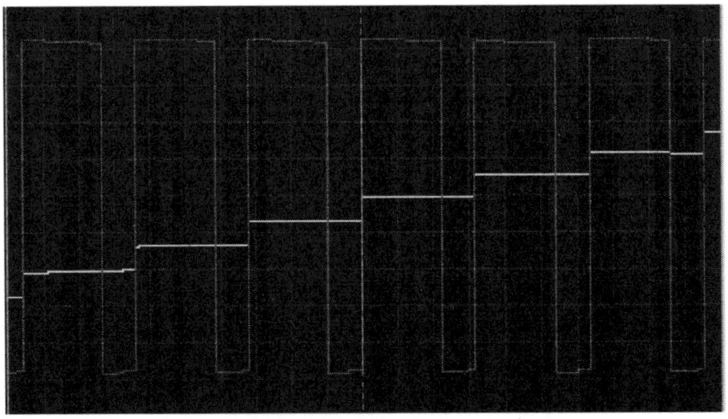

[NE555 1주기와 계단파 출력 합성파형]

NE555 1주기에 따른 합성파형을 보면 1주기마다 계단파 출력이 상승함을 알 수 있다.

나. 파형 해석을 위한 밀만의 이론(Millman theorem)

저항형 회로망에서 임의의 node에서 나오는 전압은 절점에서의 전압이 0이라고 가정하면 그 절점으로 들어오는 전류의 합을 연결되어 있는 컨덕턴스의 합으로 나눈 값과 같다.

※ 컨덕턴스 G란?

① 전류가 얼마나 잘 도통하느냐
② 전자의 흐름을 의미
③ 도선은 전자들의 통로임
cf. G = (도전률 * 넓이) / 길이, 도전률 = 도로상황

1) 저항형 분할기

디지털 신호입력을 아날로그로 신호로 출력한다.

$$A = 2^0 \text{ bit} = +1V$$
$$B = 2^1 \text{ bit} = +2V$$
$$C = 2^2 \text{ bit} = +4V$$

Analog 신호 전압을 만들기 위해 비트 가산이 이루어져야 한다.
디지털 신호 C, B, A가 0 0 1이라고 하면

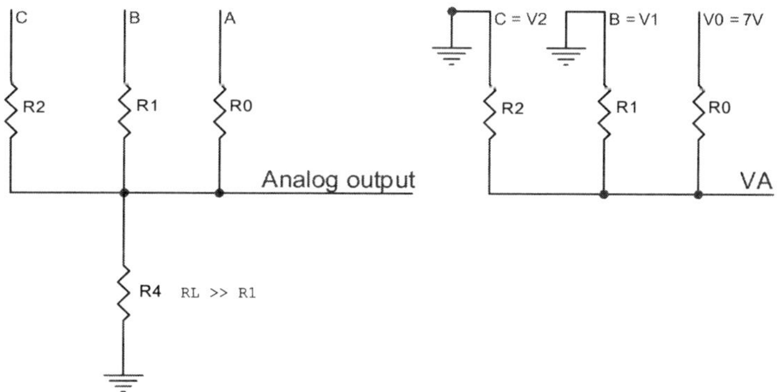

[저항형 사다리꼴 회로와 등가회로]

Millman theorem을 식으로 나타내면

$$VA = \frac{\frac{V0}{R0} + \frac{V1}{R1} + \frac{V2}{R2}\cdots}{\frac{1}{R0} + \frac{1}{R1} + \frac{1}{R2}\cdots}$$

등가회로에 적용하면

$$VA = \frac{\frac{V0}{R0} + V1\frac{R0}{2} + V2\frac{R0}{4}\cdots}{\frac{1}{R0} + \frac{1}{(\frac{R0}{2})} + \frac{1}{(\frac{R0}{4})}\cdots} = \frac{\frac{7}{R0}}{\frac{1}{R0} + \frac{2}{R0} + \frac{4}{R0}} = \frac{7}{7} = +1V$$

출력전압 VA를 Millman theorem로 변형하면

$$VA = \frac{V_0 2^0 + V_1 2^1 + V_2 2^2 + V_3 2^3 + V_4 2^4 \cdots V_{n-1} 2^{n-1}}{2^{n-1}}$$

2^{n-1}에서 n = 입력 비트 수

2) 2진식 사다리꼴 회로망

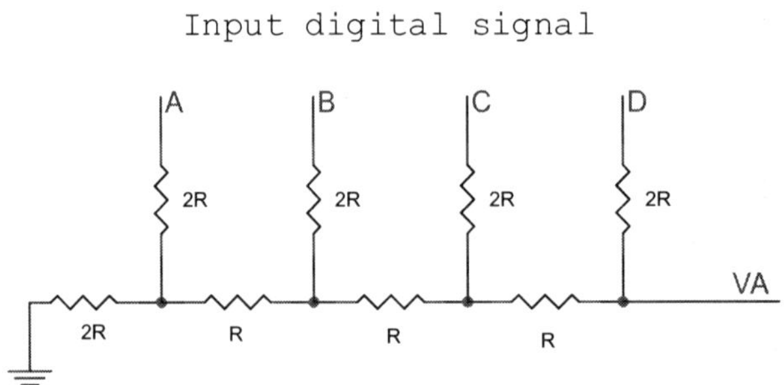

Input digital signal A = 2^0, B = 2^1, C = 2^2, D = 2^3

① If 입력 디지털 신호 A B C D = 0 0 0 0 라고 하면

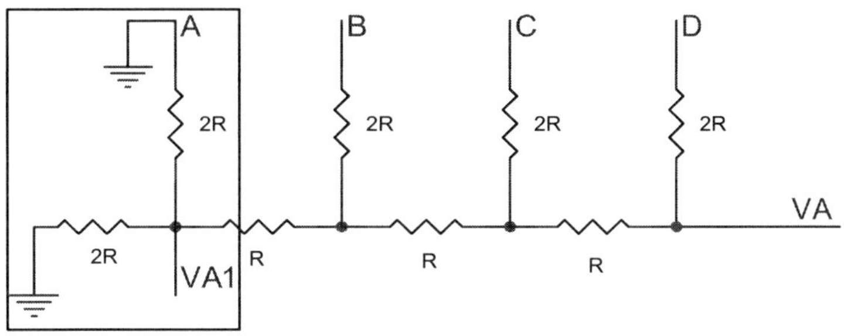

빗금 친 부분을 정리하면 [그림 1]과 [그림 2]는 같으므로

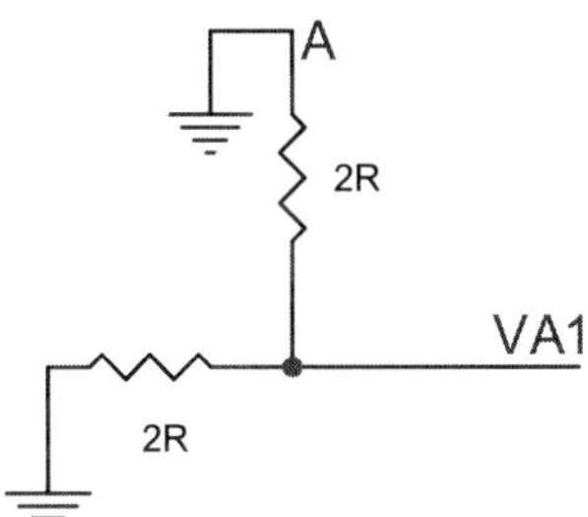

[그림 1]

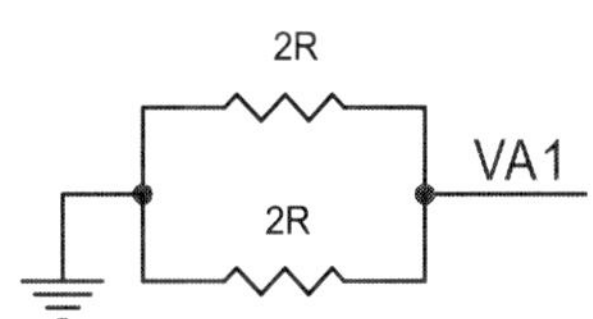

[그림 2]

다시 회로를 그리면

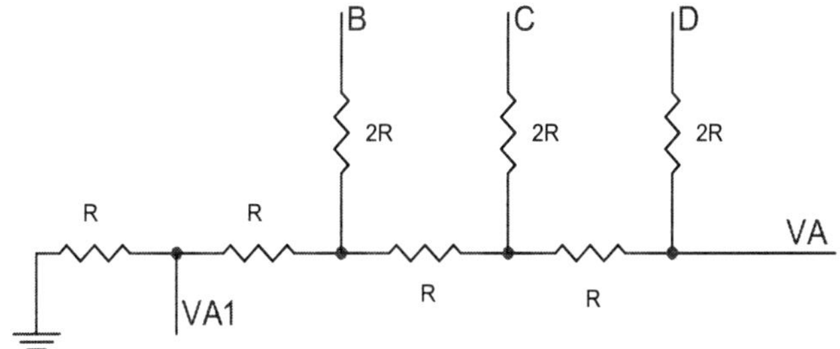

정리하면

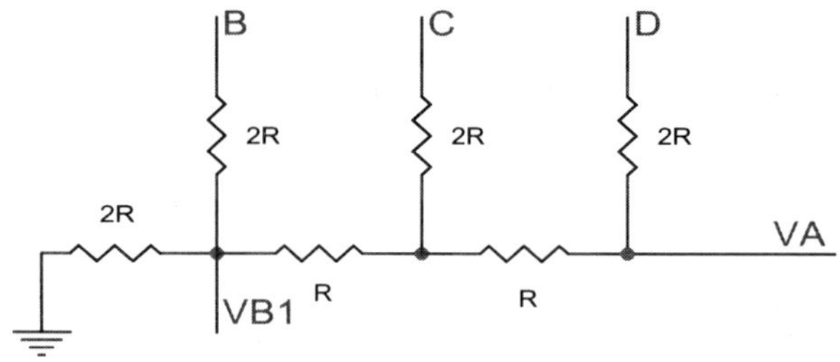

정리해서 회로를 그리면

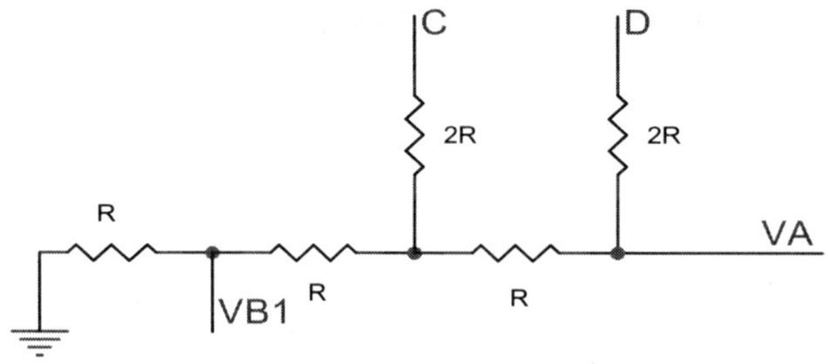

정리하면

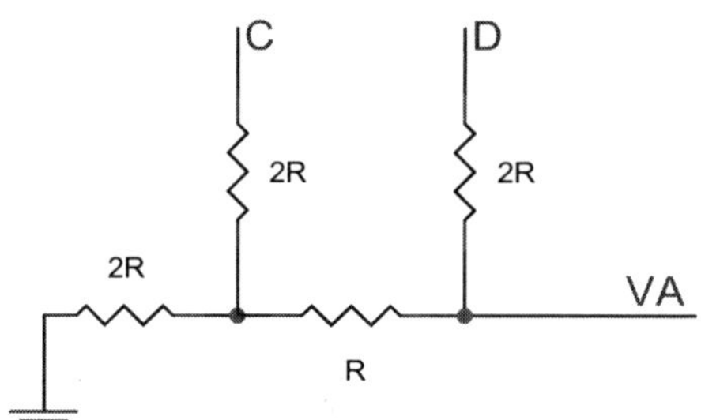

저항값을 정리하면

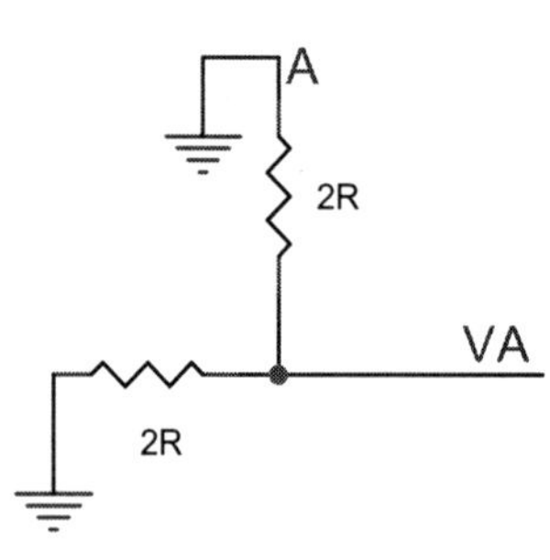

최종 정리하면 +VCC = GND이므로

$$VA = +VCC\frac{2R}{2R+2R} = \frac{+VCC}{2} = 0[V]$$

② If 디지털 입력신호 A B C D = 0 0 0 1라고 하면

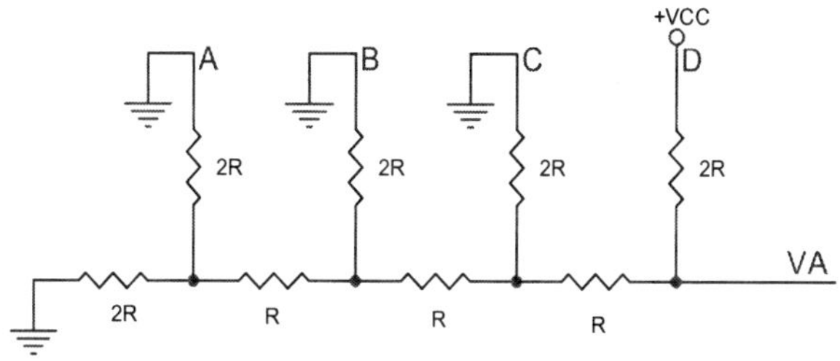

최종 정리하면

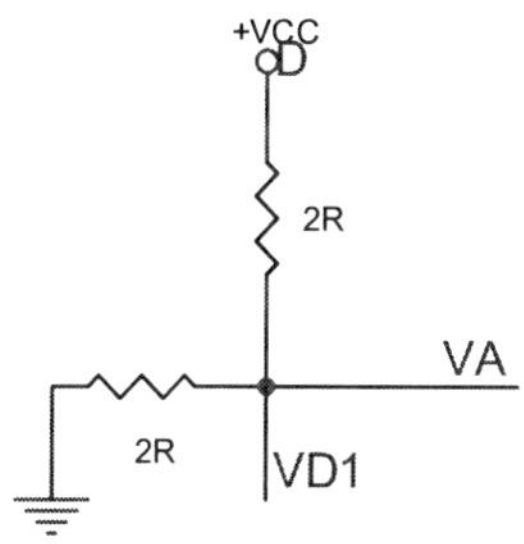

$$VA = +VCC\frac{2R}{2R+2R} = \frac{+VCC}{2} = \frac{1}{2}[V]$$

③ If 디지털 입력신호 A B C D = 0 0 1 0라고 하면

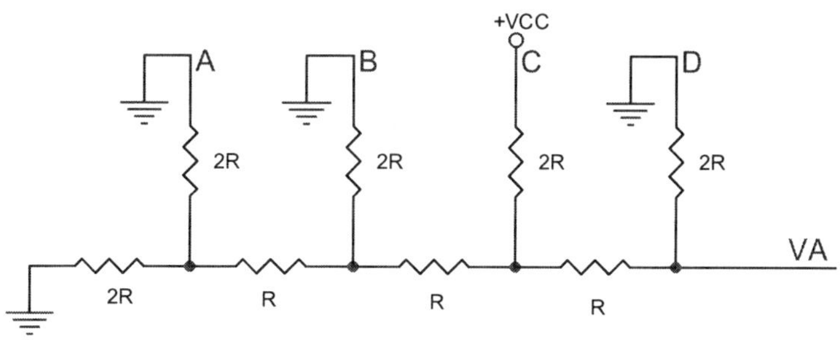

정리하면

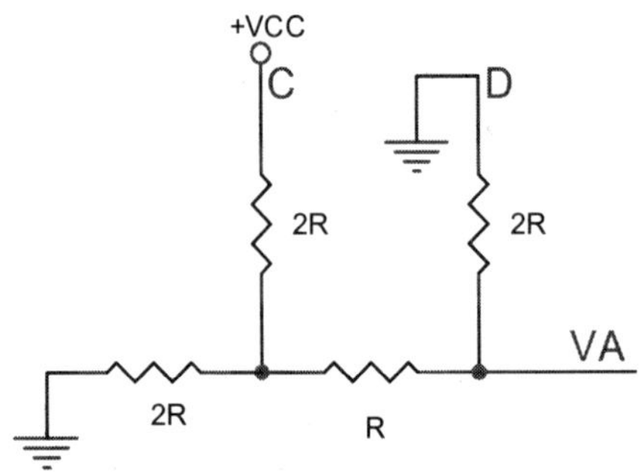

정리하면

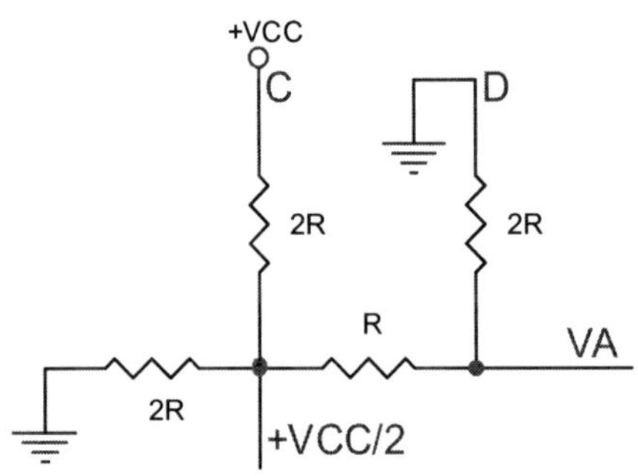

빗금 친 부분을 Thevenin의 정리로 변환하면

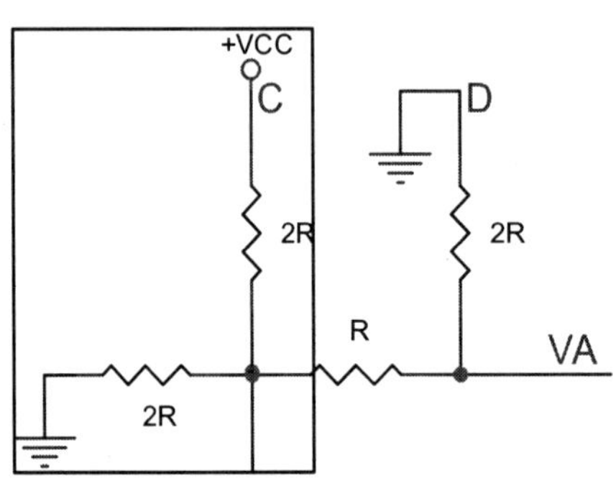

부분회로 →

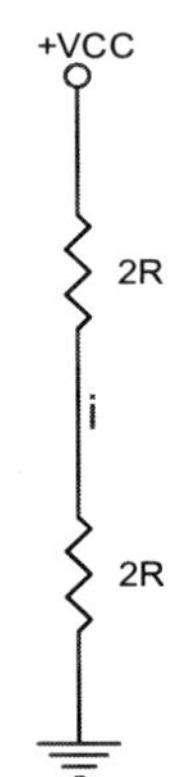

$$+VCC = iR$$
$$= I \times 4R$$
$$\frac{+VCC}{2} = \frac{i}{2} \times \frac{4R}{2}$$

적용하여 Thevenin의 등가회로로 그리면

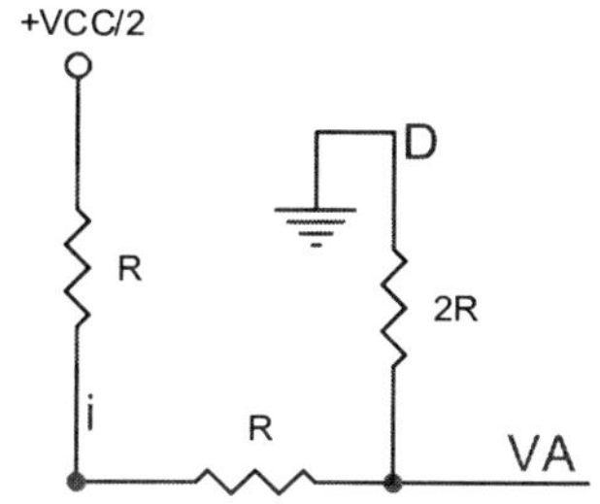

$$VA = \frac{+VCC}{2} \times \frac{2R}{R+R+2R} = \frac{+VCC}{4}$$

정리하면

$$VA = \frac{+VCC}{2} + \frac{+VCC}{4} + \frac{+VCC}{8} + \frac{+VCC}{16} + \ldots + \frac{+VCC}{2^n}$$

$$= \frac{V_0\,2^0 + V_1\,2^1 + V_2\,2^2 + V_3\,2^3 + \ldots. + V_{n-1}\,2^{n-1}}{2^n}$$

n = 입력 전체 비트 수 V0, V1, V2, ... V_{n-1} = 디지털 입력전압 level

3) 저항 ladder 회로망 해석

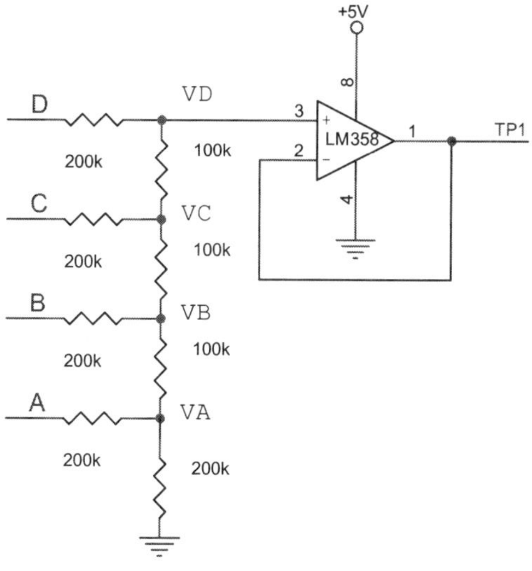

If 디지털 신호가 1일 때 신호전압을 4[V]라 하고 0일 때 신호전압을 0[V]라 하면 DCBA = 0001 일 때

$$VA = \frac{2R}{2R+2R}A = \frac{2R}{4R} \times 4V = 2[V]$$

$$VB = \frac{2R}{2R+2R}VA = \frac{2R}{4R} \times 2V = 1[V]$$

$$VC = \frac{2R}{2R+2R}VB = \frac{2R}{4R} \times 1V = 0.5[V]$$

$$VD = \frac{2R}{2R+2R}VC = \frac{2R}{4R} \times 0.5V = 0.25[V]$$

$$VO = -\frac{Rf}{Ri}VD = -\frac{Rf}{Ri}(\frac{D}{2^1} + \frac{C}{2^2} + \frac{B}{2^3} + \frac{A}{2^4})$$

① DCBA = 0000일 때 V0는

$$V_0 = -(\frac{0}{2^1} + \frac{0}{2^2} + \frac{0}{2^3} + \frac{0}{2^4}) = 0[V]$$

② DCBA = 0001일 때 V0는

$$V_0 = -(\frac{0}{2} + \frac{0}{4} + \frac{0}{8} + \frac{4}{16}) = -0.25[V]$$

③ DCBA = 0010일 때 V0는

$$V_0 = -(\frac{0}{2} + \frac{0}{4} + \frac{4}{8} + \frac{0}{16}) = -0.5[V]$$

④ DCBA = 0111일 때 V0는

$$V_0 = -(\frac{0}{2} + \frac{4}{4} + \frac{4}{8} + \frac{4}{16}) = -1.75[V]$$

⑤ DCBA = 1111일 때 V0는

$$V_0 = -(\frac{4}{2} + \frac{4}{4} + \frac{4}{8} + \frac{4}{16}) = -3.75[V]$$

4) 디지털 신호에 따른 LM358 출력전압 Vo

D	C	B	A	Vo	D	C	B	A	Vo
0	0	0	0	0	1	0	0	0	−2.00
0	0	0	1	−0.25	1	0	0	1	−2.25
0	0	1	0	−0.50	1	0	1	0	−2.50
0	0	1	1	−0.75	1	0	1	1	−2.75
0	1	0	0	−1.00	1	1	0	0	−3.00
0	1	0	1	−1.25	1	1	0	1	−3.25
0	1	1	0	−1.50	1	1	1	0	−3.50
0	1	1	1	−1.75	1	1	1	1	−3.75

5) 디지털 신호에 따른 LM358 출력파형

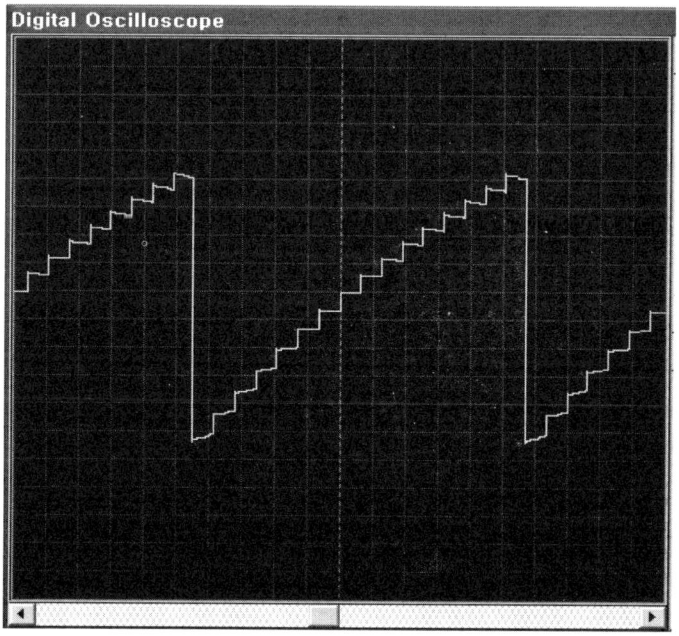

32. ADC 회로설계

아날로그 신호를 디지털 신호로 변환하는 회로를 ADC(Analog to digital converter) 회로라고 한다. 아날로그 신호는 연속적인 신호로 전압, 온도, 습도, 빛의 양 등 시간을 두고 연속적인 어떤 값으로 나타나는데, 이것을 디지털 신호로 변환하려면 연속적인 시간과 전압 값으로 구분해서 나누어 주어야 한다.

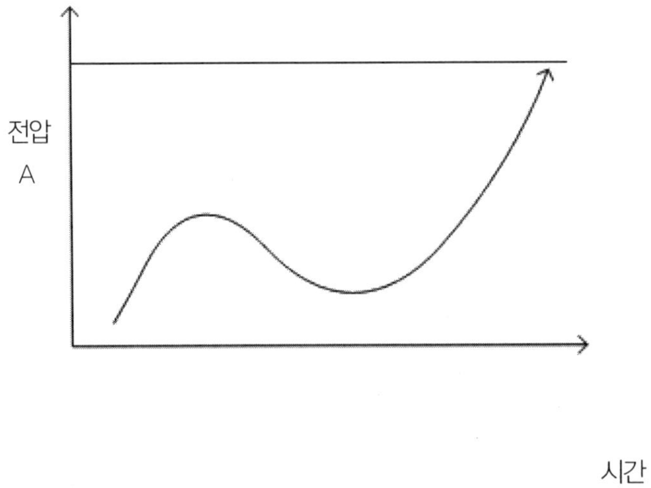

X축을 시간, Y축을 전압이라 하면 디지털 신호를 만들기 위해서는 전압을 일정비로 대수등분시켜 디지털 신호 출력을 몇 비트로 할 것인지를 생각해야 한다. 시간 축은 CLK 펄스로 하면 되고 전압을 3등분 또는 5, 7, 8등분 하면 된다. A점의 전압이 8[V]이면 8등분할 경우 전압 Y축은 1칸에 1V가 된다. 디지털 신호로 출력되는 비트 수는 3비트이다. 즉, 8V = 2^n이므로 n = 3 비트이다.

가. 아날로그 3개의 입력단자와 3비트 비교기 출력 A/D 변환기의 기본원리

V signal(예 : 전압센서)의 전압센서 값을 입력받아 3비트 비교기 출력을 만들려면 아날로그 입력을 4개로 구분하고 비교기 4개를 이용하여 회로에 SCHEMATIC하고 저항을 이용하여 분배전압을 만든다.

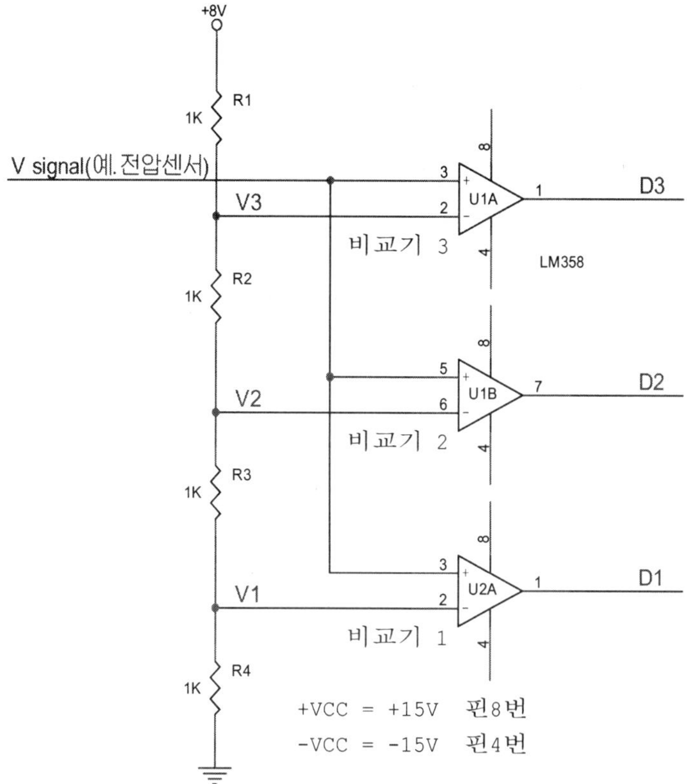

저항 분배전압 법칙에 의거하여 기준전압 +VCC = +8V이면 V1 = 2V, V2 = 4V, V3 = 6V가 된다. V signal(예 : 전압센서) 입력신호와 비교기 입력기준 전압 V1, V2, V3 분할된 전압 기준값에 대한 비교기 출력신호를 만들어보면

V signal	V signal 입력범위	비교기 출력		
		D3	D2	D1
V signal 0	0 ~ 2V	0	0	0
V signal 1	2 ~ 4V	0	0	1
V signal 2	4 ~ 6V	0	1	1
V signal 3	6 ~ 8V	1	1	1

① V signal 0 〈 입력기준전압 V1 = 2V이면 비교기 출력전압은 0[V]가 되고 D3, D2, D1은 000이 된다.

② V signal 1 〉 입력기준전압 V1 = 2V이므로 비교기 1 출력전압은 +VCC[V]가 되고 D3, D2, D1은 001이 된다.
③ V signal 2 〉 입력기준전압 V1 = 4V이므로 비교기 2 출력전압은 +VCC[V]가 되고 D3, D2, D1은 011이 된다.
④ V signal 3 〉 입력기준전압 V1 = 6V이므로 비교기 3 출력전압은 +VCC[V]가 되고 D3, D2, D1은 111이 된다.

나. 74148 Encoder 3 bit A/D 변환기 회로설계

3 bit 출력 A/D 변환기를 만들려면 비교기 7개, A/D 변환 디지털신호 3비트 회로를 설계해 보자.

1) V signal 아날로그 입력전압에 대한 비교기 출력 디지털 신호값

V signal	V signal 입력전압 범위	비교기 출력		
		D3	D2	D1
V signal 0	0 ~ 1V 이하	0	0	0
V signal 1	1 ~ 2V 이하	0	0	1
V signal 2	2 ~ 3V 이하	0	1	0
V signal 3	3 ~ 4V 이하	0	1	1
V signal 4	4 ~ 5V 이하	1	0	0
V signal 5	5 ~ 6V 이하	1	0	1
V signal 6	6 ~ 7V 이하	1	1	0
V signal 7	7 ~ 8V 이하	1	1	1

① V signal 0 입력전압 범위가 0 ~ 1V 이하이면 비교기 출력 D3, D2, D1은 000이 되고
② V signal 1 입력전압 범위가 1 ~ 2V 이하이면 비교기 출력 D3, D2, D1은 001이 되고
③ V signal 2 입력전압 범위가 2 ~ 3V 이하이면 비교기 출력 D3, D2, D1은 010이 되고
④ V signal 6 입력전압 범위가 6 ~ 7V 이하이면 비교기 출력 D3, D2, D1은 110이 되게 설계한다.

2) 74148 입력 값에 따른 디지털 신호 출력값

V signal	74148 입력 값							74148 출력 값		
	D7	D6	D5	D4	D3	D2	D1	Q2	Q1	Q0
V signal 0	0	0	0	0	0	0	0	0	0	0
V signal 1	0	0	0	0	0	0	1	0	0	1
V signal 2	0	0	0	0	0	1	1	0	1	0
V signal 3	0	0	0	0	1	1	1	0	1	1
V signal 4	0	0	0	1	1	1	1	1	0	0
V signal 5	0	0	1	1	1	1	1	1	0	1
V signal 6	0	1	1	1	1	1	1	1	1	0
V signal 7	1	1	1	1	1	1	1	1	1	1

① V signal 0은 0 ~ 1[V] 이하 전압값이므로 비교기 출력은 모두 0이 되고 74148 입력값은 0000000이 되고 74148 출력값은 A/D 변환값 000이 된다.

② V signal 1은 1 ~ 2[V] 이하 전압값이므로 비교기 출력은 0000001이 되고 74148 입력값은 0000001이 되고 74148 출력값은 A/D 변환값 001이 된다.

③ V signal 7은 7 ~ 8[V] 이하 전압값이므로 비교기 출력은 모두 1이 되고 74148 입력값은 1111111이 되고 74148 출력값은 A/D 변환값 111이 된다.

다. 74148을 이용한 A/D 변환 회로설계

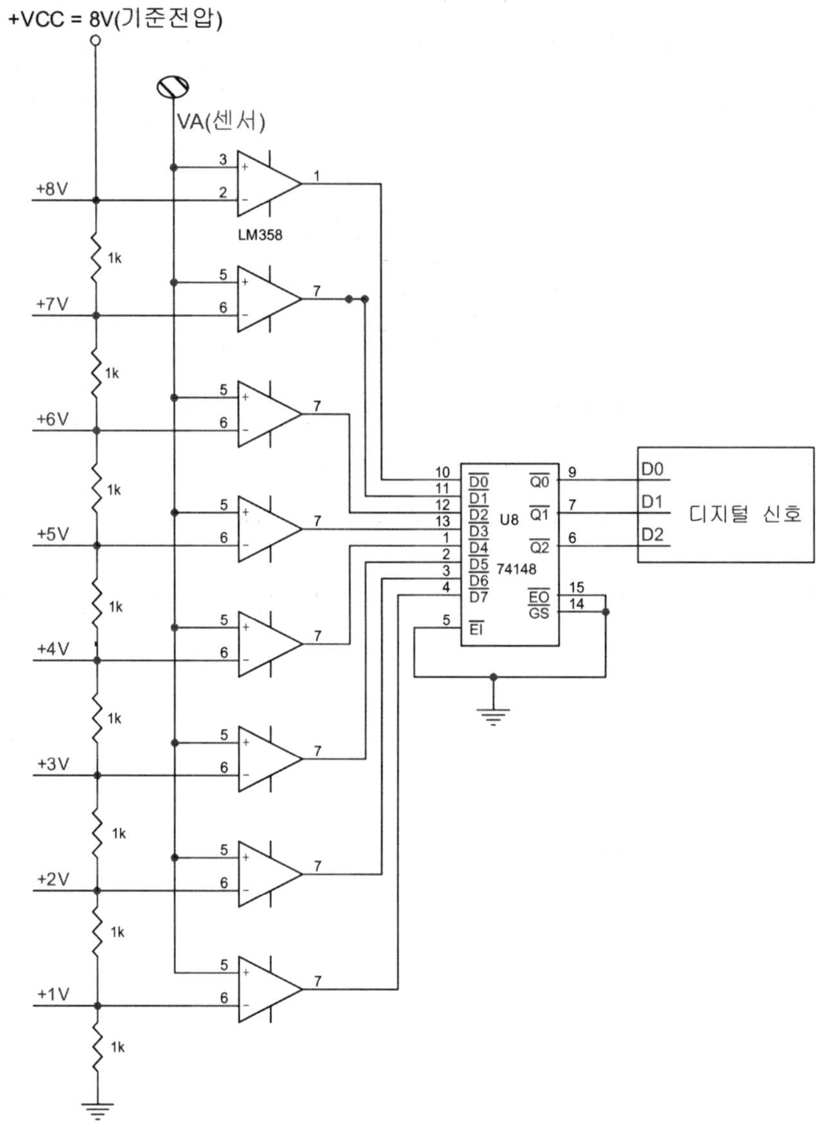

LM358 전원전압 +VCC(8번 핀) = +15V, −VCC(4번 핀) = −15V VA(센서)전압이 기준 전압보다 작으면 0, 크면 1이 출력된다.

- ADC0809 회로설계

① Resolution 8 Bits

② Single Supply 5 VDC

③ Low Power 15 mW

④ Conversion Time 100 ~ 160[μ s]

ADC0808/ADC0809 8-Bit P Compatible A/D Converters with 8-Channel Multiplexer

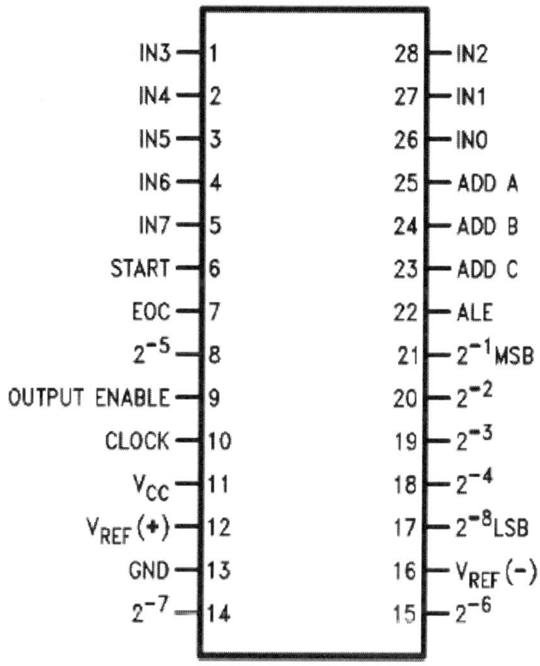

- 내부 블록도

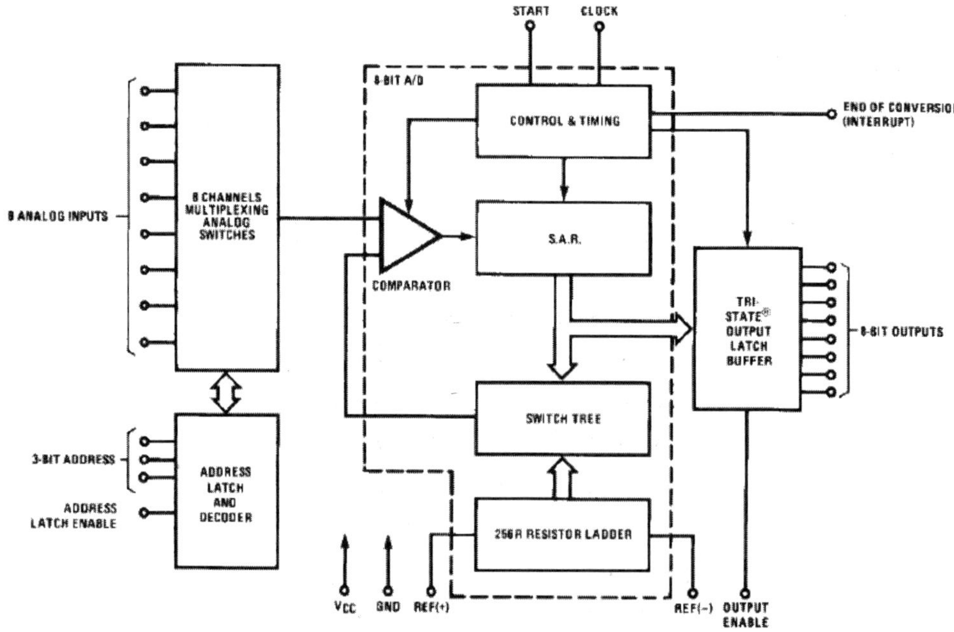
START
CLOCK
8-BIT A/D
CONTROL & TIMING
END OF CONVERSION
(INTERRUPT)
8 ANALOG INPUTS
8 CHANNELS
MULTIPLEXING
ANALOG
SWITCHES
S.A.R.
COMPARATOR
TRI-
STATE®
OUTPUT
LATCH
BUFFER
8-BIT OUTPUTS
SWITCH TREE
3-BIT ADDRESS
ADDRESS
LATCH ENABLE
ADDRESS
LATCH
AND
DECODER
256R RESISTOR LADDER
VCC
GND
REF(+)
REF(-)
OUTPUT
ENABLE

- ADC0809 회로도(RESET 회로도 제외)

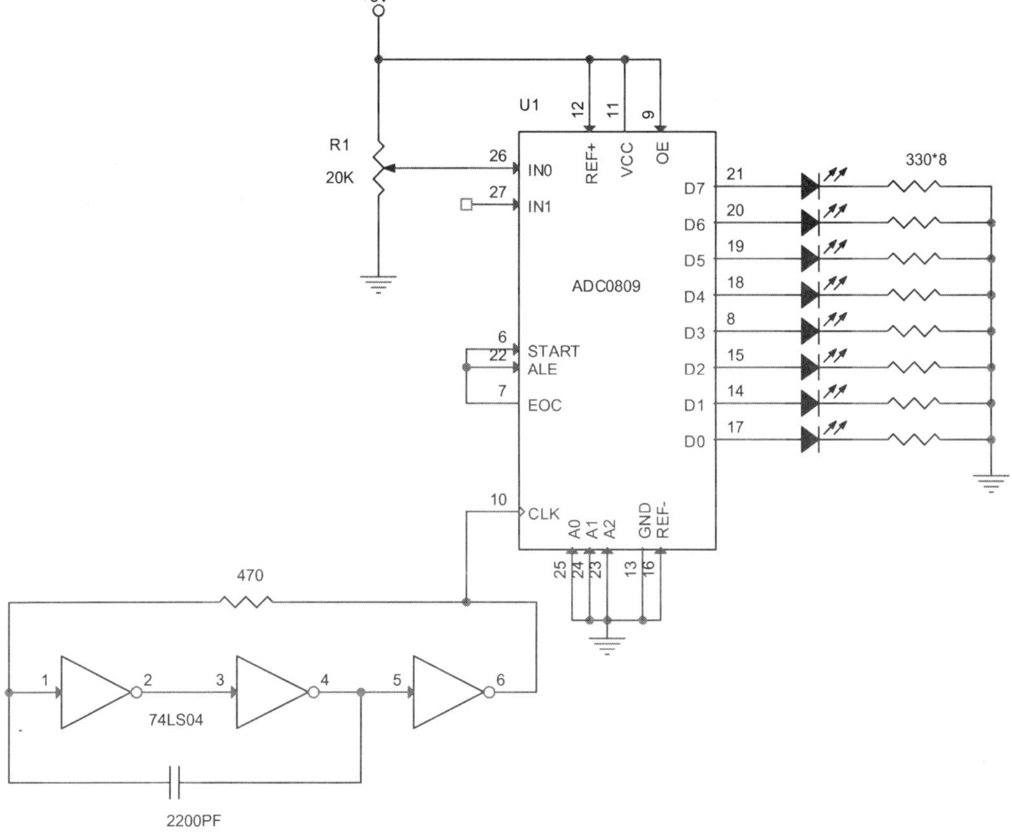

pro) Measure the CLK frequency value of pin 10 input to ADC0809

① What is CLK the frequency value?

② How long does it take to convert analog voltage to digital?

- ADC0809 회로도(RESET 회로도 제외)

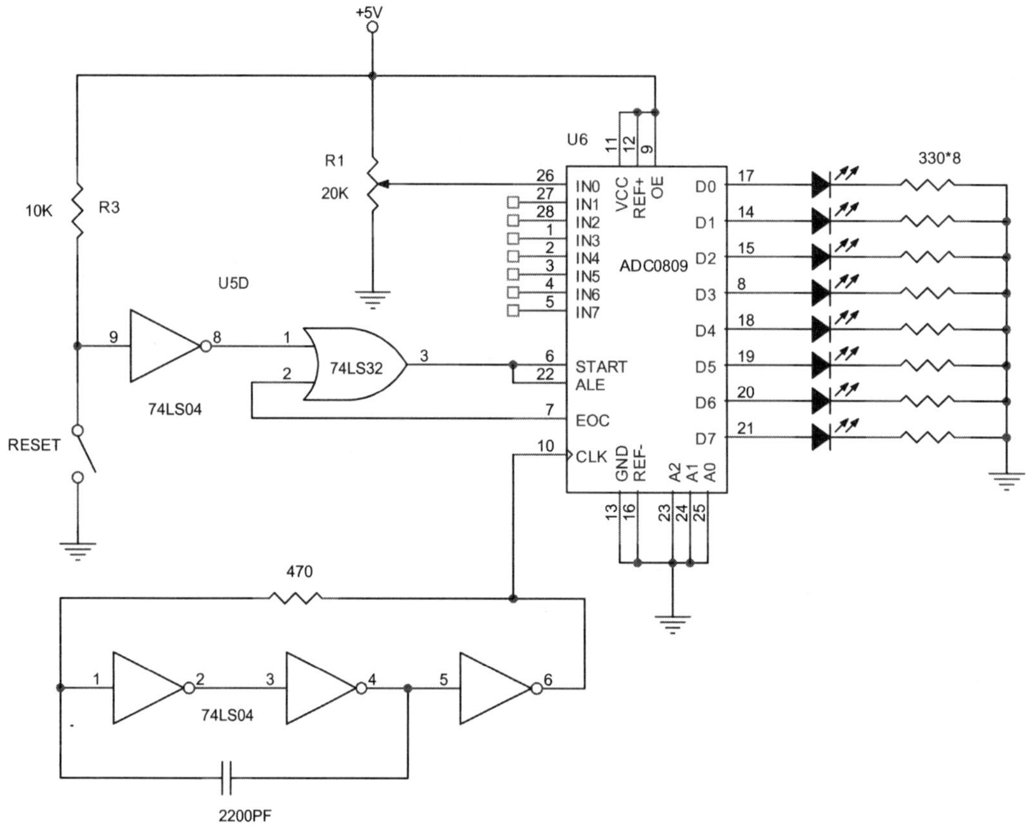

$$f = \frac{1}{-CR\left[\ln\frac{V_{thC}}{V_{DD}+V_{thC}} + \ln\frac{V_{DD}-V_{thC}}{2V_{DD}-V_{thC}}\right]}$$

회로도에서 임계값 Vthc가 전압 VDD의 Vthc = 1/2VDD이면

If R = 470Ω $\quad f \doteqdot \frac{1}{2.2CR} = \frac{1}{2.2*470*2200pf} = 439.599khz$

If R = 330Ω $\quad f \doteqdot \frac{1}{2.2CR} = \frac{1}{2.2*330*2200pf} = 626.095khz$

실습에 사용되는 부품은 C_MOS IC를 사용하는 경우에 해당되며 TTL gate는 Vth지점에 따라 약간의 주파수 차이가 나타날 수 있다.

- 오실로스코프 파형

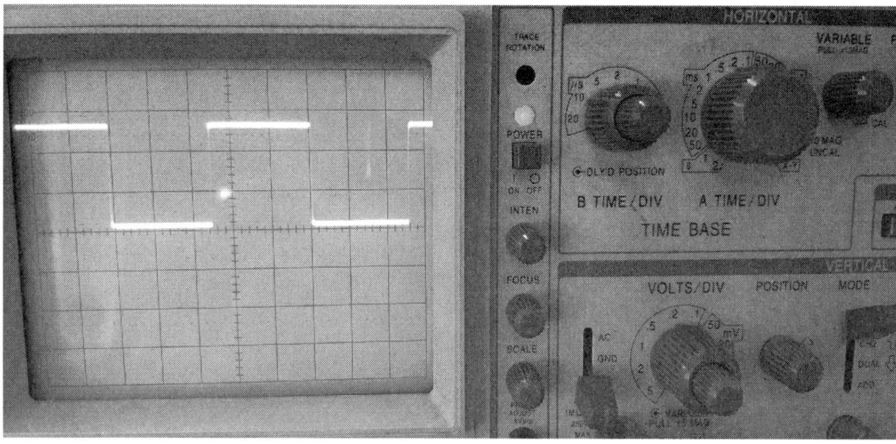

- 오실로스코프 파형 Measure the clock frequency of the ADC circuit.

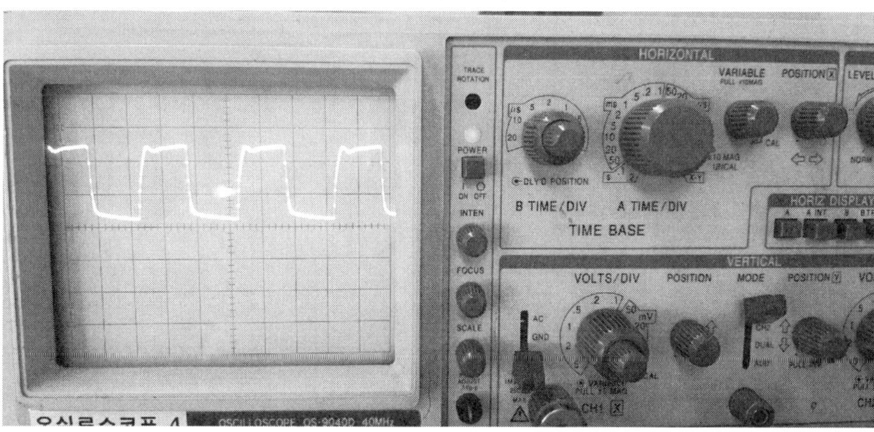

- 오실로스코프 파형 Measure a EOC conversion time of the ADC circuit.

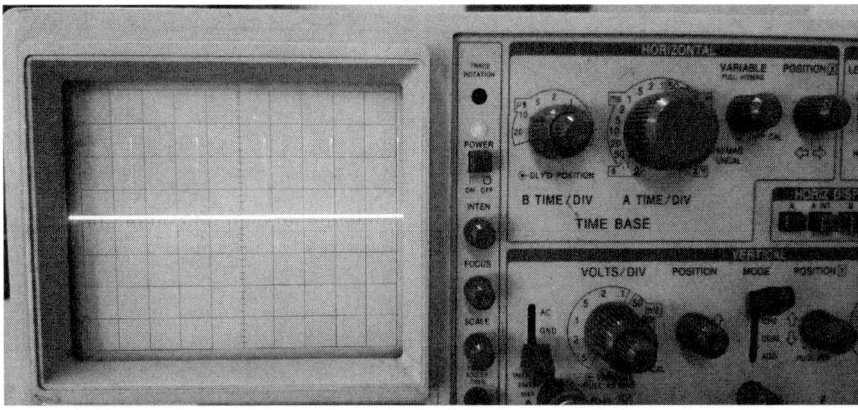

- EOC conversion time 확대한 오실로스코프 파형

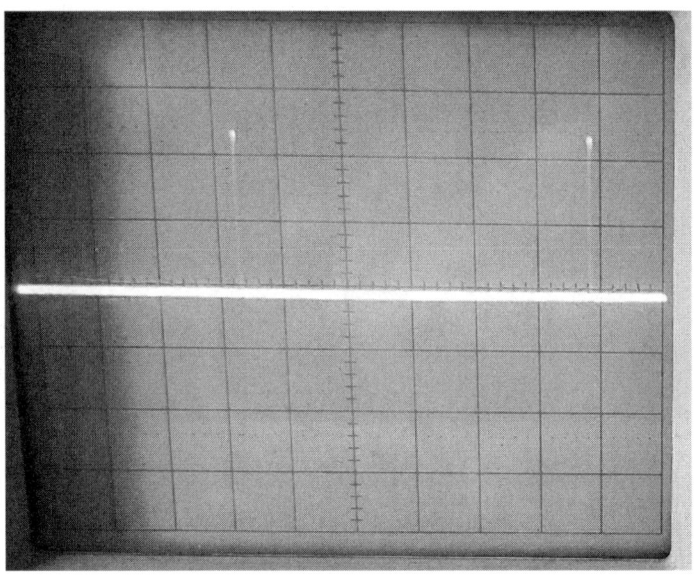

실습회로를 만들어 측정한 주파수 값은 대략 ≒ 454khz로 나타나며 T = 2.2us이다.

ADC 변환 종료신호는 EOC 신호이며 74LS32 입력을 통해 START를 통해 다음 동작이 실행되며 연속동작도 가능하다.

ADC 변환 동작을 프리런닝 모드와 단일모드로 구분할 수 있으며 프리런닝 모드는 연속으로 ADC를 변환 수행하며 단일 모드는 한 번만 ADC 변화가 이루어진다. 변환 시작은 RESET 버튼을 누르면 START 펄스의 하강 EDGE에서 이루어지며 ADC 변환 시간은 100us/640khz로 이루어진다. 8비트

분해능으로 ADC가 이루어지며 D7~D0의 연결된 LED를 회로를 이용하여 변환된 디지털 신호의 동작 상태를 확인할 수 있다.

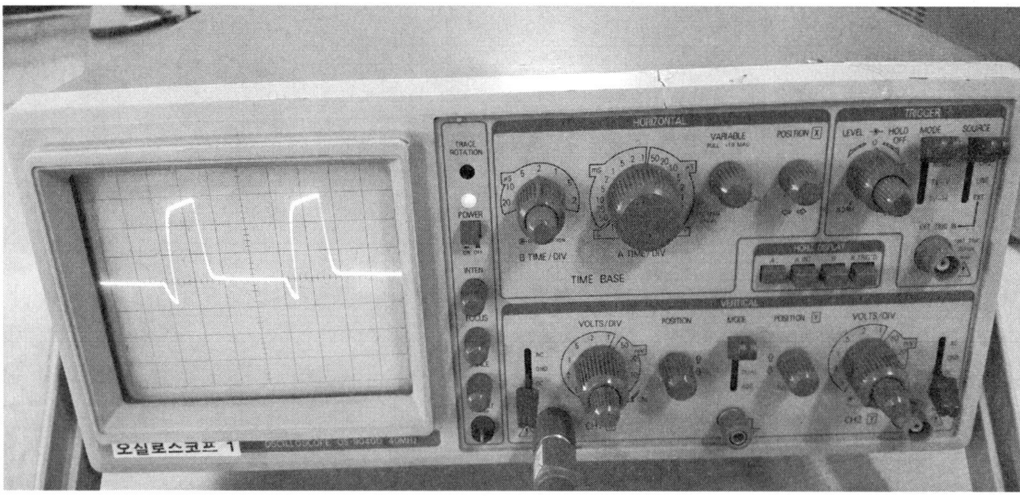

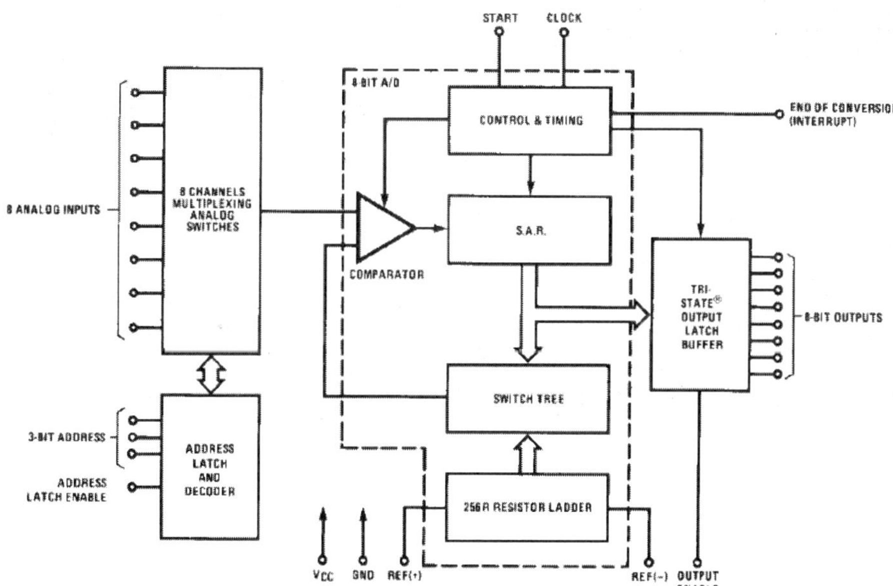

※ 74LS04 120us Conversion time
Time division 20us * 6칸 = 120us

- 오실로스코프 파형

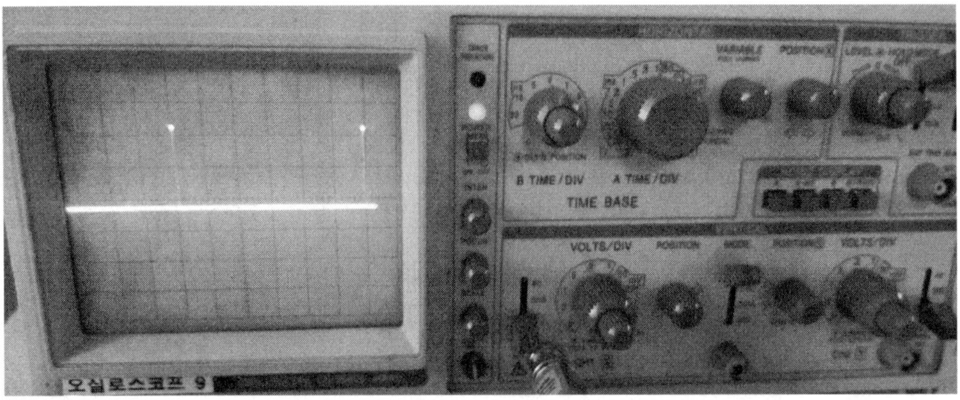

※ 74HC04 100us Conversion time
Time division 20us * 5칸 = 100us

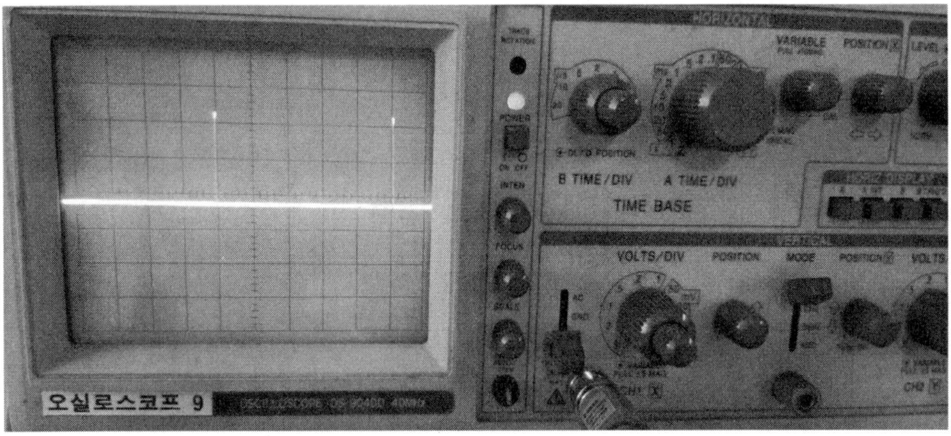

※ Timing chart

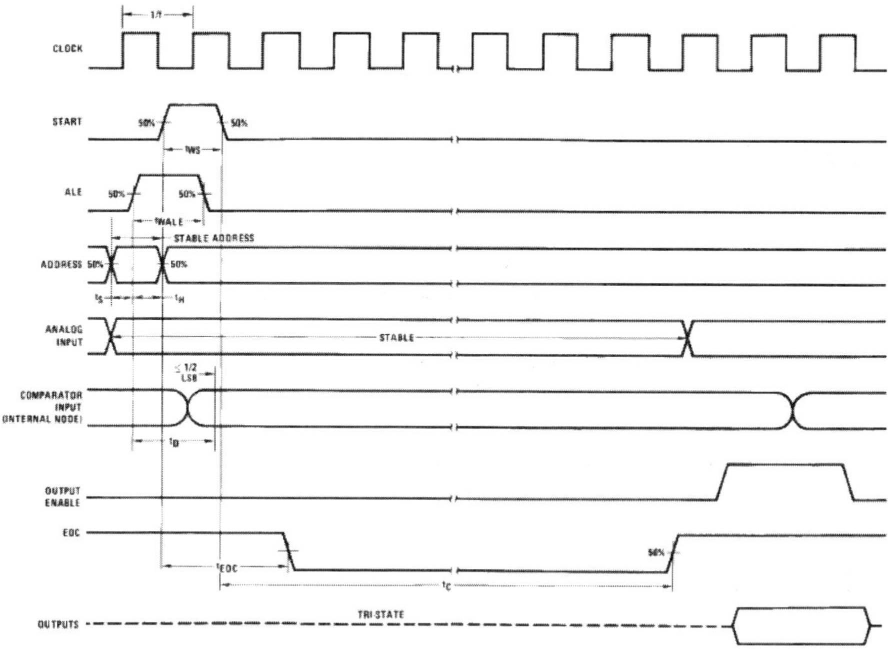

33. 메모리 RAM 62256 회로설계

KM62256C SRAM(STATIC RANDOM ACCESS MEMORY)은 32KB로 READ/WRITE를 자유롭게 설정할 수 있고 저장된 데이터에 덮어쓰기를 할 수 있는 메모리로 ADDRESS, DATA, 제어할 수 있는 $\overline{WE}$, $\overline{OE}$, $\overline{CS}$가 있다. 전원이 off 되면 DATA는 지워진다.

ADDRESS는 A0~A14까지이며 215 = 32,768개의 메모리 번지를 가지고 있다. 1개의 메모리 번지는 1Byte로서 8bit 크기를 가지고 있으며 32KB(32K*8bit)로 표현할 수 있다. 32KB는 32,000 [BYTE]로 표현하며 32,000 00000000[bit]가 된다.

32Kb는 32,000 [bit]로 표현하며 32,000[bit]가 된다. 대문자와 소문자를 구분하여 사용한다. KM62256C Family 32KB LOW POWER CMOS STATIC RAM에 대해 ADDRESS SW와 DATA SW를 이용하여 RAM에 DATA를 READ/WRITE하는 회로를 설계해 보자.

가. PIN PACKAGE

62256 RAM에 대한 핀 PACKAGE이다. 전원 VCC는 핀 24번 GND = VSS이므로 핀 14번이며 ADDRESS와 DATA을 입, 출력할 수 있는 I/O 그리고 제어단자 OE, CS, WE가 있다.

KM62256C 28 DIP TYPE

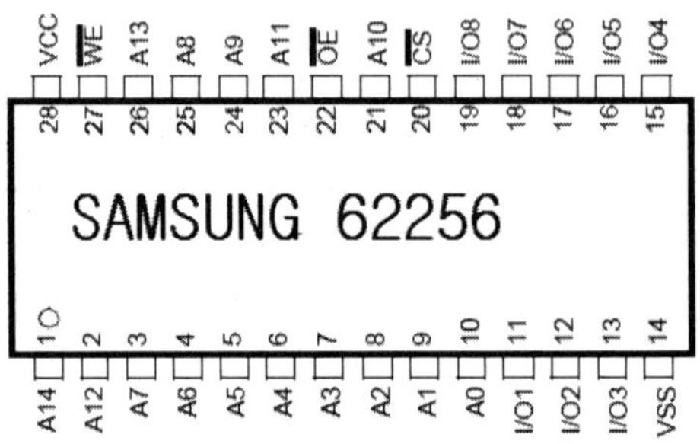

1) 핀 기능

NameName	Function
A_0~A_{14}	Address Inputs
$\overline{WE}$	Write Enable Input
$\overline{CS}$	Chip Select Input
$\overline{OE}$	Output Enable Input
I/O_1~I/O_8	Data Inputs/Outputs
Vcc	Power(5V)
Vss	Ground

2) function table

$\overline{CS}$	$\overline{OE}$	$\overline{WE}$	I/O Pin	Mode	Power
H	X	X	High-Z	Deselected	Standby
L	H	H	High-Z	Output Disabled	Active
L	L	H	Dout	Read	Active
L	X	L	Din	Write	Active

3) function block diagram

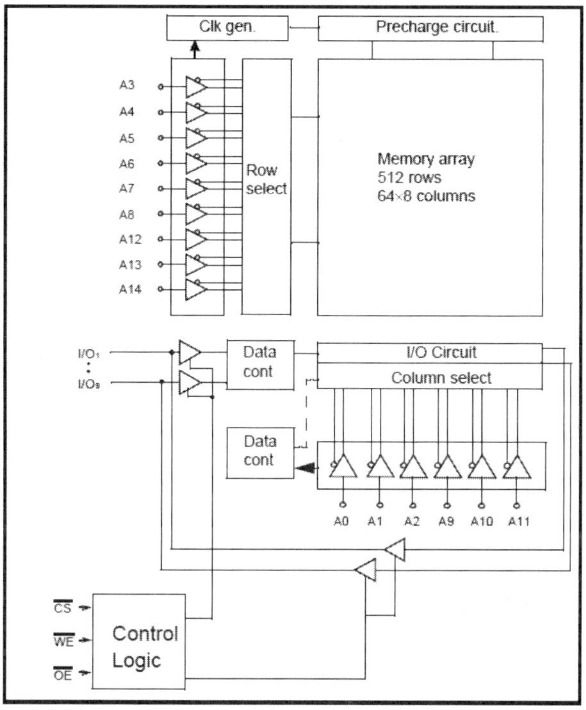

나. KM62256C RAM R/W

KM62256C을 이용하여 아래와 같이 RAM에 DATA를 써 넣은 후 ADDRESS 값이 설정되면 RAM에 저장된 DATA를 읽어 LED로 표시하는 회로를 설계해 보자.

ADDRESS	ADDRESS SW	DATA	LED 표시(LED7...0)
0번지	00000000	00000000	모든 LED off (led = 0이면 led off, (led = 1이면 led on)
1	00000001	00000001	00000001
2	00000010	00000010	00000010
3	00000011	00000011	00000011
4	00000100	00000100	00000100

5	00000101	00000101	00000101
6	00000110	00000110	00000110
7	00000111	00000111	00000111
8	00001000	00001000	00001000
9	00001001	00001001	00001001

RAM ADDRESS(번지)에 DATA 값을 써넣은 후 번지를 지정해 주고 번지에 있는 DATA 값을 출력하게 하려면 2가지로 구분하여야 한다.

첫째, RAM DATA WRITE를 해 주어야 한다. RAM에 DATA값을 먼저 써넣어 주려면 써넣는 방법을 알아야 하고, 둘째, RAM DATA READ 해 주어야 한다. 즉, RAM DATA 값을 읽는 방법을 알아야 한다.

다음 62256 RAM 회로를 자세히 보고 RAM에 DATA값을 READ/WRITE 하는 방법을 알아보자.

[예제 1] KM62256C RAM R/W 회로도

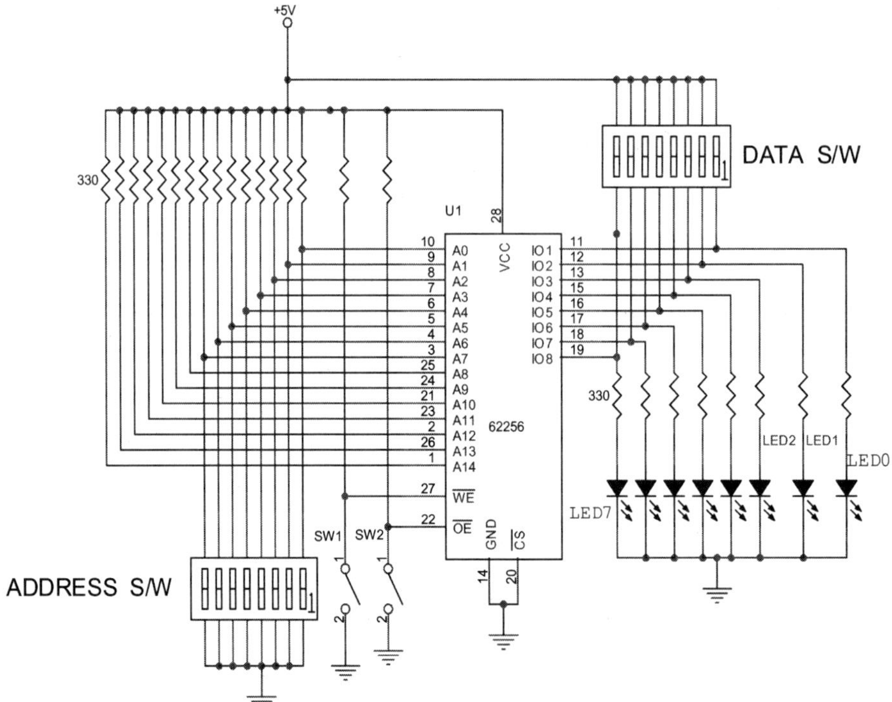

[KM62256C RAM R/W 회로도]

1) RAM DATA WRITE 하는 방법

① ADDRESS SW를 00000000(0번지)로 설정하고 SW1 = H, SW2 = H한 다음 DATA SW 00000000으로 설정한 후 SW1을 H → L → H하면 0번지에 00000000 data가 저장된다.
② ADDRESS SW를 00000001(1번지)로 설정하고 SW1 = H, SW2 = H한 다음 DATA SW 00000001로 설정한 후 SW1을 H → L → H하면 1번지에 00000001의 data가 저장된다.
③ ADDRESS SW를 00000010(2번지)로 설정하고 SW1 = H, SW2 = H한 다음 DATA SW 00000010로 설정한 후 SW1을 H → L → H하면 2번지에 00000010의 data가 저장된다.
④ 같은 방법으로 ADDRESS SW를 00001001(9번지)로 설정하고 SW1 = H, SW2 = H한 다음 DATA SW 00001001로 설정한 후 SW1을 H → L → H하면 9번지에 00001001의 data가 저장되게 한다.

2) RAM DATA READ 하는 방법

① DATA SW를 모두 off한 후 SW1 = H, SW2 = L하고 ADDRESS SW를 0번지(00000000)로 설정하면 0번지 RAM data가 읽힌다. LED는 off된다(data 저장값이 00000000이므로).
② DATA SW를 모두 off한 후 SW1 = H, SW2 = L하고 ADDRESS SW를 1번지(00000001)로 설정하면 1번지 RAM data가 읽힌다. LED는 00000001 된다(data 저장값이 00000001이므로). LED는 0이면 off, 1이면 on 된다.
③ DATA SW를 모두 off한 후 SW1 = H, SW2 = L하고 ADDRESS SW를 2번지(00000010)로 설정하면 2번지 RAM data가 읽힌다. LED는 00000010 된다(data 저장값이 00000010이므로).
④ DATA SW를 모두 off한 후 SW1 = H, SW2 = L하고 ADDRESS SW를 3번지(00000011)로 설정하면 3번지 RAM data가 읽힌다. LED는 00000011된다(data 저장값이 00000011이므로).
⑤ 같은 방법으로 DATA SW를 모두 off한 후 SW1 = H, SW2 = L하고 ADDRESS SW를 9번지(00001001)로 설정하면 9번지 RAM data가 읽힌다. LED는 00001001 된다(data 저장값이 00001001이므로).

- ADDRESS 값을 segment에 display 되게 하려면

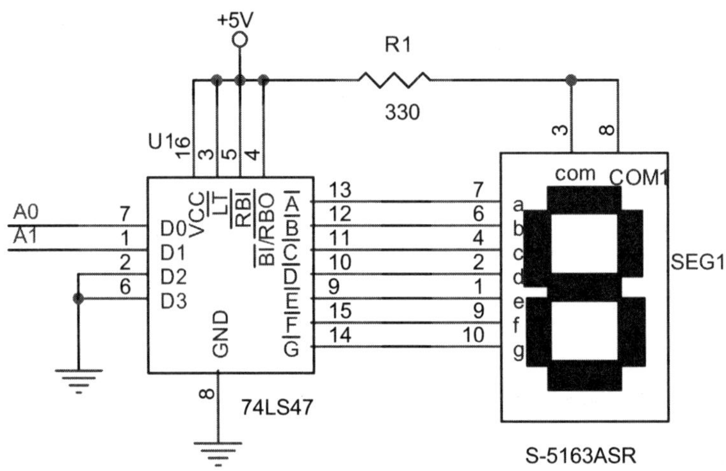

[예제 2] 간단히 실습해 볼수있는 회로도

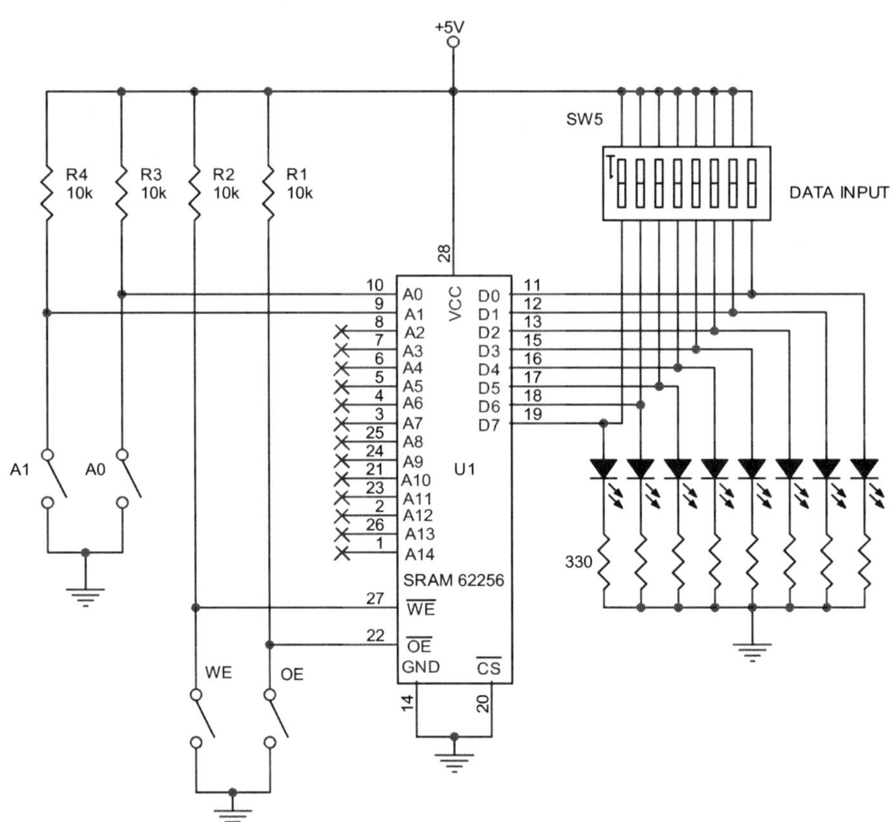

다. KM62256C RAM DATA 자동읽기 회로설계

KM62256C FAMILY 32KB LOW POWER CMOS STATIC RAM을 이용하여 SW1(수동)로 RAM에 DATA를 WRITE하는 회로와 NE555 비안정 멀티바이브레이트를 통해 7490에서 BCD 출력을 하고 RAM DATA를 읽어(자동) LED로 표시하는 회로를 설계해 보자.

1) NE555 비안정 멀티바이브레이트

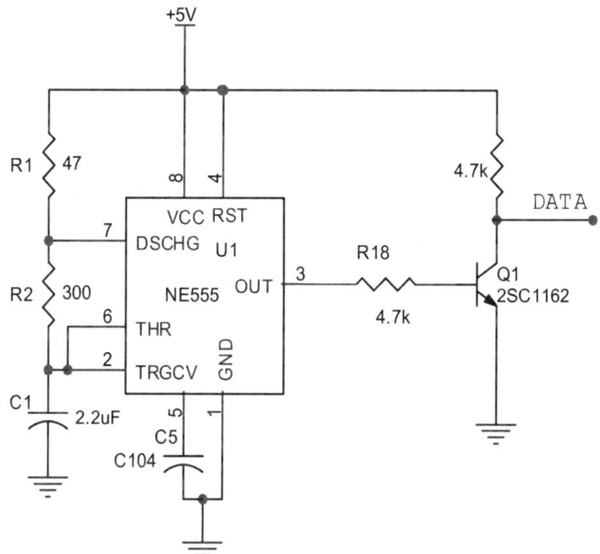

[NE555 비안정 멀티바이브레이트 회로도]

주파수를 구하기 위해서는 먼저 타임 주기를 구해보자.

발진회로의 주파수(TP1)

T1 = 0.693(R1 + R2)C

= 0.693(47 + 300)2.2uF

≒ 529.0362[usec]

T2 = 0.693 C × R2

= 0.693 × 2.2uF × 300

≒ 457.38[usec]

T = T1 + T2 = 0.693(R1 +2R2)C

≒ 986.4162[usec]

$\therefore \ f = \frac{1}{T}$ ≒ 1.0138[KHz]

2) RAM DATA를 읽어 (자동)LED로 표시하는 회로

7490에서 BCD 출력을 하고 RAM DATA를 읽어 (자동)LED로 표시하는 회로이다. 먼저 RAM에 DATA를 써 넣으려면 SW1, SW2를 활용하면 된다. RAM DATA를 읽어 (자동)LED로 표시하는 회로와 RAM DATA R/W 표를 참조하여 RAM에 DATA를 SW1, SW2를 활용하여 62256 RAM에 저장하시오.

(1) RAM DATA를 읽어 (자동)LED로 표시하는 회로

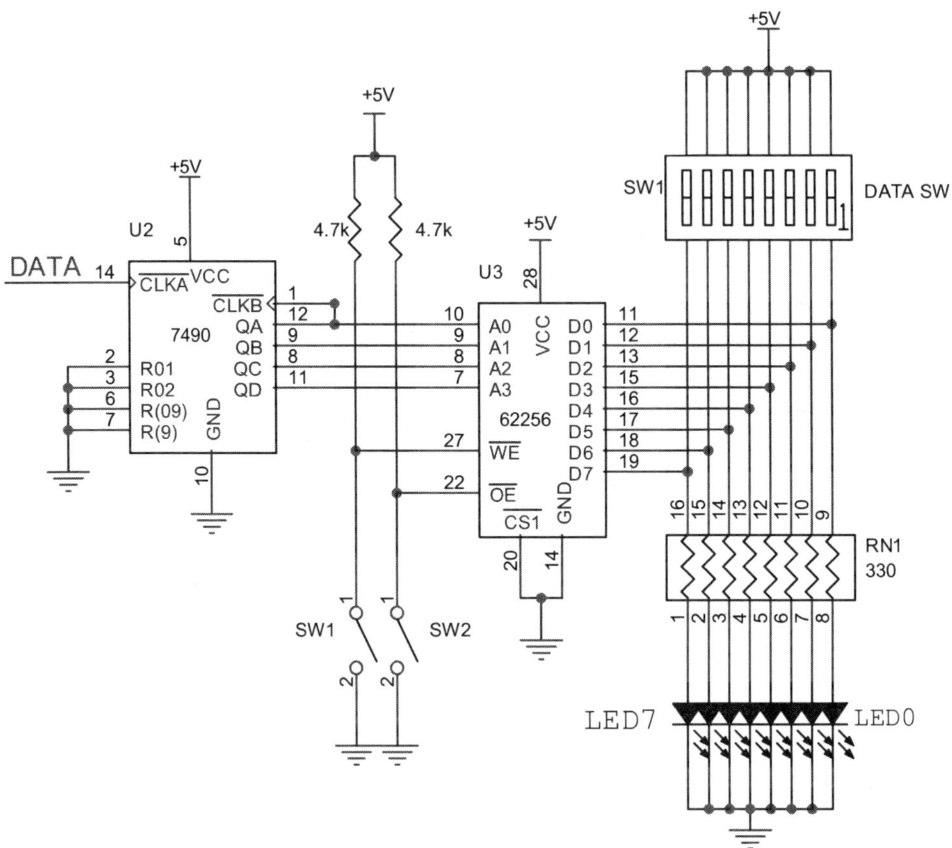

[RAM DATA를 읽어 (자동)LED로 표시하는 회로]

(2) RAM DATA R/W

ADDRESS	ADDRESS SW	DATA	LED 표시(LED7...0) (0이면 led off, 1이면 on)
0번지	00000000	10000001	10000001

1	00000001	01000010	01000010
2	00000010	00100100	00100100
3	00000011	00011000	00011000
4	00000100	00100100	00100100
5	00000101	01000010	01000010
6	00000110	10000001	10000001
7	00000111	00000000	00000000
8	00001000	11111111	11111111
9	00001001	10101010	10101010

라. RAM DATA WRITE 하는 방법

① ADDRESS SW를 00000000(0번지)로 설정하고 SW1 = H, SW2 = H한 다음 DATA SW 10000001로 설정한 후 SW1을 on → off 하면 0번지에 10000001이 저장된다.

② ADDRESS SW를 00000001(1번지)로 설정하고 SW1 = H, SW2 = H한 다음 DATA SW 01000010으로 설정한 후 SW1을 누르면 1번지에 01000010 DATA가 저장된다.

③ ADDRESS SW를 00000010(2번지)로 설정하고 SW1 = H, SW2 = H한 다음 DATA SW 00100100으로 설정한 후 SW1을 누르면 2번지에 00100100 DATA가 저장된다.

④ 같은 방법으로 ADDRESS SW를 00001000(8번지)까지 한다. ADDRESS SW를 00001001(9번지)로 설정하고 SW1 = H, SW2 = H한 다음 DATA SW 10101010으로 설정한 후 SW1을 누르면 9번지에 10101010 DATA 가 저장되게 한다.

마. RAM DATA READ 하는 방법

DATA SW를 모두 off 한 후 SW1 = H, SW2 = L하면 0~9 번지 RAM에 저장된 data가 LED0 ~ 9에 읽힌다. 읽힌 LED는 RAM에 저장된 DATA이다.

바. C-MOS SRAM(LYontek 社) Information

[C-MOS SRAM 1Mb 그림은 관련회사 유사자료임]

C-MOS SRAM(LYontek 社) LY625128UN-WW XX YZ 형식 표기법 예

LY625128 U V - WW XX Y Z

Z : Packing Type
Blank : Tube or Tray
T : Tape Reel

Y : Temperature Range
Blank : (Commercial) 0°C ~ 70°C
E : (Extended) -20°C ~ +80°C
I : (Industrial) -40°C ~ +85°C

XX : Power Type
LL : Ultra Low Power
SL : Special Ultra Low Power

WW : Access Time(Speed)

V : Lead Information
L : Green Package

U : Package Type
S : 32-pin 450 mil SOP
L : 32-pin 8 mm x 20 mm TSOP-I
R : 32-pin 8 mm x 13.4 mm STSOP
G : 36-ball 6 mm x 8 mm TFBGA
P : 32-pin 600 mil P-DIP
M : 44-pin 400 mil TSOP-II

사. C-MOS(Metal-Oxide-Semiconductor)와 TTL

C-MOS TYPE은 소비전력이 매우 낮지만, 취급에 주의할 필요가 있다. C-MOS와 TTL의 차이점에 대해 알아보자.

C-MOS와 TTL의 차이점

TTL은 미국의 텍사스社가 1964년에 개발되었다. SAMSUNG, LG 등 각 사에서 같은 규격의 IC를 대량으로 개발, 제조하고 있다. 텍사스 社의 IC와 호환성을 가지고 있기 때문에 제품 개발을 위해 텍사스 사의 IC 규격표(TTL 매뉴얼)을 참조할 필요가 있다.

C-MOS는 미국의 RCA社와 모토로라社가 1966년에 개발되었다. 처음에는 TTL보다 응답성이 느린 결점을 가지고 있었지만 소비전력이 매우 낮은 점이 큰 장점이었다. 최근에는 기술개발을 통해 TTL과 응답속도가 같은 정도로 많이 개발되었다.

C-MOS와 TTL을 비교하면 [표]와 같다.

[표] C-MOS와 TTL의 비교표

구 분	C-MOS		TTL
	범용	고속형	
전원전압(V)	3～18	2～6	4.75～5.25
소비전류	수～수백 uA		수 mA
응답 주파수	2MHz	45MHz	45～100MHz
threshold(V)	전원전압의 1/2		1.2～1.4
기타	• 정전기에 약하다. • 부하전류가 적다 • 습도에 약하다		• 노이즈에 약하다. • 다품종이다.

34. 밤이 되면 멀티 LED가 자동 깜박이는 회로설계

CdS를 이용하여 밤이 되면 멀티 LED가 자동 깜박이고 낮이 되면 자동 off되는 회로를 설계해 보자.

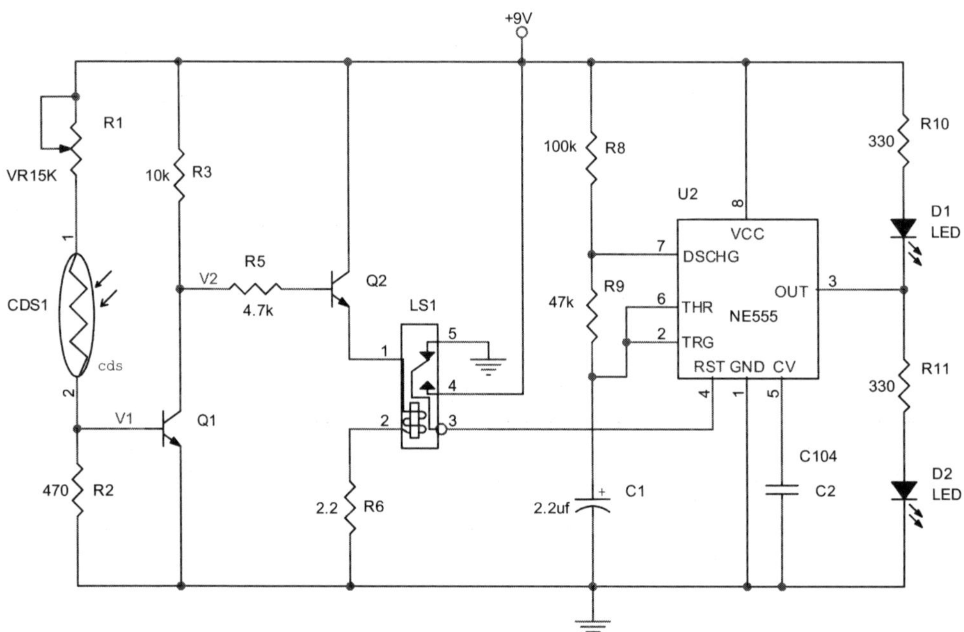

CdS는 빛의 양에 따라 저항값이 변하는 소자이므로 저항 전압분배법칙을 이용하여 회로를 설계하고 트랜지스터 바이어스 전압을 이용하여 릴레이의 접점을 제어할 수 있도록 하기 위해 릴레이 구동 회로를 트랜지스터를 이용하여 설계하였다.

왼쪽은 CdS 제어회로, 중간은 릴레이 구동회로, 오른쪽 NE555는 LED 제어 깜빡깜빡 회로로 구분할 수 있다.

LED의 타임주기를 만들어 내는 NE555 발진회로의 타임주기 T

$T1 = 0.693(R8 + R9)C$

$T2 = 0.693 \times R8 \times C$

전체 타임주기 T

$T = T1 + T2$이고 주파수 $f = \frac{1}{T}$ [HZ]

가. CdS를 이용한 분배 전압회로

CdS를 이용하여 빛을 가할 때 저항값이 변하는 원리를 이용한 회로이다.

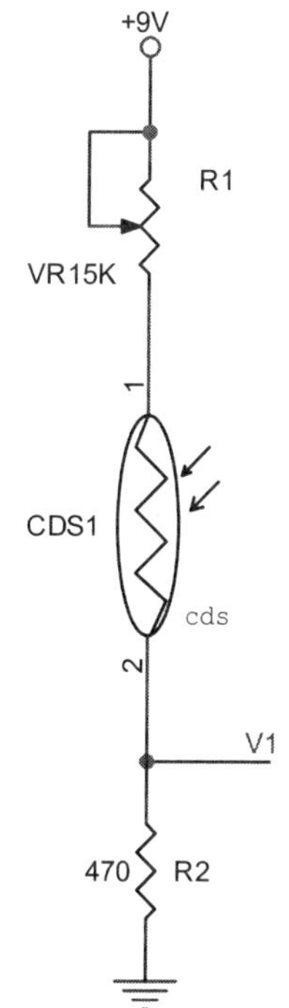

CdS : 빛을 가하면(낮)저항 값이 감소하고 빛을 가하지 않으면(밤)저항 값이 증가하는 소자

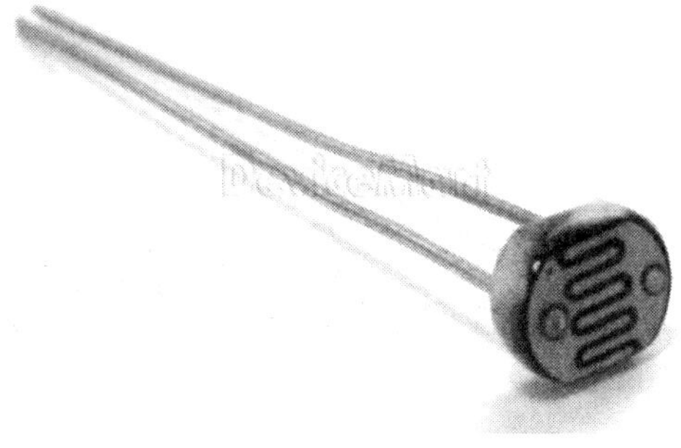

[CdS cell GL5516]

CdS cell GL5516 부품을 구입하여 light resistance 값을 측정했더니 200[Ω]이었고 dark resistance 값은 50]kΩ]이었다.

부 품	light resistance	dark resistance	비 고
GL5516	200[Ω]	50[kΩ]	

V1 값을 트랜지스터로 제어하기 위해 밤과 낮으로 구분하고 도통과 차단으로 설계하고자 한다. V1 = 0.7V 이상, 이하가 되면 트랜지스터를 이용하여 제어할 수 있으므로 VR1 가변저항을 적절히 가변시켜 저항 값을 계산하고 V1을 구해보면,

$$V1 = \frac{R2}{R1 + CDS1 + R2}\ VCC$$

(1) 빛을 가했을 때(낮) VR1을 가변하여 3.2KΩ 설정하고

$$VR1 + CdS1 = 3.2K + 200\Omega,\ R2 = 470\Omega$$

$$V1 = \frac{470}{3.2k + 200 + 470}\ 9V$$

$$= 1.093[V]$$

(2) 빛을 가하지 않았을 때(밤) VR1 + CdS1 = 3.2K + 50kΩ, R2 = 470Ω

$$V1 = \frac{470}{3.2k + 50k + 470}\ 9V$$

$$= 0.079[V]$$

트랜지스터를 제어하기 위한 조건전압이 만족하므로 Q1 트랜지스터는 낮과 밤에 도통과 차단으로 동작하게 된다.

(※ PROTEUS : CdS 부품 - TORCH LDR)

나. CdS를 이용한 RELAY 구동회로

1) 빛을 가했을 때(낮)

낮이 되면 V1 전압이 0.7V 이상 되어 Q1 NPN TR이 도통되고 V2 전압은 ≅ 0[V]로 L가 되어 Q2 NPN TR은 차단상태가 되어 RELAY LS1은 동작되지 않는다.

2) 빛을 가하지 않았을 때(밤)

밤이 되면 V1 전압이 0.079[V] 이하가 되어 Q1 NPN TR이 차단상태가 되고 V2의 전압은 ≅9[V]로 H가 되어 Q2 TR은 동작상태가 되어 RELAY LS1에 전류가 흐르게 되어 동작된다.

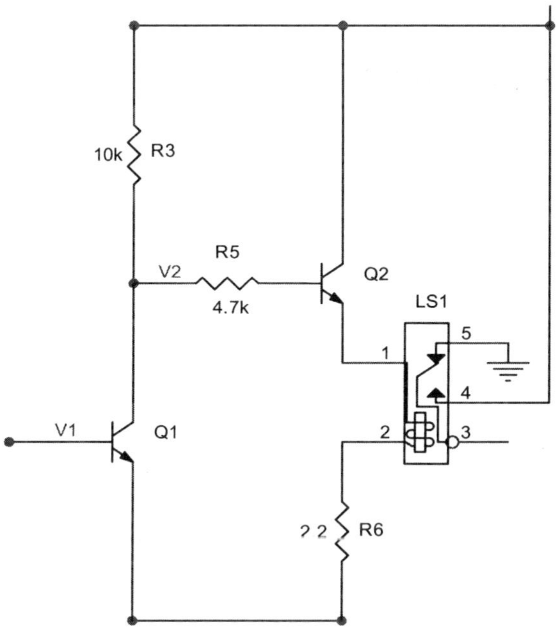

[RELAY 구동회로]

3) RELAY 동작원리

RELAY는 전자석의 원리로 전기를 흘려주었을 때 코일이 자석의 성질을 띠게 되어 자화력이 발생되는 현상이다. RELAY는 전류가 흐를 때만 자석의 성질을 갖는 일시적인 자석의 성질이다. RELAY의 구조를 알려면 먼저 전자석을 알아야 한다.

쇠못을 불에 가열하여 공기 중에서 천천히 식히면 연철이 된다. 그리고 연철이 된 쇠못에 얇은 종이를 감고 코일을 한쪽 방향으로만 감은 다음 코일의 끝을 칼로 피복을 조금씩 벗겨 전기가 통하게 하고 전지, 전구, 스위치에 연결하여 스위치를 닫으면 전자석에 전류가 흘러 자석이 된다. 전류가 흐르지 않으면 자석의 성질을 잃어버린다.

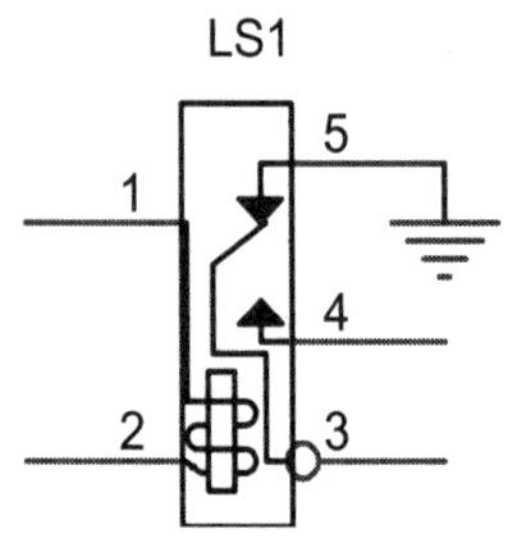

릴레이 LS1의 NC(normal close)핀의 접점은 핀 3번과 5번으로 되어 있고 핀 1번(+)과 2번(−)에 전류를 흘리면 접점 스위치는 핀 3번과 4번이 연결되고 핀 1번(+)과 2번(−)에 전류를 흘리지 않으면 접점은 핀 3번과 5번으로 연결된다.

다. NE555 깜빡깜빡 LED 제어회로

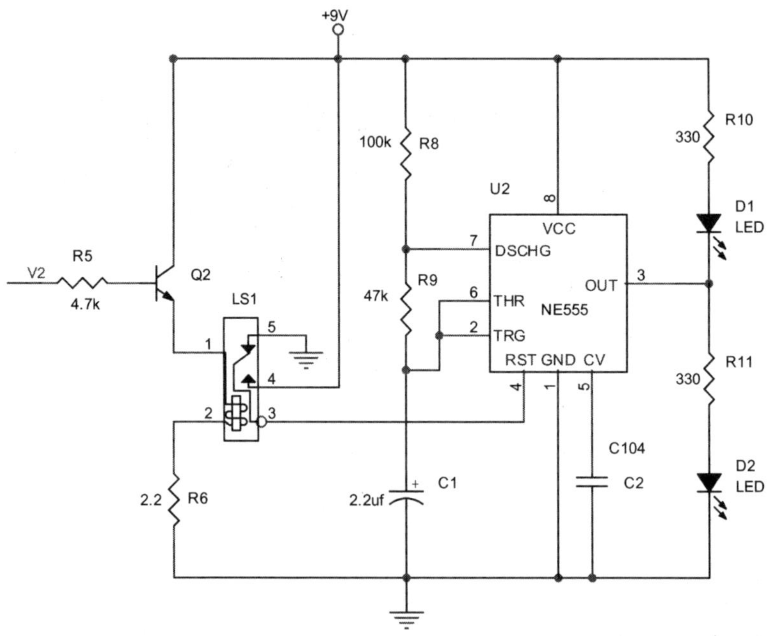

V2에 H 신호가 들어오면 Q2 NPN TR은 도통되고 +9V 전압이 공급되어 핀 1번(+)과 2번(−) 릴레이 LS1에 전류가 흘러 접점 스위치는 핀3과 4번이 연결되어 NE555 핀 4번에는 +9V 전압이 공급되어 자동발진이 이루어지며 핀 3번을 통해 펄스가 출력된다. L될 때에는 D1 LED가 on되고 H될 때에는 D2 LED가 on 되며 타임 주기에 따라 ON, OFF가 반복된다.

35. 낮에는 DC 모터구동, 밤에는 LED가 ON되는 회로설계

CdS를 이용하여 낮이 되면 DC모터가 동작하고 밤이 되면 LED가 ON 되는 회로를 설계해 보자.

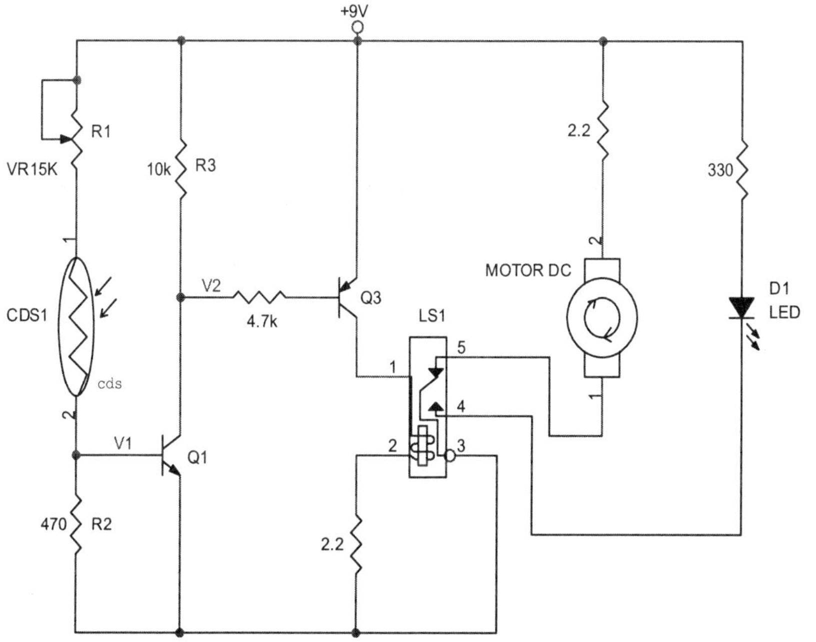

1) 빛을 가했을 때(낮)

VR1을 가변하여 3.2KΩ 설정하고

$$VR1 + CdS1 = 3.2K + 200\Omega,\ R2 = 470\Omega$$

$$V1 = \frac{470}{3.2k + 200 + 470}\ 9V$$
$$= 1.093[V]$$

2) 빛을 가하지 않았을 때(밤)

$$VR1 + CdS1 = 3.2K + 50k\Omega,\ R2 = 470\Omega$$

$$V1 = \frac{470}{3.2k + 50k + 470}\ 9V$$
$$= 0.079[V]$$

빛을 가했을 때 낮에는 V1 전압이 1.093[V]이므로 Q1 NPN TR이 도통되고 V2가 L가 됨에 따라 Q3 PNP TR은 도통되어 릴레이 핀 1번과 2번에 전류가 흘러 접점 스위치 핀 3번과 4번이 연결되어 LED에 전류가 흘러 on 된다.

빛을 가하지 않았을 때 밤에는 V1 전압이 0.079[V]이므로 Q1 NPN TR이 차단되고 V2는 H가 되어 Q3 PNP TR이 차단되고 릴레이 핀 1번과 2번에 전류가 차단됨에 따라 접점 스위치 핀 3번과 5번이 연결되어 DC모터에 전류가 흘러 구동하게 된다.

36. 해가 뜨면 시간마다 꽃밭에 자동으로 물을 뿌려주는 회로설계

해가 뜨면 100[sec]마다 정원에 WATER 모터가 구동하여 물을 뿌려주고 100[sec] 지나면 자동정지하고 또 100[sec] 지나면 WATER 모터가 구동하여 물을 뿌려주고 밤이 되면 WATER 모터가 자동정지되는 회로를 설계하고자 한다. 주어진 알고리즘을 설계할 때 순서를 정하고 각 항목마다 주어진 회로를 설계해 보자.

구　분	제어회로	세부 회로설계
1. 해가 뜨면 센서감지	CdS 제어회로	① 낮에는 동작 ② 밤에는 정지
2. 타이머 100초	99진 타이머회로	① 발진회로(1HZ) ② 99진 카운터 ③ 최상위 비트에서 신호검출
3. 모터구동제어	모터구동 제어회로	① 검출신호 감지 ② WATER 모터구동

가. 밤과 낮을 구분하는 CdS 제어회로 설계

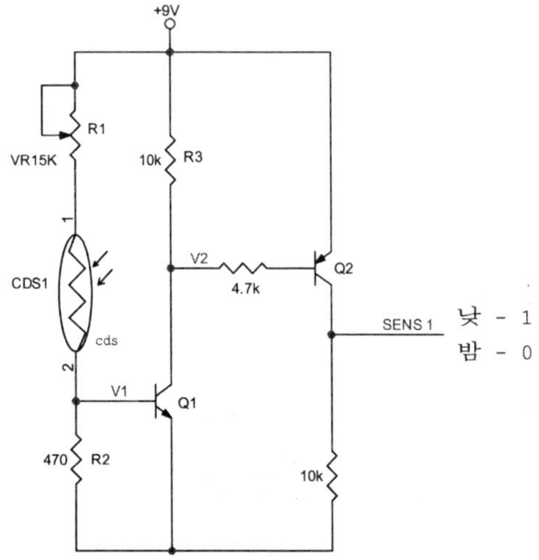

[CdS 제어회로]

CdS cell GL5516 부품 사용

CdS cell GL5516 부품을 구입하여 light resistance 값을 측정했더니 200[Ω]이었고 dark resistance 값은 50[kΩ]이었다.

부 품	light resistance	dark resistance	비 고
GL5516	200[Ω]	50[kΩ]	

낮에 해가 뜨면 CdS1에 빛을 가하게 되어 V1 = 1.093[V]이고 밤이 되면 빛이 가해지지 않으므로 V1 = 0.079[V]가 되어 낮에는 Q1 TR의 바이어스 전압이 가해지므로 V2는 L가 되고 Q2 PNP TR이 도통되어 SENS 1에는 H가 된다.

1) 빛을 가했을 때(낮)

R1을 가변하여 3.2KΩ 설정하고,

VR1 + CdS1 = 3.2K + 200Ω,　R2 = 470Ω

$$V1 = \frac{470}{3.2k + 200 + 470}\,9V$$

$$= 1.093[V]$$

2) 빛을 가하지 않았을 때(밤),

VR1 + CdS1 = 3.2K + 50kΩ, R2 = 470Ω

$$V1 = \frac{470}{3.2k + 50k + 470}\,9V$$

$$= 0.079[V]$$

CdS : 빛을 가하면(낮) 저항 값이 감소하고 빛을 가하지 않으면(밤) 저항 값이 증가하는 소자

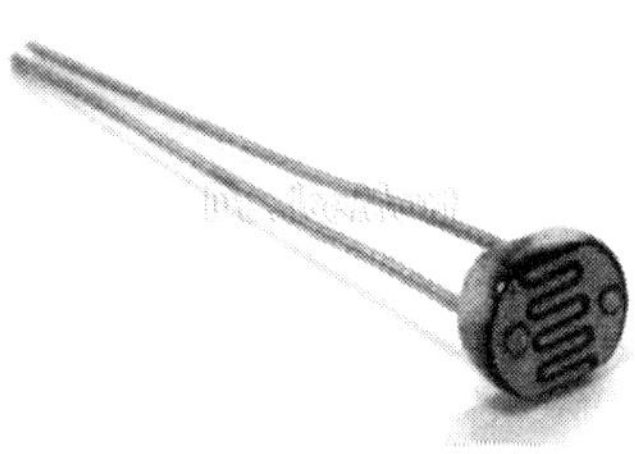

[CdS cell GL5516]

나. 100진 카운터 타이머 회로설계 - 100[sec]

100진 카운터 회로와 동일하게 설계하고 10자리 최상위 비트를 모터구동 제어회로의 SEN 2에 연결하면 된다.

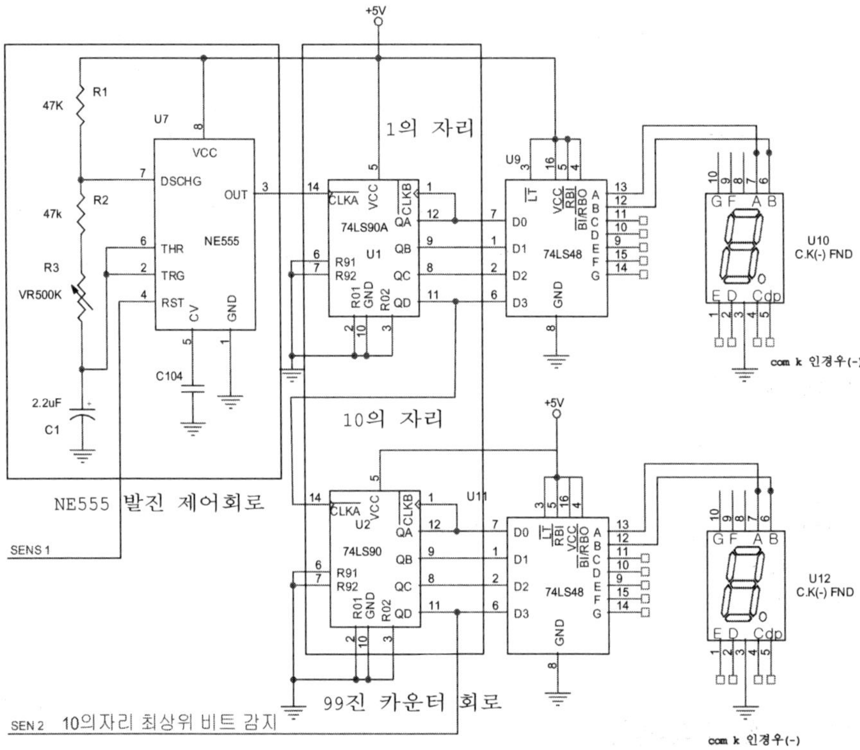

[100진 카운터 타이머 회로설계]

NE555회로 발진제어 단자를 이용한다. 발진회로 NE555회로에 핀 4번 SENS 1에 L가 입력되면 발진이 정지되고 H가 입력되면 발진이 시작되므로 나.100진 카운터 타이머 SENS 1에 가.밤과 낮을 구분하는 CdS 제어회로에서 SENS 1을 연결하면 NE555회로에 핀 4번 SENS 1는 H가 입력되어 발진이 시작된다.

7490은 1의 자리와 10의 자리로 구분할 수 있다. 1의 자리에서는 출력이 0000~1001, 0000, 0001..1001이 출력되고 10의 자리에서도 0000~1001, 0000, 0001..1001이 출력되므로 1001이 될 때 최상위 비트 MSB 1비트를 감지하여 센서신호로 활용하면 된다.

설계한 회로를 조합하면 00(0000 0000)에서 99(1001 1001)가 되었을 때 최상위 비트 신호 1을 모터구동 제어회로에 감지신호로 전송된다.

99(1001 1001)에서 00(0000 0000)으로 바뀌면 최상위 비트 신호 0을 모터구동 제어회로에 감지신호 0으로 전송된다.

다. 모터구동 제어회로

JK 플립플롭 7473의 CLK 입력 SENS 2에 센서신호 1이 들어오면 J = K = 1인 T 플립플롭에 CLK 펄스가 입력되어 Q에는 1이 출력되고 SENS 2에 센서신호 0이 들어오면 출력 Q에는 반전되는 0이 출력되고 다시 1이 입력되면 출력 Q에는 0이 출력된다. 신호에 따라 출력이 반전되는 동작이 반복되고 반전된 신호가 PNP TR Q1에 전달된다.

PNP TR Q1 베이스에 L가 가해지면 Q1은 도통되어 릴레이를 구동하게 되고 접점 스위치는 핀 3번과 4번이 연결되어 LED는 ON 되고 PNP TR Q1 베이스에 H가 가해지면 Q1은 차단되어 릴레이를 구동하게 되고 접점 스위치는 핀 3번과 5번이 연결되어 WATER MOTOR가 구동되어 동작하게 된다.

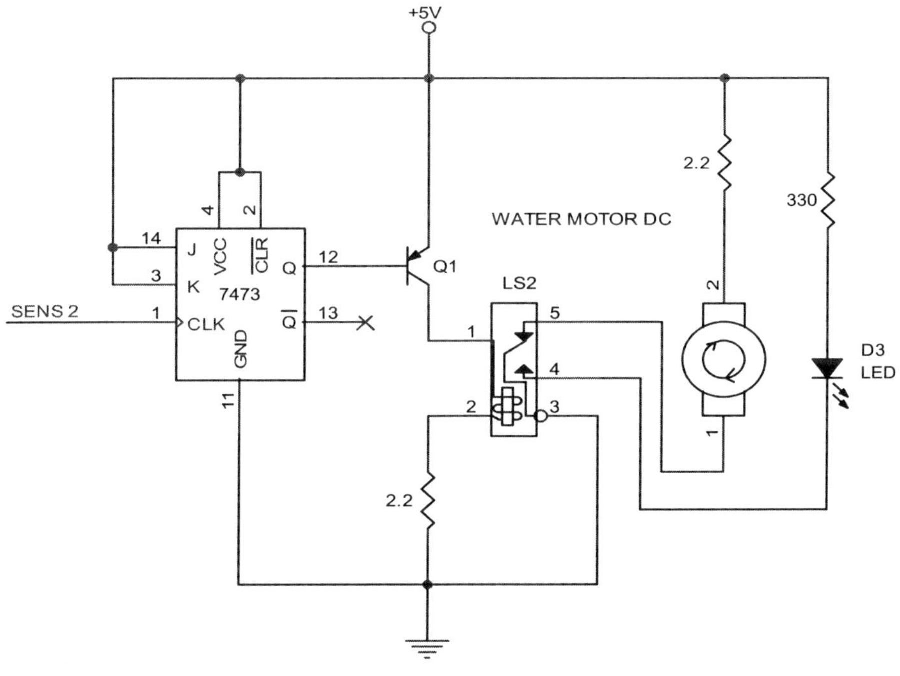

[모터구동 제어회로]

JK 플립플롭 진리표

J	K	Qn
0	0	Qn
0	1	0
1	0	1
1	1	반전

라. 해가 뜨면 꽃밭에 시간마다 자동으로 물을 뿌려주는 회로

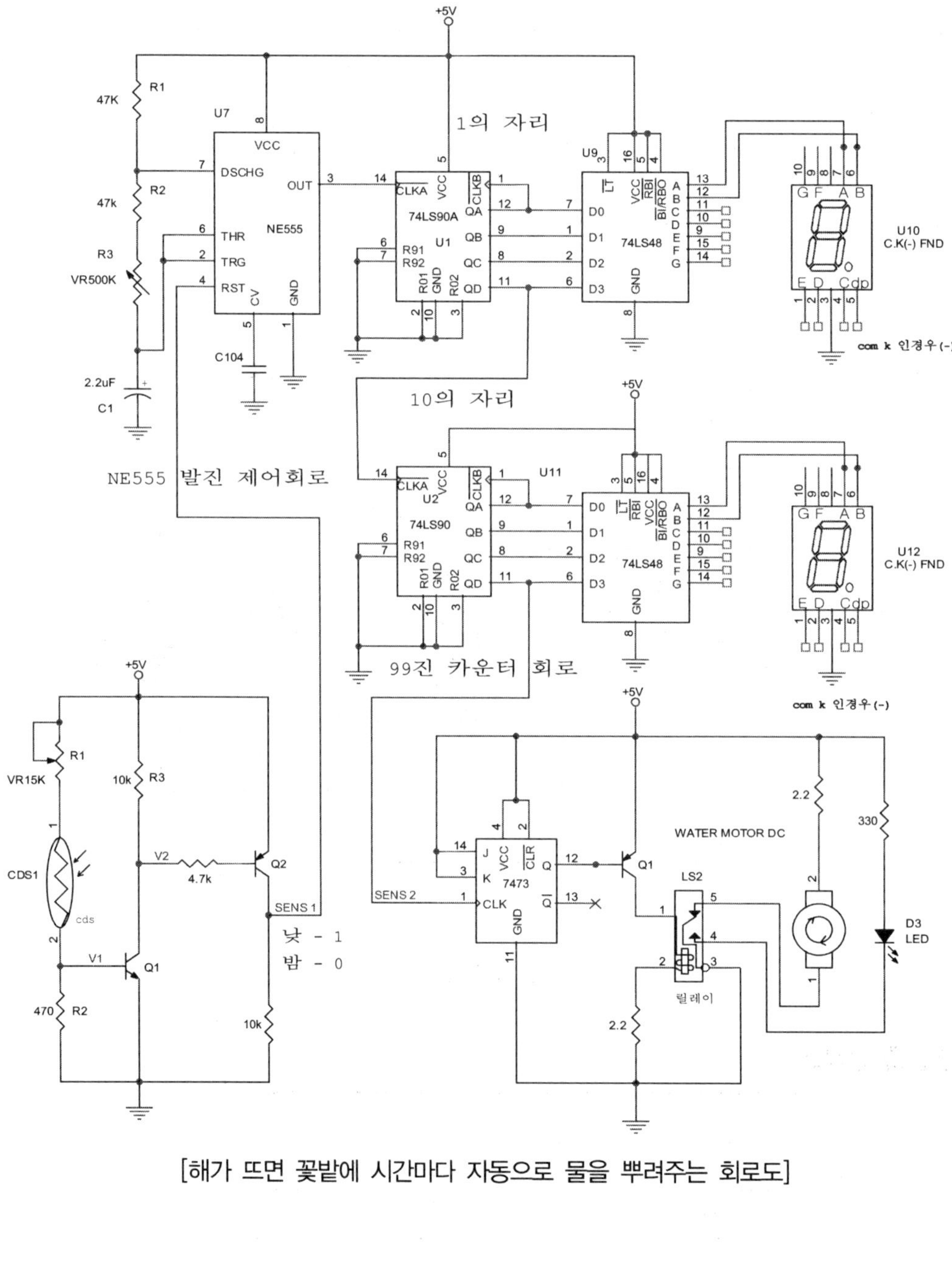

[해가 뜨면 꽃밭에 시간마다 자동으로 물을 뿌려주는 회로도]

37. C-R 미분회로(differential circuit)

직사각형 펄스파로부터 펄스폭이 좁은 Trigger 펄스를 얻는 데 사용된다.

가. R, C 미분회로

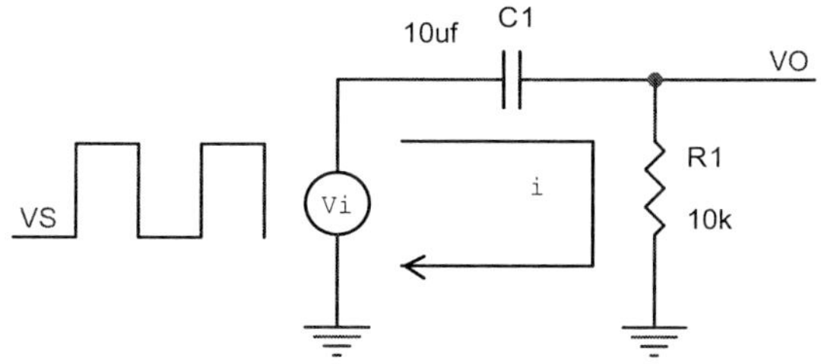

$Vi = VR1 + VC1 = \frac{1}{C1}\int icdt + R1i \quad C1Vi = \int ic\ dt + C1R1i$

$C1R1 \ll \tau$ 이면 $C1Vi = \int icdt$

콘덴서에 걸리는 전압 $Vc = \frac{1}{C1}\int ic\ dt[V]$

콘덴서에 흐르는 전류 $ic = C1\frac{dVi}{dt}$

$$Vo = R1ic = C1R1\frac{dVi}{dt}$$

출력전압 VO가 입력 전압 Vi의 미분에 비례한 값을 갖는다.

나. R, C 가변에 따른 미분회로 오실로스코프 파형

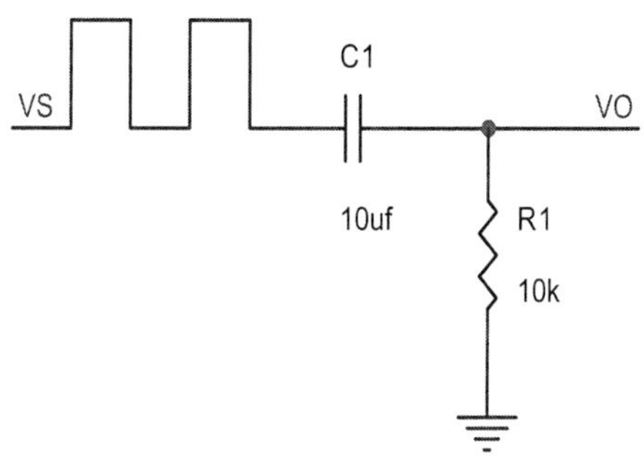

① C1 = 10uf, R1 = 10k일 때

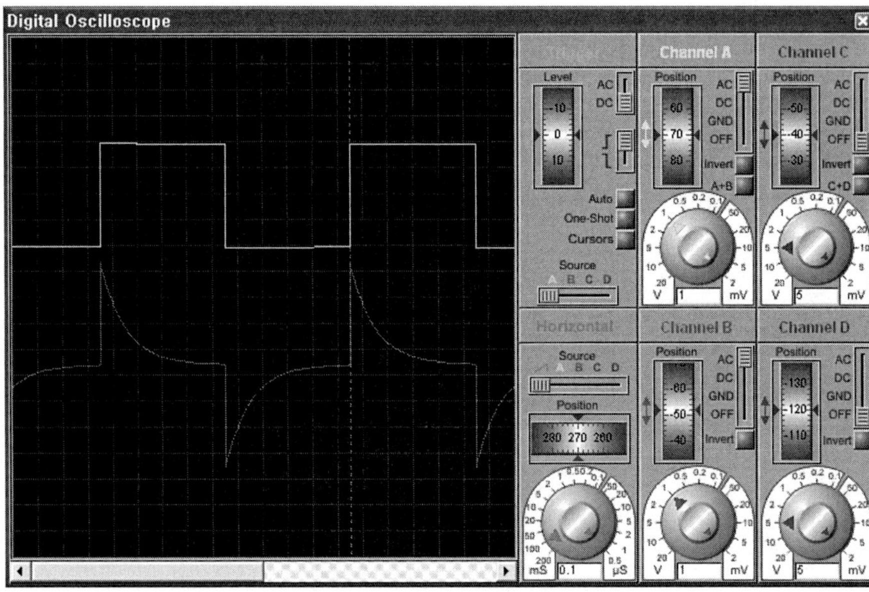

② C1 = 10uf, R1 = 1k일 때

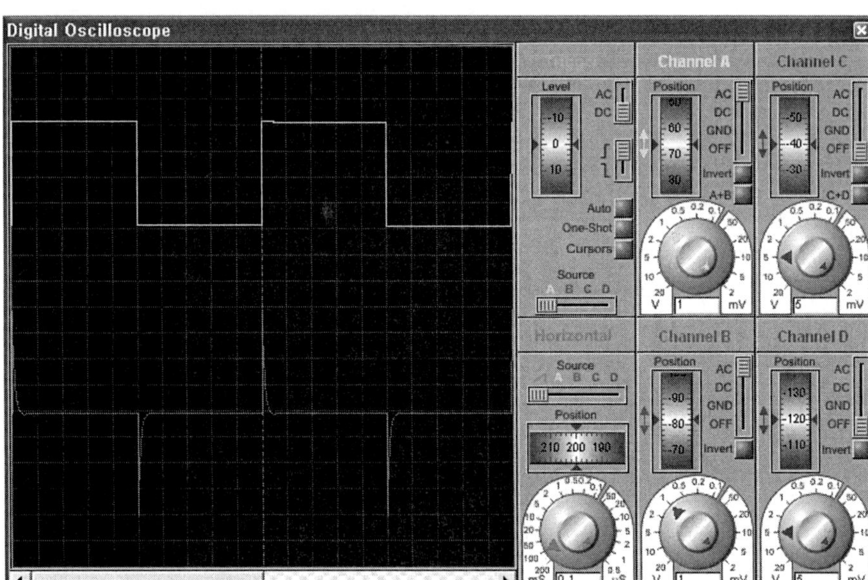

③ C1 = 100uf, R1 = 10k일 때

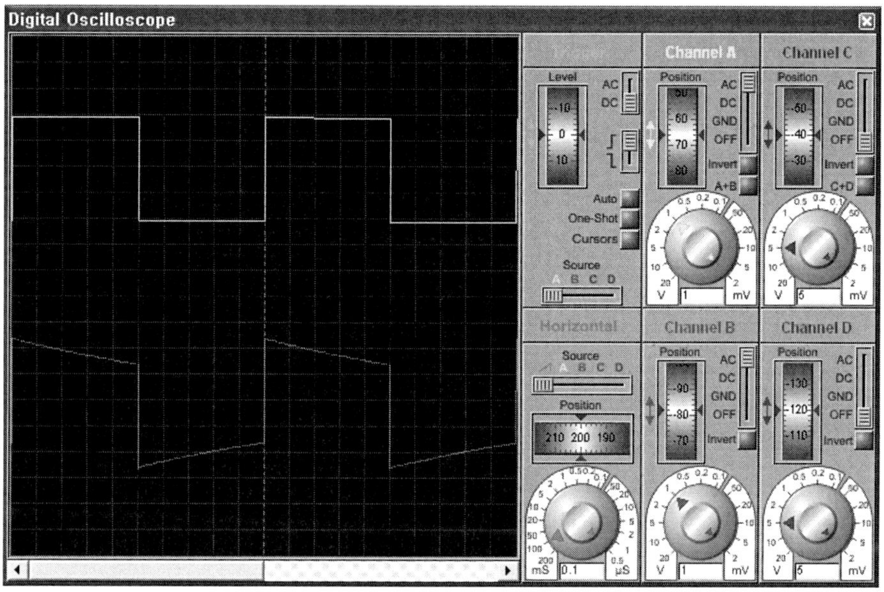

④ C1 = 100uf, R1 = 1k일 때

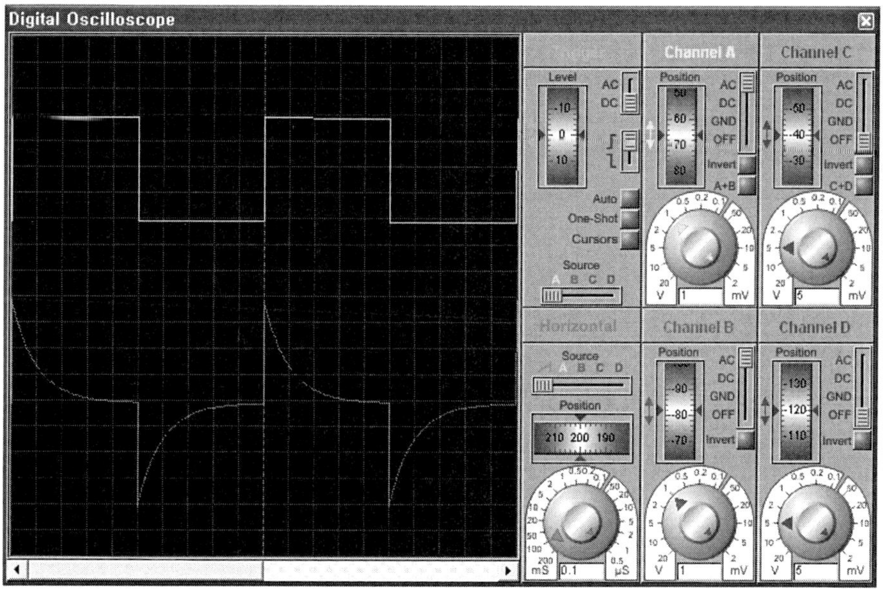

38. R, C 적분회로(integral circuit)

시간에 비례하는 전압파형, 즉 톱날파의 신호를 지연시키는 회로에 사용된다.

가. 적분회로

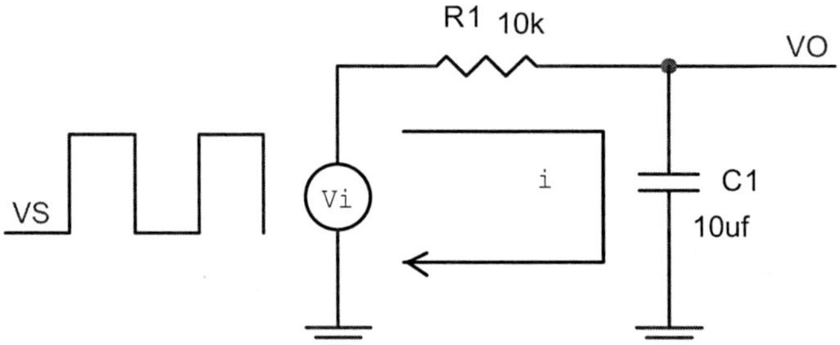

$$Vi = VR1 + VC1 = R1i + \frac{1}{C1}\int idt$$

$$\frac{Vi}{R1} = i + \frac{1}{C1R1}\int idt$$

$$C1R1 \gg \tau \text{ 이면 } I = \frac{Vi}{R1} \quad (\tau = \text{입력 펄스폭})$$

$$Vo = \frac{1}{C1}\int idt = \frac{1}{C1R1}\int Vidt$$

① 콘덴서에 걸리는 전압 $Vc = \frac{1}{C1}\int ic\ dt[V]$

② 콘덴서에 흐르는 전류 $ic = C1\frac{dVc}{dt}$

나. R, C 가변에 따른 적분회로 오실로스코프 파형

적분회로에 저항과 콘덴서의 변화에 대한 파형을 오실로스코프에 나타내었다. 수학적 수식과 비교하여 파형을 관찰하자.

① R = 4.7K, C = 100uf

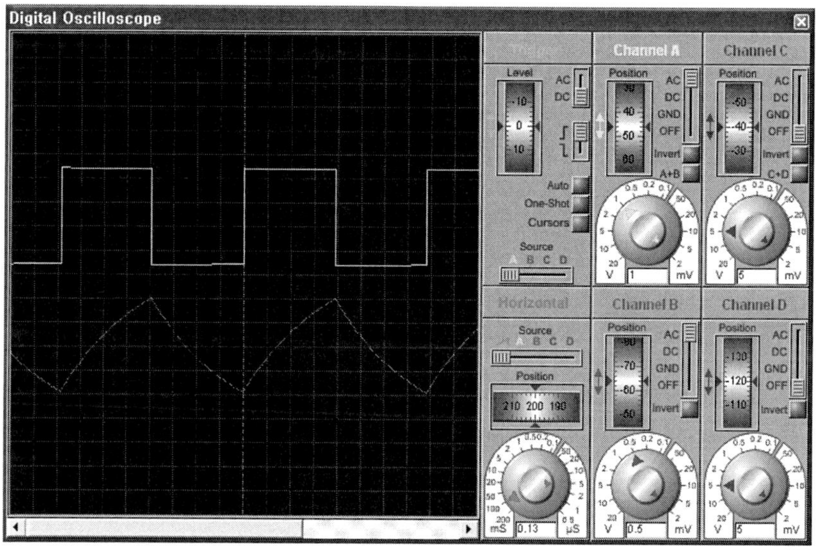

② R = 4.7k, C = 10uf

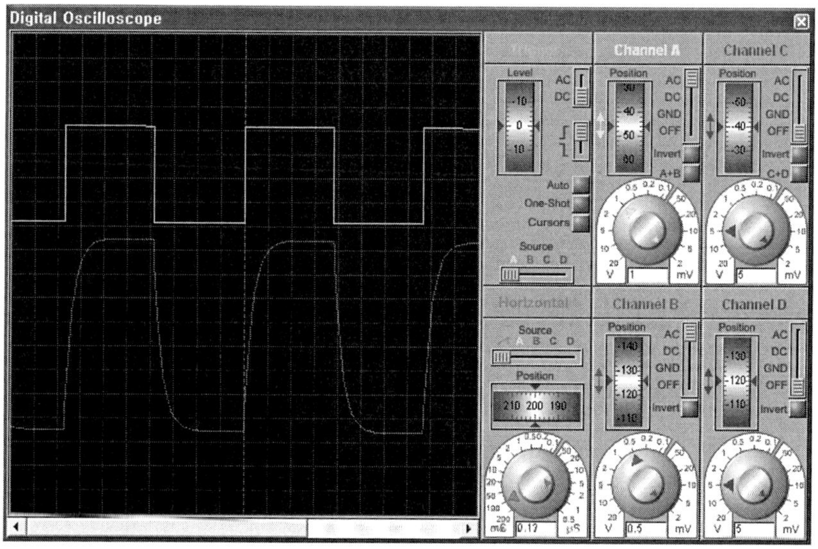

③ R = 4.7k , C = 1000uf

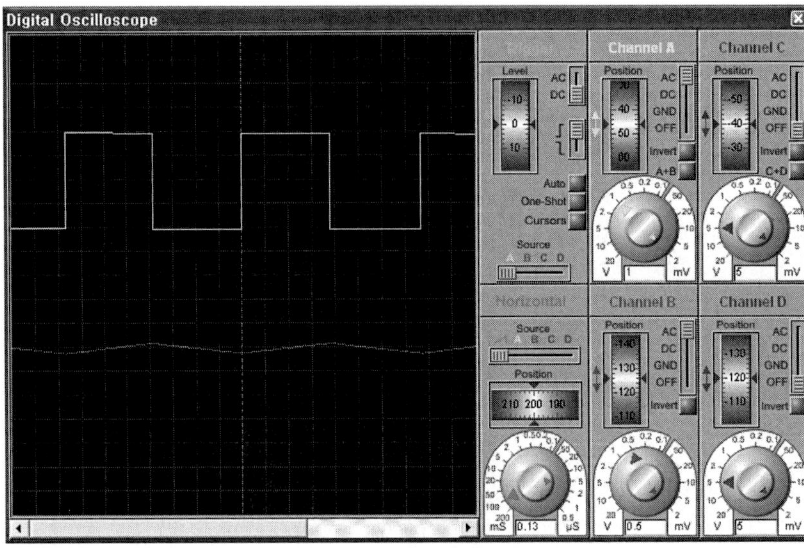

④ R = 470, C = 100uf

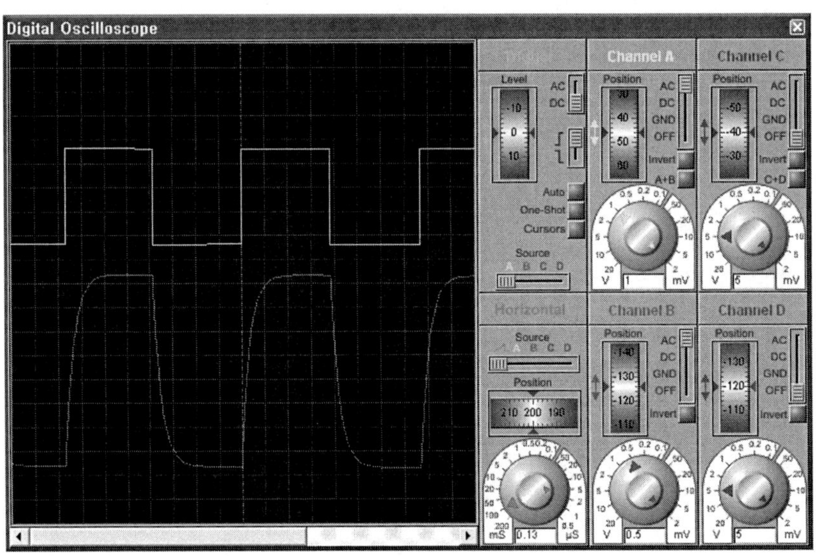

⑤ R = 470, C = 1000uf

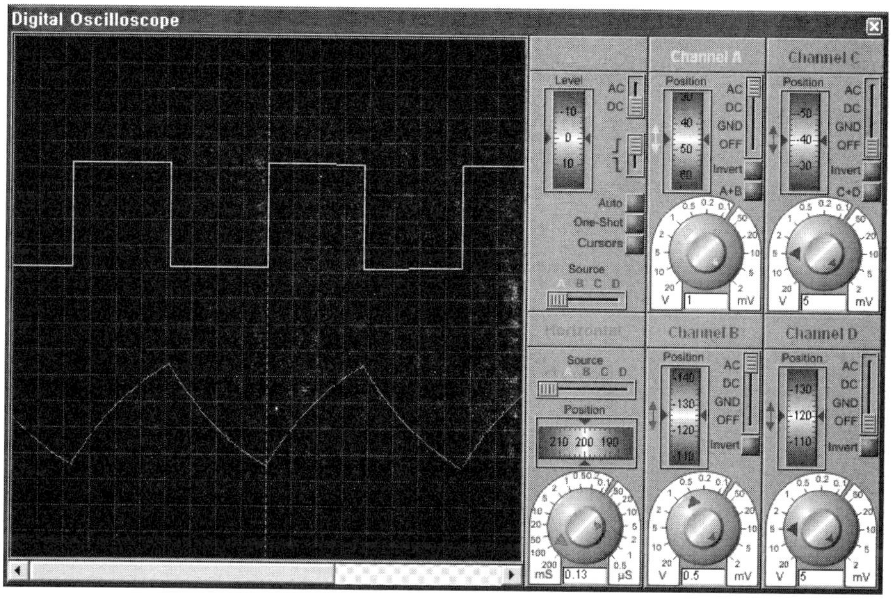

- 다링톤 회로(Darlington circuit)

2개의 TR을 직접 결합시켜 우수한 증폭특성을 나타내도록 한 회로로 다링톤 회로는 Q1과 Q2의 곱에 의해 전류가 증폭된다.

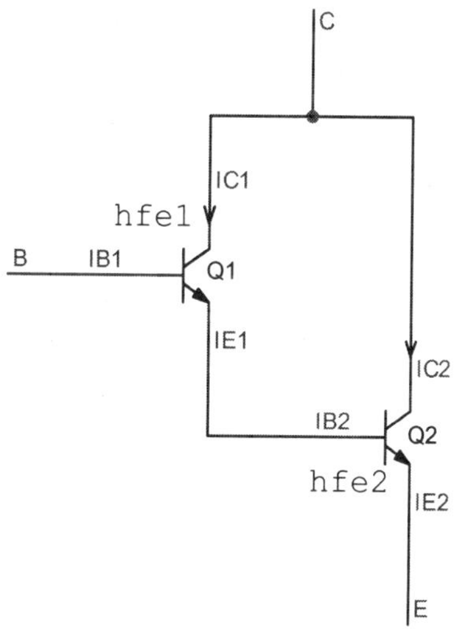

[다링톤 접속회로]

$IC1 = hfe1 \times IB1 \ (IC = \beta \times IB)$

$$
\begin{aligned}
IC2 &= hfe2 \times IB2 \\
&= hfe2 \times IE1 (\because IB2 = IE1) \\
&= hfe2(1 + hfe1)IB1
\end{aligned}
$$

$$
\begin{aligned}
IE1 &= IB1 + IC1 \\
&= IB1 + (hfe1 \times IB1) \\
&= (1 + hfe1)IB1
\end{aligned}
$$

$$
\begin{aligned}
IC &= IC1 + IC2 \\
&= hfe1 \times IB1 + hfe2(1 + hfe1)IB1
\end{aligned}
$$

$$
\begin{aligned}
\therefore IC &= hfe1 \times IB1 + hfe2(1 + hfe1)IB1 \\
&= Q1 \times Q2
\end{aligned}
$$

39. 음악소리에 맞춰 3색 램프가 자동으로 발광하는 회로

경기도 화성시 동탄 호수공원과 경북 구미시 금오산 호수공원의 "하늘은 푸르게 마음은 하얗게 .. 실바람도 불어와 ..." 라는 노래소리에 맞춰 220[V]/5[W] 빨강색 램프, 노랑색 램프, 초록색 램프가 음의 높이에 따라 자동으로 발광하는 회로를 설계해 보자.

220V/5W 빨강색 램프, 노랑색 램프, 초록색 램프를 켜기 위해서는 교류 제어용 부품을 사용해야 하는데, SCR을 이용하면 제어가 가능하다. SCR이란 PNPN의 4층 구조로 실리콘 제어정류기(silicon controlled rectifier:SCR)이다.

Anode · Cathode · Gate의 3단자로 구성되어 있으며 게이트에 신호가 인가되면 전원회로에 역전류를 가하거나 정격전류(holding current) 이하로 떨어질 때까지 도통 상태를 유지한다.

Gate에 작은 전류를 흘리면 Anode와 Cathode가 도통하게 되어 큰 Anode 전류를 흐르게 할 수 있다. VG-K에 의해 한번 도통되면 VA-K에 전압이 걸려 있는 한 Anode 전류는 계속 유지되며 VG-K 사이에 역전압을 공급하거나 0[V]로 하여도 VA-K 사이 전류는 차단되지 않는다. VA-K 사이의 전류를 차단하려면 VA-K 역전압을 공급하거나 0[V]로 하여야 한다.

가. 저역, 대역, 고역 주파수 구분

1) 저역 주파수 통과 필터(low frequency pass filter)

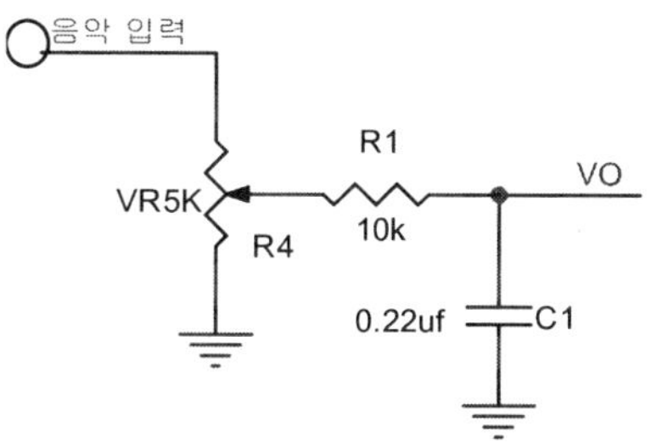

출력 주파수 VO = $\dfrac{1}{2\pi CR}$ = $\dfrac{1}{2\pi \times 0.22uf \times 10k}$ = 72.343[HZ]

입력되는 음악 주파수 72.343[HZ] 이상은 감쇄시키고 72.343[HZ] 이하 주파수만 통과시킨다.

2) 대역 주파수 통과 필터(band frequency pass filter)

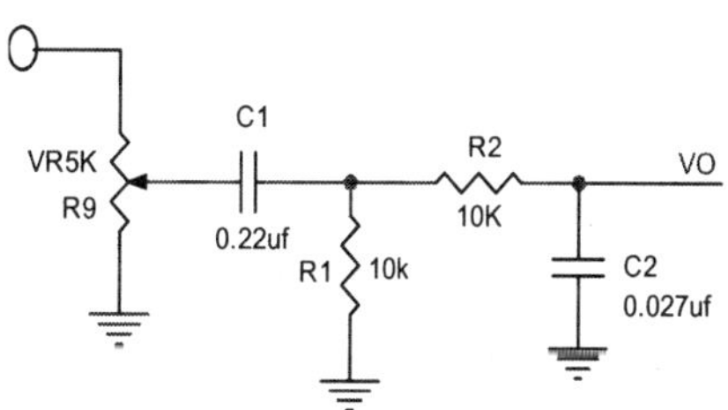

출력 주파수 VO1 = $\dfrac{1}{2\pi C1R1}$ = $\dfrac{1}{2\pi \times 0.22uf \times 10k}$ = 72.343[HZ]

VO2 = $\dfrac{1}{2\pi C2R2}$ = $\dfrac{1}{2\pi \times 0.027uf \times 10k}$ = 589.463[HZ]

입력되는 음악 주파수 72.343[HZ] ~ 589.463[HZ] 사이 주파수만 통과시킨다.

3) 고역 주파수 통과 필터(high frequency pass filter)

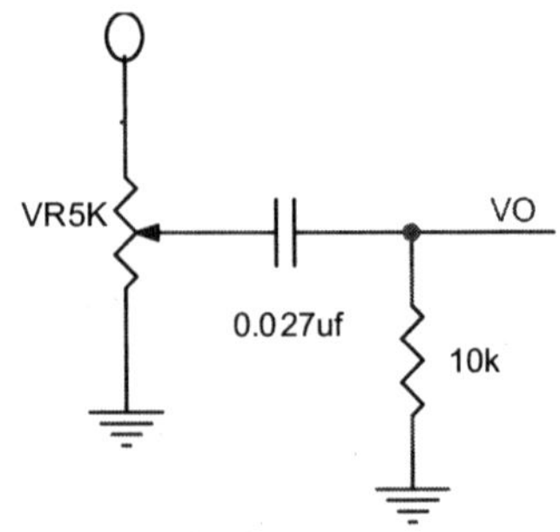

$$\text{출력 주파수 VO} = \frac{1}{2\pi CR} = \frac{1}{2\pi \times 0.027uf \times 10k} = 589.463[\text{HZ}]$$

입력되는 음악 주파수 589.463[HZ] 이상 주파수만 통과시키고 589.463[HZ] 이하 주파수는 감쇄시킨다.

나. 이미터 접지 증폭기 설계

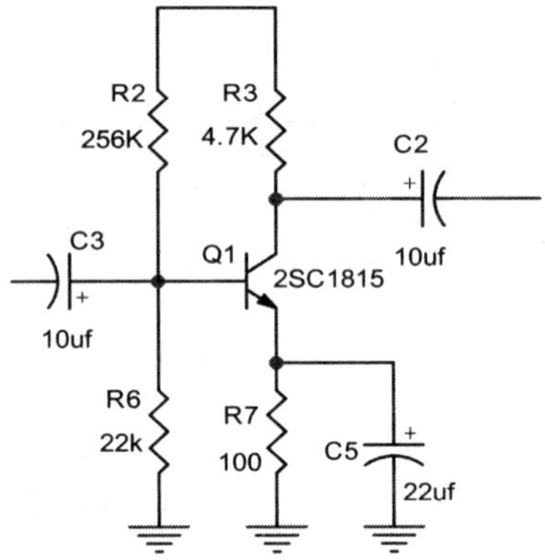

① R2, R6은 저항분배전압법칙 $V1 = \frac{22K}{256K+22K} \times 9V = 0.7[V]$로 TR은 도통상태가 된다.

② R3는 Q1의 트랜지스터 컬렉터로부터 출력전압을 얻기 위해 PULL UP 저항 4.7K를 사용하였다.

③ R7의 100Ω으로 Q1의 트랜지스터의 동작으로 온도가 높아질 때 Q1의 베이스 전류가 증가하면 컬렉터 전류도 증가하고 이미터 전류(ic ≅ ie)도 증가함에 따른 R7 양단전압이 증가하므로 VBE 전압을 감소시켜 컬렉터 전류를 안정화시킨다.

④ C2, C3 콘덴서는 입력되는 음악 주파수의 교류신호를 통과시키고 직류성분은 차단된다.

⑤ C5 콘덴서는 용량성 리액턴스로 저항 R7보다 매우 작은 값이고 주파수 신호에 대해 낮은 임피던스로 동작한다. C5와 R7은 병렬로 접속되어 있고 교류신호에 대해 C3가 단락상태가 되어 R7은 무시된다. 키르히호프법칙을 적용해보면 VCC = ICR3 + VCE + VE를 생각해 보면 이해할 수 있다. IC가 증가하면 VCE는 감소하고 IC가 감소하면 VCE는 증가한다.

다. 반파 정류회로

입력되는 교류전압은 220V/60HZ이고 반파정류회로를 거쳐 직류전압으로 바꾼다.

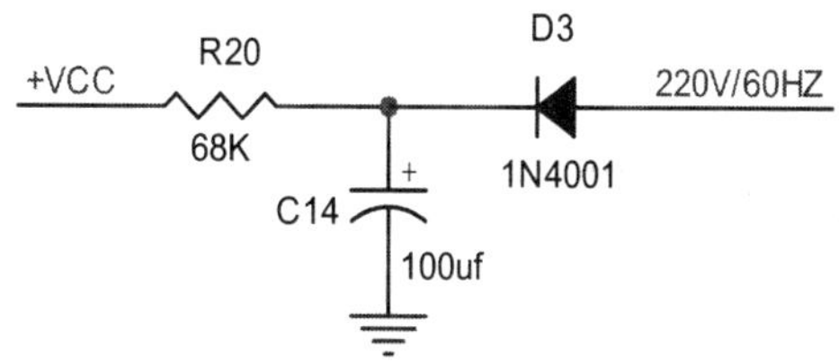

입력전압 220V/60HZ의 + 반주기는 D3 1N4001 통해 도통되고 C14 100uf을 충전시켜 리플전압을 작게 하고 68K저항을 통해 이미터 접지 증폭회로에 직류전압을 공급한다.

라. 이미터 접지 증폭회로와 3색 램프 구동회로

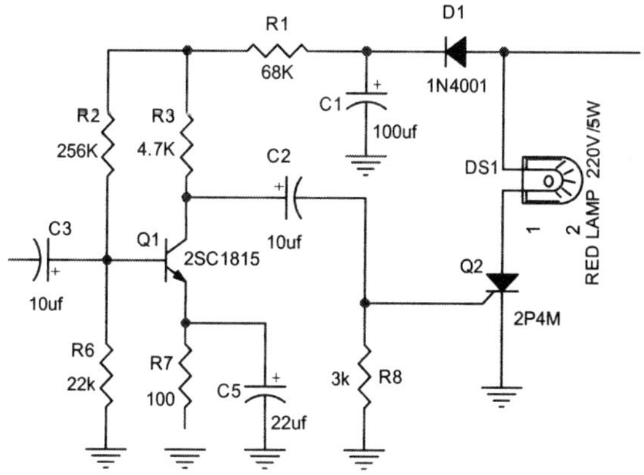

음악소리에 맞춰 입력된 신호를 이미터 접지 증폭회로에서는 Q2 2P4M SCR을 구동할 수 있는 크기로 증폭되어 C2 10uf 콘덴서로 보내지고 증폭된 신호 중 + 반주기 동안에 SCR gate에 트리거 신호를 주어 220V 램프가 켜진다.

마. 음악소리에 맞춰 3색 램프가 자동으로 발광하는 회로도

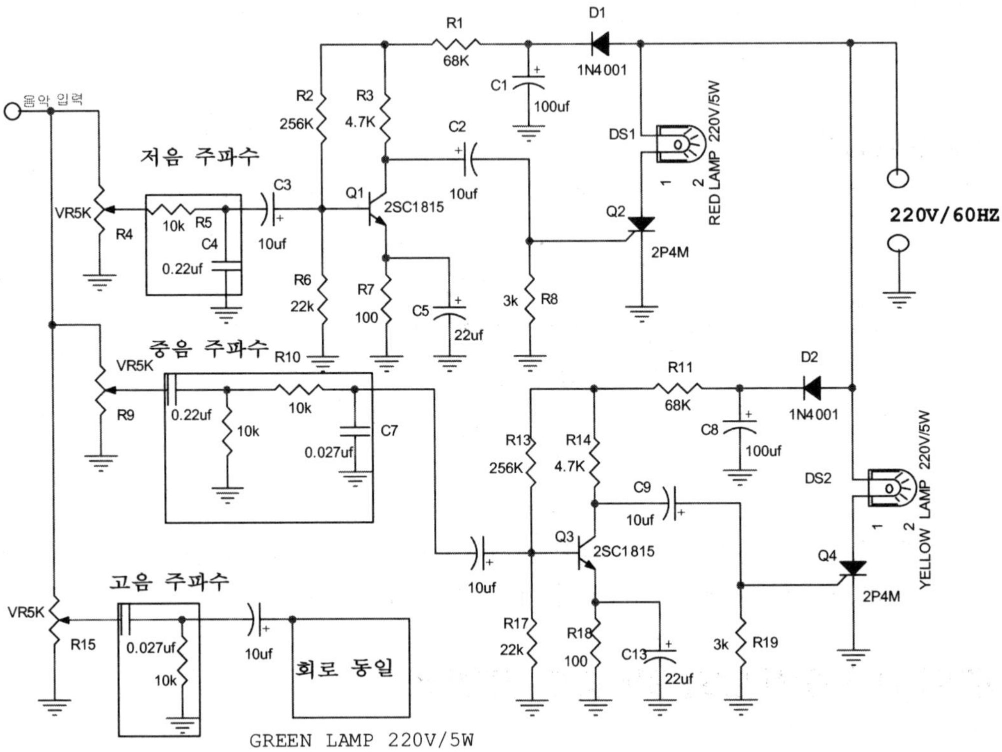

입력되는 음악소리가 저음 주파수일 때는 빨강색 램프가, 고음 주파수일 때는 초록색 램프가, 고음과 저음 사이 주파수일 때는 노란색 램프가 켜진다.

여러 개의 램프를 병렬로 접속하면 음악소리에 맞춰 3색의 램프가 화려하게 깜빡이게 된다.

40. 음악소리에 맞춰 연주하는 분수대

경북 구미시 구미전자공고 실습실의 "하늘은 푸르게 마음은 하얗게 .. 실바람도 불어와 ..." 라는 노랫소리에 맞춰 220[V] 저역주파수 모터(1), 대역주파수 모터(2), 고대역주파수 모터(3)이라고 할 때 3종류의 부품을 가지고 음의 높이에 따라 자동으로 음악에 맞춰 연주하는 분수대 회로를 설계하고자 한다.

저역 주파수 모터(1), 대역 주파수 모터(2), 고역 주파수 모터(3)을 제어하기 위해서는 교류 제어용 부품을 사용해야 하는데 SCR을 이용하면 제어가 가능하다.

음악 강, 약에 따라 주파수대로 구분하면 다음과 같다.

가. 음악의 소리에 따른 강약구분

- 저음 주파수 : 80[HZ] 이하
- 고음역 주파수 : 723[HZ] 이상
- 저음과 고음 사이 주파수 : 80[HZ] ~ 723[HZ]

나. 주파수에 따른 회로설계

1) 저음 주파수(low frequency pass filter)

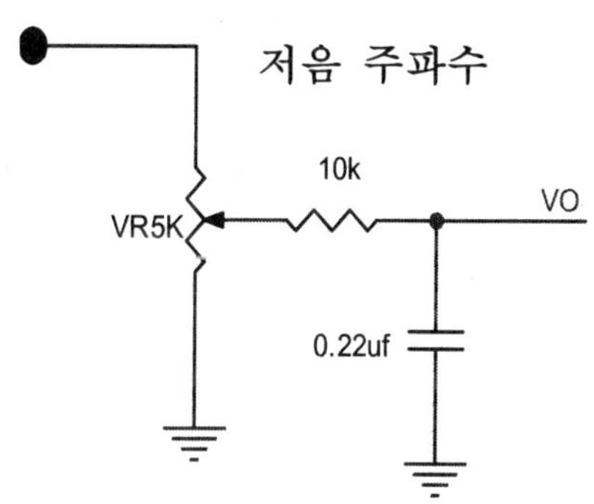

$$\text{출력 주파수 VO} = \frac{1}{2\pi CR} = \frac{1}{2\pi \times 0.2uf \times 10k} = 79.57747[HZ]$$

입력되는 음악 주파수 79.57747[HZ] 이하 주파수만 통과시키고 79.57747[HZ] 이상은 감쇄시킨다.

2) 고음 주파수(high frequency pass filter)

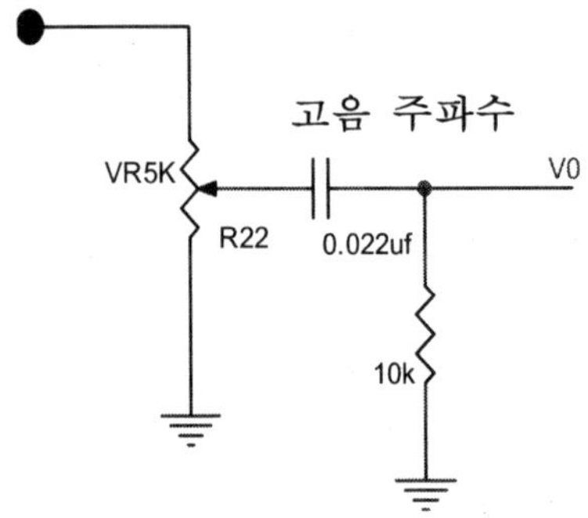

$$\text{출력 주파수 VO} = \frac{1}{2\pi CR} = \frac{1}{2\pi \times 0.022uf \times 10k} = 723[HZ]$$

주파수 723[HZ] 이상은 음악의 소리가 통과된다.

3) 대역 주파수(band frequency pass filter)

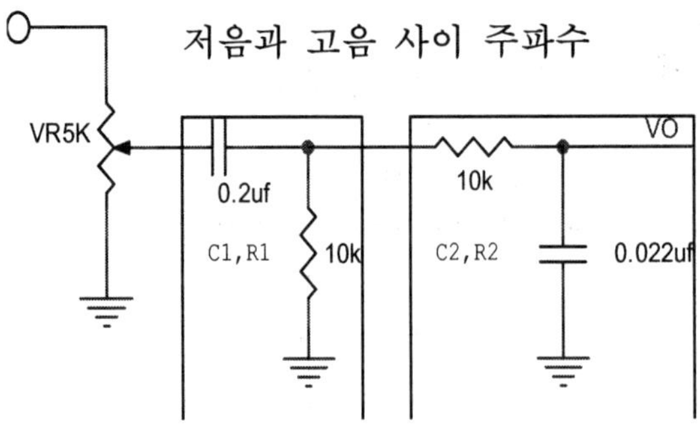

$$\text{출력 주파수 VO1} = \frac{1}{2\pi C1R1} = \frac{1}{2\pi \times 0.2uf \times 10k} = 79.57747[HZ]$$

$$VO2 = \frac{1}{2\pi C2R2} = \frac{1}{2\pi \times 0.022uf \times 10k} = 723[HZ]$$

입력되는 음악 주파수 79.57747[HZ] ~ 723[HZ] 사이 주파수만 통과시킨다.

4) 이미터 접지 증폭회로와 AC MOTOR 구동회로

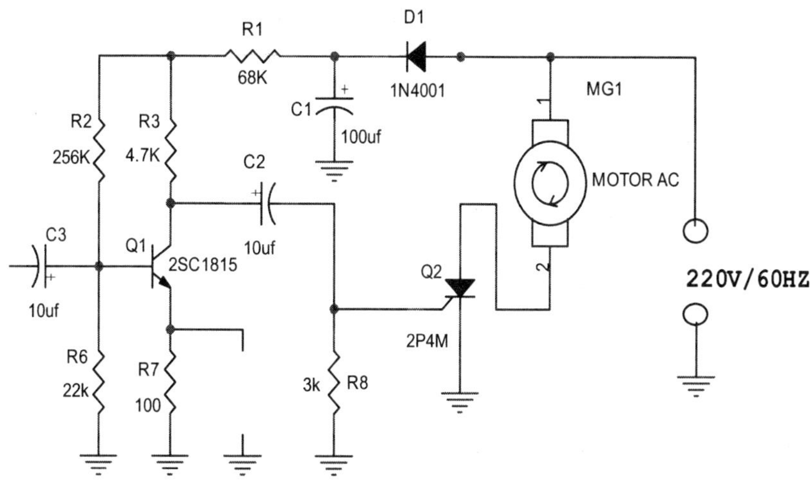

음악소리에 맞춰 입력된 신호를 이미터 접지 증폭회로에서는 Q2 2P4M SCR을 구동할 수 있는 크기로 증폭되어 C2 10uF 콘덴서로 보내지고 증폭된 신호 중 + 반주기 동안에 SCR gate에 트리거 신호를 주어 220V AC MOTOR가 구동된다.

5) 반파정류 전원회로

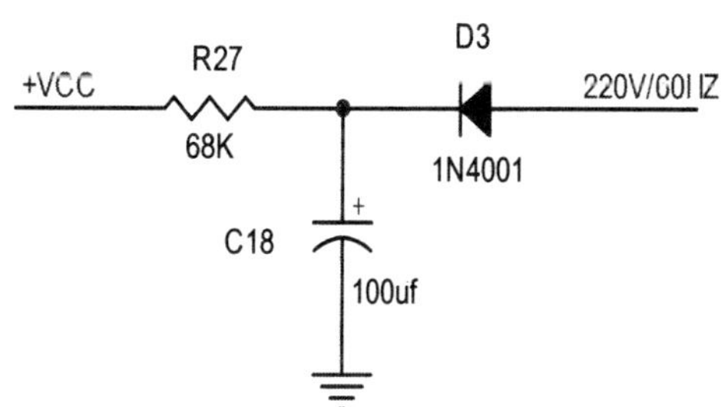

교류 220V/60HZ 전원이 입력되고 D3 1N4001 다이오드를 통과하면 "+" 반주기 신호만 직류전원 +VCC로 전달되며 C18 100uF 콘덴서는 평활 콘덴서로 리플을 줄이기 위해 사용되었다.

6) AC MOTOR 제어 구동회로

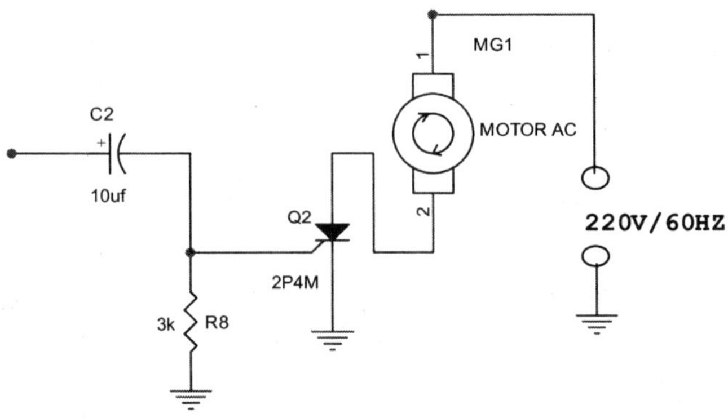

C2를 통해 나온 음악 소리는 증폭기 부하 저항 R8의 3K 저항을 통해 SCR Gate에 bias 전압을 제공하게 된다. SCR Gate에 + 신호가 입력될 때 VA-K 전류가 흘러 도통되고 - 신호가 입력될 때 VA-K 전류가 차단된다.

마. 음악소리에 맞춰 모터가 자동으로 구동하는 회로설계

다음과 같은 회로도를 만들어 보면 음악소리에 맞춰 모터가 자동으로 구동하는 회로가 완성된다. 회로도를 구분하면 다음과 같다.

① 음악 신호 입력회로도 구분
- 저음 주파수 회로
- 중음 주파수 회로
- 고음 주파수 회로

② 신호음 증폭회로
③ 모터구동회로(회로도 참조)

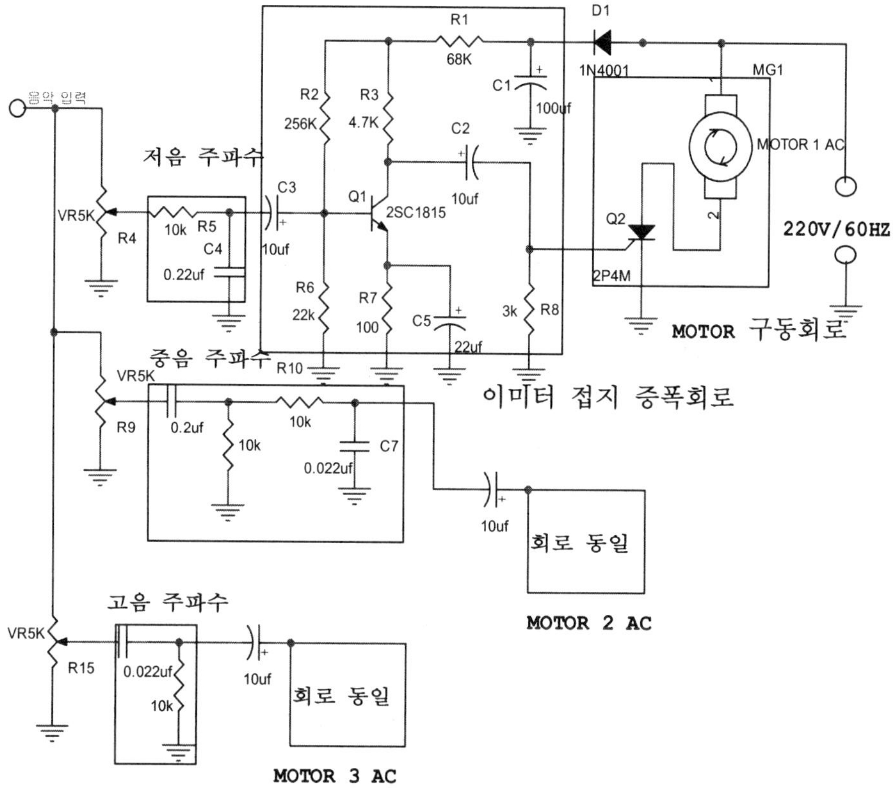

[음악소리에 맞춰 모터가 자동으로 구동하는 회로도]

■ SCR 부품에 대한 정리

PN 접합다이오드 ⋅BJT ⋅JFET ⋅MOSFET ⋅SCR(Silicon Controlled Rectifier) PN 접합다이오드가 1접합이라면 BJT는 2접합, JFET나 MOSFET도 2접합이다. 3접합 소자인 SCR을 다른 말로 Thyristor(사이리스터)라고 한다. 전력회로의 제어나 교류제어, 속도 등에 자주 사용되는 소자이다.

구조는 P-N-P-N형 3접합 4층구조로 되어 있고 DIAC(다이악), TRIAC(트라이악) 등 반도체 특수 소자도 있다.

Thyristor(사이리스터), TRIAC(트라이악) 기호에 대해 보면

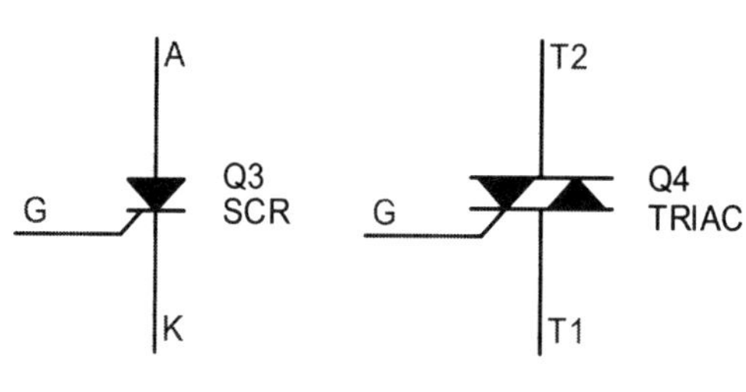

SCR TRIAC

A, K는 Anode, Cathod이고 G는 Gate이다. Gate의 역할은 전류의 흐름을 제어할 수 있다. Thyristor(SCR)구조를 보면서 이해해 보자.

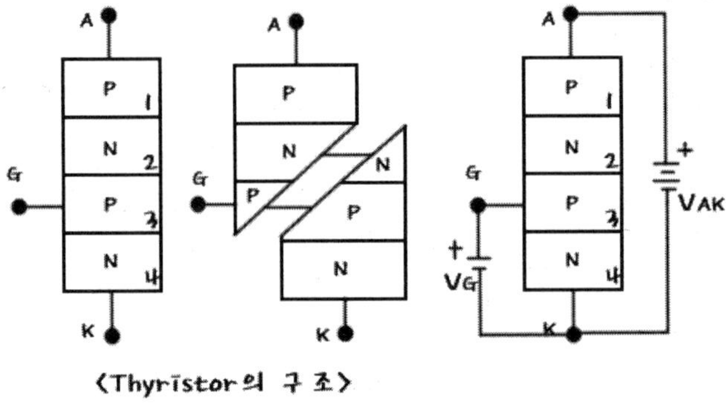

[그림 1]

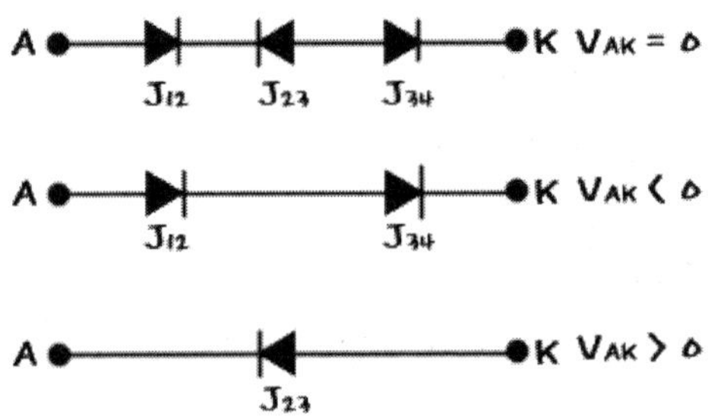

[그림 2]

Thyristor의 가장 큰 특징은 PNPN으로 3접합(Junction) 구조로 되어 있다는 것이다. 또한 각 부분은 Anode, Cathode, Gate로 되어 있으며 애노드와 캐소드 사이에 걸리는 전압에 따라 각 PNPN 접합구조를 나누어 생각해 보면, [그림 2]와 같이 다이오드가 연결되어 있는 구조로 생각해 볼 수 있다.

다시 말하자면 VA-K = 0[V]로 아무런 전압도 가해 주지 않으면 J12 - J23 - J34의 다이오드 구조로 생각해볼 수 있으며 Vak 〈 0이면 J12와 J34는 역방향 바이어스상태이고 J23만 순방향 바이어스가 된다.

두 번째 다이오드 결합 모양처럼 생각해 보면 Vak 〉 0이라면 J12와 J34가 순방향 바이어스가 되고 J23은 역방향 바이어스이다.

Vak 〉 0으로 되어있고 Vg 〉 0으로 연결되어 있는 구조를 보고 해석하기 위해서는 오른쪽과 같이 PNP/ NPN 구조로 나누어 볼 수 있다. 즉, 아래와 같이 PNP TR과 NPN TR이 연결되어 있는 구조로 생각해 볼 수 있다.

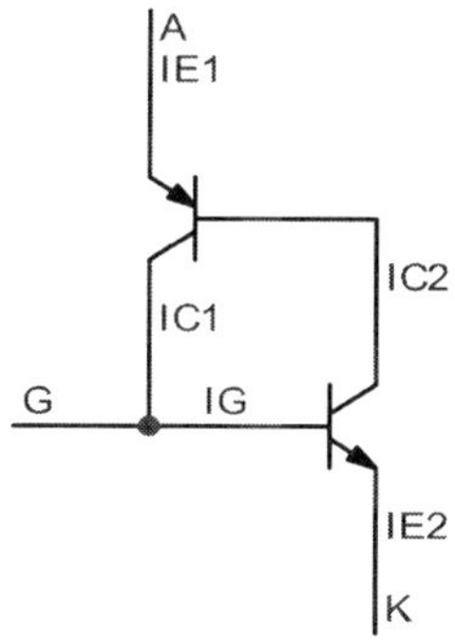

① 맨 처음에 IG = 0라면 PNP / NPN TR 모두 Off 상태로 유지하여 A – K간에 전류가 흐르지 못한다.
② IG 〉 0면 Gate에 전류를 흘려주면 NPN TR의 base에 전류가 흐르고 NPN TR은 On이 되고 IC2와 IE2 도통된다.
③ IC2가 도통되므로 PNP의 Base로 전류가 흐르고 PNP도 On이 되며 IC1이 흐를 수 있게 된다.
④ 이 IC1은 IG와 같이 연결되어 있으므로 Gate의 전류를 0으로 해준다고 해도 IC1의 전류가 있기 때문에 A – K간에 전류가 계속해서 흐른다.

이런 구조이기 때문에 SCR은 Gate 신호에 상관없이 계속 On 상태를 유지할 수 있게 되는 것이다. Off 상태로 돌아가기 위해서는 Anode 구간을 개방시켜 더 이상 전류가 못 흐르게 하거나 A–K 간의 역 전압을 걸어 주어야 차단상태가 된다.

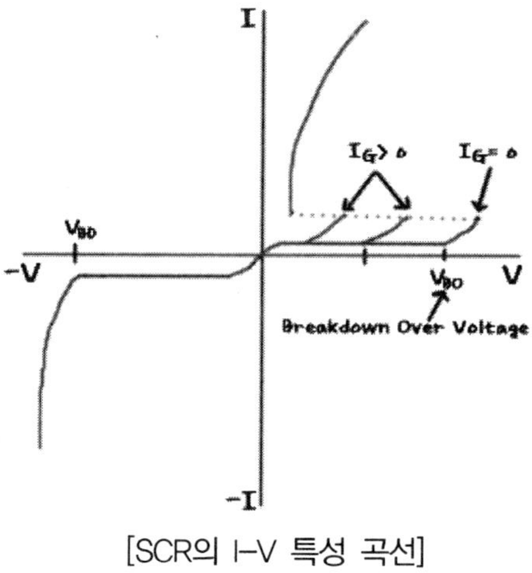

[SCR의 I–V 특성 곡선]

역방향 바이어스전압 상태에서는 일반 Diode의 특성과 다름없고, 반대로 순방향 바이어스 전압상태라고 해도 IG = 0이면 역방향 바이어스 전압과 비슷하다.

즉, Ig = 0일 때 위쪽의 그림에서 J23 다이오드가 애벌런치 상태로 되는 때가 VBO로 (Breakdown over voltage)로 갑자기 A - K 사이에 전류가 흐르게 되는 것이다.

Ig 〉 0으로 해주게 되면 VBO의 값이 작아져서 더 작은 VBO에서 A-K 간에 전류가 흐를 수 있게 되는 구조이다.

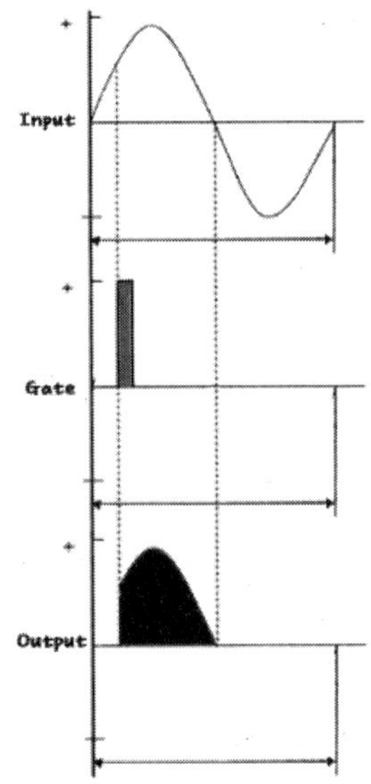

위의 그림은 SCR 입력 Gate 신호에 따라 Output 신호를 보여주고 있는데 AC 신호를 Input에 넣어 주었을 때 Gate에 작은 신호만 주면 Gate 신호가 끊어져도 계속 신호가 흐르게 되고 input 신호가 극성이 반대가 되어 역방향 바이어스 전압이 되면 SCR이 다시 Off-state로 들어가 Output 단에서는 신호가 나타나지 않는다.

즉, "+" 신호에서만 출력이 나타나게 된다. SCR 소자를 이용하면 AC 신호를 제어할 수 있게 되는 것이다. 또한 위와 같은 특성을 활용하면 AC 모터의 속도제어(PWM으로 모터의 속도를 제어하는 것과 같은 효과), AC를 사용하는 기기의 전류를 제어할 수 있다.

또한 반도체 소자로 GTO(Gate Turn Off)형 SCR이 있는데 이 SCR은 Gate 신호가 역바이어스 전압을 걸어주게 되면 한 번 ON 되면 계속 ON 상태를 유지하는 SCR을 바로 OFF모드로 변하게 하는 GTO(Gate Turn Off)형 SCR도 있다.

반도체 소자 중 DIAC과 같은 소자를 전원 쪽이나 신호 쪽의 GND에 아래와 같이 연결해두면

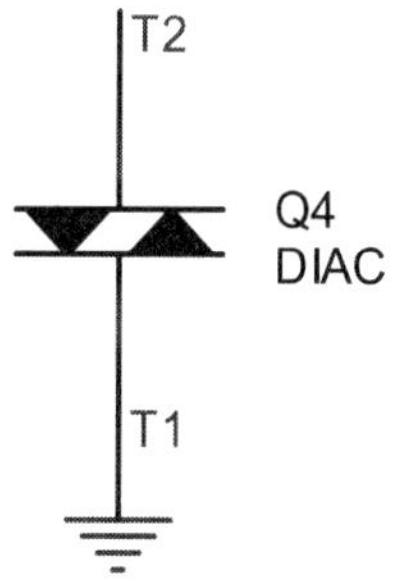

[SOURCE VOLTAGE]

평상시에는 잘 전달되다가 서지전압과 같은 갑자기 높은 전압이 인가되면 DIAC은 도통되고 고전압으로부터 보호할 수 있으며 GND로 전류를 흐르게 되어 보호회로의 용도로도 사용할 수 있다.

TRIAC은 SCR을 두 개 역방향으로 접속한 것이다. 즉, 직류가 아닌 교류에서도 사용이 가능하도록 쌍방향으로 만든 것인데 이것 역시 gate에 전류를 넣어주면 T1, T2가 TURN ON 되고 상태로 계속 유지된다.

TRIAC의 경우 교류전력제어에 많이 사용하는데 위상각에 따라 TRIGGER를 시켜주면 TURN ON이 되었다가 0점을 지날 때 자동으로 OFF가 된다.

220V/60HZ 교류는 사인파로서 1초에 60번 주파수를 가지지만 TRIAC은 120번을 기점으로 0점을 지나게 되면서 OFF가 된다. 이것이 위상 전력제어이다.

제4장 연산 증폭기(OP AMP) 회로설계

41. OP AMP 기본개념
42. OP AMP 기본설계
43. OP AMP 회로설계
44. 공기 청정기 감지센서 회로설계
45. 밤과 낮에 따라 풍차 점멸기가 자동 회전하고 멈추는 회로설계
46. LED 32개를 순차적으로 점멸하는 회로설계

41. OP AMP 기본개념

연산 증폭기(OPerational AMPlifier)는 입력단에 차동증폭기를 사용하여 입력에 대한 출력 값을 선형연산으로 동작하는데 신뢰성, 저렴한 가격, 온도의 안정성 등 회로 설계 시 광범위하게 사용된다.

OP AMP는 입력신호에 대한 출력신호의 관계가 직선적으로 나타나므로 리니어(linear) IC라고도 한다. 2개의 입력단자와 1개의 출력 단자를 갖는 연산 증폭기이다.

신호를 +(비반전)에 입력하면 출력에는 입력과 동일한 동위상이 출력되고 신호를 − (반전)에 입력하면 역위상 출력이 나타난다.

또한 기준전압에 대한 반전입력(−)과 비반전입력(+)에 따라 출력에는 입력 비교전압이 민감하게 반응하므로 기준 전압 비교기 회로에도 많이 활용된다.

가. OP AMP LOGIC

전원전압은 +V, −V 값을 가지며 일반적으로 ±15V 이하로 한다.

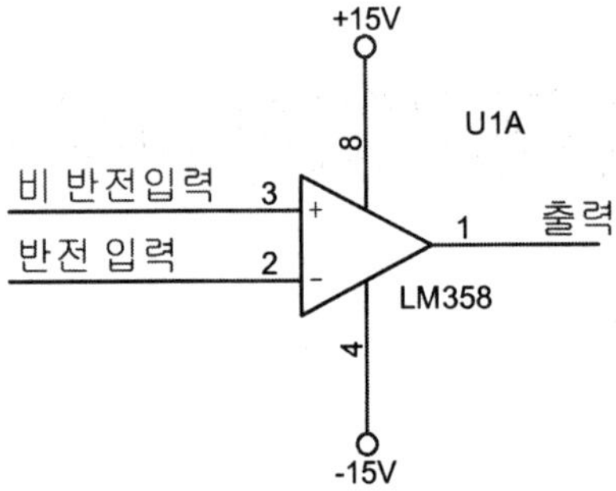

[OP AMP 기호]

비반전 입력 단자 +이고 반전 입력단자 −로 되어 있다.

다음은 OP AMP의 종류에 대해 알아본다.

나. OP AMP PACKAGE

LM358, UA741, LF356, RC4558 등 내부에 OP AMP 1개, 2개, 4개의 PACKAGE가 있다.

LM358 PACKAGE

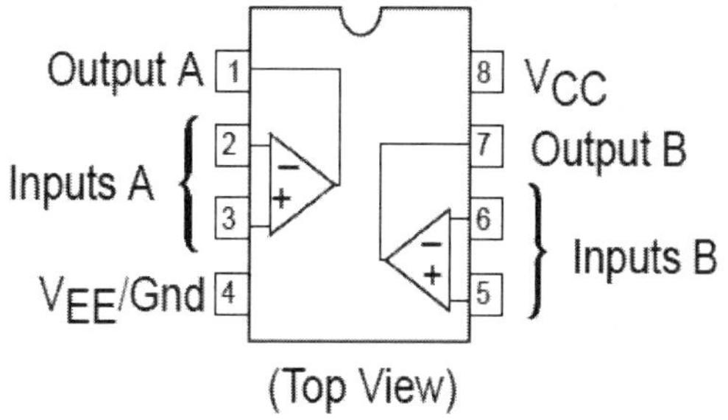

UA741 PACKAGE

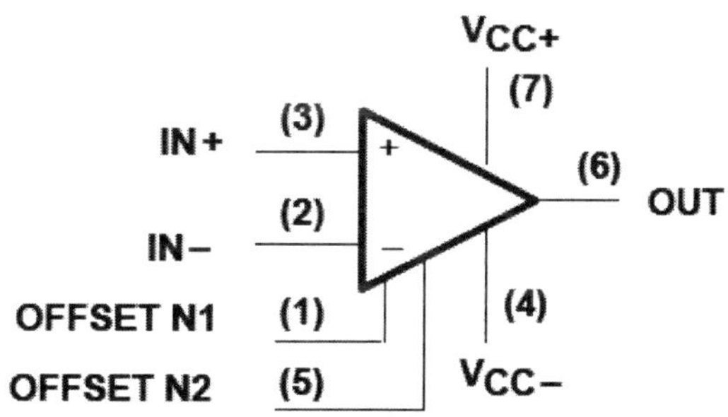

LF356 PACKAGE

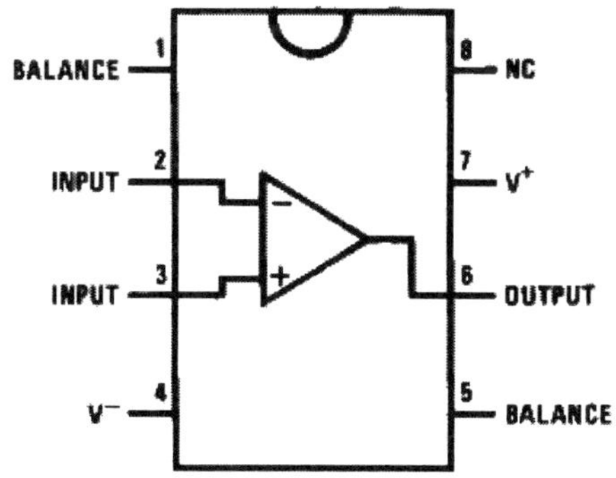

-RC4558 PACKAGE

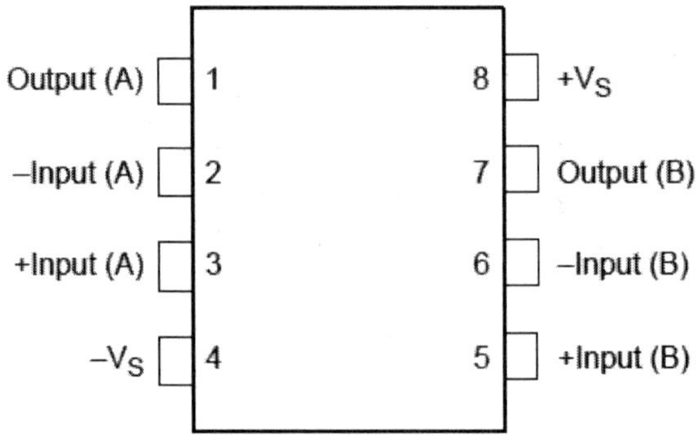

-LM339 PACKAGE

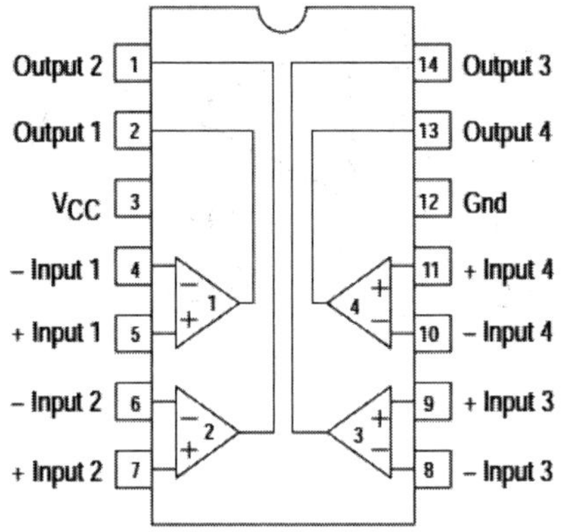

각종 패키지들은 datasheet에 각각의 특징에 대해 자세히 설명되어 있다. www.alldatasheet.co.kr를 참조하자.

42. OP AMP 기본설계

OP AMP에 대한 기본 회로도는 제조회사에서 제공되며 다음과 같은 기본회로가 있고 입력에 출력결과에 따라 설계하고자 하는 회로를 분석하여 설계한다.

가. Voltage reference

MC1403에서 입력받는 센서값은 기준전압이 2.5V로 출력되고 LM358 OP AMP에서는 입력으로 전압을 받고 있다. MC1403은 2.5V precision serial voltage reference이며 다음과 같은 특성을 갖는다.

- output voltage 2.5V
- input voltage range 4.5V to 40V
- output current 10mA

$$\text{출력 } V0 = 2.5V(1 + \frac{R1}{R2})$$

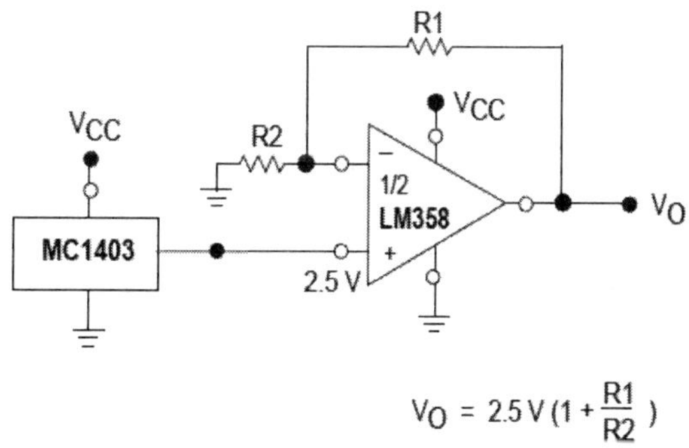

나. Wien bridge oscillator

CR 발진기로서 전원이 공급되면 자동발진이 일어난다.

$$\text{주파수 } f = \frac{1}{2\pi CR}$$

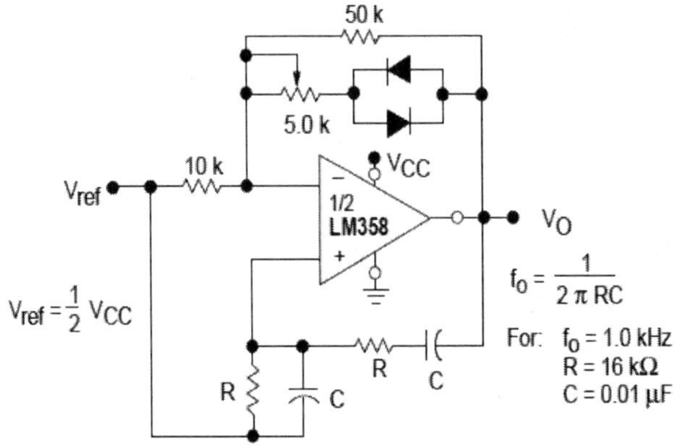

다. High Impedance Differential Amplifier

입력전압 e1, e2의 전압 차이를 출력으로 정밀히 사용하고자 할 때 사용한다.

$$eo = C\ (1 + a + b)\ (e2 - e10)$$

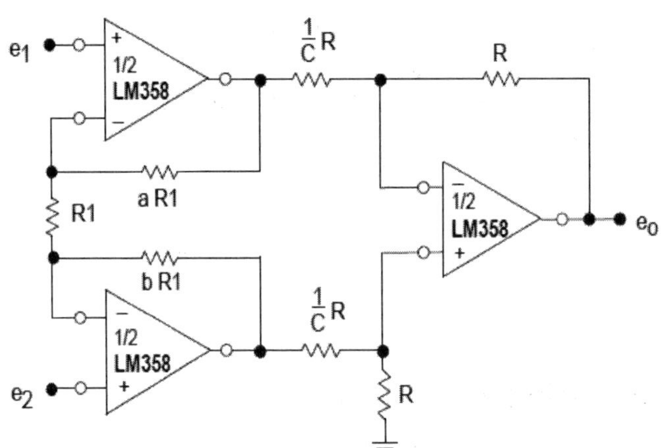

$e_0 = C\ (1 + a + b)\ (e_2 - e_1)$

라. Function Generator

정현파 또는 구형파를 얻고자 할 때 사용하는 회로로 Vref = $\frac{1}{2}$VCC, 즉 전원 주파수의 $\frac{1}{2}$을 주면 된다. 정현파나 구형파를 얻기 위해 C, Rf를 조정하면 된다.

$$f = \frac{R1 + RC}{4C\,Rf\,R1}, \quad R3 = R1//R2$$

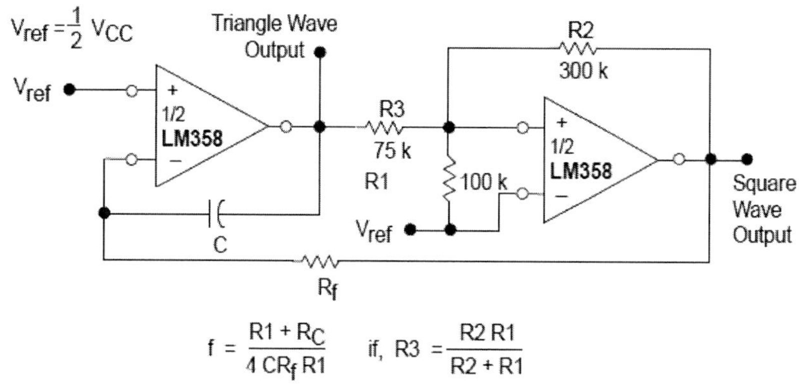

43. OP AMP 회로설계

입력 신호를 얼마만큼 증폭하여 출력에 나타나게 회로를 설계해보자.

가. 반전 증폭기(Inverting Amplifier)

반전 증폭기를 이용하여 입력신호 V signal에 정현파(사인파) 신호를 입력하고 출력주파수를 × 10배가 되게 설계하고자 한다.

1) 입력신호 주파수 V signal = 1Khz / 2mVp-p

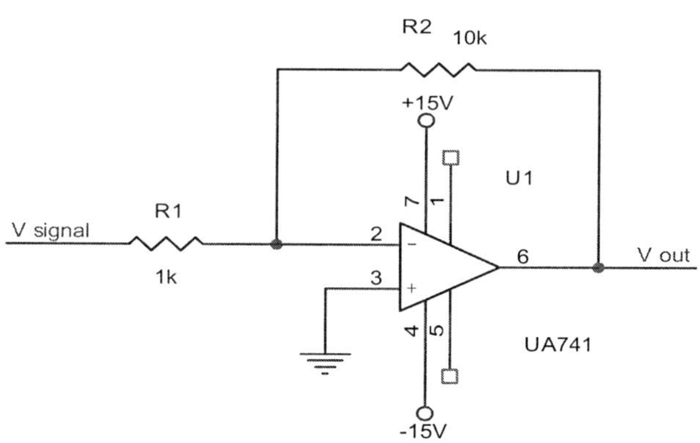

2) 반전 증폭기 출력 Vout

$$\begin{aligned} Vout &= -\frac{R2}{R1}\ V\ signal \\ &= -\frac{10k}{1k}\ 1mV \\ &= -10mV \end{aligned}$$

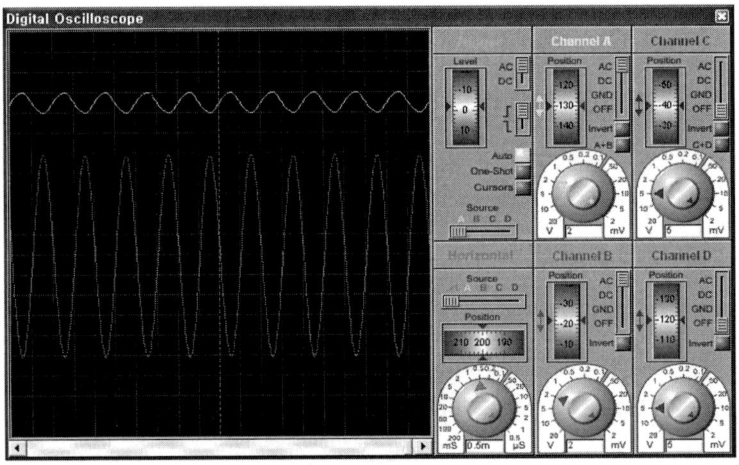

나. 비반전 증폭기(Non-inverting Amplifier)

비반전 증폭기를 사용하여 다음 조건이 만족하도록 회로를 설계해 보자.

(1) 센서에서 검출된 입력신호 주파수는 Vin = 1Khz / 2mVp-p이고 출력주파수의 × 5배 증폭하여 Vout으로 출력하고자 한다.

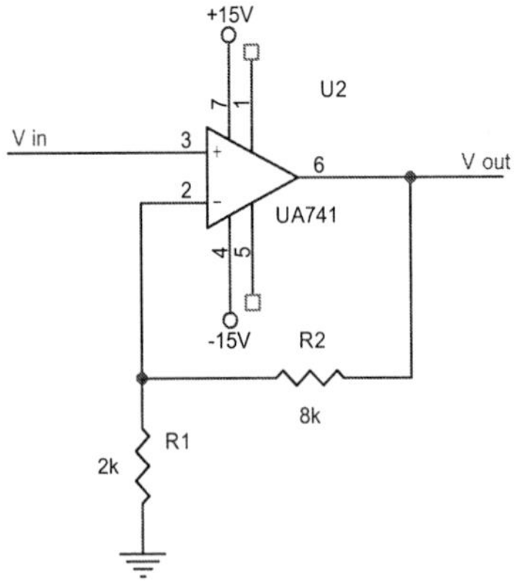

[비반전 증폭기]

(2) 비반전 증폭기 출력 Vout

출력 Vout 은

$$\text{Vout} = \frac{R1 + R2}{R1}\ \text{Vin} = (1 + \frac{R2}{R1})\ \text{Vin}$$

$$= (1 + \frac{8K}{2K}) \times 2\text{mV}$$

$$= 10\text{mV}$$

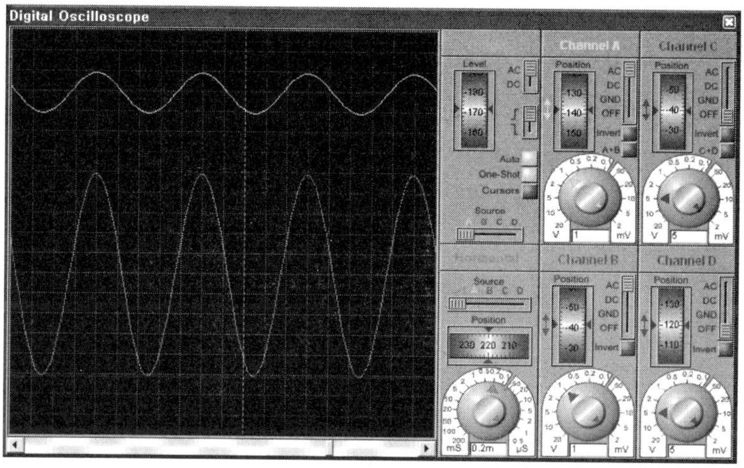

다. 감산 증폭기(Difference Amplifier)

구미전자공고 기숙사 옆 동락 공원에는 장미를 재배하고 있는데 실내온도와 외부온도의 차이를 알고자 한다. 실내온두센서에서 측정한 입력전압 V1 = 3V, 실외온두센서에서 측정한 입력전압 V2 = 1V일 때 두 전압의 차이는 2V이고 × 5배 증폭하여 출력 Vout으로 전압 값을 알고자 한다. 감산 증폭기를 사용하여 회로를 설계해 보자.

(1) 실내온도센서에서 측정한 입력전압 V1 = 3V, 실외온도센서에서 측정한 입력전압 V2 = 1V, 두 전압의 차이를 × 5배 증폭하여 출력 Vout으로 설계하려면

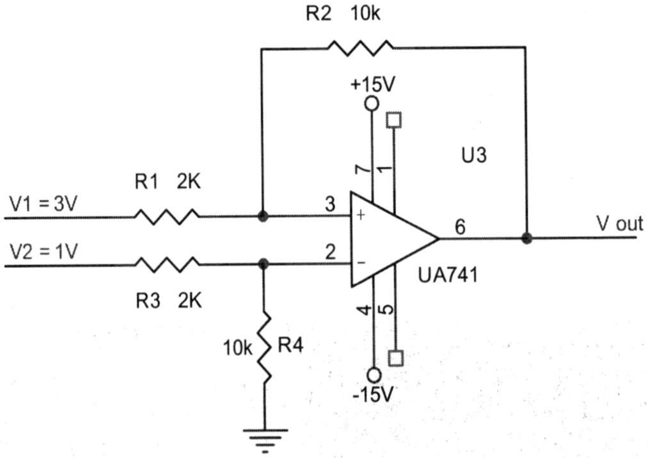

[감산 증폭기]

감산 증폭기 출력은

$$\text{Vout} = \left(\frac{R1+R2}{R3+R4}\right)\frac{R4}{R1}V2 \quad = \frac{R2}{R1}V1$$

for R1 = R3 and R2 = R4

$$\begin{aligned}\text{Vout} &= \frac{R2}{R1}(V2 - V1)\\ &= \frac{10k}{2k}(3\,V - 1\,V)\\ &= 10\text{V}\end{aligned}$$

감산 증폭기의 회로를 가상 SIMULATION을 이용해서 구해보면 다음과 같다.

입력전압 V1 = 3V, V2 = 1V일 때

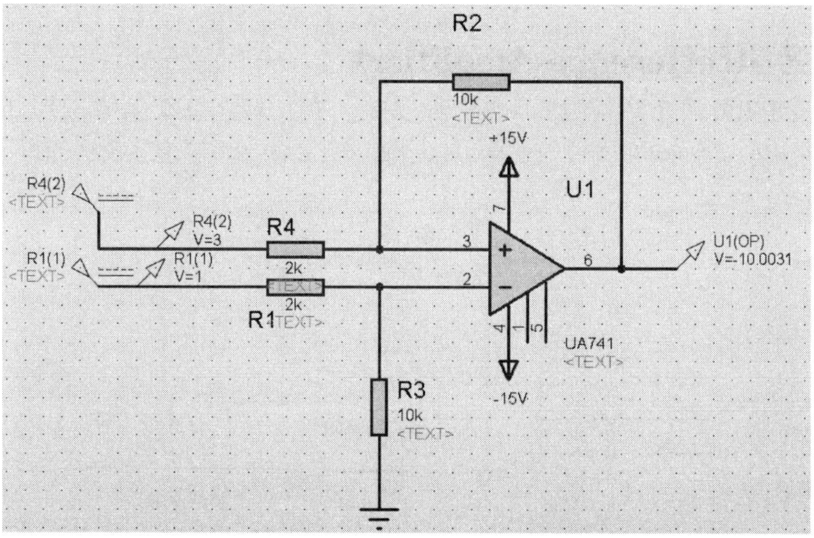

[감산 증폭기 회로 가상 SIMULATION]

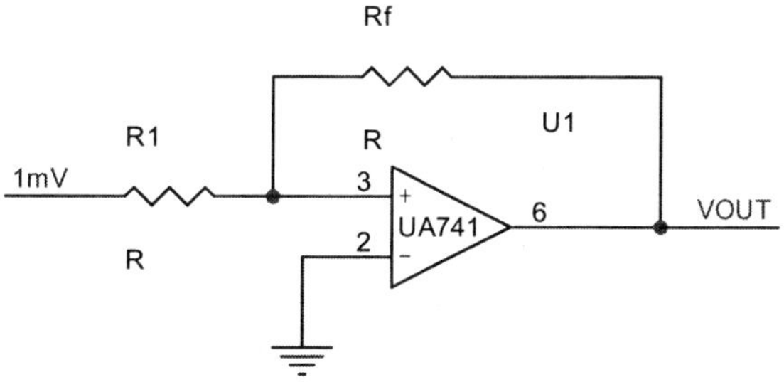

(a) 반전 증폭회로

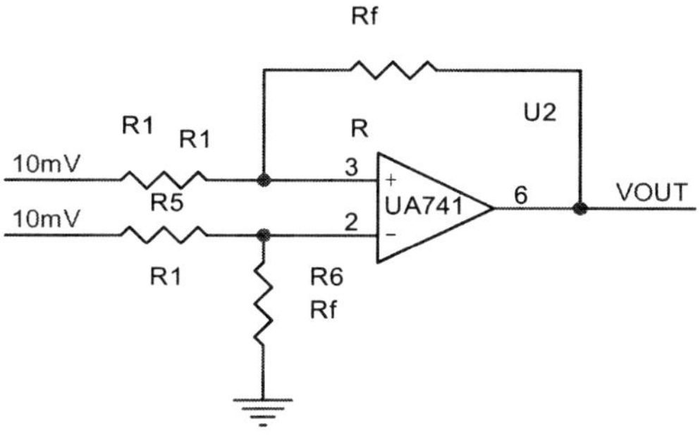

(b) 차동 증폭회로

(a) 반전증폭회로는 단순 신호에 따르는 신호대비 잡음도 증폭되는 반면, (b) 차동 증폭회로는 2개의 입력신호에 공통적인 잡음 성분은 제거되며 신호성분만 증폭된다.

라. 가산 증폭기(Difference Amplifier)

전압센서의 출력 값이 각각 V1 = 1V, V2 = 2V, V3 = 3V일 때 각각의 센서전압을 증폭하여 반전하는 가산회로를 설계하고자 한다. R1 = 1KΩ, R2 = 2KΩ, R3 = 3KΩ으로 한다.

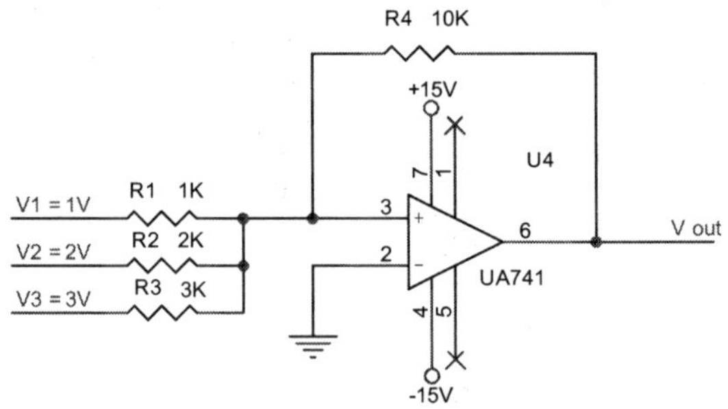

[가산 증폭기]

가산기 증폭기 출력전압을 구해보면

$$\text{Vout} = -\ \text{R4}\ (\frac{V1}{R1} + \frac{V2}{R2} + \frac{V3}{R3})$$

$$= -\ 10\text{K}\ (\frac{1V}{1K} + \frac{2V}{2K} + \frac{3V}{3K})$$

$$= -\ 30\text{V}$$

입력전압이 여러 개 있을 때 입력전압을 모두 덧셈하여 출력에 나타내고자 할 때 사용하면 편리하다. 출력 결과 값을 원하는 만큼 전압으로 증폭시킬 수 있다.

예를 들어 사람 인체에 작은 맥박 펄스전압을 입력받아 모두 합하여 기준 맥박전압과 비교하여 혈압의 높고 낮음을 알 수 있다.

가산 증폭회로를 가상 SIMULATION 회로로 구동해 보면

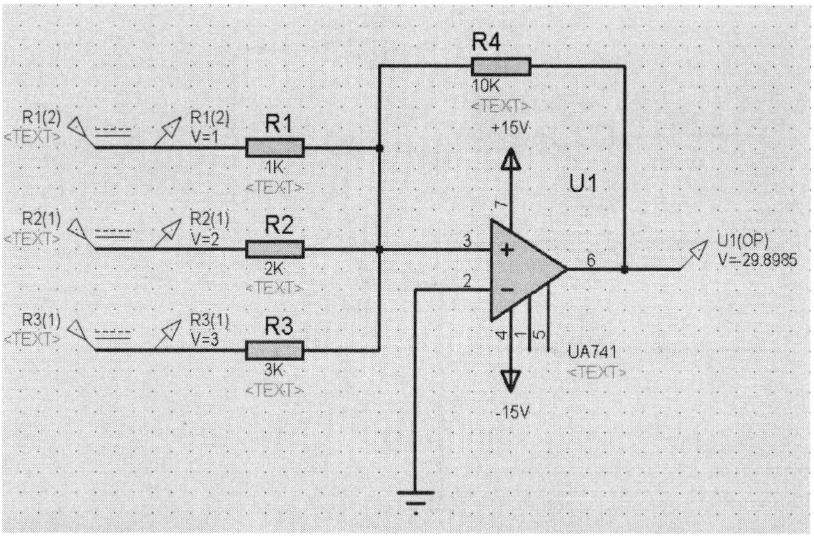

[가산기 SIMULATION 회로]

반전 입력저항 값이 모두 같다고 하면 R1 = R2 = R3 = R4이면

$$= -1K\left(\frac{1V}{1K} + \frac{2V}{1K} + \frac{3V}{1K}\right)$$

$$= -(V1 + V2 + V3)$$

$$= -(1V + 2V + 3V)$$

$$= -6V$$

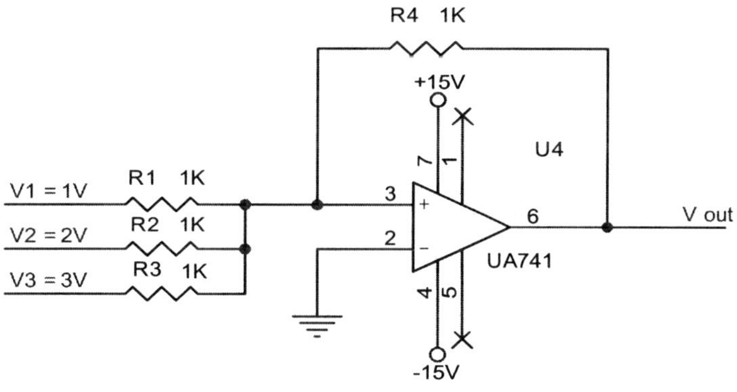

[R1 = R2 = R3 = R4 회로도]

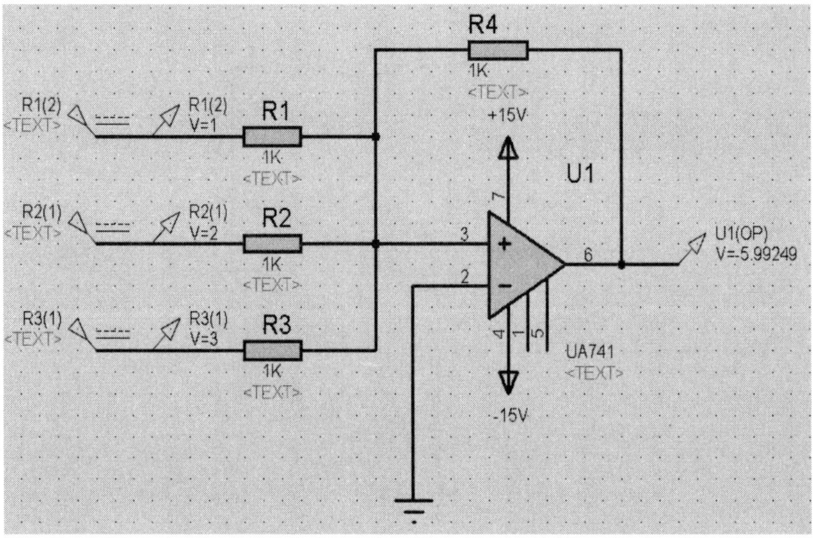

[R1 = R2 = R3 = R4 가상 SIMULATION]

마. 비안정 멀티 바이브레이터

OP AMP를 사용하여 전원을 공급하여 자동발진이 되도록 회로를 만들고 출력 주파수 100HZ가 되게 회로를 설계해보자. 콘덴서 C1이 반전입력단자로, 저항 R1과 R2 저항은 저항분배전압으로 하고, 출력전압 일부가 비반전 입력단자로 피드백되게 회로를 구성해보자.

다음은 비안정 멀티 바이브레이터 회로이며 발진주파수는 다음과 같다.

$$\text{발진주파수 } f = \frac{1}{2\pi C1 Rf}$$

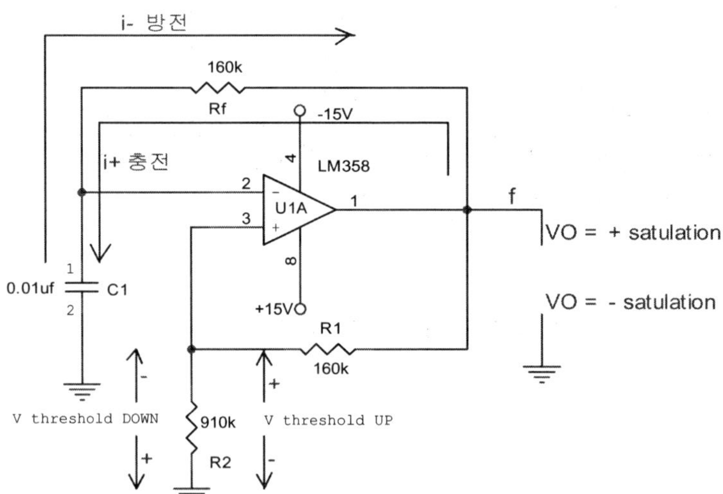

1) 회로설계 설명

저항 R1과 R2는 출력전압의 일부를 OP AMP + 입력전압으로 피드백(feedback)시키고 있는 저항전압분배 역할을 한다.

VO = +V satulation일 때

$$V\ threshold\ UP = \frac{R2}{R1 + R2}\ +V\ satulation$$

전류 i+는 저항 Rf를 통해 C1에 충전되고, C1에 충전된 전압이 V threshold UP 전압보다 작은 경우에는 VO는 +V satulation 상태가 되고 C1에 충전된 전압이 V threshold UP보다 크게 되는 시점에서 반전입력이 비반전 입력보다 전위가 +전압이 되어 출력 VO는 +V satulation에서 −V satulation로 상태전위로 바뀐다.

VO = − satulation일 때

$$V\ threshold\ DOWN = \frac{R2}{R1 + R2}\ -V\ satulation$$

VO가 −V satulation 되는 순간 콘덴서 C1에 있는 전자는 전류 i− 방향으로 방전되고 C1 콘덴서 전압이 V threshold DOWN 전압보다 낮아지면 출력전압 VO는 +V satulation 상태로 바뀌게 된다.

즉, VO = +V satulation일 때 C1 충전되고 − 반전 입력전위가 높아지므로 VO = − satulation으로 전위가 전환되고 VO = −V satulation일 때 C1 방전되고 + 비반전 입력전위가 높아지므로 VO = + satulation으로 전위가 전환된다.

2) 발진주파수 T1, T2

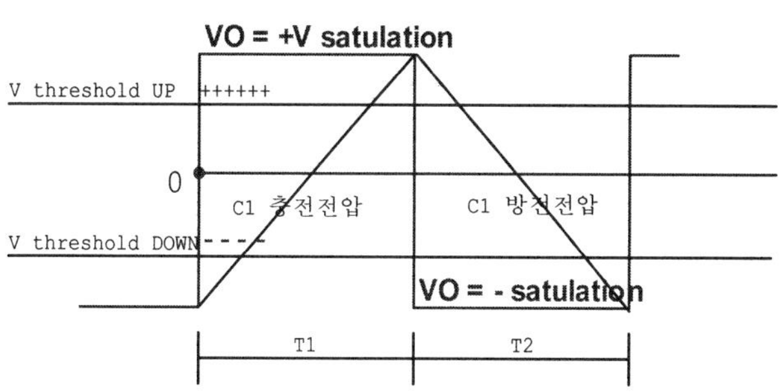

콘덴서 C1이 Rf를 통해 충전되는 시간 T1은

$$T1 = C1\ Rf\ \ln\left(\frac{+Vsatulation - Vsatulation\,DOWN}{+Vsatulation - Vsatulation\,UP}\right)$$

V threshold UP = $\frac{R2}{R1 + R2}$ +V satulation 와 V threshold DOWN = $\frac{R2}{R1 + R2}$

V satulation를 대입하면

$$T1 = C1\ Rf\ \ln\left(\frac{+Vsatulation - [(\frac{R2}{R1+R2})\times(-Vsatulation)]}{+Vsatulation - [(\frac{R2}{R1+R2})\times(+Vsatulation)]}\right)$$

if V threshold UP = V threshold DOWN이면

$$T1 = C1\ Rf\ \ln\left(\frac{R1+2R2}{R1}\right)\text{sec}$$

콘덴서 C1이 Rf를 통해 방전되는 시간 T2은

$$T2 = 2C1\ Rf\ \ln\left(\frac{R1+2R2}{R1}\right)\text{sec}$$

$$T = T1 + T2,\ f = \frac{1}{T}$$

$$f = \frac{1}{2\pi C1 Rf} = \frac{1}{2\pi 0.01uf160k} \cong 99.47\ \text{HZ}$$

비안정 멀티바이브레이터 주파수는 99.47 HZ이다.

OP AMP를 이용한 비안정 멀티바이브레이터 출력파형

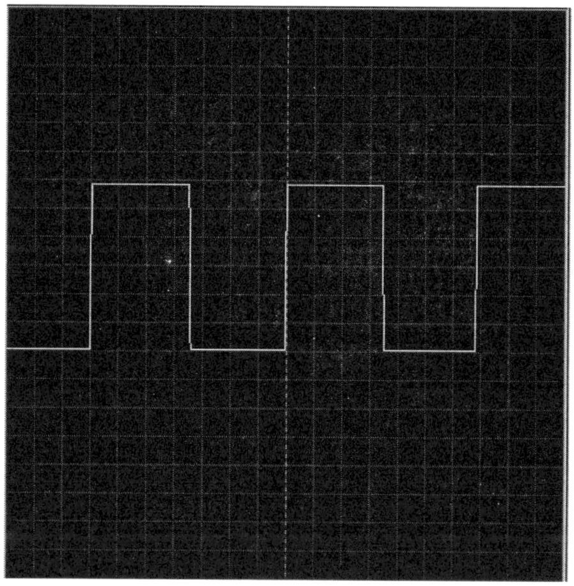

44. 공기 청정기 감지센서 회로설계

구미전자공고 전자회로 실습실에 공기 청정기를 설계하여 설치하려고 한다. 공기 청정기를 감지하는 센서는 미세한 공기의 청정흐름을 감지하여 0~5V 사이의 센서전압(센서 자체 출력전압)을 출력으로 나타난다.

이때, 공기가 탁해지면 감지센서는 전압이 1V 이하가 되어 RED LED를 ON시키게 하고, 공기가 맑아지면 2V 이상이 되어 GREEN LED ON 되게 하고, 중간이면 1V ~ 2V 이상의 전압을 출력하여 YELLOW LED를 ON 되게 하는 회로를 설계하시오.

공기 농도	감지센서 전압	출력 LED	비 고
공기 탁함	1V 이하	RED LED	
중간	1V ~ 2V이상	YELLOW LED	
공기 맑음	2V 이상	GREEN LED	

가. 회로도

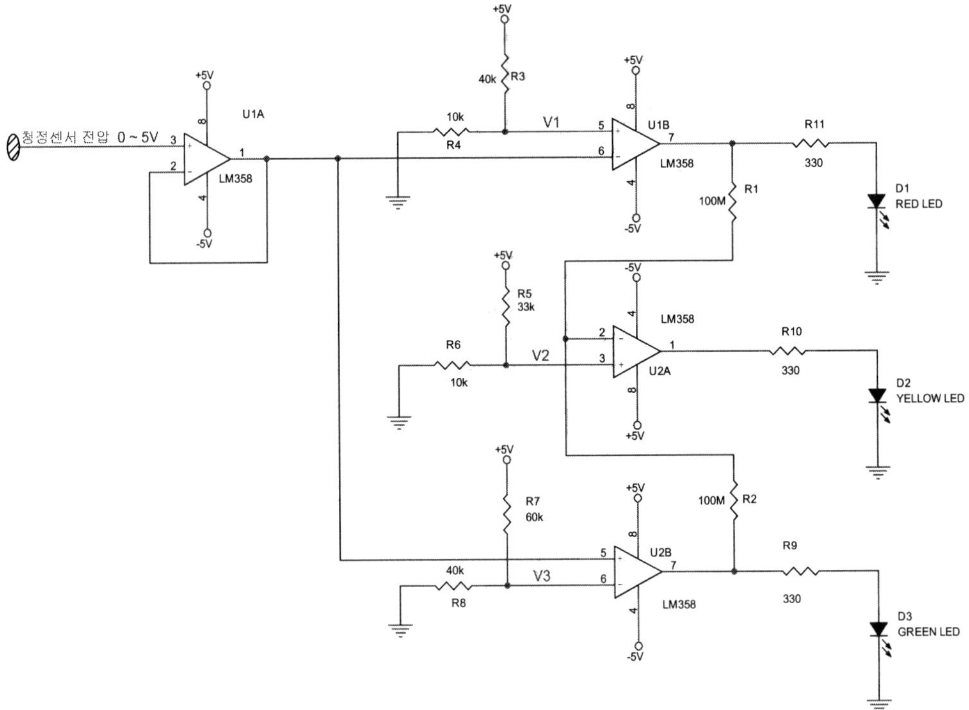

[공기 청정기 감지센서 회로]

나. 감지센서 회로설계

1) 전압 follower 회로

전압이득이 1인 증폭기로 입력전압과 출력전압이 같다. 입력 임피던스가 높고 출력 임피던스가 낮아 출력에 큰 전류가 흘러도 출력전압은 변화가 없다. 임피던스 정합을 위해 완충장치(buffer)로 회로를 설계한다.

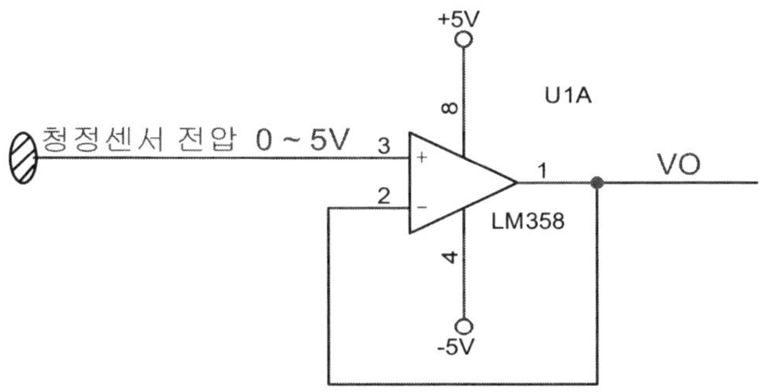

전압 follower 회로에서 청정센서 전압이 2V이면 LM358 핀 1번 출력 VO = 2V가 되고 청정센서 전압이 0.5V이면 출력 VO = 0.5V가 된다. 따라서 입력전압과 출력전압은 같다.

가상 SIMULATION 회로도

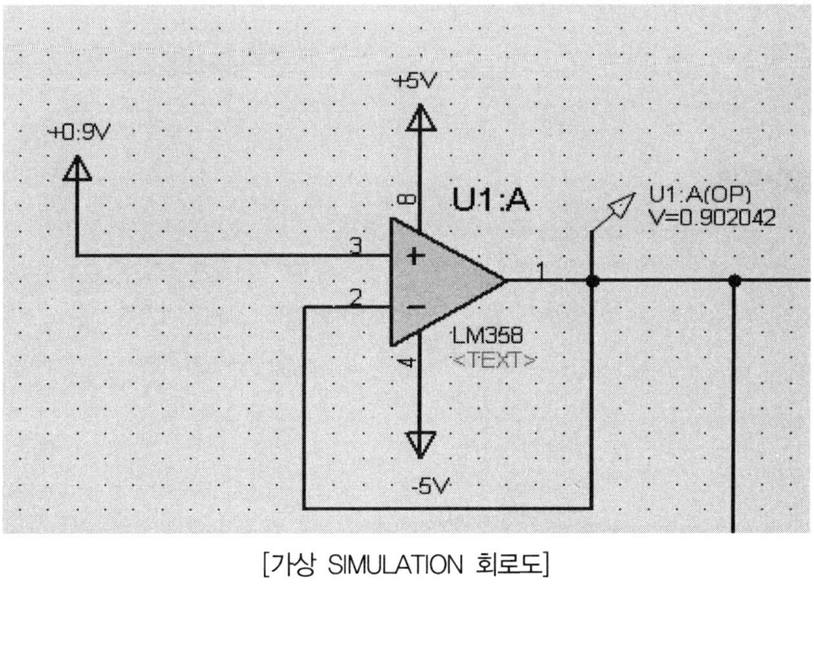

[가상 SIMULATION 회로도]

2) 전압 비교기회로(전압 1V 이하)

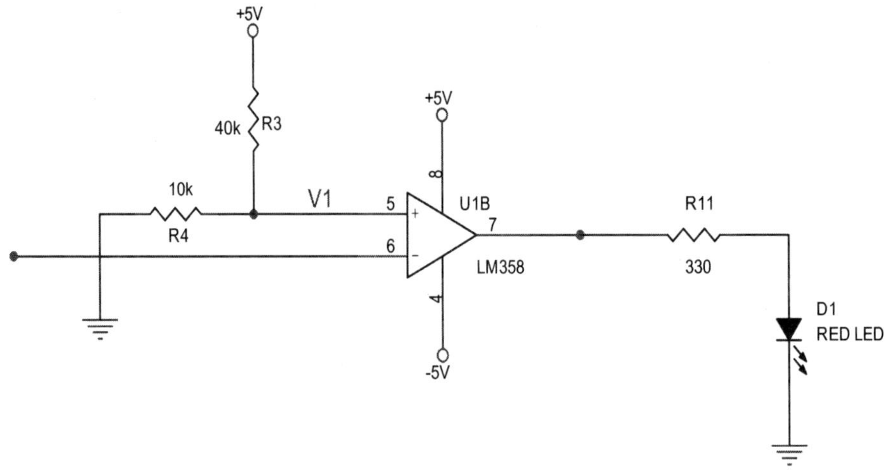

저항 전압분배 법칙에 의해 VCC = +5V이고 저항 40K와 10K 사이에 전압 V1은

$$V1 = \left(\frac{10K}{40K + 10K}\right) \times 5V = 1V$$

LM 358 핀 5번 입력 기준전압이 1V이고, 핀 6번 입력전압이 1V 이상이면 OP AMP 출력은 - 전압이 RED LED에 공급되어 LED는 OFF 된다.

핀 6번 입력전압이 1V 이하이면 OP AMP 출력은 + 전압이 RED LED에 공급되어 LED는 ON 된다. 예를 들어

입력전압이 0.9V이면

기준전압 1V(+) 〉 0.9V(−)	U1B 출력	+3.8V	RED	LED	ON
	U2A 출력	−4.7V	YELLOW	LED	OFF
	U2B 출력	−4.7V	GREEN	LED	OFF

가상 SIMULATION 회로도

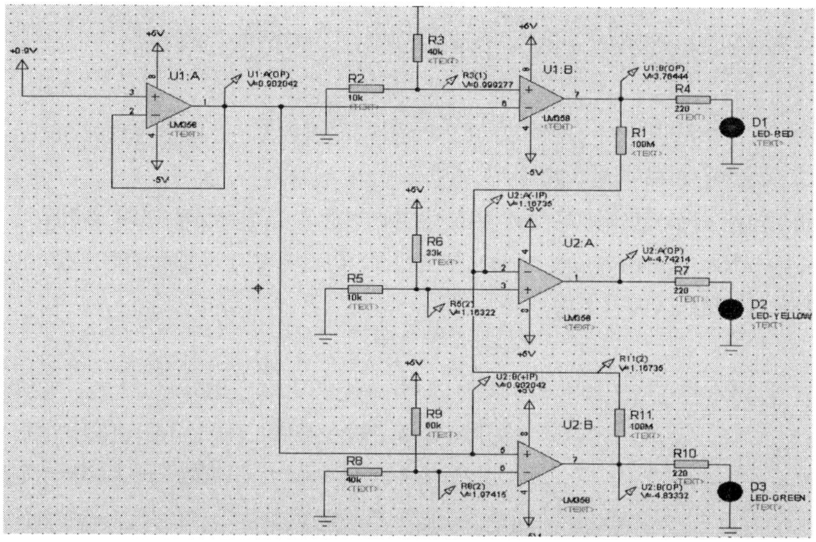

[가상 SIMULATION 회로도]

3) 전압 비교기회로(전압 1V 이상 ~ 2V 이하)

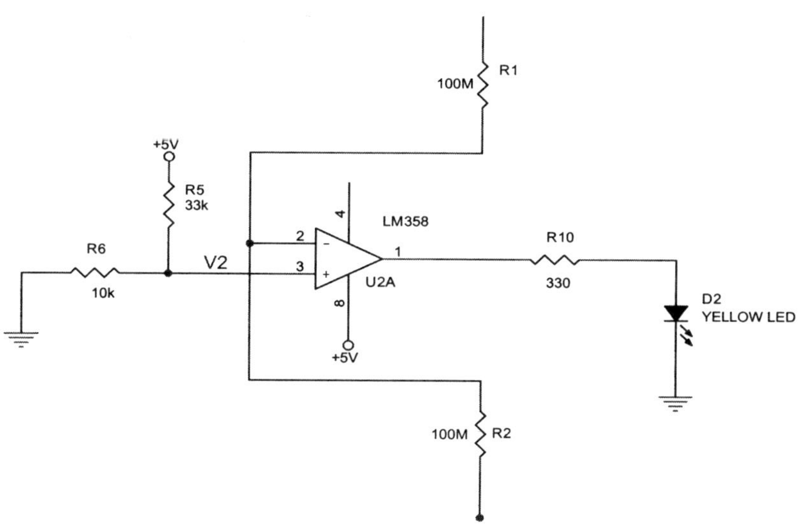

저항 전압분배 법칙에 의해 VCC = +5V이고 저항 33K와 10K 사이에 전압 V2은

$$V2 = (\frac{10K}{33K + 10K}) \times 5V = 1.16V$$

LM358 핀 3번 입력 기준전압이 1.16V이고 핀 2번 입력전압에는 U1B, U2B 출력에 100M 저항이 연결되어 있고 R1, R2에 의해 저항 전압분배 역할을 하게 된다.

U2A OP AMP 반전 –에 입력되므로 1V~2V 사이에 전압은 분배저항에 의해 출력은 1.11V가 되어 1.16 〉 1.11V이므로 출력은 3.76V가 되어 YELLOW LED에 전압이 공급되어 LED ON 된다.

예를 들어 입력전압이 1.6V이면

기준전압	1.16V(+)	〉 1.11V(–)	U1B 출력	–4.83V	RED	LED	OFF
			U2A 출력	+3.75V	YELLOW	LED	ON
			U2B 출력	–4.83V	GREEN	LED	OFF

가상 SIMULATION 회로도

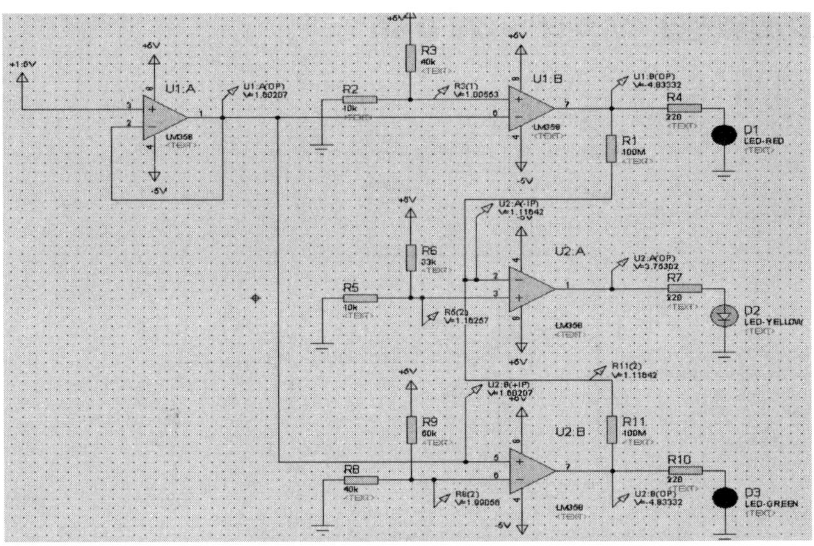

[가상 SIMULATION 회로도]

4) 전압 비교기회로(전압 2V 이상)

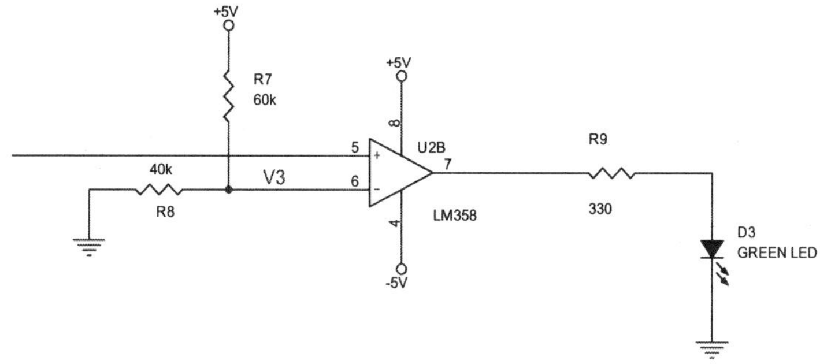

저항 전압분배 법칙에 의해 VCC = +5V이고 저항 60K와 40K 사이에 전압 V3은

$$V3 = (\frac{40K}{60K + 40K}) \times 5V = 2V$$

LM 358 핀 6번 입력전압 기준전압이 2V이고 핀 5번 입력전압이 2V 이상이면 OP AMP 출력은 +3.78V로 RED LED에 전압이 공급되어 LED는 ON 된다.

핀 5번 입력전압이 2V 이하이면 OP AMP 출력은 −4.78V로 RED LED에 −(부)전압이 공급되어 LED OFF 된다.

예를 들어 입력전압이 2.6V이면

기준전압 2V(−) 〈 2.6V(+) U1B 출력 −4.83V RED LED OFF
U2A 출력 −4.74V YELLOW LED OFF
U2B 출력 +3.76V GREEN LED ON

가상 SIMULATION 회로도

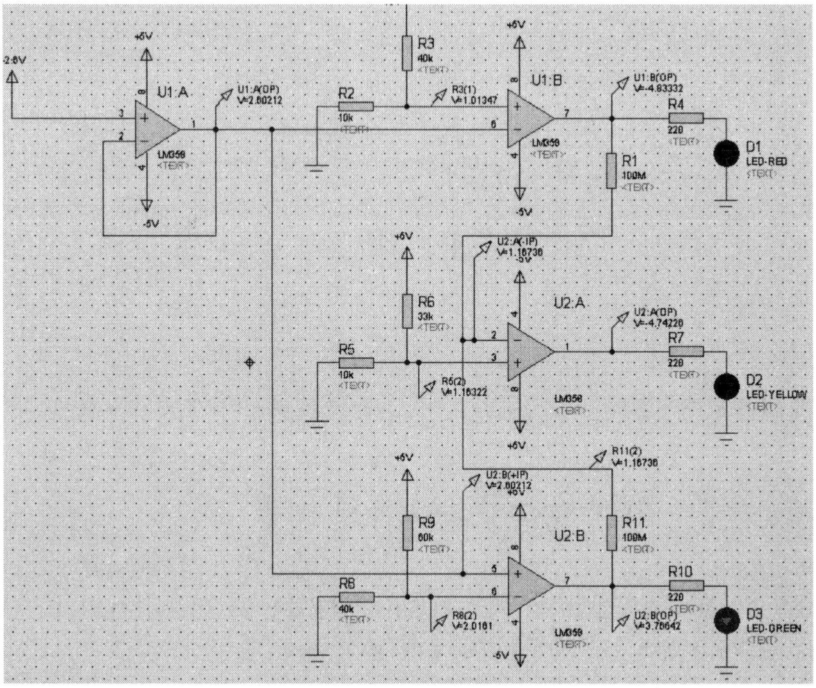

[가상 SIMULATION 회로도]

예제) Battery 전압 레벨 Meter led 점등 회로설계

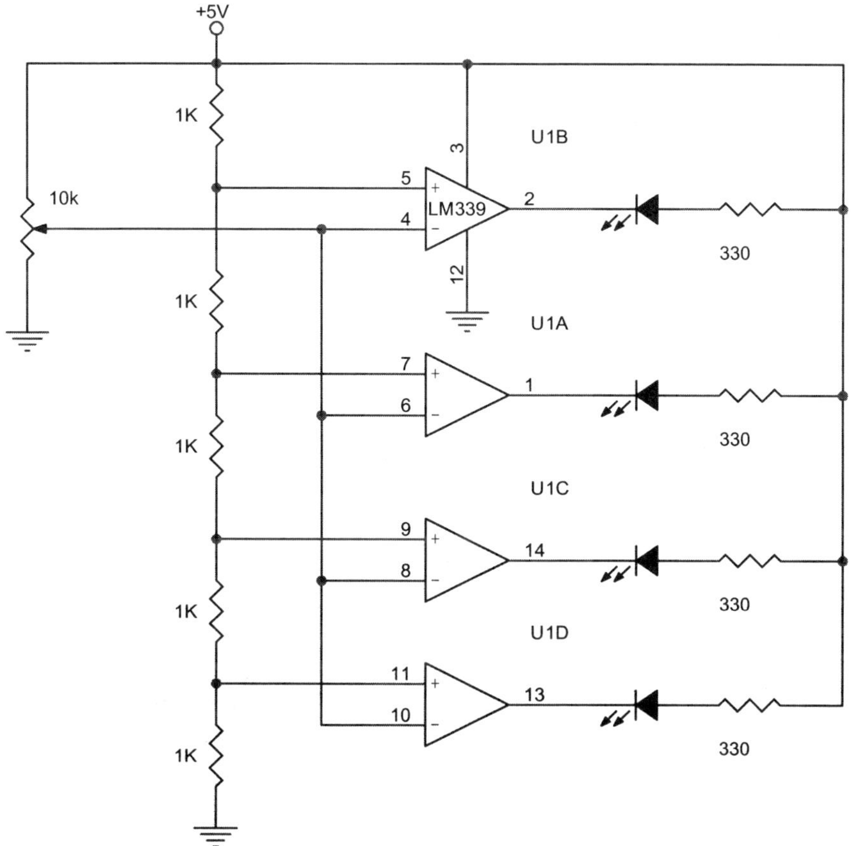

45. 밤과 낮에 따라 풍차 점멸기가 자동 회전하고 멈추는 회로설계

금오산 주말농장에는 밤과 낮을 구별하는 빛 센서가 설치되어 있는데, 이 빛 센서의 출력전압은 밤과 낮에 따라 바뀐다. 빛 센서에서 추출되는 전압레벨이 밤에는 3.5V, 낮에는 1.3V로 각각 변할 때 기준전압을 3V로 하는데, 기준전압보다 크면 − 전압이 출력되어 DC MOTOR는 구동하지 않고, 기준전압보다 작으면 + 전압이 출력되어 DC MOTOR가 구동되어 풍차 점멸기가 회전한다.

밤과 낮의 빛에 따라 풍차 점멸기가 회전하고 멈추게 하려고 할 때 회로를 설계해 보자(어떤 기준전압에 대해 입력신호가 기준전압보다 크고, 작거나 할 때 출력이 +, − 되도록 설계하고자 한다).

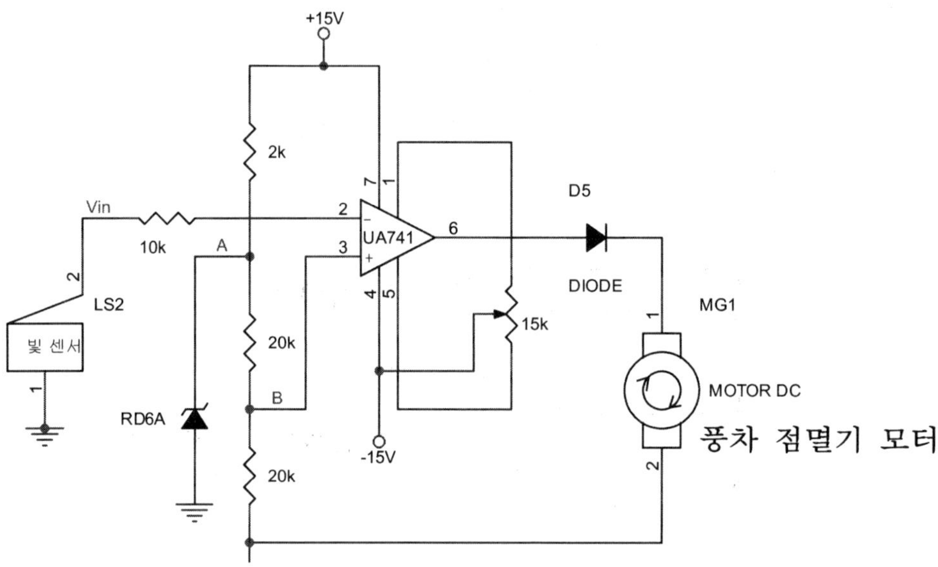

[밤과 낮에 따라 풍차 점멸기가 자동 회전하고 멈추는 회로]

기준전압	빛(낮과 밤)	빛 센서 출력전압	풍차 점멸기 모터
+3V	밤	+3.5V	정지
	낮	+1.3V	회전

OP AMP UA741은 open loop로 동작되고 A 지점 전압은 제너 다이오드(RD6A) 정격전압 6V이므로 저항 20k 전압분배에 의해 B 지점 기준전압은 3V가 된다.

빛 센서 출력전압이 Vin 전압 반전단자에 입력되므로 기준전압 3V 이상이면 반전 입력이므로 − 전압이 되고, 3V 이하이면 + 전압이 된다.

OP AMP는 Vin 전압 3V에 대해 수 100uV 차이전압에 대해서도 출력은 민감하게 반응하여 반전된다.

46. LED 32개를 순차적으로 점멸하는 회로설계

led 32개를 이용하여 순차적으로 점멸하는 회로를 설계해 보자.

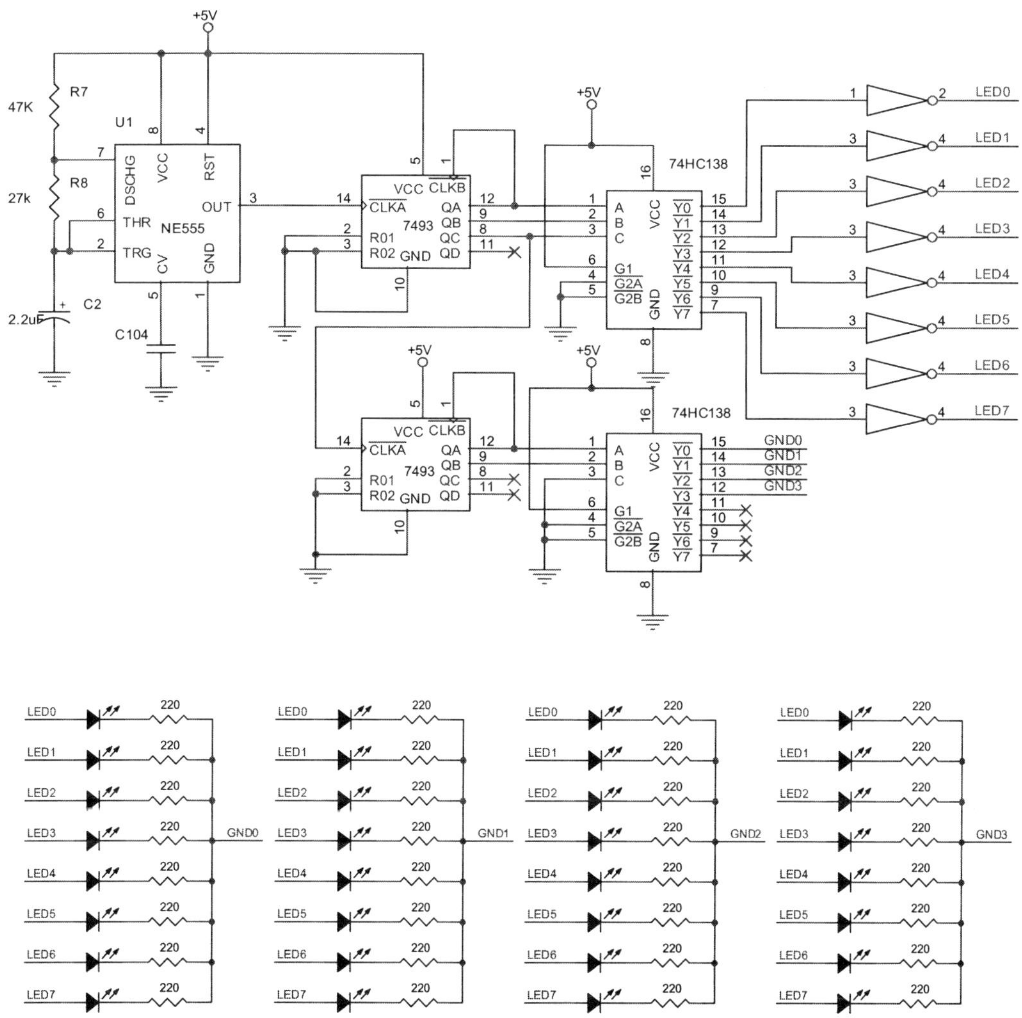

[LED 32개를 순차적으로 점멸하는 회로]

NE555회로에서 클록 펄스가 만들어지고 7493에서 BCD가 출력되며 74HC138 DECODER(상)에서 led를 순차적으로 H ⟶ L 신호로 출력한다.

7493(상)에서 0100일 때 7493(하)에 클럭을 공급하고 BCD출력을 만들고 74HC138 DECODER(하)에 led GND0, GND1, GND2, GND3에 각각 순서대로 low 신호를 공급하면 led는 순차적으로 점멸한다.

74HC138에서 출력되는 신호가 Active low이므로 NOT gate를 이용하여 신호를 high로 만들어 led를 순차점멸한다.

부록 | 디지털 IC

74 시리즈 TTL & HC-MOS
4000/4500 시리즈 C-MOS

74 시리즈 TTL & HC-MOS

00

Quad 2 Input NAND

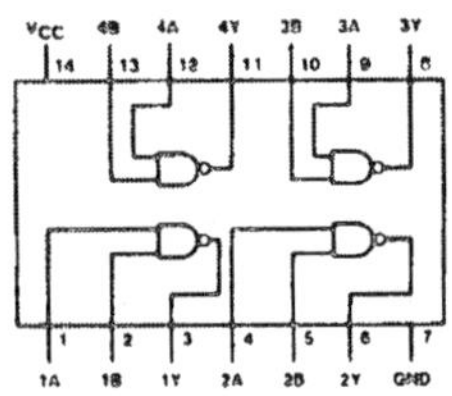

7400, 74LS00, 74S00, 74ALS00, 74F00, 74AS00, 74ALS1000, 74AS1000, 74HC00, 74HCT00, 40H000

01

Quad 2 Input NAND with OC

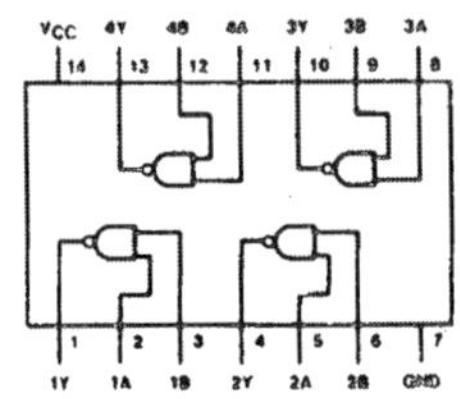

7401, 74LS01, 74ALS01, 74HC01

02

Quad 2 Input NOR

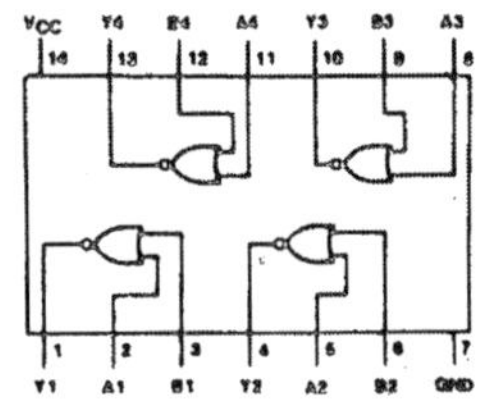

7402, 74LS02, 74ALS02, 74F02, 74S02, 74AS02, 74ALS1002, 74AS1002, 74HC02, 40H002

03

Quad 2 Input NAND with OC

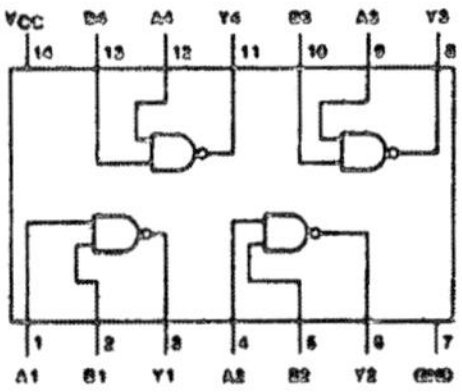

7403, 74LS03, 74S03, 74ALS03, 74ALS1003, 74HC03

04

Hex Inverter

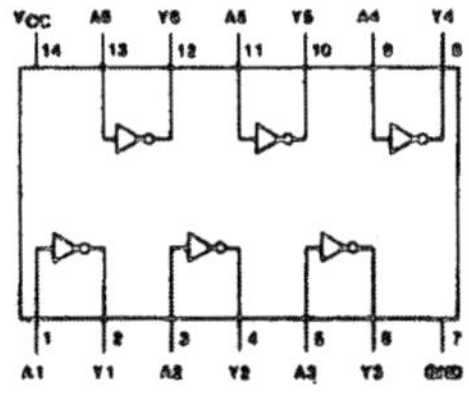

7404, 74LS04, 74S04, 74ALS04, 74F04, 74AS04, 74ALS1004, 74AS1004, 74HCU04, 74HC04, 74HCT04, 40H004

05

Hex Inveter with OC

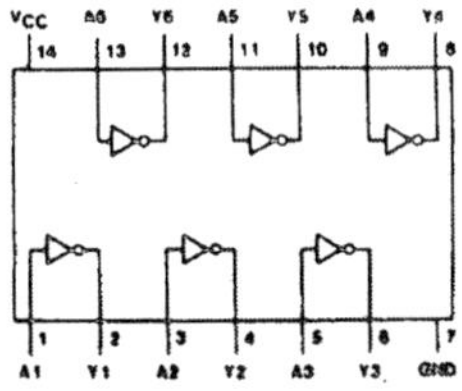

7405, 74LS05, 74ALS05, 74S05, 74ALS1005, 74HCT05

06

Hex Inverter Buffer with OC High Voltage Output

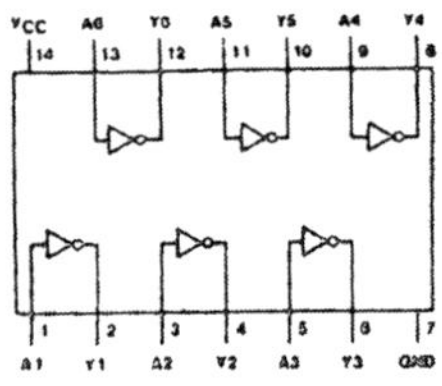

7406, 74LS06

07

Hex Buffer with OC High Voltage Output

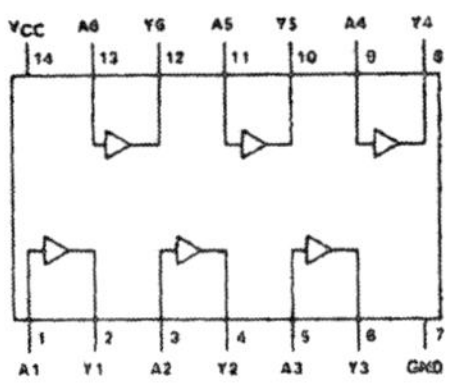

7407, 74LS07, 74HC07

08

Quad 2 Input AND

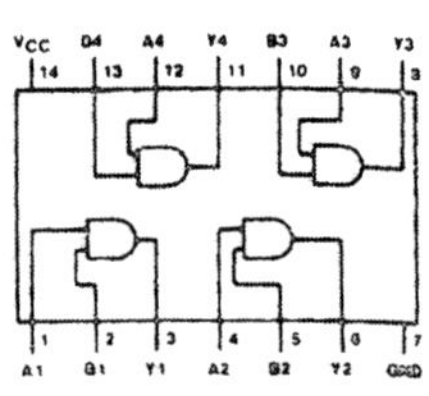

7408, 74LS08, 74S08, 74ALS08, 74F08, 74AS08, 74ALS1008, 74AS1008, 74HC08, 74HCT08, 40H008

09

Quad 2 Input AND with OC

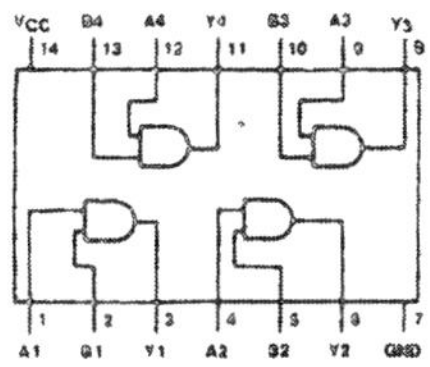

7409
74LS09
74S09
74ALS09

10

Triple 3 input NAND

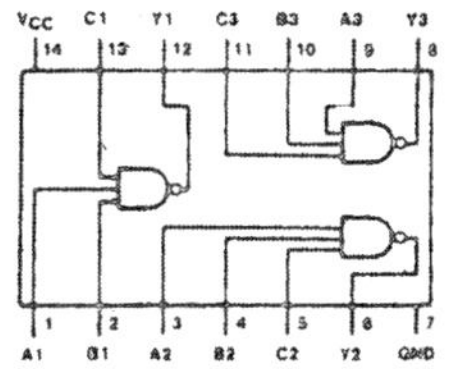

7410 74F10 74HC10
74LS10 74AS10 74HCT10
74S10 74ALS1010 40H010
74ALS10

11

Triple 3 Input AND

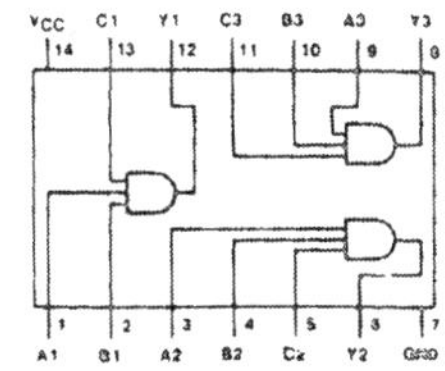

7411 74AS11 74HC11
74LS11 74F11 74HCT11
74S11 74ALS1011 40H011
74ALS11

12

Triple 3 Input NAND with OC

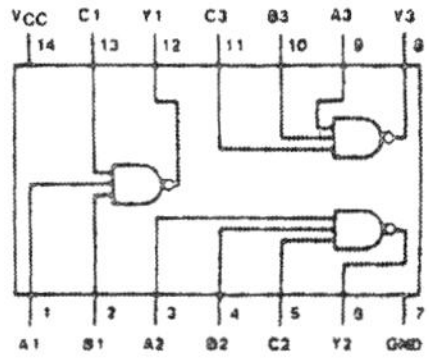

7412
74LS12
74S12
74ALS12

13

Dual 4 Input NAND Schmitt Trigger

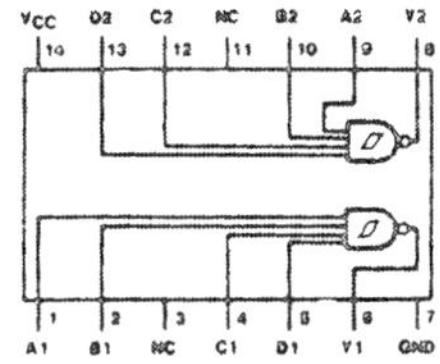

7413 74HC13
74LS13
74F13

14

Hex Inverter Schmitt Trigger

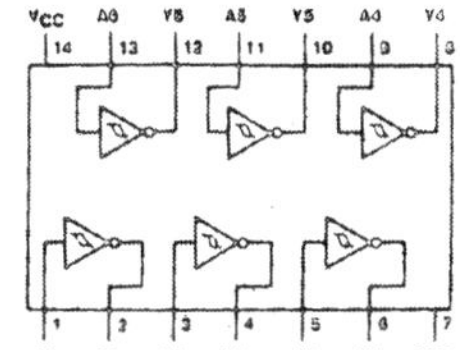

7414 74HC14
74LS14 74HCT14
74F14

15

Triple 3 Input AND with OC

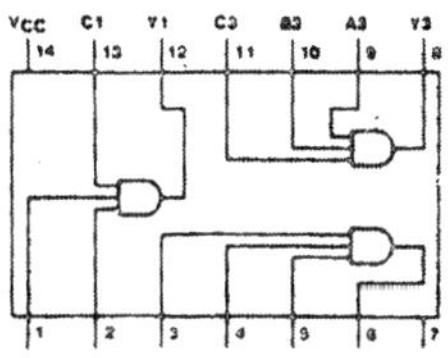

74LS15
74S15
74ALS15

16

Hex Inverter Buffer 15V with OC

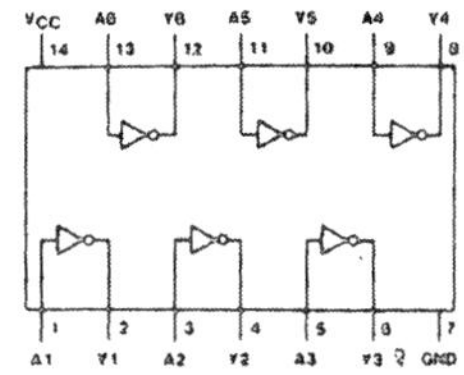

7416
74LS16

17

Hex Buffer 15V with OC

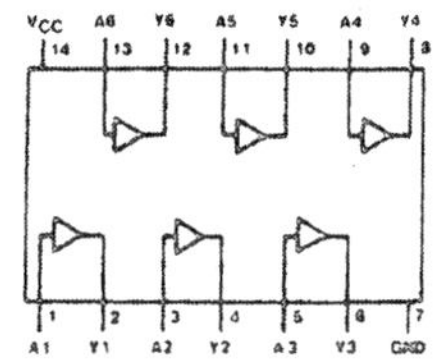

7417
74LS17

18

Dual 4 Input NAND Schmitt Trigger

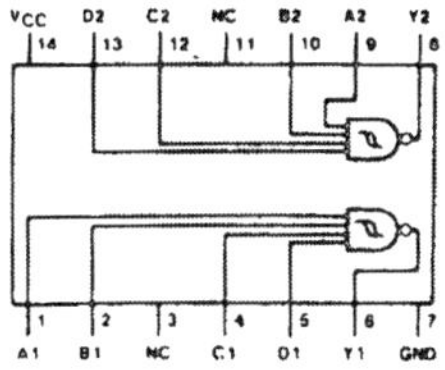

74LS18

19

Hex Inverter Schmitt Trigger

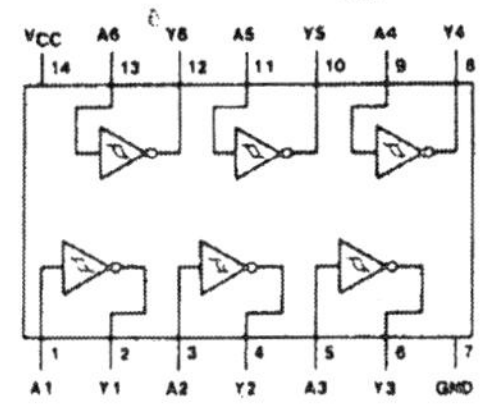

74LS19

20

Dual 4 Input NAND

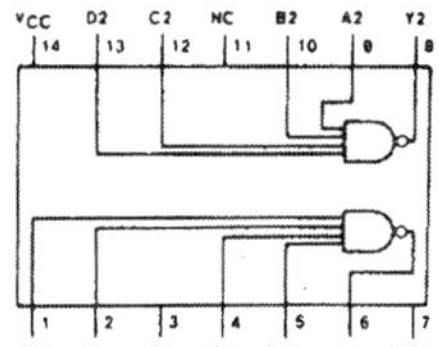

7420 74F20 74HC20
74LS20 74AS20 74HCT20
74S20 74ALS1020 40H020
74ALS20

21	22	23
Dual 4 Input AND with OC 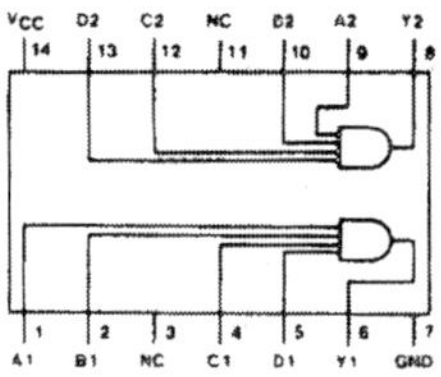 7421 74HC21 74LS21 40H021 74ALS21 74AS21	Dual 4 Input NAND with OC 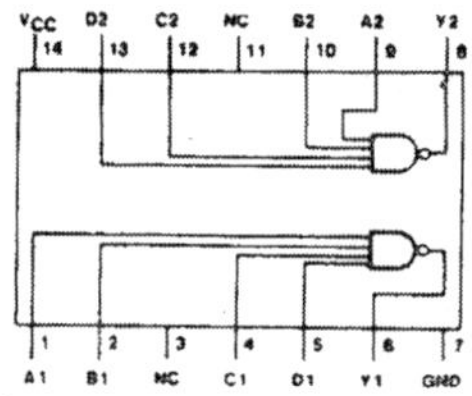 7422 74ALS22 74LS22 74S22	Expandable Dual 4 Input NOR with Strobe 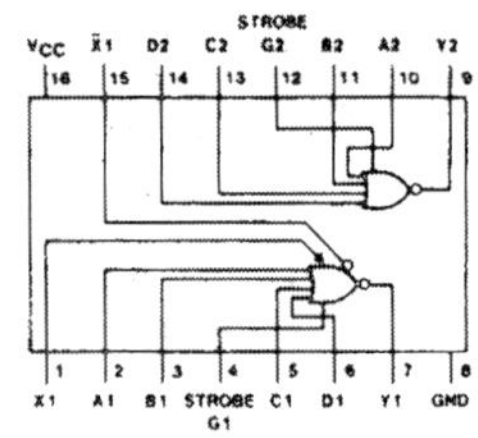 7423
24	**25**	**26**
Quad 2 Input NAND Schmitt Trigger 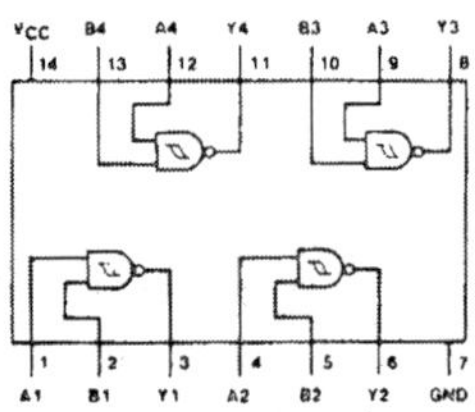 74LS24	Dual 4 Input NOR with Strobe 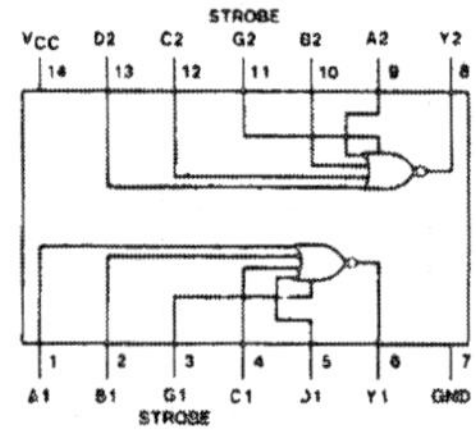 7425	Quad 2 Input NAND 15V with OC 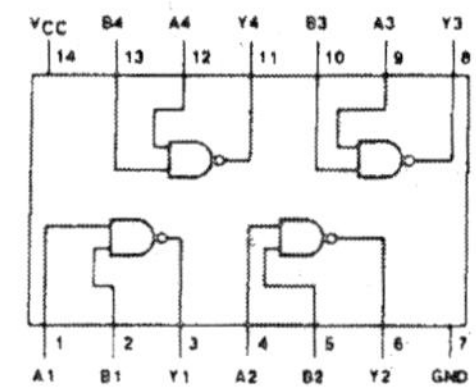 7426 74LS26
27	**28**	**30**
Triple 3 Input NOR 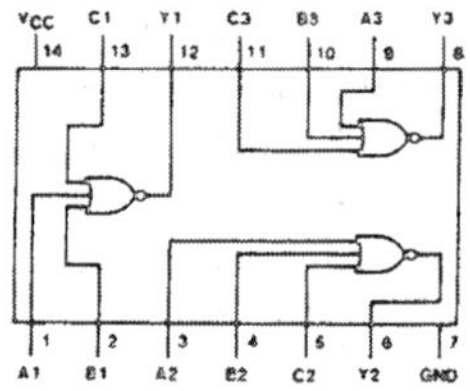 7427 74HC27 74LS27 74HCT27 74ALS27 40H027 74AS27	Quad 2 Input NOR Buffer 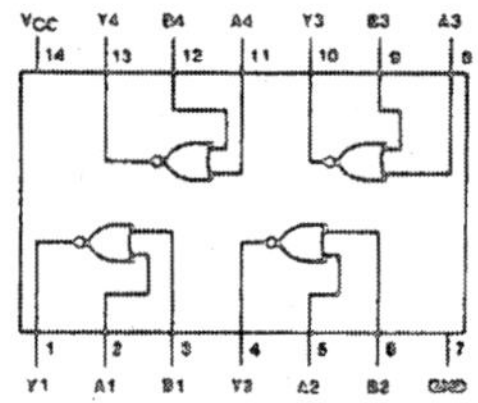 7428 74LS28 74ALS28 74ALS1028	8 Input NAND 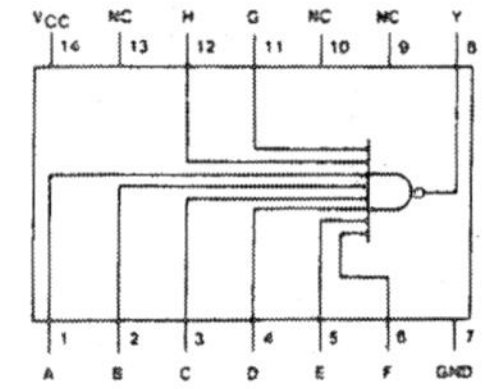 7430 74AS30 74HC30 74LS30 74ALS30 74S30
31	**32**	**33**
Delay Element 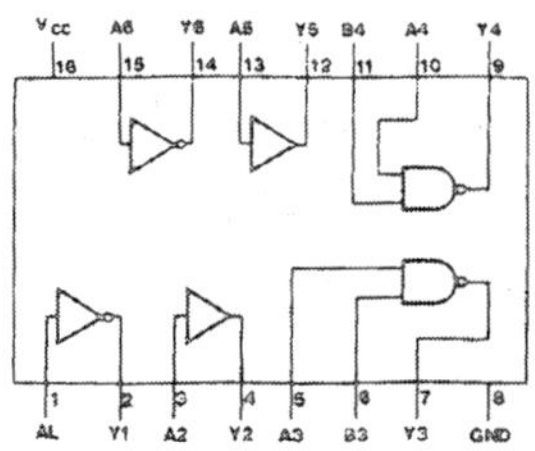 74LS31	Quad 2 Input OR 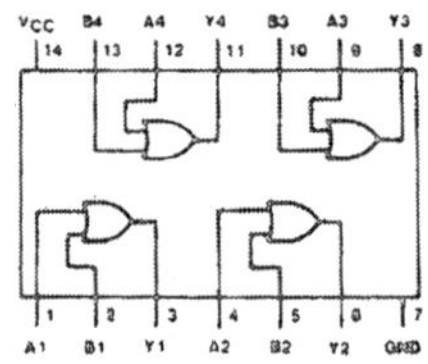 7432 74F32 74HC32 74LS32 74AS32 74HCT32 74S32 74ALS1032 40H032 74ALS32 74AS1032	Quad 2 Input NOR Buffer with OC 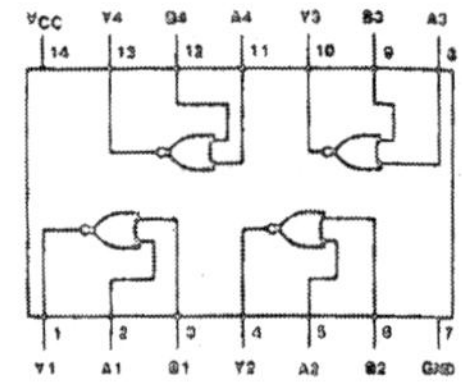 7433 74LS33 74ALS33

34

Hex Buffer

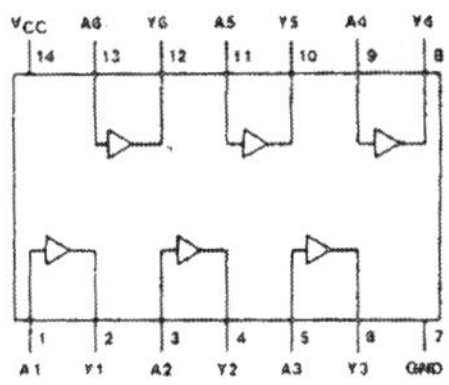

74ALS34 74AS34 74HCT34
74ALS1034 74AS1034

35

Hex Buffer with OC

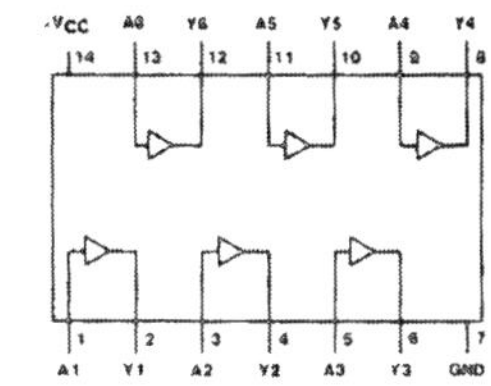

74ALS35
74ALS1035

37

Quad 2 Input NAND Buffer

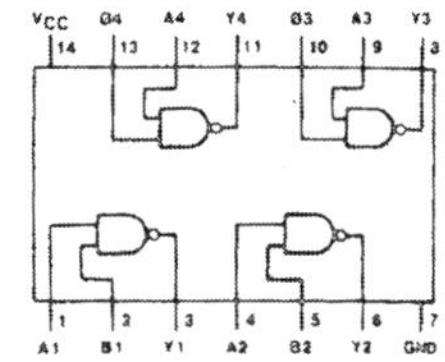

7437 74ALS37
74LS37 74ALS1037
74S37
74F37

38

Quad 2 Input NAND Buffer with OC

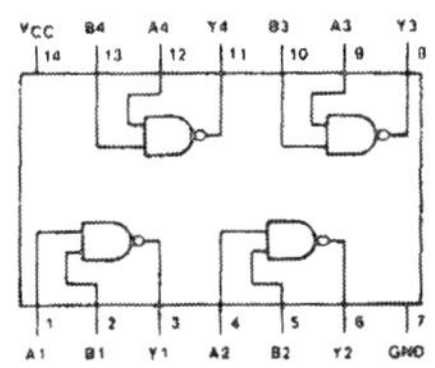

7438 74ALS38
74LS38
74S38
74F38

39

Quad 2 Input NAND Buffer with OC

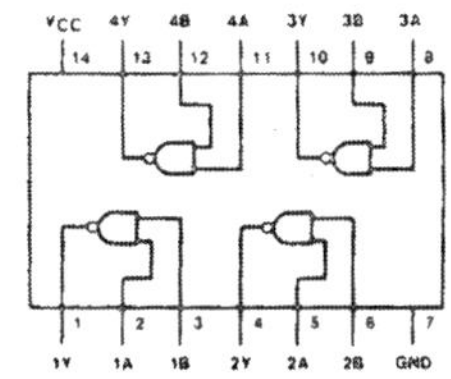

7439

40

Dual 4 input NAND Buffer

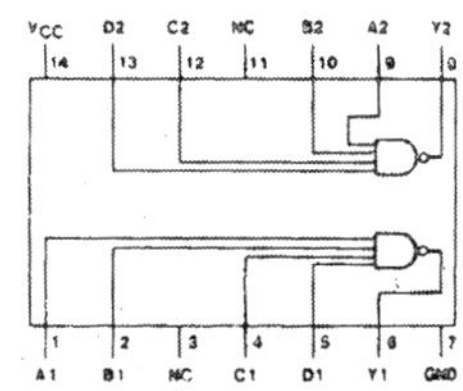

7440 74ALS1040
74LS40
74S40
74ALS40

41

BCD to Decimal Decorder/Driver

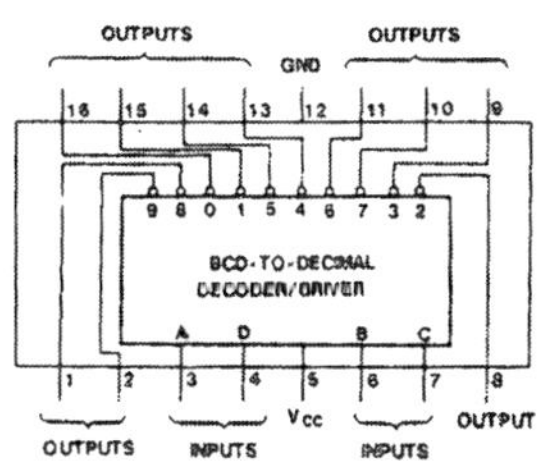

7441

42, 43, 44

42: BCD to Decimal Decoder
43: Excess 3 to Decimal Decoder
44: Excess 3 Gray to Decimal Decoder

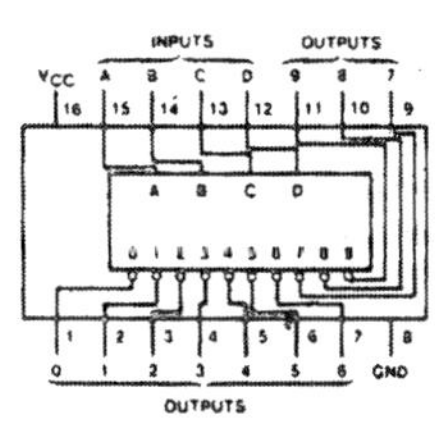

7442~44 74HC42
74LS42~44 74HCT42
40H042

45

BCD to Decimal Decoder 30V with OC

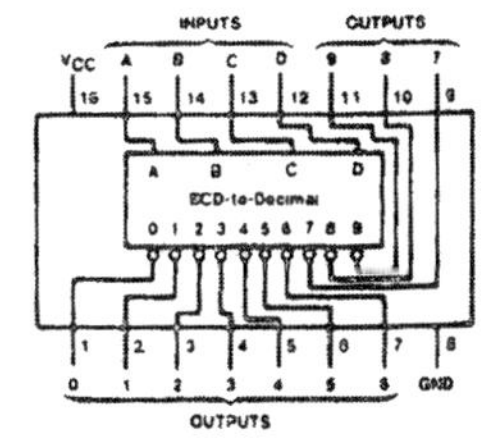

7445

46, 47

46: BCD to Seven Segment Decoder 30V with OC
47: BCD to Seven Segment Decoder 15V with OC

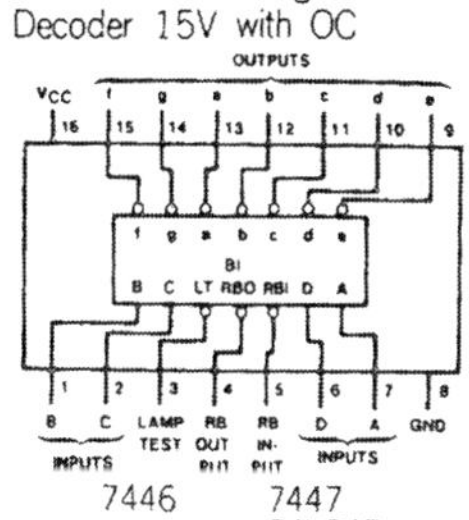

7446 7447
74LS47

48

BCD to Seven Segment Decoder 2kΩ pullup with OC

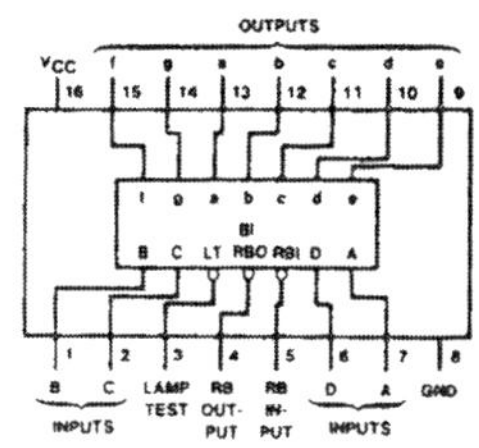

7448
74LS48

49

BCD to Seven Segment Decoder 5.5V with OC

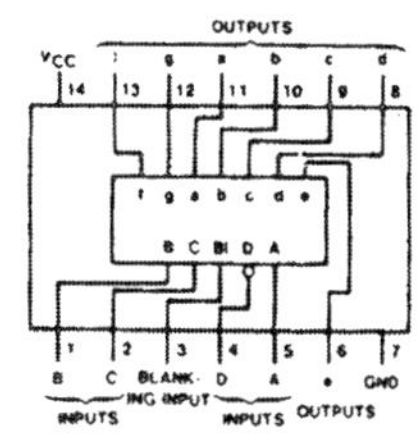

7449
74LS49

50

Dual 2 wide 2 Input AND OR INVERT

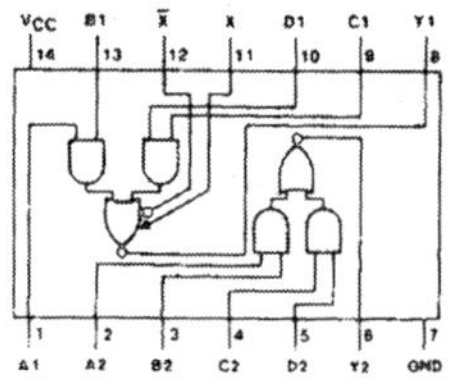

7450

51

Dual 2 wide 2 Input AND OR INVERT

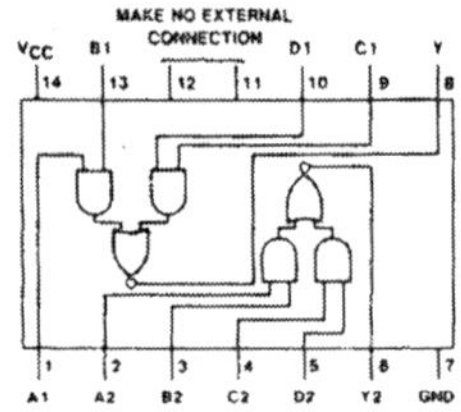

7451
74S51

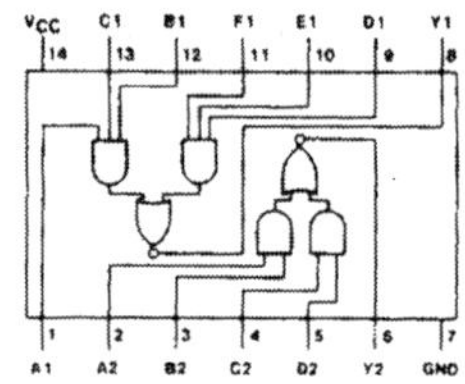

74LS51 74HC51
74ALS51 40H051

53

4 wide 2 Input AND OR INVERT

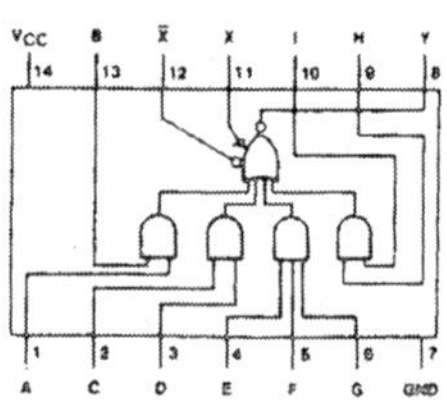

7453

54

4 wide 2 Input AND OR INVERT

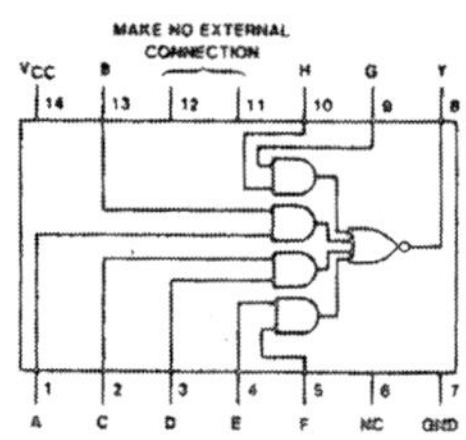

7454

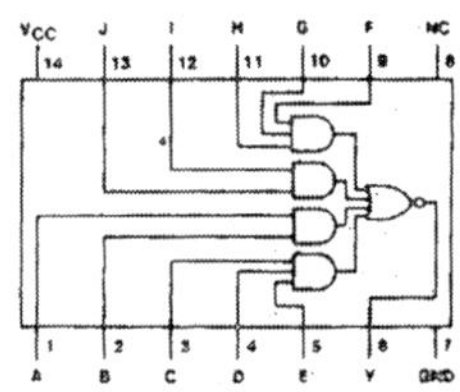

74LS54
74ALS54

55

Expandable 2 wide 4 Input AND OR INVERT

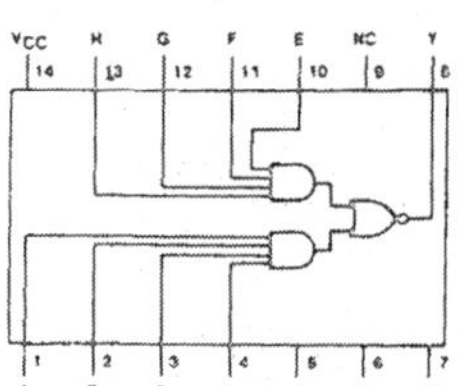

74LS55
74ALS55

60

Dual 4 Input Expander

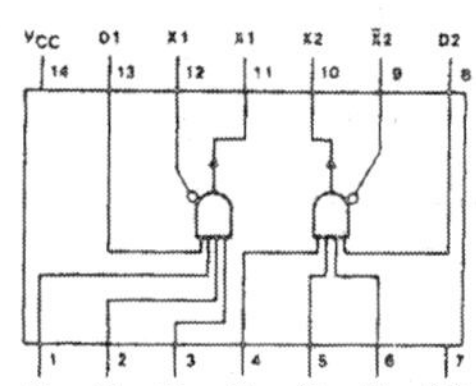

7460

63

Hex Current Sense Interface GATE

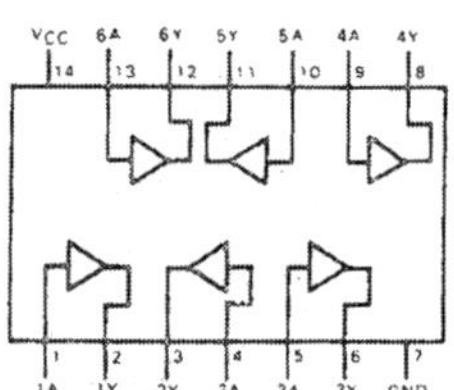

74LS63

64,65

64 : 4-2-3-2 Input AND OR INVERT
65 : 4-2-3-2 Input AND OR INVERT with OC

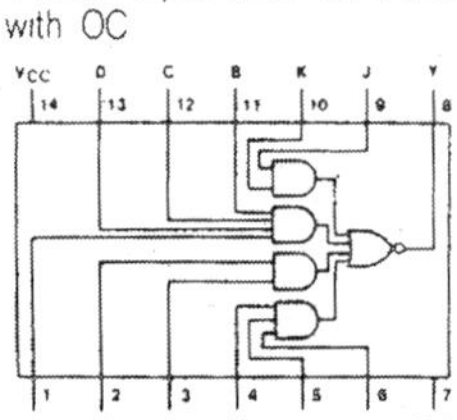

74S64 74S65
74F64 74ALS65
74ALS64

68

Dual Decade Counter

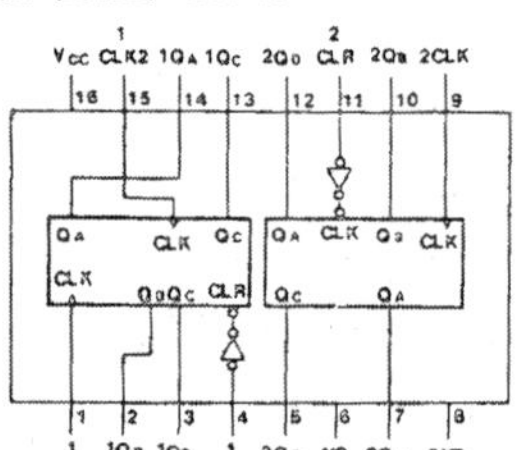

74LS68

69

Dual 4 Bit Binary Counter

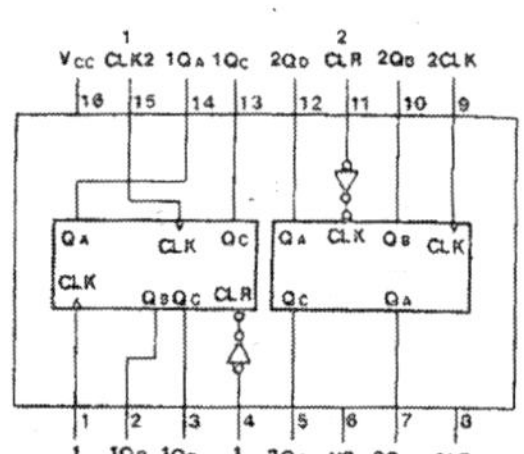

74LS69

70

AND-gated JK-FF with Preset and Clear

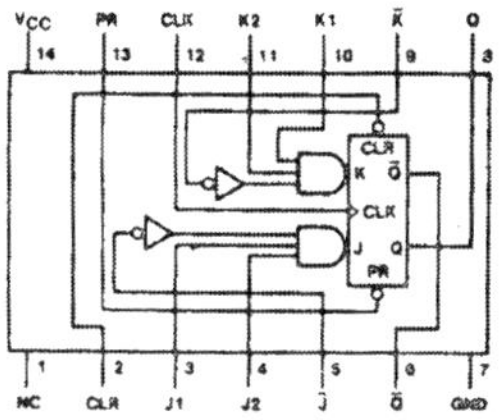

7470

72

AND-gated JK-FF with Preset and Clear

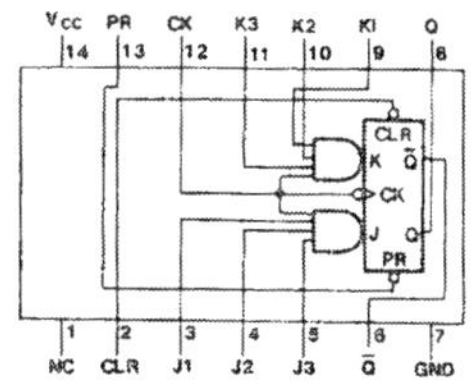

7472

73

Dual JK Flip Flop

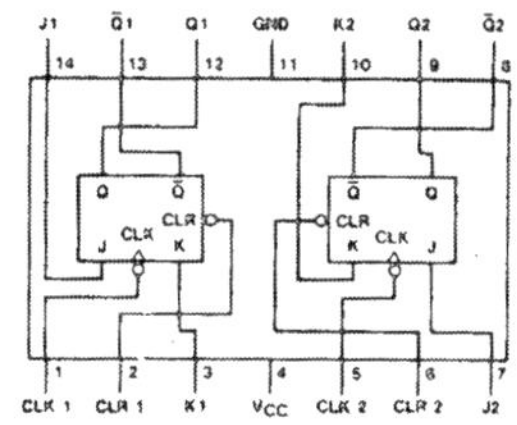

7473 74HC73
74LS73 74HCT73
74ALS73

FUNCTION TABLE

Inputs				Outputs	
CLR	CLK	J	K	Q	$\overline{Q}$
L	X	X	X	L	H
H	⊓	L	L	Q0	$\overline{Q}$0
H	⊓	H	L	H	L
H	⊓	L	H	L	H
H	⊓	H	H	TOGGLE	

7473

Inputs				Outputs	
CLR	CLK	J	K	Q	$\overline{Q}$
L	X	X	X	L	H
H	↓	L	L	Q0	$\overline{Q}$0
H	↓	H	L	H	L
H	↓	L	H	L	H
H	↓	H	H	TOGGLE	
H	H	X	X	Q0	$\overline{Q}$0

74LS73

74

Dual D Type Flip Flop

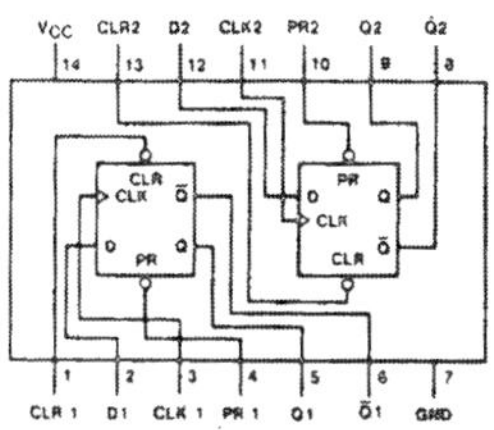

7474 74S74 74HC74
74LS74 74ALS74 74HCT74
74AS74 74F74 40H074

FUNCTION TABLE

Inputs				Outputs	
PR	CLR	CLK	D	Q	$\overline{Q}$
L	H	X	X	H	L
H	L	X	X	L	H
L	L	X	X	H*	H*
H	H	↑	H	H	L
H	H	↑	L	L	H
H	H	L	X	Q0	$\overline{Q}$0

75

4 Bit Latch

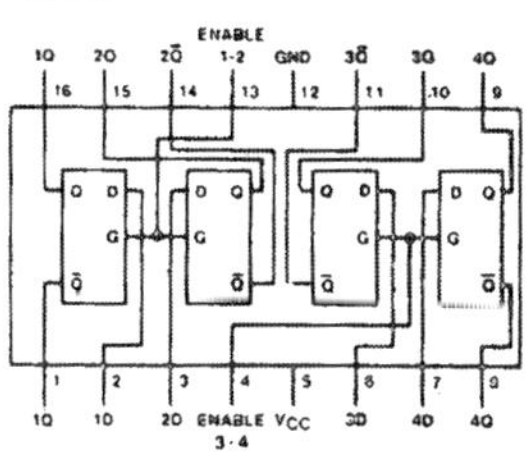

7475 74HC75
74LS75 74HCT75

FUNCTION TABLE
(Each Latch)

Inputs		Outputs	
D	G	Q	$\overline{Q}$
L	H	L	H
H	H	H	L
X	L	Qn	$\overline{Q}$n

76

Dual JK Flip Flop

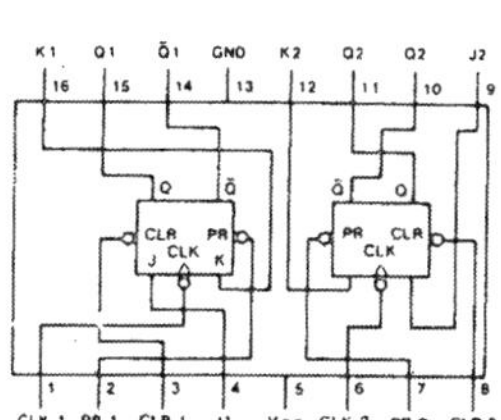

7476(1) 74HC76(1)
74LS76(2) 40H076(2)
74ALS76

FUNCTION TABLE

(1)

Inputs					Outputs	
PR	CLR	CLK	J	K	Q	$\overline{Q}$
L	H	X	X	X	H	L
H	L	X	X	X	L	H
L	L	X	X	X	H*	H*
H	H	⊓	L	L	Q0	$\overline{Q}$0
H	H	⊓	H	L	H	L
H	H	⊓	L	H	L	H
H	H	⊓	H	H	TOGGLE	

(2)

Inputs					Outputs	
PR	CLR	CLK	J	K	Q	$\overline{Q}$
L	H	X	X	X	H	L
H	L	X	X	X	L	H
L	L	X	X	X	H*	H
H	H	↓	L	L	Q0	$\overline{Q}$0
H	H	↓	H	L	H	L
H	H	↓	L	H	L	H
H	H	↓	H	H	TOGGLE	
H	H	H	X	X	Q0	$\overline{Q}$0

77

4 Bit Bistable Latch (Flat Pack Only)

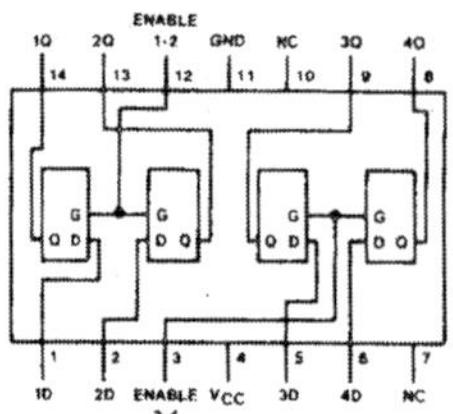

7477　74HC77
74LS77

FUNCTION TABLE
(Each Latch)

Inputs		Outputs	
D	G	Q	$\overline{Q}$
L	H	L	H
H	H	H	L
X	L	Q_0	$\overline{Q}_0$

78

Dual JK Flip Flop

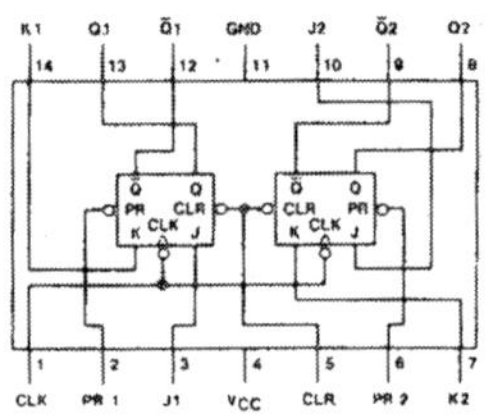

74LS78　74HC78
74ALS78

FUNCTION TABLE

Inputs					Outputs	
PR	CLR	CLK	J	K	Q	$\overline{Q}$
L	H	X	X	X	H	L
H	L	X	X	X	L	H
L	L	X	X	X	H*	H*
H	H	↓	L	L	Q0	$\overline{Q}$0
H	H	↓	H	L	H	L
H	H	↓	L	H	L	H
H	H	↓	H	H	TOGGLE	
H	H	H	X	X	Q0	$\overline{Q}$0

80

Gated Full Adder

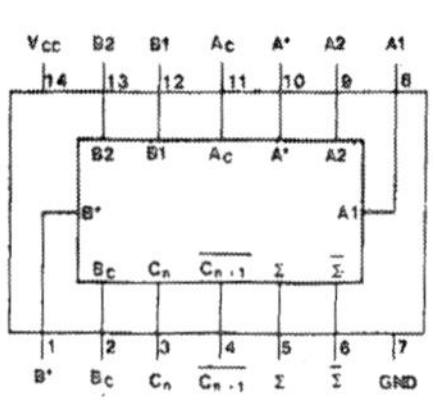

7480

81

16 Bit RAM (Open Collector)

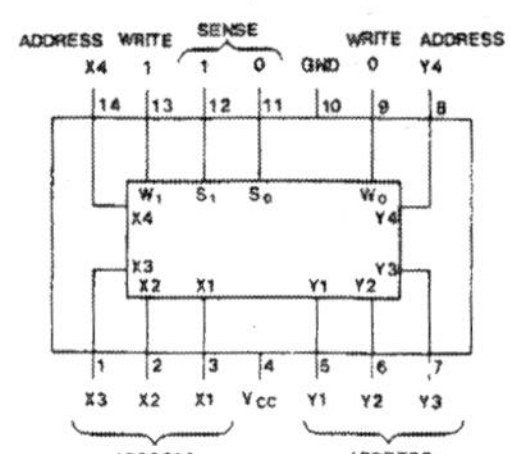

7481

82

2 Bit Full Adder

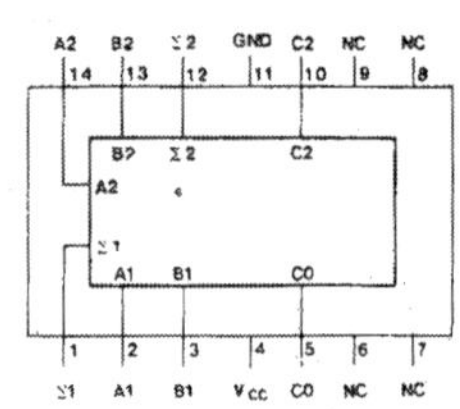

7482

83

4 Bit Binary Full Adder

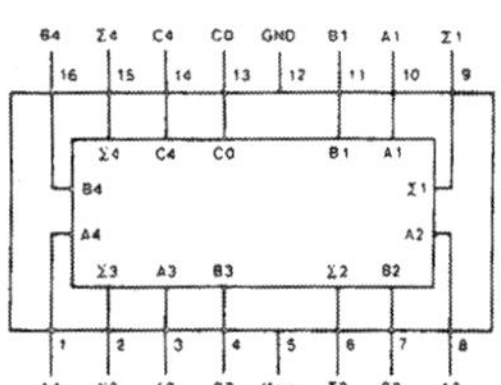

7483
74LS83

84

16 Bit RAM (Open Collector)

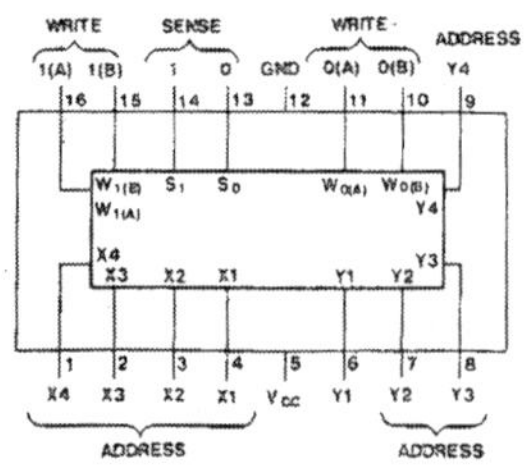

7484

85

4 Bit Comparator

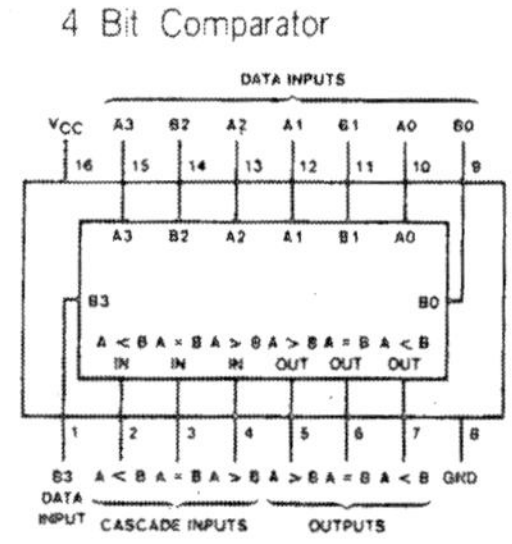

7485　74F85　74HC85
74LS85　74S85　74HCT85

86

Quad Exclusive OR

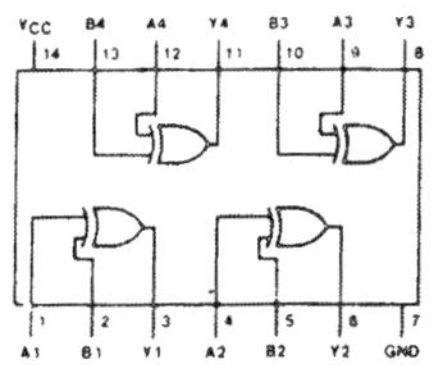

7486 74F86 74HC86
74LS86 74ALS86 74HCT86
74S86

89

64 Bit RAM (Open Collector)

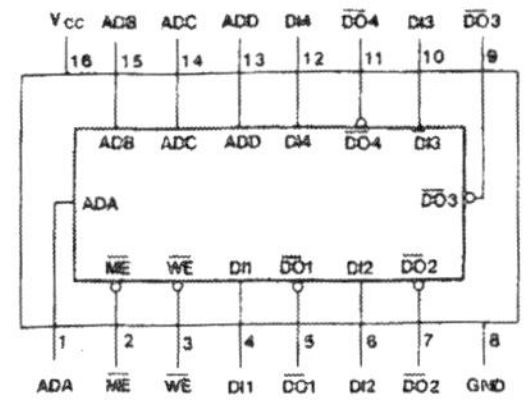

7489
74LS89
74S89

90

Decade Counter

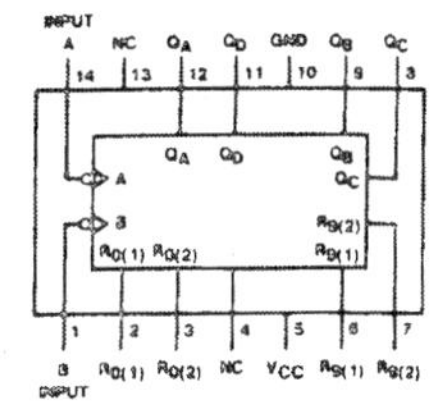

7490 74HC90
74LS90

91

8 Bit Shift Register SISO

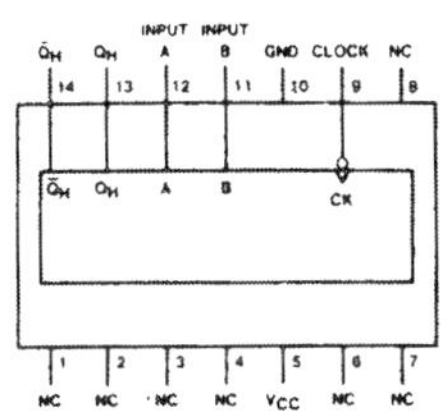

7491 74HC91
74LS91

92

Divide by 12 Counter

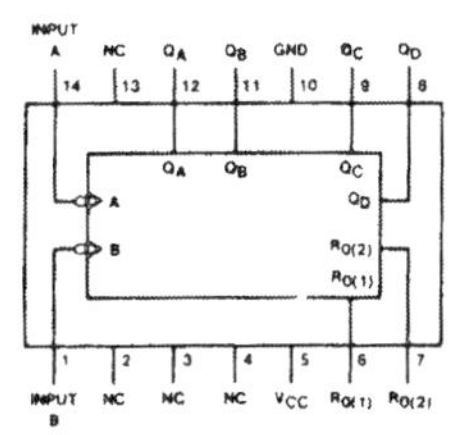

7492 74HC92
74LS92

93

4 Bit Binary Counter

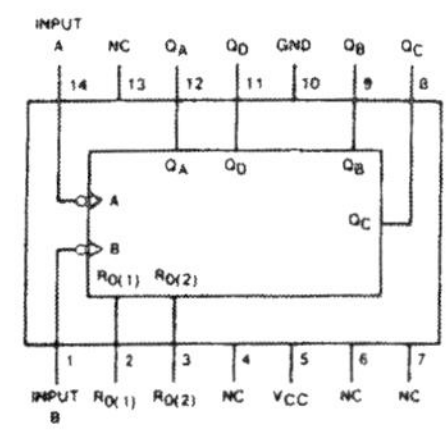

7493 74HC93
74LS93

94

4 Bit Shift Register

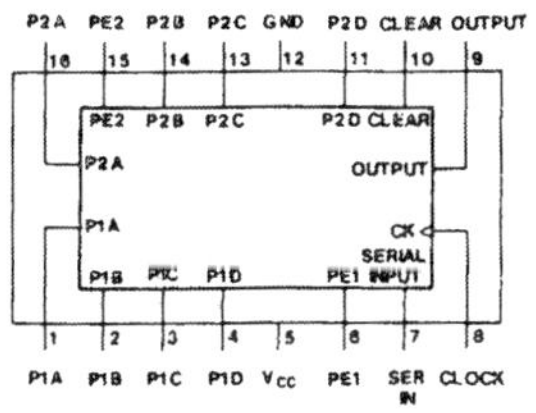

7494

95

4 Bit Shift Register PIPO

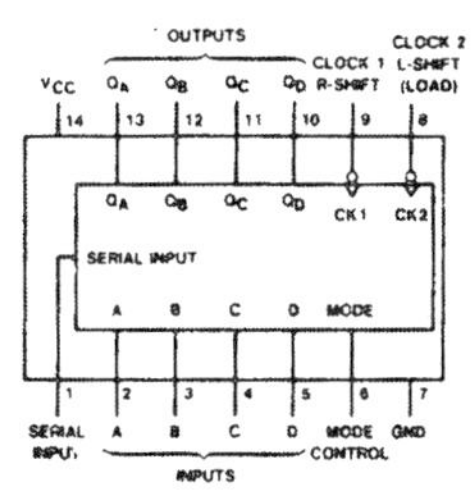

7495 74AS95 74HC95
74LS95

96

5 Bit Shift Register PIPO

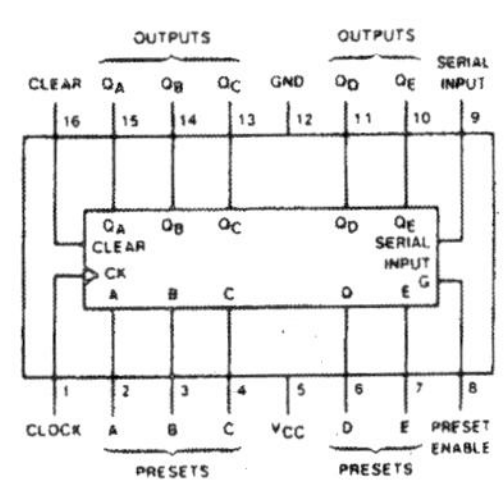

7496 74S96
74LS96

97

6 Bit Synchronous Binary Rate Multiplier

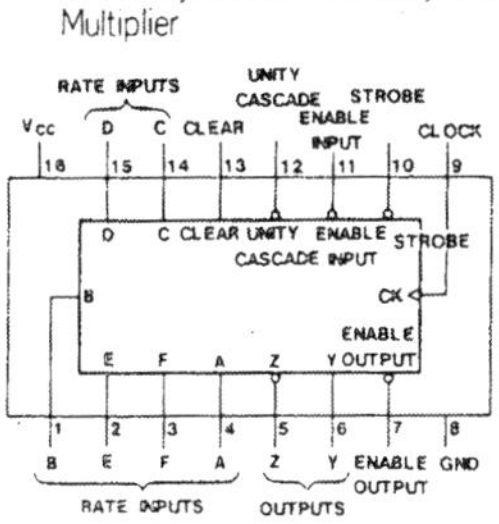

7497

100

8 Bit Latch

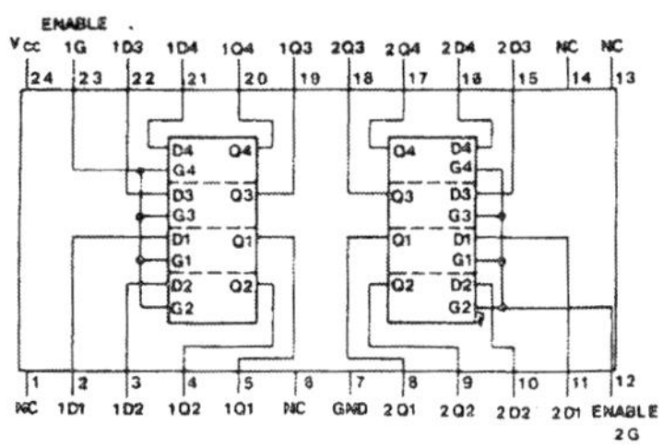

74100

104

AND-gated JK-FF with Preset and Clear

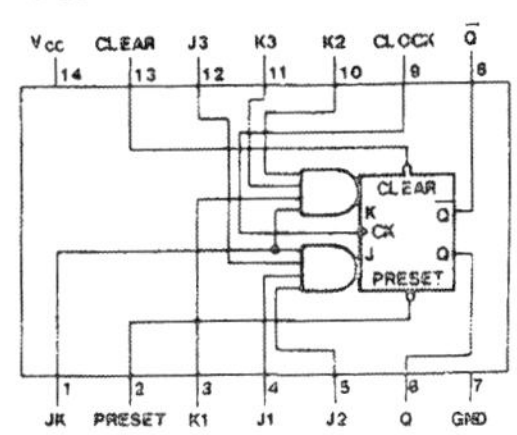

74104

105

AND-gated JK-FF with Preset and Clear

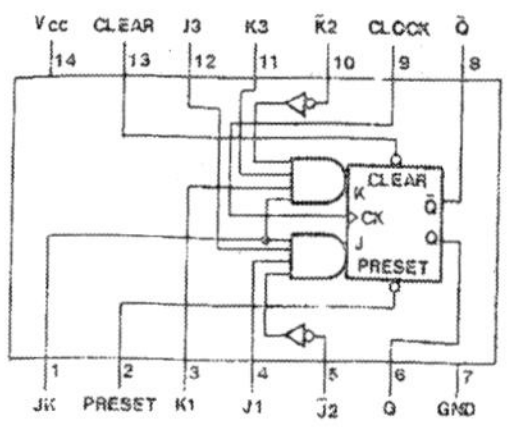

74105

106

Dual JK Flip Flop (진리표는 73과 같음)

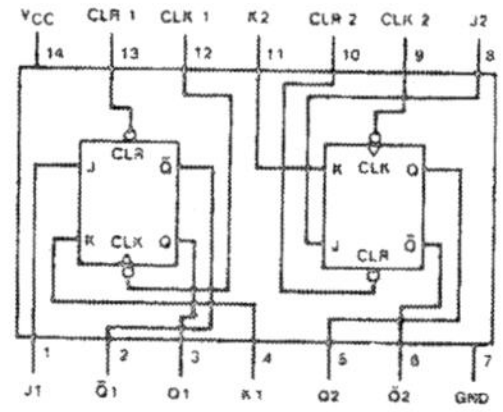

74107 74HC107
74LS107 74HCT107
74ALS107 40H107

109

Dual JK Flip Flop

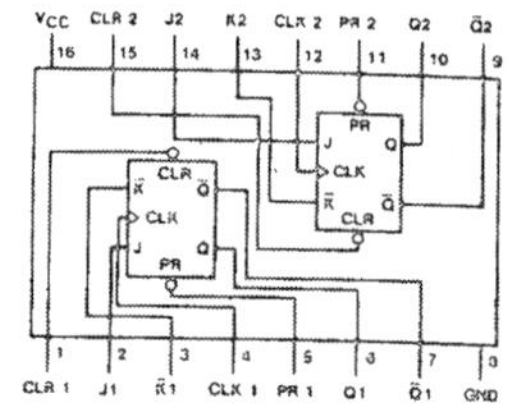

74109 74F109
74LS109 74S109
74ALS109 74AS109

FUNCTION TABLE

Inputs					Outputs	
PR	CLR	CLK	J	$\bar{K}$	Q	$\bar{Q}$
L	H	X	X	X	H	L
H	L	X	X	X	L	H
L	L	X	X	X	H*	H*
H	H	↑	L	L	L	H
H	H	↑	H	L	TOGGLE	
H	H	↑	L	H	Q0	$\bar{Q}$0
H	H	↑	H	H	H	L
H	H	L	X	X	Q0	Q0

74HC109
74HCT109

110

AND-gated JK-FF with Preset and Clear

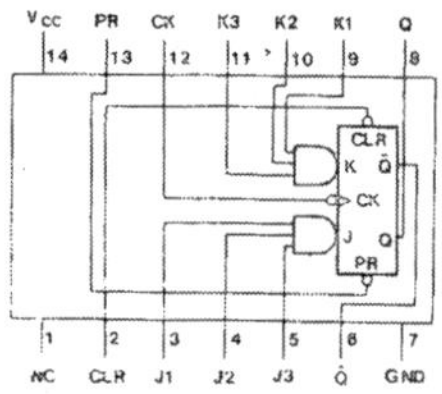

74110

111

Dual JK-FF with Preset and Clear

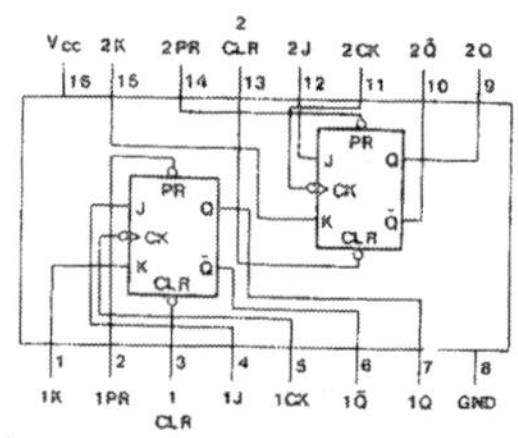

74111

112

Dual JK Flip Flop (진리표는 76과 같음)

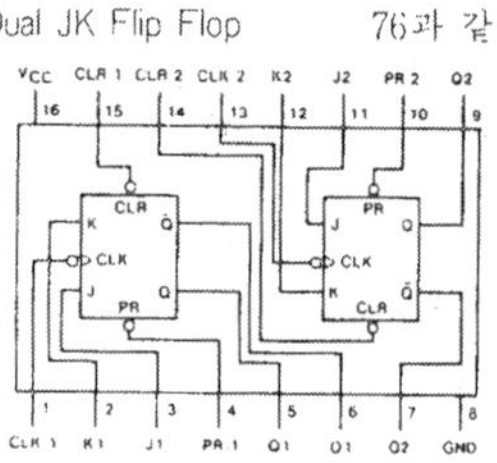

74LS112 74AS112 74HC112
74ALS112 74HCT112
74S112
74F112

113

Dual JK Flip Flop (진리표는 73과 같음)

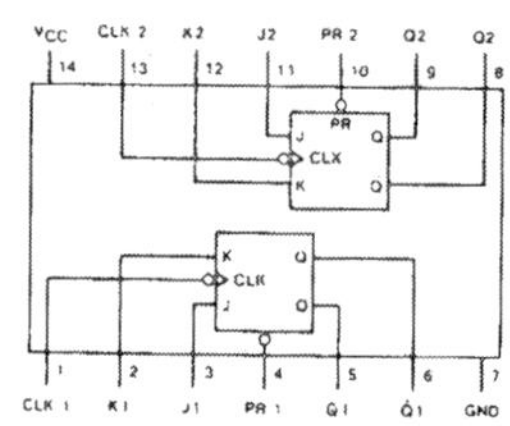

74LS113 74AS113 74HC113
74ALS113
74S113
74F113

114

Dual JK Flip Flop

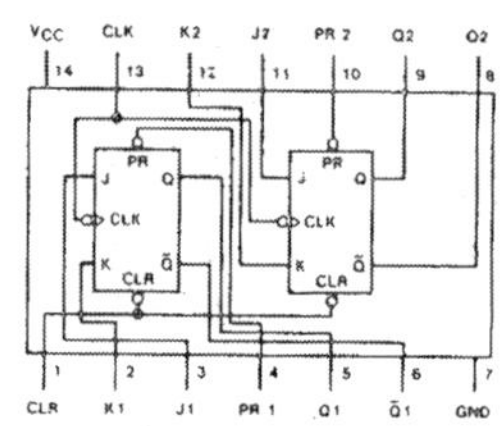

74LS114 74AS114 74HC114
74ALS114
74S114
74F114

FUNCTION TABLE

Inputs					Outputs	
PR	CLR	CLK	J	K	Q	$\bar{Q}$
L	H	X	X	X	H	L
H	L	X	X	X	L	H
L	L	X	X	X	H*	H*
H	H	↓	L	L	Q0	$\bar{Q}$0
H	H	↓	H	L	H	L
H	H	↓	L	H	L	H
H	H	↓	H	H	TOGGLE	
H	H	H	X	X	Q0	$\bar{Q}$0

116

Dual 4 Bit Latch with Clear

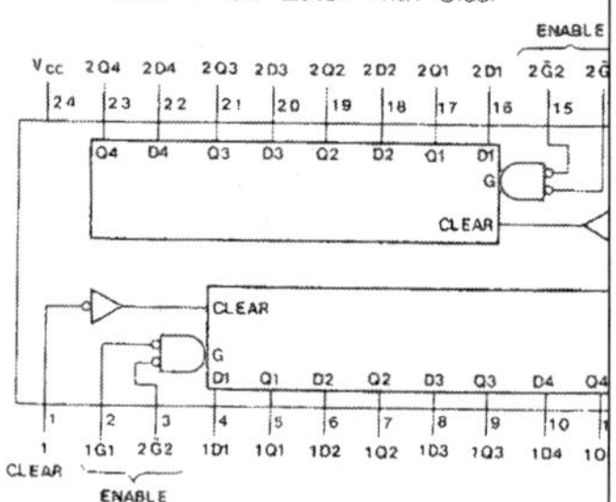

74116

120

Dual Pulse Synchronizer

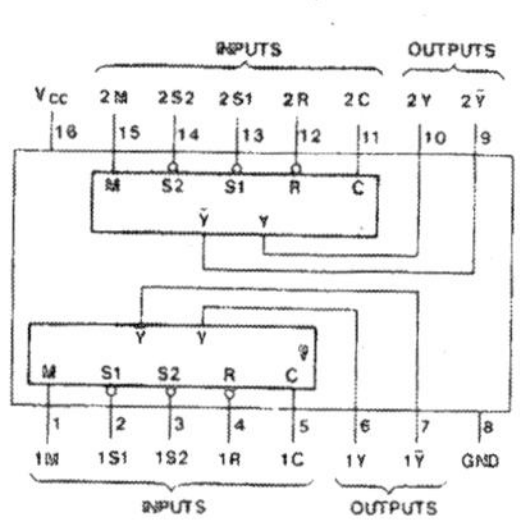

74120

121

Monostable Multivibrator

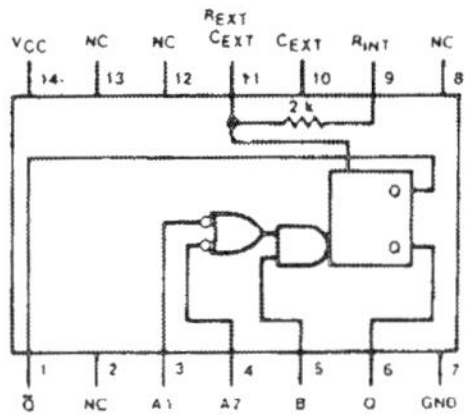

FUNCTION TABLE

Inputs			Outputs	
A1	A2	B	Q	$\bar{Q}$
L	X	H	L	H
X	L	H	L	H
X	X	L	L	H
H	H	X	L	H
H	↓	H	⊓	⊔
↓	H	H	⊓	⊔
↓	↓	H	⊓	⊔
L	X	↑	⊓	⊔
X	L	↑	⊓	⊔

74121

122

Retriggerable Monostable Multivibrator

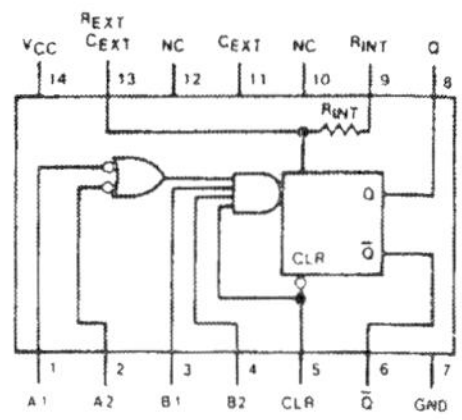

74122
74LS122

FUNCTION TABLE

Inputs					Outputs	
Clear	A1	A2	B1	B2	Q	$\bar{Q}$
L	X	X	X	X	L	H
X	H	H	X	X	L	H
X	X	X	L	X	L	H
X	X	X	X	L	L	H
X	L	X	H	H	L	H
H	L	X	↑	H	⊓	⊔
H	L	X	H	↑	⊓	⊔
H	X	L	H	H	L	H
H	X	L	↑	H	⊓	⊔
H	X	L	H	↑	⊓	⊔
H	H	↓	H	H	⊓	⊔
H	↓	↓	H	H	⊓	⊔
H	↓	H	H	H	⊓	⊔
↑	L	X	H	H	⊓	⊔
↑	X	L	H	H	⊓	⊔

123

Dual Retriggerable Monostable Multivibrator

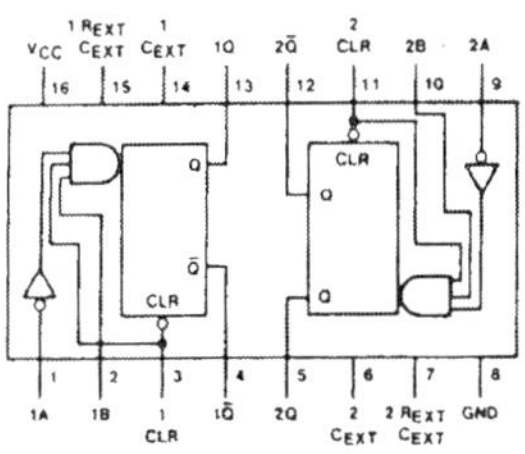

FUNCTION TABLE

Inputs			Outputs	
Clear	A	B	Q	$\bar{Q}$
L	X	X	L	H
X	H	X	L	H
X	X	L	L	H
H	L	↑	⊓	⊔
H	↓	H	⊓	⊔
↑	L	H	⊓	⊔

74123 74HC123
74LS123 74HCT123

124

Dual VCO

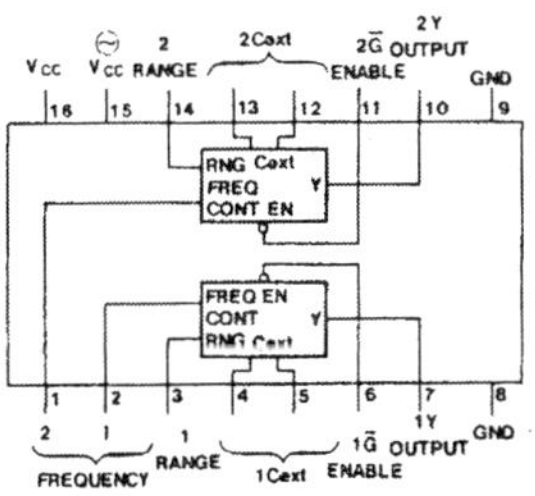

74LS124
74S124

125

Quad 3 State Buffer

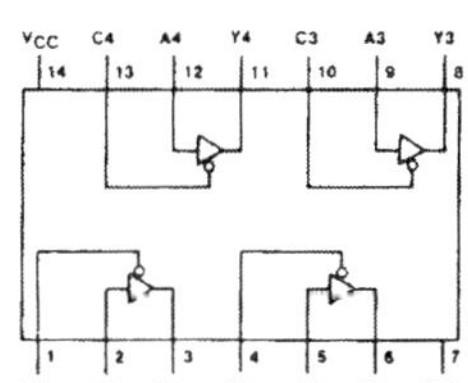

74125 74HC125
74LS125

126

Quad 3 State Buffer

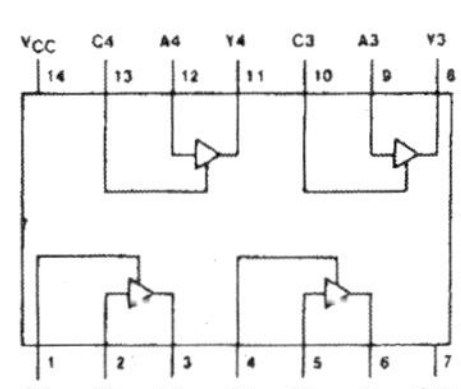

74126 74HC126
74LS126

128

Quad 2 Input NOR Line Driver (50 Ω)

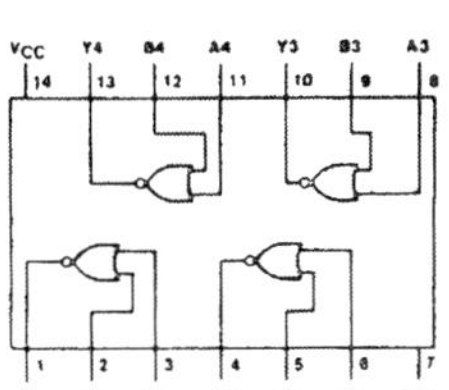

74128

131

3 to 8 Line Decoder with Address Latch

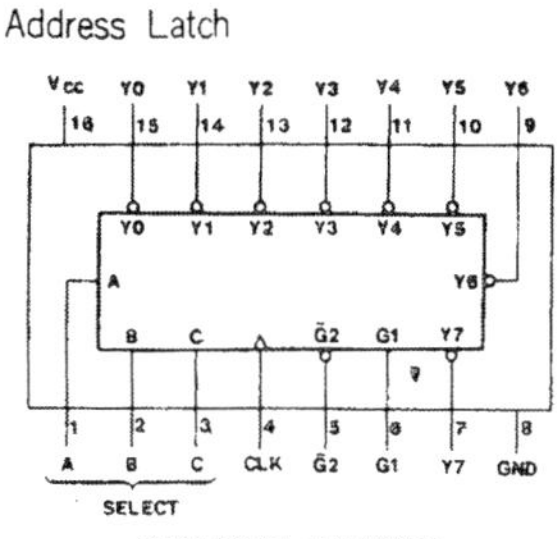

74ALS131 74HC131
74AS131

132

Quad 2 Input NAND Schmitt Trigger

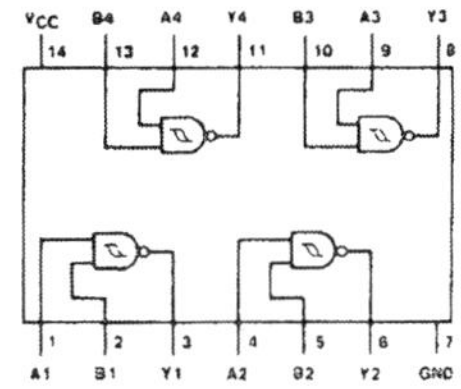

74132 74HC132
74LS132 74HCT132
74S132
74F132

133

13 Input NAND

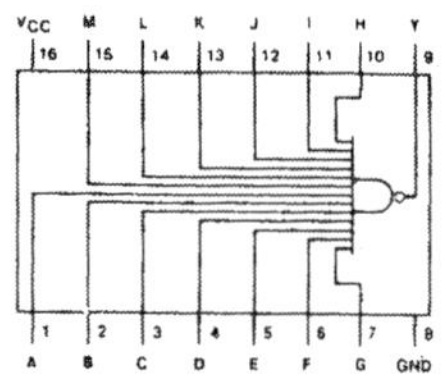

74LS133 74HC133
74ALS133
74S133

134

12 Input 3 State NAND

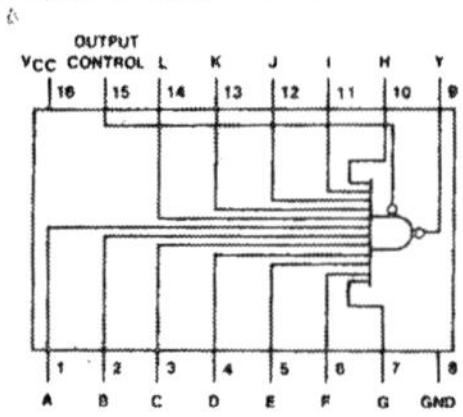

74S134

135

Quad Exclusive OR/NOR

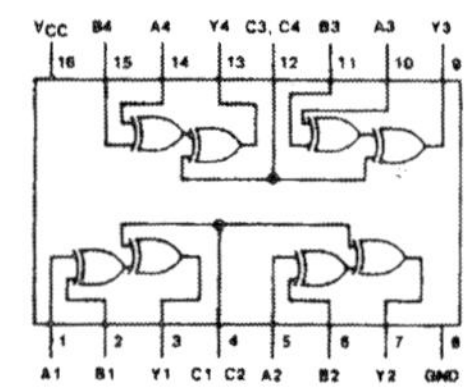

74S135

136

Quad Exclusive OR with OC

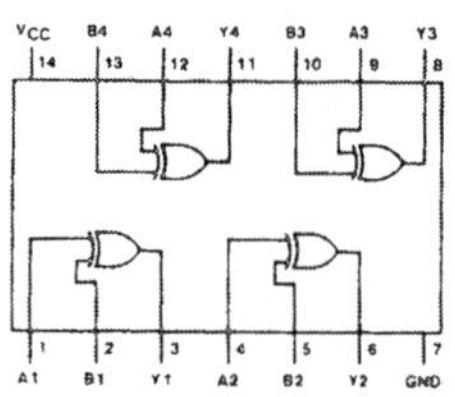

74136
74LS136
74ALS136
74S136

137

3 to 8 Line Decoder/Latch

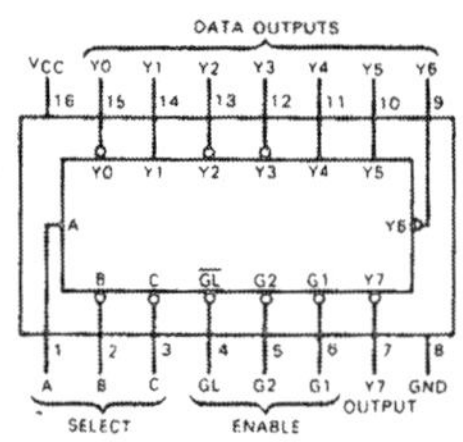

74LS137 74AS137 74HC137
74S137 74HCT137
74ALS137
74S137

138

3 to 8 Line Decoder

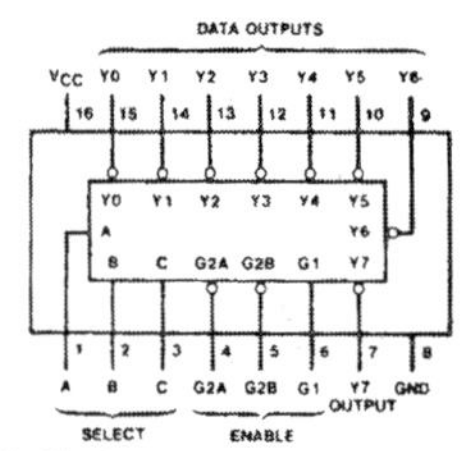

74LS138 74F138 74HC138
74S138 74AS138 74HCT138
74ALS138 40H138

139

Dual 2 to 4 Line Decoder

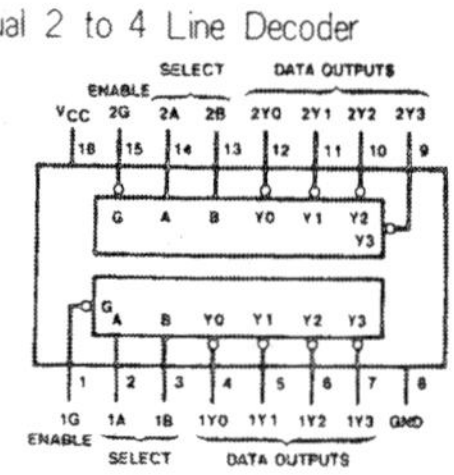

74LS139 74F139 74HC139
74S139 74HCT139
74ALS139 40H139
74AS139

140

Dual 4 Input NAND Line Driver (50Ω)

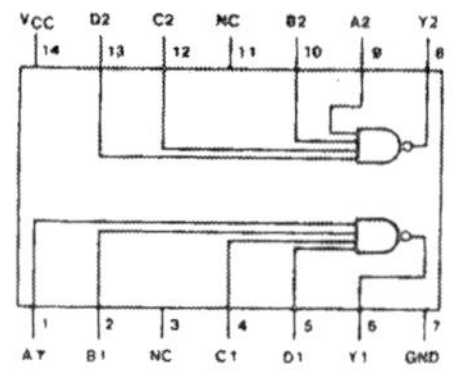

74S140

141

BCD to Decimal Decoder/Driver

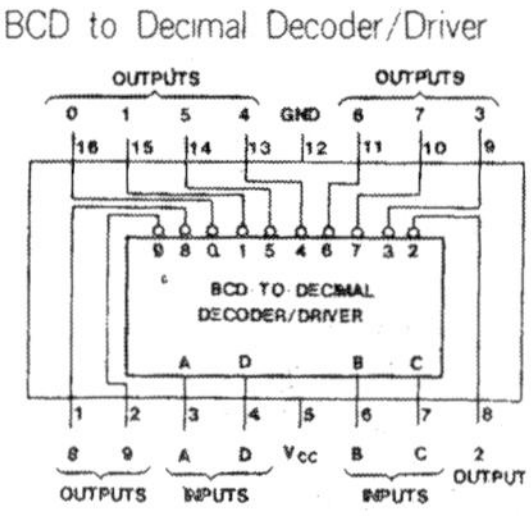

74141

142

BCD Counter/Latch/Decimal Decoder /Driver

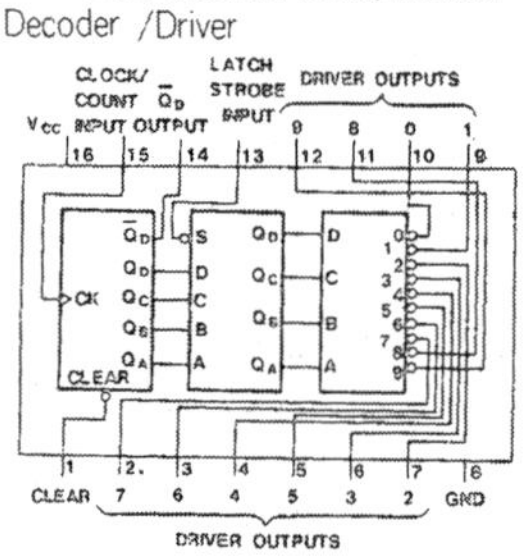

74142

143

BCD Counter/Latch/7 Segment Decoder/Driver

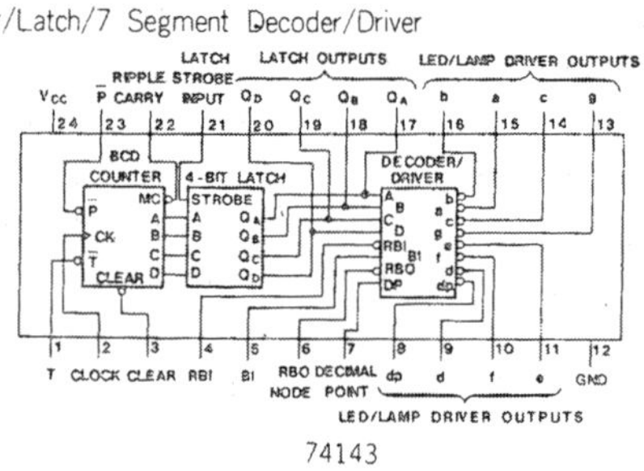

74143

144

BCD Counter/Latch/7 Segment Decoder/Driver

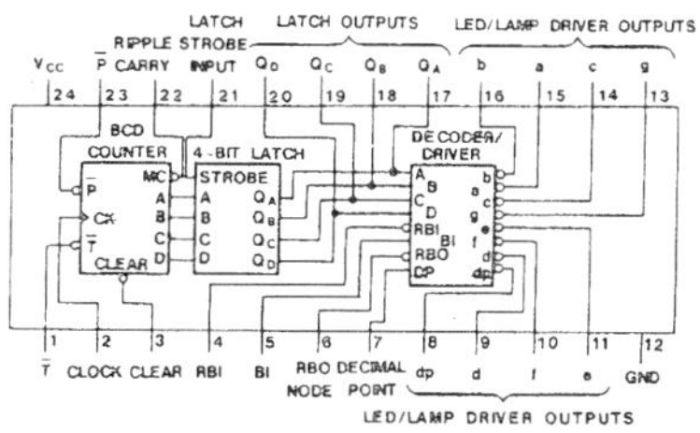

74144

145

BCD to Decimal Decoder 15V with OC

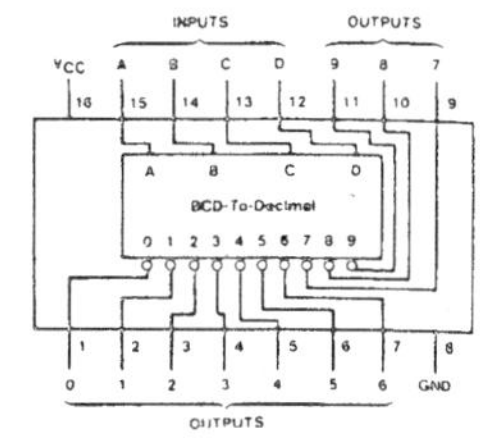

74145
74LS145

147

10 to 4 Line Priority Encoder

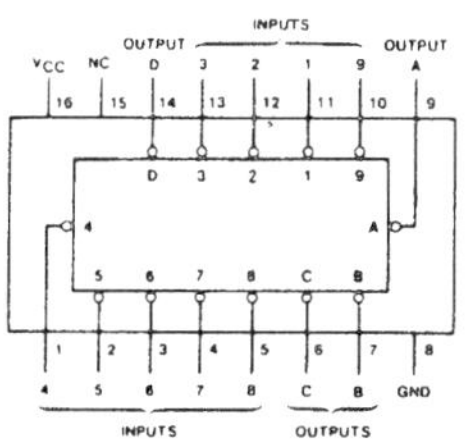

74147 74HC147
74LS147 74HCT147
40H147

148

8 to 3 Line Priority Encoder

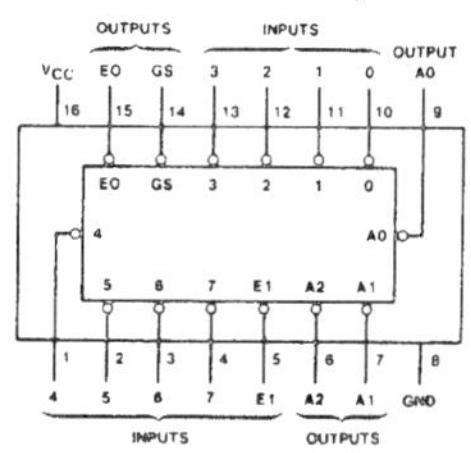

74148 74HC148
74LS148 40H148
74F148
TIM9907

150

16 to 1 Line Data Selector

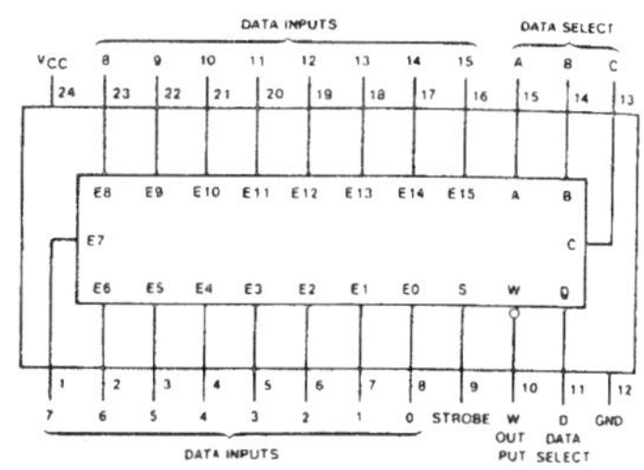

74150

151

8 to 1 Line Data Selector

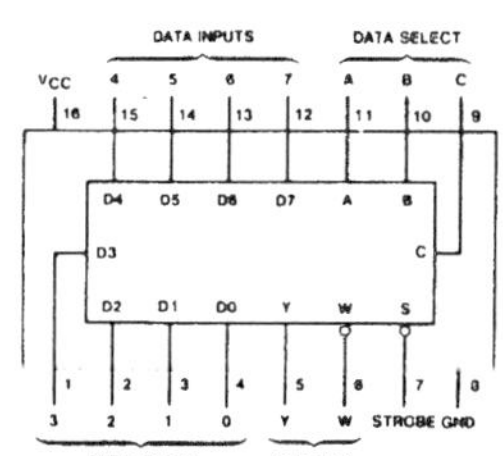

74151 74F151 74HC151
74LS151 74ALS151 74HCT151
74S151 74AS151 40H151

152

8 to 1 Line Data Selector

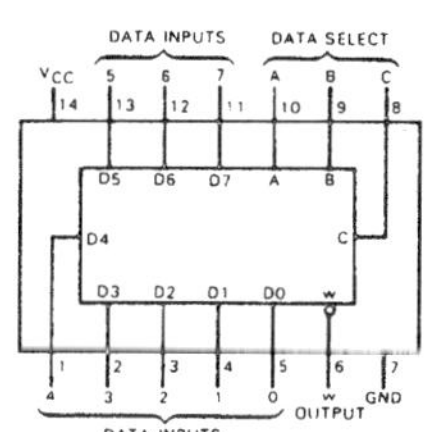

74152 74HC152
74LS152

153

Dual 4 to 1 Line Data Selector

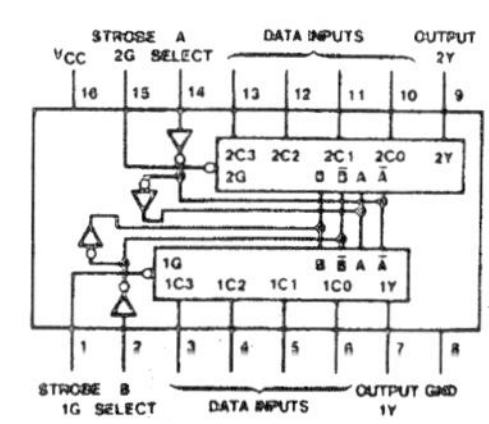

74153 74F153 74HC153
74LS153 74ALS153 74HCT153
74S153 74AS153 40H153

154

4 to 16 Line Decoder

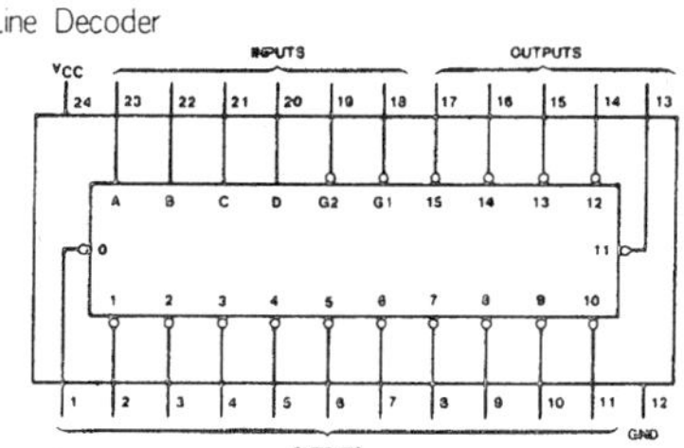

74154 74HC154
74LS154 74HCT154

155, 156

155:Dual 2 to 4 Line Decoder
156:Dual 2 to 4 Line Decoder with OC

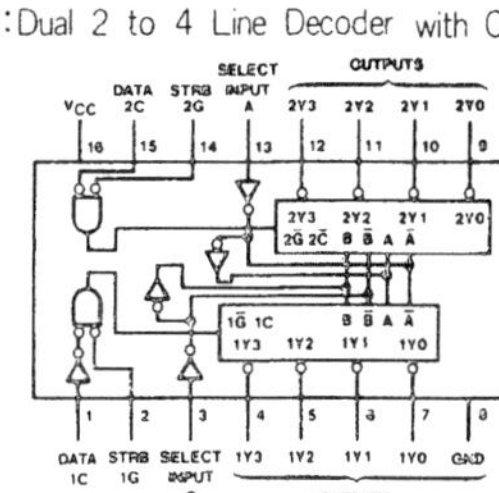

74155~156 40H155 74HCT155
74LS155~156 74HC155

174

Hex D Type Flip Flop

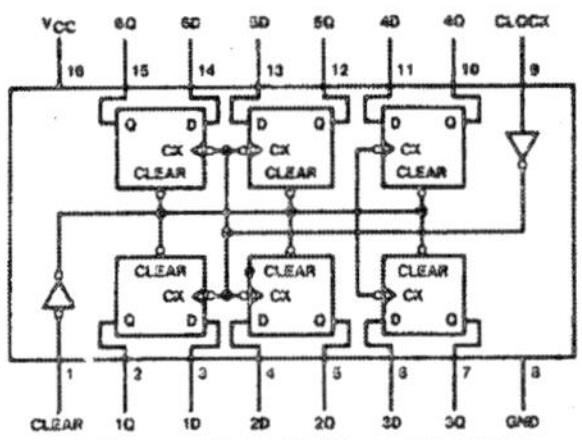

74174 74ALS174 74HC174
74LS174 74AS174 74HCT174
74S174 40H174
74F174

175

Quad D Type Flip Flop

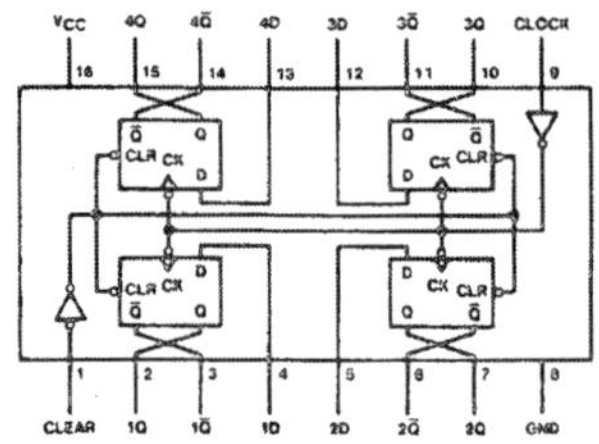

74175 74F175 74HC175
74LS175 74ALS175 74HCT175
74S175 74AS175 40H175

176, 177

176: Presettable Decade Counter
177: Presettable Binary Counter

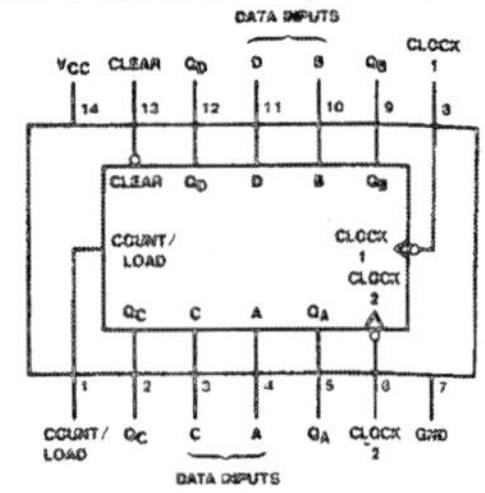

74176~177

178

4 Bit Shift Register PIPO

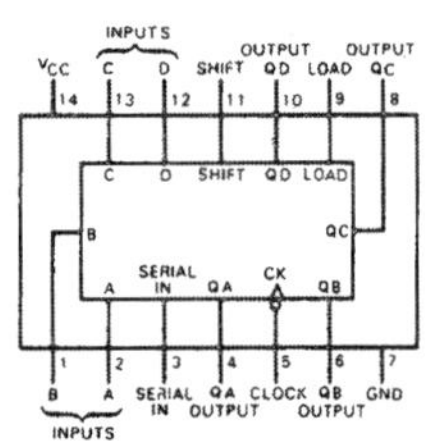

74178

179

4 Bit Shift Register PIPO

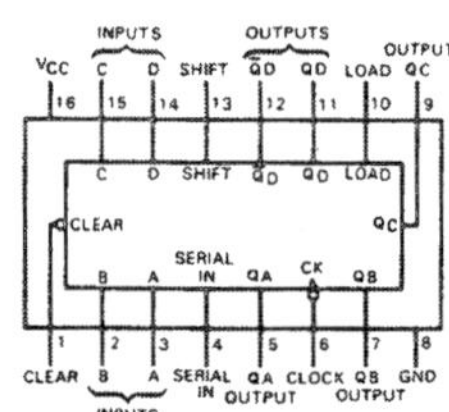

74179

180

9 Bit Parity Generator

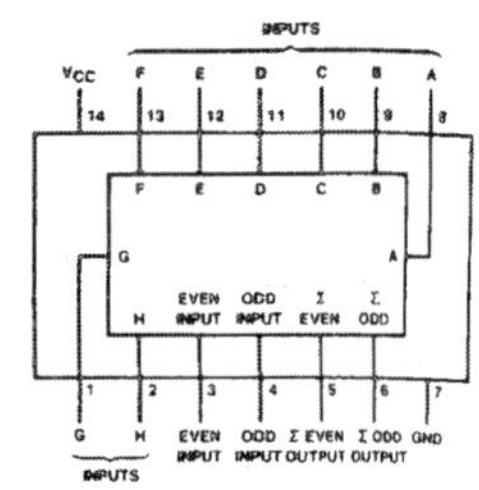

74180
74S180

181

4 Bit ALU/Function Generator

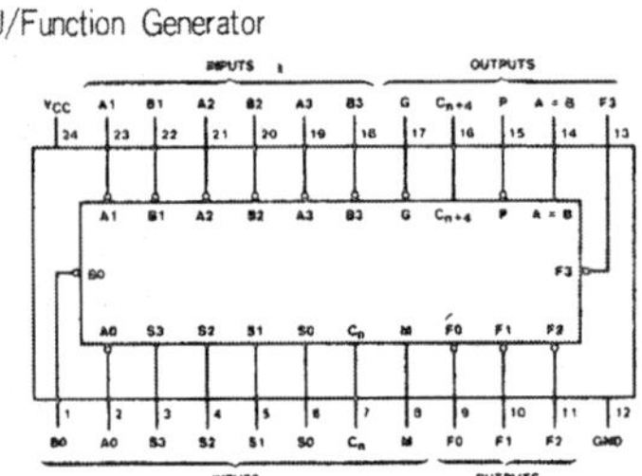

74181 74F181 74HC181
74LS181 74AS181
74S181

182

Look Ahead Carry Generator

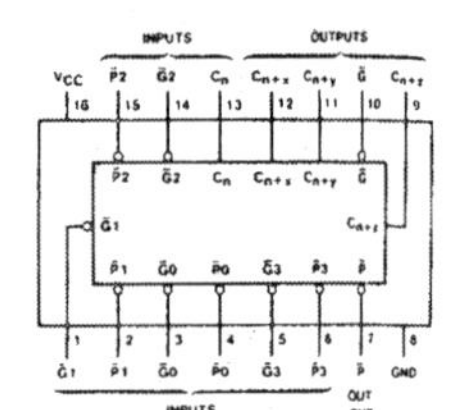

74182 74AS182 74HC182
74LS182
74S182
74F182

183

Dual Carry Save Full Adder

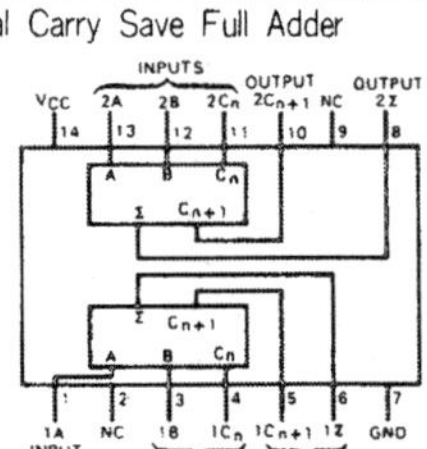

74183
74LS183

184

BCD to Binary Converter

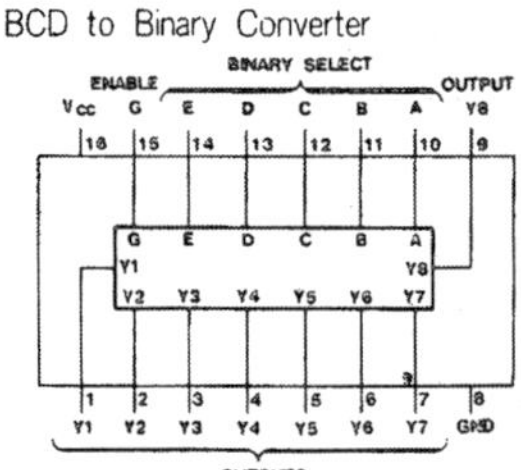

74184

185

Binary to BCD Converter

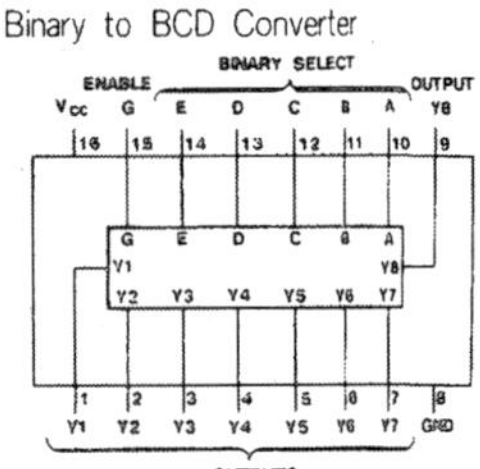

74185

190, 191

190 : Synchronous up down Decade
191 : Synchronous up down Binary Counter

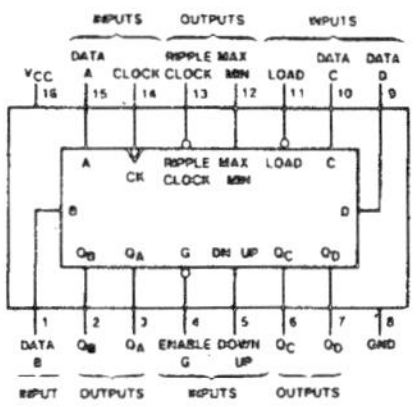

74190~191 74HC190~191
74LS190~191 74HCT190~191
74ALS190~191

192, 193

192 : Synchronous up down Decade Counter
193 : Synchronous up down Binary Counter

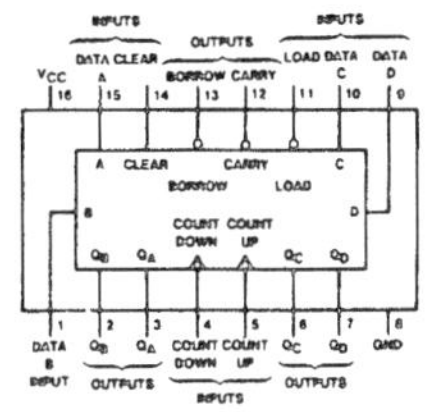

74192~193 74HC192~193
74LS192~193 74HCT192~193
74ALS192~193 40H192~193

194

4 Bit Bidirectional Shift Register PIPO

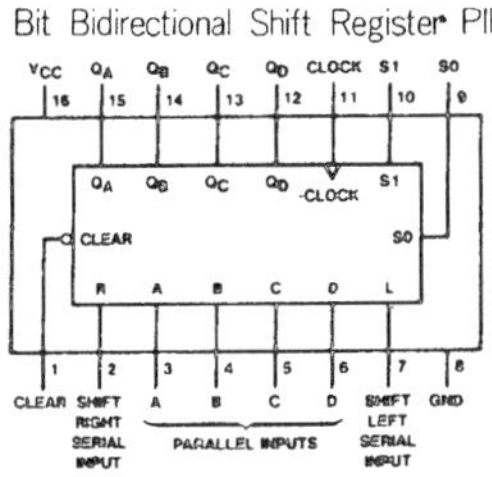

74194 74F194 74HC194
74LS194 74AS194 74HCT194
74S194 40H194

195

4 Bit Shift Register PIPO

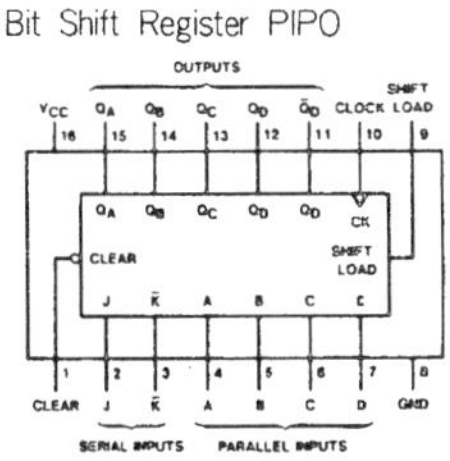

74195 74AS195 74HC195
74LS195 74F195 74HCT195
74S195

196, 197

196 : Presettable Decade Counter
197 : Presettable Binary Counter

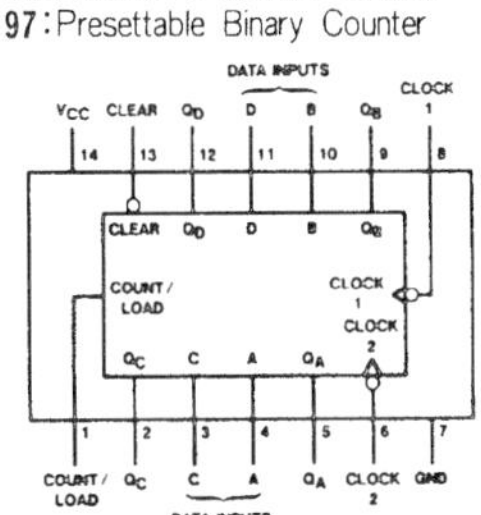

74196~197 74S196~197
74LS196~197

198

8 Bit Bidirectional Shift Register PIPO

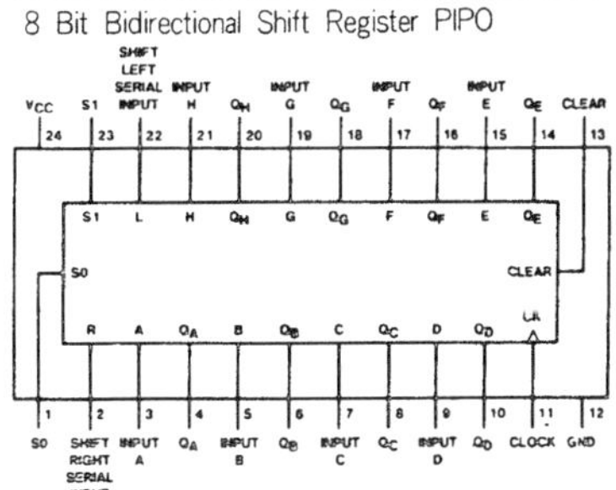

74198

199

8 Bit Shift Register PIPO

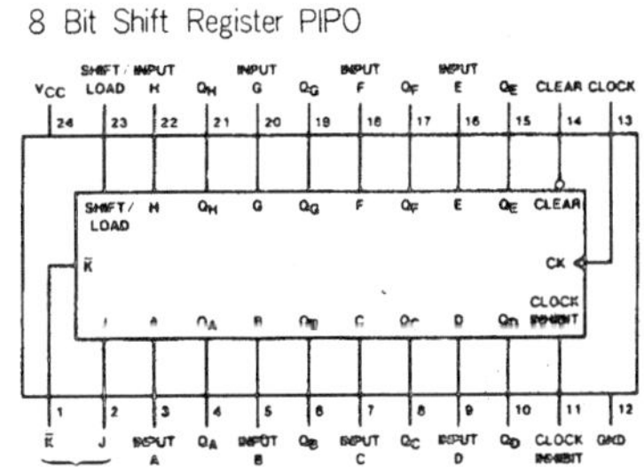

74199

221

Dual Monostable Multi[illegible]tor

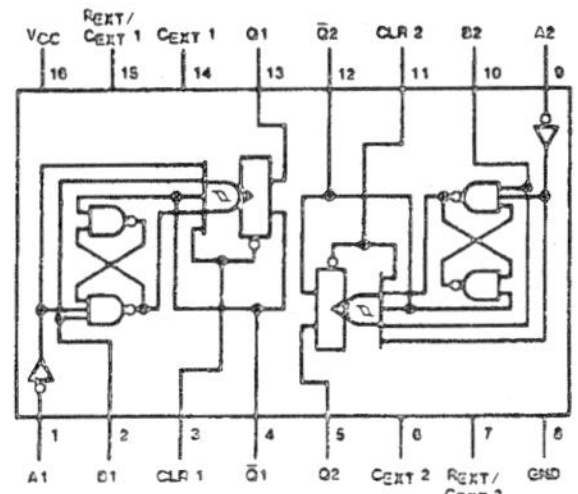

74221 74HC221
74LS221

230

Octal 3 state Bus Driver

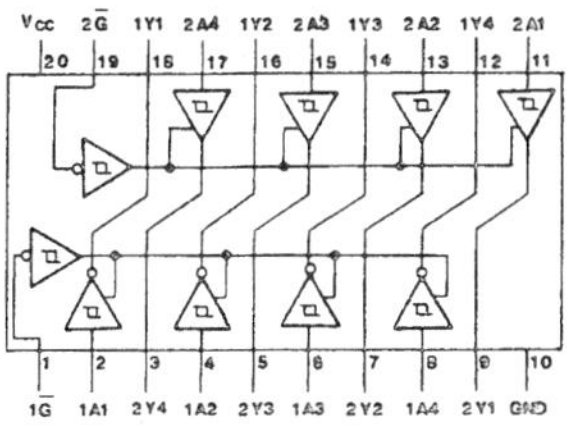

74AS230

231

Octal 3 state Bus Inverter

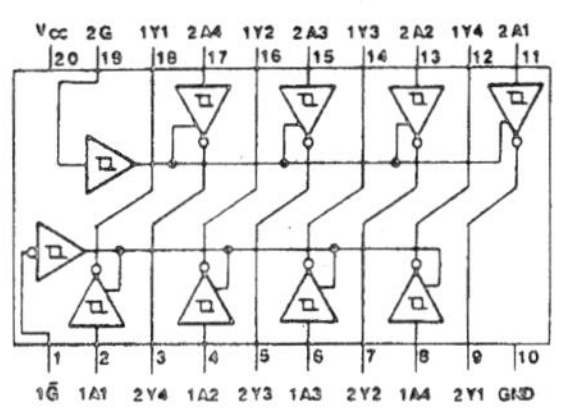

74AS231 67306

240

Octal 3 state Bus Inverter

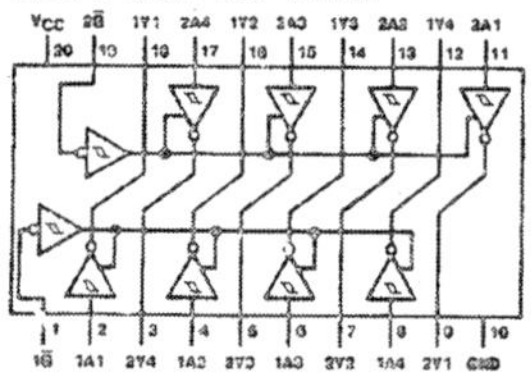

74LS240 74ALS1240 74HC240
74ALS240 74HCT240
74S240 40H240
74F240

241

Octal 3 state Bus Driver

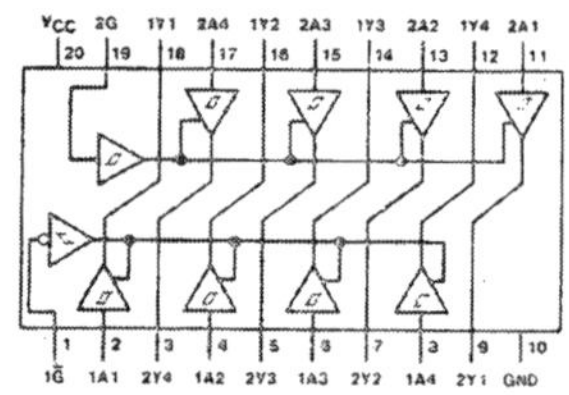

74LS241 74ALS1241 74HC241
74ALS241 74AS241 74HCT241
74S241 40H241
74F241

242

Quad 3 state Bus Transceiver

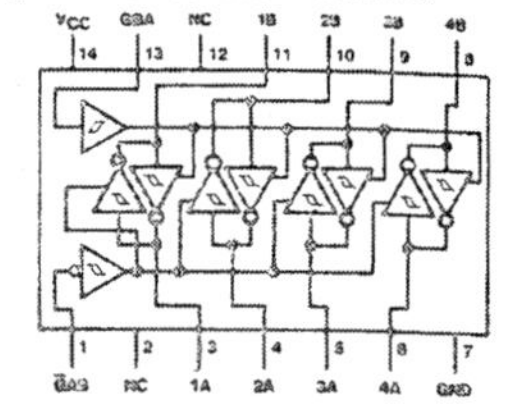

74LS242 74S242 74HC242
74ALS242 74AS242 74HCT242
74F242 74ALS1242 40H242

243

Quad 3 state Bus Transceiver

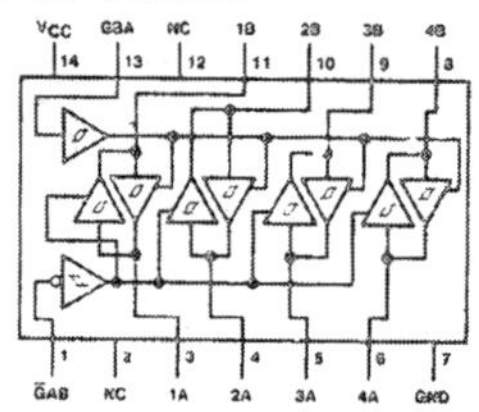

74LS243 74S243 74HC243
74ALS243 74AS243 74HCT243
74F243 74ALS1243 40H243

244

Octal 3 state Bus Driver

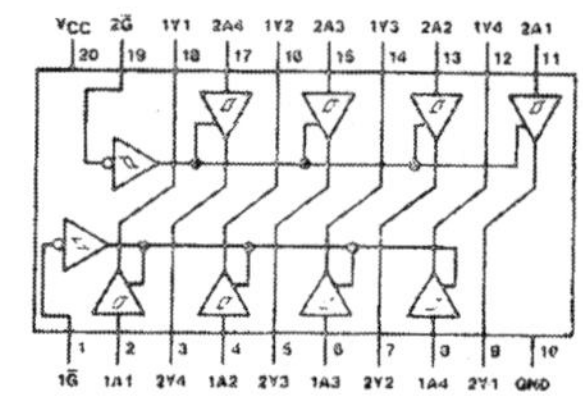

74LS244 74F244 74HC244
74ALS244 74AS244 74HCT244
74S244 74ALS1244 40H244

245

Octal 3 state Bus Transceiver

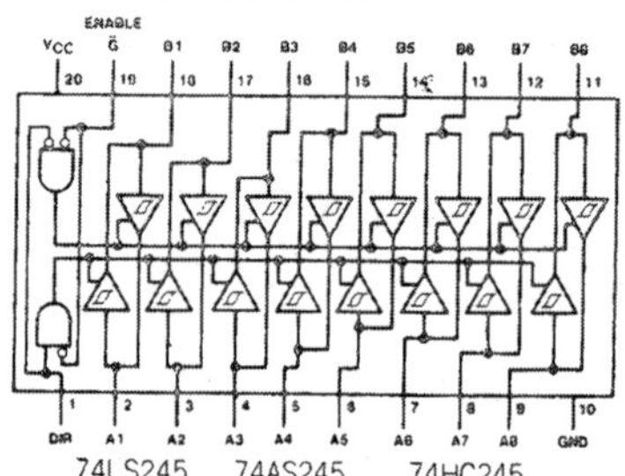

74LS245 74AS245 74HC245
74ALS245 74ALS1245 74HCT245
74F245 40H245

246

246:BCD to Seven Segment Decoder 30V with OC
247:BCD to Seven Segment Decoder 15V with OC

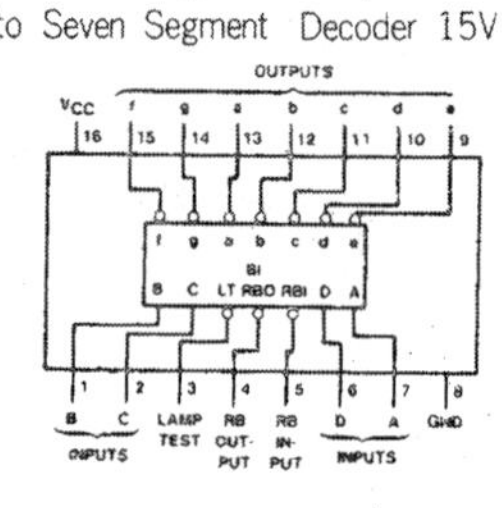

74246~247
74LS247

248, 249

248:BCD to Seven Segment Decoder 2kΩ pullup with OC
249:BCD to Seven Segment Decoder 5.5V with OC

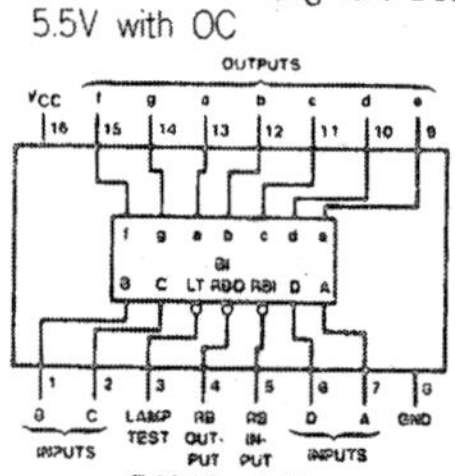

74248~249
74LS248~249

251

8 to 1 Line Data Selector 3 State

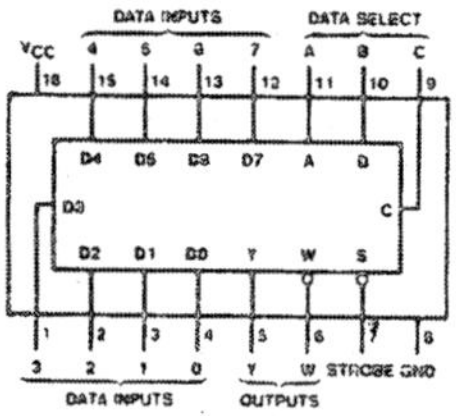

74241 74ALS251
74LS251 74AS251
74S251 74HC251
74F251 74HCT251

253

Dual 4 to 1 Line Data Selector 3 State

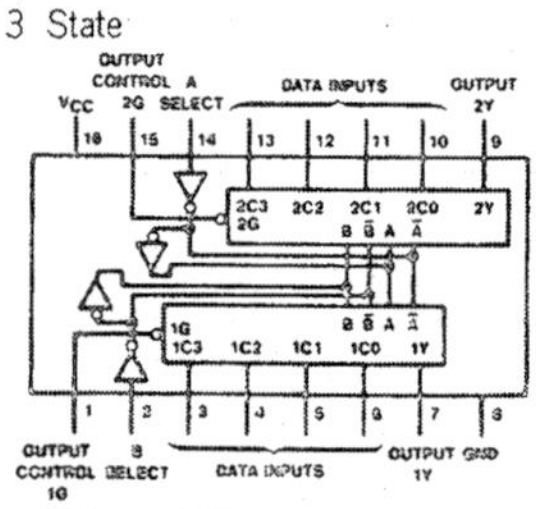

74253 74F253 74HC253
74LS253 74ALS253 74HCT253
74S253 74AS253

256

Dual 4 Bit Addressable Latch

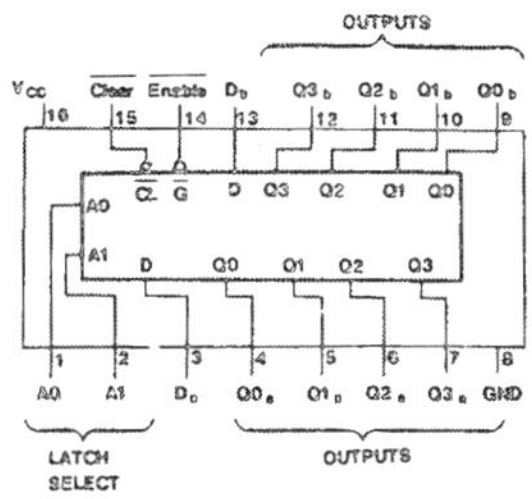

74LS256
74F256

257

Quad 2 to 1 Data Selector 3 State

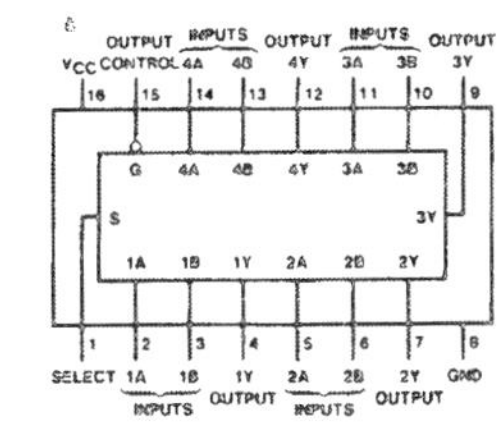

74257 74ALS257 74HC257
74LS257 74AS257 74HCT257
74S257
74F257

258

Quad 2 to 1 Data Selector 3 State

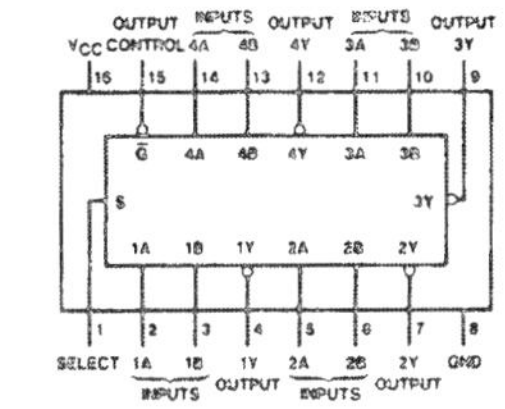

74LS258 74ALS258 74HC258
74S258 74AS258
74F258

259

8 Bit Addressable Latch

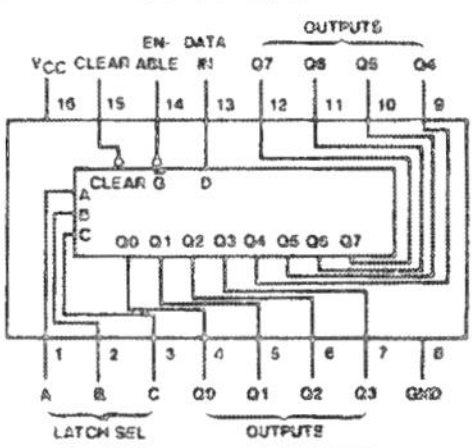

74259 74HC259
74LS259 74HCT259
74ALS259 40H259
74F259

260

Dual 5 Input NOR

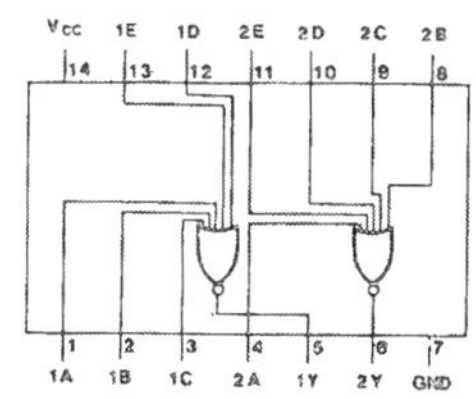

74LS260
74S260

261

2×4 Binary Multiplier

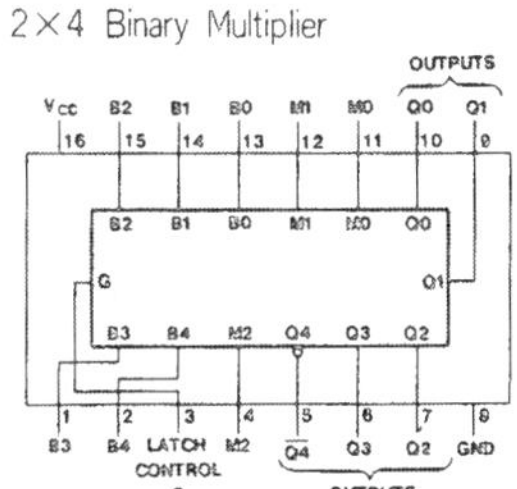

74LS261

265

Quad Complementary Output

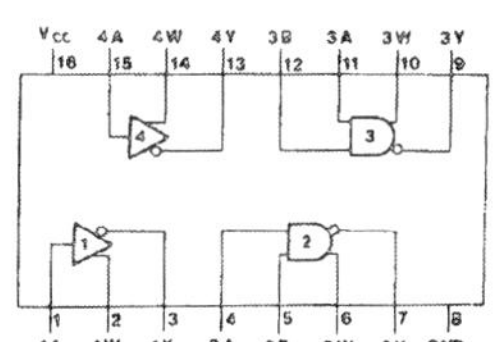

74265

266

Quad 2 Input Exclusive NOR with OC

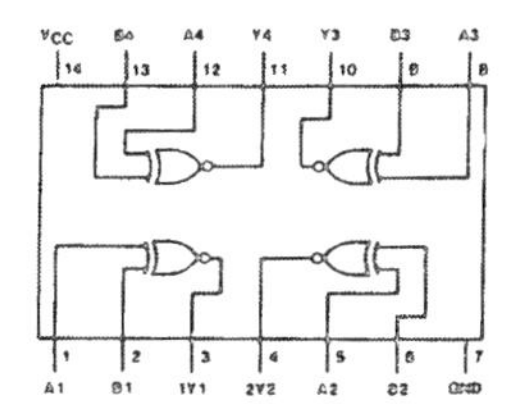

74LS266 74HC266

273

Octal D Type Flip Flop with Clear

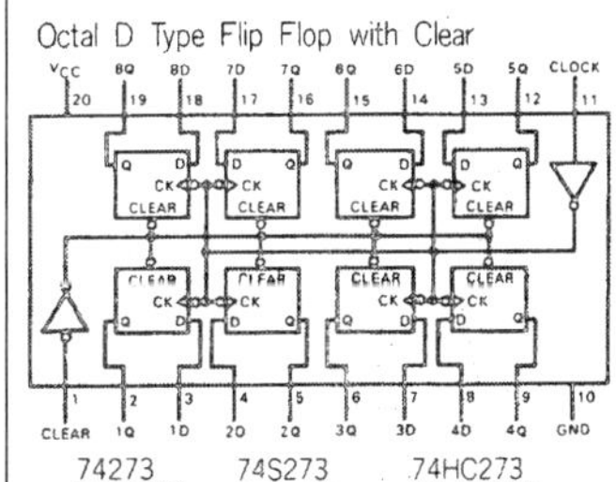

74273 74S273 74HC273
74LS273 74ALS273 74HCT273
74F273 40H273

274

4×4 Binary Multiplier

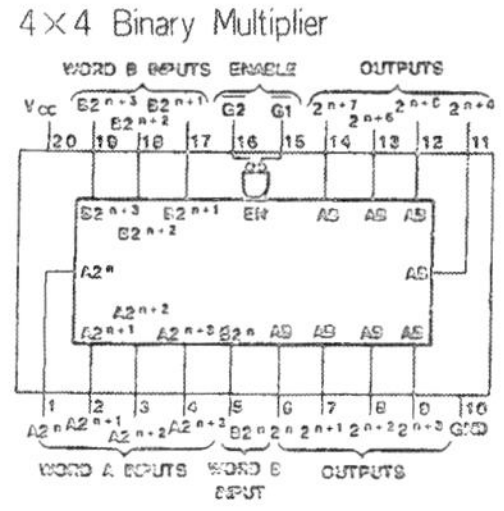

74S274

275

7 Bit Wallace Tree

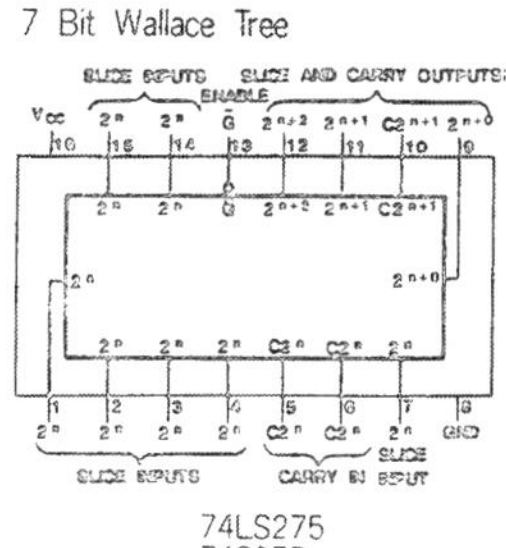

74LS275
74S275

276

Quad JK Flip Flop

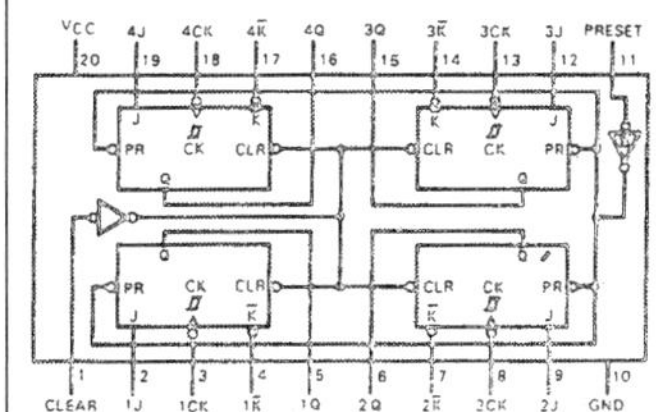

74276

278

4 Bit Cascadable Priority Register

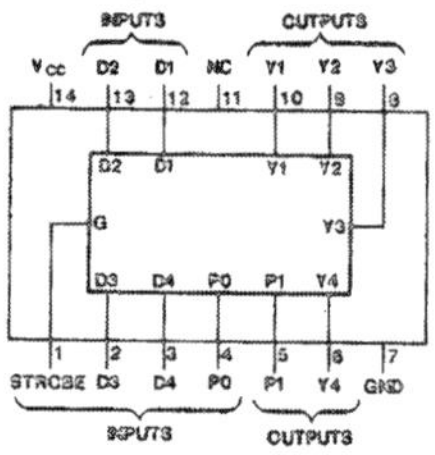

74278

279

Quad RS Latch

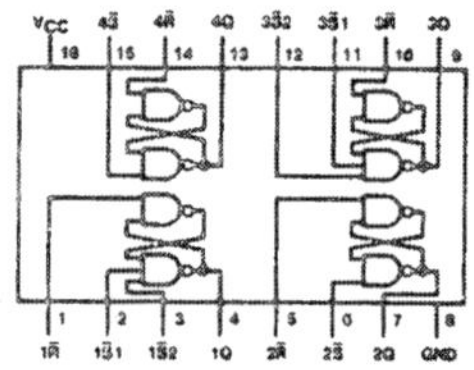

74279 74HC279
74LS279

280

9 Bit Parity Generator/Checker

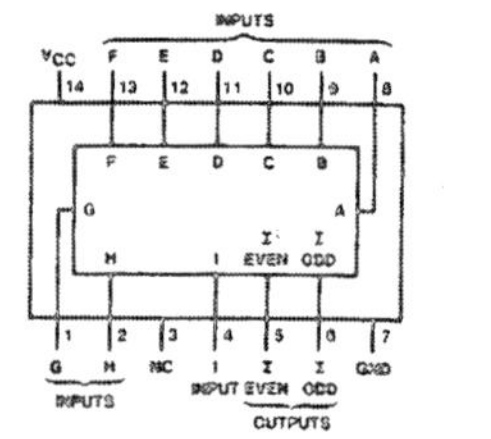

74LS280 74ALS280 74HC280
74S280 74AS280 74HCT280
74F280

281

4 Bit Binary Accumulator

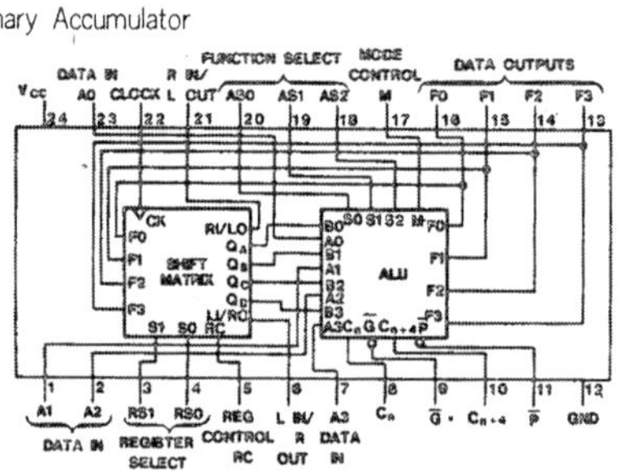

74LS281
74S281

283

4 Bit Binary Full Adder

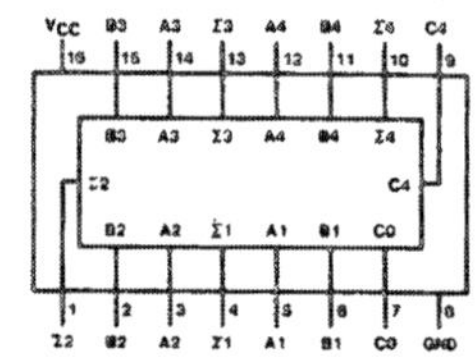

74283 74F283 74HC283
74LS283
74S283

284

4×4 Binary Multiplier

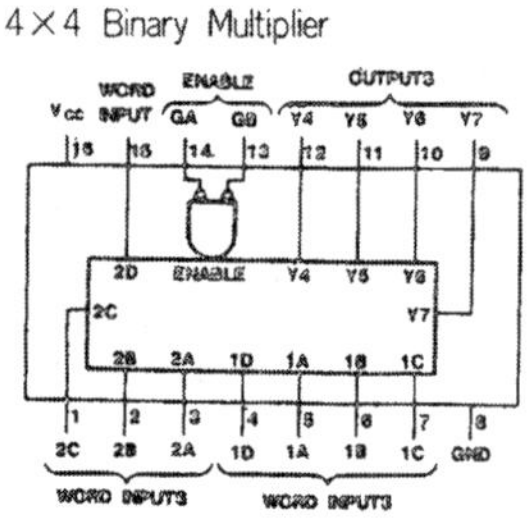

74284

285

4×4 Binary Multiplier

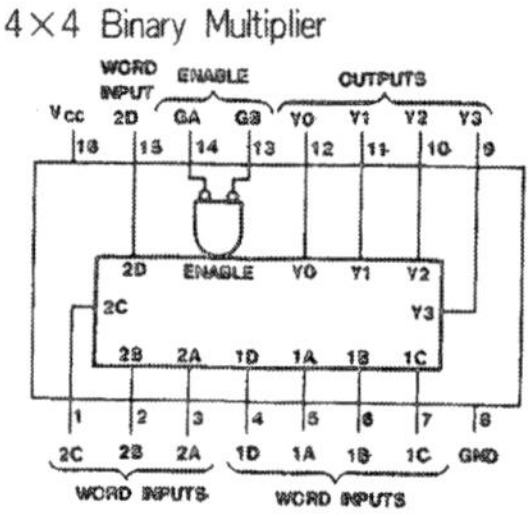

74285

290

Decade Counter

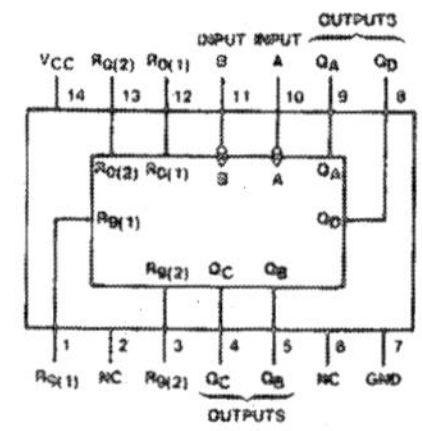

74290
74LS290

293

4 Bit Binary Counter

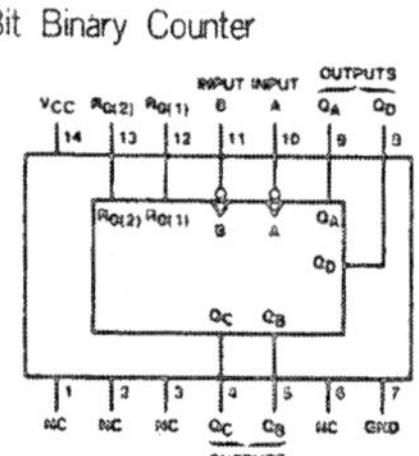

74293
74LS293

295

4 Bit Shift Register PIPO 3 State

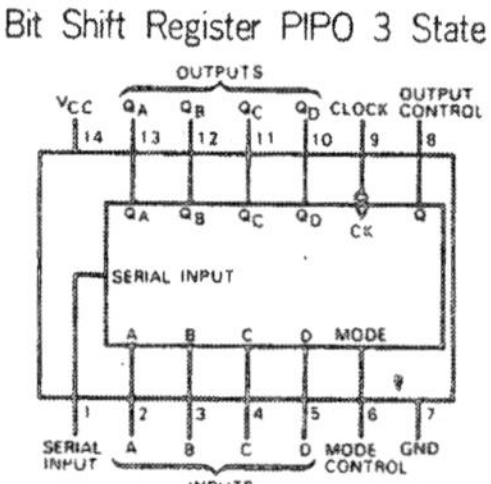

74LS295

298

Quad 2 Input Multiplexer with Storage

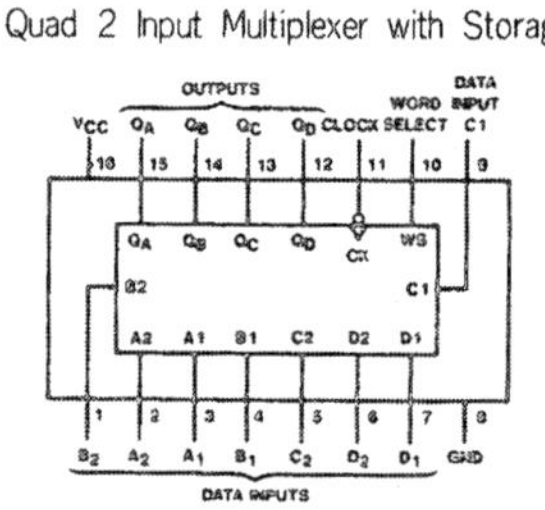

74298 74F298 74HC298
74LS298 74AS298

299

8 Bit Universal Shift/Storage Register

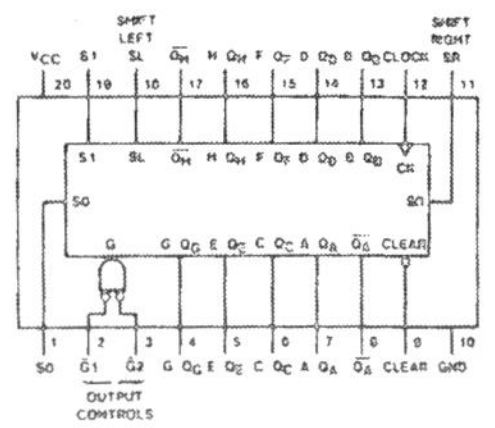

74LS299 74F299 74HC299
74S299 74S299 74HCT299
74ALS299

320

Crystal-Controlled Oscillator

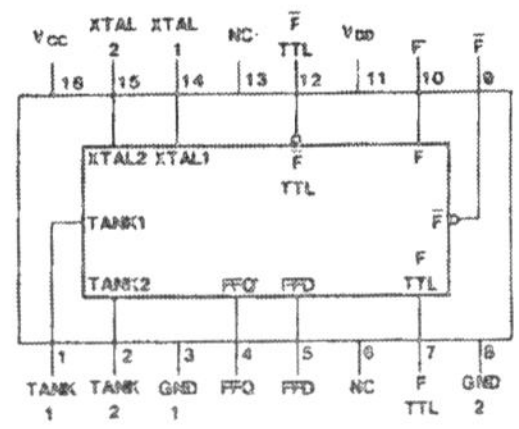

74LS320

321

Crystal-Controlled Oscillator (with F/2, F/4 Output)

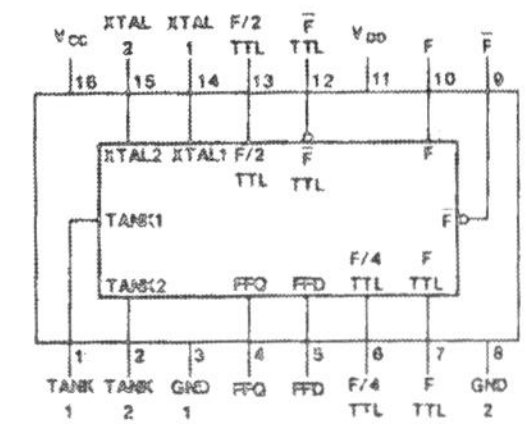

74LS321

322

8 Bit Shift Register with Sign Extend

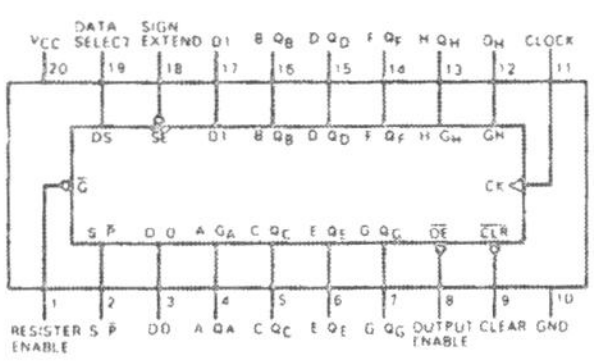

74LS322
74F322

323

8 Bit Shift Register 3 state

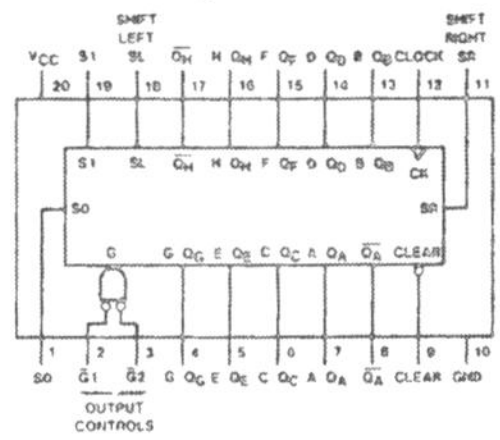

74LS323 74AS323 74HC323
74ALS323 74F323
74S323

347

BCD to 7 Segment Decoder/Driver

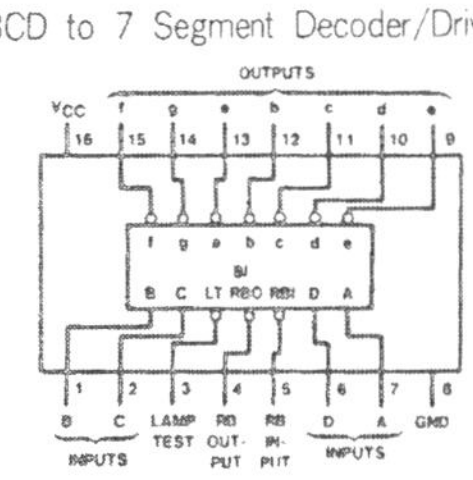

74LS347

348

8 to 3 Line Priority Encoder 3 state

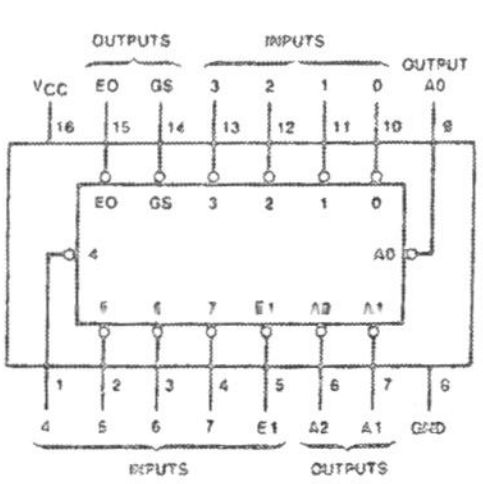

74LS348 TIM9908

350

4 Bit Shifter 3 state

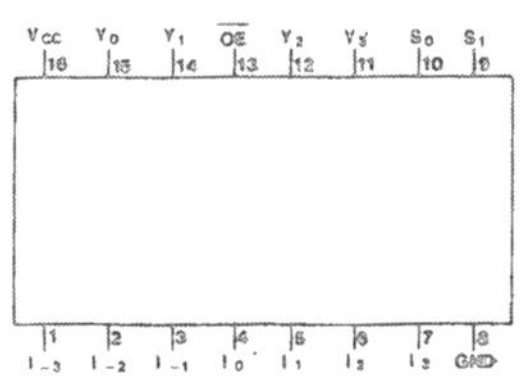

74S350
74F350

351

Dual 8 to 1 Line Data Selector 3 state

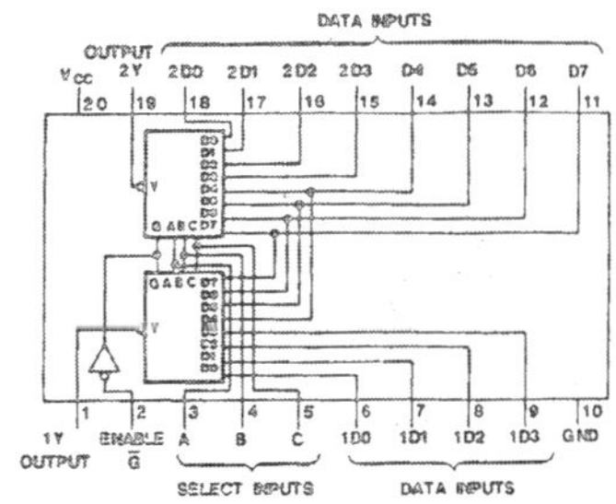

74351

352

Dual 4 to 1 Line Data Selector

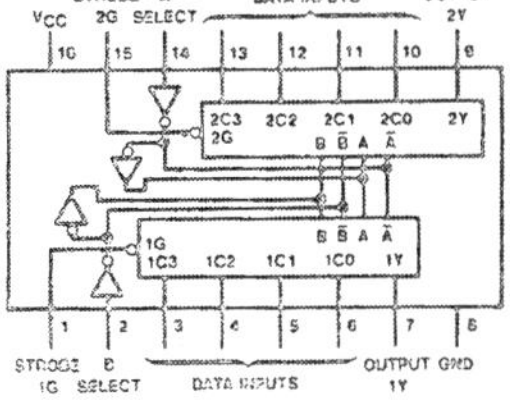

74LS352 74F352
74F352 74AS352
74ALS352

353

Dual 4 to 1 Line Data Selector 3 state

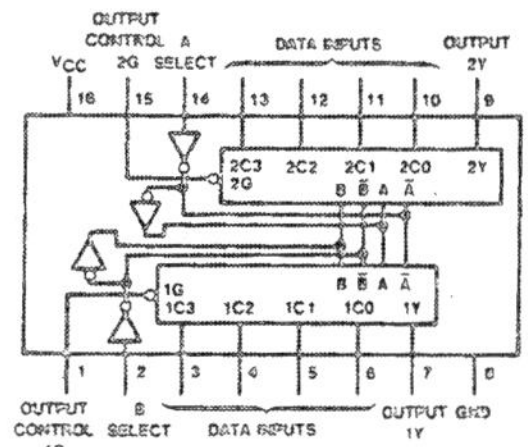

74LS353 74ALS353
74F353 74AS353

363

Octal Transparent Latch 3 state

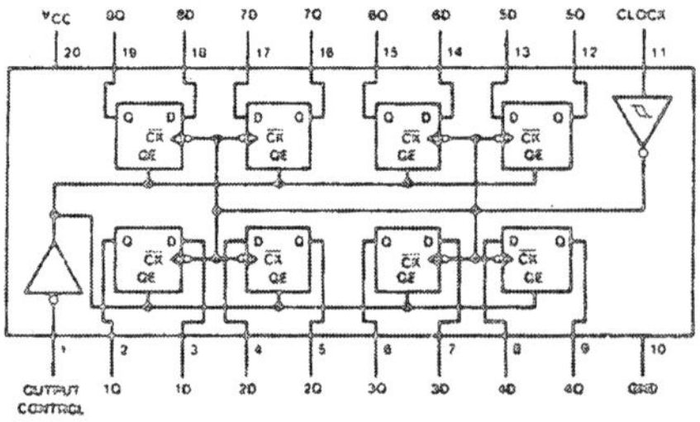

74LS363

364

Octal D Type Flip Flop 3 state

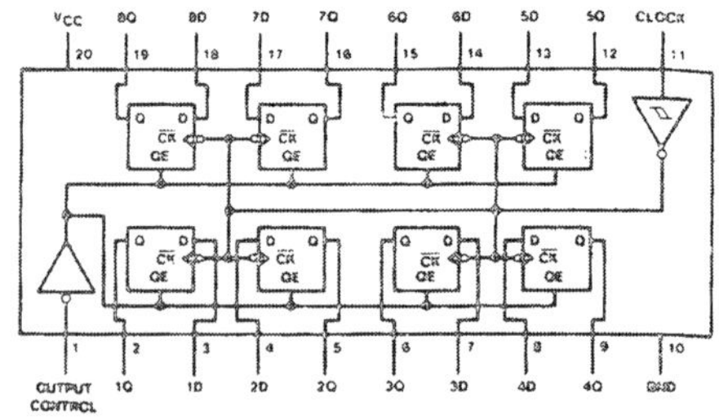

74LS364

365

Hex Bus Driver 3 State

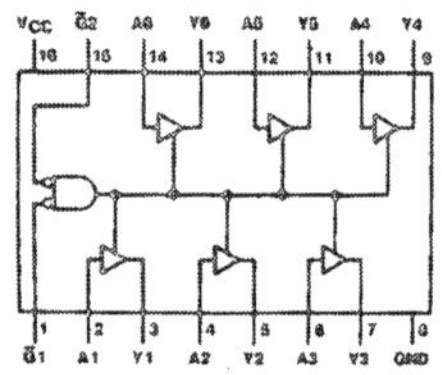

74365 74S365 74HC365
74LS365 74ALS365 74HCT365
74F365 40H365

366

Hex Bus Driver 3 State

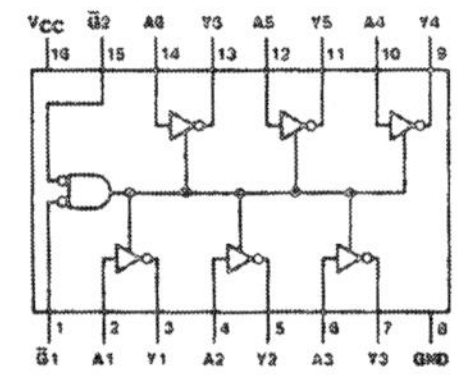

74366 74F366 74HC366
74LS366 74S366 74HCT366
74ALS366 40H366

367

Hex Bus Driver 3 State

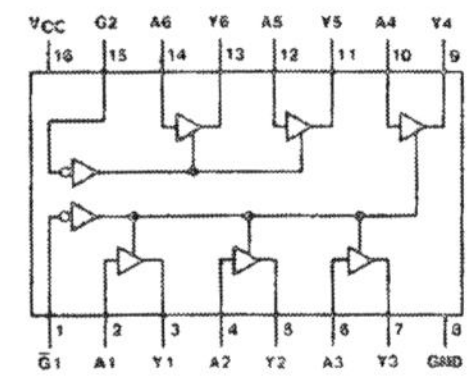

74367 74F367 74HC367
74LS367 74S367 74HCT367
74ALS367 40H367

368

Hex Bus Driver 3 State

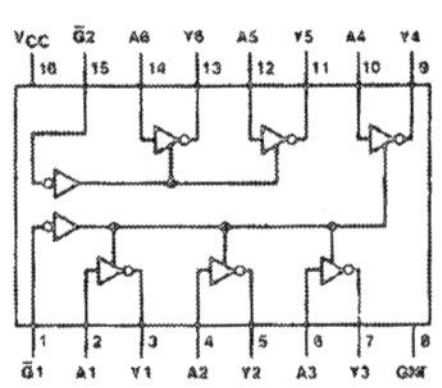

74368 74F368 74HC368
74LS368 74S368 74HCT368
74ALS368 40H368

373

Octal Transparent Latch 3 state

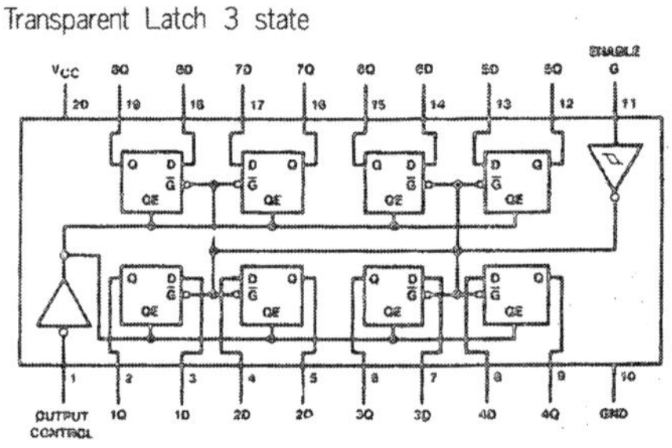

74ALS373 74F373 74AS373 74HC373 40H373
74S373 74ALS373 74HCT373

374

Octal D Type Flip Flop 3 state

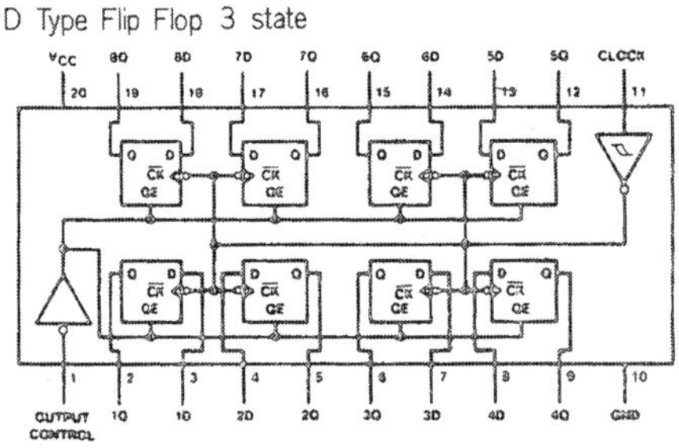

74LS374 74F374 74AS374 74HC374 40H374
74S374 74ALS374 74HCT374

375

4 Bit Latch

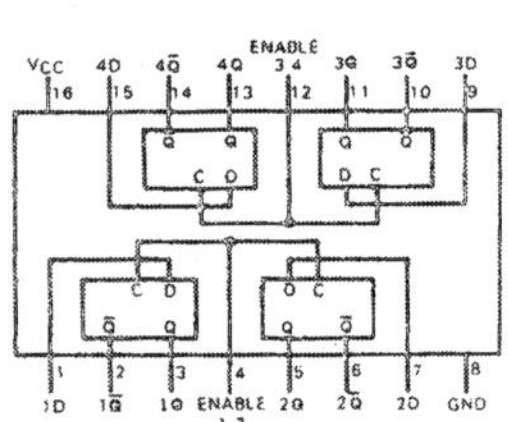

74LS375 74HC375
40H375

376

Quad JK Flip Flop

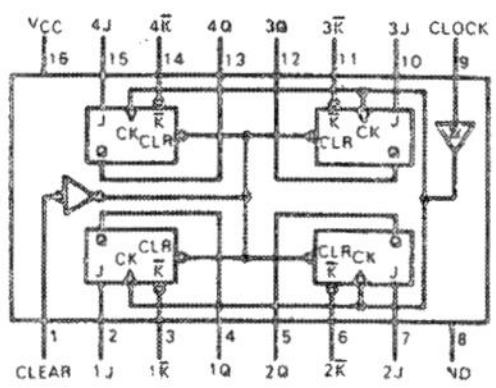

74376

377

Octal D Type Flip Flop with Enable

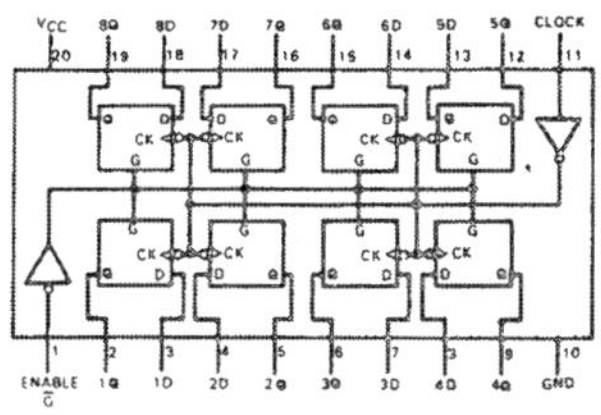

74LS377 74HC377
74ALS377 74HCT377
74F377

378

Hex D Type Flip Flop with Enable

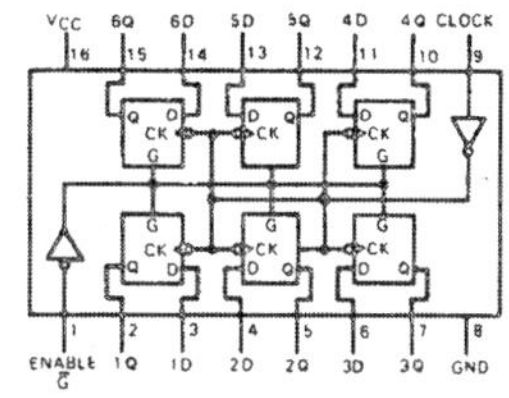

74LS378
74F378
74S378

379

4 Bit D Type Flip Flop with Enable

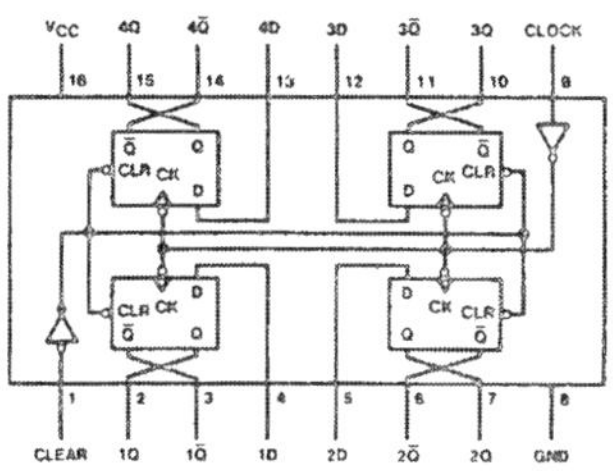

74LS379 74S379
74F379

381, 382

ALU/Function Generator

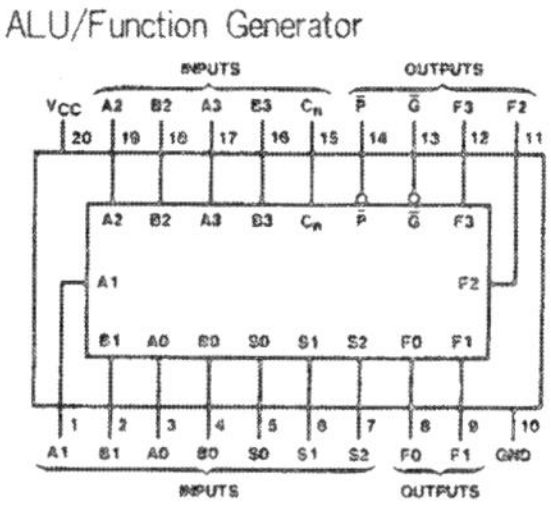

74LS381~382 74F381~382
74S381

384

8 Bit by 1 Bit 2's Complement Multiplier

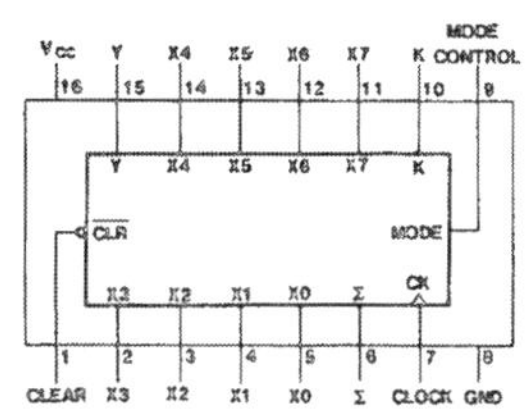

74LS384 74HC384
74F384 74HCT384

385

Quad Serial Adder/Subtractor

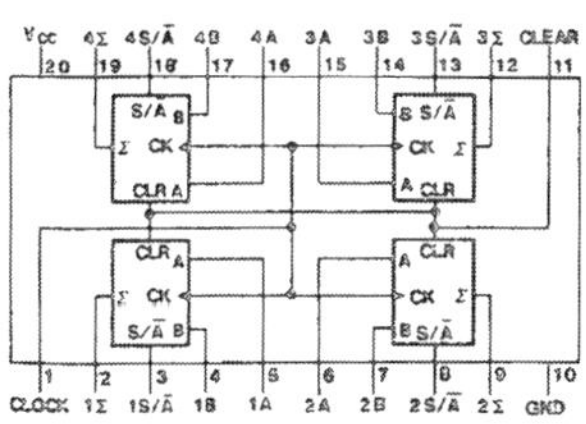

74LS385
74F385

386

Quad Exclusive OR

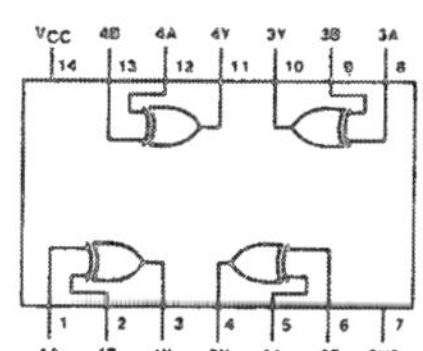

74LS386 74HC386
40H386

388

Quad D Type Flip Flop 3 state

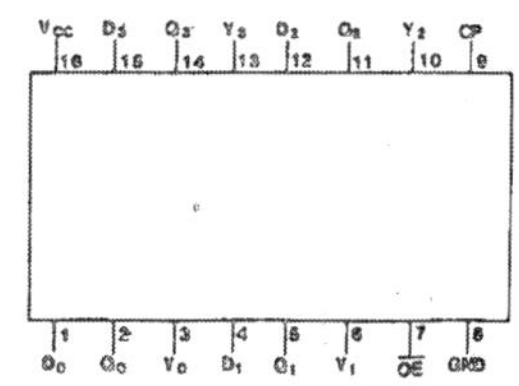

74LS388
74S388

390

Dual Decade Counter

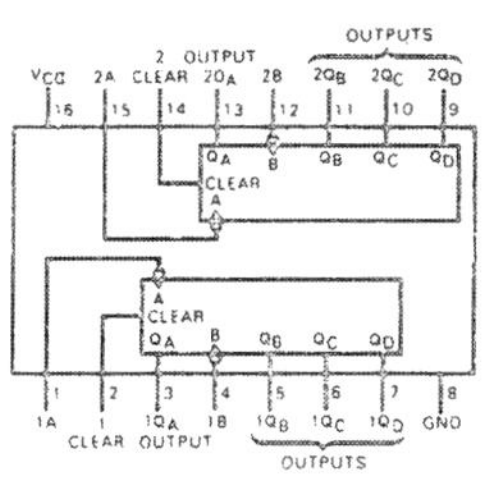

74390 74HC390
74LS390 74HCT390
40H390

393

Dual 4 Bit Binary Counter

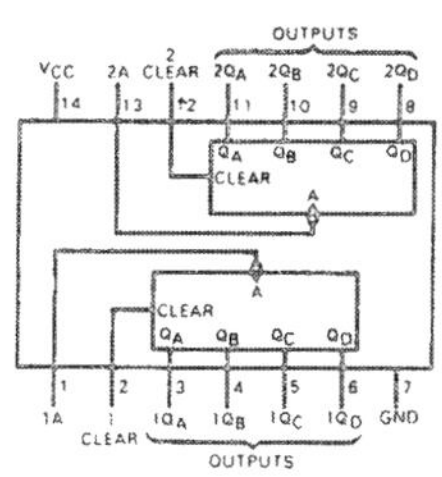

74393 74HC393
74LS393 74HCT393
40H393

395

4 Bit Shift Register PIPO

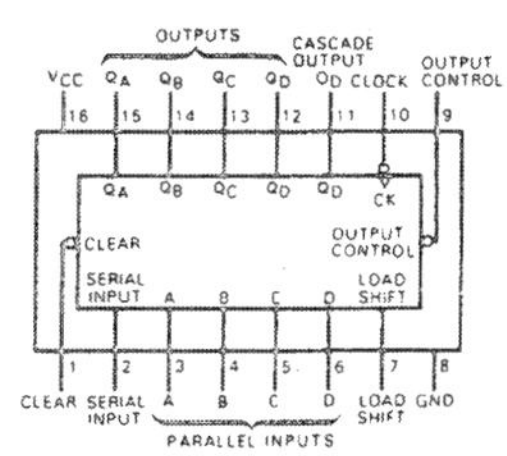

74LS395
74F395
74AS395

396

Octal Storage Register

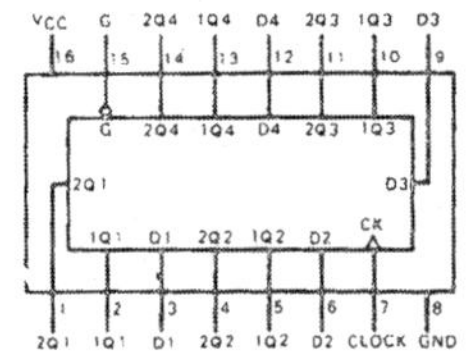

74LS396

398

4 Bit 2 Input Multiplexer with Storage

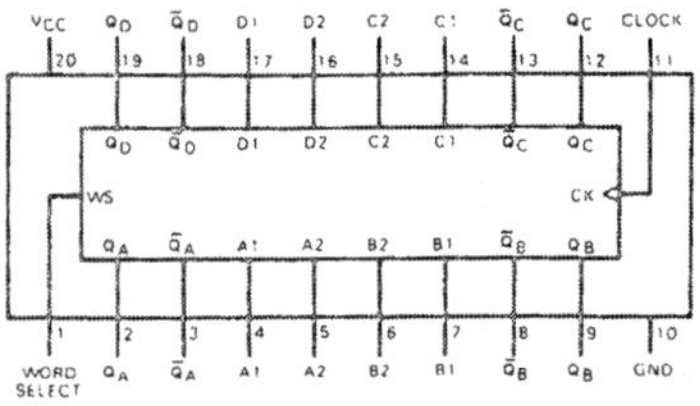

74LS398
74F398

399

4 Bit 2 Input Multiplexer with Storage

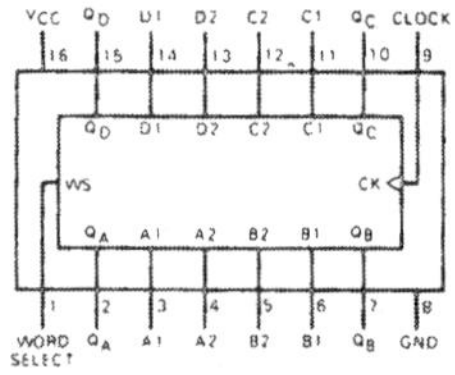

74LS399
74F399
74S399

422

Monostable Multivibrator

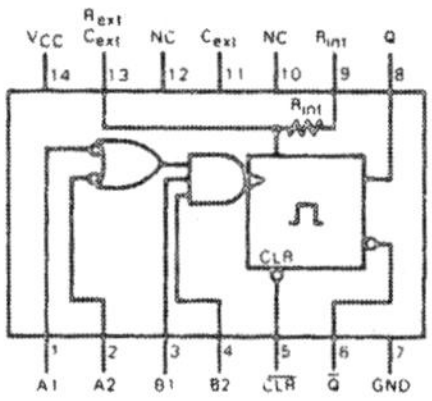

INPUTS					OUTPUTS	
CLEAR	A1	A2	B1	B2	Q	Q
L	X	X	X	X	L	H
X	H	H	X	X	L	H
X	X	X	L	X	L	H
X	X	X	X	L	L	H
H	L	X	↑	H	⎍	⊔
H	L	X	H	↑	⎍	⊔
H	X	L	↑	H	⎍	⊔
H	X	L	H	↑	⎍	⊔
H	H	↓	H	H	⎍	⊔
H	↓	↓	H	H	⎍	⊔
H	↓	H	H	H	⎍	⊔

74LS422

423

Dual Monostable Multivibrator

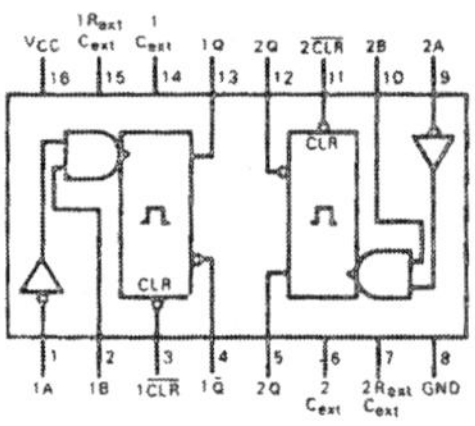

74LS423 74HC423

425

Quad 3 state Bus Buffer

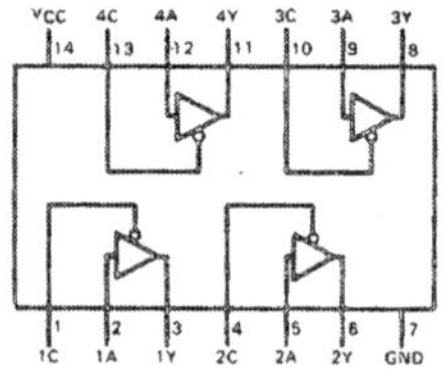

74425

426

Quad 3 State Bus Buffer

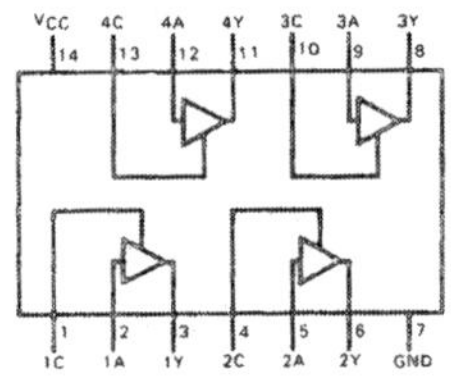

74426

440, 441, 442, 443, 444

Quad Tridirectional Bus Transceiver

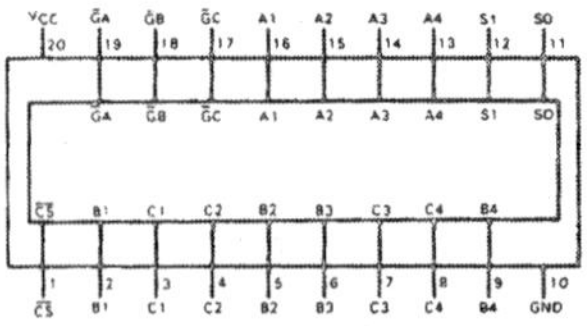

74LS440~444

445

BCD to Decimal Decoder/Driver with OC

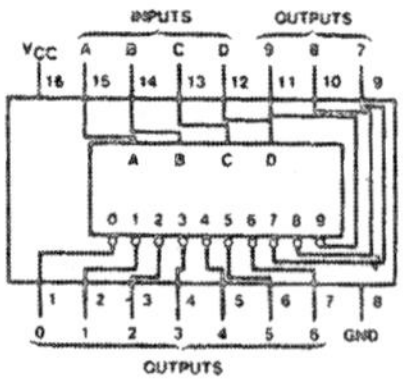

74LS445

447

BCD to 7 segment Decoder/Driver

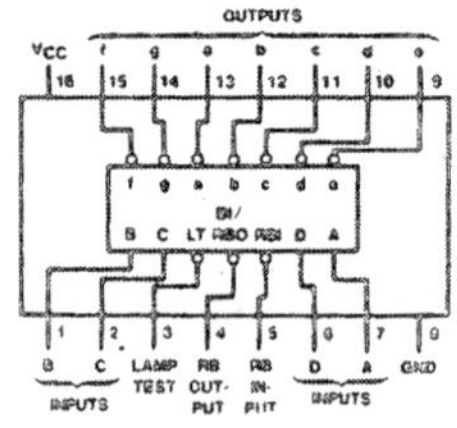

74LS447

448

Quad Tridirectional Bus Transceiver with OC

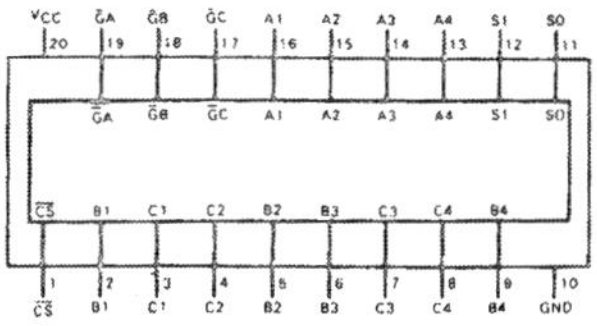

74LS448

465

Octal 3 state Bus Buffer

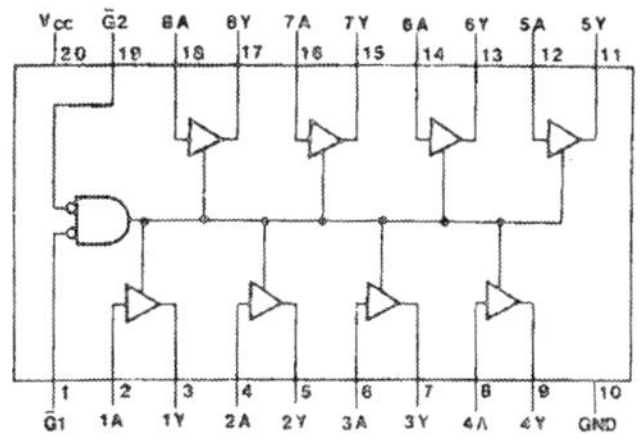

74LS465 81LS95
74ALS465

466

Octal 3 state Bus Buffer Inverter

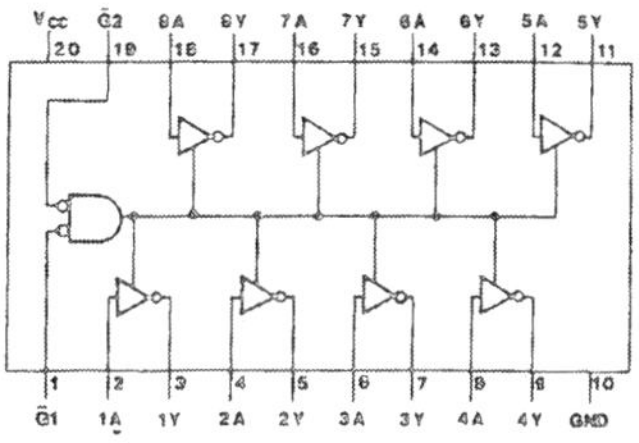

74LS466 81LS96
74ALS466

467

Octal 3 state Bus Buffer

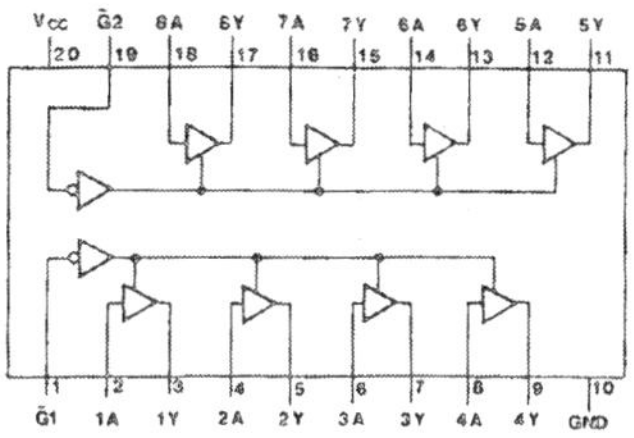

74LS467 81LS97
74ALS467

468

Octal 3 state Bus Buffer Inverter

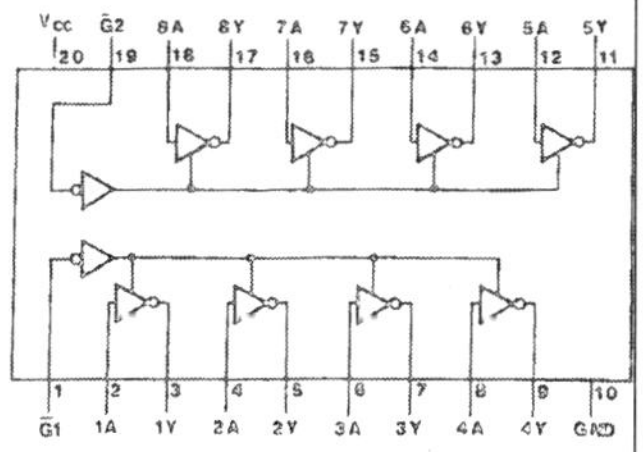

74LS468 81LS98
74ALS468

490

Dual Decade Counter

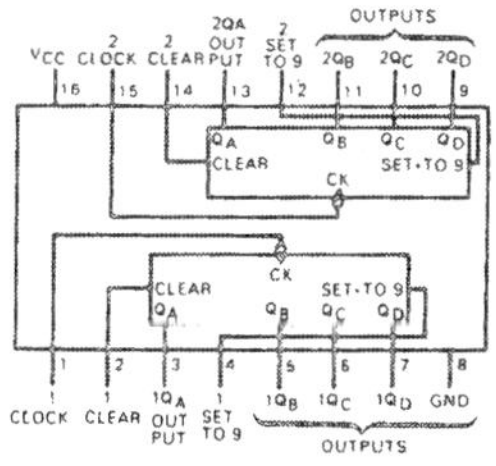

74490 74HC490
74LS490

502

8 Bit Successive Approximation Register

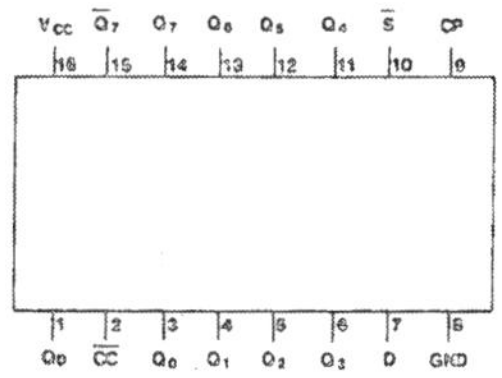

74502
74LS502

503

8 Bit Successive Approximation Register

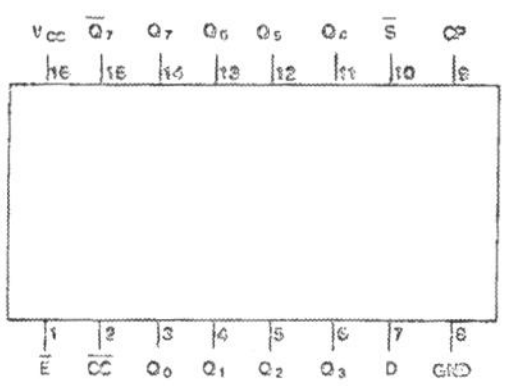

74503
74LS503

504

12 Bit Successive Approximation Register

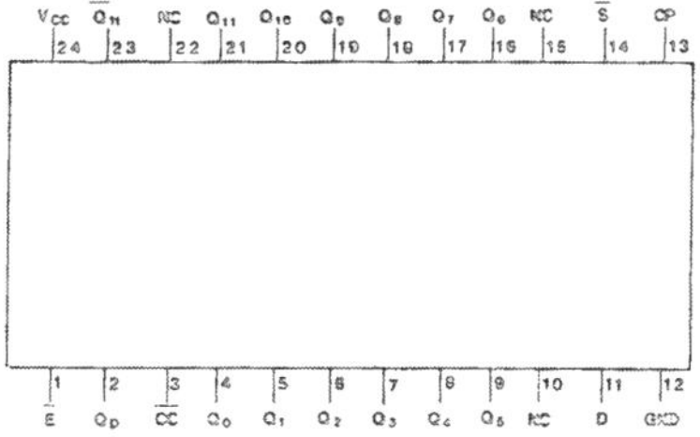

74504
74LS504

518

8 Bit Equal to Comparator with OC

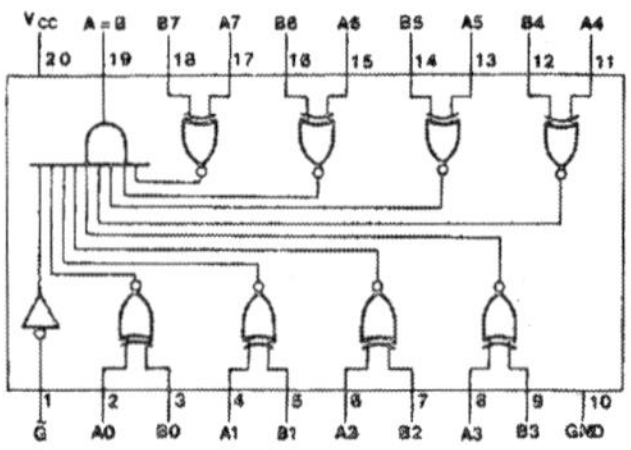

74ALS518

519

8 Bit Equal to Comparator with OC

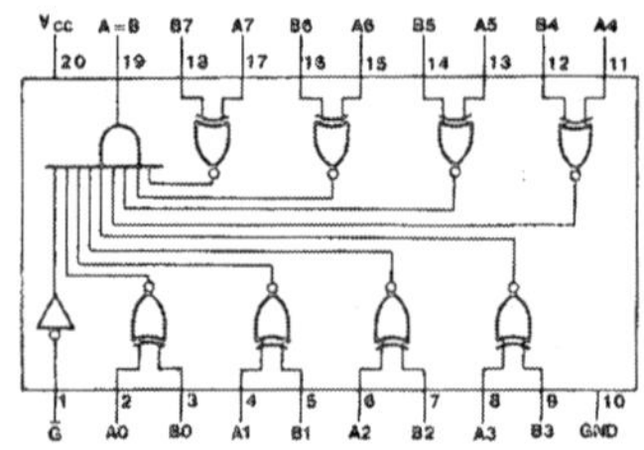

74ALS519

520

8 Bit Equal to Comparator

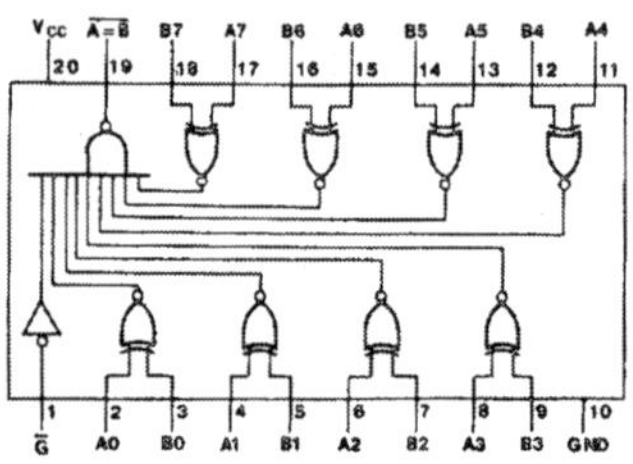

74ALS520

521

8 Bit Equal to Comparator

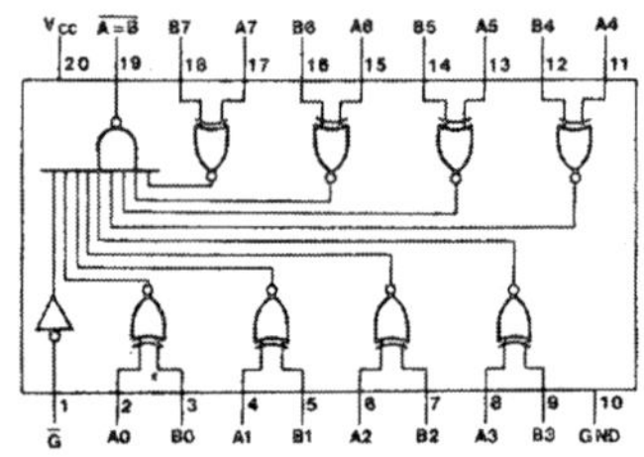

74LS521 74F521
74ALS521 25LS2521

522

8 Bit Equal to Comparator with OC

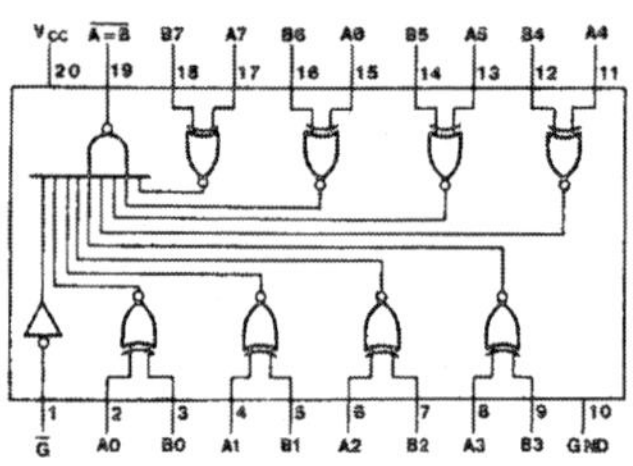

74ALS522

533

Octal 3 state Transparent Latch (Inverted)

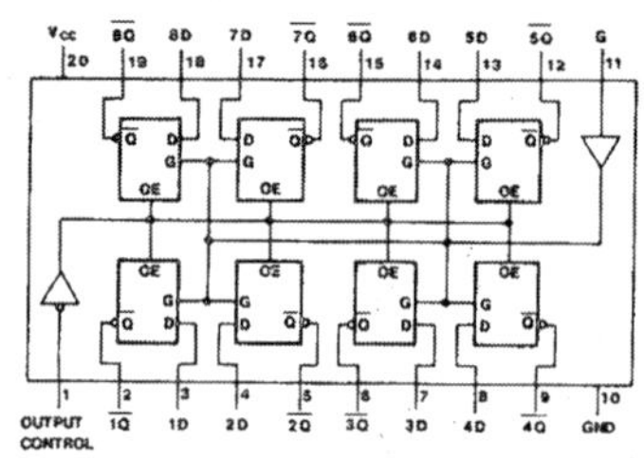

74LS533 74S533 74HC533
74ALS533 74F533 74HCT533

534

Octal 3 state D Type Flip Flop (Inverted)

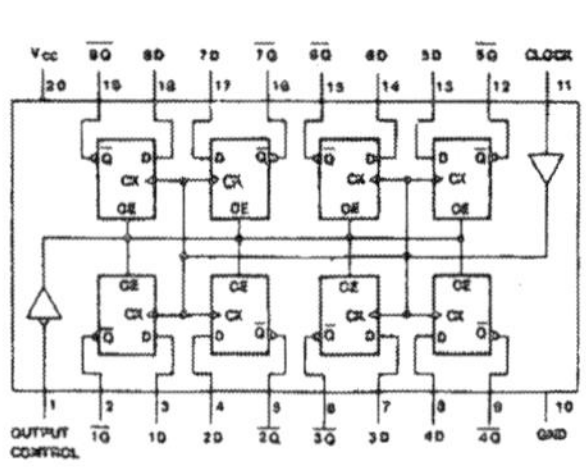

74LS534 74AS534 74HC534
74ALS534 74F534 74HCT534
74S534

537

BCD to Decimal Decoder (3 state)

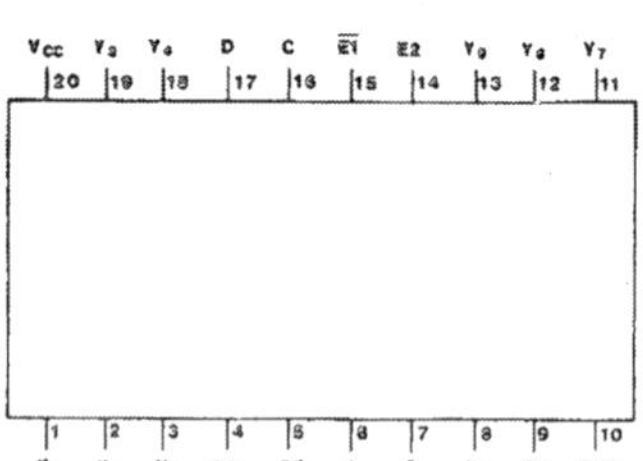

74LS537 25LS2537
74ALS537
74F537

538

3 to 8 Line Decoder (3 state)

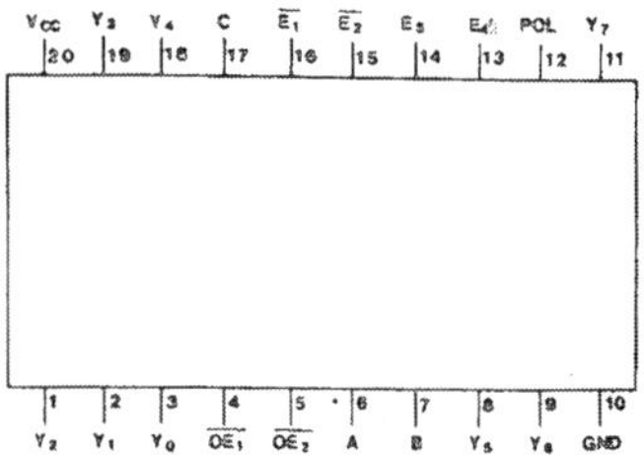

74LS538 25LS2538
74ALS538
74F538

539

Dual 2 to 4 Line Decoder (3 state)

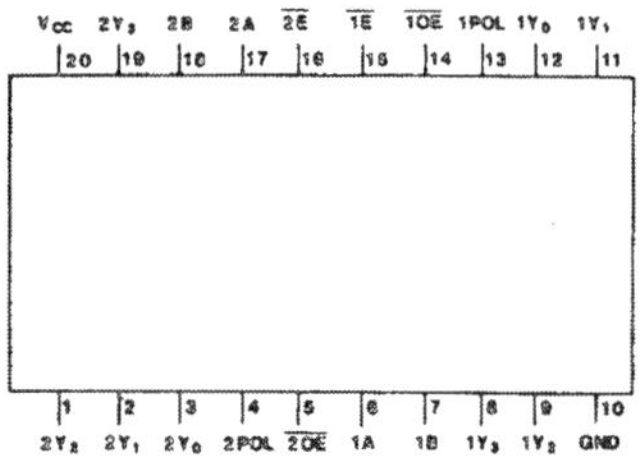

74LS539 25LS2539
74ALS539
74F539

540

Octal 3 state Bus Buffer (Inverted)

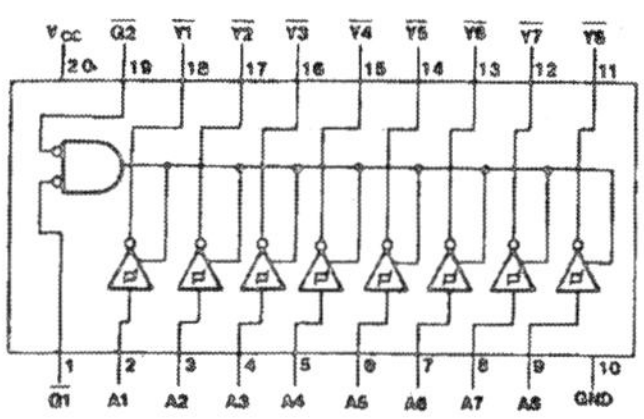

74LS540 74HC540
74ALS540 74HCT540

541

Octal 3 state Bus Buffer

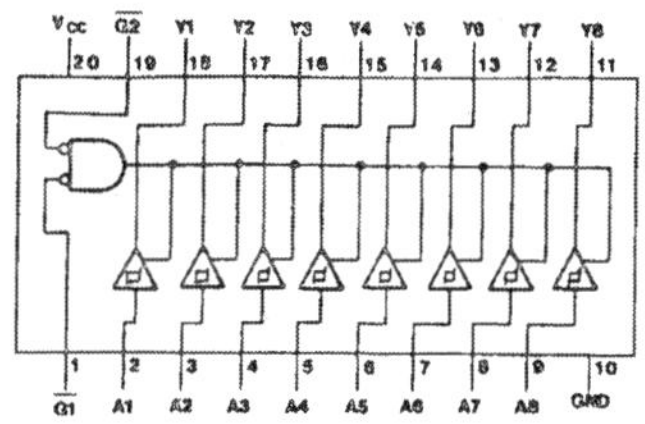

74LS541 74HC541
74ALS541 74HCT541

560

Synchronous Presettable Decade Counter (3 state)

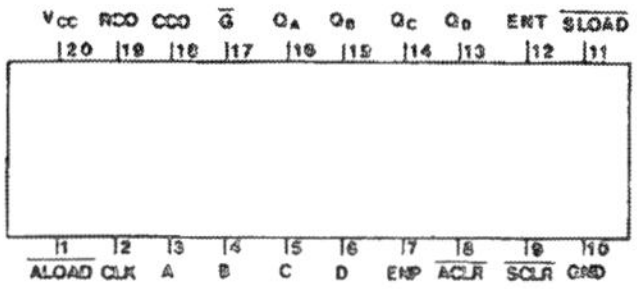

74ALS560

561

Synchronous Presettable Decade Counter (3 state)

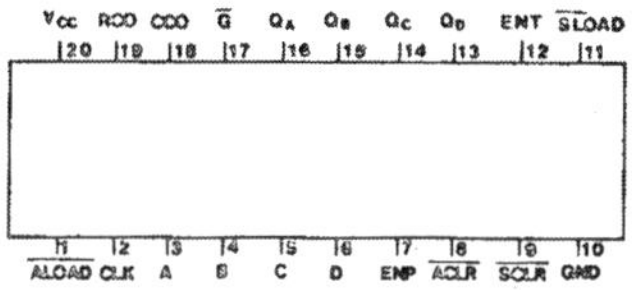

74ALS561

563

Octal 3 state Transparent Latch (Inverted)

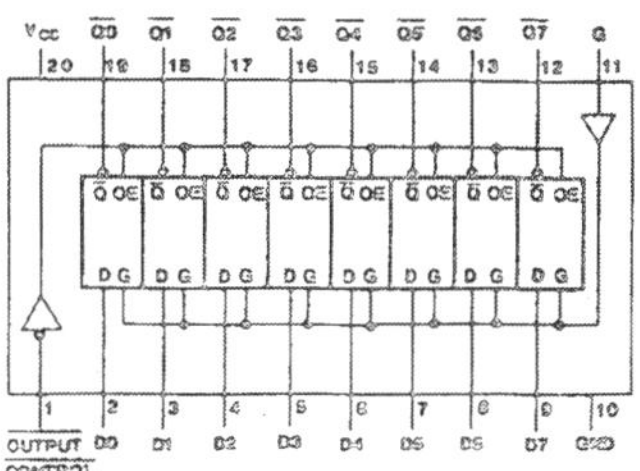

74LS563 74S563 74HC563
74ALS563 74HCT563

564

Octal 3 state D Type Flip Flop (Inverted)

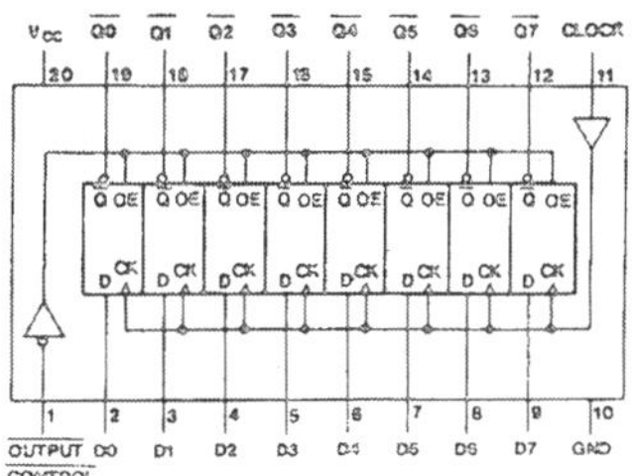

74LS564 74HC564
74ALS564 74HCT564

568

Synchronous Presettable Up/Down Counter (3 state)

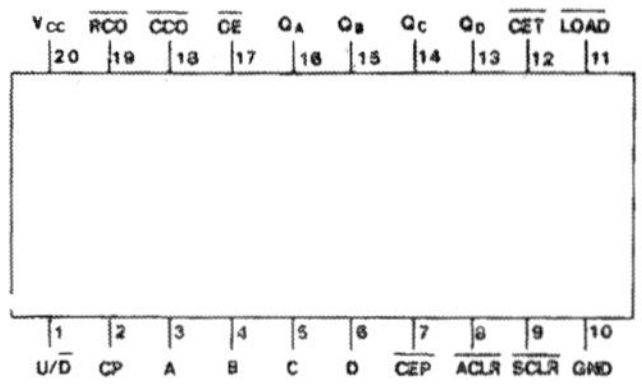

74LS568 74F568
74ALS568

569

Synchronous Presettable Up/Down Binary Counter (3 state)

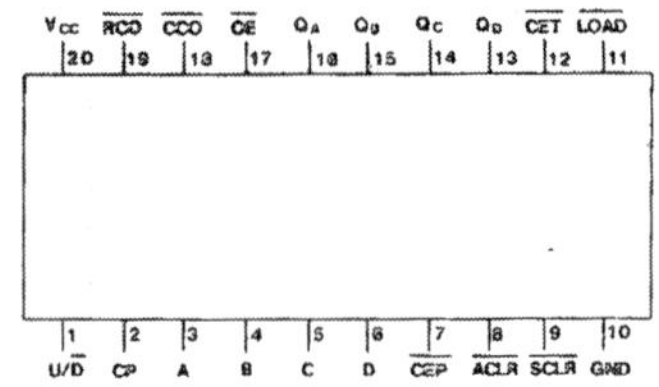

74LS569
74ALS569
74F569

573

Octal 3 state Transparent Latch

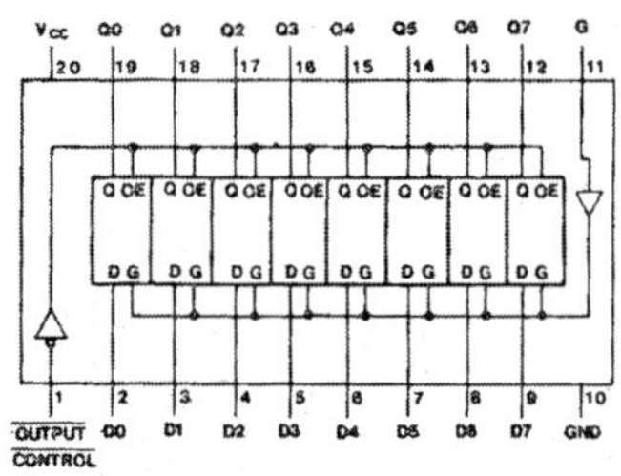

74LS573 74AS573 74HC573
74ALS573 74HCT573
74S573

574

Octal 3 state D Type Flip Flop

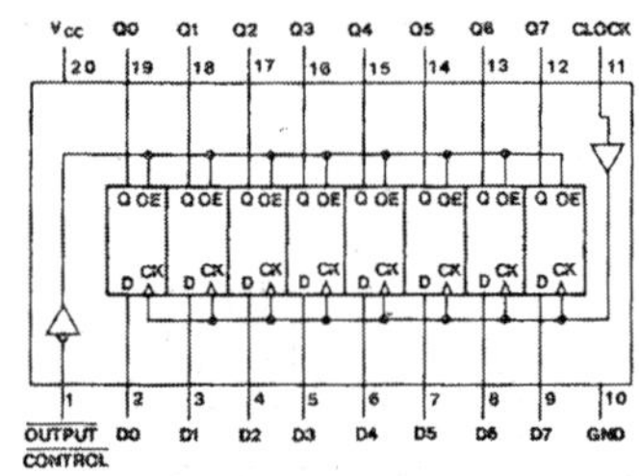

74LS574 74HC574
74ALS574 74HCT574
74AS574

575

Octal 3 state D Type Flip Flop with Clear

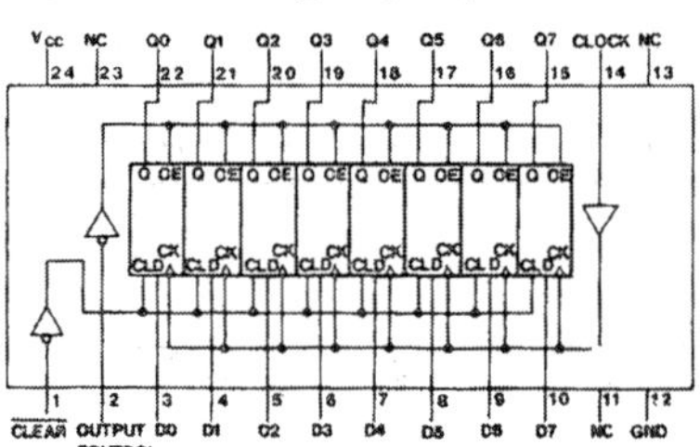

74ALS575
74AS575

576

Octal 3 state D Type Flip Flop (Inverted)

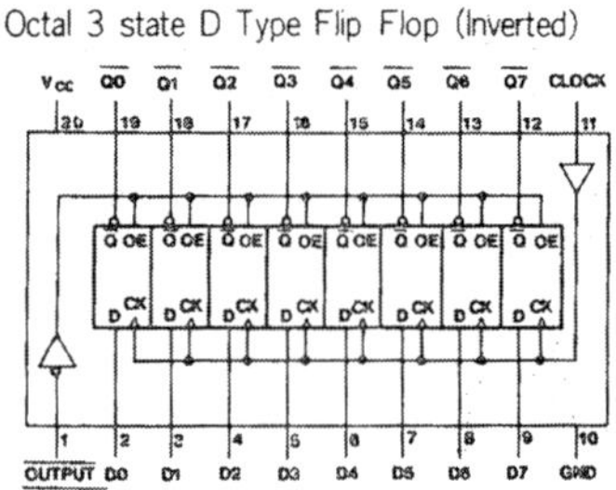

74576 74HC576
74ALS576 74HCT576
74AS576

577

Octal 3 state D Type Flip Flop with Clear (Inverted)

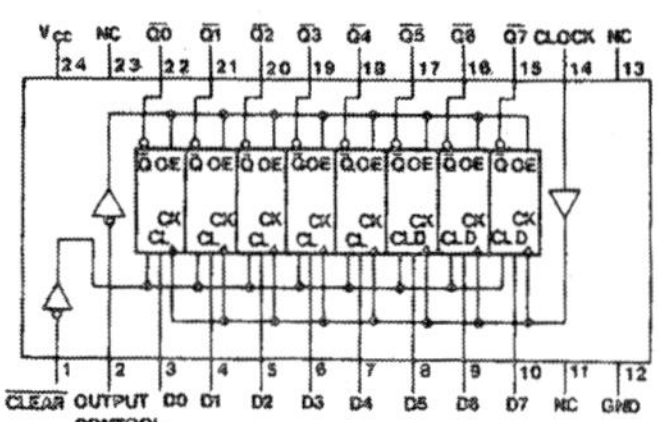

74ALS577
74AS577

580

Octal 3 state Transparent Latch (Inverted)

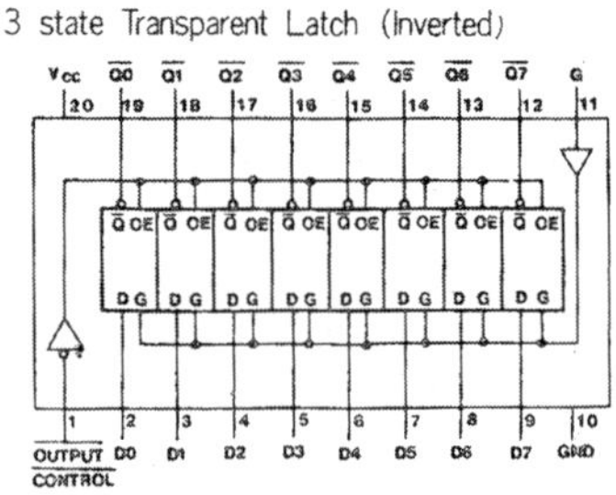

74580 74S580 74HC580
74ALS580 74AS580 74HCT580

620

Octal 3 state Bus Transceiver (Inverted)

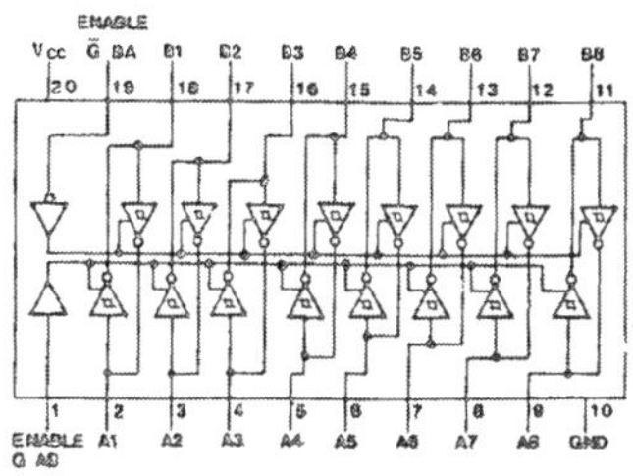

74LS620 74F620
74ALS620 74AS620

621

Octal Bus Transceiver with OC

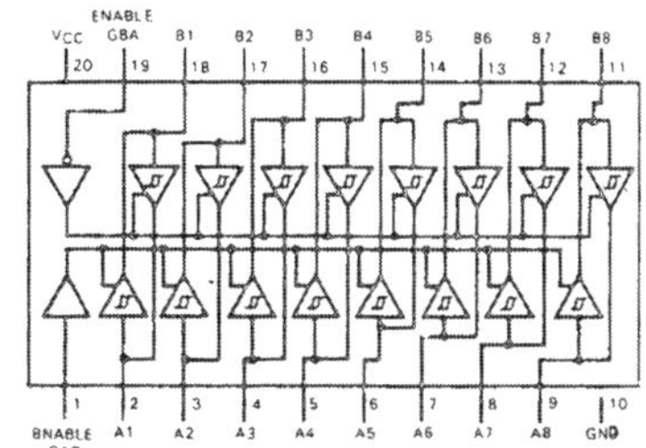

74LS621 74F621
74ALS621 74AS621

622

Octal Bus Transceiver with OC (Inverted)

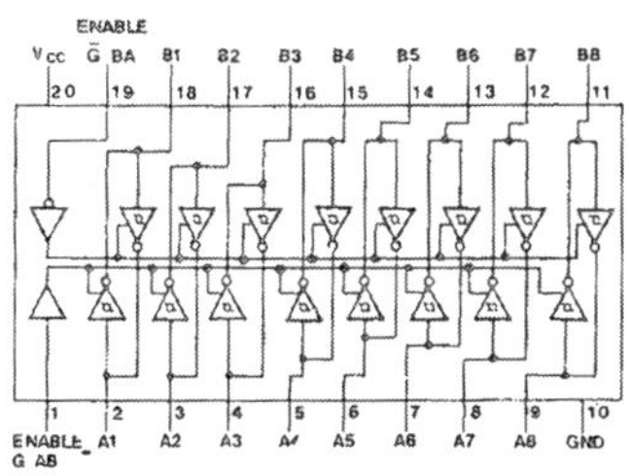

74LS622 74F622
74ALS622 74AS622

623

Octal 3 state Bus Transceiver

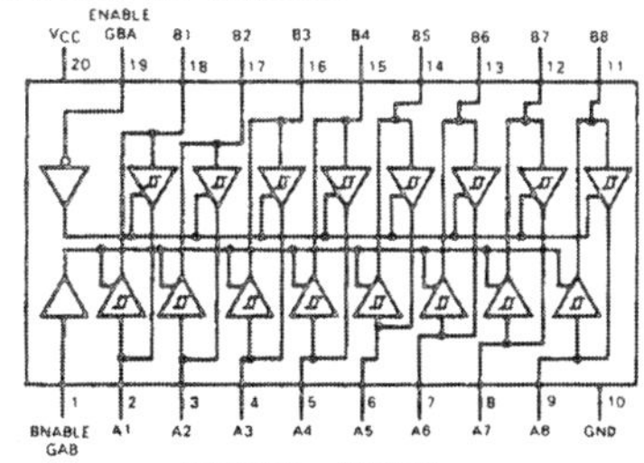

74LS623 74F623
74ALS623 74AS623

624

VCO

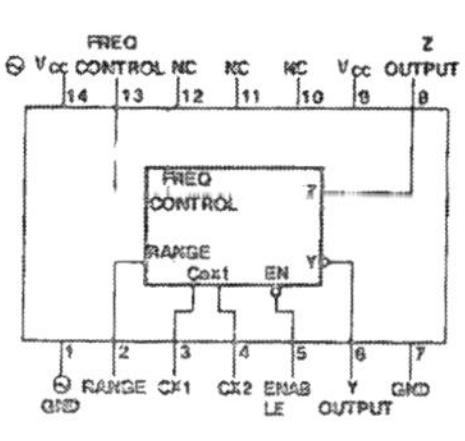

74LS624

625

Dual VCO

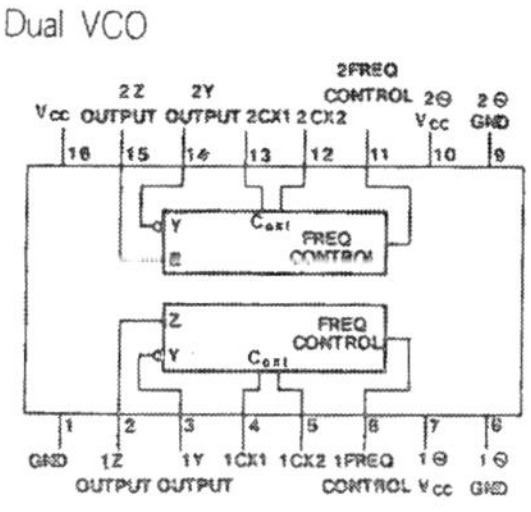

74LS625

626

Dual VCO

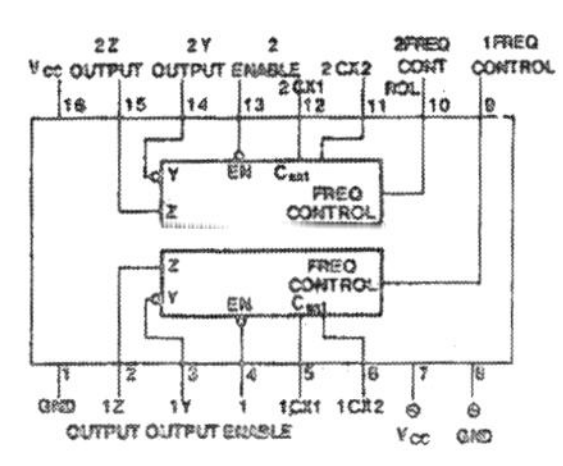

74LS626

627

Dual VCO

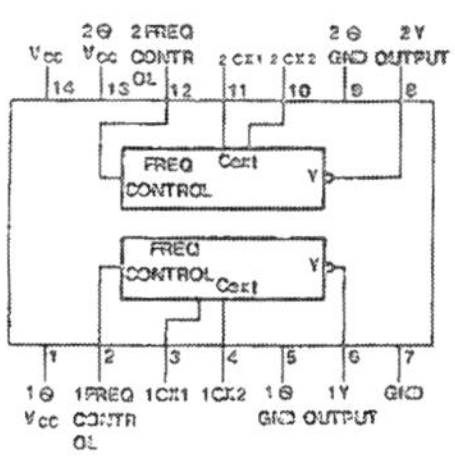

74LS627

628

VCO

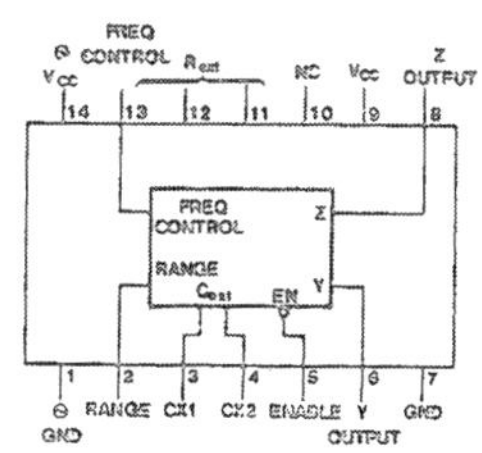

74LS628

629

Dual VCO

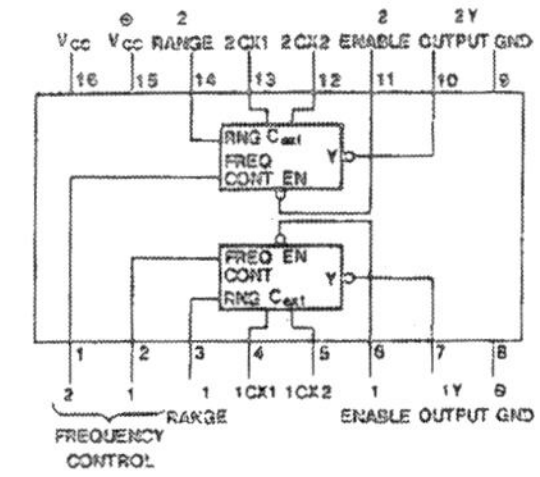

74LS629

638

Octal Bus Transceiver with OC (3 state)

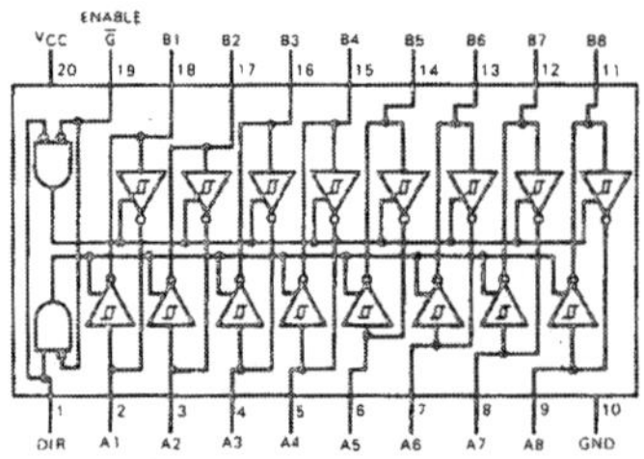

74LS638 74ALS1638 74F638
74ALS638 74AS638

639

Octal Bus Transceiver with OC (3 state)

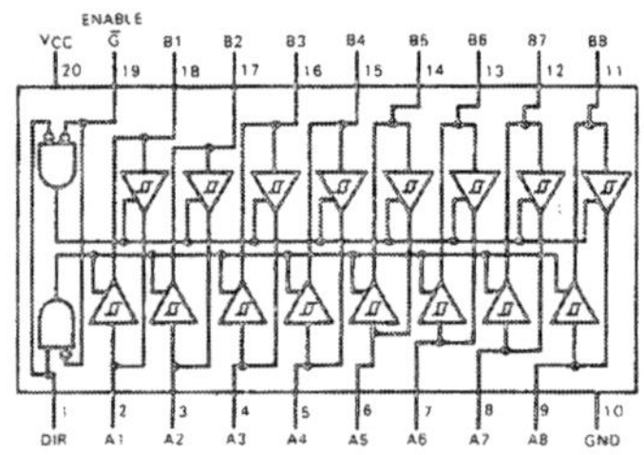

74LS639 74F639 74ALS1639
74ALS639 74AS639

640

Octal Bus Transceiver (3 state)

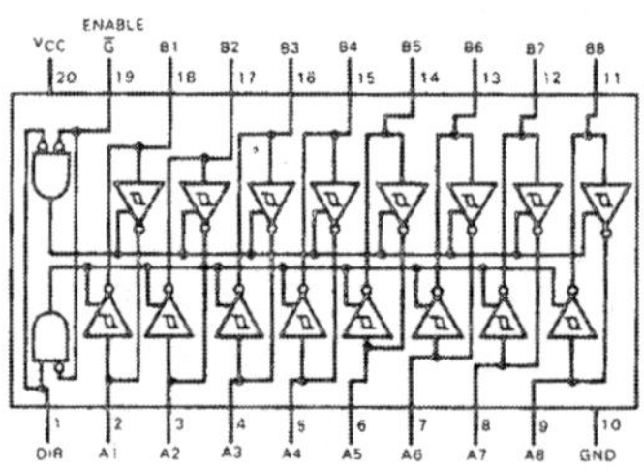

74LS640 74ALS640 74F640 74HC640
74AS640 74S640 74HCT640

641

Octal Bus Transceiver with OC

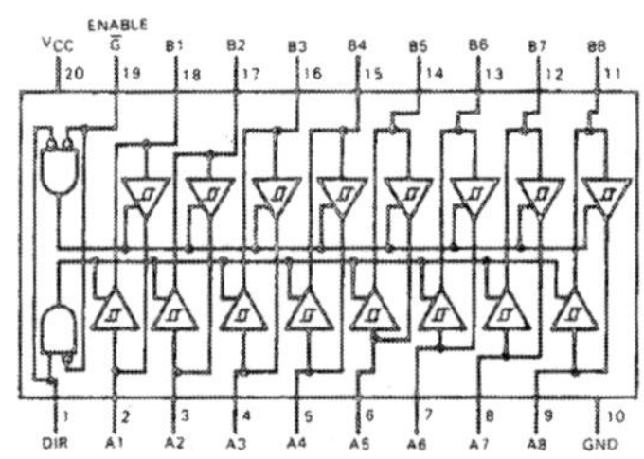

74LS641 74AS641
74ALS641 74ALS1641

642

Octal Bus Transceiver with OC

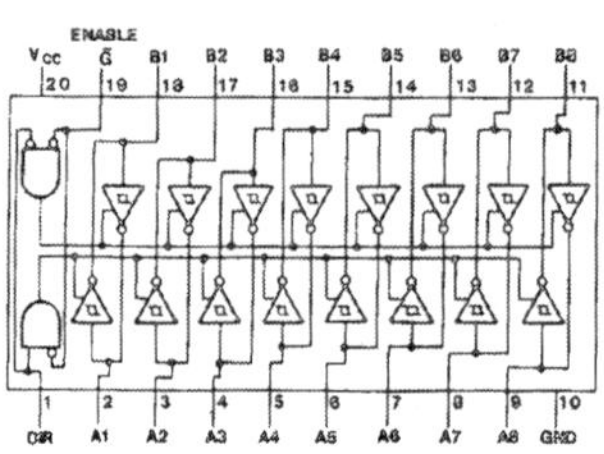

74LS642 74ALS1642
74ALS642 74AS642

643

Octal Bus Transceiver (3 state)

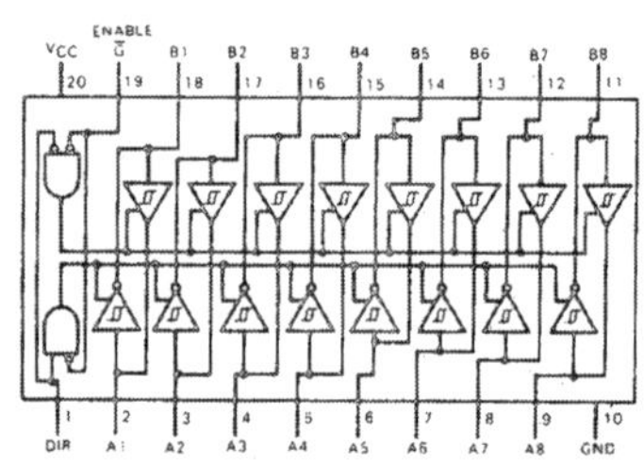

74LS643 74S643 74ALS1643 74HC643
74ALS643 74F643 74HCT643

644

Octal Bus Transceiver with OC

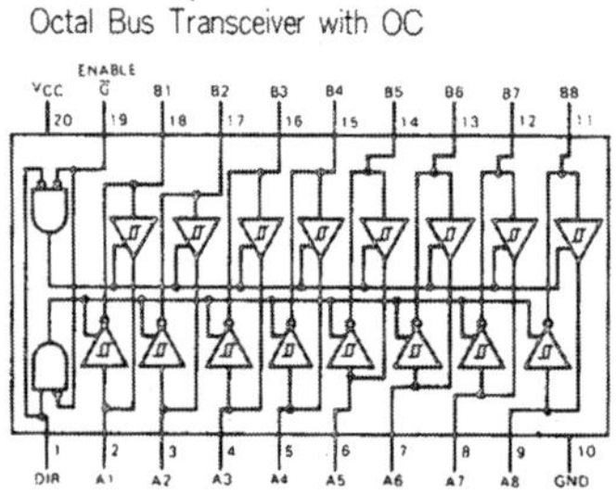

74LS644 74ALS1644
74ALS644 74AS644

645

Octal 3 state Bus Transceiver

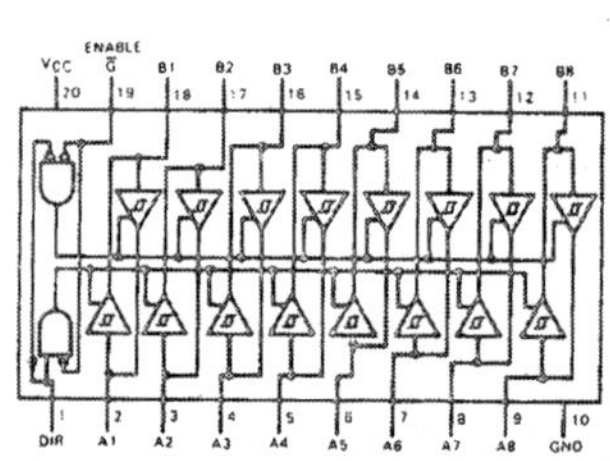

74LS645 74ALS1645 74S645
74ALS645 74F645 74AS645

668

Synchronous Presettable up down Decade Counter

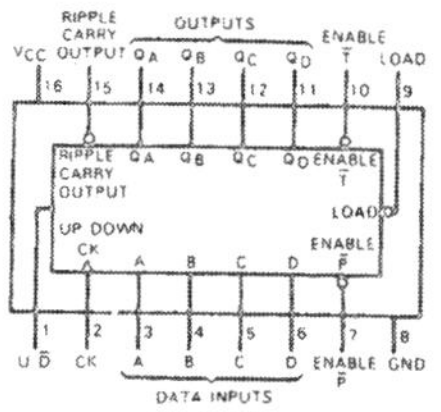

74LS668

669

Synchronous Presettable up down Binary Counter

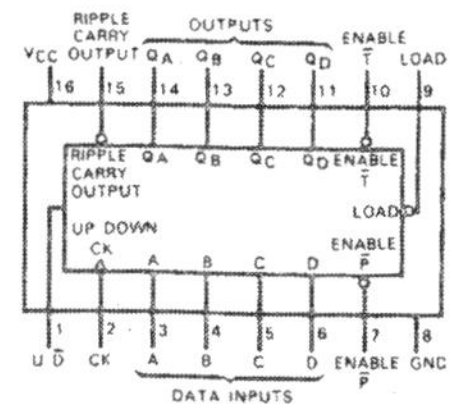

74LS669

670

4Word×4Bit Register File 3 state

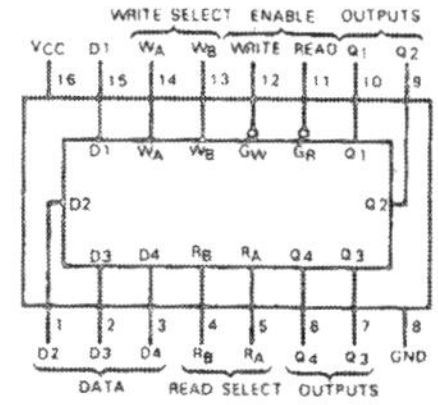

74LS670 74HC670
74HCT670

673

16 Bit Shift Register

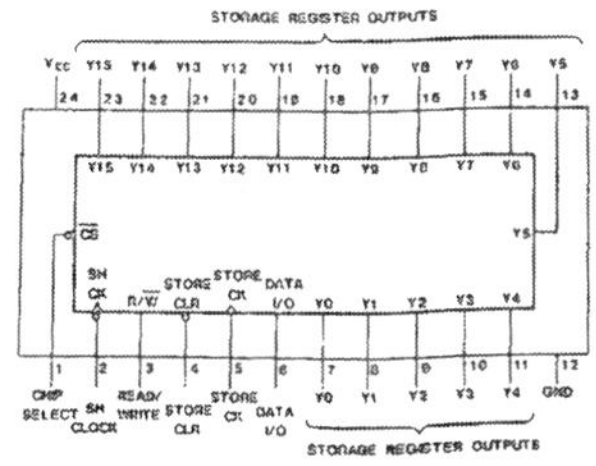

74LS673
74F673

674

16 Bit Shift Register

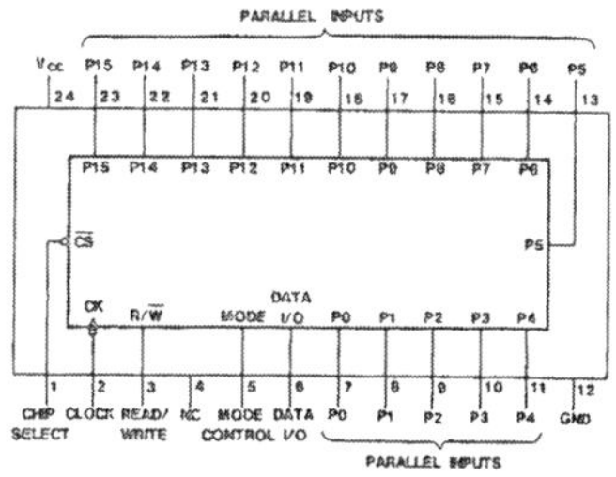

74LS674
74F674

681

4 Bit Parallel Binary Accumulator

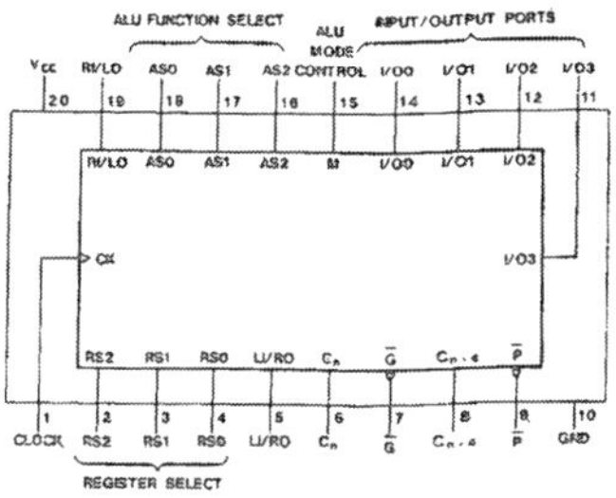

74LS681

688

8 Bit Equal to Comparator with OC

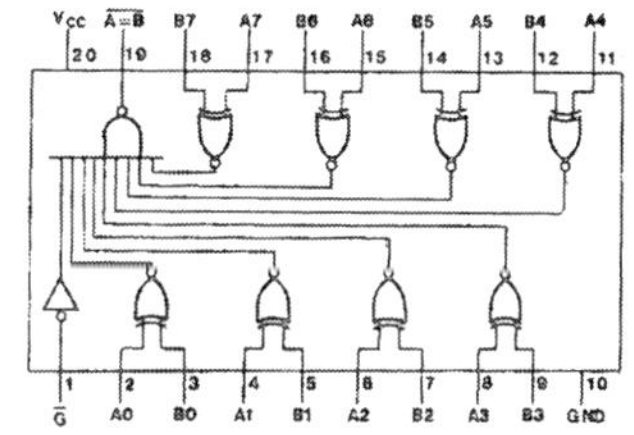

74LS688 74HC688
74ALS688 74HCT688

689

8 Bit Equal to Comparator with OC

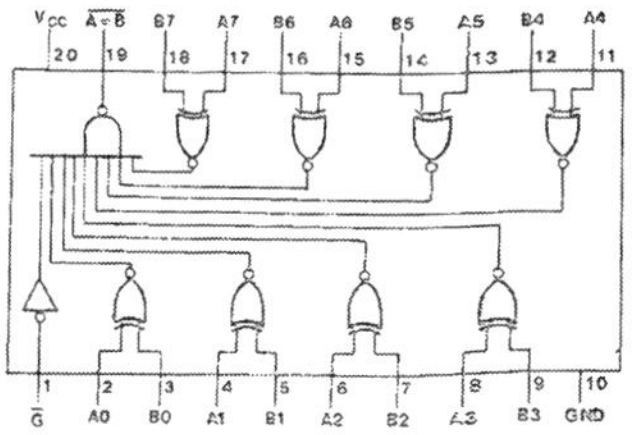

74LS689
74ALS689

690

BCD Synchronous Counter

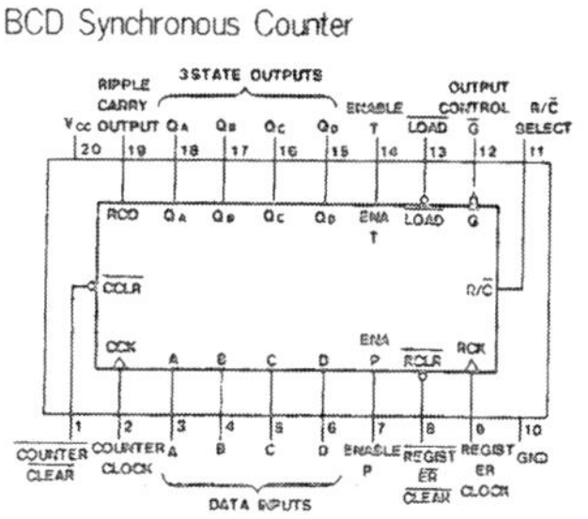

74LS690 74HC690

691

Binary Synchronous Counter

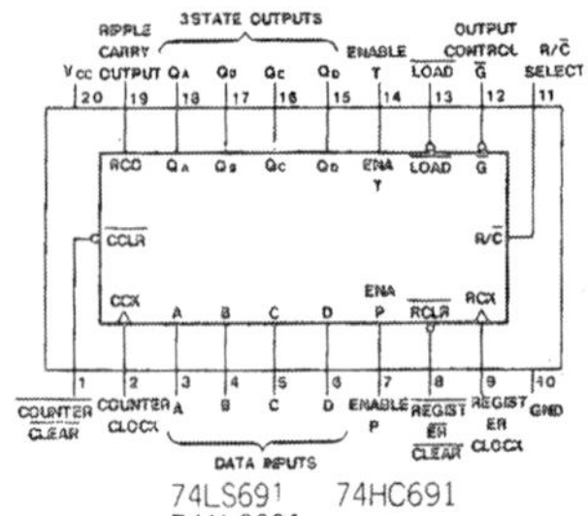

74LS691 74HC691
74ALS691

692

BCD Synchronous Counter

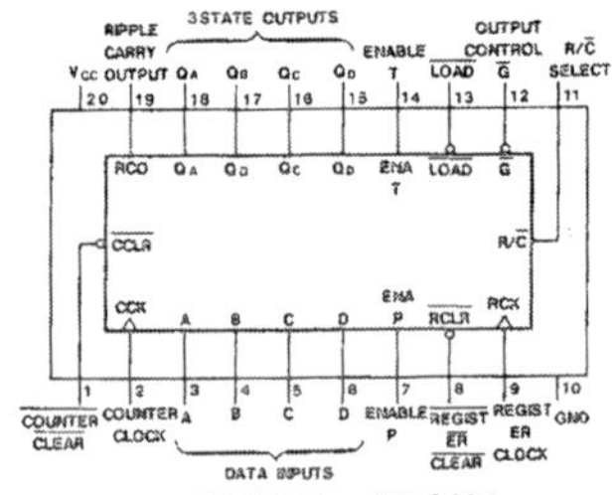

74LS692 74HC692
74ALS692

693

Binary Synchronous Counter

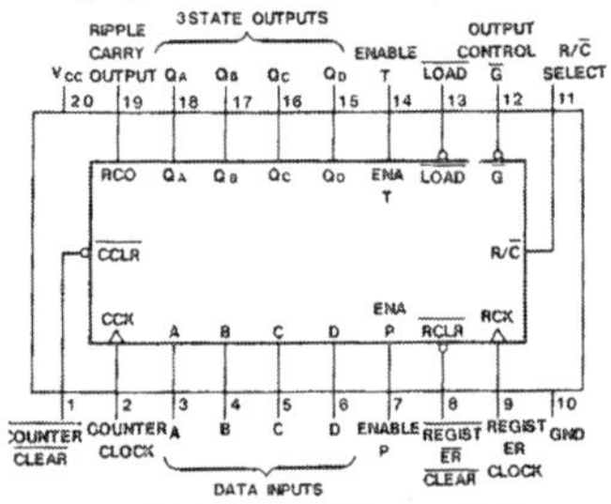

74LS693 74ALS693 74HC693

696

BCD Synchronous up down Counter

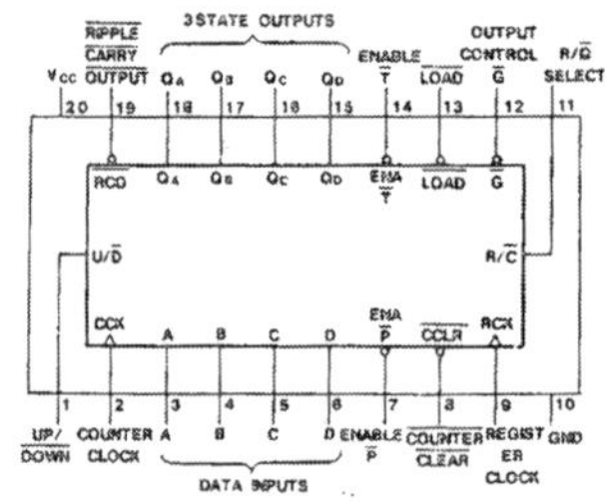

74LS696 74ALS696 74HC696

697

Binary Synchronous up down Counter

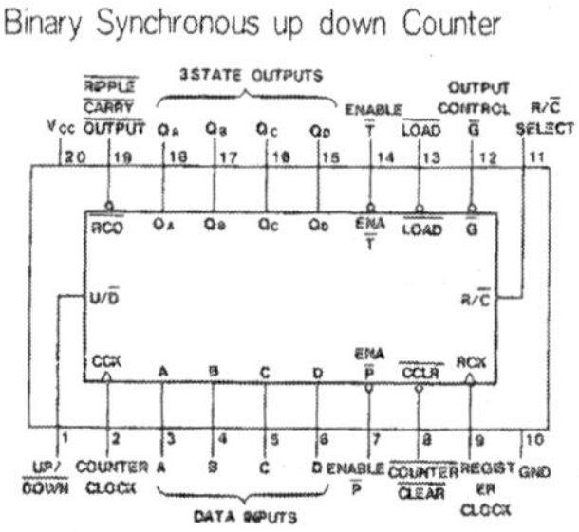

74LS697 74HC697
74ALS697

698

BCD Synchronous up down Counter

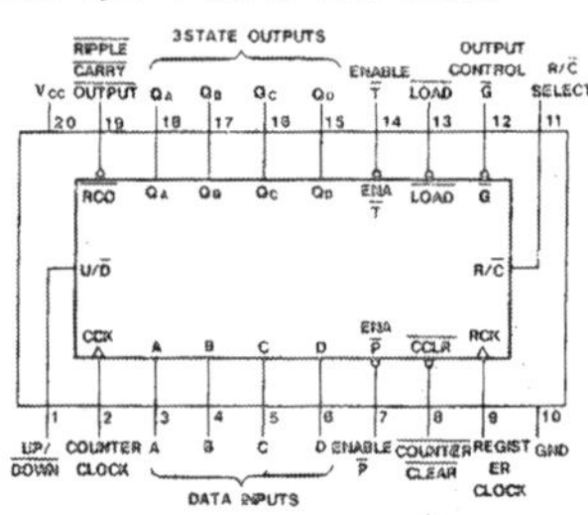

74LS698 74HC698
74ALS698

699

Binary Synchronous up down Counter

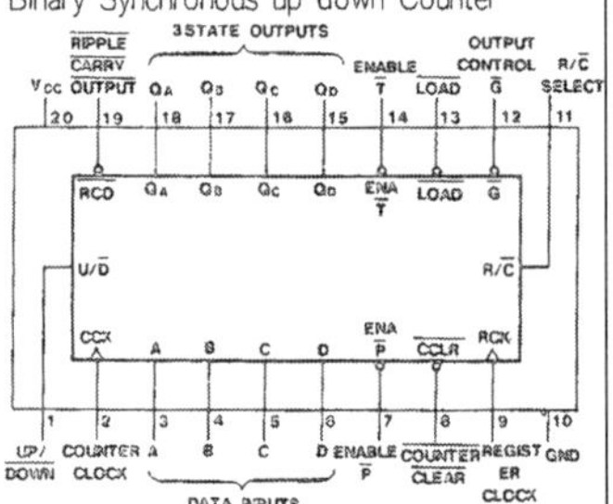

74LS699 74ALS699 74HC699

795

Octal 3 state Bus Buffer

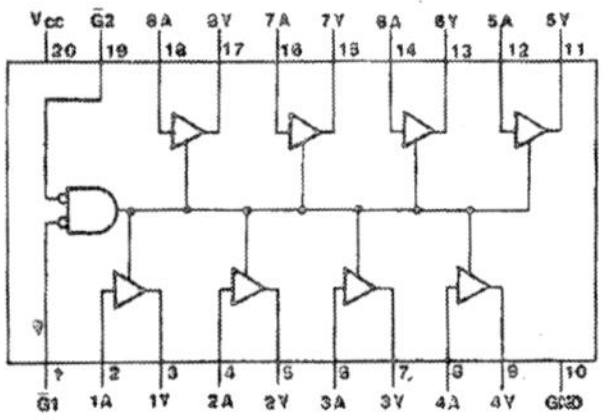

74LS795 81LS95

796

Octal 3 state Bus Buffer

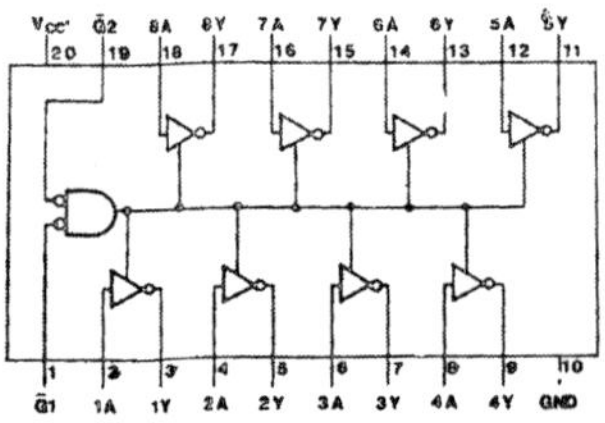

74LS796 81LS96

797

Octal 3 state Bus Buffer

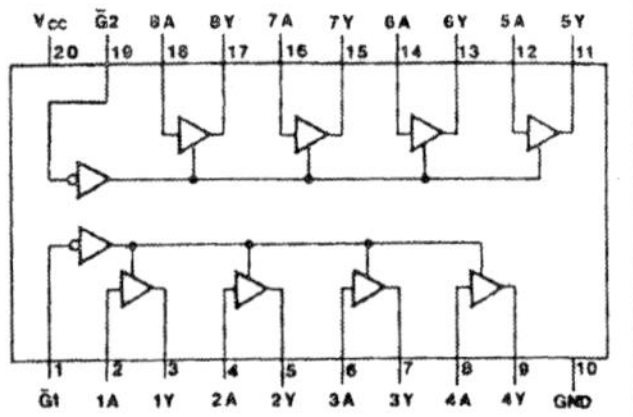

74LS797 81LS97

4000/4500 시리즈 C-MOS

4000	4001	4002
Dual 3 Input Positive NOR Gate+Inverter 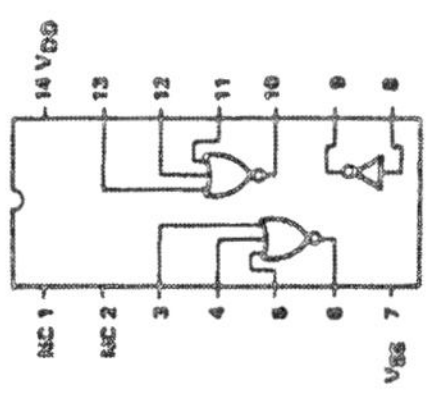	Quad 2 Input Positive NOR 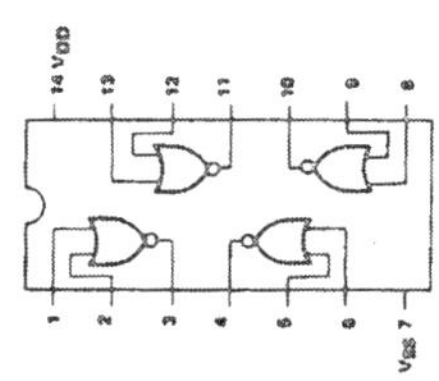	Dual 4 Input Positive NOR 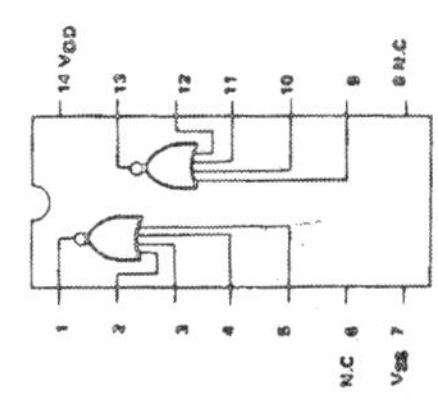 74HC4002
4006	**4007**	**4008**
18 Stage Static Shift Register 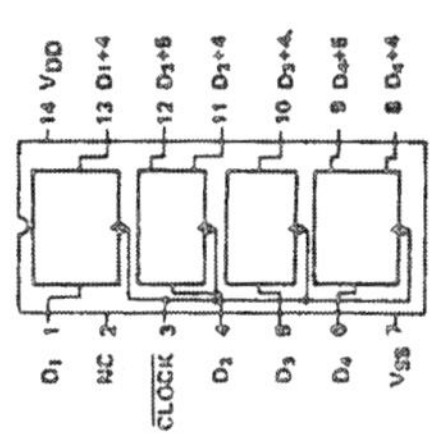	Dual Complementary Pair+Inverter 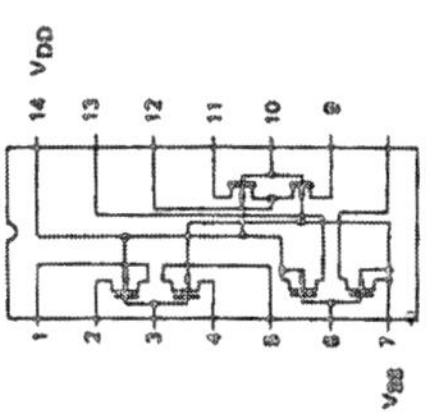	4 Bit Full Adder 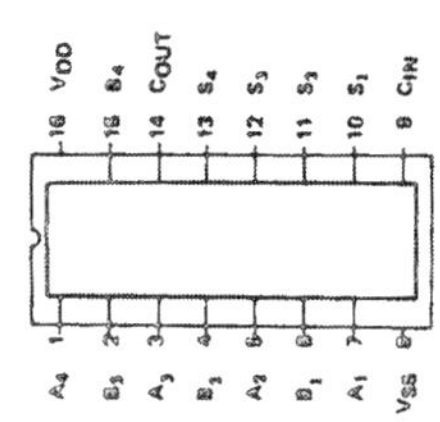
4009	**4010**	**4011**
Hex Inverting Buffer/Converter 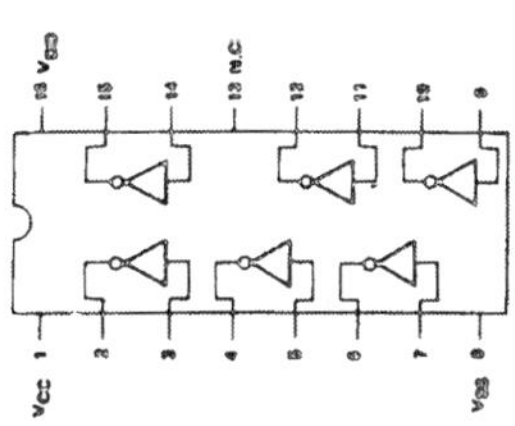	Hex Non-Inverting Buffer/Converter 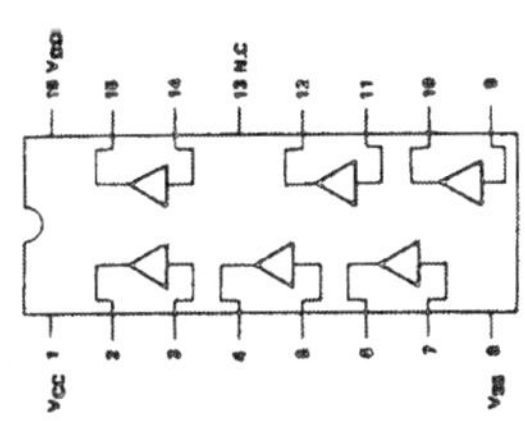	Quad 2 Input Positive NAND 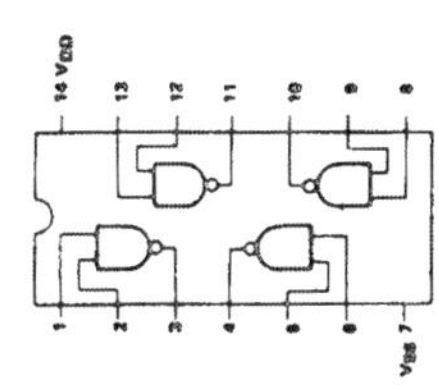
4012	**4013**	**4014**
Dual 4 Input Positive NAND 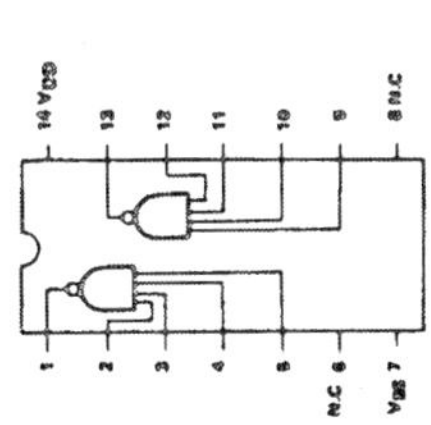	Dual D Type Flip Flop 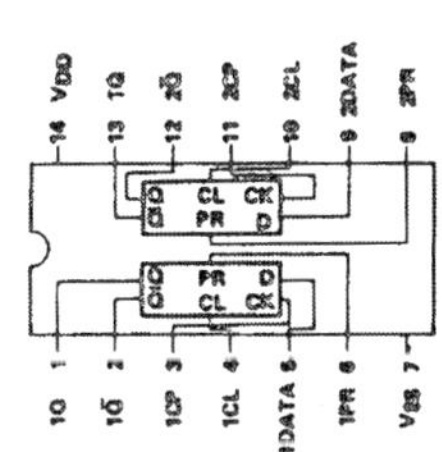	8 Stage Static Shift Register 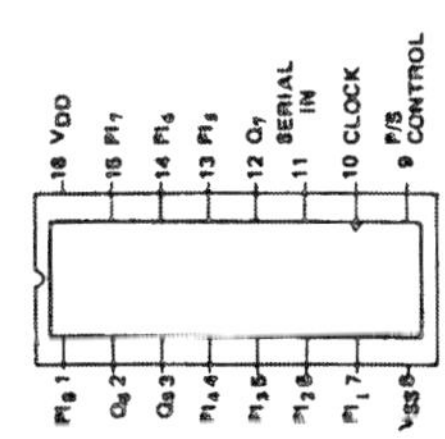

4015	4016	4017
Dual 4 Stage Static Shift Register 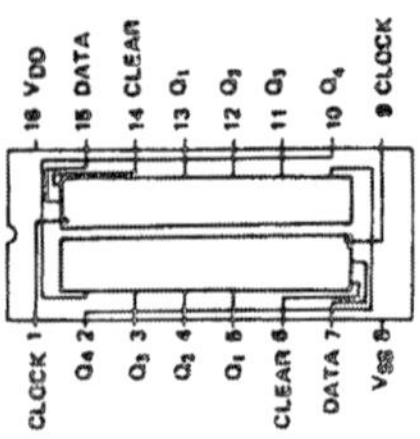 74HC4015	Quad Bilateral Switch 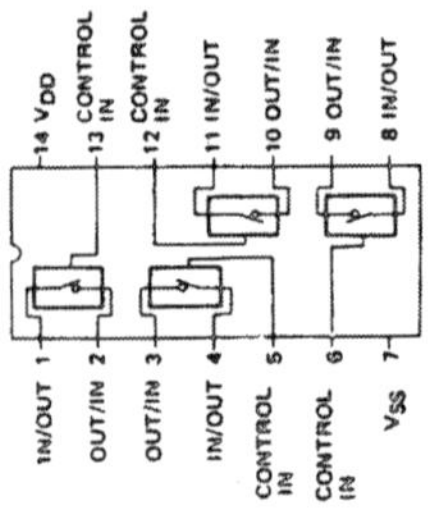 74HC4016	Decade Counter/Divider 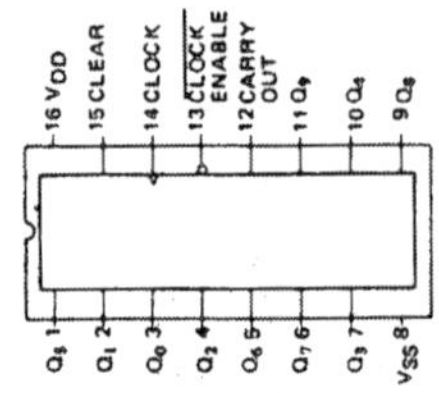 74HC4017
4018	**4019**	**4020**
Presettable Divide by N Counter 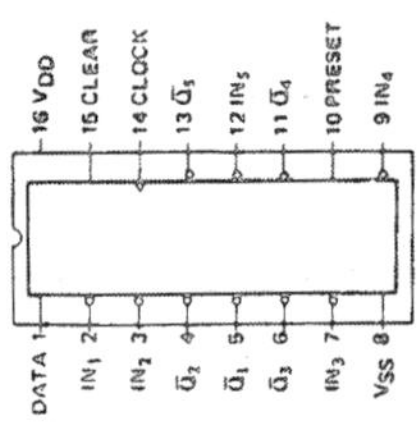	Quad AND OR Select Gate 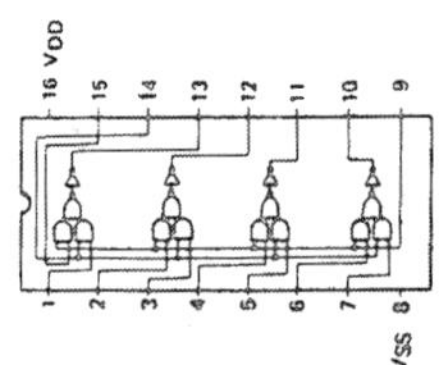	14 Stage Binary Counter 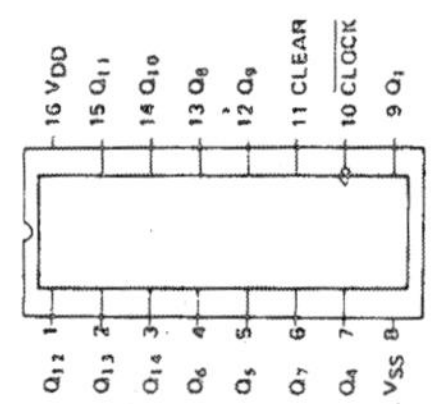 74HC4020
4021	**4022**	**4023**
8 Bit Parallel In/Serial Out Shift Register 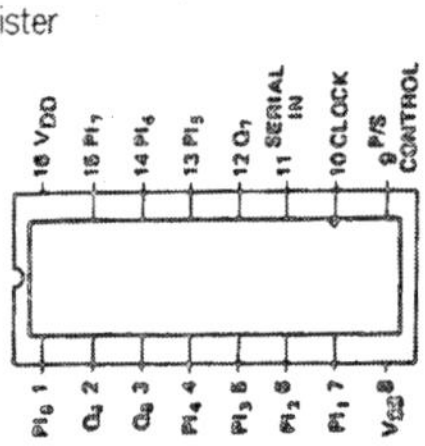	Divide by 8 Counter/Divider 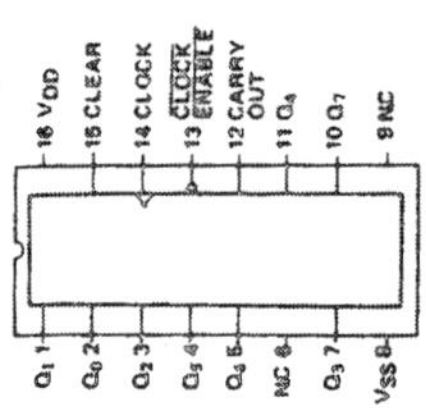 74HC4022	Triple 3 Input Positive NAND 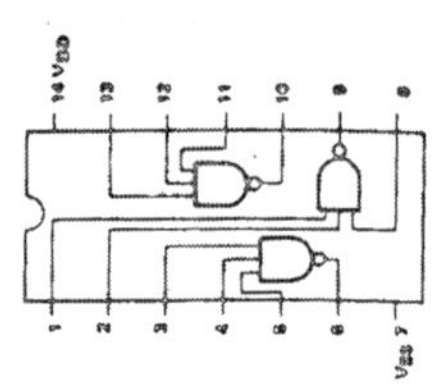
4024	**4025**	**4026**
7 Stage Binary Counter 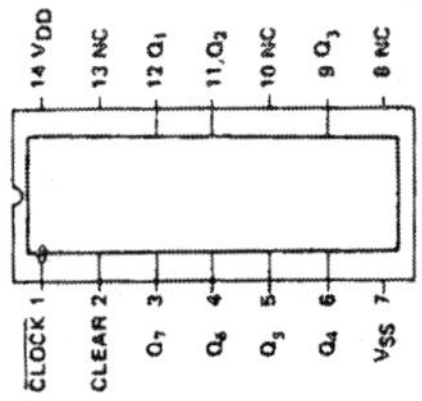 74HC4024	Triple 3 Input Positive NOR 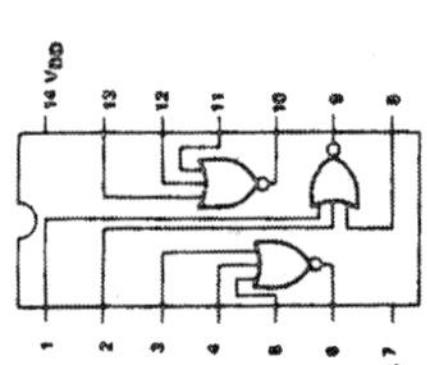	Decade Counter/Driver with 7 Segment Display 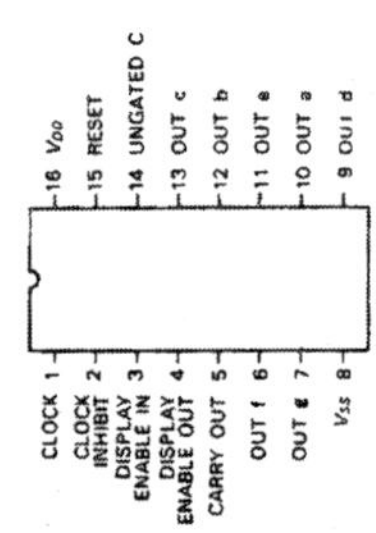

4021

8 Bit Parallel In/Serial Out Shift Register

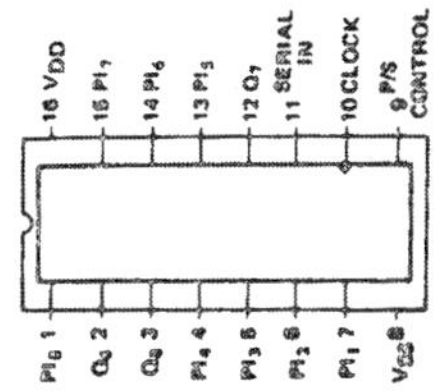

4022

Divide by 8 Counter/Divider

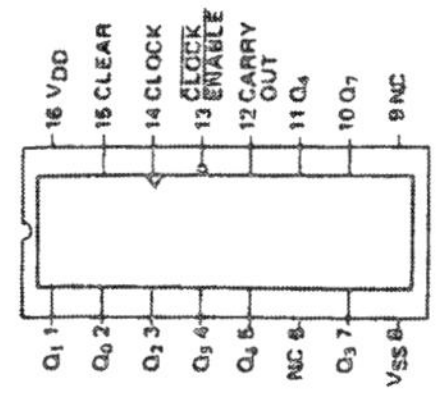

74HC4022

4023

Triple 3 Input Positive NAND

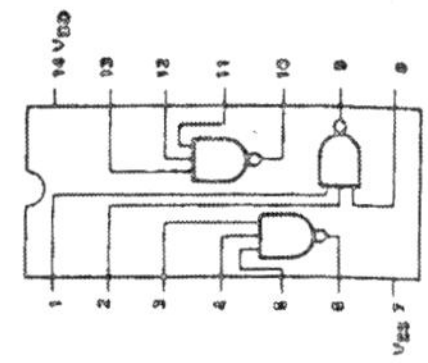

4024

7 Stage Binary Counter

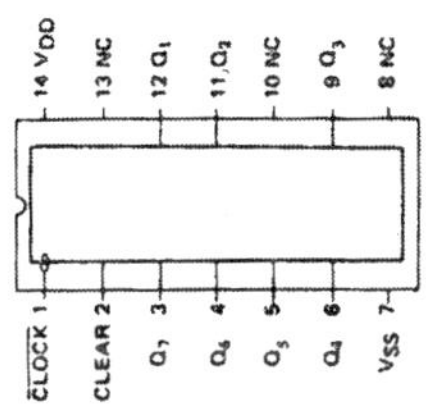

74HC4024

4025

Triple 3 Input Positive NOR

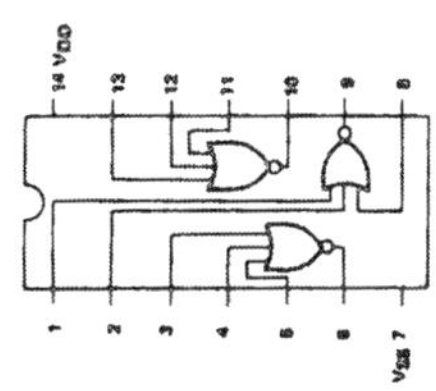

4026

Decade Counter/Driver with 7 Segment Display

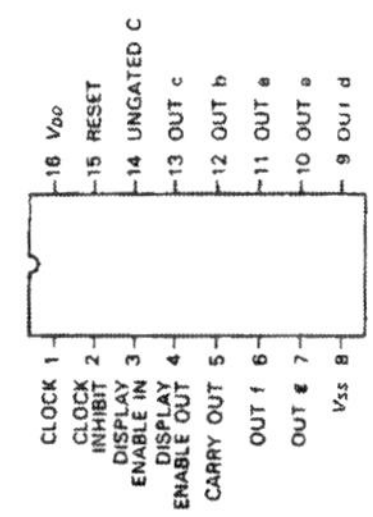

4027

Dual JK Master Flip Flop

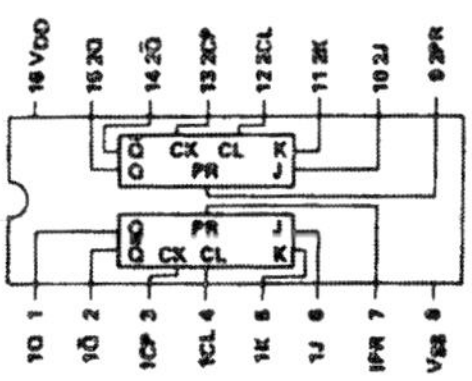

4028

BCD to Decimal Decoder

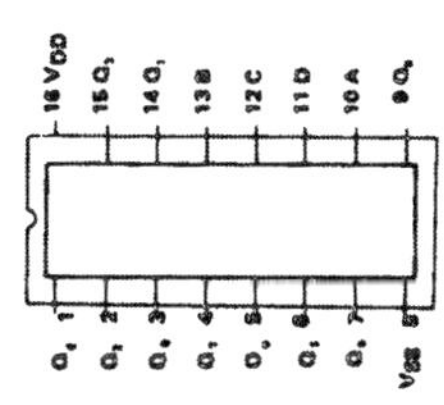

74HC4028

4029

Presettable Up/Down Counter

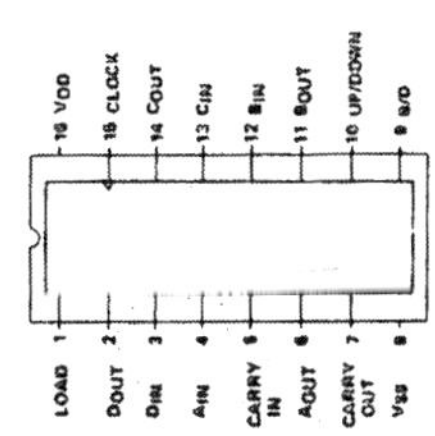

74HC4029

4030

Quad Exclusive OR

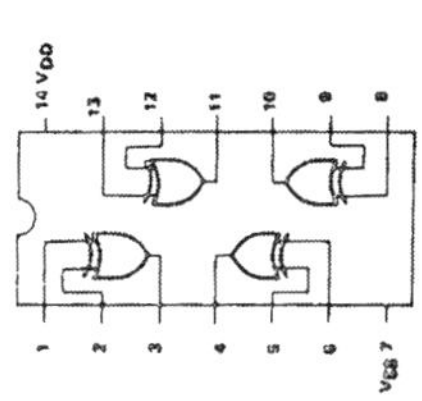

4031

64 Stage Shift Register

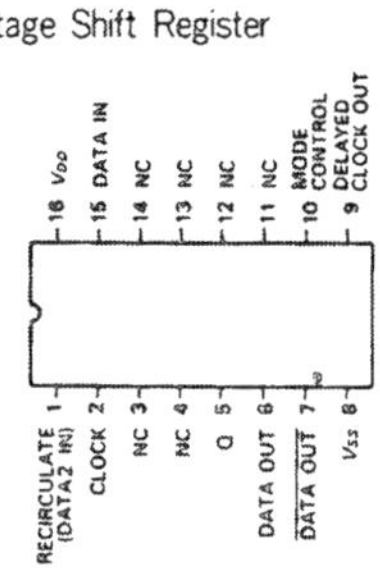

4032

Triple Positive Serial Adder

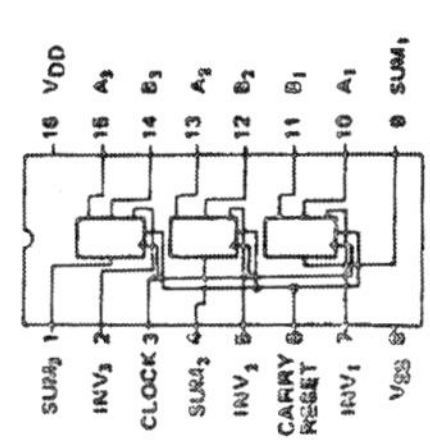

4033

Decade Counter/Driver with 7 Segment Display

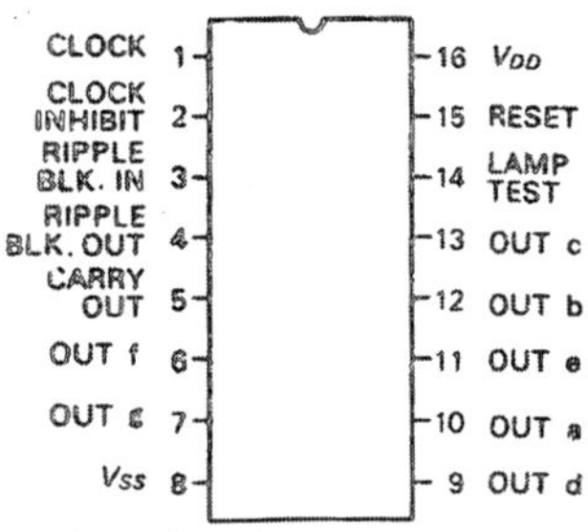

4034

8 Bit Bidirectional Shift Register

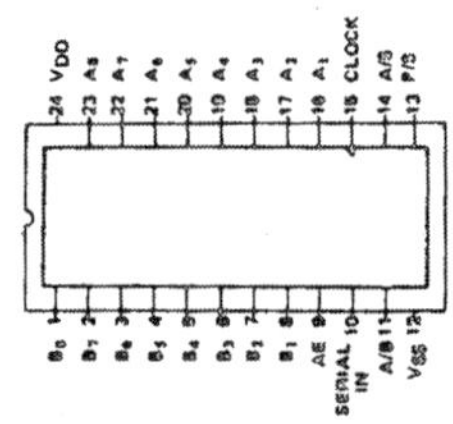

4035

4 Bit Parallel In/Parallel Out Shift Register

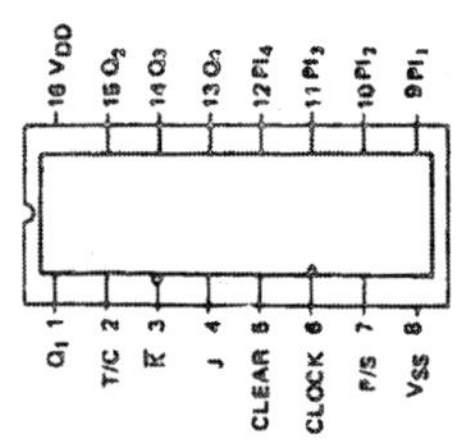

4036

4 Word by 8 Bit Static RAM

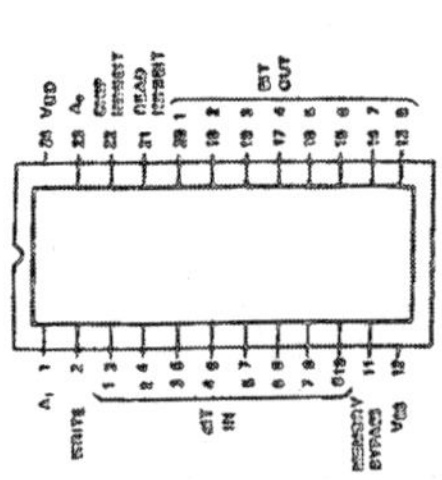

4037

Triple Serial Adder

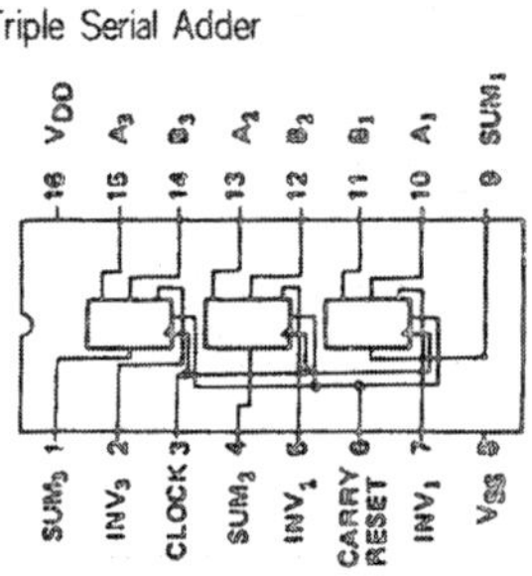

4039

4 Word by 8 Bit Static RAM

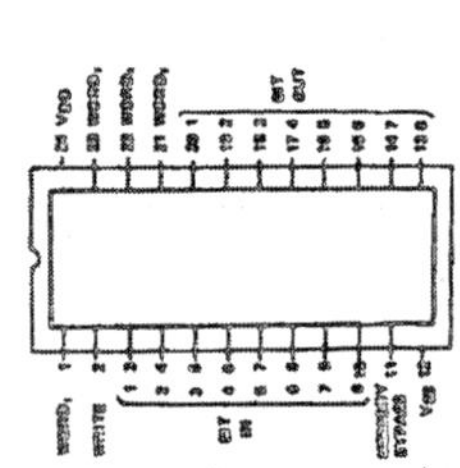

4040

12 Stage Binary Counter

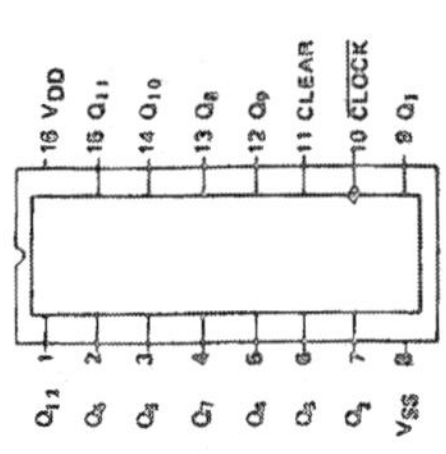

74HC4040

4041

Quad True/Complement Buffer

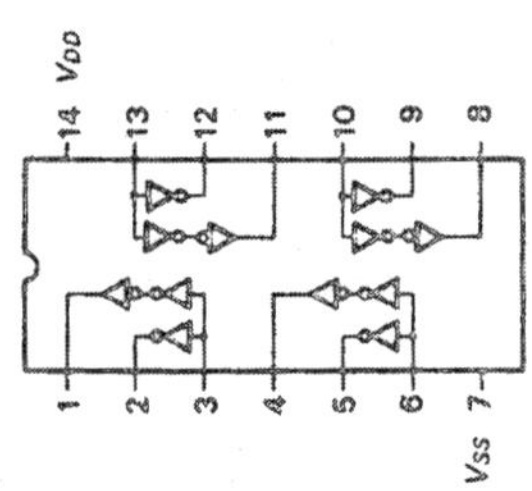

4042

Quad D Latch

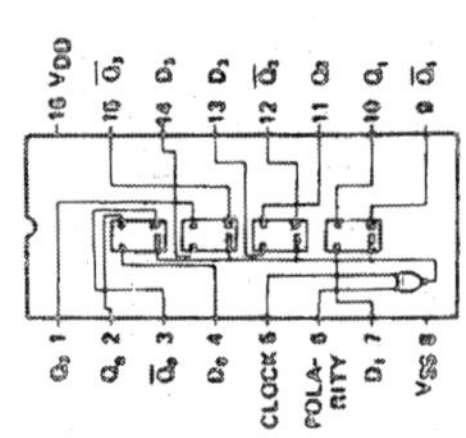

4043

Quad Positive NOR R/S Latch

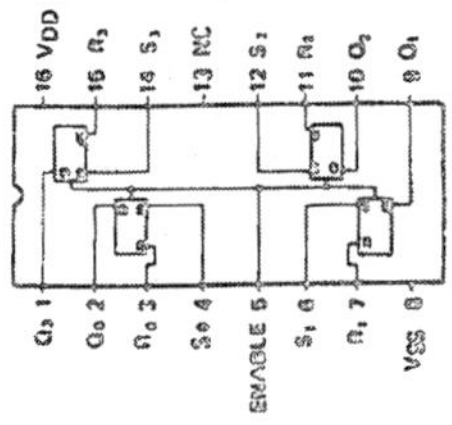

4044

Quad Positive NAND R/S Latch

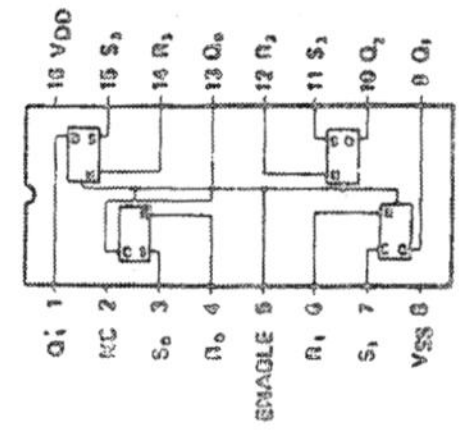

4045

21 Stage Counter

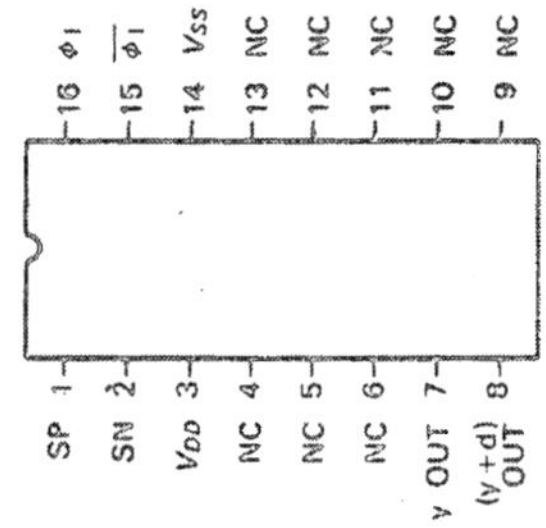

4047	4048	4049
Astable/Monostable Multivibrator 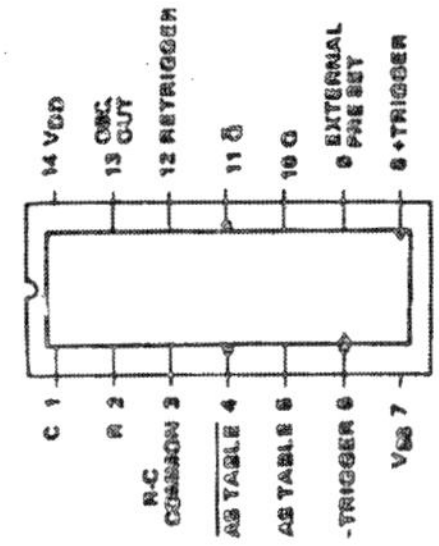	Multi-Function Expandable 8 Input Gate 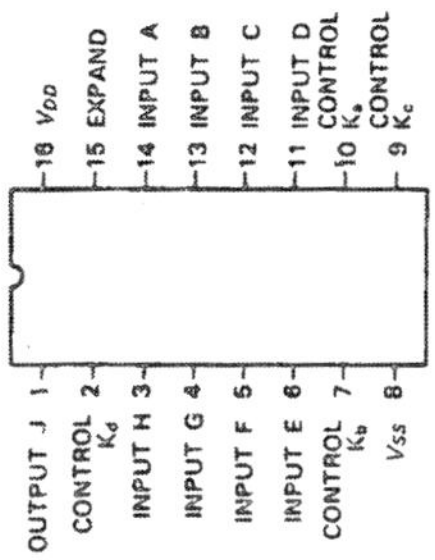	Hex Inverting Buffer/Converter 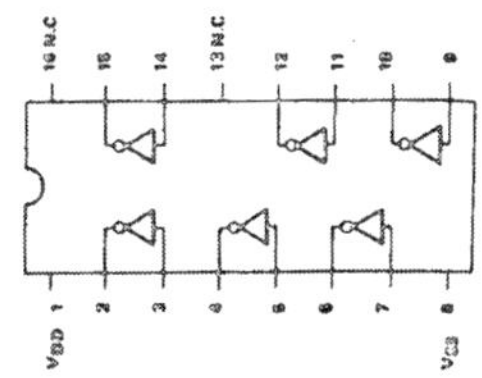 74HC4049 50H000
4050	**4051**	**4052**
Hex Non-Inverting Buffer/Converter 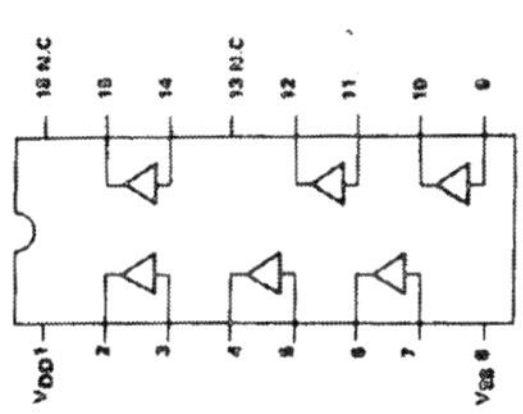 74HC4050 50H001	Single 8 Channel Analog Multiplexer/Demultiplexer 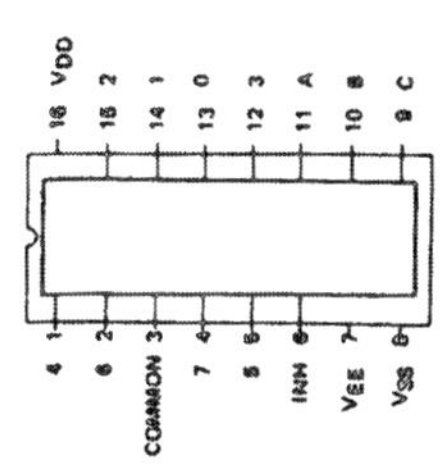 74HC4051	Differential 4 Channel Analog Multiplexer/Demultiplexer 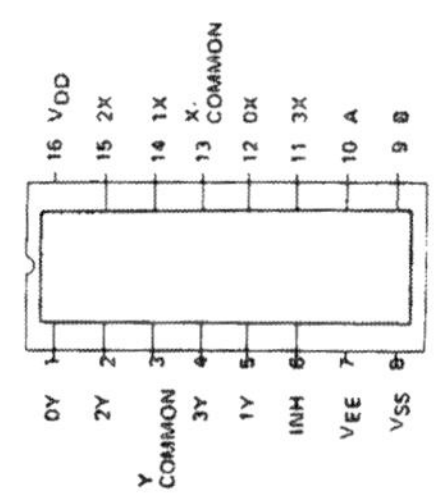 74HC4052
4053	**4054**	**4055**
Triple 2 Channel Analog Multiplexer 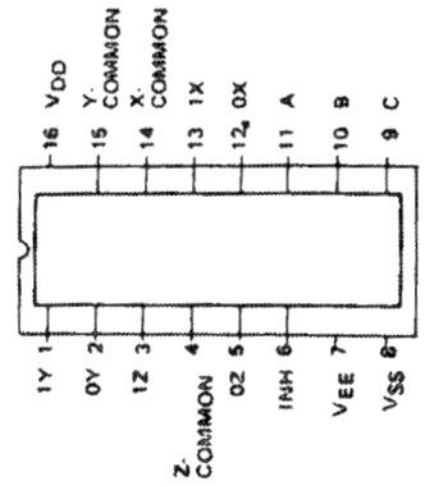 74HC4053	4 Line LCD Driver 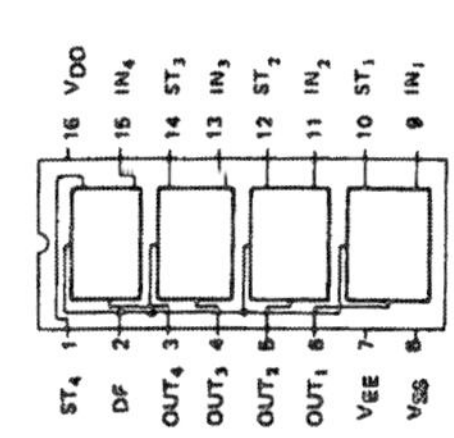	BCD to 7 Segment LCD Driver 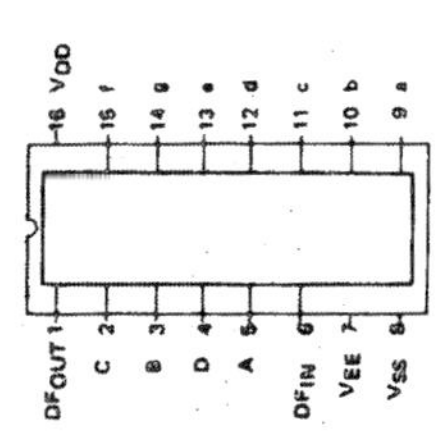
4056	**4060**	**4063**
BCD to 7 Segment LCD Driver 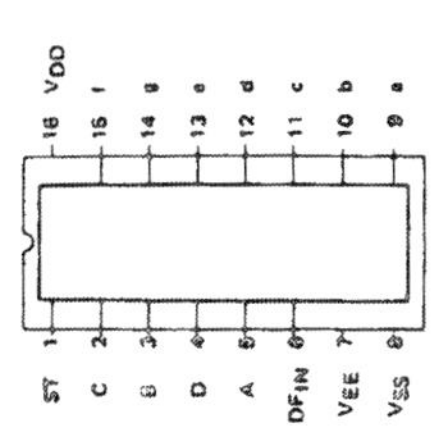	14 Stage Ripple Carry Binary Counter 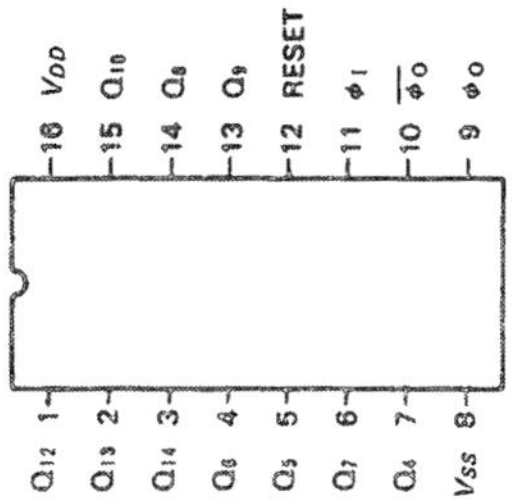 74HC4060	4 Bit Magnitude Comparator 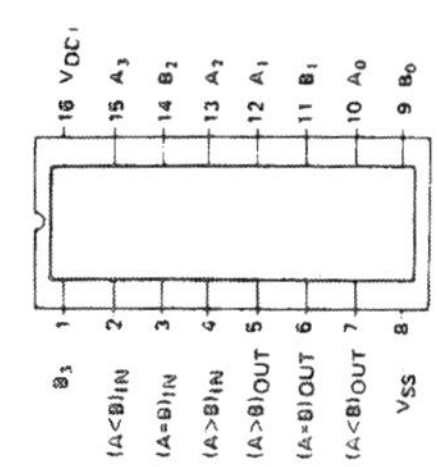

4066

Quad Bilateral Switch

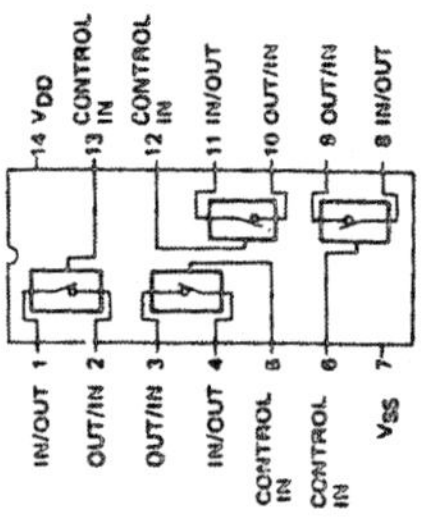

74HC4066

4067

Analog Multiplexer/Demultiplexer

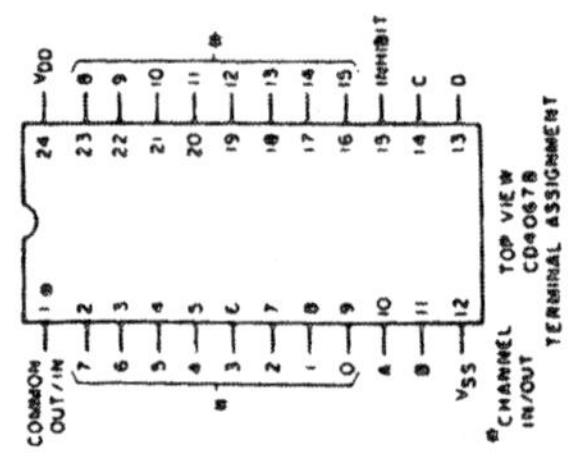

74HC4067

4068

8 Input Positive NAND/AND

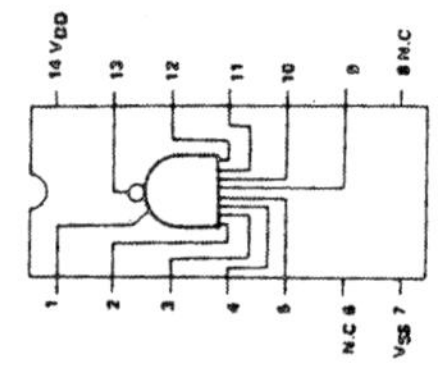

4069

Hex Inverter

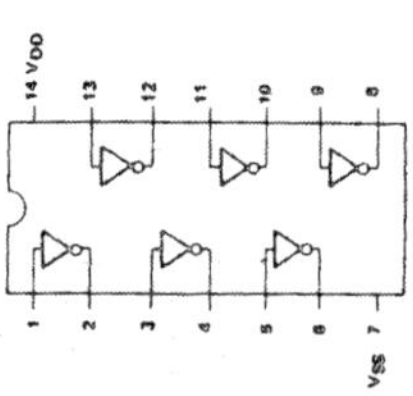

4070

Quad 2 Input Exclusive OR

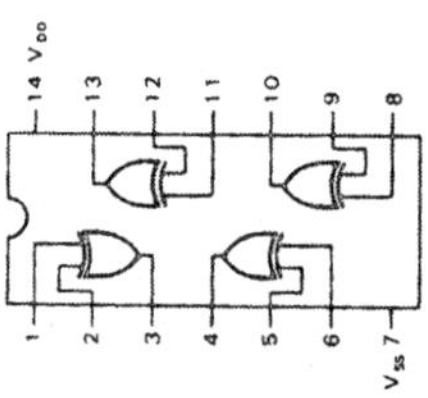

4071

Quad 2 Input Positive OR

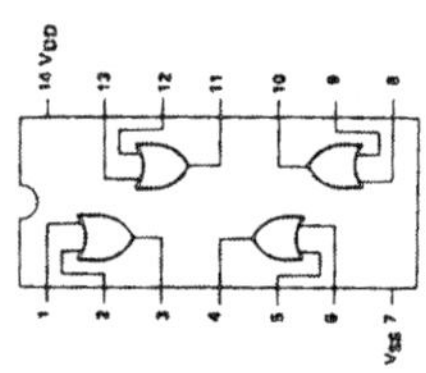

4072

Dual 4 Input Positive OR

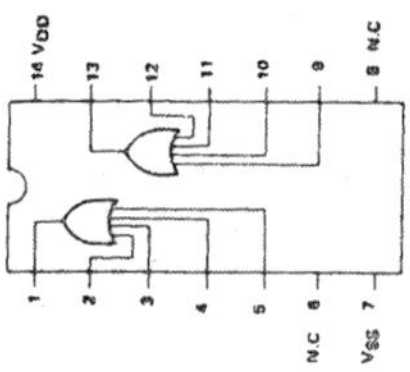

74HC4072

4073

Triple 3 Input Positive AND

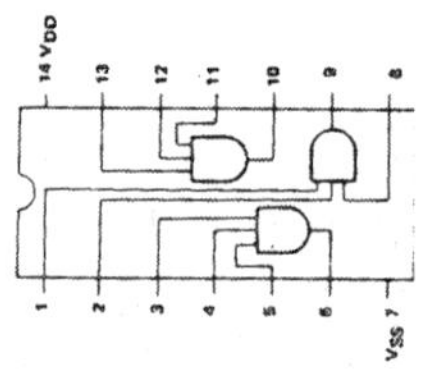

4075

Triple 3 Input Positive OR

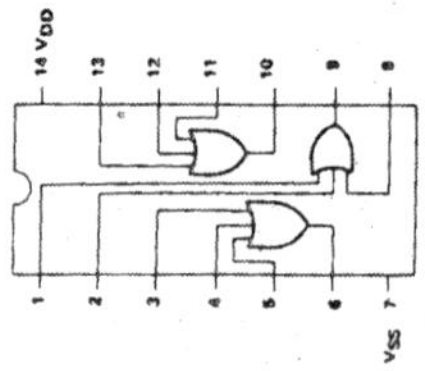

74HC4075

4076

Quad D Type Register

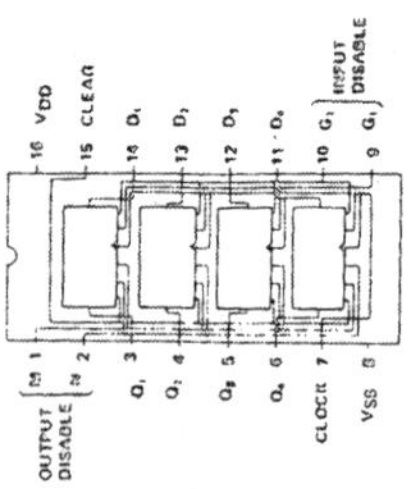

4077

Quad 2 Input Exclusive NOR

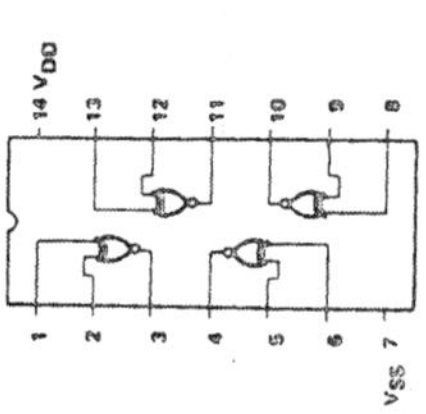

4078

8 Input Positive NOR/OR

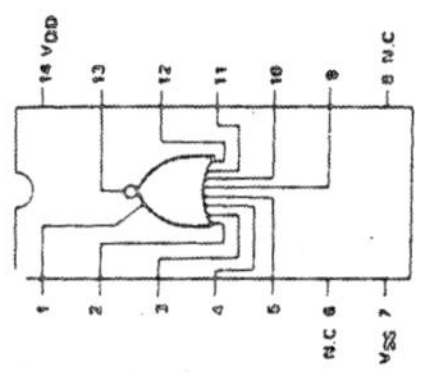

74HC4078

4081

Quad 2 Input Positive AND

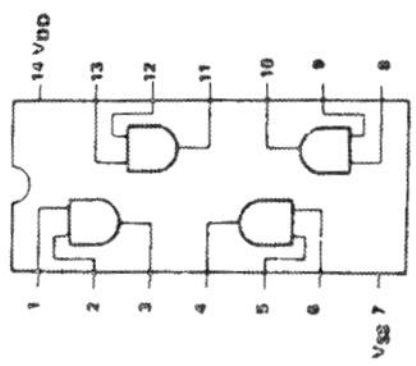

4082

Dual 4 Input Positive AND

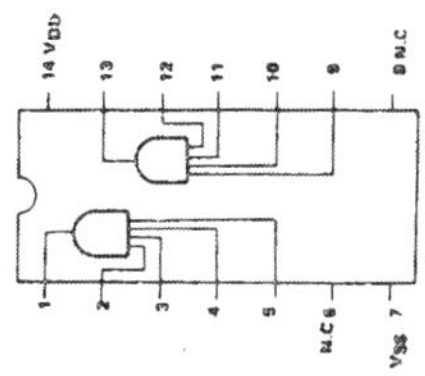

4085

Dual 2 Wide 2 Input AND OR Invert

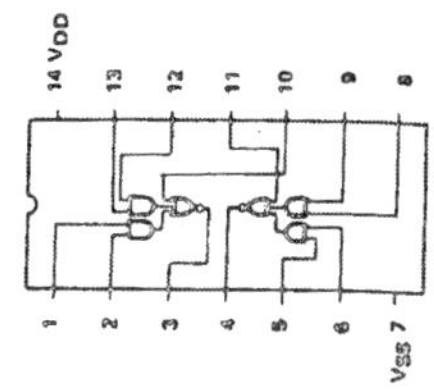

4086

4 Wide 2 Input AND OR Invert

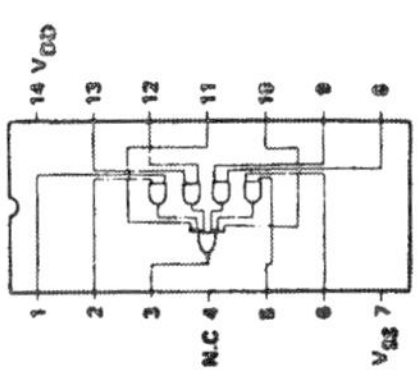

4089

Binary Rate Multiplier

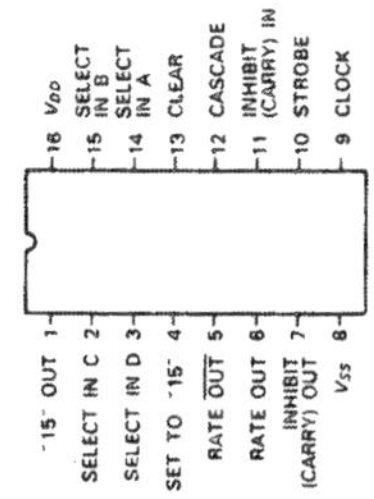

4093

Quad 2 Input NAND Schmitt Trigger

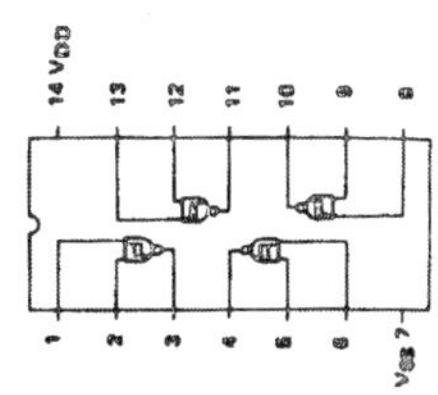

4094

8 Stage Shift And Store Bus Register

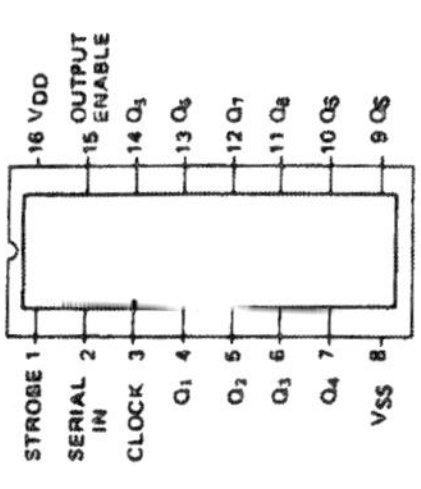

74HC4094

4095

Gated JK Flip Flop

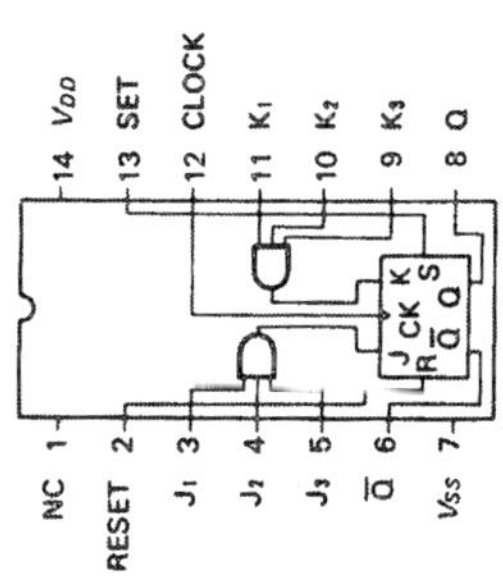

4096

Gated JK Flip Flop

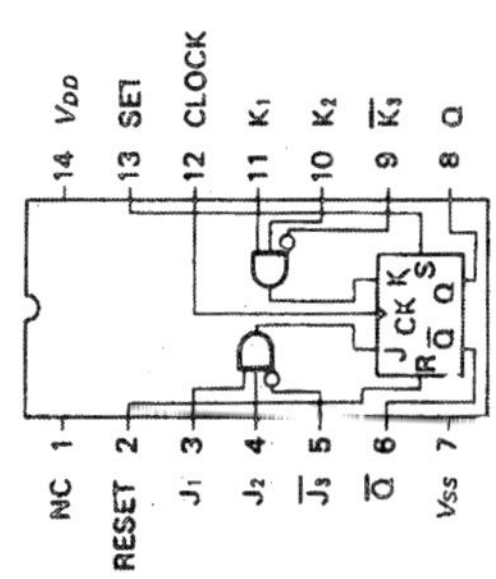

4097

Analog Multiplexer/Demultiplexer

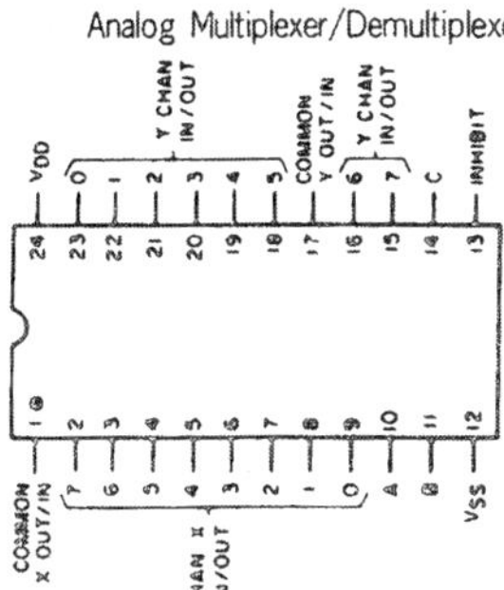

4098

Dual Monostable Multivibrator

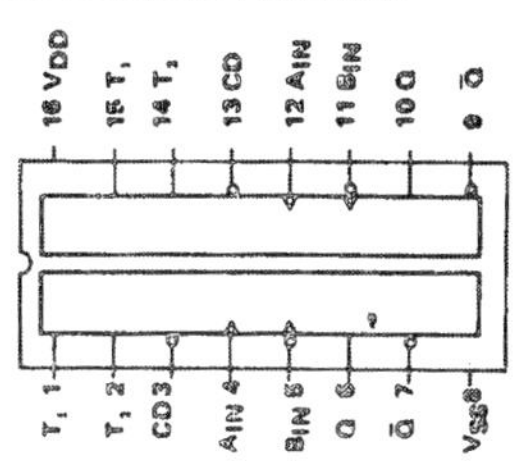

4099

8 Bit Addressable Latch

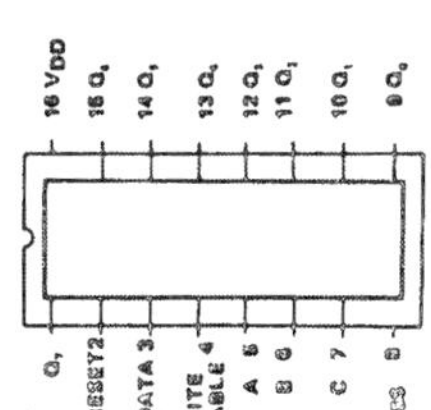

40100

32 Stage Static Left/Right Shift Register

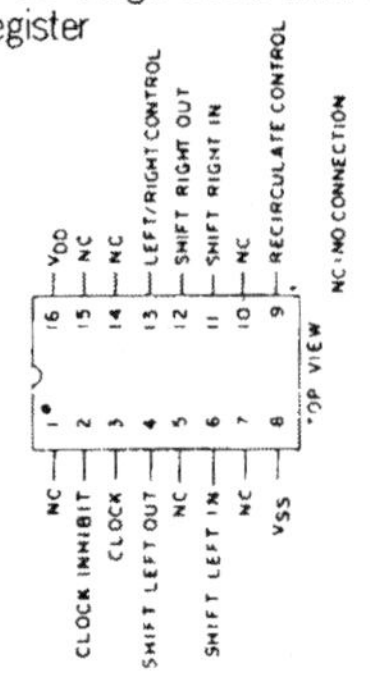

40101

9 Bit Parity Generator/Checker

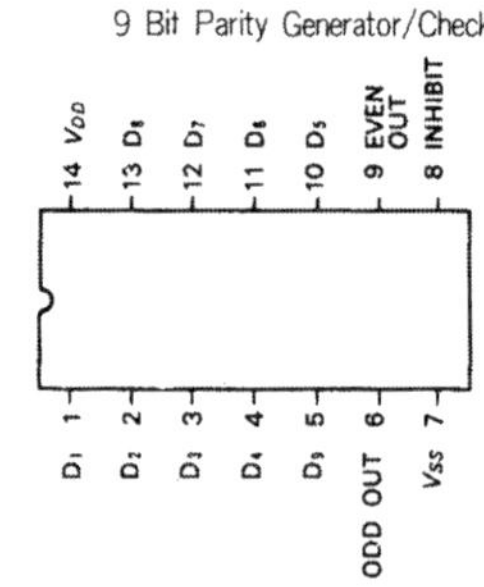

40102, 40103

40102 :Dual BCD Presettable Down Counter
40103 :8 Bit Binary Presettable Down Counter

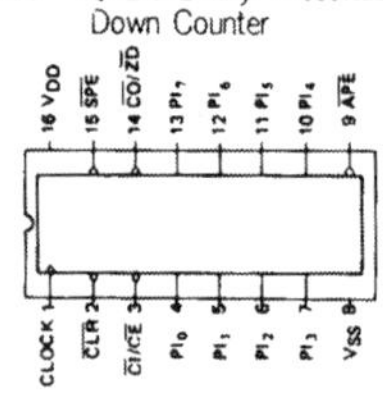

74HC40102
74HC40103

40104

4 Bit Universal Shift Register

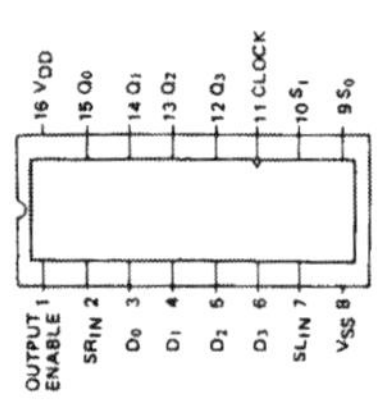

74HC40104

40105

First-In First-Out Register

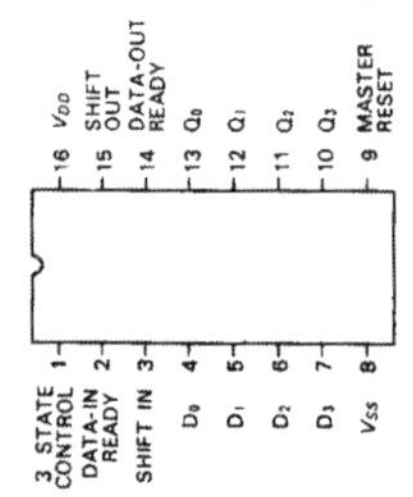

74HC40105

40106

Hex Schmitt Trigger

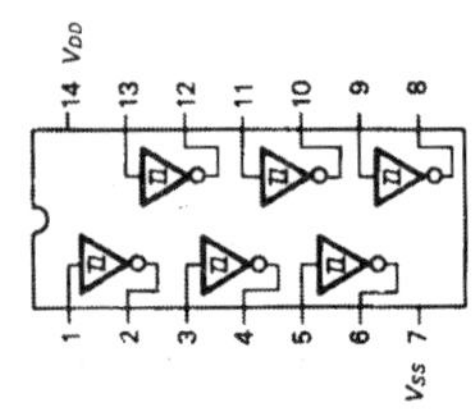

40107

Dual 2 Input NAND Buffer/Driver

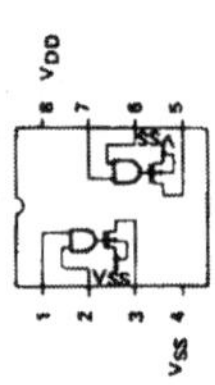

40108

4×4 Multiport Register

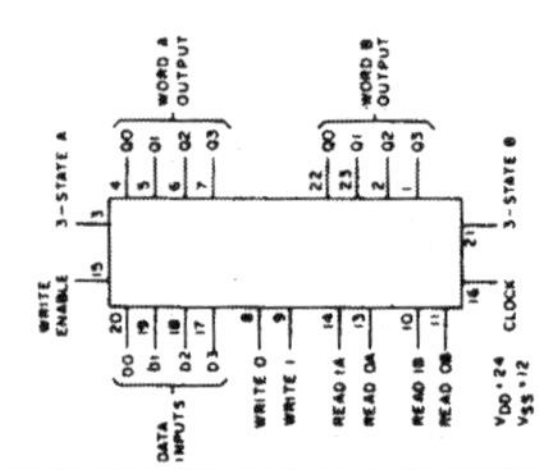

40109

Quad Low-to-High Voltage Level Shifter

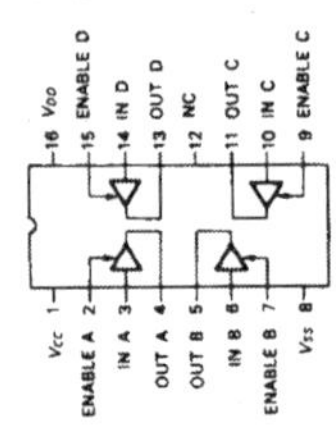

40160, 40161, 40162, 40163

40160: Decade Counter with Asynchronous Clear
40161: 4 Bit Binary Counter with Asynchronous Clear
40162: Decade Counter with Synchronous Clear
40163: 4 Bit Binary Counter with Synchronous Clear

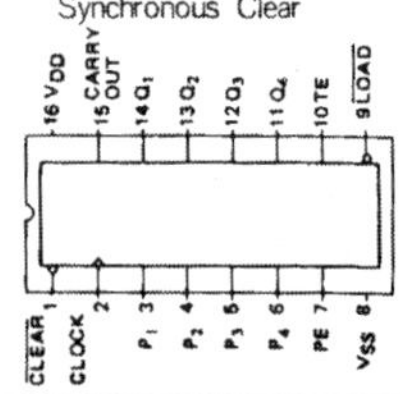

40174

Hex D Type Flip Flop

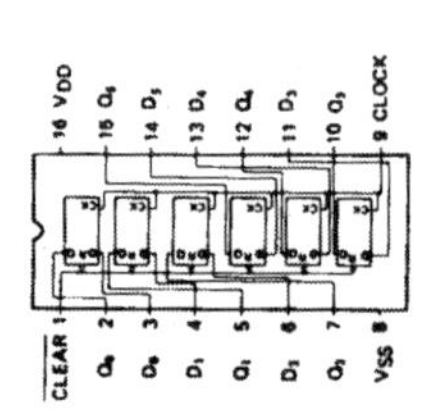

40175

Quad D Type Flip Flop

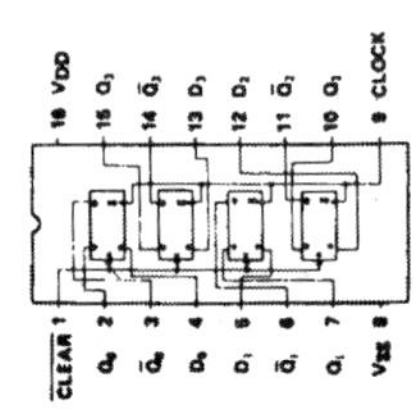

40192, 40193

40192: Presettable BCD Up/Down Counter
40193: Presettable Binary Up/Down Counter

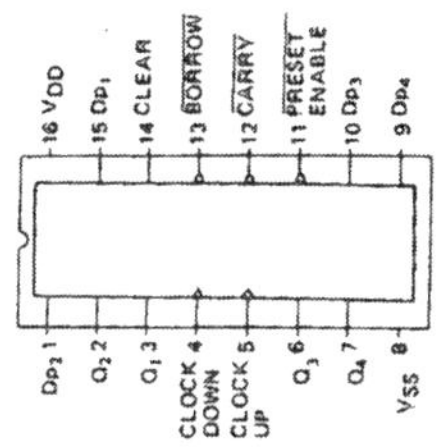

40194

4 Bit Universal Shift Register

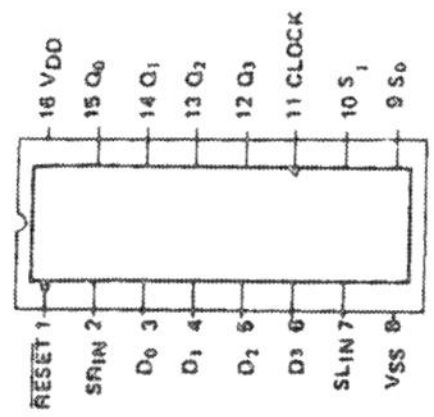

4501

Dual 4 Input NAND+2 Input NOR/OR

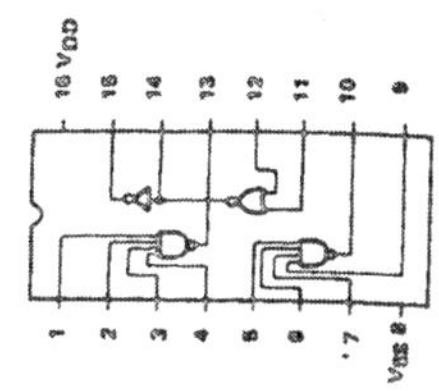

4502

Hex Strobed Buffer

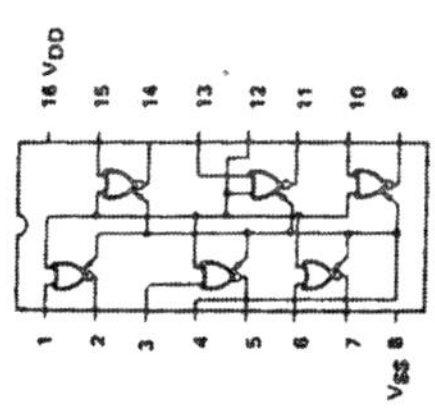

4503

Hex Non-Inverting 3 state Buffer

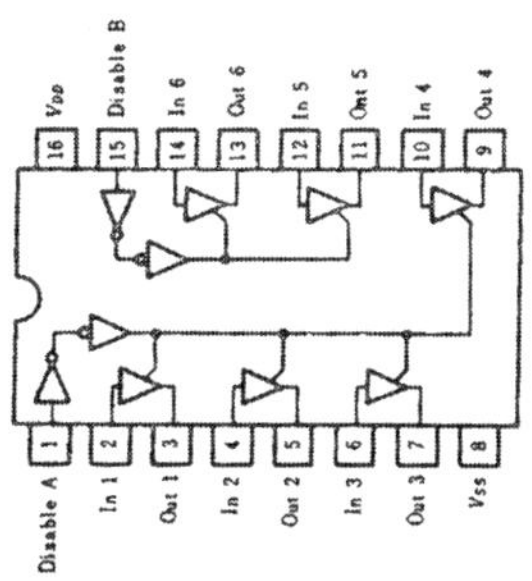

4504

Hex Level Shifter
(TTL→C-MOS, C-MOS→C-MOS)

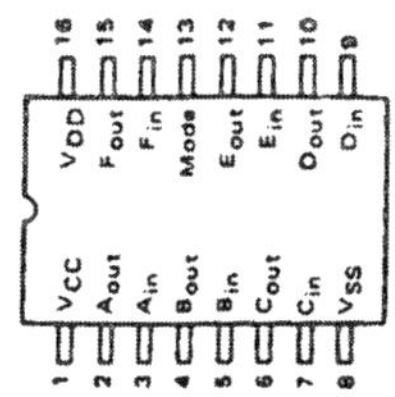

4506

Dual 2-Wide 2 Input
Expandable AND-OR-Invert

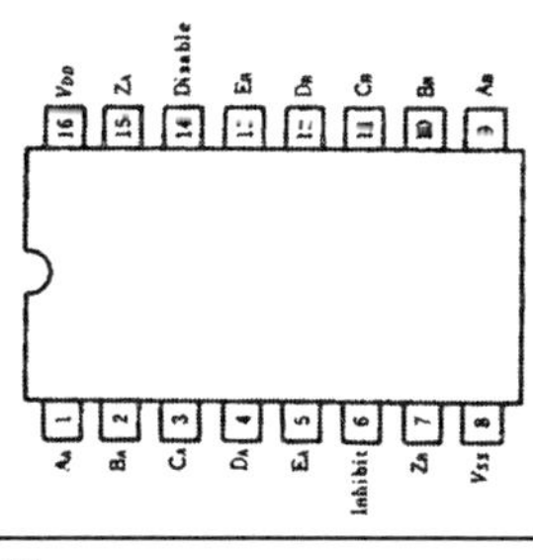

4508

Dual 4 Bit Latch

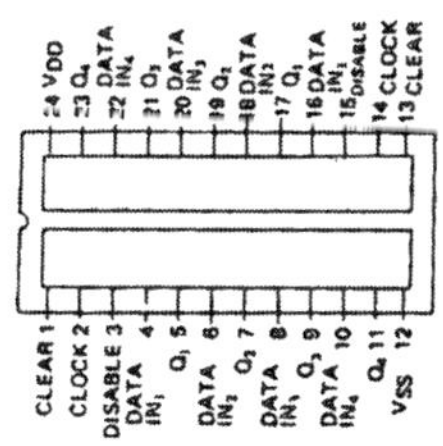

4510

BCD Up/Down Counter

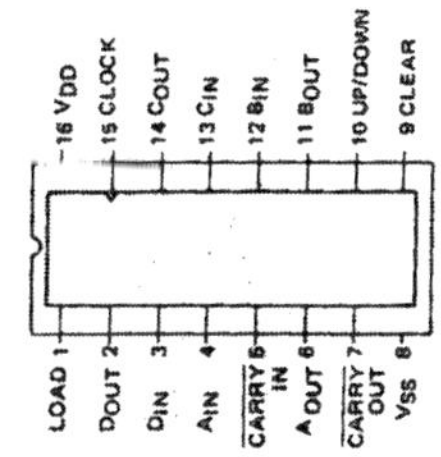

4511

BCD to 7 Segment
Latch/Decoder/Driver

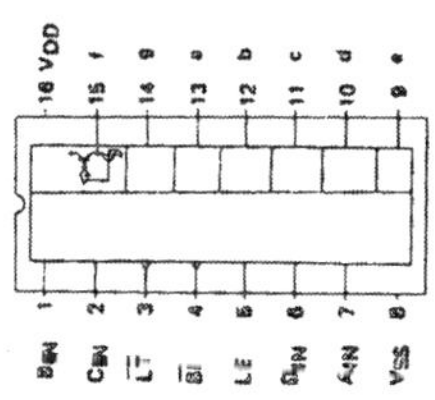

74HC4511

4512

8 Channel Data Selector

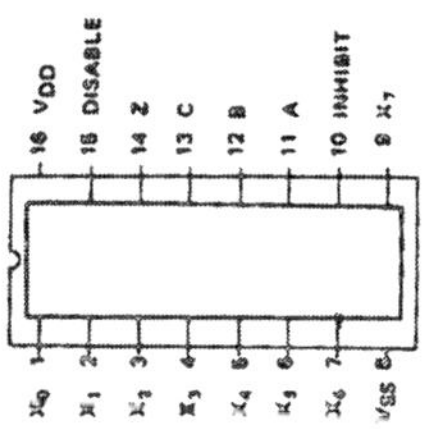

4513

BCD to 7 Segment
Latch/Decoder/Driver

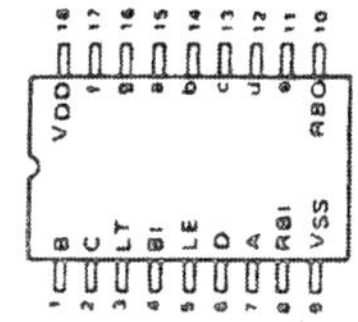

4514

4 Bit Latch/4 to 16 Line Decoder

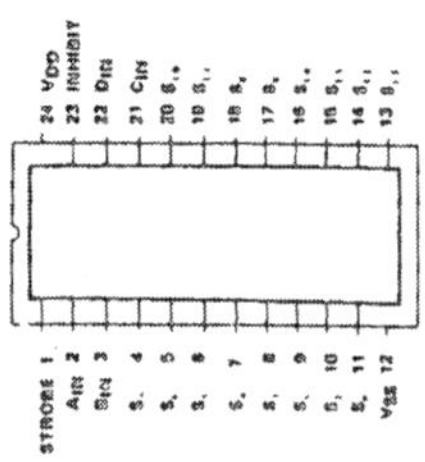

4515

4 Bit Latch/4 to 16 Line Decoder

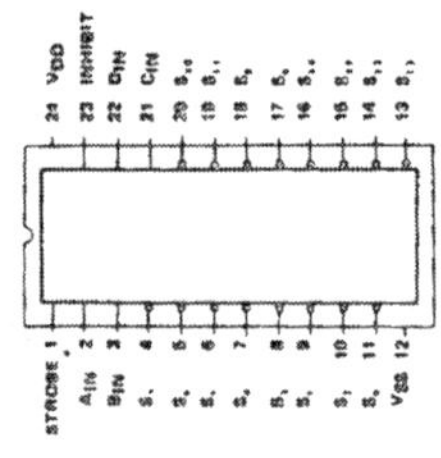

74HC4515

4516

Binary Up/Down Counter

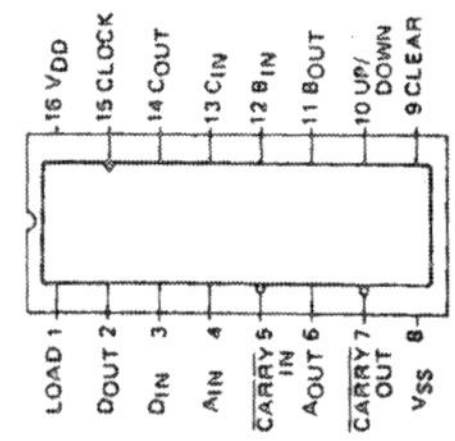

4517

Dual 64 Bit Static Shift Register

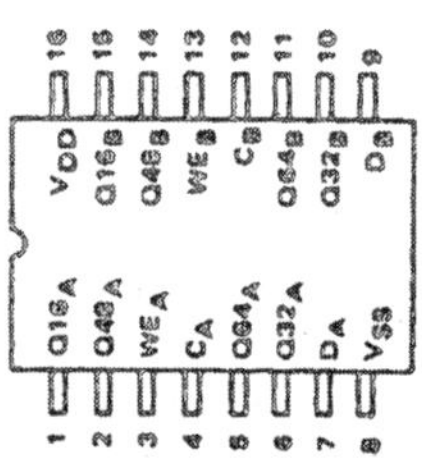

4518

Dual BCD Up Counter

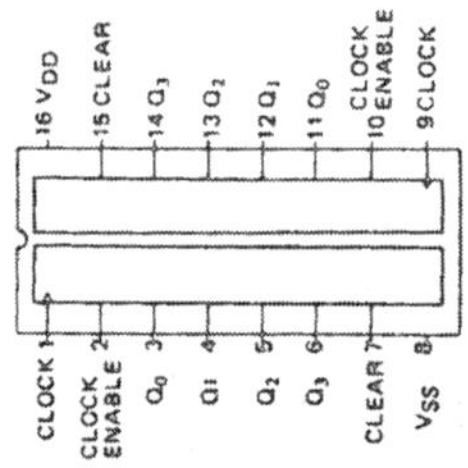

4519

4 Bit AND/OR Selector

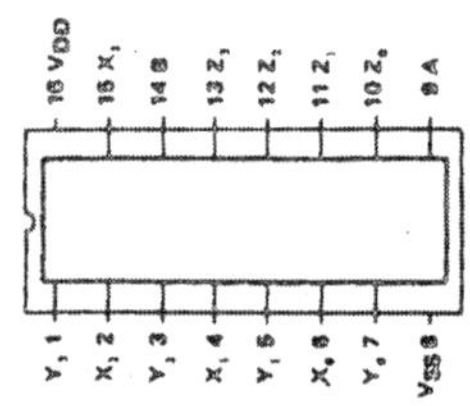

4520

Dual Binary Up Counter

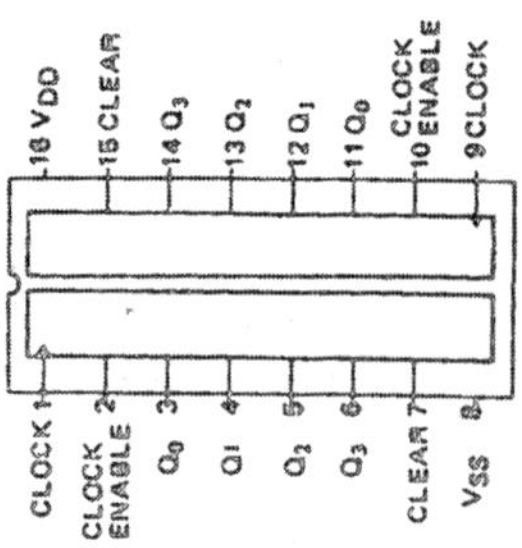

4521

24 Stage Frequency Divider

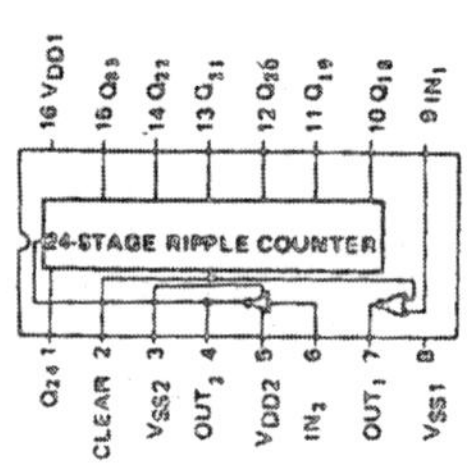

4522

Programmable Divide by N
4 Bit BCD Counter

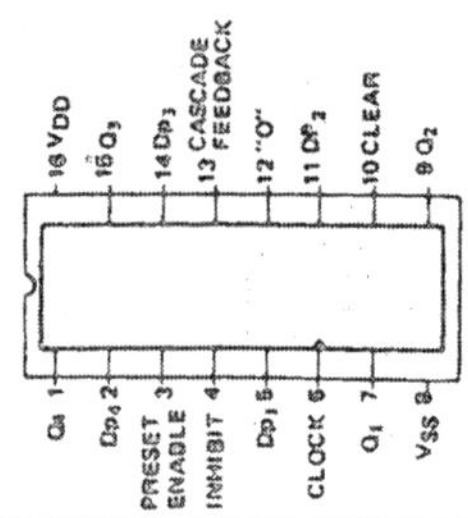

4526

Programmable Divide by N
4 Bit Binary Counter

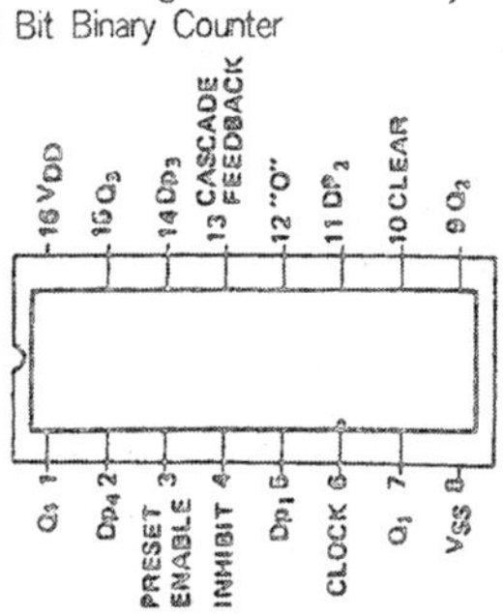

4527

BCD Rate Multiplier

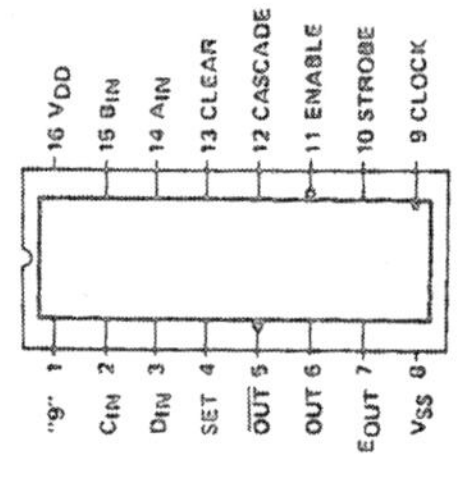

4528

Dual Monostable Multivibrator

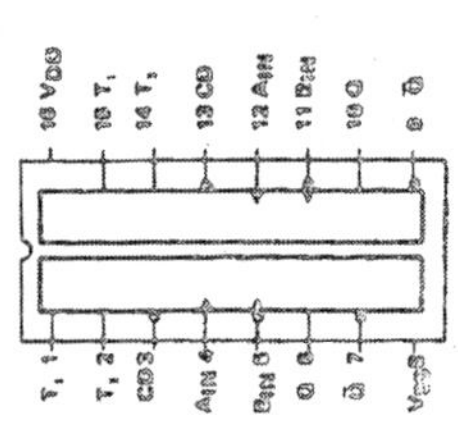

4529

Dual 4 Channel Analog Data Selector

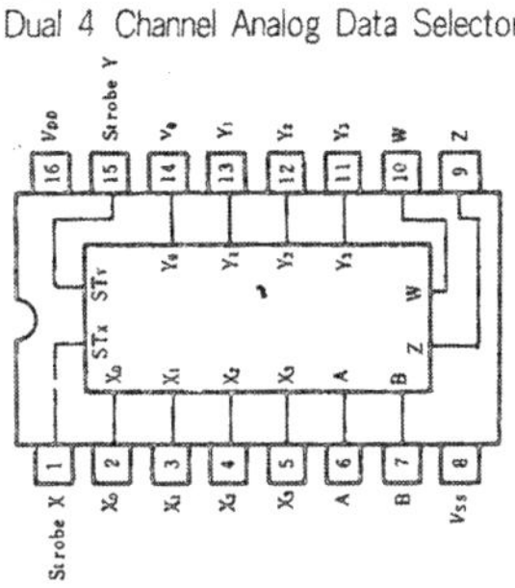

4530

Dual 5 Input Majority Logic

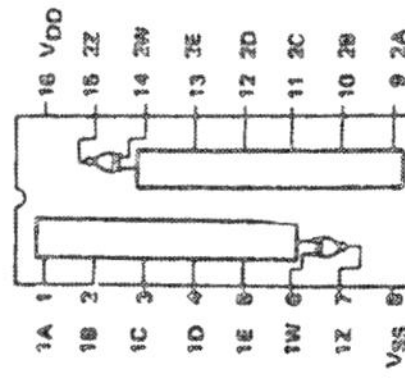

4531

12 Bit Parity Tree

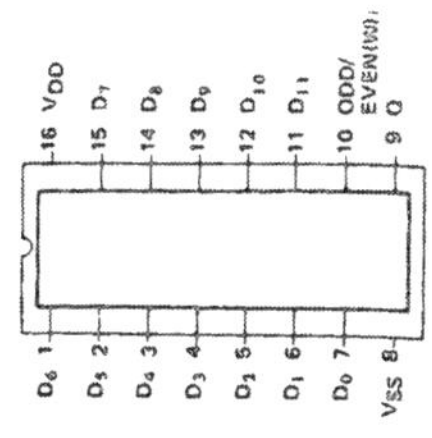

4532

8 Bit Priority Encoder

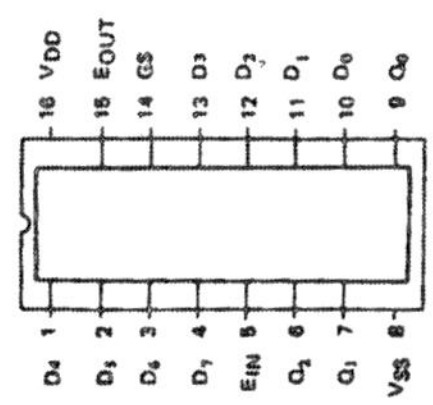

4534

Real Time 5 Decade Counter

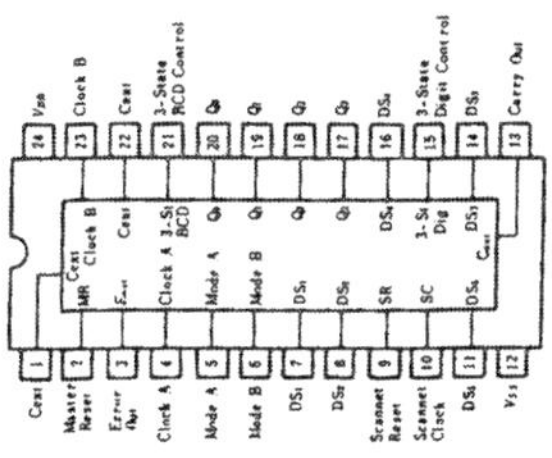

4536

Programmable Timer

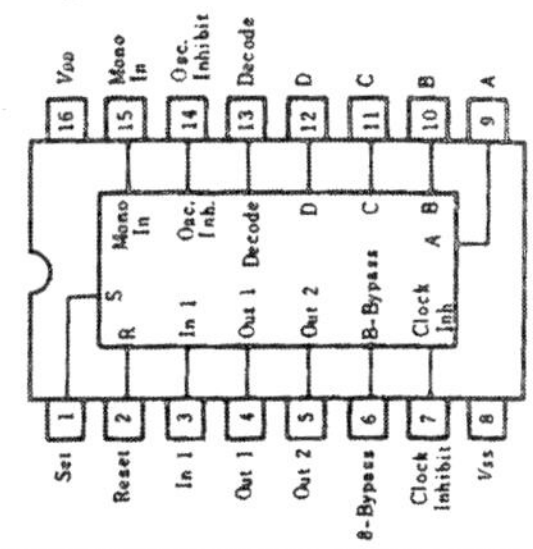

4538

4538

Dual Precision Retriggerable/
Resettable Monostable Multivibrator

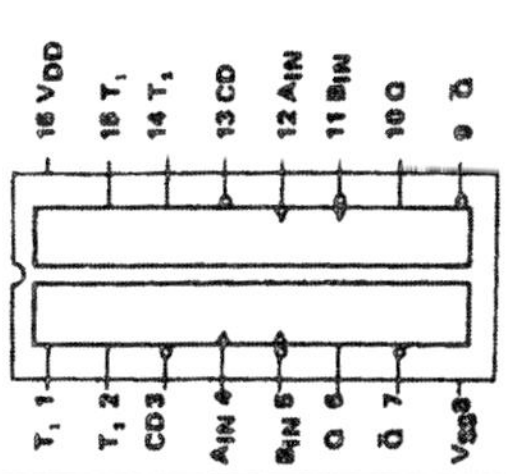

4539

Dual 4 Channel Multiplexer

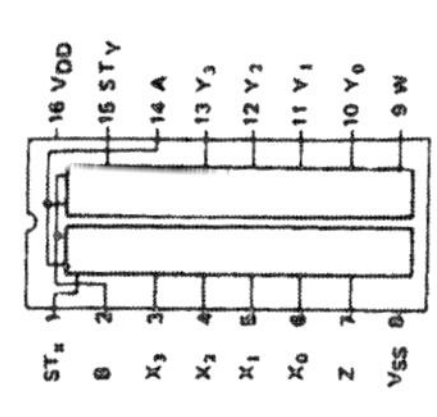

4541

Programmable Timer

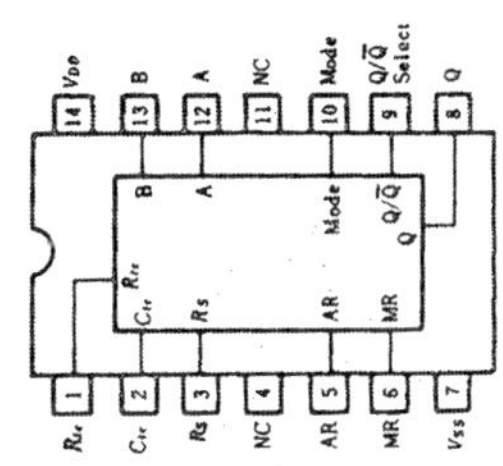

4543

BCD to 7 Segment Latch/Decoder/
Driver (for Liquid Crystal)

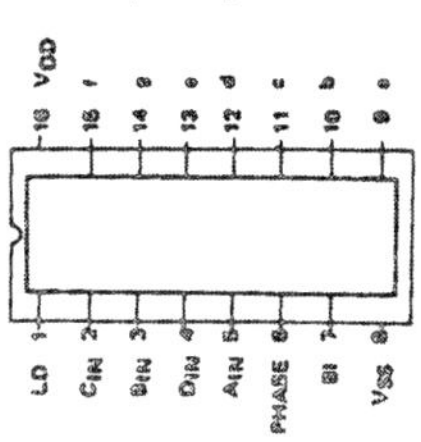

74HC4543

4544

BCD to 7 Segment Latch/Decoder
/Driver (for Liquid Crystal)

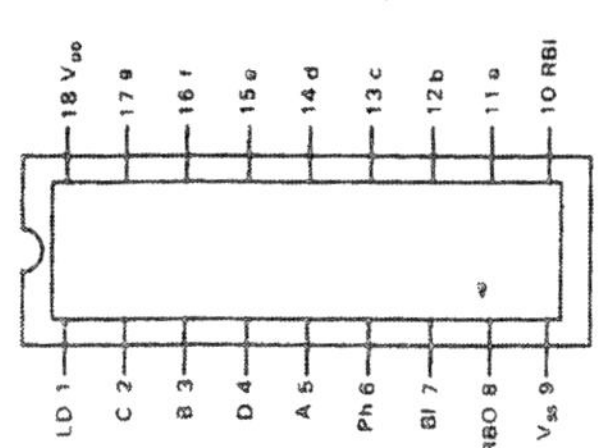

4547

BCD to 7 Segment Decoder/Driver

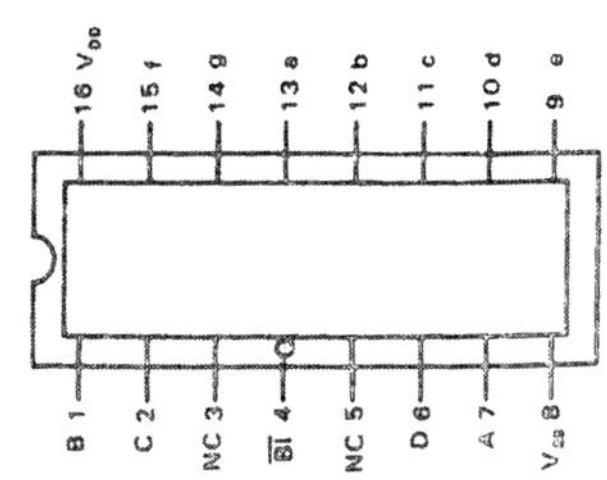

4549

Successive Approximation Registers

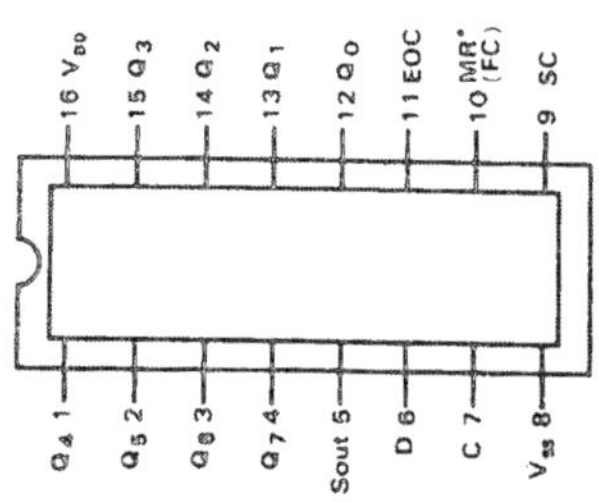

4551

Quad 2 Input Analog Multiplexer/Demultiplexer

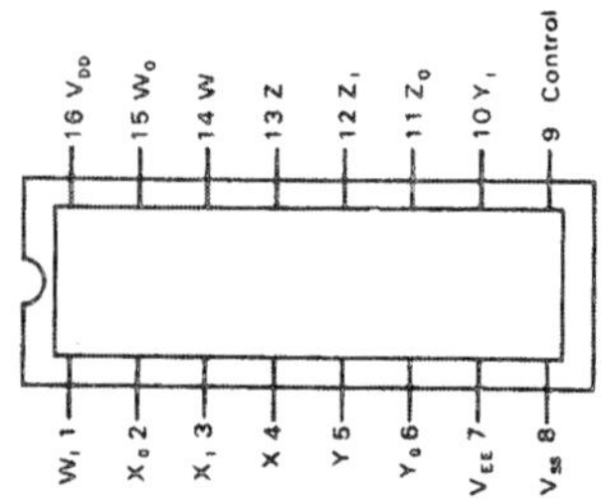

4553

3 Digit BCD Counter

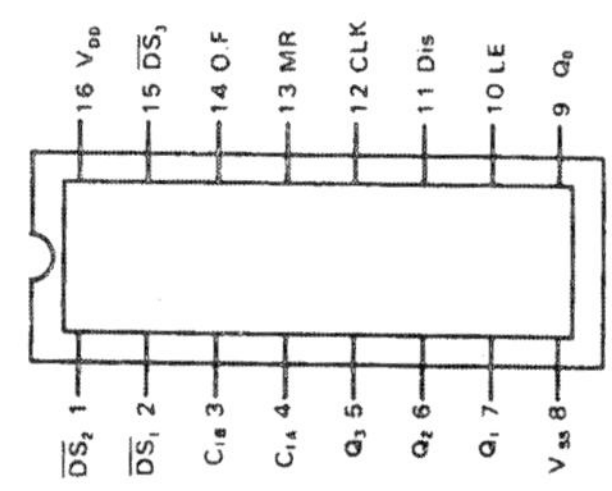

4554

2 Bit by 2 Bit Parallel Binary Multiplier

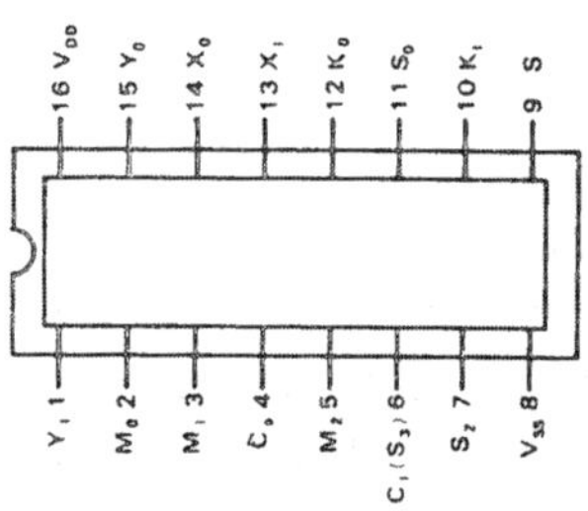

4555

Dual 1 of 4 Decoder (Positive)

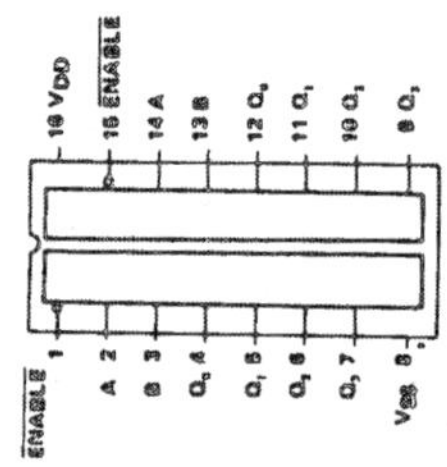

4556

Dual 1 of 4 Decoder (Negative)

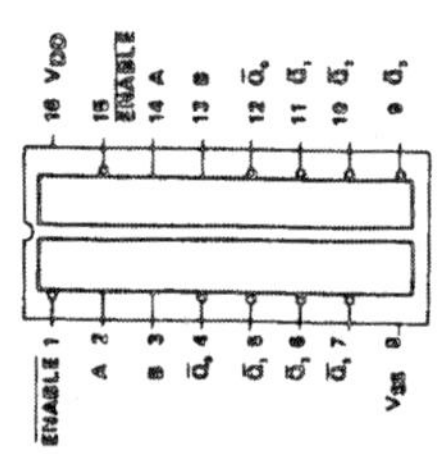

4557

1 to 64 Bit Variable Length Shift Register

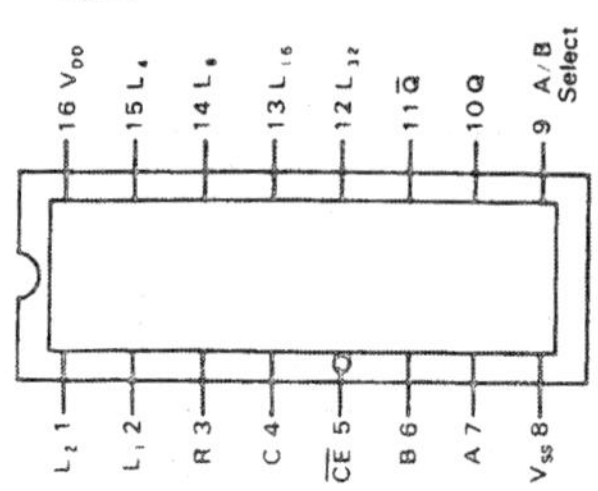

4558

BCD to 7 Segment Decoder

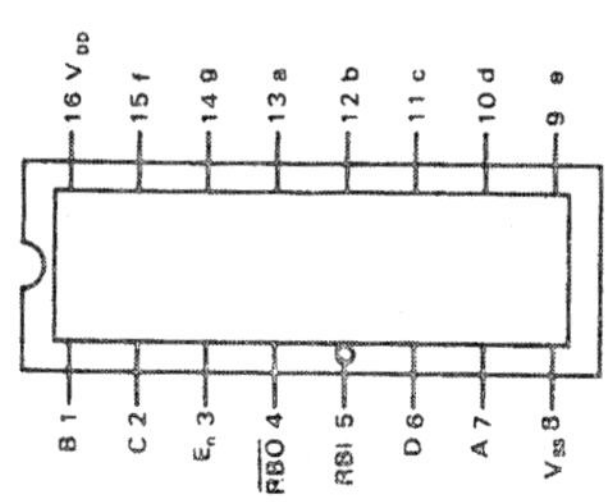

4559

Successive Approximation Register

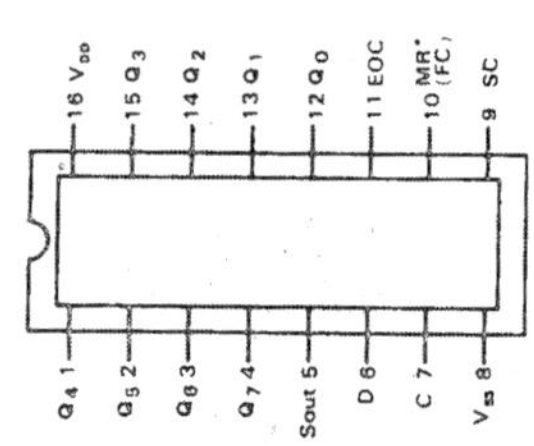

4560

NBCD Adder

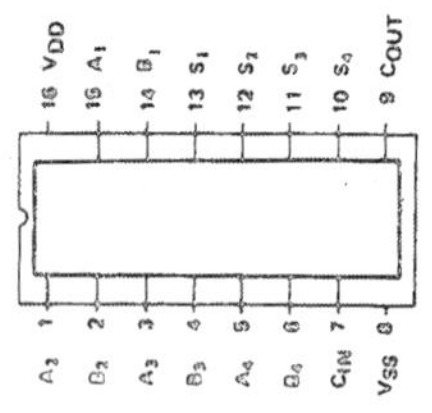

74HC4560

4562

9's Complementer

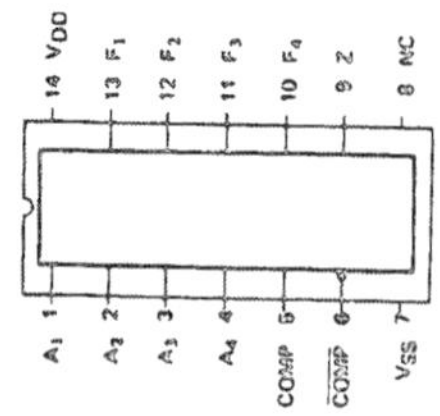

4562

128 Bit Static Shift Register

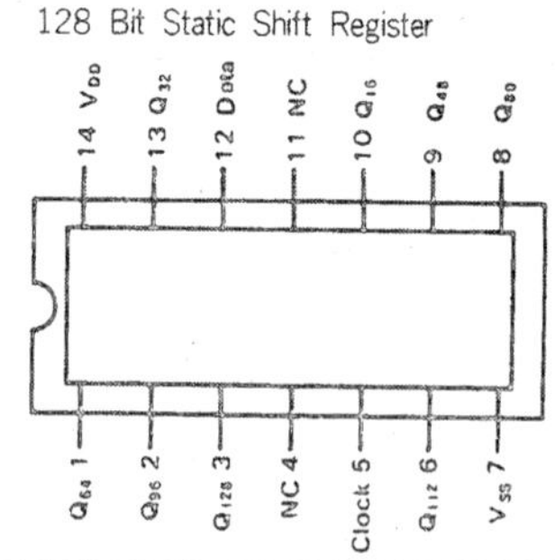

4566

Industrial Time Base Generator

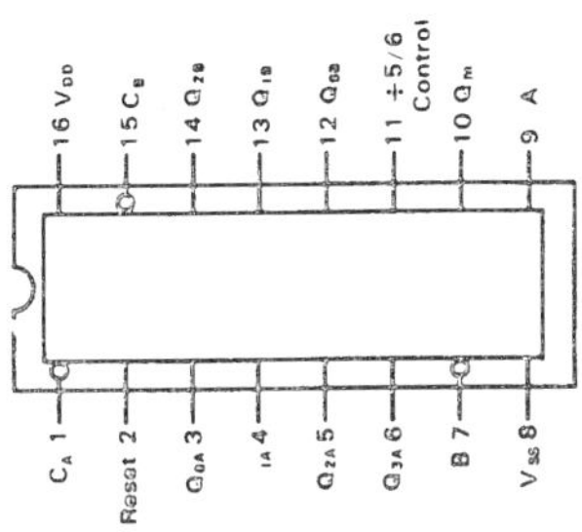

4568

Phase Comparator and Programmable Counter

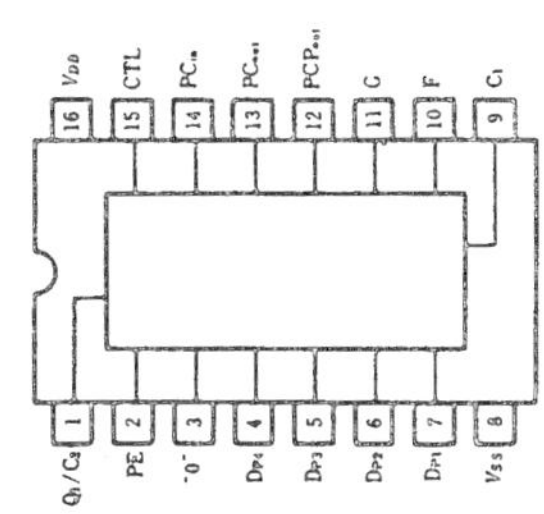

4569

Programmable Divide by N Dual 4 Bit BCD/Binary Counter

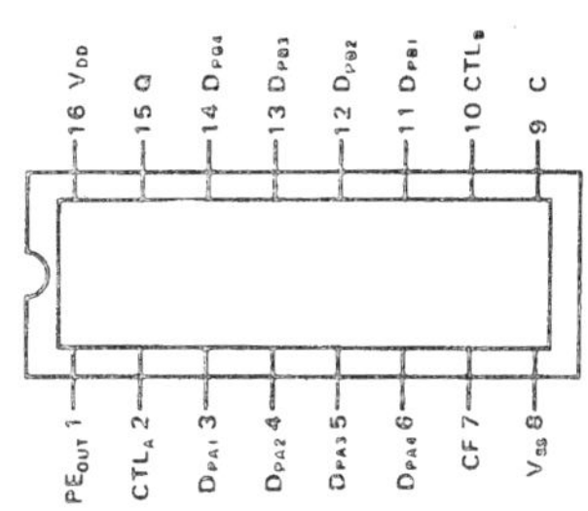

4572

Hex Gate (4 Inverter + 2 Input NOR Gate + 2 Input NAND Gate)

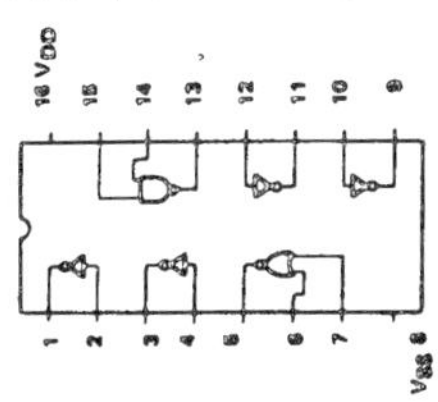

4580

4×4 Multiport Register

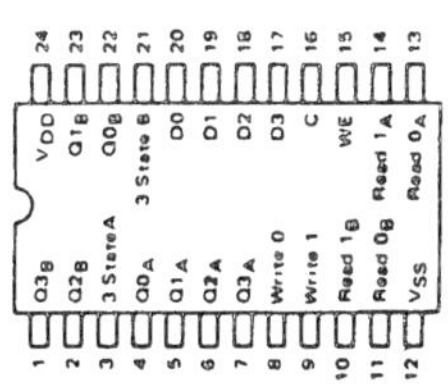

4581

4 Bit Arithmetic Logic Unit

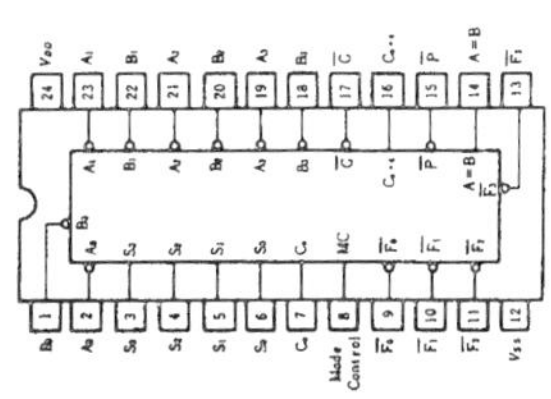

4582

Look Ahead Carry Block

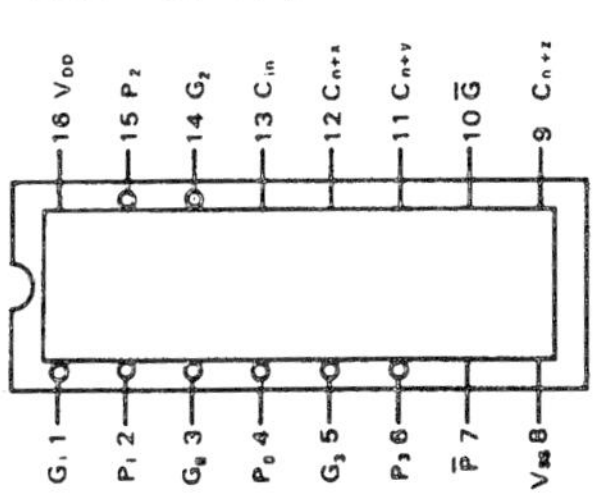

4583

Dual Schmitt Trigger

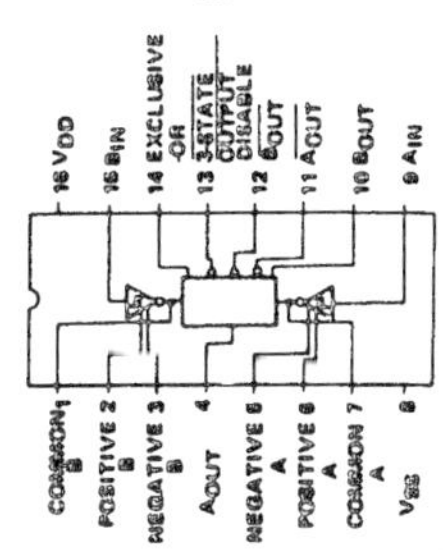

4584

Hex Schmitt Trigger

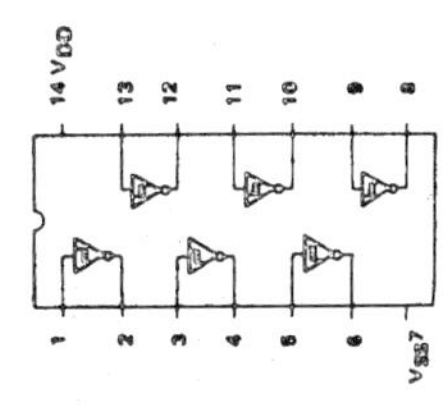

4585

4 Bit Magnitude Comparator

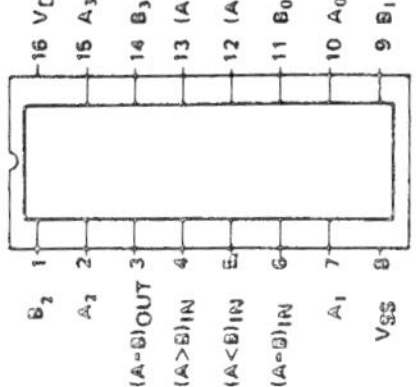

4597

8 Bit Bus Compatible Latch (3 state)

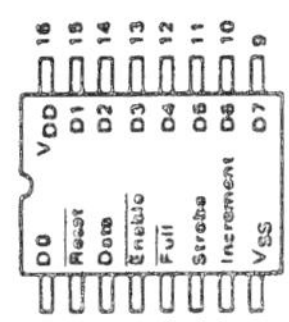

4598

8 Bit Bus Compatible Latch (3 state)

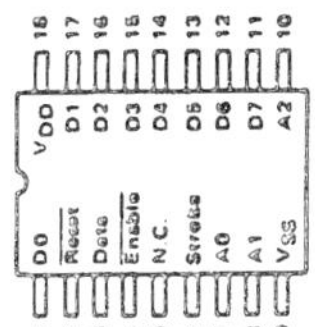

4599

8 Bit Addressable Latch

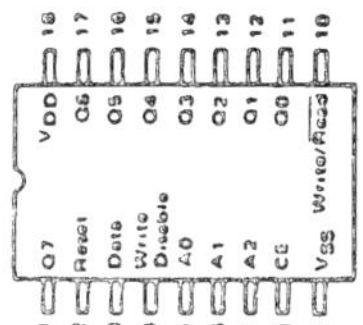

저자와의
협의에 의해
인지 생략

쉽게 배우는

디지털회로설계

5판 1쇄 2024년 5월 16일

서 자 윤영철
발행인 송광헌
발행처 복두출판사
주 소 서울특별시 영등포구 경인로82길 3-4
센터플러스 807호
(우) 07371
전 화 02-2164-2580
FAX 02-2164-2584
등 록 1993. 11. 22. 제 10-902 호

정가 : 28,000원

ISBN : 979-11-6675-521-7 93560

한국과학기술출판협회 회원사